Walter Hain

S.A.E.T.I.

Die Suche nach Artefakten
von außerirdischen Intelligenzen

Herstellung und Verlag:
BoD - Books on Demand, Norderstedt 2013
Neuauflage 2016

ISBN 978-3-8482-5141-4

Inhalt

Vorwort

Im 20. Jahrhundert, im "Zeitalter der Raumfahrt" – wie man damals dieses Jahrhundert vielfach bezeichnete –, hat sich eine Idee entwickelt, die davon ausgeht, dass uns in prähistorischen Zeiten intelligente Wesen aus den Tiefen das Weltalls besucht haben. Die Mythen der Völker, die archäologischen Zeugnisse, die alten Schriften wurden von Forschern und Sachbuchautoren aber auch von namhaften Wissenschaftlern dahingehend untersucht. Die größten Verfechter dieser Forschungsrichtung sind davon überzeugt, dass vieles aus dem Altertum nicht von Menschenhand geschaffen worden sein kann. Es müssen außerirdische Intelligenzen gewesen sein.

Die Bücher der Autoren zu dieser Thematik erreichten weltweit Millionenauflagen. Das Interesse an Vorträgen war groß. Sogar Hörsäle von Universitäten waren gefüllt von Menschen, die gespannt den Worten der Referenten folgten. Für viele klangen die Ausführungen der Redner logisch und überzeugend. Wenn in den Mythen und Legenden von Göttern berichtet wird, die mit seltsamen Fahrzeugen über den Himmel fahren, dann schien es vielen klar zu sein, dass das nur Raketen sein können. Berichten die Schriften mitunter doch von Feuer und Rauch, die von diversen Himmelsfahrzeugen ausgehen. Da drängte sich der Vergleich mit den damals gerade bekannt gewordenen Gemini- und Wostok-Raumkapseln der amerikanischen und der russischen Raumfahrt und mit den beeindruckenden Raketenstarts in den Raumfahrtzentren förmlich auf. Auch mich hatte das alles Anfang der siebziger Jahre fasziniert und ich war von dieser Idee beeindruckt. Kann das wirklich so gewesen sein, fragte ich mich schon bald. Und dann stieß ich auf das "Marsgesicht". Wenn es ein künstlich geschaffenes Werk auf einem unserer Nachbarplaneten geben sollte, dann wäre das der sichere Beweis, dass Außerirdische uns besucht haben. Denn ein solches Werk kann, nach unserer herkömmlichen Meinung, nicht von Menschen stammen. Die Entdeckungen auf unserem Planeten Erde können von Menschen verfälscht worden sein, auf dem Mars wäre das nicht möglich gewesen. Ein künstlicher Gegenstand oder ein von Lebewesen geschaffenes Bauwerk auf dem Mars, kann nicht von Menschenhand stammen – es sei denn, es gab auf der Erde bereits eine technische Hochkultur, die Raumfahrt betreiben konnte. Auch diese Vorstellung haben einige Forscher und Buchautoren aufgegriffen. Sie schlägt aber in dieselbe Kerbe, wie die Idee von den Astronautengöttern aus dem Weltall.

Um die Vertreter dieser Forschungsrichtung näher zusammenzubringen und um ihre Ideen dem Publikum besser präsentieren zu können, gründete der amerikanische Rechtsanwalt Dr. Gene M. Phillips, am 14. September 1973, die "Ancient Astronaut Society". Die Gesellschaft veranstaltete einmal im Jahr eine Weltkonferenz in verschiedenen Ländern. Anfang der 1980er Jahre hatte die Gesellschaft bereits über 4000 Mitglieder. Zweck der Gesellschaft war das Sammeln, Austauschen und Publizieren von Indizien, die geeignet sind folgenden Leitsatz zu stützen:

a) Die Erde erhielt in prähistorischen Zeiten Besuch aus dem Weltall,
(oder)
b) die gegenwärtige, technische Zivilisation auf diesem Planeten ist nicht die erste,
c) a + b kombiniert.

Unter den Mitgliedern der Gesellschaft fanden sich auch namhafte Wissenschaftler wie Philologen, Altertumsforscher, Astronomen und Raumfahrtexperten. Viele von ihnen waren der Meinung, dass die "Ancient-Astronaut-Hypothese" eine Reihe ungelöster Phänomene der Frühzeit zu erklären vermag. Die Gesellschaft plante auch die Gründung eines Museums, die Herausgabe eines internationalen Journals, sowie die Errichtung eines Lehrstuhls an einer amerikanischen oder auch einer deutschen Hochschule.

Als Auslöser dieser Entwicklung, zur weltweiten Verbreitung der Idee von den "Göttern aus dem All", kann wohl der Schweizer Schriftsteller Erich von Däniken angesehen werden. Als ehemaliger Hotelier bereiste er zunächst verschiedene Länder und veröffentlichte dann im Jahre 1968 sein erstes Buch *Erinnerungen an die Zukunft*, wo er seiner Meinung nach deutlich macht, dass die Götter der Vorzeit unübersehbare Spuren hinterlassen haben, "die wir erst heute lesen und entziffern können". Im Jahre 1981 hatte er bereits mit sieben Büchern eine Weltauflage von 45 Millionen erreicht, inzwischen sind es mehr als 30 Sachbücher und weitere Bücher als Romane und Kurzgeschichten und als Herausgeber, übersetzt in 33 Sprachen mit einer Gesamtauflage von 62 Millionen.

Derartige Erfolge zogen natürlich schon zu Anfang eine Menge Kritiker nach sich, die aber manchmal zu vorschnell urteilten. Klar, die strenge Wissenschaft hat andere Kriterien und viele haben sich durch jahrelanges Studium und durch Jahrzehnte lange Erfahrung, Kenntnisse in einem Forschungsgebiet angeeignet, die weit über das hinausgehen, was gewöhnliche Sachbuchautoren so von sich geben. Um die Rätsel dieser Welt lösen zu können und der wirklichen Wahrheit auf den Grund zu kommen, muss man schon wissenschaftliche Knochenarbeit betreiben und sich nicht scheuen Stapeln von Büchern zu lesen und viele Stunden in Bibliotheken zu verbringen. Reisen sind oft sehr hilfreich und man entdeckt dabei auch viel Neues, doch umfangreich gesammelt ist das Wissen in den Büchern der öffentlichen Bibliotheken, in den Universitäten und in den Instituten. Gewöhnlich machen sich Autoren nur wenig Mühe in den Bibliotheken zu stöbern und forschen auf eigene Faust drauf los und kommen so zu vermeintlich neuen Entdeckungen, die aber andere schon längst gemacht haben.

Auch die Massenmedien verfolgen dieses Spiel und verlassen sich auf wenig informierte Autoren, Forscher und Redakteure. Auch Regisseure von TV-Dokus gehen den Dingen nicht immer wirklich auf den Grund. Längst Geklärtes wird als nicht geklärt hingestellt, längst nicht mehr Rätselhaftes als rätselhaft dargestellt und bleibt für den Laien so im Raum stehen. Dadurch bleibt unvollständiges Wissen bestehen und es wird auch weiterverbreitet. Man muss bei den Lesern und den Zusehern die Phantasie anregen und sie so für das eigene Werk gewinnen. Die Phantasie ist oft reizvoller als die Realität und die Wirklichkeit, doch in der Wissenschaft zählt letzteres. Ohne den Blick auf die Wirklichkeit kommen wir nicht zu brauchbaren Ergebnissen für die Bewältigung unseres Daseins, kommen wir nicht den wahren Rätseln auf die Spur. Und in der Wissenschaft muss alles beweisbar sein, muss gewogen und gemessen werden. Jede Entdeckung, jede Erfindung konnte nur durch lange Tests und Prüfungen zum Erfolg, zur Wirklichkeit und zur wissenschaftlichen Wahrheit werden.

So fragte ich mich schon bald, ob die Behauptungen und Meinungen der Autoren der Forschungsrichtung "Prä-Astronautik", oder auch "Paläo-SETI" wirklich so stichhaltig sind, ob wirklich viele Rätsel der Frühgeschichte durch das Einbeziehen von Außerirdischen geklärt werden können. Sind wir wirklich Nachfahren von außerirdischen Intelligenzen? Wurde die Erde von Außerirdischen infiziert? Wurde das Leben auf der Erde durch fremde Besucher aus dem All beeinflusst?

Seit 1972 beschäftige ich mich intensiv mit den Hypothesen und Theorien über prähistorische Astronautenbesuche und über eine technische Zivilisation vor Jahrtausenden, und mit vielen archäologischen und geschichtlichen Rätseln dieser Welt. Ich las zahlreiche Bücher, die von den Befürwortern wie auch jene von den Gegnern. Ich sah mir archäologische Stätten an, ich besuchte Museen, Institute, Universitäten, NASA-Einrichtungen und stöberte in Bibliotheken und Archiven, und ich korrespondierte und diskutierte mit Autoren, Wissenschaftlern und Fachleuten. Ich habe versucht den Dingen wirklich auf den Grund zu gehen und habe dabei auch überraschende Entdeckungen gemacht. Es ist manchmal nicht alles so wie es scheint und wie es uns gewöhnlich präsentiert wird. Es ist vieles von Wunschvorstellungen, von Fehlinterpretationen und auch von Ignoranz geprägt – manchmal ist auch Schwindel dabei.

Die Suche nach Gegenständen, die Außerirdische hinterlassen haben oder nach Aufzeichnungen von oder über Außerirdische in den Überlieferungen der Völker ist nicht a priori unwissenschaftlich. Sie reiht sich ein in die bekannte Suche nach Signalen von außerirdischen Intelligenzen, SETI (Search for Extraterrestrial Intelligences). In Anlehnung daran, prägte ich im Jahre 1992 den Begriff SAETI, die Suche nach Artefakten von außerirdischen Intelligenzen (Search for Artifacts of Extraterrestrial Intelligences). SAETI könnte ein neuer Begriff innerhalb der SETI-Forschung sein, die derzeit nur den Bereich "Signale von außerirdischen Intelligenzen" beinhaltet bzw. nur die Suche nach außerirdischem Leben allgemein meint. SAETI beinhaltet gezielt die "Suche nach ARTEFAKTEN", nach greifbaren Hinweisen, nach Hinterlassenschaften von außerirdischen Besuchern auf der Erde, auf den anderen Planeten, den Monden und den Asteroiden in unserem Sonnensystem, und auch entfernt auf anderen Himmelskörpern im Universum, gleich zu welcher Zeit im Laufe der Erdgeschichte und der Menschheit.

Die derzeit vorhandenen Begriffe "Paläo-SETI", "ETA", "SETA" oder "SPSR" behandeln nur Teilbereiche der Suche nach Artefakten von Außerirdischen. Der Begriff "Paläo-SETI" behandelt lediglich die Artefakte in der Vorzeit (*paläo* = griech. alt, altertümlich) auf der Erde oder auf anderen Himmelskörpern. "ETA", sowie auch "SETA", stehen lediglich für "Extraterrestrial Artefacts" oder "Search for Extraterrestrial Artefacts", also für die Suche nach außerirdischen Artefakten ganz gleich von wem. Dabei kann es sich genau genommen auch um unsere Raumsonden oder anderes irdisches Material auf anderen Himmelskörpern handeln und nicht ausschließlich um Artefakte von Außerirdischen. "SPSR" steht für "Society for Planetary SETI-Research", also nur eine Suche nach Hinweisen oder Hinterlassenschaften von Außerirdischen auf den Planeten in unserem Sonnensystem.

Der Begriff SAETI beinhaltet aber exakt die Suche nach ARTEFAKTEN – also greifbaren Hinweisen – von außerirdischen Intelligenzen auf allen Himmelskörpern in unserem Sonnensystem und im gesamten Universum, ganz gleich aus welcher Zeit diese stammen. Es sind damit auch Hinterlassenschaften von außerirdischen Besuchern in der Neuzeit gemeint. Selbst wenn die Wahrscheinlichkeit der Auffindung eines Artefakts von Außerirdischen wesentlich geringer sein sollte als die Auffindung eines Signals, einer elektromagnetischen Welle von einer außerirdischen Zivilisation, kann bei einer ernsthaften Suche nach Außerirdischen im Weltall diese entfernte Möglichkeit der Entdeckung von Artefakten nicht ausgeschlossen werden.

Unter dem Begriff SAETI könnten auch alle bisherigen und späteren Publikationen, die sich mit der Suche nach greifbaren Hinweisen, nach Artefakten von außerirdischen

Intelligenzen beschäftigen, zusammengefasst, gesammelt und wissenschaftlichen sowie auch privaten Einrichtungen zur Verfügung gestellt werden.

Das vorliegende Buch kann dabei eine Hilfe sein. Es ist das Ergebnis meiner jahrelangen Forschungen und Bemühungen, den Rätseln dieser Welt auf die Spur zu kommen und vor allem die Frage zu klären: "Waren die Götter Astronauten?" Es ist eine Neuauflage, Erweiterung und Aktualisierung meines schon 1981 erschienen Buches *Irrwege der Geschichte*, das ich im Selbstdruck in kleiner Auflage veröffentlicht hatte, und in dem ich bereits ausführlich und kritisch zu den Fragen um die "Götter-Astronauten" und "Atlantis" Stellung genommen habe.

Walter Hain
Wien, im November 2012

SAETI

Eine Idee nicht nur des Raumfahrtzeitalters

Die Paläo-SETI-Idee bzw. die SAETI-Idee, ist nicht eine Idee des Raumfahrtzeitalters, wie man meinen möchte. Schon der römische Dichter und Philosoph Lukrez (Titus Lucretius Carus, etwa 98 - 55 v. Chr.) schrieb: "Unwahrscheinlich daher ist's, dass bei unendlichem Raume, bei unzählbarer Zahl der Stoffe, welche die Tiefen allenthalben durchschwärmen, von ewiger Regung getrieben, dass sich nur eine Welt, nur dieser Himmel gebildet."[1] Der griechische Schriftsteller Plutarch (um 50 - 125 n. Chr.) diskutierte bereits über die Bewohner des Mondes und über seine Beschaffenheit: "Aller Wahrscheinlichkeit nach sind denn auch die Bewohner des Mondes, wenn es deren wirklich gibt, ganz leicht von Körper und so eingerichtet, dass sie sich mit dem, was sie dort finden, hinlänglich erhalten können."[2]

Auch der griechische Schriftsteller Lukian (120 - 180 n. Chr.) schilderte bereits von kosmischen Reisen und Kriegen. Er ließ in seiner Phantasie eine Kolonie der Ärmsten zum Morgenstern, der Venus, reisen, der nach seiner Vorstellung wüst und unbewohnt war. Er nannte die Außerirdischen Hippogypen (Pferdegeier), Pferdeameisen, Kohlvögel, die anstatt der Federn überall mit Kohl bewachsen sind, Flohschützen und Windläufer vom Großen Bären, Sperlingseicheln, Pferdekraniche und Hundeeichler vom Sirius, das sind auf beflügelten Eicheln kämpfende Männer mit Hundsgesicht.[3]

Etwas später, 1686, schrieb der Gelehrte Bernhard von Fontanelle (1657 - 1757): "Wir sind in der Welt nichts anderes, als eine kleine Familie, deren Gesichter einander ähnlich sind: In einem anderen Planeten wohnet eine andere Familie, deren Angesichter ganz anders aussehen."[4] Der deutsche Philosoph und Mathematiker Gottfried Wilhelm Leibnitz (1646 - 1716) schrieb im Jahre 1710: "Heutzutage aber muss man, welche Grenzen man auch dem Weltall zu- oder abspricht, anerkennen, dass es unzählige Erden gibt, von derselben und noch größerer Ausdehnung als die unsrige, und dass diese ebenso wohl Anspruch auf vernünftige Bewohner haben, obgleich es keine Menschen zu sein brauchen."[5] Der Gelehrte und Philosoph Immanuel Kant (1724 - 1804) meinte 1755, dass "die Schöpfung dem Raume nach unendlich ist, oder es wenigstens der Materie nach wirklich von Anbeginn her schon gewesen ist, der Form oder der Ausbildung nach aber es bereits ist zu werden, so wird der Weltraum ohne Zahl und ohne Enden belebt werden."[6] An anderer Stelle schreibt er: "Indessen sind doch die meisten unter den Planeten bewohnt, und die es nicht sind, werden es dereinst werden."

Im Jahre 1877 entdeckte der italienische Astronom Giovanni Schiaparelli (1835 - 1910) eigenartige "canali" (Rillen) auf dem Mars, was durch eine fälschliche Übersetzung mit "Kanäle" zu einer Reihe von Spekulationen über intelligente Marsbewohner führte. Der Schriftsteller Kurd Lasswitz (1848 - 1910) ließ im Jahre 1890 in seinem Roman *Auf zwei Planeten*[7] Marsbewohner auf der Erde landen und der berühmte Autor Herbert Georg Wells (1866 - 1946) folgte ihm 1898 mit seiner Erzählung *Krieg der Welten.*[8] Der Roman von Wells löste als Hörspiel im Jahre 1938 sogar eine wahre Marshysterie in einer Kleinstadt in den Vereinigten Staaten aus. Viele glaubten die Marsianer seien gelandet und zogen mit Gewehren und Stöcken bewaffnet los, zur Verteidigung gegen die vermeintlichen Eindringlinge.

In der Folge kam es zu verschiedenen Spekulationen über außerirdische Intelligenzen in den Massenmedien. Wenn es tatsächlich Außerirdische geben sollte, dann könnten sie uns ja schon besucht haben – und vielleicht besuchen sie uns jetzt noch: und Tag für Tag. Unbekannte fliegende Objekte wurden gesichtet – vornehmlich nach dem Zweiten Weltkrieg, nach 1947. Bald gab es die ersten Versuche mit Raketenstarts und der Flug zum Mond schien in greifbarer Nähe. Eine Menge glaubwürdiger und unglaubwürdiger Leute wollen sie gesehen haben, die Außerirdischen in ihren "Fliegenden Untertassen", kurz UFOs genannt, nach der englischen Bezeichnung "unidentified flying objects" ("unidentifizierte fliegende Objekte").

Der Jesuitenmönch, Anthropologe, Geologe und Paläontologe Teilhard de Chardin (1881 - 1955) meinte 1950, es müsse "durchschnittlich (und als Minimum) eine Menschheit pro Galaxie: d. h., im ganzen Millionen von Menschheiten, verstreut durch die Himmel geben".[9] Und der amerikanische Astronom Harlow Shapley (1885 - 1972) meinte 1958, "dass vielleicht einer von tausend Sternen überhaupt ein Planetensystem besitzt. Unter dieser Voraussetzung mag auch eins von tausend dieser Planetensysteme einen Planeten haben, der angenehme, lebensfreundliche Temperaturen aufweist, und wiederum einer von tausend dieser Planeten wäre eventuell groß genug, um eine Atmosphäre zu halten. Falls von tausend dieser Planeten wiederum nur einer chemisch geeignet zusammengesetzt ist, dann gebe es unter tausend Milliarden Sternen gerade einen, der Leben in seiner Nachbarschaft zulässt." Harlow Shapley schätzte, "dass es im gesamten Universum hundert Trillionen Sterne gibt und zumindest hundert Millionen von ihnen sollten einen Planeten besitzen, auf dem es Leben gibt".[10]

Noch im zweiten Weltkrieg begannen die ersten erfolgreichen Raketenversuche unter Hermann Oberth (1894 - 1989) und Wernher von Braun (1912 - 1977) in Pennemünde. Im Jahre 1958 schrieb der Raketenexperte Eugen Sänger (1905 - 1964): "Es erscheint uns heute fast wahrscheinlicher, dass unsere Vorfahren bestimmte mythologische Vorstellungen aus realen Erfahrungen bei der Begegnung mit prähistorischen Besuchern aus dem Weltall erwarben, als dass eine ans Unglaubliche grenzende Zukunftsschau sie ihnen schon vor Jahrtausenden auf wunderbare Weise geoffenbart hätte."[11]

Im Jahre 1959 schrieb der damals sowjetische Ethnologe Prof. Modest M. Agrest in der Zeitschrift *Literaturnaja Gazeta* einen Artikel über interplanetare Reisende, die einst die Erde besuchten. 1962 meinten die beiden französischen Forscher und Buchautoren Louis Pauwels (1920 - 1997) und Jacques Bergier (1912 - 1978), man möge sich einmal vorstellen, dass in der Vergangenheit Botschaften von anderen Intelligenzen aus dem Universum kamen und interplanetarische Reisende die Erde besuchten.[12] Ein Forscherkollege von Prof. Agrest, der Ingenieur und Sciencefiction-Autor Alexander P. Kasanzew (1906 - 2002), sah im Jahre 1962 in dem Fries des Sonnentores von Tiahuanaco eingravierte Zeichnungen von Raumfahrzeugen und in Bronzestatuen aus Japan, aus der Zeit um 600 v. Chr., Wesen mit raumfahrttechnischen Attributen.[13]

Ein anderer Franzose, Altertumsforscher und Buchautor, Robert Charroux (1909 - 1978) meinte 1965 sogar, die Engel in der Bibel wären Raumfahrer gewesen. "Man braucht ihnen nur die Wesensart von Kosmonauten eines anderen Planeten verleihen, und alles klärt sich auf".[14] Es war dann nicht weit entfernt, dass bald auch Jesus Christus als Raumfahrer angesehen wurde. Der ehemals sowjetische Philologe Wjatscheslaw Saizew und später auch der österreichische Buchautor Gerhard R. Steinhäuser (1920 - 1989) hatten erstmals diese Idee.[15] Peter Krassa (1938 - 2005), ebenfalls österreichischer Sachbuchautor, kam dann später bewusst provokant mit seinem Werk *Gott kam von den Sternen* auf den Buchmarkt.[16]

Der ehemalige NASA-Ingenieur Josef F. Blumrich (1913 - 2002) sah, nach anfänglicher Skepsis, in den biblischen Visionen des Propheten Ezechiel ein außerirdisches Raumschiff.[17] Zwei Engländer, Rodney Dale und George Sassoon, glaubten in der Bundeslade der Israeliten eine Maschine zur Erzeugung künstlicher Nahrung entdeckt zu haben: eine sogenannte "Manna-Maschine".[18]

Ein weiterer ehemals sowjetischer Forscher, Autor und Astronom, Joseph S. Schklowski (auch Shklovsky, 1919 - 1986), meinte 1966: "Nach unserer Kenntnis gibt es nicht ein einziges materielles Zeugnis vergangener Kulturen, das wirklich berechtigt, darin einen Hinweis auf denkende Wesen, die aus dem Kosmos kamen zu sehen", er ist aber ansonsten der Ansicht, "dass die Forschungen in dieser Richtung weder absurd noch antiwissenschaftlich sind. Man muss nur einen kühlen Kopf bewahren".[19] Der gebürtige Amerikaner und später Engländer Robert K. G. Temple stellte 1976 in einem vielbeachteten Sachbuch dar, warum es seiner Meinung nach bei einem afrikanischen Volksstamm massive Beweise für einen Kontakt mit Außerirdischen vom Stern Sirius gibt.[20]

Selbst der anerkannte Astronom und später Kritiker der Ancient-Astronaut-Hypothese Carl Sagan (1934 - 1996), stellte im Jahre 1966 in einem Buch mit dem Titel *Intelligent Life in the Universe*, das er gemeinsam mit Joseph Schklowski schrieb, eine Wahrscheinlichkeitsrechnung über Raumreisende an. Er ging davon aus, "dass relativistische (zeitgedehnte) Raumflüge technisch durchführbar sind". Nach seiner damaligen Schätzung "startet jede Zivilisation in ihrer zehn Millionen Jahre andauernden technischen Phase pro Jahr ein Raumschiff, das einige tausend oder zehntausend Jahre unterwegs ist. Unter der Annahme eines unveränderlichen Universums und vorausgesetzt, dass jedes Raumschiff einen Kontakt erzielt, ereignen sich damit in der Milchstraße jährlich eine Million Kontakte. Jede technische Zivilisation hat es in ihrer Lebenszeit zu insgesamt zehn Millionen Kontakten gebracht. Ein nicht zu übersehender Bruchteil von ihnen erfolgt zwischen zwei fortentwickelten Gesellschaften. Wegen der Flugdauer der Raumschiffe sind zu jedem Zeitpunkt tausend bis zehntausend Patrouillenboote einer einzigen Zivilisation unterwegs oder, bei einer Million technischen Zivilisationen, eine bis zehn Milliarden Patrouillenboote insgesamt".[21]

Ebenfalls im Jahre 1966 hatten zwei Franzosen, Guy Tarade und André Millou,[22] die Idee, dass die Grabplatte von Palenque die Darstellung eines Raumfahrers zeigt, und nach einem Vorschlag von Gilbert Bourquin aus Biel, sollte sie 1967 eine Sciencefiction-Ausstellung entsprechend schmücken.

Den großen Astronautengötter-Boom hat aber im Sommer 1968 Erich von Däniken ausgelöst. Sein erstes Werk *Erinnerungen an die Zukunft* hat sich binnen einem Monat 20.000-mal verkauft. Darin schreibt er: "Das Zeitalter der Raumfahrt ist kein Zeitalter der Geheimnisse mehr. Die Raumfahrt, die zu Sonnen und Sternen strebt, lotet uns auch die Abgründe unserer Vergangenheit aus. Aus dunklen Grüften treten Götter und Priester, Könige und Helden. Wir haben ihnen ihre Geheimnisse abzufordern, denn wir haben die Mittel dazu, unsere Vergangenheit gründlich und – wenn wir es wollen – lückenlos zu entdecken." Und weiter stellte Erich von Däniken fest: "Die Götter der Grauen Vorzeit haben unübersehbare Spuren hinterlassen, die wir erst heute lesen und entziffern können, denn das Problem der Raumfahrt, uns heute hautnah, gab es für den Menschen seit Jahrtausenden nicht mehr. Denn ich behaupte: Im grauen Altertum hatten unsere Vorfahren Besuch aus dem Weltall!"[23]

Ausschlaggebend für die weltweite Ausbreitung der Idee von den Astronautengöttern waren wohl die ersten Weltraumflüge von Jurij Gagarin (1934 - 1968) im Jahre 1961 und

John Glenn im Jahre 1962 und ganz besonders die erste Landung von Menschen auf dem Mond am 20. Juli 1969. Es wurde vielen bewusst, die Menschen können das Weltall bereisen und was lag näher als die Vorstellung, dass das auch andere Intelligenzen im Weltraum können. Es war dann nur ein kleiner Schritt zur Annahme, dass fremde Wesen auf einem fernen Planeten irgendwo im Weltall unsere Erde vielleicht schon vor Jahrtausenden besucht haben. Nahrung dazu gaben auch die von den modernen Astronomen aufgestellten Wahrscheinlichkeitsrechnungen von Intelligenzen im All und von interstellaren Raumreisen und deren technischer Machbarkeit.

Einen großen Einfluss auf die Stimmung in der Bevölkerung hatte auch der Hollywood-Film *2001 - Odyssee im Weltraum* von Stanley Kubrick (1928 - 1999), nach einem Drehbuch und dem gleichnamigen Roman von Arthur C. Clarke (1917 - 2008), der im April 1968 in Amerika der Öffentlichkeit präsentiert wurde.[24] In dem Film entdecken die ersten Hominiden einen blank geschliffenen Quader auf der Erde und später wird durch Mondastronauten ein weiterer auf dem Erdtrabanten ausgegraben, was die Astronauten in der Folge zu einem Flug zum Jupiter bewegt, wo sie in ungeahnten Sphären ihrem göttlichen Ursprung begegnen. Eine phantastisch inszenierte Geschichte, die so richtig dem aufflammenden Geist der Prä-Astronautik-Forschung entsprach und viele Gemüter bewegte.

Im Jahre 1970 schrieb der deutsche Forscher und Buchautor Benno Frank (1915 - 2002) unter dem Pseudonym Karl F. Kohlenberg, dass der Mensch der Urzeit, mit Staunen sah, "wie die Götter in goldenen Eiern vom Himmel herabkamen oder in Säulen, Bäumen, Pfählen und dergleichen zu ihm aufstiegen", und dass dann später das "Herabkommen der Götter durch phallische Tänze" dargestellt wurde, was wir nicht als Symbol einer Naturreligion, sondern als eine "technisch-physikalische Tatsache" sehen sollen.[25]

Abb. 1: Hominiden entdecken einen blank geschliffenen Quader (aus dem Hollywood-Film "2001 - Odyssee im Weltraum").

Am 14. September 1973 gründete der amerikanische Rechtsanwalt Dr. Gene M. Phillips die "Ancient Astronaut Society", die AAS, die jährlich und später alle zwei Jahre, bis 1997, eine Weltkonferenz veranstaltete, um die neuesten Ergebnisse in der Entwicklung der Forschungsrichtung "Prä-Astronautik" zu diskutieren und der Öffentlichkeit zu präsentieren.

Es wurde auch die periodische Mitgliederzeitschrift *Ancient Skies* herausgegeben. Nachdem Gene M. Phillips sein Amt 1997 niedergelegt hat, gründeten die Mitglieder der Gesellschaft im Jahre 1999 die "Forschungsgesellschaft für Archäologie, Astronautik und SETI", die auch unter "Sagenhafte Zeiten" im Internet vertreten ist. Der Bibliothekar Ulrich Dopatka bemühte sich in all den Jahren um die bibliographische Sichtung der unzähligen Werke, die seither erschienen sind. Er veröffentlichte im Jahre 1979 ein *Lexikon der Prä-Astronautk*, bei dem Erich von Däniken Herausgeber war, in dem alle wesentlichen Begriffe dieser Thematik und Persönlichkeiten sowie Buchautoren aufgelistet sind. Später, im Jahre 2004, veröffentlichte er *Die große Erich von Däniken Enzyklopädie.*[26]

Einer der eifrigsten Mitstreiter Erich von Dänikens, Walter-Jörg Langbein, befasste sich besonders mit der präastronautischen Auslegung der Bibeltexte.[27] Zahlreiche Wissenschaftler und Experten beschäftigten sich mit dem Thema Prä-Astronautik, wie der deutsche Raumfahrttechniker Prof. Harry O. Ruppe, der russische Physiker Wladimir Rubtsow, der Elektrotechniker Josip Kotnik aus dem ehemaligen Jugoslawien, der Raumfahrt-Ingenieur Stuart William Greenwood aus England, der amerikanische Philosoph Pasqual Sebastian Schievella, der englische Autor Frank Donald Drake, der indische Sanskritforscher Prof. Dr. Dileep Kumar Kanjilal, der sich mit den "Vimanas", den fliegenden Fahrzeugen der Götter in der indischen Mythologie beschäftigte, um nur einige zu nennen. Der Altertumsforscher Zecharia Sitchin meinte, die Götter kamen von einem "Zwölften Planeten" aus unserem Sonnensystem und der peruanische Arzt Dr. Javier Cabrera (1924 - 2001), glaubte auf gravierten Steinen prähistorische Techniken einer vergangenen Hochkultur entdeckt zu haben.[28]

Natürlich brachte diese Entwicklung, die oft als pseudowissenschaftlich hingestellt wird, einige Kritiker auf den Plan. Einer der ersten war Gerhard Gadow aus Berlin, der 1969 als Student der Rechtswissenschaft zunächst ein Typoskript mit dem Titel *Erinnerungen an die Wirklichkeit* als Gegenschrift zu Erich von Dänikens Thesen veröffentlichte und dann 1971 ein gleichnamiges Taschenbuch.[29] Es ist nicht sehr umfangreich, doch es erregte einiges Aufsehen und erreichte im Oktober 1972 eine Auflage von 52.000 Stück. Der Schweizer Theologe und Ägyptologe Othmar Keel-Leu veröffentlichte 1970 eine Streitschrift unter dem Titel *Zurück von den Sternen* und der deutsche evangelische Theologe und Orientalist Karl-Heinz Bernhardt (1927 - 2004) veröffentlichte 1978 ein kritisches Buch unter dem Titel *Sind wir Astronautenkinder?*

Vehemente Kritiker der Thematik waren der Arzt, Wissenschaftsjournalist und Moderator populärer Fernsehsendungen Hoimar von Ditfurth (1921 - 1989)[30] und der Naturwissenschaftler Dr. Emil-Heinz Schmitz, der 1977 die damalige "Beweisnot" der Verfechter der Astronautengötter-Idee in einem gleichnamigen Buch dargestellt hat.[31]

Einer der sich der Sache ironisch kritisch annahm, war der Chemiker und Botaniker Wilhelm Sandermann (1906 - 1994), der unter dem Pseudonym Wilhelm Selhus 1975 ein entsprechendes Buch mit dem Titel *Und sie waren doch da* veröffentlichte.[32] Einer der der Sache freundlich kritisch gegenüberstand war der Fernsehjournalist Ernst von Khuon (1915 - 1997), der schon 1970 in einem gut verkauften Buch mehreren Wissenschaftlern und Fachleuten, darunter die Raumfahrttechniker Ernst Stuhlinger (1913 - 2008) und Harry. O. Ruppe, die Gattin des Raketenspezialisten Eugen Sänger, Irene Sänger-Bredt (1911 - 1983) und die Nazca-Forscherin Maria Reiche (1903 - 1998), die Frage stellte *Waren die Götter Astronauten?*[33]

In Amerika war es Ronald Story, der 1976 ein skeptisches Buch auf den Markt brachte.[34] Ich hatte 1979 mit meinem Buch *Wir, vom Mars* meinen Teil dazu beigetragen[35] und später 1981 die einzelnen Argumente und Behauptungen in der Prä-Astronautik-Forschung kritisch unter die Lupe genommen, was in diesem Buch nochmals und aktualisiert dargestellt wird.[36]

Die Kritiker verstummten aber etwa nach 1981 bis im Jahre 2000 der Physiker Markus Pössel wieder eine Streitschrift unter dem Titel *Phantastische Wissenschaft* veröffentlichte, wo er hauptsächlich auf die Themen "Elektrizität im Altertum", das "Siriusrätsel", "Evolution und Kreationismus" und "Buttlars Physik" (gemeint ist Johannes von Buttlar, der sich ebenfalls in zahlreichen Sachbüchern mit der Ancient-Astronaut-Hypothese auseinandergesetzt hat) und die UFOs eingeht.[37]

In den neunziger Jahren des 20. Jahrhunderts wurde in den USA die "Society for Planetary SETI Research", SPSR, gegründet, der namhafte Experten, Techniker, Ingenieure, Anthropologen und ehemalige Raumfahrer angehören, aufgrund der Entdeckung des "Marsgesichts" und anderen merkwürdigen Oberflächenstrukturen auf dem Mars. Ausschlaggebend dazu waren die Forschungsergebnisse der beiden NASA-Mitarbeiter Vincent DiPietro und Gregory Molenaar, die erstmals 1980 Computeranalysen von den NASA-Aufnahmen des merkwürdigen "Gesichts" auf dem Mars angefertigt hatten.[38]

Ende der neunziger Jahre des vergangenen Jahrhunderts, entschloss sich Erich von Däniken einen "Mystery Park" in der Schweiz, in Interlaken, aufzubauen, mit den populärsten nachgebildeten aber auch originalen Objekten zur Thematik. Es ist ihm im Mai 2003 auch gelungen und der Park hatte einen großen Zuspruch und jährlich etwa 300.000 Besucher. Im Jahre 2006 musste der Park allerdings geschlossen werden. Am 2. April 2010 wurde er jedoch wieder geöffnet. Er heißt jetzt "Mystery World" und ist eher ein Themenpark, der jedoch weiterhin diverse Exponate, Nachbildungen sowie auch Filmsequenzen zur Thematik Prä-Astronautik und Atlantis zeigt

Der österreichische Forscher, Illustrator und Buchautor Reinhard Habeck stellte gemeinsam mit Klaus Dona im Jahre 2001 in Wien eine Ausstellung unter dem Titel "Unsolved Mysteries - die Welt des Unerklärlichen"[39] auf die Beine, wo die wesentlichsten Exponate der Forschungsrichtung Prä-Astronautik, aber auch ähnliche rätselhafte Funde aus mehreren Ländern gezeigt wurden und die zahlreiche Besucher angelockt hat.

Die Forschungsrichtung Prä-Astronautik beinhaltet viele Rätsel der Vergangenheit, die einer Lösung zugeführt werden können, wenn man sie richtig betrachtet. Die Frage "Waren die Götter Astronauten?" ist nur eine von vielen, die in den vergangenen Jahrzehnten in zahlreichen Publikationen gestellt wurde. Die Gesamtauflage der präastronautischen Bücher wird wahrscheinlich weltweit bei 100 Millionen liegen. Das zeigt das große Interesse in der Bevölkerung an diesem Thema.

Im Gegensatz zu manchen phantastischen Ideen und Glaubensrichtungen ist die Idee von den Göttern von den Sternen wissenschaftlich beweisbar, weil sie viele handfeste Belege als Grundlage hat, die geprüft werden können. Ein entsprechendes Ergebnis kann aber nur gelingen, wenn die Fakten nach den Kriterien der wissenschaftlichen Methode beurteilt werden. Die Suche nach Artefakten von außerirdischen Intelligenzen SAETI (Search for Artifacts of Extraterrestrial Intelligences) muss – will sie ernst genommen werden – in dieser Richtung weitergehen.

Das Sirius-Rätsel

Hatte die Erde Besuch vom Hundsstern Sirius?

Einen bedeutenden Stellenwert auf der Suche nach Artefakten oder Hinweisen auf außerirdische Besucher in der Vergangenheit erlangte eine Veröffentlichung des Engländers Robert K. G. Temple, Sanskritforscher und Orientalist. Sein Buch *Das Sirius-Rätsel*,[40] von 1977, erstmals erschienen 1976 unter dem englischen Titel *The Sirius Mystery*, scheint penibel recherchiert und erweckt den Eindruck von Wissenschaftlichkeit. Erich von Däniken war davon äußerst beeindruckt und stets bemüht aus dem Werk von Temple zu zitieren. Sogar der bekannte amerikanische Astronom Carl Sagan befasste sich mit Temples Theorie.

Im westafrikanischen Staat Mali, gibt es einen Stamm von Ureinwohnern, der ein Wissen besitzt, das schon in den sechziger Jahren des 20. Jahrhunderts bei vielen Autoren und Forschern die Vermutung nahelegte, dass dieses von außerirdischen Intelligenzen stammen könnte. Es handelt sich um den Stamm der Dogon, die anscheinend Kenntnisse über einen der hellsten Fixsterne, dem Stern Sirius, besitzen, die noch nicht einmal den modernen Astronomen bekannt sind.

Ein seinem Buch stellt Robert K.G. Temple provokant die Frage: "Hatte unsere Erde einst Besuch von intelligenten Wesen aus dem Bereich des Hundssterns Sirius?". Temple legt in seinem Werk umfangreich dar, warum wir annehmen müssen, dass die Dogon einst Besuch von Außerirdischen hatten. Temple meint dazu konkret: "Es sieht ganz so aus, als ob es massive Beweise gäbe, dass sich ein Kontakt dieser Art vor relativ kurzer Zeit – vor etwa 7000 bis 10.000 Jahren – ereignet haben könnte; das Material, das uns zu dieser Vermutung führt, lässt jedenfalls keine andere Deutung zu."[41]

Schon 1967 begann Temple ernsthaft mit seiner Arbeit. "Zuerst ging es nur um die Überlieferung eines afrikanischen Stammes: der Dogon in Mali (dem ehemals französischen Teil des Sudans). Die Dogon besaßen Informationen über das Sirius-Sternensystem – so unglaubliche Informationen, dass ich einfach nicht anders konnte: ich musste der Sache nachgehen", meinte er und weiter: "Sieben Jahre später häuften sich bei mir die Anhaltspunkte dafür, dass das Wissen der Dogon in Wirklichkeit schon mehr als 5000 Jahre alt ist. Schon die ′alten′ Ägypter besaßen es, und zwar bereits in prädynastischer, prähistorischer Zeit vor dem Jahr 3200 v. Chr., und von diesen ′alten′ Ägyptern stammen die Dogon wohl ab. Zumindest gilt dies – teilweise – für ihre Kultur, und für ihr Volk selbst dürfte es nicht minder gelten."[42]

Die Dogon kennen einen Schöpfungsmythos, dessen Ausgangspunkt der Stern *Digitaria* ist. Er soll ein Begleiter des Fixsterns Sirius sein und er soll den Zentralstern umkreisen. "Die Dogon betrachten ihn als kleinsten und schwersten aller Sterne. Er enthält die Keime aller Dinge. Seine Bewegung um seine eigene Achse und rings um den Sirius garantiert das Fortwirken schöpferischer Kräfte im Weltall. Wir werden sehen, dass diese Bewegung den Kalender bestimmt", schrieben schon 1950 die beiden französischen Ethnologen Marcel Griaule und Germain Dieterlen im *Journal de la Société des Africanistes*.[43] Sie stellten umfangreiche Untersuchungen beim Stamm der Dogon an und kamen dabei zu ungewöhnlichen Schlussfolgerungen.

Es geht nicht um den deutlich am Nachthimmel sichtbaren Stern Sirius, der etwa 8,6 Lichtjahre von der Erde entfernt ist, sondern um dessen Begleiter, mit dem er ein sogenanntes Doppelsternsystem bildet. Das Erstaunliche an den Dogon-Überlieferungen ist nämlich, dass sie offenbar von einem Sirius-Begleiter wissen, obwohl dieser mit freiem Auge nicht sichtbar ist und dieser in den fünfziger Jahren des 20. Jahrhunderts auch noch nicht von einem astronomischen Teleskop erfasst wurde.

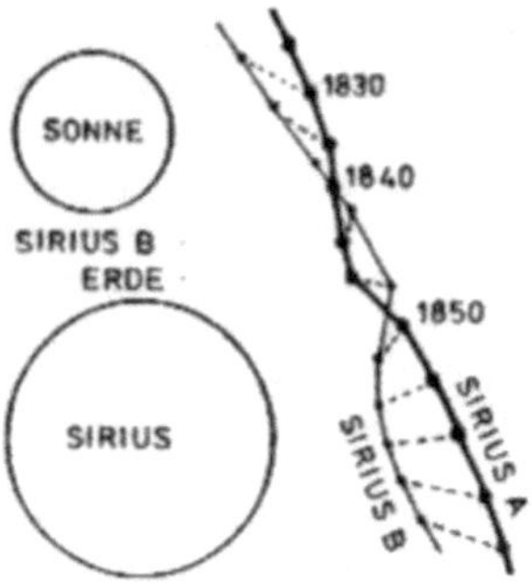

Abb. 2: Größe und Bewegung von Sirius A und Sirius B.

Dass sich der Sirius auf eigentümliche Weise bewegt, war aber schon lange bekannt. Der deutsche Astronom Friedrich Wilhelm Bessel (1784 - 1846) entdeckte diese Bewegung, die in einem schwachen Bogen verlief, bereits im Jahre 1830. Er beobachtete diese Bewegung zwischen 1830 und 1840. In diesem Zeitraum bekam der Bogen eine minimale Ausbuchtung. Wie wenn ein Hund von der linken Straßenseite nach der rechten schnüffelt. So bekam der Stern die Bezeichnung "Hundsstern". Sollte dieses astronomische Wissen schon den Dogon bekannt gewesen sein – oder gar den Ägyptern und den Babyloniern?

Im Jahre 1862 erst wurde der Sirius-Begleiter von dem amerikanischen Astronom Alvan Graham Clark (1832 - 1897) entdeckt und auch astronomisch berechnet. Daraus ergeben sich folgende Daten:

Masse	1,02 M (M = Sonnenmasse)
Dichte	$3 \cdot 10^9$ kg/m^3
Radius	5400 km
Rotverschiebung	$2{,}7 \cdot 10^{-4}$

Sirius B wurde zunächst für einen gewöhnlichen, sehr lichtschwachen Stern gehalten. Spektroskopische Untersuchungen zeigten aber dann im Jahre 1914, dass er sehr hohe Oberflächentemperaturen aufweisen muss, und zwar 25.000 Grad Kelvin, das entspricht 24.727 Grad Celsius. Der Stern leuchtet strahlend weiß. Die Lichtschwäche von Sirius B war also lediglich auf die relativ kleine Oberfläche des Sterns zurückzuführen.[44] Im Jahre 1970 ist dann dem amerikanischen Astronom Dr. Irving W. Lindenblad (1929 - 2011), vom U.S. Naval Observatory, in Washington, mit Hilfe eines astronomischen Fernrohres erstmals eine Fotografie von Sirius B geglückt.

Der auch in der Antike gut bekannte Fixstern Sirius gilt bei den Astronomen als Stern erster Größe. Sein Durchmesser wurde mit 2,7 Mio. km ermittelt und er strahlt 24-mal heller als unsere Sonne, die einen Durchmesser von etwa 1,39 Mio. km hat. Die Oberflächentemperatur unserer Sonne beträgt 5785 Grad Kelvin, das entspricht 5512 Grad Celsius. Der Stern Sirius hat eine fast doppelt so hohe Oberflächentemperatur, nämlich 9600 Grad Kelvin, entsprechend 9327 Grad Celsius. Sein Begleiter, Sirius B, hat fast die fünffache Oberflächentemperatur unserer Sonne, aber eine wesentlich höhere Dichte.

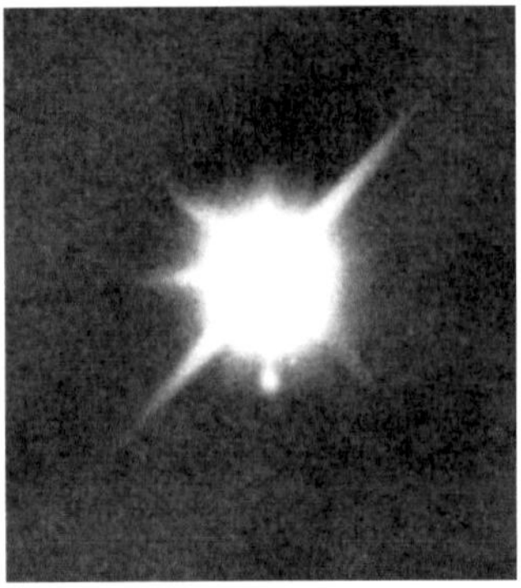

Abb. 3: Sirius A und Sirius B (unten klein). Aufnahme I. W. Lindenblad.

Ein Quadratmeter seiner Materie wiegt nicht weniger als 3 Mio. Tonnen. Sirius B gehört wegen seiner hohen Oberflächentemperatur und seiner geringen Größe zu den sogenannten "Weißen Zwergen". Er hat einen Durchmesser von 10.800 km, also weniger als unsere Erde mit ihren 12.756 km. Ein "Weißer Zwerg" ist ein Stern von relativ geringer Masse, der am Ende seines Lebens angelangt ist und der sich in einem Gravitationskollaps zusammenzieht, wodurch sich seine Dichte extrem stark erhöht.

Dieses Doppelsternsystem also, mit einem fast doppelt so großen und doppelt so heißen Zentralstern als unsere Sonne, mit einem Weißen Zwerg als Begleiter, mit ebenfalls hohen Oberflächentemperaturen und gigantischen Gravitationskräften, die sogar den Zentralstern ins Wanken bringen, vor Augen, muss man auf das Wissen der Dogon eingehen. Wie erstaunlich und aussagekräftig ist dieses Wissen tatsächlich? Lässt es wirklich den Schluss zu, außerirdische Intelligenzen vom Sirius müssen schon vor Jahrtausenden den afrikanischen Volksstamm der Dogon oder andere Völker im afrikanischen Raum besucht haben?

"Das Wissen der Eingeborenen über das Sirius-System, stammt von vier sudanesischen Völkerschaften: den Dogon im Gebiet von Bandiagara, den Bambara und den Bozo in Segou sowie den Minianka im Koutiala-Gebiet", steht in der deutschen Übersetzung des Aufsatzes *Un Systéme Soudanais de Sirius* von Griaule und Dieterlen im *Journal de la Société des Africanistes* im Buch von Temple.[45]

"Bei den Dogon, wo zwischen 1946 und 1950 die Hauptuntersuchungen stattfanden, waren die vier Hauptinformanten: Innekouzou Dolo, eine Frau von 65 bis 70 Jahren; Ongnonlou, ein 60 bis 65 Jahre alter Patriarch; Yébéné, ein 50 Jahre alter Priester; und Manda, ebenfalls ein Priester von 45 Jahren", berichten Griaule und Dieterlen, und weiter: "Als ganzes wurde das System ausführlich von Ongnonlou beschrieben, dass einen außerordentlich geheim gehaltenen Wissensschatz repräsentiert und nur ein Elementarwissen oder – wie die Bambara es nennen – 'leichtes Wissen' darstellt. Die Gesetze des Sirius-Systems stellt man teils sehr einfach, teils sehr kompliziert dar – dies, um die Aufmerksamkeit von weit geheimeren Berechnungen abzulenken. Das System entspricht einem Einweihungsgrad, dessen Träger aber nicht unbedingt selbst für die Berechnungen verantwortlich ist."

Dazu meinen die beiden französischen Forscher: "Was uns angeht, so haben wir uns durch die gesammelten Dokumente zu keinerlei Hypothesen verleiten lassen, und auch dem Ursprung der betreffenden Angaben sind wir nicht nachgegangen. Noch ungelöst ist die

Frage, ja sie wurde noch nicht einmal aufgeworfen, wie Menschen ohne astronomische Instrumente über Bewegung und Eigenschaften von Himmelskörpern Bescheid wissen konnten, die kaum sichtbar sind."[46]

Die Dogon feiern alle 60 Jahre ein als "Sigui" (= Zeremonie) bezeichnetes Ritual. Zweck dieses Rituals ist die Erneuerung der Welt. Ausführlich beschrieben wurde es von ihnen bereits 1931. Damals war der Sanga-Hogon, der 1935 inthronisiert wurde, der älteste Mann im dortigen Gebiet. Diese Sigui-Zeremonien kann man mit Hilfe der in diesem Zusammenhang angefertigten Holzmasken und gewissen Gärungsbottich-Einsätzen bis in das 12. Jahrhundert zurückverfolgen. Ongnonlou meinte sogar, es sollten eigentlich 24 solche Zeremoniengegenstände, die jeweils 60 Jahre darstellen, existieren, womit man in die Zeit (von 1935 aus gerechnet) um 500 n. Chr. kommt. Jedenfalls hängen die Namen, die die Dogon dem fraglichen Gestirn geben – sie nennen den Sirius "Sigi Tolo" (= Sigui-Stern) oder "Yasigi Tolo" (= Yasigi-Stern) – deutlich mit der alle 60 Jahre begangenen Feier der Welterneuerung zusammen, wie Temple berichtet.[47]

Dies zeigt sich auch in der "Sigui-Berechnung", die aus einer senkrechten Reihung von Winkelmustern besteht und in jeweils drei Teilen zu je 20 unterteilt wird. Der Ethnologe R. Bastide meint allerdings, dass "im allgemeinen die Welt in 22 Wesenskategorien gegliedert ist, die einander, Element und Element, genau entsprechen; es gibt 22 Insektenarten, 22 Tierarten, 22 Pflanzenarten, und auch der Mensch besteht aus 22 Teilen usw."[48] Was hat es also mit diesen 60 Jahren auf sich?

Nun, "Sirius selbst ist keineswegs die Grundlage dieses Systems. Seine Position bildet vielmehr nur einen der Brennpunkte innerhalb der Umlaufbahn eines winzigen, ′Digitaria′-Stern (po tolo) oder ′Yourougou′-Stern (yurugu tolo) genannten Himmelskörper, der seinerseits die entscheidende Rolle spielt und dem praktisch allein das Augenmerk der männlichen Eingeweihten gilt", heißt es in den Aufzeichnungen von Griaule und Dieterlen.[49]

Dieser Digitaria-Stern soll laut den Dogon eine Umlaufzeit von 50 Jahren haben, die aber doppelt gilt, "so dass man auf 100 Jahre kommt, denn auch die Sigui-Feiern begeht man in ′Zwillingspaaren′, um nicht vom Prinzip der Dopplung abzuweichen. Nach der Dogon-Überlieferung wurde, bevor man den ′Hungerreisstern (Digitaria)′ kannte, jeweils am Ende seines siebenten Regierungsjahres (nach der siebenten Ernte) der oberste Stammeshäuptling geopfert. Das war die einzige Zeitrechnung, die man kannte. Von Jahreszählungen wusste man damals noch nichts. Um das Opfer wieder zu beleben, wanderte dessen geistige und materielle Substanz auf den ′Hungerreisstern′, von dessen Existenz man zwar schon wusste, ohne indessen nähere Einzelheiten zu kennen, denn der Stern war unsichtbar, und Näheres war den Menschen noch nicht offenbart".

Dieser Regel unterwerfen sich also im Laufe von 49 Jahren die ersten sieben Häuptlinge. "Doch als der achte Häuptling den Stern entdeckt hatte, beschloss er, sich dem Schicksal seiner sieben Vorgänger zu entziehen. Von seinem Sohn unterstützt, stellte er sich tot, wartete ein paar Monate und erschien dann vor seinem Nachfolger. Dem erzählte er, er sei auf ′Digitaria′ gewesen, kenne dessen Geheimnisse, und fortan werde jeder Hogon 60 Jahre regieren – die Zeitspanne, die später ein Sigui-Fest vom anderen trennte."[50] So kam es zu der Zeitspanne von 60 Jahren.

Fassen wir also zusammen: Die Dogon feierten früher ihre Welterneuerungszeremonien alle sieben Jahre (sieben Ernten) und dann wurde der oberste Häuptling – der inzwischen sieben Jahre regiert hatte – geopfert. Damals kannte man bereits den unsichtbaren "Hungerreisstern", doch wusste man keine Einzelheiten. Der achte Häuptling beschloss dies zu ändern. Er behauptete, auf "Digitaria" gewesen zu sein und nun dessen Geheimnisse zu kennen. Er setzte darauf die Regierungszeit jedes Hogon von 7 auf 60 Jahre hinauf. Also müsste der "Hungerreisstern" eine Umlaufzeit von 60 Jahren und nicht von 50 Jahren haben – der achte Häuptling war ja dort. Auch Temple erkennt darin einen Widerspruch, dennoch ist er sich sicher, dass die Umlaufzeit 50 Jahre beträgt und beruft sich dabei auf P. Baize,[51] der den "Hungerreisstern" mit dem 1862 entdeckten Sirius B in Verbindung bringt.

Ich hatte mir schon 1979 vom Institut für Astronomie der Universität Wien entsprechende Informationen dazu eingeholt. Damals wurde mir durch Dr. Ernst Göbel folgendes brieflich mitgeteilt: "Die Entfernung zwischen den Komponenten A und B des Siriussystems ändert sich infolge starker Bahnexzentrizität in den Grenzen 3,06 bis 11,94 Astronomische Einheiten (1 AE = Entfernung Erde zur Sonne = 149,57 Mio. km, Anm. v. Autor); im Mittel 7,50 AE. Die Umlaufzeit ist unabhängig davon zu 50,09 Jahren ermittelt worden."[52] Es ist also richtig, dass der Sirius eine Umlaufzeit von 50 Jahren hat.

Es gibt aber in den Dogon-Aufzeichnungen noch weiteres über den "Hungerreisstern" zu berichten: "Der achte Hogon lehrte die Menschen. Durch ihn lernten sie die Besonderheiten des Sterns kennen, desgleichen aber auch die Eigenschaften des Siriussystems im Allgemeinen. Der weiße Stern – Sirius dagegen glüht rot – steht am Anfang aller Dinge. Als ersten aller Sterne schuf Gott den Hungerreisstern. ´Digitaria´ ist das ´Ei der Welt´, ´Aduno Tal´, das unendlich Kleine, das in seinem Werden alles Seiende aus sich entließ, Sichtbares oder Unsichtbares. Er besteht aus drei der vier Grundelemente: Luft, Feuer und Wasser. Das Erdhafte ist durch Metall vertreten. Zu Beginn war er nicht mehr und nicht weniger als ein Korn, ´Digitaria Exilis´, ein ´kleines Ding´ aus einem Kern, der sich in einer konischen Spirale dreht und dabei unaufhörlich Keime aussendet."[53]

Demnach können wir feststellen, dass der achte Häuptling die Eigenschaften des Siriussystems bekannt gab und dass Gott den "Hungerreisstern" als ersten schuf. Dies kann aber astrophysikalisch nicht gut möglich sein, denn erstens entstanden wahrscheinlich andere Sterne im Universum schon früher und zweitens wird wohl Sirius A als Zentralstern – wie auch unsere Sonne – vor Sirius B entstanden sein. Also kann Sirius B nicht das "Ei der Welt" sein, das "in seinem Werden alles Seiende aus sich entließ". Ein Stern kann zwar durchaus aus Wasser (Wasserstoff) und Feuer bestehen, doch mit Luft (4/5 Stickstoff, 1/5 Sauerstoff) wird es einige Schwierigkeiten geben – man bedenke dazu die ungeheuren Gravitationskräfte auf Sirius B.

Das "Erdhafte", das "durch Metall vertreten ist" könnte man vielleicht noch akzeptieren, aber Sirius B als ein "kleines Ding, das unaufhörlich Keime aussendet" und ursprünglich nicht weniger als ein Korn" war zu bezeichnen, ist doch etwas merkwürdig. Inzwischen würde Sirius B gar nicht mehr existieren, wenn er so viele "Keime" verliert. Eher ist es umgekehrt, da sich ein Stern aus einem ursprünglich kosmischen Nebel, aus unzähligen kosmischen "Keimen", verdichtet und dadurch auch Planeten entstehen können.

Aber noch weitere Eigenschaften des "Hungerreissterns" der Dogon können mit den tatsächlichen Eigenschaften von Sirius B nicht gleichgesetzt werden. So ist der Stern "Digitaria´ seit Anbeginn Stoff gewordene, schöpferische Bewegung. Sein erstes Produkt ist eine außergewöhnlich schwere Masse, die sich außen am Mantel (bzw. an der Hülle) der Bewegungsfigur festsetzt, die das Korbsieb versinnbildlicht. Die so zustande gekommene Masse erinnert an einen Mörser – doppelt so groß wie das sonst von Frauen benutzte, gewöhnliche Gerät dieser Art. Nach der Version, die man den Männern erzählt, enthält dieser Mörser drei Abteilungen: In der ersten befinden sich sämtliche Wasserwesen, in der zweiten alle Landbewohner, in der dritten alle Bewohner der Luft. Tatsächlich stellt man sich den Stern als ein dickes Oval vor, dessen untere Hälfte eine Spirale mit drei Windungen (den drei Abteilungen) bildet", schreibt Temple.[54]

Wir lesen hier wieder von der Unwahrscheinlichkeit, dass Sirius B (also Digitaria) der "Anbeginn der Schöpfung" ist und es wird nicht der Stern selbst, sondern "sein erstes Produkt" als eine "außergewöhnlich schwere Masse" bezeichnet. Auch heißt es: "Das Ding, das hervorgeht, das (aus dem Stern) heraustritt, wird täglich so groß wie es selbst. Mit anderen Worten: was der Stern aus sich entlässt, nimmt täglich um das eigene Volumen zu." Es ist also nicht der Stern selbst so außergewöhnlich schwer, sondern lediglich sein Produkt und außerdem heißt es an anderer Stelle etwas verwirrend: "Weil er diese Funktion hat, ist der Stern, der als kleinster gilt, zugleich der schwerste Himmelskörper: DIGITARIA ist das kleinste Ding, das es gibt. Es ist der schwerste Stern."[55]

Diese Ansichten sind natürlich astrophysikalisch völlig falsch, denn erstens ist Sirius B weder der kleinste noch der schwerste aller Himmelskörper, und zweitens wird es auf ihm kaum "Wasserwesen, Landbewohner und Bewohner der Luft" geben. Bei einer Oberflächentemperatur von 24.727 Grad Celsius und der mehr als hunderttausendfach stärkeren Anziehungskraft als auf der Erdoberfläche, ist dies wohl nicht gut möglich. Die Dogon kennen auch offenbar nicht den Unterschied zwischen Sterne und Planeten, denn in ihrem Sirius-System sind alle Himmelskörper Sterne und es besteht keineswegs nur aus zwei Sternen. Der Stern "Emma Ya" z.B., "(weibliches Kaffernkorn, weibliche Kaffernhirse), ist größer als Digitaria, aber viermal so leicht. Er umrundet den Sirius in gleicher Richtung wie Digitaria und in der gleichen Zeit (50 Jahre), nur auf einer viel weiteren Bahn".[56]

Dieses ist wiederum astrophysikalisch nicht sehr wahrscheinlich, da ein Stern (tatsächlich gibt es auch mehrere Sterne, die um ein gemeinsames Zentrum rotieren) in "einer viel weiteren Bahn" auch eine längere Umlaufzeit haben muss – was mit der Himmelsmechanik zusammenhängt. So schreibt z.B. Irving Lindenblad: "Bei den zahlreichen beobachteten Dreiersystemen von Sternen, die sich um ein gemeinsames Schwerkraftzentrum bewegen, fand man, dass das dritte Element STETS einen VIEL größeren Abstand und (eine entsprechende) Periode als die beiden anderen Komponenten hat. Die Himmelsmechanik macht dieses Phänomen klar, denn es lässt sich demonstrieren, dass ein Dreifachsystem instabil ist, wenn die beiden Sekundärsterne fast gleich weit vom Gravitationszentrum des Systems entfernt sind."[57]

Für Dr. Paul Murdin, vom Königlichen Observatorium in Greenwich, gibt es jedenfalls keinen Grund, "dass es nicht auch einen Sirius C geben sollte, vielleicht einen weiteren Weißen Zwerg, von Sirius A um den vierhundertfachen Halbmesser unserer Sonne entfernt, dessen Umlaufbahn in der Himmelsebene liegt, so dass er die radiale Geschwindigkeit von Sirius A nicht beeinträchtigt".[58]

Demzufolge würde sich Sirius C in einer Entfernung von etwa 280 Mio. km um Sirius A bewegen. Dies wäre noch innerhalb der Bahn von Sirius B, der in einer Entfernung zwischen etwa 457,4 Mio. und 1,78 Mrd. km – im Mittel 1,12 Mrd. km – um Sirius A rotiert. Zahlreiche neue Beobachtungen haben jedoch gezeigt, dass dieses und auch andere Annahmen, wonach Sirius B selbst wieder aus zwei Komponenten besteht, nicht bestätigt wurden. Ein so naher Begleiter müsste sich nämlich in einer kurzperiodischen Bahnbewegung des Hauptsterns auch dann bemerkbar machen, wenn der vermutete Begleiter als Weißer Zwerg selbst unerkannt bliebe.

Das Sirius-System der Dogon setzt sich aber – wie schon erwähnt – aus mehreren Sternen zusammen (siehe Abb. S. 22). So aus dem "Yourougou-Stern" (5), der "geradewegs zur Erde niederfuhr", was durch ein sichelartiges Zeichen, das nach unten offen ist dargestellt wird. Dann gibt es einen "Frauen-Stern" (6), genannt "Nyan Tolo", ein Trabant von "Emme Ya", dem "Frauenzeichen" (7), das die Beziehung zwischen den Geschlechtern symbolisiert. Dann gibt es einen Stern, der das Geschlechtsteil der Frauen darstellt, ein nach unten geöffnetes Oval (8), und schließlich den "Nommo-Stern" (9) selbst, der durch einen senkrechten Strich mit einer "in drei ungleiche Teile gebrochenen" Linie, nach unten offen – wie es heißt –, dargestellt wird. Er ist der Sitz der Frauenseele der Zukunft, der Seelen Verstorbener und der Lebenden. Im Ganzen ist das System dargestellt, als ein auf die Spitze gestelltes eiförmiges Gebilde, mit den jeweiligen Symbolen darin – Sirius A befindet sich links außen (1).

Sieht man sich diese Darstellung unvoreingenommen an, dann kann man eigentlich keinen vernünftigen Bezug zu einem typischen astronomischen System erkennen. Der Zentralstern ist weit entfernt vom Brennpunkt einer Ellipse und er würde in dieser Stellung keine homogenen Umlaufbahnen für etwaige Planeten zulassen. Der als Sirius B definierte "Hungerreis-Stern" (2 und 3) umläuft in dieser Darstellung auf sehr merkwürdige Weise sämtliche andere "Sterne". Besonders zu beachten ist der "Frauen-Stern" (6), der sich um den "Kaffernhirse-Stern" (4) bewegen soll. Versucht man das astronomisch darzustellen, so erkennt man, dass das Sirius-System der Dogon – falls es sich um ein echtes Sternsystem handelt – wohl ganz anders aussehen müsste (siehe Abb. S. 23).

1 Sirius
2 Hungerreis-Stern
Digitaria Pos. 1
3 Hungerreis-Stern
Digitaria Pos. 2
4 Kaffernhirse-Stern
5 Yourougou-Stern
6 Frauen-Stern
7 Frauenzeichen
8 Geschlechtsteil der Frauen
9 Nommo-Stern

Abb. 4: Das Sirius-System (Dogon-Zeichnung).

Von diesem Sternsystem soll also ein Lebewesen gekommen sein, dass den Dogon und – nach Temple – auch den Ägyptern und den Babyloniern, die Kultur brachte. Es handelt sich um den sogenannten NOMMO, wie ihn die Dogon nennen – oder vielmehr den NOMMO's, eine Art fischähnlicher Wesen. Die Dogon wissen nämlich zu berichten, diese

Wesen "seien in einer 'Arche' gelandet, die aussah wie eine Art Spirale", die "das Drehen und Wirbeln der vom Himmel herabgekommenen Arche" darstellen soll. Die von den Dogon hergestellten "Sirigi-Masken-Muster" sollen dies symbolisieren und aussehen "wie Raketen getriebene Raumschiffe".[59] Es handelt sich um vertikale geometrische Muster, ähnlich Obelisken.

R. Bastide beschreibt diese Herabkunft auf etwas andere Weise: "Der höchste Gott Amma schuf die Erde und heiratete sie dann; die Klitoris der Erde aber, durch einen Termitenhügel dargestellt, widerstrebt dem göttlichen Phallus, und Amma musste seine Gattin beschneiden, um sie besitzen zu können. Dieser Vereinigung entstammte Jurugu."

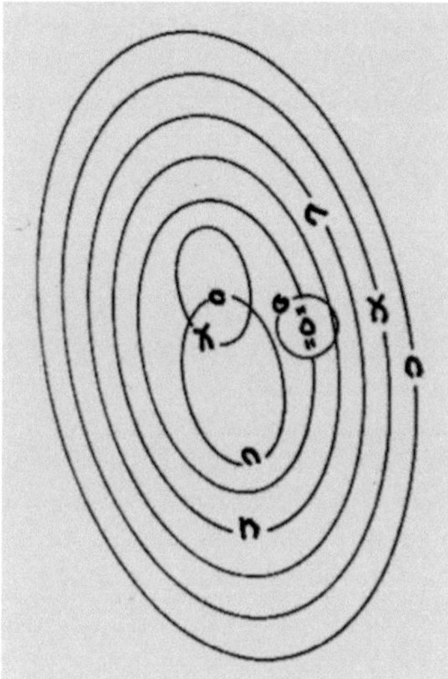

Abb.5: Hypothetische astronomische Darstellung eines Sternsystems mit den Dogon-Zeichen (vom Autor).

Jurugu "wird Unordnung in die Welt bringen. Doch Amma befruchtet die Erde erneut durch den Regen, und aus diesen neuen Vereinigungen entsprangen die Zwillinge Nommo, ein männlicher und ein weiblicher, und diese werden zum Vorbild künftiger Schöpfungen. Später schickte Nommo den Menschen auch den ersten Schmied, der entlang des Regenbogens in einer Arche herunterstieg, in der er von jedem Lebewesen und Gestein, auch von jeder Fertigkeit, je ein Exemplar mit sich führte."[60] Hier erkennt man deutlich eine Ähnlichkeit mit der babylonischen und später auch biblischen Schöpfungsgeschichte, die teilweise auch in den Mythen und Legenden anderer Völker zu finden ist.

Wie schon erwähnt meinte Temple, dass bereits die Babylonier das Wissen um das Siriussystem besaßen und er zitiert den babylonischen Priester Berossos (um 340 bis um 280 v. Chr.), der den Nommo offenbar besonders gut kennt. Er berichtet in seinen Aufzeichnungen über die Urzeit Babylons von einem Wesen Namens "Oannes", das einst aus dem Erythräischen Meer auftauchte: "Der gesamte Körper des Tieres glich dem eines Fisches, unter dem Fischkopf besaß es einen anderen Kopf, und unten am Körper hatte es auch Füße, ähnlich denen eines Menschen. Sie waren unterhalb des Fischschwanzes angewachsen. Auch seine Stimme und seine Sprache waren klar und menschlich, und noch bis auf den heutigen Tag bewahrt man eine Darstellung von ihm auf. Sank die Sonne, so pflegte dieses Wesen ins Meer zu springen, und die ganze Nacht brachte es in der Tiefe zu, denn es war ein Amphibium." Auf babylonischen Rollsiegeln sind tatsächlich seltsame Fischgötter zu sehen. Temple erkennt in diesen "schlüpfrigen Kreaturen"[61] intelligente

Besucher aus dem Weltall.

Ich befragt dazu schon 1977 in einem Brief den Biogenetiker Prof. Dr. R. W. Kaplan, ob ein vorwiegend im Wasser lebendes Wesen eine Intelligenz entwickeln kann, die der des Menschen entspricht und er antwortete darauf folgendermaßen: "Das ist nicht sicher zu beantworten, da wir zu wenig wissen über Voraussetzungen der Evolution von Intelligenz. Es könnte möglich sein, dass dafür sehr vielfältige und schnell sich ändernde Milieus nötig sind, was wohl im Wasser weniger wahrscheinlich zutrifft als auf dem Lande."[62]

Die zwei Anthropologen Doris und David Jonas sind in ihrem 1977 erschienenen Buch *Die Außerirdischen*, wo sie möglichen Lebensformen im Weltall nachgehen, der Meinung, dass solche Lebewesen eine Umwelt benötigen, "in der die Wassertiefe nicht alleiniger Faktor ist. Es muss sich um eine Umwelt handeln, wo Gliedmaßen oder zumindest Hände von Nutzen sind, eine Umwelt, die zu Manipulation herausfordert".[63] Auf unserer Erde gibt es ja durchaus intelligente Lebewesen auch im Wasser – z. B. die Delphine und die Wale –, eine technische Kultur haben sie jedoch nicht hervorgebracht und schon gar nicht haben sie die Fähigkeit entwickelt Raumschiffe zu bauen.

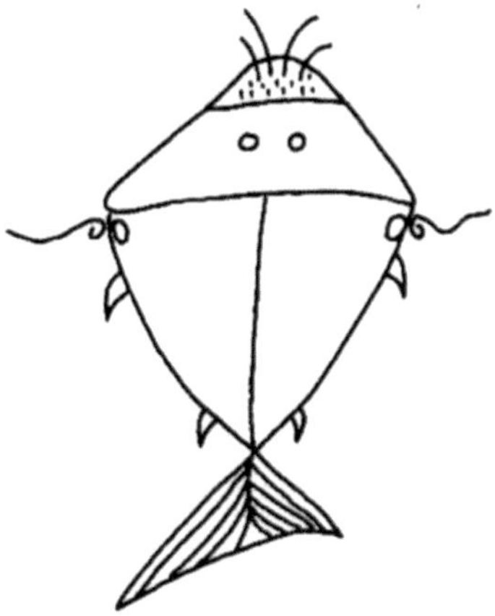

Abb. 6: Der Nommo (Dogon-Zeichnung).

Die Wesen nach den Dogon-Aufzeichnungen sehen weniger Raumfahrer ähnlich als vielmehr gewöhnlichen Fischarten. Sie haben auch keine Beine und keine Hände. Die von Berossos geschilderten Wesen kamen tagsüber an Land und blieben nachts im Meer. Für Fischwesen wäre das sehr ungewöhnlich, denn sie können sich nicht lange an Land aufhalten. Es sei denn, wir haben es hier mit ganz anderen Wesen zu tun. Vielleicht waren sie durchaus menschlich, jedoch trugen sie vielleicht eine bestimmte Kleidung, die sie zu fischähnlichen Wesen machte.

Denken wir nur an unsere Tiefseetaucher mit ihren Neoprenanzügen, den Taucherbrillen, den Atemgeräten und den Schwimmflossen. Bei technisch ungebildeten Völkern könnten sie durchaus den Eindruck von Fischwesen erwecken. Auch Raumschiffe könnten, wie wir durch die Apollo-Raumflüge gesehen haben, im Meer landen und sich dort auch längere Zeit aufhalten. Vielleicht waren die von den Dogon und von den Babyloniern geschilderten Wesen mit etwas anderen Attributen ausgestattet als unsere Tiefseetaucher sodass sie noch fischähnlicher wirkten. Wir können natürlich nicht völlig ausschließen, dass es sich bei den genannten Lebewesen der Dogon oder der Babylonier um außerirdische Raumfahrer gehandelt hat, doch die Zweifel sind groß.

Die Orientalisten nämlich sprechen dem babylonischen Priester eine blühende Phantasie zu, weil er auch sonst in seinen Schöpfungsgeschichten von merkwürdigen Kreaturen mit zwei Flügeln, Ziegenbeinen, Pferdebeinen, von Stieren mit Menschenköpfen und von Lebewesen mit Fischschwänzen und mit Gliedern jeder Art berichtet. Die "Fischwesen" bei Berossos muss man nicht unbedingt wörtlich nehmen, sie sind bei ihm ein Synonym für weise Menschen, wie die Orientalisten meinen.[64]

Den Ägyptern war ja der Stern Sirius ebenfalls gut bekannt, sie berechneten ihre Jahre nach dem Erscheinen des Sterns. Deshalb sieht auch Temple darin einen Zusammenhang mit den Überlieferungen der Dogon. Die Ägypter sollen gleich mehrere Gottheiten verehrt habe, die mit dem Sirius in Verbindung gebracht wurden. "Ein ähnlicher Name wie Anubis (im Ägyptischen eigentlich ANPU) und gleichfalls mit Isis-Sothis (Sirius) verbunden ist Anukis – so hieß eine Göttergefährtin der Sothis, die (neben der Göttin Satis) auf ägyptischen Malereien im gleichen Himmelsboot wie Sothis fährt. So sind drei Göttinnen zusammen – möglicherweise Verkörperungen von Sirius A, Sirius B und Sirius C", meint Temple.[65]

Die ägyptischen Götter waren aber vielgestaltig (polymorph) und veränderlich. "Sie sind keine Fixsterne am Himmel, keine festen Größen, und sie haben menschliche Züge insofern, als sie altern und sterben", wie Ägyptologen wissen. Sie waren lediglich menschliche Wesen, die mit den Sternen in Verbindung gebracht wurden.[66]

Die Ägypter waren wie versessen auf den Sirius eingestellt, obwohl sie mit ihm erhebliche Probleme hatten. Sie machten auch dann keine Anstalten sich vom Sirius-Kalender zu trennen, als sie erkannten, dass sich der morgendliche Aufgang des Sterns mit den Jahren mehr und mehr verspätete. Erst im 4. Jahrhundert n. Chr. wurde eine Reform eingeleitet.

Für die Sumerer war der Sirius von ähnlicher Bedeutung. Auch sie bezogen sich vorerst auf das einfache 365-tägige Jahr und wechselten später zu dem genaueren Sirius-Jahr von 365,25 Tagen. Auf sumerischen Rollsiegeln werden zwar gelegentlich eigenartige fischähnliche Schöpferwesen abgebildet, jedoch meistens geflügelte Gottheiten in Verbindung mit kosmischen Szenen.

Auch den Persern, die ja nicht weit vom mesopotamischen Raum entfernt waren, war der Sirius gut bekannt. Sie nannten in "Tir" und sie erzählten sich eine Legende, wonach ein feuriger Gott Namens Vahagn im Wasser wohnte, wo das Schilfrohr wächst, als leicht entzündende Nahrung für das Feuer.

Fragt man sich nun woher die Dogon ihren Sirius-Kult haben, dann kann dieser durchaus von fremden Menschen eingebracht worden sein. Das Gebiet der Dogon ist schon sehr früh vom Islam überschwemmt worden, noch bevor dort 1949 Missionare eintrafen. Schon 650 n. Chr. setzten sich in Nordafrika – vorerst allerdings nur in den Städten – die Araber dauernd fest und 1468 eroberten die Lemta-Berber Timbuktu. Um 1500 wurde Timbuktu zum Zentrum des islamischen Schriftgelehrtentums. Ahmed Baba besaß hier allein eine Bibliothek von 1600 Handschriften. Im Jahre 1893 wurde Timbuktu von den Franzosen besetzt. Es könnten also schon vor den Untersuchungen der französischen Forscher Griaule und Dieterlen in den Jahren 1946 und 1950 Einflüsse vorhanden gewesen sein, die von den Dogon übernommen wurden.[67]

In den Jahren 1903 und 1906 besuchte der Leutnant der französischen Armee Louis Deplanges die Dogon wegen ihrer Ritualmasken. Im Ersten Weltkrieg, zwischen 1914 und 1918, kämpften Stammesangehörige der Dogon als Soldaten in der französischen Armee. Im Jahre 1921 besuchte der Ethnologe Robert Arnaud die Dogon, die seither auch regelmäßig von christlichen Missionaren aufgesucht wurden. Schon im Jahre 1893 soll sich ein Team von Astronomen in Mali aufgehalten haben, um dort eine Sonnenfinsternis zu beobachten. Der ungarische Astronom István Guman vermutete hier einen astronomischen Einfluss auf das Sirius-System der Dogon, das vom Nachbarvolk der Bambara ausgegangen sein könnte, von dem aber keine Kenntnisse über das Sirius-System bekannt sind. Lediglich die Dogon entwickelten ein solches. Das Dogon-Wissen kann also durchaus ein "leichtes Wissen" über astronomische Vorgänge sein, das von außen eingebracht wurde – und natürlich auch ein bestimmtes Wissen über den am Nachthimmel gut sichtbaren Stern Sirius.

Der niederländische Ethnologe Walter E. A. van Beek, von der Universität Utrecht, hat von 1979 bis 1990 bei den Dogon gelebt. Ihm war aufgefallen, dass sich die Sirius-Erzählungen nach Griaule und Dieterlen bei den Dogon beim besten Willen nicht finden und dass eine neue und ernsthafte Überprüfung dieser Aussagen notwendig ist. Der Ethnologe hat auch feststellen müssen, dass die Sterne an sich keine besondere Rolle in der Mythologie der Dogon spielen. "Van Beek machte nicht nur Griaules Gewährsmänner ausfindig, sondern auch den Übersetzer, der zwischen Griaule und den Einheimischen agierte. Diesen hat er die Frage nach Sirius und Sirius B gestellt, wofür er nur mit fragenden Blicken belohnt wurde. Keiner von ihnen konnte damit etwas anfangen. Sie kannten nicht einmal die Begriffe *sigi tolo* oder *po tolo*. Die Dogon kennen natürlich Sirius und haben auch den anderen Sternen im Sternbild des Großen Hundes Namen gegeben, und auf genau diese Sterne hätten sie damals gezeigt, als sie Griaule über dieses Sternbild berichteten." Das sagten ein Übersetzer und ein Gewährsmann dem Ethnologen höchstpersönlich. "Van Beek fragte nach, ob ihnen ein unsichtbarer Begleiter des Sirius bekannt sei, erntete aber erneut nur Blicke aus großen Augen. Er folgerte daraus, dass Griaule hier etwas hineininterpretiert hat, was es bei den Dogon nicht gibt, nämlich detaillierte Kenntnisse über ein Doppelsternsystem in unserer kosmischen Nachbarschaft."[68]

Temple hat sich zwar sehr um jedes Detail bemüht, das mit außerirdischen Wesen vom Sirius zusammenhängen könnte, doch gibt es auf unserem Planeten, der zu zwei Drittel von Wasser bedeckt ist, auch eine Menge Legenden über amphibische Wesen – denken wir nur an die Meerjungfrauen und die Seeungeheuer. Auch die Zahl 50 findet sich vielerorts als mehr oder weniger mystische Zahl, sie muss nicht zwangsläufig mit dem Sirius zusammenhängen. Es bleibt nach wie vor bei der negativen Aussage der Astronomen: Im Sirius-Bereich gibt es "kaum besonders günstige Voraussetzungen für das Entstehen und die Existenz intelligenter Lebewesen".[69]

Seit dem Jahre 1960 suchen verschiedene öffentliche und private Institutionen mit astronomischen Geräten den Sternenhimmel nach Signalen von fremden Intelligenzen ab, und die beiden Astronomen James C.G. Walker und Gordon W. Pace suchten im Jahre 1974 speziell in Doppelsternsystemen. Den Sirius schlossen sie von vornherein aus, denn dort ist nach Meinung der Astronomen kein höheres Leben zu erwarten. Das muss nicht der Weisheit letzter Schluss sein, doch es ist immerhin bemerkenswert.

Der Astronom und Philosoph Prof. Dr. Louis Navia, gibt in seinem Buch *Unsere Wiege steht im Kosmos* für die häufigsten Sterntypen die Lebenstoleranzzonen – also den Bereich in einem Sonnensystem in dem höher entwickeltes Leben entstehen könnte –, zwischen 120 und 300 Mio. km vom Zentrum an.[70] Ein Leben tragender Planet in 300 Mio. km vom Zentralstern entfernt, hat wahrscheinlich eine Sonne mit Oberflächentemperaturen um 30.000 Grad Celsius. Der Sirius B dagegen hat eine Oberflächentemperatur von 24.727 Grad Celsius wie wir gehört haben. Er entfernt sich bis auf 1,78 Mrd. km von Sirius A. Demzufolge müsste sich ein Planet im Siriussystem in einer Entfernung von mindestens 2

Mrd. km von Sirius A befinden. Diese Entfernung wäre aber sicher äußerst ungünstig für die Entstehung von etwaigen höheren Lebensformen auf diesem Planeten.

Der Astronom Dr. Su-Shu Huang, vom Dearborn Observatorium, hat sich bereits in den frühen siebziger Jahren des 20. Jahrhunderts mit den Leben begünstigenden Regionen in der Nachbarschaft von Doppelsternsystemen auseinandergesetzt und dabei sogar eine "Achterbahn", jeweils um einen Stern, berücksichtigt. Er meinte schließlich, diese Sternkombination sei zwar denkbar, "aber wenn sie einmal zustande kam, dürfte sie wahrscheinlich schon bald in eine andere Sterngruppierung zerfallen sein – dies jedenfalls lange bevor Leben im Siriussystem genügend Zeit gehabt hätte, sich zu entwickeln".[71]

Die Astronomen nehmen außerdem an, dass ein Stern mit zweifacher Sonnenmasse, wie Sirius B, nicht mehr als eine Milliarde Jahre leben würde, bevor er sich zu einem sogenannten "Roten Riesen" aufbläht. Dieser Zeitraum wäre nicht lange genug für die Entstehung von Leben und falls dies doch geschehen sollte, wäre ein Planet durch den Energieauswurf beim Aufblähen, gefolgt von einem stellaren Sturm, förmlich geröstet worden.

Nach Beobachtungen von Sirius B durch den Astronomen H. L. Shipman, von der Universität von Delaware, ist seit den letzten 30 Mio. Jahren dieser Weiße Zwerg im Abkühlen und er sendet laufend schwache Röntgenstrahlen aus, was wenig für Leben spricht. Mit dem Weltraum-Röntgen-Observatorium Chandra wurde am 28. Oktober 1999 eine sehr gute Aufnahme von Sirius B gemacht. Astronomen haben im Jahre 2001 eine "possibly disrupted habitable zone",[72] also eine mögliche bewohnbare aber instabile, sich bald auflösende Zone um Sirius A berechnet. Danach würde Sirius B ständig die Bahn eines in dieser Zone existierenden Planeten kreuzen und damit diesen laufend gefährden. Obwohl es inzwischen Hinweise auf Planeten in Doppelsternsystemen gibt, scheint dort höheres Leben nicht möglich zu sein.

Schon im Jahre 1973 bemerkte der Astronom Irving W. Lindenblad, dass es keinen Hinweis gibt, auf einen weiteren Begleiter von Sirius A und Sirius B.[73] Am 22. Januar 1979 schrieb ich persönlich einen Brief an Dr. Lindenblad und fragte ihn, was er vom "Sirius-Rätsel" hält. Am 6. Mai 1979 antwortete er mir, dass das von Temple veröffentlichte Foto (*Das Sirius-Rätsel*, Abb. 1) von Sirius B nicht das erste war, sondern ein Foto aus der ersten Serie mehrerer Fotos und weiter: "Ich habe mich gewundert, wie viele andere Fehler in dem Buch von Temple sind und ich möchte mich darüber lieber nicht äußern. Auch weil Temples Buch einfach kein astronomisches Werk ist und daher nicht in mein Gebiet fällt."[74]

Außerdem geht die relative Bahnbewegung von Sirius B, wie im Buch von Temple anhand einer hypothetischen Zeichnung angedeutet wird, keineswegs hervor. Die Zeichnung wurde willkürlich den modernen Berechnungen angepasst, "denn es besteht natürlich keinerlei Möglichkeit, aufgrund der Informationen der Dogon mit Sicherheit die Umlaufgeschwindigkeit des ′Hungerreissterns′ (Digitaria) festzustellen", wie Temple selbst schreibt.[75] Dr. Lindenblad schrieb schon 1973 an Temple: "Was Ihre Umlaufdiagramme des Sirius angeht, so hat meine Arbeit damit überhaupt nichts zu tun. Die Veränderungen, mit denen ich mich befasst habe, betreffen sehr kleine Quantitäten, die sich nur mit großen Teleskopen feststellen lassen, und selbst mit solchen Instrumenten bedarf es noch ausgedehnter Beobachtungen."[76]

Der Astronom Robert S. Harrington, vom U.S. Naval-Observatorium, hat schon Ende der siebziger Jahre gezeigt, dass in planetaren Umlaufbahnen der "bewohnbaren" Zone um Sirius, kaum Wasser in flüssigem Zustand existieren würde, und dass es daher

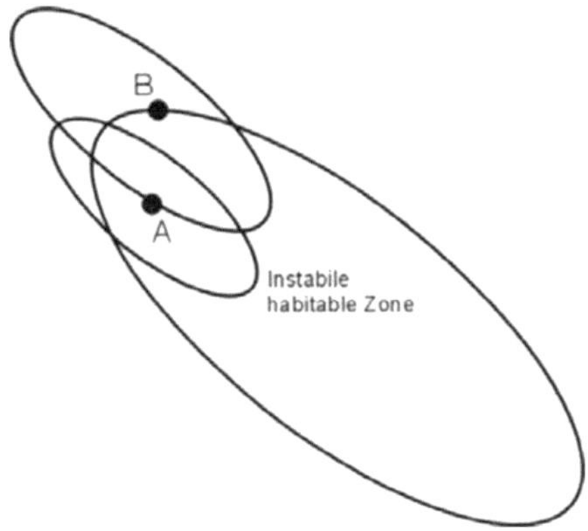

Abb. 7: Habitable, jedoch instabile Zone um Sirius A.

unwahrscheinlich ist, dass irgendwelche amphibische Lebewesen dort existieren.

Der Astronom Prof. Dr. W. H. McCrea, von der Universität von Sussex, in England, schrieb ebenfalls 1973 an Temple und dabei folgendes: "In Ihrer geist- und einfallsreichen Untersuchung ägyptischer, sumerischer und griechischer Mythen haben Sie, so scheint es, gezeigt, dass es bei einigen Völkern VIELLEICHT Vorstellungen von einem dunklen, dichten Stern gab, der möglicherweise mit Sirius in Verbindung gebracht wurde. Mehr aber scheint mir, wie ich sagte, nicht festzustehen."[77]

Bei allem Bemühen um die Auffindung von Hinweisen auf Besuche von außerirdischen Intelligenzen in den Aufzeichnungen der Dogon muss man erkennen, dass sich darin bestenfalls ein "leichtes Wissen" über einen bestimmten Fixstern befindet. Die Dogon kennen anscheinend einen Stern, der am nächtlichen Himmel mit dem freien Auge gut sichtbar ist und dem sie ihre Gunst erweisen. Ähnliches findet sich bei den Ägyptern und den Babyloniern. Zur Erklärung der Welt kamen die Dogon mit einem Stern nicht aus und so entwickelten sie ein eigenes "Sternsystem", das mit einem astronomischen wenig zu tun hat. Wenn sie auch meinen, ein Stern bewegt sich um den anderen, so ist das ein Wissen, das sich aus gewissen Überlegungen begründet, und das auch andere Völker entwickelt haben. Es muss daraus nicht zwangsläufig ein Kontakt mit Außerirdischen abgeleitet werden.

Die Dogon bezeichnen einen ihrer "Sterne" lediglich als "das kleinste Ding, das es gibt", und als "schwersten Himmelskörper". Dies aber nur deshalb, "weil das was der Stern aus sich entlässt, täglich um das eigene Volumen zunimmt", was auf den Sirius B nicht zutrifft. Digitaria ist außerdem nur so schwer, "dass alle Erdenwesen zusammen ihn nicht heben können", und wiegt so viel "wie 480 Eselslasten (etwa 35.000 kg)".[78] Dabei handelt es sich zwar um die denkbar größte Zahl, die sich die Dogon vorstellen können, doch würde der Hinweis – wenn das Wissen tatsächlich von Außerirdischen stammen sollte – auf 480 Erdenlasten oder gar Sternenlasten (auch z.B. so viel wie 480 Sigui-Sterne) schon eher stutzig machen. Tatsächlich wiegt Sirius B etwa 600.000-mal so viel wie unsere Erde. Seine Gravitation an der Oberfläche ist 400.000-mal stärker, als die Gravitation auf der Erde. Dies müsste aus dem Wissen der Dogon hervorgehen, wenn es von Außerirdischen stammen würde. Alles was die Dogon aber wissen, sind Erkenntnisse eines astronomisch unterentwickelten Volkes.

U. S. Naval Observatory
Washington, D. C. 20390
May 6, 1979

Mr. Walter Hain
Austria

Dear Mr. Hain:

Please have my sincerest apology for taking so long to answer your letter of January 22. There is an error in Robert Temple's description of my work. My photographs of Sirius B were not the first photographs ever taken of this object. Rather, the photographs that I made constituted the first series taken over an extended period of time so that I was able to look for irregularities in the motion of Sirius B.

Because of this incorrect reporting of my own work by Mr. Temple, I have wondered about how many other errors there are in his book and, consequently, I would rather not comment on it. Also, of course, most of Temple's book is simply not astronomical in nature and is outside my field of competence.

I do not have any new information regarding Sirius. Please have my very best regards and good wishes in your work.

Sincerely yours,

Irving W. Lindenblad

Irving W. Lindenblad

Abb. 8: Brief von Irving W . Lindenblad vom 6. Mai 1979.

Dass ein Stern oder überhaupt ein Himmelskörper ungeheuer schwer sein muss, ist ja auch für ein weniger entwickeltes Volk schon aus praktischen Überlegungen heraus durchaus vorstellbar. Ein Stein ist schwer, zwei Steine sind schwerer, drei Steine noch schwerer, ein großer Stein besonders schwer, ein Berg ungeheuer schwer, ein Gebirge unvorstellbar schwer, usw. Also muss ein ganzer Landstrich oder ein ganzer Himmelskörper noch um vieles schwerer sein – und eben auch ein Stern. Schon aus diesen Überlegungen heraus, wären die Dogon ein für irdische Verhältnisse außergewöhnlich intelligentes Volk. Daraus kann aber kein Kontakt mit außerirdischen Intelligenzen zwingend abgeleitet werden.

Die Götter vom Zwölften Planeten

Außerirdische aus unserem Sonnensystem?

Der Altertumsforscher Zecharia Sitchin schreibt in seinem 1976 erschienenen Buch *The Twelfth Planet* (deutsche Ausgabe *Der Zwölfte Planet*, 1979): "Der Wohnsitz der Götter lag innerhalb unseres Sonnsystems."[79] Er widerspricht damit der Meinung vieler Prä-Astronautik-Autoren, dass die Außerirdischen von einem zumindest mehrere Lichtjahre entfernten Sonnensystem zur Erde kamen. Er nennt diese Ansicht "eine gefahrlose Umgehung des Problems" und meint sogar diese Erklärung sei "aus der Luft gegriffen".[80] Damit machte er sich nicht bei allen beliebt. Wie steht es aber mit Sitchins Erkenntnissen? Sind diese nicht aus der Luft gegriffen?

In den vergangenen Jahren scheint Sitchin Nahrung für seine Ansicht bekommen zu haben. Wie wir – und auch die astronomische Fachwelt – wissen, besteht unser Sonnensystem nun aus acht Planeten: Merkur, Venus, Erde, Mars, Jupiter, Saturn, Uranus und Neptun. Dem Pluto wurde im Jahre 2006 der Planetenstatus abgesprochen. Seit vielen Jahren schon versucht Sitchin seine Theorie irgendwie glaubhaft zu machen und auch zu beweisen; und er verfolgt dabei jede Meldung über mögliche neue Planeten in unserem Sonnensystem. Und tatsächlich sind auch einige ernstzunehmende Astronomen der Ansicht, dass es jenseits der Pluto-Bahn noch weitere größere Himmelskörper geben müsste. Dort befindet sich nämlich der sogenannte Kuiper-Gürtel, eine Ansammlung von zahlreichen Brocken, die bei der Entwicklung des Sonnensystems übrig geblieben sind. Diesen Gürtel haben die beiden Astronomen Kenneth E. Edgeworth und Gerard P. Kuiper in den Jahren 1949 bis 1951 postuliert. Inzwischen ist diese Entdeckung von den modernen Astronomen mehrfach bestätigt worden – und sie haben dort sogar größere Himmelskörper entdeckt.

Der Kuiper-Gürtel dürfte sich in einer Entfernung von 30 bis 100 Astronomischen Einheiten, AE, also zwischen 4,4 und 14,9 Mrd. km von der Sonne befinden. Er soll im Bereich zwischen 30 und 50 AE etwa 70.000 Objekte umfassen, die einen Durchmesser von über 10 km haben. Insgesamt soll der Gürtel an die 10 Mrd. Objekte besitzen die größer als 1 km sind und 10 Mio. die größer als 10 km sind. Der Kuiper-Gürtel ist auch die Heimat der kurzperiodischen Kometen von denen einige in ihrer Bahn den anderen Planeten – und sogar der Erde – gefährlich nahe kommen können.

Im Jahre 1977 schon entdeckte der Astronom Charles Kowal ein Objekt mit einer Größe von 160 bis 200 km im Durchmesser. In seiner elliptischen Bahn entfernt es sich zwischen 8,42 und 18,9 AE von der Sonne. Von den Astronomen wurde dieser Himmelskörper Chiron genannt, nach dem Kentauren aus der griechischen Mythologie. Ist das der von Sitchin postulierte "Zwölfte Planet"? Nach weiteren Beobachtungen im Jahre 1988 zeigte sich, dass sich die Helligkeit von Chiron verdoppelt hat. So etwas kann es bei einem stabilen Himmelskörper nicht geben. Und tatsächlich zeigte sich später eine schwache Koma um den Körper und auch ein Schweif weshalb Chiron als Komet eingestuft wurde. Wie kommt aber Sitchin eigentlich auf seinen "Zwölften Planeten". Mit Chiron und Pluto wären es ja erst zehn Planeten gewesen – zwei würden ja noch fehlen.

Wir wollen ja nach Artefakten oder stichhaltigen Hinweisen auf fremde Raumreisende suchen und dabei hat der Altertumsforscher gründlich die Überlieferungen der Sumerer durchforstet. Er bezeichnet sich selbst als Keilschriftexperte und meint dadurch die Aufzeichnungen besser interpretieren zu können. Es beginnt schon bei der Entstehung unseres Sonnensystems, so Sitchin. Dort wo sich heute der Asteroidengürtel befindet – ebenfalls eine Ansammlung kleinerer und größerer Brocken innerhalb der Mars- und der Jupiter-Bahn (etwa 450 Mio. km von der Sonne entfernt) – soll einst, nach Sitchin, ein Planet namens "Tiamat" existiert haben. Den Mars und die Venus gab es damals noch nicht – den Merkur allerdings schon. Später sollen dann die anderen, äußeren Planeten entstanden sein und erst nach Pluto die der Erde näher stehenden Planeten Neptun und Uranus. Das klingt schon etwas merkwürdig, doch soll das alles von den Sumerern überliefert worden sein. Nach den herkömmlichen astrophysikalischen Erkenntnissen sind nach der allmählichen Abkühlung der Sonne zuerst die inneren und später die äußeren Planeten entstanden. Nach den Überlieferungen der Sumerer – zumindest was Sitchin daraus abgeleitet hat – sollen die Planeten damals schon existiert haben, nur die Erde und der Mond noch nicht. Diese entstanden erst nach einer planetaren Katastrophe, an der Tiamat beteiligt war.

"Vor etwa 4 Milliarden Jahren", so Sitchin, "gelangte ein Planet in unser Sonnensystem und kollidierte mit einem anderen Planeten zwischen Mars und Jupiter": es war der "Zwölfte Planet". Er kam von den "Außenrändern"[851] unseres Sonnensystems und stieß mit dem angeblichen Planeten Tiamat zusammen. Dabei brach Tiamat auseinander und aus dem einen Teil entstand der Asteroidengürtel und aus dem anderen Teil unsere Erde. So heißt es bei Sitchin, der "Zwölfte Planet schuf die Erde und brachte sie in eine neue Umlaufbahn näher bei der Sonne".[82] Wenn aber die Erde erst erschaffen wurde, warum gelangte sie in eine "neue" Umlaufbahn? Jedenfalls, der Zwölfte Planet selbst wurde, nach Sitchin, von den Babyloniern "Marduk" und von den Sumerern "Nibiru" genannt. Er nahm einen Standort in unserem Sonnensystem ein, der ihn in seiner Umlaufbahn, in einer lang gestreckten Ellipse, angeblich bis auf 22 Mrd. km von der Sonne entfernt.

Nun ist es äußerst unwahrscheinlich, dass auf diesem hypothetischen Planeten jemals irgendein höher entwickeltes Leben existiert oder überhaupt entstehen konnte. Ein Planet muss sich nämlich innerhalb eines Sonnensystems in einer Zone bewegen, die die Entstehung von Leben begünstigt – nicht zu warm und nicht zu kalt. Dies hängt auch von der Zentralsonne ab, wie groß und wie heiß sie ist. In unserem Sonnensystem liegt diese "Lebenstoleranzzone" in dem Bereich zwischen 125 und 175 Mio. km von der Sonne.[83] Es ist also nur schwer möglich, dass auf einem Planeten in unserem Sonnensystem, in einer Entfernung von 22 Mrd. km, höher entwickeltes Leben existieren könnte. Wieso genau kommt aber Sitchin aus den Quellen der Sumerer, deren Kultur etwa von 2870 bis 1950 v. Chr. existierte, auf einen zwölften Planeten?

Die Sumerer hatten eine sehr beliebte Zahl und diese war die Zwölf. Diese, nach Sitchin, "mächtige, entscheidende Zahl Zwölf"[84] stammt aber nicht "vom Himmel", sondern war die Folge des damals bekannten 360-tägigen Mondjahres, geteilt durch zwölf Monate zu je 30 Tagen. Die Sumerer kannten einen "großen Kreis" von 3600 Jahren – also zehn irdischen Jahren. Sitchin meint jedoch, das sei die Umlaufzeit des Zwölften Planeten. Genau sollen die Sumerer gemeint haben: "Alles in allem 12 Mitglieder, wozu Mond und Sonne gehören, bilden die Umlaufbahnen der Planeten." Dies ist jedoch auch aus heutiger Sicht nicht richtig, denn erstens bilden die Planeten mit Pluto, der Sonne und dem Mond nur elf Mitglieder und zweitens gehören Sonne und Mond nicht zu den Umlaufbahnen der Planeten. Andererseits hätten die Sumerer, wenn sie so genau Bescheid gewusst haben, auch die anderen Monde und sogar die Kometen und Asteroiden zu den Mitgliedern unseres Sonnensystems zählen müssen. Und da sind auch neuerdings ganz ordentliche Brocken entdeckt worden, die verdächtig nahe an eine Planetengröße herankommen.

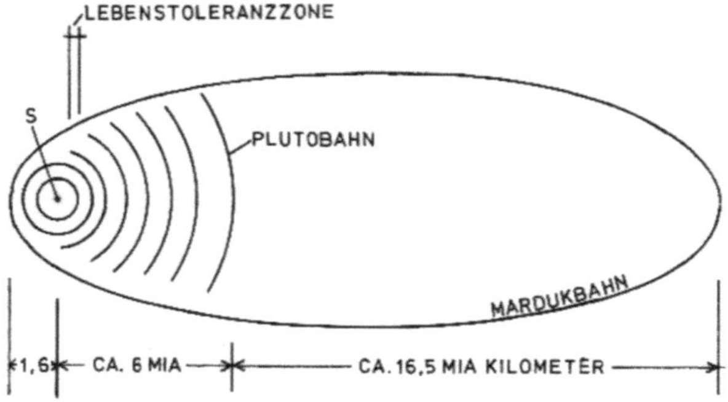

Abb. 9: Umlaufbahn des Zwölften Planeten nach Z. Sitchin.

Im Juli 2005 berichteten Astronomen vom Palomar Observatorium bei San Diego, in Kalifornien, der Presse von einem Objekt im Kuiper-Gürtel, das in seiner Größe einem Planeten sehr nahe kommt. Die Meldung wurde von dem Planetologen Dr. Mike Brown, vom kalifornischen Institute in Pasadena veröffentlicht. Das Objekt, katalogisiert unter der Bezeichnung 2003 UB313, wurde schon am 31. Oktober 2003 beobachtet, doch erst später genauer unter die Lupe bzw. unter die Linse des Teleskops genommen und dabei hat sich herausgestellt, dass dieses Objekt etwa 8 bis 10 Mrd. km von der Sonne entfernt ist. Das Objekt, das zuerst den Namen "Xena" doch später den Namen "Eris" erhielt, hat einen Durchmesser von 2300 bis 2400 km und ist damit etwas größer als Pluto, der einen Durchmesser von 2390 km hat. Zunächst diskutierten die Astronomen, ob man dieses Objekt als zehnten Planeten ansehen soll. Doch eigentlich hat auch Pluto nicht den Namen Planet verdient, so die Meinung der Astronomen. Ist er doch kleiner als unser Erdmond, der 3476 km im Durchmesser misst. Schließlich wurde er von der Internationalen Astronomischen Union, IAU, von der Liste der Planeten gestrichen. Somit hat unser Sonnensystem nur noch acht Planeten.[85] Wie verhält sich das zu Sitchins Theorie? Mit der Sonne und dem Mond wären es dann nur zehn Mitglieder unseres Sonnensystems.

Vor 450.000 Jahren jedenfalls sollen die Götter vom Zwölften Planeten auf der Erde gelandet sein. Es sollen "die Söhne der Gottheiten, die in frühester Zeit vom Himmel auf die Erde fielen" gewesen sein; darum nannte man sie im Hebräischen "Nefilim", das heißt "die Hinuntergefallenen".[86] Bei den Sumerern hießen sie "Anunnaki". Diese Nefilim, oder Anunnaki, sollen den Menschen die Kultur gebracht haben was auf vielen sumerischen Rollsiegeln bildlich dargestellt ist. Auf diesen Rollsiegeln sind Götterwesen zu sehen, umgeben von merkwürdigen kugelähnlichen Gebilden und mehrzackigen Sternen. Ein besonderes Indiz soll ein Rollsiegel aus der akkadischen Zeit sein, aus dem 3. Jahrtausend v. Chr., registriert unter der Nummer VA/243 im Britischen Museum. Darauf sind Götterwesen zu sehen, die offenbar einer Schöpfungszeremonie nachgehen. Über ihnen ist ein sechszackiger Stern zu sehen, der von elf kugelartigen Gebilden umgeben ist. Es handelt sich, laut Sitchin, um den Zwölften Planeten mit seinen elf Begleitern.

Abb. 10: Das akkadische Rollsiegel VA/243 aus dem 3. Jahrts. v. Chr. (Britisches Museum).

Die sumerischen Keilschriften interpretierte Sitchin überhaupt auf sehr freie Art. Die Zeichen die DIN und GIR bedeuten, zusammengesetzt, ergeben "das Bild eines Raketen getriebenen Raumschiffes mit einer Landefähre – genau wie die Mondlandefähre ans Raumschiff Apollo 11 gekoppelt war", meint er.[87] Das ist eine der typischen Interpretationen in Anlehnung an unsere Raumfahrttechnik. Es muss aber bezweifelt werden, ob in ihrer Entwicklung weiter fortgeschrittene Außerirdische derartige Techniken wie unsere inzwischen veralteten Apollokapseln oder Mondlandefähren verwenden. Sie würden wohl eher mit Raumgleitern im erdnahen Raum operieren.

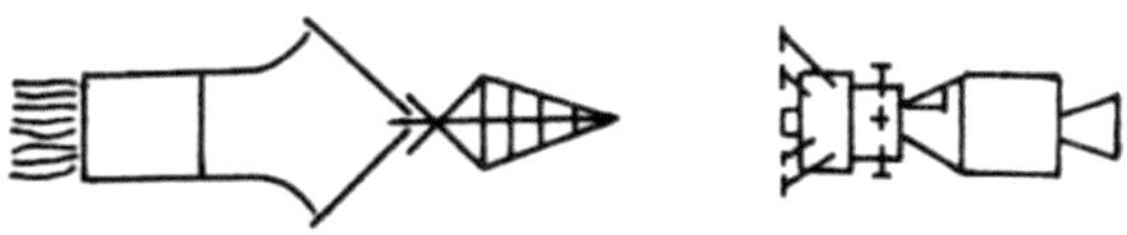

Abb. 11: Sumerische Glyphen nach Z. Sitchin (links) im Vergleich mit der Apollo-Landefähre und dem angekoppelten Apollo-Raumschiff.

Für die Orientalisten bedeuten jedenfalls die beiden sumerischen Silben DIN und GIR lediglich den Begriff "Gott". Sitchin liest daraus aber die Bedeutung "die Gerechten mit den hellen, zugespitzten Gegenständen", was natürlich im entfernten Sinne mit Raketen in Verbindung gebracht werden kann. Die Orientalisten sehen aber eine solche Beschreibung als Übertreibung an und meinen, derartige komplexe Informationen könne man aus den kleinen sumerischen Silben – wie überhaupt aus den Silben jeder Sprache – nicht herauslesen. Man kann vieles annehmen, doch nur wenig beweisen.

So wurde der Gott Marduk in Babylon, nach Meinung der Orientalisten, als Stadtgott verehrt und mit dem Jupiter gleichgesetzt. Daraus ist dann auch der Gott Zeus geworden, den die Griechen verehrten. Es ist also sehr fraglich, ob die Babylonier den Gott Marduk mit einem fiktiven zwölften Planeten gleichgesetzt haben. Sie kannten ja bereits den Jupiter und seine Bewegung am Sternenhimmel.

Es bedeutet auch der Name "Nefilim" (auch Nephilim), der aus dem Verb "npl" hervorgeht, für die Orientalisten soviel wie "übermenschliche Wesen, die aus Fehlgeburten hervorgehen".[88] Deswegen sind auch in der Bibel die Nefilim (griech. *gigantos*) die Riesen und jene, die nicht gerade von Intelligenz gekrönt sind, sowie viele andere Riesen in den Mythen, Märchen und Sagen der Völker.

Im Jahre 1998 haben sich Astronomen die Mühe gemacht, die Umlaufbahn des fiktiven zwölften Planeten (Nibiru) zu berechnen.[89] Wenn man davon ausgeht, dass der Planet eine Umlaufzeit um die Sonne von 3600 Jahren hat, dann würde seine größte Distanz – bei einer entsprechend berechneten elliptischen Bahn mit Annäherung an die Erde – 447,56 AE von der Sonne ausmachen. Das ist eine Entfernung von über 66,95 Mrd. km: genau 66.954.976.000 km. Das ist eher eine Bahn für Kometen aber nicht für Planeten. Die geringste Distanz zur Sonne würde 3,36 AE – also über 500 Mio. km, genau 502.656.000 km, betragen und innerhalb der Jupiter-Bahn liegen. Dass das kein geeigneter Planet für höhere Lebewesen sei kann, liegt wohl auf der Hand. Schon die Temperaturschwankungen wären enorm.

Man könnte aber davon ausgehen – wenn die Überlieferungen der Sumerer überhaupt etwas mit Außerirdischen zu tun haben –, dass der Planet der Götter in Wirklichkeit ein riesiges Raumschiff ist. Es gibt schon seit Jahren von der NASA und anderen Instituten zukunftsweisende Projekte mit riesigen Weltraumhabitaten, in denen tausende oder gar hunderttausende Menschen durch das All reisen könnten. Dabei hat sich eine Kugelform als durchaus günstig erwiesen. In ihrem Innern könnte es alles geben, was die Menschen auch auf der Erde benötigen: Wiesen, Felder, Gärten, Flüsse und Seen. Es könnte Gemüse und Getreide angebaut werden und wahrscheinlich werden auch Obstbäume gepflanzt. Ein Rotationssystem würde eine angenehme Schwerkraft erzeugen, sodass es den Einwohnern an nichts mangelt. Eine derartige künstliche Kugel kann auch als Planet angesehen werden und sie wäre weitgehend unabhängig von einer bestimmten Umlaufbahn um die Sonne. Sie könnte daher alle 3600 Jahre der Erde nahe kommen. Wieweit das sinnvoll erscheint bleibt dahingestellt, aber Außerirdische könnten auf diese Weise in gewissen Perioden die Menschen auf der Erde besuchen. Aber ist der "Zwölfte Planet" so ein Raumschiff?

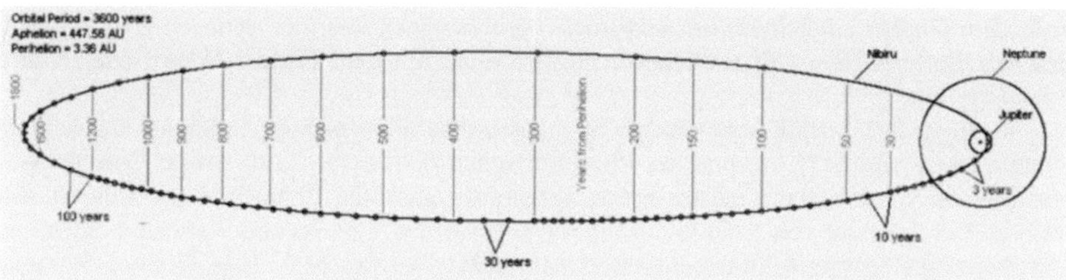

Abb. 12: Umlaufbahn des "Zwölften Planeten" (Nibiru) astronomisch berechnet.

Immer wieder weist Sitchin darauf hin, dass der Zwölfte Planet bei den Sumerern eigentlich "Nibiru" oder "Nebiru" genannt wurde. Dieses Wort leitet sich aus den Silben *neb* und *iru* oder *nib* und *iru* ab. Nun gab es auch bei den Ägyptern einen *Neb-Heru*, zusammengestellt aus den Silben *neb* und *heru. Neb-Heru* war bei den Ägyptern ein Sonnengott. *Heru* war nämlich die ägyptische Bezeichnung für die Sonne wie auch *Helu*, woraus sich das griechische Wort für die Sonne *Helios* ableitet. *Nibiru* oder *Nebiru* muss also bei den Sumerern der Name für irgendeine Sonne gewesen sein. Die Silbe *nab* bzw. *neb* bedeutete bei den Babyloniern und auch bei den Ägyptern einfach "Herr". Das ägyptische Wort *Neb-Heru* bedeutet also nichts weiter als "Sonnen-Herr" oder "Herr der Sonne", womit eindeutig eine Verehrung unseres Zentralgestirns gemeint ist.

Der Begriff "Herr" (= männlich) wurde für viele Götter angewendet, besonders für den Gott Mars. Der als kriegerisch und herrschsüchtig angesehene Rote Planet unseres Sonnensystems wurde vielfach als Symbol des Männlichen angesehen, woraus sich auch das Wort "martialisch" ableitet das in viele Sprachen der Völker als *mart* (Mars in Katalanisch), *marte* (Mars in Italienisch und Spanisch), *martis* (lat. Dienstag) oder *martedi* (ital. Dienstag) eingegangen ist. Es ist demnach eher wahrscheinlich, dass mit *Nebiru* oder *Nibiru* der Planet Mars gemeint ist. Der babylonische Marsgott hieß z.B. nicht nur *Nergal*, sondern auch *Nabu. Nabu* klingt nun sehr ähnlich wie *Nebu* (auch *Nebo*) oder *Nebiru*; also "Mars-Sonne". Im alten Testament der Bibel kommt auch das Wort *Nebo* vor. Es ist der Berg zu dem Moses aufstieg bevor er von dieser Erde Abschied nahm.

Im alten Babylon hatte der Mars sieben Namen, von denen einer "Schakal" war. Der Mars wurde oft als Schakal oder Wolf dargestellt. Die Ägypter hatten für den Sonnengott nicht nur den Namen *Horus*, sondern auch den Namen *Heru-ur-shefit*, woraus sich wiederum der Name *Heru* oder *Neb-heru* ableitet – also "Mars-Sonne". Der ägyptische Totengott Anubis wurde mit dem Kopf eines Schakals dargestellt. Der Mars wurde auch bei anderen Völkern als Schakal oder Wolf angesehen. Bei den Chinesen wurde er "Wolfsstern" genannt. In der germanischen Edda wurde er zum "Fenris-Wolf". In der römischen Mythologie werden die beiden Brüder Romulus und Remus von einer Wölfin aufgezogen. Es scheint alles darauf hinzuweisen, dass die Sumerer mit *Nebiru* oder *Nibiru* eher den Mars meinten und nicht einen fiktiven zwölften Planeten. So schreibt ja auch Sitchin, dass bei den Sumeren die Venus als achtzackiger Stern, die Erde als siebenzackiger Stern und der Mars als sechszackiger Stern dargestellt wurde. Auf dem als Beweisstück für den Zwölften Planeten angesehenen akkadischen Rollsiegel aus dem 3. Jahrtausend v. Chr. wäre demnach also der Planet Mars zu sehen. Mit *Nebiru* oder *Nibiru* wäre also der Planet Mars gemeint und nicht irgendein fiktiver zwölfter Planet in unserem Sonnensystem. Andererseits war, wie schon erwähnt, der Hauptgott der Sumerer Marduk und dieser wurde mit dem Jupiter gleichgesetzt und hieß *Neberu*, wie aus der planetaren Linguistik hervorgeht. Sitchins zwölfter Planet kann also nicht mit dem Namen Nebiru oder Nibiru identisch sein.[90]

Wenn zu den Mitgliedern unseres Sonnensystems nicht nur der Erdmond mit seinem Durchmesser von 3476 km und der Pluto mit seiner Größe von 2390 km im Durchmesser dazugezählt werden, dann müsste genau genommen auch der Pluto-Begleiter Charon, mit seinem Durchmesser von 1250 km dazugerechnet werden. Charon und Pluto sind eigentlich ein Zweiplanetensystem. In unserem Sonnensystem gibt es mehrere Begleiter von Planeten mit einem Durchmesser von über 1000 km z.B. der Neptunmond Triton mit einem Durchmesser von 2700 km; die Saturnmonde Tethys mit 1048 km, Dione mit 1118 km, Rhea mit 1528 km und Titan mit 5150 km im Durchmesser.

Vor 450.000 Jahren sollen die Nefilim, oder Anunnaki, den Menschen die Kultur gebracht haben, jedoch schon vor etwa 800.000 Jahren kannten die Menschen den Gebrauch des Feuers, vor etwa 500.000 Jahren organisierten sie bereits Elefantenjagden und sie begannen vor etwa 400.000 Jahren künstliche Heimstätten zu errichten. In einer Höhle im Süden Japans fand man 12.000 Jahre alte verzierte Tonscherben und in der ehemaligen Tschechoslowakei 27.000 Jahre alte Brennöfen. Die ersten Städte gab es vor 8000 Jahren (Catal Hüyük, Jericho). Um 3000 v. Chr. – also vor etwa 5000 Jahren – begann dann erst kontinuierlich das was wir Zivilisation nennen in Mesopotamien und zugegebenermaßen in Sumer. Ein plötzlicher Eingriff von außerirdischen Lebewesen ist da nicht zu erkennen, auch wenn uns manches rätselhaft erscheint.

Das im Jahre 2003 entdeckte Objekt mit der Bezeichnung 2003 UB313 (Eris), bewegt sich – wie schon erwähnt – im sogenannten Kuipergürtel im Bereich zwischen 4,4 und 14,9 Mrd. km von der Sonne. Es bleibt also weit entfernt von der Erde und kommt ihr nicht alle 3600 Jahre nahe. Es kann also nicht mit dem "Zwölften Planeten" gleichgesetzt werden.[91] Auch nicht die anderen großen Objekte, die bisher im Kuipergürtel entdeckt wurden und die Durchmesser von 900 bis 2400 km haben wie 2005 FY9 (Makemake) mit 1800 km, 2003 EL16 (Haumea) mit 1100 bis 2200 km, 2003 VB12 (Sedna) mit 1700 km und 2002 LM60 (Quaoar) mit 900 km.

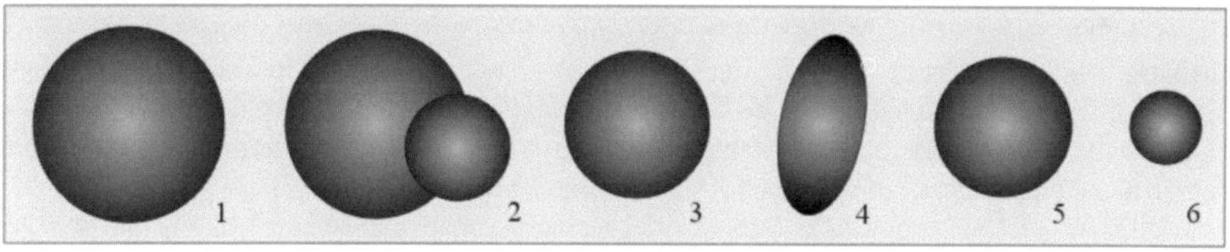

Abb. 13: Die größten bisher entdeckten Objekte im Kuipergürtel.
1. 2003 UB313 (Eris), Durchmesser 2300 bis 2400 km;
2. Pluto mit Charon, Durchmesser 2390 und 1270 km ;
3. 2005 FY9 (Makemake), Durchmesser 1800 km;
4. 2003 EL61 (Haumea), Durchmesser 1100 bis 2200 km;
5. 2003 VB12 (Sedna), Durchmesser 1700 km;
6. 2002 LM60 (Quaoar), Durchmesser 900 km.

Wie schon erwähnt, eine andere Erklärung für die Geschichten um einen angeblich "Zwölften Planeten" der Sumerer wäre ein künstliches Objekt in Form eines Kleinplaneten. Dieses Objekt könnte sich alle 3600 Jahre der Erde nähern. Von den Anfängen Sumers ausgehend wäre es eigentlich schon überfällig. Den Astronomen müsste ein derartiges Objekt im Kuipergürtel längst aufgefallen sein. Wie wir aber gesehen haben, sprechen die Fakten auch gegen diese Annahme und insgesamt gegen den von Sitchin postulierten "Zwölften Planeten".

Die Grabplatte von Palenque

Ein Raumfahrer auf einem Maya-Relief?

Im Frühjahr 1949 wurde der mexikanische Archäologe Dr. Alberto Ruz Lhuillier, vom Mexikanischen Nationalinstitut für Völkerkunde und Geschichte, zum Direktor der Forschungen in Palenque, einem Maya-Zentrum in Mexiko, ernannt. Dr. Lhuillier wusste, dass die früheren Bewohner Mittelamerikas die Gewohnheit hatten, über ältere Bauwerke weiterzubauen und so suchte er im größten Bauwerk von Palenque, im Tempel der Inschriften, nach einem älteren Unterbau. Oben auf dem pyramidenförmigen Tempel steht eine Säulenhalle und drinnen fiel Lhuillier, wie auch schon anderen Archäologen zuvor, besonders eine Bodenplatte auf, die entlang ihrer Ränder zwei Reihen von Löchern, die mit Pflöcken aus Stein versehen waren, hatte. Nachdem Lhuillier die umliegenden Platten, die bereits von Schatzsuchern entfernt und zerbrochen waren, etwas freigemacht hatte, stellte er fest, dass die Mauern des Tempels unter den Fußboden hinunterführten.[92]

Am 19. Mai 1949 begann Lhuillier schließlich mit der Grabung und einige Tage später fand er eine Treppe, die nach unten führte. In etwa zehn Monaten Grabung war die ganze Treppe bis zu ihrem freien Ende freigelegt und Lhuillier wusste, dass er seinem Ziel nahe war. Am 13. Juli 1952 stand der mexikanische Archäologe mit seinen Männern vor einer zwei Meter hohen dreieckigen Platte, die einen Eingang versperrte. Am 15. Juli 1952 öffnete Lhuillier diesen Eingang und er stand – wie er vorerst meinte – vor einem Zeremonienalter, dessen Oberfläche "einige hieroglyphische Inschriften mit 13 abgekürzten Daten, die dem Anfang des 7. Jahrhunderts n. Chr. entsprechen, trägt, während seine Oberfläche eine von astronomischen Zeichen umgebene symbolische Szene zeigt".[93]

Lhuillier stellte jedoch bald fest, dass es sich um einen Sarkophag handelt und am 27. November 1952 hob er mit seinen Männern den 3,80 m langen, 2,20 m breiten und etwa 5 Tonnen schweren Deckel. Drinnen lag von verschiedenen Jadestücken bedeckt, ein Skelett, dessen Statur "größer war als die des durchschnittlichen Maya von heute", und es war klar, dass hier ein echter König bestattet wurde. "Bei der Bestattung trug die Person über ihrem Gesicht eine prächtige Maske aus Jademosaik, deren Augen aus Muscheln und die Iris aus Obsidian bestanden, während Pupillen durch dahinter liegendes Schwarz dargestellt wurden." Später konnte Lhuillier, aus den Schriftsymbolen am Sarkophag, ein Datum ermitteln: nämlich den 27. Januar 633 n. Chr. Er meinte, es sei das Datum, an dem der Tempel der Inschriften in Palenque errichtet wurde.[94]

Das Relief auf dieser Grabplatte im Tempel der Inschriften in Palenque löste in den sechziger und siebziger Jahren des vorigen Jahrhunderts eine Reihe von Spekulationen aus. Wie schon erwähnt hatten im Jahre 1966 die beiden Franzosen Guy Tarade und André Millou vom CEREIC in Nizza, die Idee, dass dieses Relief die Darstellung eines Astronauten ist, wobei das Bild im Hochformat zu betrachten sei. Im Jahre 1967 schlug dann Gilbert Bourquin aus Biel vor, mit diesem Bild eine Sciencefiction-Ausstellung zu schmücken.[95]

Aufsehen und größeres Interesse erregte das Relief jedoch 1968, als es Erich von Däniken in seinem Buch *Erinnerungen an die Zukunft* veröffentlichte und dieses präastronautisch deutete: "Erst 1935 wurde in Palenque (Altes Reich) eine Steinzeichnung gefunden", schrieb Däniken, "die mit größter Wahrscheinlichkeit den Gott Kukumatz (in Yukatán: Kukulkan) konterfeit. Es bedarf keiner überhitzten Phantasie, auch den letzten

Skeptiker zum Nachdenken zu zwingen, wenn man ganz unvoreingenommen, ja naiv, diese Steinzeichnung betrachtet. Da sitzt ein menschliches Wesen, mit dem Oberkörper vorgeneigt, in Rennfahrerpose vor uns; sein Fahrzeug wird heute jedes Kind als Rakete identifizieren. Das Vehikel ist vorn spitz, geht über in merkwürdig gerillte Ausbuchtungen, die Ansauglöchern gleichen, wird dann breiter und endet am Rumpf in eine züngelnde Feuerflamme.

Das Wesen selbst, vornüber geneigt, bedient mit den Händen eine Reihe undefinierbarer Kontrollgeräte und setzt die Ferse des linken Fußes auf eine Art Pedal. Seine Kleidung ist zweckentsprechend: Eine kurze, karierte Hose mit einem breiten Gurt, eine Jacke mit modernem japanischem Halsausschnitt und dicht abschließende Arm- und Beinbänder. Es würde, in Kenntnis korrespondierender Darstellungen, verwundern, wenn der komplizierte Hut fehlen würde! Er ist da mit Ausbuchtungen und Röhren, wieder eine antennenähnliche Kopfbedeckung. Unser so deutlich dargestellter Raumfahrer ist nicht nur durch seine Pose in Aktion – dicht vor seinem Gesicht hängt ein Gerät, das er starrend und aufmerksam beobachtet. Der Vordersitz des Astronauten ist vom hinteren Raum des Fahrzeugs, in dem man gleichmäßig angeordnete Kästen, Kreise, Punkte und Spiralen sieht, durch Verstrebungen abgetrennt."[96]

Peter Kolosimo konnte 1969 nicht umhin, bei der Betrachtung dieser Grabplatte, "an einen Astronauten in der Pilotenkanzel seines Raumschiffes zu denken".[97] Und Robert Charroux erinnerte 1972 das Relief an Gagarin und Carpenter, den ersten sowjetischen und amerikanischen Astronauten, und er nennt die Person im Zentrum des Bildes einen Piloten, der zum vorderen Teil des Apparates blickt, an der Nase ein Atemgerät hat und einen Helm trägt, und der einen Hebel bedient, der "wie der Schalthebel eines Citroen 2 CV aussieht". Und im Übrigen sieht das ganze Gefährt aus "wie eine Rakete und dürfte ein mit Sonnenenergie betriebenes Raumschiff sein", so Charroux .[98]

Dann 1968 – oder auch etwas früher – will Erich von Däniken bei Kerzenlicht in der "1935 entdeckten" Grabkammer gesessen sein, um die Darstellung des Gottes Kukumatz abzuzeichnen.[99] 1973 korrigiert er zwar das Datum der Entdeckung der Grabkammer auf 1949 bis 1952 (tatsächlich war es der 15. Juli 1952), doch er stellte unbeirrt fest: die Grabplatte zeige ein "Ein-Mann-Raumschiff" in dem ein Wesen "vornübergeneigt, wie ein Astronaut in der Kommandokapsel, mit einem Helm mit Schläuchen, Sauerstoffgerät, einen Handgashebel der Motorräder ähnlich bedienend, mit einer Art Rollkragen-pullover, mit einem Gurt mit Sicherheitsschloss, mit grobmaschiger Hose, mit strumpfhosenartigem Beinkleid sitzt".[100]

Und weiter meinte Erich von Däniken: "Vor dem angeschnallten Astronauten liegen das Zentralaggregat für Sauerstoff, Energieversorgung und Kommunikation sowie die manuellen Bedienungshebel und die Geräte für Beobachtungen außerhalb des Raumfahrzeuges. Am Bug des Schiffes, also vor der Zentraleinheit, sind große Magnete erkennbar: sie sollen um die Raumschiffhülle ein Magnetfeld aufbauen, das bei hoher Geschwindigkeit den Aufprall von Partikeln im Weltraum abwehrt. Hinter dem Astronauten ist eine Kernfusionseinheit zu sehen: schematisch sind zwei Atomkerne, wahrscheinlich Wasserstoff und Helium, dargestellt, die schließlich verschmelzen", und es ist nach Däniken "unerheblich, ob die Platte als Quer- oder Längsbild betrachtet wird".

Einige Techniker, wie der amerikanische Flugingenieur John Sanderson und der ungarische Ingenieur László Tóth, haben sich von diesen Überlegungen inspirieren lassen und technische Skizzen angefertigt.

Abb. 14: Die Grabplatte von Palenque (Zeichnung A. R. Lhuillier).

Sogar der kritisch eingestellte Wissenschaftsjournalist Ernst von Khuon meinte in seinem 1970 erschienenen Buch *Waren die Götter Astronauten?*, dass die Grabplatte von Palenque "ein eindrucksvoller Hinweis auf die Notwendigkeit einer unkonventionellen Erforschung der Vergangenheit" ist.

Prof. Dr. Siegfried Ruff und Dr. Wilfried Briegleb, vom Institut für Luftmedizin der Deutschen Versuchsanstalt für Luft- und Raumfahrt, meinten: "Eine der beeindruckendsten OPTISCHEN Belege für Dänikens Thesen scheint uns die Grabplatte von Palenque zu sein. Man muss sich hier wirklich Gewalt antun, um nicht mit den Augen unserer Tage eine stilisierte Gemini- oder Wostok-Kapsel zu erkennen. Die Körperhaltung der dargestellten menschlichen Gestalt ist eigentlich nur sinnvoll, wenn sie eine Beschleunigung in Richtung Brust-Rücken erhält, und zwar entweder durch die Schwerkraft oder aber, im Sinne Dänikens, durch Raketenschub."[101]

Wenn man dieses Steinrelief, im Sinne Erich von Dänikens, mit "Weltraumaugen", unkonventionell betrachtet, stellt es auf den ersten Blick tatsächlich eine verblüffende Ähnlichkeit mit einem Raumfahrer in seiner Rakete dar. Dabei ist die Betrachtung im Querformat etwas günstiger. Im Hochformat jedoch und bei Betrachtung der einzelnen Details können schon erhebliche Zweifel an der Astronautendarstellung aufkommen.

Zum ersten fällt die Körperhaltung der Gestalt am Relief auf. In keiner Rakete aber auch in keinem Düsenflugzeug wäre diese Haltung sinnvoll. Wenn nämlich während des Starts wegen der starken Beschleunigung der Astronaut sein drei- bis fünffaches Körpergewicht verspürt, wird er wohl kaum die Möglichkeit haben sich nach vorn zu neigen – bzw. sich nach oben zu erheben.

Deshalb schlug schon im Jahre 1903 der russische Raketenforscher Konstantin Eduardowitsch Ziolkovsky (1857 - 1935), die Liegestellung für Astronauten vor, damit diese die Auswirkung der Beschleunigung beim Start ertragen können.[102] Auch für Düsenjägerpiloten ist die nach hinten geneigte Körperhaltung unerlässlich, wenn diese mit Schallgeschwindigkeit (rund 333 m/s = 1198,8 km/h) und darüber hinaus fliegen, und sogar die Piloten von Rennautos liegen in extra angepasste Schalensitze. Einzig für Motorrad- und Fahrradfahrer ist die vorgeneigte Körperhaltung zweckmäßig, aber das Steinrelief zeigt ja wohl keinen Formel-1-Piloten oder Tour-de-France-Fahrer. Man kann auch nicht mit der Schwerelosigkeit in einem Raumschiff argumentieren, denn das Steinrelief zeigt ja angeblich ein "Ein-Mann-Raumschiff", also ein Zubringerraumschiff, das sich zwischen der Erde und einem Mutterschiff in einer Erdumlaufbahn und damit noch im Schwerefeld der Erde hin und her bewegt.

Weiters fällt auf, dass sich der vermeintliche Astronaut – bei Betrachtung des Bildes im Querformat – eigentlich im "Damensitz" befindet, Mit graziös abgewinkelten Schenkeln. Handelt es sich vielleicht um eine Astronautin? Die Kleidung besteht ja eigentlich nicht aus einer "kurzen, karierten" oder "grobmaschigen" Hose, sondern eher aus einem geflochtenen Rock. Am Gürtel soll ein "Sicherheitsschloss" zu erkennen sein und tatsächlich ist der vermeintliche Astronaut barfuss. Das angebliche "Pedal" betätigt er nach hinten, und indem er sich darauf stützt, hält er sich so recht und schlecht aufrecht.

Dem vermeintlichen Astronauten ist auch jede Möglichkeit zum bequemen Zurücklehnen genommen, da sich knapp hinter ihm die Verschalung des Raumschiffkörpers befinden soll. Von einem "strumpfhosenartigen Beinkleid" und einem "Rollkragenpullover" kann eigentlich nicht die Rede sein. Die Gestalt ist vielmehr nur mit Bein- und Armreifen bekleidet und sie trägt um den Hals eine Perlenkette mit runden Anhängern, die von den Mayas häufig getragen wurde. Der vermeintliche Astronaut ist überhaupt ein typischer Maya. Irgendein "Zentralaggregat" mit "manuellem Bedienungshebel, dem Handgashebel der Motorräder ähnlich" kann man aus den Linien und Kreisen nur schwer herauslesen. Dasselbe gilt für das "Sauerstoffgerät, das er starrend und aufmerksam betrachtet". Es scheint auch merkwürdig, dass dieses Gerät nicht die Nase UND den Mund bedeckt, wie das bei Sauerstoffmasken üblich ist. Eigentlich berührt das "Gerät" bloß die Nasenspitze. Ein Astronaut braucht bestimmt auch keinen "komplizierten Hut" um den die Kabel und Schläuche herumflattern. Unsere modernen Raumfahrer haben schön geformte, runde oder ovale Helme – mit eingebauten Kopfhörern und Mikrofonen. Für fortgeschrittene Raumreisende sollte das erst recht gelten.

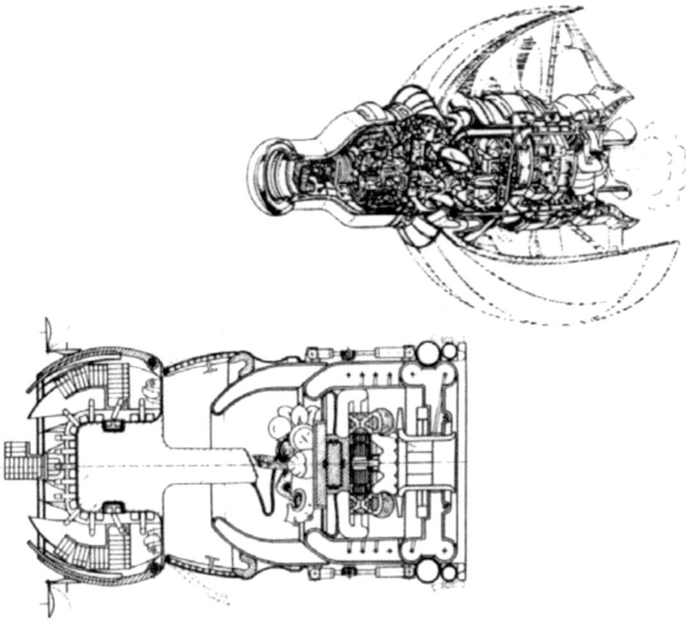

Abb. 15: Technische Interpretationen der Grabplatte von Palenque von J. Sanderson (rechts oben) und L. Thot (links unten).

Weiters ist bemerkenswert, dass der vermeintliche Astronaut in unmittelbarer Nähe einer angeblichen Kernfusionseinheit sitzt, was wohl nicht sehr günstig wäre. Aber vielleicht ist das Relief proportional falsch dargestellt. Vorne in dem angeblichen Raumschiff sollen sich "Magnete" befinden, die ein entsprechendes Kraftfeld zur Abschirmung kosmischer Partikel aufbauen sollen, doch abgesehen davon, dass ein derartiges Magnetfeld in einer Rakete – noch dazu in einem Zubringerraumschiff – kaum realisierbar ist, da es ungeheure Energien verschlingen würde, ist die gekrümmte Anordnung der "Magnete" wenig hilfreich. Da nämlich ein magnetisches Feld hauptsächlich an den Spulenenden – also an den Polen – auftritt, würde bei einer

Anordnung wie es das Relief zeigt, die abstoßende wie auch die anziehende Kraft ins Innere des Raumschiffs weisen und sich wahrscheinlich für die in der Nähe liegenden Instrumente ungünstig auswirken. Abgesehen davon nützt ein Magnetfeld nichts, wenn es sich nur vorne, an der Spitze der Rakete, aufbaut. Außerdem gibt es im Weltraum Partikel, die durch ein Magnetfeld nicht abgelenkt werden, wie das immer wieder die auf die Erde fallenden Meteoriten beweisen. Daher ist ein schützendes Magnetfeld für Raumschiffe nicht unbedingt hilfreich. Derartiges wird vielfach von Sciencefiction-Autoren postuliert, doch praktisch scheint das keine gute Lösung zu sein. Es sei denn, außerirdische Intelligenzen haben unbegrenzte Energien zur Verfügung und sie können verschwenderisch damit umgehen, aber das ist unwahrscheinlich.

Das auf der Grabplatte von Palenque angeblich abgebildete außerirdische Vehikel ist auch keineswegs "vorn spitz" und "geht über in merkwürdig gerillte Ausbuchtungen, die Ansauglöchern gleichen", wie Erich von Däniken meint. Es fehlt vielmehr die vordere Verschalung gänzlich und der "komplizierte Hut" und die Knie des "Astronauten" befinden sich völlig im Freien. Am Ende des Fahrzeugs, "außerhalb des Rahmens", soll sich – dargestellt durch merkwürdige Schlangenlinien- der "Raketenrückstrahl" befinden. "Wesentlich" erscheint allerdings vielmehr, dass sich auch innerhalb des "Rahmens" und an der "Kernfusionseinheit" derartige Gebilde befinden, sodass diese "Flammen" aus allen Teilen des Raketenmotors herausschießen. Abgesehen davon pflegt der "Raketenrückstrahl" außerhalb des "Rahmens" nicht so abzustrahlen, wie es sich für einen Raketenantriebsstrahl gehört und wie ihn auch J. Sanderson in seiner Rekonstruktion darstellt. Es scheint vielmehr so, dass dieser Rückstrahl, am unteren Ende des Reliefs, wie auf einer Startrampe, jedoch in UMGEKEHRTER Richtung, einem Widerstand entgegenwirkt. Es kann sich also nicht um einen typischen Raketenrückstrahl handeln (siehe Abb.).

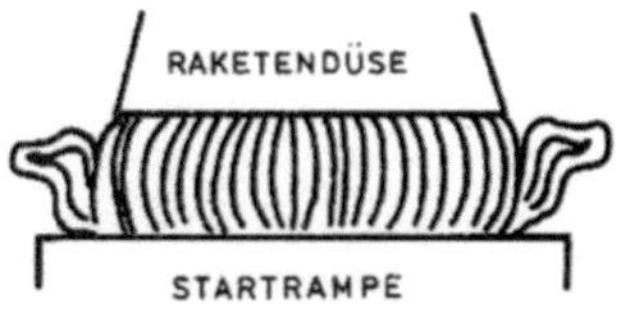

Abb. 16: Die "Raketendüse" nach der Grabplatte von Palenque, umgekehrt dargestellt.

Man kann also sagen, dass eine Menge Einzelheiten in diesem Relief einer raumfahrttechnischen Interpretation widersprechen. Es gibt offenbar wesentlich zwingendere Merkmale, die das Relief als mythologische Darstellung ausweisen, und die zeigen, dass die Grabplatte im Hochformat zu sehen ist. Im oberen Teil des Reliefs sitzt nämlich der sogenannte "heilige Quetzalvogel" mit seinen langen Schwanzfedern, der von den Mayas sehr verehrt wurde und der in viele mythologische Darstellungen einbezogen wurde. Dies haben schon mehrere Maya-Forscher, wie z.B. Marcel Brion,[103] festgestellt. Dieser Vogel und der auf dem Relief dargestellte Mayafürst haben auch nichts mit dem 305

Jahre nach der Gründung von Palenque verehrten Toltekenfürst Kukulkan (947 - 999 n. Chr.) gemein.[104]

Dieser Quetzalvogel sitzt demnach nicht auf seltsamen "Magneten", sondern auf dem symbolisch dargestellten "Maiskreuz", das auch sonst in der Maya-Kunst zu finden ist. Es handelt sich dabei um gebogene Maiskolben, die das Leben versinnbildlichen sollen. Diese Darstellung kann daher auch als Lebenskreuz identifiziert werden. Die Mayas berichten ja über die Schöpfung, wonach "aus Pflanzen, vor allem aus Mais, dem hervorragendsten und eigentlichen Nahrungskorn, das menschliche Wesen gebildet wurde".[105] Neben dem Lebenskreuz – oder auch Lebensbaum – befinden sich rechts und links Schlangensymbole und am Stamm ist dieser Baum mit Mayaglyphen verziert. Der Quetzalvogel trägt um den Hals das zweiteilige Banner, das die Tänzer der Mayas bei kultischen Handlungen trugen und das auch zur Abwehr von bösen Geistern diente.

Ganz oben und ganz unten, in der Umrandung des Reliefs, befinden sich einige Gesichter, wodurch man das ganze Bild entsprechend herumdrehen kann, was zum Lesen der dort eingravierten Mayaglyphen unerlässlich ist. Was diese Schrift erzählt, ist bis dato nicht ganz klar. Die Zeichen berichten von "Hitzewinden", "heißen Lüften", "Hitzetod" und "Todeshitze", die von "sechs Sonnen" oder von "Lüften aus Sonnenwolken" bereitet werden. Es ist von einer "Schlange" und "Todeswinden" die Rede, die den "Fürsten tödlich mit der Sonne Stachel und Schlingfessel" treffen. Es ist auch von einer "Föhnspiralwolke" die Rede.[106]

Hans-Henning Pantel z.B. meinte vielleicht deshalb, aus den Schriftzeichen lesen zu können, dass der abgebildete Mayafürst einem Hitzetod in einem Föhnsturm zum Opfer fiel;[107] und der Archäologe Paul Rivet kam zu der Ansicht, das Relief zeige einen am Opferaltar sitzenden Indianer. Dazu ist zu sagen, dass eigentlich ein Föhnsturm kaum so heiß sein wird, dass jemand dadurch förmlich verbrannt wird und diese Ansicht würde nicht das Maiskreuz an sich und den angeblichen Opfertisch erklären. Was den Tod auf dem Opferaltar betrifft, so kann dies ebenfalls nicht gut möglich sein, denn Palenque fällt in die Zeit der klassischen Periode der Mayakultur (300 - 900 n. Chr.) und damals gab es bei den Mayas keine Menschenopfer.[108] Es ist auch kaum anzunehmen, dass für einen geopferten Maya ein derart prunkvolles Grabmal errichtet wurde.

Der Archäologe Paul Rivet hat aber noch eine andere Erklärung: Sieht man sich das Gebilde an, auf dem der Maya sitzt, dann kann man ganz gut ein zähnefletschendes Ungeheuer erkennen. Rivet meinte, es handle sich dabei um den Wettergott und dieser trägt stilisierte Barthaare. Der Entdecker des Grabmals, Alberto Ruz Lhuillier, kam zu der Ansicht, "der Mittelpunkt des Ganzen bildet eine Jünglingsgestalt, die auf dem Gott des ´Erdungeheuers´, der symbolischen Darstellung des Planeten, ruht".

Tatsächlich scheinen diese Erklärungen plausibler und sie lassen sich auch erhärten. So stellte Lhuillier ganz richtig fest, "in dem oberen, also uns abgewandten Teil des von Hieroglyphen umschlossenen Vierecks" bemerkt man, "verschiedene astronomische Bildzeichen, so das der Sonne, des Mondes, des Polarsterns und der Venus", während der "Jüngling" die Himmelszeichen vor sich betrachtet.

Das Bild im gesamten erklärt der Archäologe folgendermaßen: "Auf dem Stein sehen wir einen Mann, der von astronomischen Zeichen, die den Himmel symbolisieren, umgeben ist – die räumliche Begrenztheit der Erde des Menschen und die Heimat der Götter, in der der wandelbare Lauf der Sterne den unerbittlichen Rhythmus der Zeit anzeigt. Der Mensch ruht auf der Erde, dargestellt durch einen grotesken Kopf mit düsteren Zügen, da die Erde ein Ungeheuer ist, das alles Lebendige verschlingt; und wenn der sich zurückbeugende

Mensch nach hinten zu fallen scheint, dann deswegen, weil es seine ihm innewohnende Bestimmung ist, auf die Erde, das Reich der Toten, zu fallen.

Abb. 17: Maske des feurigen (bärtigen) Erd- oder Wettergottes.

Aber über dem Menschen erhebt sich das bekannte kreuzförmige Motiv, das in manchen Darstellungen ein Baum, in anderen die stilisierte Maispflanze, aber immer das Symbol des von der Erde auferstehenden Lebens ist, das Leben, das über den Tod triumphiert."[109]

Ein Bild auf einem Papyrus aus Ägypten, aus dem 10. Jahrh. v. Chr., soll hier als Vergleich dienen und zeigen, dass bei anderen Völkern ähnliche Vorstellungen zu finden sind. Das Bild zeigt den gestirnten Himmel, dargestellt durch die Himmelsgöttin *Nut*. Darüber fährt die Sonnenbarke mit den Göttern *Re* und *Maat* (Tochter des *Re*). Siehe Abb. S. 46.

Unterhalb des Himmels kniet der Luftgott *Schu* und stützt ihn mit seinen ausgebreiteten Armen. In den Händen hält er Anch(Ankh)-Kreuze (Henkelkreuze, Symbol für Leben) und an seinen Oberarmen hängen ebenfalls das Anch-Kreuz und der Djed-Pfeiler. Oberhalb von *Schu* die Sonnenscheibe. Am unteren Ende liegt der mit Schilfrispen übersäte Erdgott *Geb*, der die Erde symbolisiert.[110]

Auch über den Inhalt des Sarkophags im Tempel der Inschriften wurden schon verschiedene Erklärungen angeboten. Nach der astronautischen Version soll es sich bei dem Toten natürlich um einen Raumfahrer handeln. Alexander Kasanzew hat dies schon in den sechziger Jahren des vergangenen Jahrhunderts deutlich gemacht. Seiner Meinung nach soll es sich "bei dem Bestatteten um einen Nachfolger jener Wesen gehandelt haben, die ehemals zu uns gekommen sind",[111] und sein Landsmann Andranik Dshagarjan hat daraufhin sogar ein "Bild von den Gesichtszügen des Palenque-Toten" angefertigt. Er meinte diese seien "ungewöhnlich" und "die Nase, beispielsweise, beginne bereits über den Augenbrauen. Sie teilt die Stirn des Unbekannten sozusagen in zwei Hälften. Derartige Rassenmerkmale sind uns bislang auf der Erde unbekannt".

Tatsächlich wurde im Sarkophag eine Jademaske gefunden, die solche Merkmale aufweist. Es handelt sich jedoch um die Gesichtszüge eines typischen Maya mit Hakennase. Diese hatten die Mayas bisweilen besonders deutlich gemacht durch das Anbringen von Kitt um dem Schönheitsideal zu entsprechen. Auch die zahlreichen Fresken und Steinreliefs an den Mayatempeln zeigen dies deutlich, wo Personen mit ausgeprägten "Adlernasen" dargestellt sind.[112] Auch von anderen Völkern, wie den nordamerikanischen Indianern, kennt man diese Gesichtsmerkmale. Demgegenüber könnte man einwenden, dass alle diese

Völker das Aussehen der außerirdischen Besucher nachahmen wollten, wie das auch bei den Schädelverformungen der Fall sein soll. Doch dabei ergibt sich die Schwierigkeit, dass diese Eigenschaften in zeitlich weit auseinanderliegenden Kulturen zu finden sind.

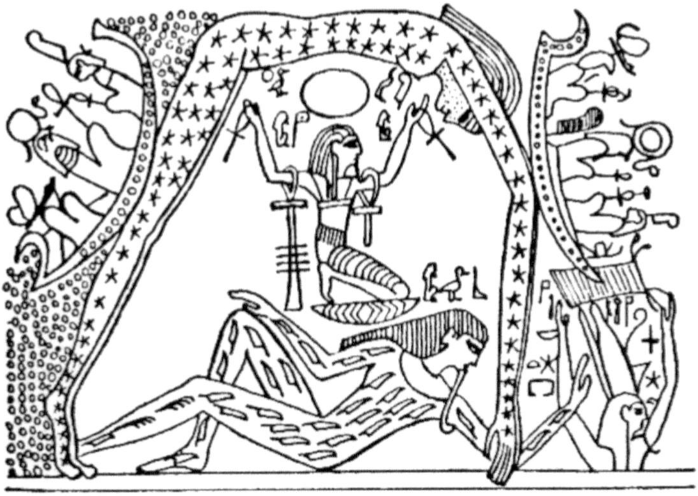

Abb. 18: Eine altägyptische Darstellung aus dem 10. Jahrh. v. Chr. zeigt die Himmelsgöttin *Nut* über die der Sonnengott mit seinem Boot fährt. Darunter der Luftgott *Schu* mit ausgebreiteten Armen und dem Djed-Pfeiler sowie mit Anch-Kreuzen. Ganz unten der mit Schilfrispen übersäte liegende Erdgott *Geb*.

Die Grabkammer des Tempels ist nicht die einzige ihrer Art bei den Mayas, denn schon Alexander von Humboldt (1769 - 1859) fand in der Pyramide von Cholula Hohlräume, die als Gräber benutzt wurden.[113] Im Sarkophag von Palenque aber lag ein Skelett, das etwas größer war als die Mayas im allgemeinen sind. Jochim Pahl z.B. meinte, es habe eine Größe von 1,73 m, wonach der Mayafürst zu Lebzeiten 1,80 m groß gewesen sein müsste, was vielleicht stimmen mag.[114] Zu derselben Ansicht kam auch Pieter Coll und er meinte richtig, dass der Tote im Alter von 40 bis 50 Jahren bestattet worden sein müsste.[115] Über das Datum dieser Bestattung gibt es unterschiedliche Auffassungen: So erkannte Lhuillier auf dem Sarkophag das Datum 27. Januar 633 n. Chr. und er meinte, es sei der Zeitpunkt der Erbauung des Tempels gewesen. Palenque wurde allerdings nach anderen Angaben erst 642 n. Chr. gegründet und 800 n. Chr. verlassen.[116] Es könnte sich also auch um das Datum des Todes des Mayafürsten handeln. Andere Forscher wie Stierling, Thompson, Coe, Anton und Hagen sind der Meinung, dass aus den Inschriften im Tempel von Palenque das Datum 692 n. Chr. hervorgeht.[117]

Der amerikanische Autor Ronald Story berichtet – und zitiert dabei Peter Mathews und Linda Schele –, dass der Mayafürst im Sarkophag "Pacal (= Schild)" hieß und dass er 605 n. Chr. geboren wurde und 683 n. Chr. gestorben sei.[118] Es ist also offensichtlich nicht leicht ein fixes Datum für die Bestattung des Toten im Tempel anzugeben. Da jedoch Lhuillier dem Maya ein Lebensalter von 40 bis 50 Jahren zuerkennt, und das Datum 692 n. Chr. ebenfalls 50 Jahre nach der Gründung von Palenque fällt, ist dieses vielleicht am wahrscheinlichsten. Vermutlich erlangte der Tote im Sarkophag deshalb solche Ehre und so eine außergewöhnliche Bestattung, weil er zur Gründung von Palenque geboren wurde und vielleicht einer Herrscherfamilie entstammte – oder sogar der Gründer von Palenque war.

Zwei anerkannte Mayaexperten, David und Georg Stuart, vertreten in ihrem 2008 erschienenen Buch *Palenque. Eternal City of the Maya* die Meinung, dass der Mayafürst Pacal nicht in die Unterwelt fällt, sondern nach seinem Tode aus der Erde aufsteigt. Auch das klingt logisch, muss aber im Sinne der Prä-Astronautik genauso negativ bewertet werden, wie die sonstigen "Auferstehungen" von Moses, Elias, Henoch und eigentlich auch Jesus. Es ist nur im religiösen, mythologischen Sinn gemeint und nicht als ein Aufstieg in den Weltraum. Andererseits zeigt das Relief den Mayafürst bereits im geöffneten Rachen des Erdungeheuers – dargestellt durch die großen klauenartigen Gebilde.

Wir können jedenfalls abschließend feststellen, dass überhaupt nichts an dem Steinrelief von Palenque und auch sonst nichts im gesamten Grabmal im Tempel der Inschriften auf einen Besuch außerirdischer Intelligenzen hindeutet. Gerade dieses Grab wäre aber dafür prädestiniert gewesen, hat es doch 1260 Jahre ungeöffnet und unbeschadet überstanden. Irgendein EINDEUTIGER Gegenstand von ehemaligen kosmischen Eindringlingen, vielleicht ein komplizierter Mikrochip oder ein geometrischer Kristall oder eine Computerdiskette aus unbekanntem Material, auf denen vielleicht Daten zur Nutzbarmachung der Antimaterie oder ähnliches zu finden sind, wären 1952, im Raumfahrtzeitalter, bestimmt in die richtigen Hände gelangt und richtig gedeutet worden – zur Freude der UFO-Forscher, der Prä-Astronautik-Anhänger und natürlich auch der herkömmlichen Wissenschaftler. Nichts von all dem ist jedoch in Palenque gefunden worden!

So sind auch die astronautischen Rekonstruktionen der beiden Ingenieure Tóth und Sanderson lediglich das Produkt deren raumfahrtechnischer Phantasie und sie entsprechen nicht – abgesehen davon, dass sie erheblich voneinander abweichen – den Proportionen des Reliefs auf der Grabplatte. Sie stellen proportional ein viel zu kleines Raumschiff dar, das wohl nicht einmal für den erdnahen Raum geeignet wäre.

Natürlich werden sich einige ausreden und das Relief den ungelenken Mayakünstlern zuschreiben, die eben das was sie gesehen haben auf ihre Art dargestellt haben. Wenn man aber nach unwiderlegbaren Beweisen sucht, dann müssen sich genauere Fakten ergeben. Mit einem derartigen Relief, das noch dazu schief und verzogen ist, haben etwaige Astronautengötter keinen Fingerabdruck ihrer einstigen Präsenz hinterlassen.

"Wenn auch das Steinrelief von Palenque in der Kette der Indizien wieder abgewiesen wird, dann allerdings muss man den Willen zur Ehrlichkeit beim Prüfen des Sortiments hervorragender Funde bezweifeln", meinte Erich von Däniken schon 1968.[119] In seinem 1984 erschienenen Buch *Der Tag an dem die Götter kamen* stellt er erneut eindrucksvolle Bilder von der Grabplatte im Querformat vor, die die Astronautenversion belegen sollen und er meint unbeirrt: "Nirgendwo kann ich ein 'Erdungeheuer', nirgends den 'Quetzalvogel' erkennen".[120] In seinem Buch *Habe ich mich geirrt?* von 1985 zeigt er sie wieder im Hochformat in Verbindung mit einer künstlerischen Darstellung eines Raumschiffs.[121] Es ist unbestritten Erich von Dänikens Verdienst, dass dieses Relief seit 1968 eine große Popularität erlangt hat. Zur Ehrlichkeit gehört aber auch, alle möglichen Prämissen zu berücksichtigen und dann abzuwägen welche davon am ehesten der Wahrscheinlichkeit entsprechen. Die Grabplatte von Palenque sieht auch nach ehrlicher Prüfung wirklich nicht wie ein Hinweis auf einen Besuch von außerirdischen Göttern aus – so sehr wir uns das vielleicht wünschen mögen.

Die Ebene von Nazca

Ein Flugplatz der Götter?

Im Jahre 1939 entdeckte Dr. Paul Kosok von der Long Island Universität in New York, die geheimnisvollen Bodenzeichnung in der Ebene von Nazca, die mittlerweile durch die populärwissenschaftliche Literatur gegangen sind und besonders im Raumfahrtzeitalter, dem 20. Jahrhundert, für einiges Aufsehen sorgten.[122] Es sind unzählige Linien, die sich teilweise kilometerlang über Täler und Berge erstrecken und seltsame trapezförmige Flächen, Landebahnen für Flugzeuge nicht unähnlich, aber auch eigenartige Tierbilder und Figuren, in einer ununterbrochenen Linie in den Sand gezeichnet. Schon 1962 schrieben die beiden französischen Forscher und Autoren, Louis Pauwels und Jacques Bergier: "Die Photographien der Ebene von Nazca, die wir heute besitzen, lassen uns zwangsläufig an die Markierungen eines Flugplatzes denken."[123] Ein gewisser Prof. Mason vermutete dahinter eine Art Religion der Trigonometrie.

"Das große Geheimnis der Ica-Nazca-Kulturen sind die in den Felsgrund eingezeichneten 'Linien'-Gebilden, phantastische rechteckige oder kurvenförmige Motive, oft auch Vogel- oder Fischornamente. Diese fast abstrakt wirkenden 'Scharrbilder' erstrecken sich mit ihren teils geometrischen, teils figürlichen Gebilden oft über kilometerweite Strecken hin. Sie sind etwa 1500 Jahre alt und können ebenso gut kalendarische wie auch genealogische Aufzeichnungen sein. Der einzige zuverlässige Anhaltspunkt ist das Jahr 500 n. Chr., die mit Hilfe der Radiokarbon-Datierung festgestellte Datierung eines hölzernen, am Ende eines solchen Nazca-Scharrbildes von einem amerikanischen Archäologen aufgefundenen Vermessungspflocks", schreibt Viktor von Hagen in seinem 1962 erschienenen Buch *Sonnenkönigreiche.*[124]

Erich von Däniken schrieb im Jahre 1968: "Professor Alden Mason, Spezialist für peruanische Altertümer, vermutet in den Anlagen Zeichen einer Art von Religion – vielleicht aber auch einen Kalender", jedoch "UNS vermittelt die 60 Kilometer lange Ebene von Nazca – aus der Luft betrachtet – eindeutig die Idee eines Flugplatzes".[125] Weiters fragt Däniken: "Welchen Zweck aber dienten dann die Linien von Nazca? Nach unserer Vorstellung könnten sie mit Hilfe eines Modells über ein Koordinatensystem ins Gigantische übertragen oder aber nach Weisungen aus einem Flugzeug gebaut worden sein. Ob die Ebene von Nazca je ein Flugplatz war, ist heute noch nicht mit Bestimmtheit zu sagen. Eisenverstrebungen wird man sicher nicht finden. Denn die meisten Metalle korrodieren in wenigen Jahren, Gestein aber korrodiert nie. Ist die Vermutung abwegig, dass die Linien gelegt wurden, um den 'Göttern' anzuzeigen: Landet hier! Es ist alles vorbereitet, wie 'ihr' es befohlen habt! Mögen die Erbauer der geometrischen Figuren nicht geahnt haben, was sie taten. Vielleicht wussten sie, was die 'Götter' zum Landen brauchten."

Für Karl F. Kohlenberg (alias Benno Frank), war es 1970 noch etwas voreilig, "die Markierungen und Flächen von Nazca als prähistorische Flugplätze anzusprechen". Er teilte die Ansicht von Paul Kosok, dass die Zeichen irgendwie mit der Astronomie in Verbindung stehen. Er meinte, dass "diese Flächen und Linien flugtechnischen Anlagen gleichen, ohne es jedoch zu sein. Es kann sich nur um – freilich gigantische – Hinweiszeichen handeln, die in ihren Ausmaßen erst aus großer Höhe zu erkennen sind"[126] Kohlenberg verglich damals eine spiralförmige Bodenzeichnung, mit den Zeichnungen der afrikanischen Dogon, die ähnliche Figuren als Abbilder der Ströme des Universums ansehen.

Die deutsche Mathematikerin, Physikerin, Philosophin und Geographin Maria Reiche hatte sich ab 1946 ihr Leben lang eingehend mit den sogenannten Scharrbildern in der Nazca-Ebene von Peru befasst und diese auch penibel aufgezeichnet und vermessen. "Wer von Lima nach Chile fliegt oder nach Arequipa, hat manchmal das Glück, auf halbem Wege zwischen beiden Städten am Westhang der Anden entlang zu fliegen. Dann wird er von oben auf flachem Wüstengelände auf Hochterrassen und an Berghängen riesige Drei- und Vierecke entdecken, deren wie mit einem Lineal gezogenen Umrisse helle Flächen umgrenzen, die sich gegen den dunklen Untergrund scharf abheben. Einige könnte man für Flugplätze halten", schreibt Maria Reiche in ihrem Buch *Geheimnis der Wüste*, erschienen 1976.[127] "Das Haupterscheinungsgebiet der Bodenzeichnungen erstreckt sich über etwa 50 Kilometer von Norden nach Süden", meinte sie.[128]

Tatsächlich erwecken die geometrischen Gebilde weniger den Eindruck eines Flugplatzes, sondern eher den von Landebahnen, Landepisten, für irgendwelche Flugzeuge. Aus der Luft betrachtet, fällt einem auf, dass die meisten Trapeze ungefähr in zwei Richtungen weisen: die einen nach Osten, die anderen nach Süden. Weiters bemerkt man bei einigen, am schmaleren Ende, eine lange gerade Linie, die von der trapezförmigen Fläche weit in die Ebene, zum Horizont hin, hinausragt. Dies ergibt für Landebahnen, oder Landepisten aber wenig Sinn. Viele der Flächen weisen mit ihrer schmalen Seite in die Ebene hinaus, während sie mit ihrer breiteren Seite dicht an einem angrenzenden Bergrücken liegen. Dadurch müsste ein Flugzeug, an der bei vielen Linien viel zu schmalen Seite aufsetzen anstatt an der breiteren Seite.

Die "Pisten" wären – wenn schon – eher für kleinere einmotorige Flugzeuge geeignet, weil sie nicht lang genug sind. Einige finden sich auch auf den angrenzenden Hügeln, was für Landebahnen ungünstig wäre, weil etwaige Flugzeuge über die Landebahn hinausrollen könnten. Wir denken hier nicht an unsere Flugzeugträger, die ja ebenfalls nur sehr kurze Landebahnen haben, auf denen aber auch nur kleinere Flugzeuge landen können. Eigentlich werden die "Landebahnen von Nazca" präastronautisch gedeutet, und da denken wir schon an größere Flugobjekte etwa einem Spaceshuttle ähnlich und dieses benötigt längere Landebahnen. Die mögliche technische Entwicklung würde wahrscheinlich auch andere Zivilisationen im Weltall zu einem Raumschiff führen, wie dem ehemaligen Spaceshuttle der NASA. Da aber so ein Raumgleiter aus großer Höhe landen muss, benötigt er eine weitaus längere Landebahn als irdische Luftfahrzeuge. So ein Shuttle benötigte nämlich eine 3000 Meter lange und 45 Meter breite Rollbahn, denn die Geschwindigkeit beim Landen von etwa 290 km/h als auch der Aufsetzwinkel sind größer als bei gewöhnlichen Flugzeugen. Die Nazca-Flächen sind daher als mögliche Landebahnen für Flugzeuge aus dem Weltall zu kurz – nach Maria Reiche sind sie "425" bis "etwa 800 m lang".[129]

Erich von Däniken ist der Ansicht, dass in der Ebene von Nazca irgendwann eine Art Shuttle gelandet ist, dieses aber "selbstverständlich keine Landebahnen braucht", unter Umständen sogar "nicht einmal Räder", denn es könnte "nach dem Luftkissenprinzip landen". Nun ist das ein etwas kühner Vorschlag, denn es wird technisch äußerst schwierig sein, ein Raumschiff im Anflug mit 290 km/h mittels Luftkissen abzubremsen. Es müsste zuvor schon mittels Raketendüsen gebremst werden, um dann "weich" zu landen. Aber dieser Vorgang verbraucht mehr Energie als die Lösung im Gleitflug. Ein Luftkissenfahrzeug würde auch erheblich viel Staub aufwirbeln und es wären dann keine Landespuren ähnlich Pisten zu sehen – weshalb die Nazca-Leute auch solche nicht nachahmen hätten können.

Entgegen früherer Behauptungen im Jahre 1969, "dass auf der Nazca-Ebene "irgendwann einmal fremde Intelligenzen einen improvisierten Flughafen für ihre Raumfahrzeuge errichteten" und "auf dem idealen Gelände zwei Pisten anlegten",[130] meinte Erich von Däniken später 1979, "ich behauptete niemals, dass diese Linien Pisten seien, welche außerirdische Lebewesen gebaut hätten".[131] Wenn die vielfach trapezoiden Flächen aber bloß Nachahmungen von Landespuren irgendwelcher Raumfahrzeuge sein sollen, dann müssen auch irgendwann von den Nazca-Leuten tatsächlich solche gesehen worden sein. Dabei könnte es sich um Räderspuren, Spuren von Kufen oder einfach um Schleifspuren gehandelt haben. Die Linien und Flächen sind aber nicht irgendwie grob, sondern fein säuberlich mit klaren Rändern in den Wüstensand "gescharrt" worden. Auch die vielen Tierbilder sind derartig angelegt worden.

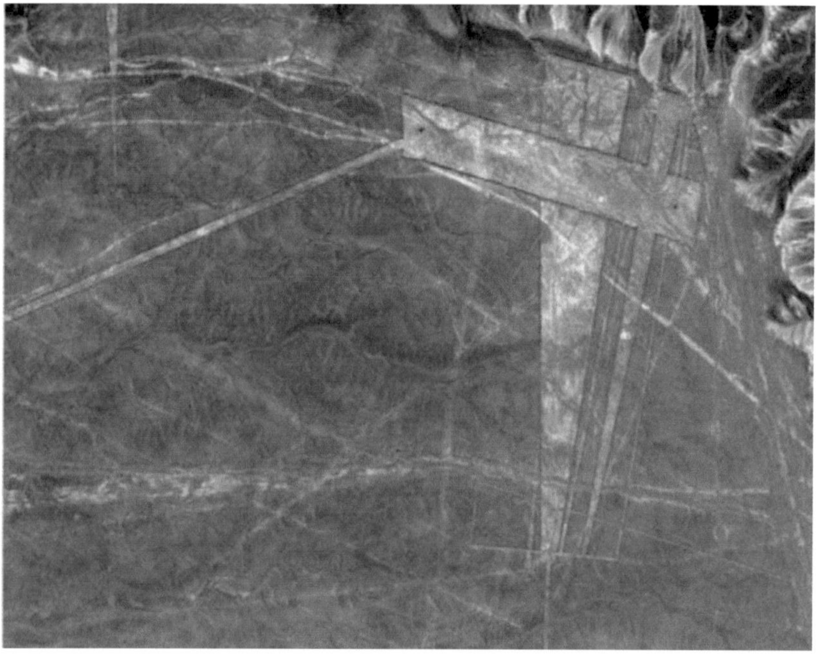

Abb. 19: Die Flächen und Linien in der Ebene von Nazca (Bild: Google Earth, 2006).

Beim Betrachten aus großer Höhe von einem Flugzeug aus, sind die Zeichnungen tatsächlich beeindruckend. Irgendwelche Beziehungen zum Fliegen müssten die Nazca-Leute gehabt haben, meinten auch andere Forscher, die mit der Raumfahrer-Theorie nichts am Hut haben. Der Photograph und Flugpilot Jim Woodman, der Weltrekordler im Höhenflug mit einem Heißluftballon 1974 Julian Nott und der Ballonkonstrukteur Ken TeKrony, wollten der Sache auf ihre Weise auf den Grund gehen. Mit einem aus Nazca-Textilien wie sie früher verwendet wurden 25 Meter hohen und ebenso breiten tetraederförmigen Heißluftballon, stiegen sie 1975 über der Ebene für cirka 14 Minuten bis auf 125 Meter auf. Sie glaubten die Nazca-Bewohner taten früher das gleiche, vermutlich haben sie sogar ihre Toten derart bestattet und übers Meer fliegen lassen. Einen Beweis für ihre Theorie wollen die Heißluftballon-Fahrer in Brandgruben an den Enden mancher Trapezoide erkannt haben[132] (siehe Abb. S. 51).

Auch wenn die Scharrbilder aus der Luft eindrucksvoll zu sehen sind, muss diese Betrachtungsweise bei der Anfertigung der Bilder nicht unbedingt entscheidend gewesen sein, selbst wenn man sie als mögliche Landesignale für Außerirdische betrachtet. So schreibt Maria Reiche: "Die wunderbare Regelmäßigkeit von zwei ineinander geschachtelten Spiralen wurde durch Aufwickeln zweier etwa 45 ½ und 39 ½ Meter langen Seile auf drei im Dreieck angeordnete Pfosten bewirkt".[133] Diese Arbeit konnte durchaus auch von einem etwas höheren Standort aus, etwa einem Holzgerüst, beobachtet und geleitet worden sein. Eventuell auch von den an die Ebene grenzenden Hügeln aus. Die Anweisungen von einem Flugzeug aus oder von einem Ballon (der nur eine gewisse Zeit über der Ebene schweben könnte) oder gar von einem Raumschiff aus, sind da wesentlich problematischer. Außerdem sind viele ähnliche Bilder, sogenannte Geoglyphen, rund um den Globus am Boden entstanden und nicht durch Anweisungen aus großer Höhe, was oftmals die Asymmetrie der Figuren beweist. Gleiches gilt auch für die Scharr-Bilder in der Ebene von Nazca.

Natürlich ist weniger entscheidend wie die Figuren in der Nazca-Ebene entstanden sind als vielmehr WARUM sie entstanden sind. Warum haben die Nazca-Leute derartiges in die Ebene gescharrt? Es kann durchaus sein, dass die Gebilde von den Göttern gesehen werden sollten. Dabei müssen nicht unbedingt physische Götter gemeint sein. Die Götter waren ja bei fast allen Völkern im Himmel zuhause, was noch lange nicht heißt, dass es reale Lebewesen sein müssen. Auch Sonne, Mond und die Sterne waren Götter.

Es ist bemerkenswert, schreibt Maria Reiche, "dass die Sitte, riesenhafte Bilder dem Boden einzuprägen, nicht nur in Peru existiert. An verschiedenen Stellen der Vereinigten Staaten findet man ausgedehnte Erdwälle in Form von Bären, Vögeln und Hirschen. Der größte ist eine Schlange von über 400 Metern Länge. Sie ist fast doppelt so lang wie die größte Nazca-Figur. Eine wie in Nazca leicht zu entfernende dunklerer Oberschicht über einem helleren Untergrund regte die Bewohner Südenglands an, riesige Pferdebilder zu schaffen, die auf weite Entfernung auf Hügelhängen des welligen, grasbewachsenen Geländes sichtbar sind. In den westlichen Wüstengegenden der Vereinigten Staaten gibt es Stellen, deren Bodenbeschaffenheit fast die gleiche ist wie die der Nazca-Hochebene. Und in genau derselben Weise ist auch auf ihnen gezeichnet worden, nur von einer viel primitiveren Bevölkerung, die nie zur künstlerischen und technischen Vollkommenheit der Bewohner der peruanischen Küstentäler gelangt ist. Dutzende solcher Figuren sind gefunden worden, von der Grenze Kanadas bis zum südlichen Kalifornien".[134]

Unweit der Nazca-Ebene, zum Stillen Ozean zu, in der Bucht von Pisco, gibt es auf einer Anhöhe den sogenannten "Kandelaber der Anden", der bisweilen ebenfalls als ein Zeichen für außerirdische Götter angesehen wird. Er wird sogar als Landesignal für den Anflug zur Nazca-Ebene, dem vermeintlichen Flugplatz der Götter, gesehen.[135] Ein Pilot berichtete schon 1975 Jim Woodman während er über den Kandelaber flog: Er "ist wirklich ein völliges Geheimnis. Wir wissen nicht einmal, ob es einen Kandelaber oder die Dreifaltigkeit oder, wie manche sagen, vielleicht den Lebensbaum darstellt. Nach neuester Vermutung ist es eine Hilfe für die Flugnavigation, die zu den Landebahnen von Nazca weist". Jim Woodman fragte darauf den Piloten: "Tut sie's?" Und: "Weist sie nach Nazca?" Der Pilot erwiderte: "Nein sie weicht mehrere Grade von der Richtung ab – bei jeder

Ablesung, die ich vorgenommen habe. Wenn ein alter Astronaut dem Kandelaber gefolgt wäre, hätte er Nazca um etwa 250 Kilometer verfehlt."[136]

Im Jahre 1978 ging auch Josef F. Blumrich der Sache nach und untersuchte den "Kandelaber" an Ort und Stelle. Er konnte feststellen, "dass die Achse des Dreizacks um etwa 43 Grad 50 Minuten von der Verbindungslinie Paracas-Nazca abweicht. Selbst im Falle möglicher kleiner Messfehler… ist es also eindeutig, dass der Dreizack NICHT in Richtung Nazca weist."[137] Folgt man diesen Angaben, dann weist der Dreizack in südlicher Richtung in den Stillen Ozean hinaus.

Der "Kandelaber" von Pisco, der etwa 250 Meter groß ist, kann also nicht als Richtungsweiser angesehen werden. Tatsächlich dürfte es sich – wie bei ähnlichen Symbolen bei anderen Völkern – um eine Abbildung des Lebensbaumes handeln, der manchmal auch als Lebenskreuz (z.B. auf der Grabplatte von Palenque) dargestellt wird. Es ist die riesige Himmelssäule, unsere Milchstraße, die in der Nacht wie ein riesiger Baum am Himmel zu sehen ist. Der senkrechte Mittelteil stellt den Stamm (die Milchstraße) dar, die ausgebreiteten Arme, den die Milchstraße kreuzenden Tierkreis und den Himmelsäquator.

Abb. 20: Der "Kandelaber" von Pisco, Peru (Foto: K. Kratochwill).

In der Ebene von Nazca wird, besonders vor einigen Jahrhunderten, nicht nur dieser "Lebensbaum" am Nachthimmel gut sichtbar gewesen sein, sondern auch die zahlreichen Sterne und Sternbilder. Es ist daher nicht von der Hand zu weisen, dass die Flächen, Linien und Bilder in der Nazca-Ebene einen astronomischen Bezug haben, was schon der Entdecker der Linien Paul Kosok festgestellt hat. Er bezeichnete die Ebene als das "größte Astronomiebuch der Welt". Praktisch alle gestalteten Flächen sind trapezförmig, laufen spitz zu oder enden manchmal in einer langen geraden Linie. Spuren von irgendwelchen

Landefahrzeugen, seien es nun Räder oder Kufen, laufen immer parallel. Die Nazca-Leute müssten also – wollten sie Lande-SPUREN nachahmen – stets zumindest zwei exakt parallele Linien gezeichnet haben – ohne gerade Enden. Auch wenn es sich um Imitationen von Lande-BAHNEN handeln sollte, müssten diese stets PARALLEL verlaufen und nicht spitz zu. Oft enden die Trapeze mit ihrem breiteren Ende an einem Berghang. Ein Landefahrzeug müsste also am schmaleren Ende anfliegen was äußerst ungünstig wäre, und es könnte bei überhöhter Geschwindigkeit leicht am Berg zerschellen. Eine Landebahn auf einem Berg (es gibt tatsächlich auch Trapezoide auf den nahen Bergen) würde aus diesem Grund ebenfalls wenig Sinn machen.

Im Jahre 1969 erforschte der Astronom Gerald Hawkins die Linien der Nazca-Ebene nach möglichen Übereinstimmungen mit den Positionen der Sterne, dem Mond und der Sonne. Dazu benutzte er einen Computer, mit dem er zuvor schon den englischen Steinkreis in Stonehenge entsprechend untersucht hatte. Hawkins kam schließlich zu der Ansicht, dass keine Wechselbeziehung zwischen dem Sonnwendpunkt und den Linien in der Nazca-Ebene besteht.[138] Der Archäologe Prof. Barthel aus Tübingen war 1977 der Ansicht, "die Deutung der Nazca-Linien als astronomischen Kalender könne man vergessen".[139] Maria Reiche hingegen meinte schon 1968: "Am 21. Dezember geht die Sonne rechts von zwei Linien unter. Innerhalb der ersten sechs Jahrhunderte vor unserer Zeitrechnung berührte die Sonne den Horizont genau über der Linie. Falls sie zur Sonnenbetrachtung gezeichnet wurde, könnte das eben innerhalb dieses Zeitabschnittes gewesen sein.

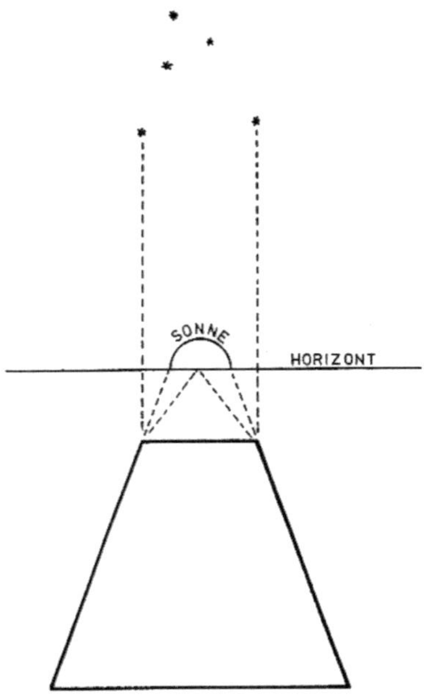

Abb. 21: Astronomische Deutung der Nazca-Linien.

Es wurde aber vielleicht der letzte Lichtpunkt der Sonne beobachtet, und zwar in einer Zeit zwischen 350 und 950 n. Chr. Eine andere Linie könnte zwischen 800 und 1400 n. Chr. der vollen Sonnenscheibe entsprochen haben. Der letzte Lichtpunkt der Sonne kommt hier nicht in Frage, da er erst jetzt mit der Linie zusammenfällt." Maria Reiche meinte, "dass viele Nazca-Linien mit dem Kalender zu tun haben. Einige laufen z.B. auf den Punkt zu, an dem die Sonne bei der Sommer- und Wintersonnenwende untergeht. Sie hängen also mit den Jahreszeiten zusammen! Nachdem sich die Erdachse etwas verschoben hat, seit diese Linien gezogen wurden, weicht auch der Sonnenuntergang, von der Wintersonnenwende geringfügig von der Linie ab".[140]

Tatsächlich hat Maria Reiche insgesamt 11 Sonnwendlinien entdeckt und viele davon auch photographisch festgehalten. Schon Paul Kosok hatte ein eindrucksvolles Foto von einem Sonnenuntergang exakt auf einer der Linien gemacht, das in dem Buch von Maria Reiche zu sehen ist.

Zur astronomischen Deutung der Linien von Nazca tragen auch die zahlreichen Tierbilder bei. Dazu schreibt Maria Reiche: "Sie könnten gut mit den Jahreszeiten zusammenhängen. Viele, wie ein Riesenvogel, kommen auch auf den Keramiken der Nazca-Völker vor, wie der Fisch, die Spinne und der Affe, der das Symbol der kommenden Regenzeit ist und auf einem Gefäß abgebildet ist, das in Bildern das ganze Nazca-Jahr darstellt und das im Juni zur Sommersonnenwende begann."

Und weiter schreibt Reiche: "Es ist sehr wahrscheinlich, dass der Affe, das Sternbild des Wagens oder des Großen Bären bedeutet. Der Große Bär ist natürlich hier umgekehrt sichtbar oder der Wagen und die Deichsel des Wagens umgekehrt, sodass die Arme der Deichsel entsprechen würden. Dieses Datum, in dem dieses Sternbild zum ersten Mal im Jahr erscheint, ist sehr wichtig, denn das Wasser in den Flüssen wird hier im Dezember erwartet und die Leute fangen an ihre Felder vorzubereiten – auch wenn das Wasser manchmal erst im Februar kommt und in alten Zeiten war es ebenso. Die Leute hatten keinen Kalender, sie mussten dennoch ganz genau wissen wann sie mit dieser Arbeit anfangen sollten und daher beobachteten sie den Himmel und sahen, dass der Große Bär im Dezember zum ersten Mal im Jahr sichtbar war, zu gleicher Zeit in der das Wasser ankommt."

Der amerikanische Astronom und Anthropologe Prof. Anthony F. Aveni beschäftigt sich bereits seit 1979 mit den Linien von Nazca.[141] Er hat festgestellt, dass von den insgesamt 762 Linien in der Pampa viele auch strahlenförmig von einem Zentrum aus zum Horizont verlaufen. Er meint, dass sich Gerald Hawkins bei seinen Untersuchungen zu sehr auf die Gegebenheiten in Stonehenge und nicht auf jene in Nazca konzentriert hat, wo sich z.B. "der Himmel auf dem Breitengrad von Stonehenge (51 Grad nördlicher Breite) erheblich von dem in Nasca (15 Grad südlicher Breite) unterscheidet". "Was war beispielsweise mit dem Sonnenstand an den Tagen des Jahres, die das Ende der Fischfang- und Pflanzsaison signalisieren?", fragt der Astronom.[142] Und was war mit dem "Kreuz des Südens", dem "Kalvarienkreuz" oder den Plejaden, deren Auf- und Untergang am Nachthimmel die Fischfangsaison südlich von Moche markiert? Oder etwa der Fluss der Milchstrasse in den Horizont.[143] Anthony F. Aveni fütterte seinen Computer mit den wichtigen Daten des Mayakalenders und verglich erst danach diese mit den Lauf der Linien. Obwohl seiner Meinung nach "Reiches astronomische Berechnungen für gewöhnlich stimmen"[144] und manche "auf den Sonnenuntergang im Antizenit ausgerichtete" Linien "durchaus als astronomische Peillinien gedient haben",[145] so haben sie als Ganzes "nichts mit Astronomie zu tun".[146] Auch die Ähnlichkeit der Affenfigur mit dem umgekehrten Sternbild des Großen Bären kann Professor Aveni nicht erkennen. Er kommt schließlich zu dem Schluss, dass die Linien etwas "mit dem Wasser zu tun" haben "und den Bergen, aus denen das kostbare Nass kommt".[147] Dicses leitet er aus einer großen Trefferzahl der Richtung der Linien ab, die auf den Punkt weisen, wo die Sonne im Frühjahr nach Süden wandert und im Winter zurück nach Norden. Also kann man einige der Linien doch astronomisch deuten. Pof. Aveni legt sich aber letztendlich nicht fest. Alle Theorien haben etwas für sich meint er, jedoch nicht die präastronautische, diese lehnt er ab.

Im Jahre 1995 wurde das "Forschungsprojekt Nasca" an der Hochschule für Technik und Wirtschaft in Dresden unter der Leitung von Prof. Dr. Berndt Teichert ins Leben gerufen. Von 1996 bis 2011 erfolgten mehrere Expeditionen in die Nazca- und die angrenzende Palpa-Ebene, die auch Luftaufnahmen beinhalteten. Im Mittelpunkt des Projektes stand der Aufbau eines Geographischen Informationssystems (GIS), in dem alle verfügbaren Daten zu den Linien und Figuren gespeichert, verwaltet, analysiert und präsentiert wurden. Der Schwerpunkt des Projektes war die Fortführung der Arbeit von Maria Reiche und die Verifizierung ihrer astronomischen Theorie.

Schon im Sommer 2001 wurden zwei Computer-Programme erstellt, die es ermöglichen, Korrelationen zwischen Linien und Flächen in der Pampa und Positionen von Sternen, Planeten, Sonne und Mond zur Nazca-Zeit zu bestimmen bzw. zu prüfen. Erste Berechnungen mit diesen Programmen, basierend auf den Unterlagen und Beobachtungen von Maria Reiche sowie GPS- Messungen ausgewählter langer Linien, ergaben eine sehr gute Übereinstimmung von Linien mit hellen Sternen sowie der Sonne zur Nazca-Zeit. Es konnten Hinweise zur Festigung der Kalendertheorie an zwölf Linien gefunden werden. Folgende Linien weisen Übereinstimmungen mit den Himmelsobjekten auf: Kondorlinie (Sonnenaufgang am 6. Juni 202, 06:30 Uhr; Jupiteruntergang am 22. Januar 206, 17:28 Uhr), Sommersonnenwendlinie (Sonnenuntergang am 16. Dezember 800, 18:24 Uhr; Venusuntergang am 2. November 609, 20:04 Uhr), Wintersonnenwendlinie (Marsaufgang am 10. November 701, 06:52 Uhr; Sonnenuntergang am 17. Juni 800, 17:33 Uhr).

In einer anderen geophysikalischen, petrophysikalischen, mineralogischen und geochemischen Untersuchung der Geoglyphen an sechs Stellen in der Nazca-Ebene, von der Hochschule für Technik und Wirtschaft Dresden unter der Leitung von Prof. Dr. Gunter Reppchen, hat das Team im Jahre 2008 festgestellt, dass die Nazca-Menschen weder Salze noch andere mineralische Materialien zur Veränderung der Oberflächen bei der Herstellung der Petroglyphen verwendeten. Dies unterstützt die Hypothese, dass die Menschen zur Herstellung der Petroglyphen einfach das lose Steinmaterial vom harten Untergrund entfernten.

Was liegt denn für ein Volk, das in oder bei einer derartigen Ebene wohnt, die praktisch vegetationslos ist, die in der Nacht den freien Blick zum gesamten Himmel ermöglicht, näher, als diese eindrucksvollen Objekte mit Hilfe von Linien einzufangen und anzuvisieren. Fast sämtliche Völker rund um den Globus taten dies, in England, in der Bretagne, in Ägypten wie auch in anderen Ländern. Die Sterne und der Mond waren – außer dem Feuer – die einzigen Lichter in der Nacht und die Luft war noch wesentlich klarer, die Sichtbarkeit wesentlich besser als heutzutage durch die Luftverschmutzung. Die Menschen damals hatten auch kein Kino und kein Fernsehen und die einzigen Schauspiele in der Nacht waren am Himmel zu sehen. Deshalb sind die meisten Kultbauten mehr oder weniger astronomisch ausgerichtet und fast alle Mythen der Völker haben deshalb einen astronomischen Hintergrund.

Professor Aveni ist auch der Ansicht, wie schon vor ihm andere Forscher, dass die Linien und Flächen für kultische Handlungen benutzt wurden. Im Jahre 1980 erregte der deutsche Ingenieur Georg von Breunig einiges Aufsehen, indem er verkündete, dass die Linien für kultische und rituelle Laufspiele benutzt wurden. Tatsächlich findet man in schriftlichen und bildhaften Aufzeichnungen der präkolumbischen Kultur Hinweise auf diverse Laufspiele und Meldeläufer zu Kommunikationszwecken. In einer TV-Sendung wurde damals Breunigs Theorie in der Nazca-Ebene praktisch nachgestellt, wobei einige Personen durch die Linien liefen. Die leicht erhöhten Steine am äußeren Rand in den

Kurven der Linien sollcn dic Thcorie erhärten. Sie ist nicht ganz von der Hand zu weisen, weil es durchaus verlockend sein kann, die Linien auf eine solche Weise für kultische Zwecke zu benutzen.[148]

Viele der astronomisch ausgerichteten Bauten und Bodenzeichnungen der Völker wurden zu Kultzwecken benutzt, so wahrscheinlich auch jene in der Ebene von Nazca. Die Nazca-Leute hatten vielleicht bescheidene zeremonielle Läufe und Tänze in den Linien und Flächen aufgeführt und an den Enden der Trapeze Feuer entzündet, was man anhand der Brandgruben noch heute erkennen kann. Wahrscheinlich werden alle "irdischen" Theorien zusammen, sowohl die astronomischen wie die wasserorientierten als auch die kultischen, dem ganzen einen Sinn geben – die astronautischen sind leider nicht überzeugend.

Die Karte des Piri Reis

Eine prähistorische Satellitenaufnahme?

Auf der Suche nach Spuren von prähistorischen Astronauten, stolperten schon 1962 die beiden Franzosen Louis Pauwels und Jacques Bergier, über "einen Packen Landkarten" – wie sie meinten –, der "in der Mitte des 19. Jahrhunderts",[149] ein türkischer Admiral zur See, namens Piri Reis, der Library of Congress zum Geschenk machte. Diese "Landkarten" erregten in der Folge großes Aufsehen. Robert Charroux, der amerikanische Kartograph Prof. Charles H. Hapgood, einige andere Kartographen der US Air Force, und natürlich auch Erich von Däniken, berichteten in ihren Publikationen darüber. Noch heute kursiert die Meinung in einschlägigen Kreisen und in diversen Sachbüchern, dass es sich zumindest bei einer bestimmten Karte wohl nur um die äußerst präzise Nachbildung einer Satellitenaufnahme handeln kann. Die Aufnahme müsste vor 11.000 Jahren gemacht worden sein, denn die Karte zeige die Antarktis, als diese noch mit dem südamerikanischen Kontinent verbunden war.

Erich von Däniken schrieb dazu 1968: "Zu Beginn des 18. Jahrhunderts (Pauwels und Bergier schrieben ´in der Mitte des 19. Jahrhunderts´, Anm. vom Autor) fand man im Topkapu-Palast (richtig wäre Topkapi-Palast) in Istanbul alte Landkarten, die einem Offizier der türkischen Marine, Kapitän Piri Reis, gehört hatten. Dieses ganze Kartenpaket wurde dem amerikanischen Kartographen Arlington H. Mallerey (er heißt eigentlich Mallery) zur Untersuchung übergeben. Mallerey machte die merkwürdige Feststellung, dass zwar alle Angaben vorhanden, nicht aber an der richtigen Stelle eingezeichnet waren. Hilfesuchend wandte er sich an den Kartographen Walters vom Hydrographischen Amt der US-Marine. Mallerey und Walters konstruierten ein Lesegitter und übertrugen die alten Karten auf einen modernen Globus. Sie machten eine wirklich sensationelle Entdeckung: die Karten waren absolut exakt, und zwar nicht nur was Mittelmeerraum und Totes Meer angingen, es waren ebenso die Küsten von Nord- und Südamerika und sogar die Konturen der Antarktis präzise in Piri Reis´ Karten vermerkt."[150]

Weiters schrieb Erich von Däniken, dass die Karten "nicht nur die Umrisse der Kontinente wiedergeben", sondern sogar "die Topographie im Innern dieser Länder! Gebirgsketten, Berggipfel, Inseln, Flüsse und Hochebenen haarscharf eingezeichnet" sind. Man liest bei Däniken, dass 1957 – im Geophysikalischen Jahr – die Karten vom "Jesuitenpater Lineham, der zugleich Direktor der Sternwarte von Weston ist", untersucht wurden, und auch er "konnte nach genauesten Prüfungen nur bestätigen, dass die Karten von äußerster Genauigkeit sind – selbst in Räumen, die wir heute noch kaum erforscht haben."

Erich von Däniken stellte weiters fest, dass die "Gebirgsketten in der Antarktis" erst 1952 entdeckt wurden, dass Piri Reis "Grönland auf seinen Karten in Form von drei Inseln" darstellt, was mit den neuesten Messungen und Sondierungen übereinstimmt, dass Piri Reis "nie den Mittelmeerraum verlassen hat", jedoch sich dort "einige Inseln" auf seinen Karten befinden, die es nicht mehr gibt, da sie heute "von einer rund 180 Meter hohen Meerwasserschicht überschwemmt sind, und dass diese Tatsache Gewissheit gibt, "dass die Reis´schen Karten mindestens 10.000 Jahre alt sein müssen" und: "unzweifelhaft mit modernen technischen Hilfsmitteln – aus der Luft! – hergestellt worden sein müssen".

Ähnliches berichtete schon 1966 Robert Charroux. Er war der Ansicht, dass diese "alten Karten" im "Juli 1957, im Topkapu-Palast" (Tokapi, Anm. vom Autor) gefunden wurden, und zwar vom "türkischen Kapitän Piri Re'is". "Mallery, Walters und Lineham", sollen, nach Charroux, der Meinung sein, "dass die Angaben der Karten wenigstens aus der Zeit 5000 v. Chr. stammen".[151]

Jochim Pahl meinte 1971, dass Dänikens Feststellung viel zu weit gehe, doch auch für ihn war die Karte interessant, "denn sie zeigt die kugelförmige Erdoberfläche in Einzelheiten, die zur Zeit ihrer Herstellung, im Jahre 1518 (soll eigentlich 1513 heißen, Anm. v. Autor), gar nicht bekannt sein konnten". Jochim Pahl kam zu der Meinung, dass "die ursprüngliche Vorlage der Piri-Reis-Karte auf die Zeit um 2650 v. Chr. datieren könnte".[152]

Es gab also bei den einzelnen Autoren unterschiedliche Angaben über die Auffindung und das Alter der Karten des türkischen Seemannes. Erich von Däniken schrieb 1973, dass "zwei Fragmente einer Karte" von Piri Reis im Jahre 1929 "am 9. November" von "B. Halil Eldem, Direktor des Türkischen Nationalmuseums" gefunden wurden – also nicht "zu Beginn des 18. Jahrhunderts" – wie er zuvor 1968 schrieb. Der Kapitän Piri Reis ist bei Däniken inzwischen zum Admiral geworden.[153] Aber diese kleinen Details wären unerheblich, wenn die Karten wirklich ein Wissen vermitteln würden, das im 15. Jahrhundert n. Chr. absolut unbekannt war.

Ich habe mich daher schon 1978 diesbezüglich um Aufklärung bemüht und über den Topkapi-Palast, in Istanbul, Informationen eingeholt. Dort gibt es ein Museum, in dem die Karten von Piri Reis aufbewahrt werden, wo sie auch noch heute zu besichtigten sind. Einer der sich eingehend damit beschäftigt hat und der auch ein Buch darüber verfasst hat, mit dem Titel *Life and works of Piri Reis*, ist Prof. Dr. A. Afetinan aus Ankara. Mit ihm hatte ich 1980 korrespondiert und dadurch folgende Fakten ermitteln können: Das sogenannte "Kartenpaket" ist in Wirklichkeit nur eine Karte, ein Teil einer einzigen Weltkarte, die in ihrer Gesamtheit bisher nicht gefunden wurde. Piri Reis zeichnete zwar auch noch andere Karten, doch gehören diese nicht zu der Weltkarte und sie sind später entstanden als die fragliche Karte. In seinem Buch *Bahriye* hat dies der türkische Seemann veröffentlicht, wo auch das Datum der vieldiskutierten Karte verzeichnet ist. Es heißt dort: "Diese Karte wurde gezeichnet von Piri Ibn Haji Mehmed, bekannt als der Neffe von Kemal Reis, in Gallipoli, im Monat Muharrem des Jahres 919 (das ist zwischen dem 9. März und dem 7. April des Jahres 1513)."[154]

Im Jahre 1929 wurde der Topkapi-Palast in ein Museum umgebaut. Schon zuvor, im gleichen Jahr, am 9. Januar, fand der damalige Direktor des Nationalmuseums, Halil Ethem Eldem, eine alte Karte, die den Geographen bisher nicht bekannt war.

Nachdem die Karte fotografiert und veröffentlicht wurde, erregte sie bald erhebliches Aufsehen, weil sie – nach einer Notiz des Zeichners –, nach einer Amerikakarte von Kolumbus angefertigt worden sein soll – was man damals nicht glauben konnte. Später stellte sich heraus, dass es die von Piri Reis im Jahre 1513 angefertigte Karte war, die auf der rechten Seite (im Osten) die Küsten von Spanien und Afrika, den atlantischen Ozean, und auf der linken Seite (im Westen) merkwürdige Küstengebiete zeigt, die Südamerika darstellen könnten. Das Erstaunliche daran war aber, dass dieser eigenartige Küstenstreifen auf der Karte zuerst senkrecht nach Süden und dann waagrecht nach Osten bis zum unteren Rand der Karte ausläuft.

Abb. 22: Die Piri-Reis-Karte von 1513.

Schon 1954 bemerkte der Kartograph Arlington H. Mallery, dass dies der Küstenstreifen der Antarktis sein könnte. Dieser war jedoch im Jahre 1513 noch nicht entdeckt und schon gar nicht kartographiert worden. Die Landspitze von Südamerika und die vermeintliche Küste der Antarktis waren auf der Karte mit einer Linie verbunden. Daraus schloss Mallery, dass die Karte vor rund 11.000 Jahren angefertigt worden sein musste, als die beiden Kontinente noch durch eine Landbrücke verbunden waren. Dieser Ansicht schlossen sich der Kartograph Walters und der Jesuitenpater Lineham (Daniel L. Lineham) an – und natürlich auch Charroux und Däniken und andere. Selbst dem Spezialisten, dem "grand old man der Kartographie", wie man ihn nannte, Prof. Charles H. Hapgood, war die Karte ein derartiges Rätsel, dass er sich Hilfe suchend an die US Air Force wandte, die die Antarktis inzwischen genauestens kartographiert hatte.[155]

Am 6. Juli 1960 erhielt der Professor ein Schreiben vom Kommandanten Lt. Colonel Z. Ohlmeyer mit folgendem Wortlaut: "Ihrem Wunsch gemäß wurde die außergewöhnliche Piri-Reis-Weltkarte von 1513, von unserer Organisation untersucht. Die Behauptung, dass der untere Teil der Karte die Princess Martha Küste von Queen Maud Land Antarctica und die Palmer Peninsula zeigt, ist vernünftig. Wir finden, das ist die logischste und aller Wahrscheinlichkeit nach die richtige Interpretation der Karte. Die geographischen Details im unteren Teil der Karte, stimmen bemerkenswert mit den seismologischen Profilen überein, welche die schwedisch-britisch-norwegische Antarktisexpedition von 1949 festgestellt hat. Die Küstenlinie wurde kartographiert bevor sie von Eis bedeckt war. Die Eisdecke in dieser Gegend ist heute etwa eine Meile dick. Wir haben keine Ahnung, wie die Daten auf dieser Karte mit dem geographischen Wissen von 1513 vereinbart werden können."[156]

Nun habe ich mir schon 1978 die Mühe gemacht, dieses so verblüffend erscheinende Ergebnis nachzuprüfen und dabei festgestellt, dass sich bei näherer Betrachtung der Küstengebiete auf der Piri-Reis-Karte und den heutigen Karten keineswegs so exakte Übereinstimmungen ergeben. So ist auf der Karte des türkischen Admirals nicht einmal der Golf von Mexiko eingezeichnet. Am besten ist, man vergleicht die Küstengebiete mit einem modernen Atlas. Dieses Verfahren wendeten zwar auch Mallery und Walters an, sie hatten dabei aber erhebliche Schwierigkeiten, die einzelnen Küstengebiete auf einen Nenner zu bringen. Sie konstruierten ein mit Längen- und Breitengraden versehenes Gittersystem (Grids), wie das auch auf modernen Landkarten zu sehen ist, und gingen dabei von den schon vor der Entdeckung Amerikas bekannten Küstenteilen von Afrika und Spanien aus, was auch aus der Nummerierung der einzelnen Orte durch Mallery und Walters hervorgeht. Im Buch von Prof. Hapgood, auf Seite 64, Figure 18, ist die Karte von Mallery und Walters abgebildet und man kann die einzelnen Ortsangaben genau verfolgen (siehe Abb. S. 62).

Schon die erste Lokalisierung einer Insel (Annobon Islands, Nr. 1), stimmt mit der heutigen Lage nicht überein. Auf dem Koordinatensystem von Mallery und Walters, liegt diese Insel auf 0 Grad Länge und 2 bis 3 Grad südlicher Breite. Tatsächlich liegt diese Insel heute zwar auf 2 bis 3 Grad südlicher Breite, jedoch auf 5 bis 6 Grad östlicher Lange – also eine Abweichung von 5 bis 6 Grad von den Angaben, die Mallery und Walters machten. Dies setzt sich in der Folge, mehr oder weniger, bei den meisten Ortsangaben fort; die größte Differenz liegt bei etwa 35 Grad (The Weddell Sea, Nr. 79). Nur etwa 20 Prozent aller angeführten Orte sind halbwegs genau wiedergegeben – wobei ich um ein Grad mehr oder weniger nicht streiten möchte. Mallery und Walters haben sich nicht anders zu helfen

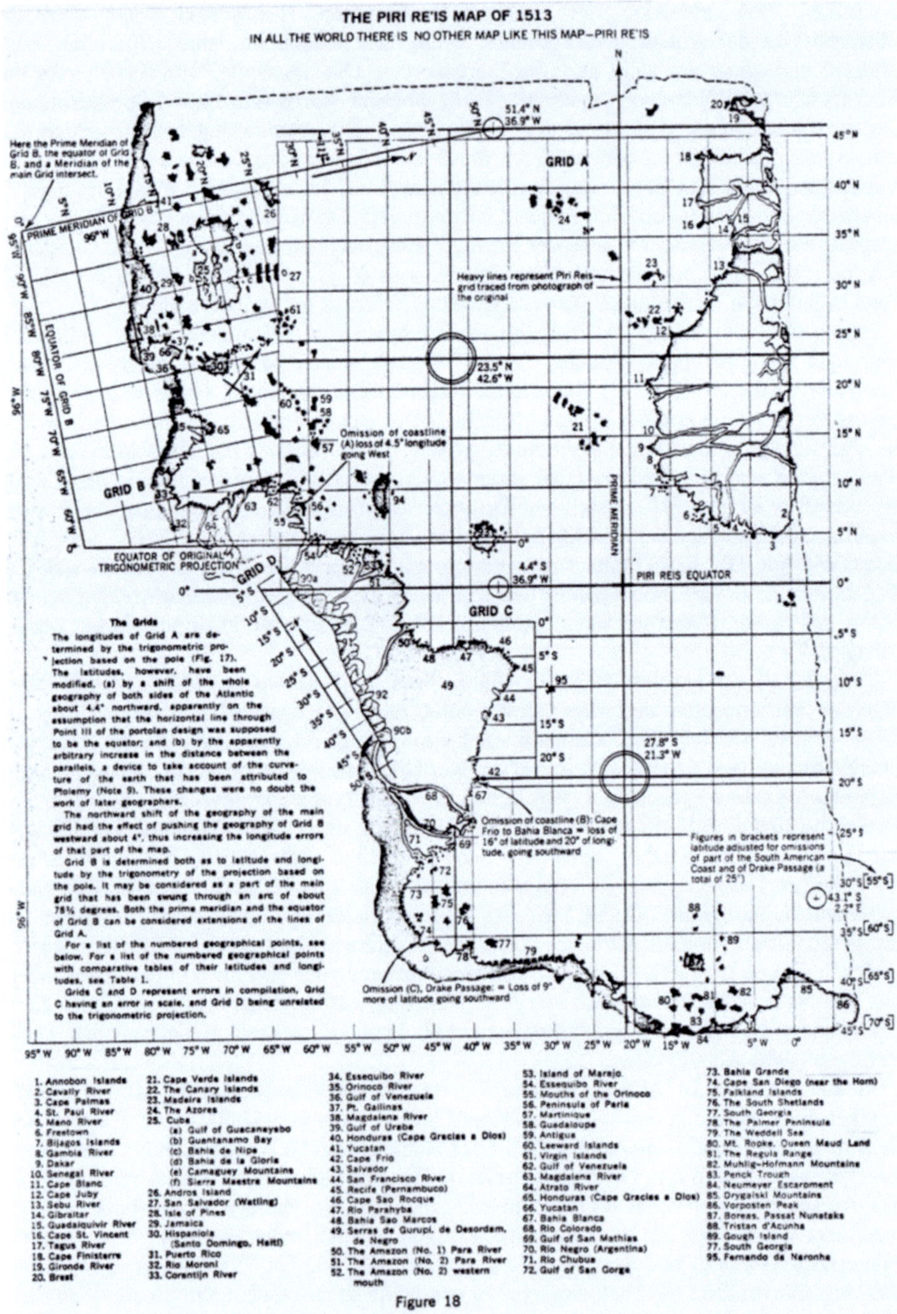

Abb. 23: Die Piri-Reis-Karte mit dem Koordinatensystem von Mallery und Walters.

gewusst, als mehrere Koordinatensysteme einzuzeichnen, da sich verschiedene Örtlichkeiten überhaupt nicht in ein einziges Gittersystem einordnen ließen.

Ich habe mit der – als äußerst exakt befundenen – Küstenlinie der vermeintlichen Antarktis auf der Piri-Reis-Karte begonnen: Zuerst fällt auf, dass die südlichste Küstenlinie auf dem Koordinatennetz von Mallery und Walters zwischen 35 und 45 Grad Süd liegt, während sich die heutige Antarktisküste auf 63 bis 78 Grad Süd befindet: was einer Differenz von 28 bis 33 Grad und etwa 3000 Kilometern entspricht. Selbst bei einem Eisvorstoß bis zur Treibeisgrenze im Südwinter (bis auf 30 Grad Süd) oder eines Abdriftens der Antarktis, ist diese Ortsangabe geographisch unwahrscheinlich und daher die Piri-Reis-Karte in dieser Gegend absolut nicht exakt. Vielleicht ist vor Millionen von Jahren das Packeis der Antarktis so weit vorgedrungen – vor 11.000 Jahren aber sicher nicht. Man kann also absolut NICHT behaupten, dass der Raum um die Antarktis auf der Piri-Reis-Karte von "unfasslicher Präzision" ist. Ein Vergleich mit der Karte von Mallery und Walters (siehe Abb. S. 62) macht dies am besten deutlich. Im linken oberen Teil zeigt die Piri-Reis-Karte (siehe Abb. S. 60) eine eigenartige Küstenformation mit einer größeren Insel davor. Die Kartographen Mallery und Walters konnten dies nicht anders deuten, als dass dieser Teil – um den heutigen Küstenlinien halbwegs nahe zu kommen – um 78 3/4 Grad nach links zu kippen ist.

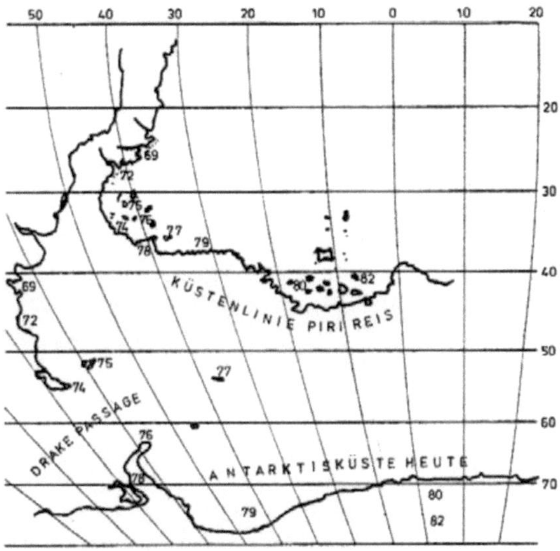

69 GOLF OF SAN MATHIAS
72 GOLF OF SAO GEORGE
74 KAP SAN DIEGO (HORN)
75 FALKLAND INSELN
76 SÜD-SHETLAND INS.
77 SOUTH GEORGIA
78 PALMER PENINSULA
79 WEDDELL SEA
80 QUEEN MAUD LAND
82 MÜHLIG HOFMANN MOUNT.

Abb. 24: Die südliche Küstenlinie auf der Piri-Reis-Karte
mit der heutigen Antarktisküste im Vergleich.

Dies führte Mallery und Walters dann dazu, die dort befindliche Insel mit der heutigen Insel Kuba zu vergleichen. Die beiden Kartographen zeichneten dazu ein spezielles Gittersystem ein, das sie als "Grid B" bezeichnen. Trotz dieser willkürlichen und gewaltsamen Behandlung der Piri-Reis-Karte, ergeben sich erhebliche Differenzen zu den heutigen Werten. Zum Beispiel erscheint dann "Kuba" eigenartig "aufgequollen" und ist mit der heutigen Insel auf modernen Karten kaum identisch.

Besonders zu beachten ist dabei, dass die beiden Orte Honduras und Yucatan zweimal aufscheinen (Nr. 40, 65 und 41, 66) – wohl gemerkt, im gleichen Koordinatensystem "Grid B"! Jeweils der gleiche Ort ist auf der Karte – nach Mallery und Walters – in einer Entfernung von 1000 km nochmals eingezeichnet.

Was das bedeuten soll werden wohl nur die beiden Kartographen wissen. Weiters sind die Orte "Gulf of Venezuela" (Nr. 36, 62) und "Magdalena River" (Nr. 38, 63) ebenfalls recht verwirrend zweimal eingezeichnet. Interessanterweise erscheint auch an der angeblichen Antarktisküste South Georgia (Nr. 77) im Text zweimal und die Nummern 90 bis 94 fehlen im Text der gesamten Karte überhaupt gänzlich. Ich nehme an, dass die beiden Kartographen mit der doppelten Nummerierung die jeweiligen Orte mit der Piri-Reis-Karte vergleichen wollten. Das zeigt uns aber erst recht die Ungenauigkeiten gegenüber heutigen Karten.

Am 23. März 1978 schrieb ich diesbezüglich an Erich von Däniken und machte ihn auf die Unstimmigkeiten zwischen der Originalkarte des Piri Reis und den Gittersystemen von Mallery und Walters aufmerksam. Am 30. März antwortete er mir darauf folgendermaßen: "Ich weiß nicht was sie mit der Piri-Reis-Karte tun, aber ich weiß mit Sicherheit, dass die Untersuchungen von Mallery, Walters, Lineham sowie auch Hapgood perfekt sind. Es handelt sich um anerkannte, wissenschaftliche Arbeiten."

Am 5. April 1978 schrieb ich ihm erneut und machte ihn dabei konkret auf die Differenzen in den Ortsangaben um "Kuba" aufmerksam. Ich bat ihn auch um entsprechende Adressen der Kartographen, da ich annahm, dass er sich mit jenen in Verbindung gesetzt hat. Am 12. Mai teilte er mir daraufhin mit: "Es ist völlig normal und war für die Kartographen zwingend, bei der Piri-Reis-Karte verschiedene Gittersysteme (Grids) anzuwenden. Die Karte des Piri Reis besteht nicht aus einer einzigen Karte. Es handelt sich um eine Karte, die zusammengesetzt ist aus verschiedenen, anderen und älteren Kartenstücken. Jedes Grid ist für sich selbst richtig unter Berücksichtigung der Erdkrümmung, hingegen lassen sich alle Grids nicht unter ein einheitliches Koordinatennetz unterordnen." Er schreibt dann abschließend: "Eine Adresse von Chilton-Books haben wir nicht..." Im Verlag Chilton-Books ist nämlich das Buch von Hapgood damals erschienen.

Über die amerikanische Botschaft konnte ich dann doch die Adresse von Chilton-Books ausfindig machen, doch trotz zweimaliger brieflicher Anfrage beim Verlag, konnte ich zuerst keine Antwort und schon gar kein Exemplar des bewussten Buches erhalten. Schon 1969 hatte es Gerhard Gadow "reichlich seltsam berührt, dass sich die ´schockierenden Erkenntnisse´ nur in einer schwer zugänglichen, 18 Dollar teuren Veröffentlichung aus den USA niedergeschlagen haben sollten".[157] Das vielzitierte Buch von Charles H. Hapgood, *Maps of the Ancient Sea Kings*, ist 1979 im New Yorker E. P. Dutton-Verlag in einer neuen Auflage erschienen und ich hatte, nach einer neuerlich erfolgten Bestellung, endlich 1980 ein Exemplar erhalten.

Für die ersten Untersuchungen, habe ich jedoch in ein Exemplar von Chilton-Books aus dem Jahre 1966, in der Papyrus-Sammlung der Wiener Nationalbibliothek, Einsicht nehmen können; doch ich erhielt – nachdem ich am 28. Mai 1978 Erich von Däniken unter anderem erneut auf die Unklarheiten bezüglich der Behandlung der Piri-Reis-Karte durch die Kartographen aufmerksam machte – am 8. Juni wieder eine Antwort von ihm, die folgendermaßen lautete: "Was Ihre Piri-Reis-Karten-Berechnungen angehen, verstehe ich nach wie vor nichts: Im Buch von Prof. Dr. Charles Hapgood.., sind im Anhang nicht weniger als 16 Seiten Tabellen, worin alle wesentlichen Punkte der Piri-Reis-Karten vermerkt sind nach Längen- und Breitengraden und verglichen sind mit unserem heutigen Wissen. In einer dritten Sparte sind die Abweichungen von minus oder plus in Graden angegeben. Einige Linien dieser Berechnungen veröffentlichte ich in 'Meine Welt in Bildern."

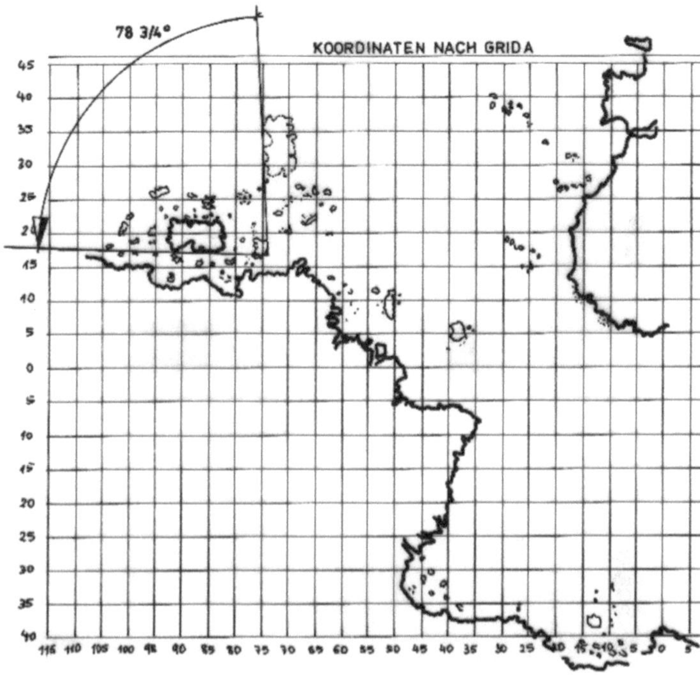

Abb. 25: Die Insel "Kuba" nach Mallery und Walters um 78 ¾ Grad verschoben.

Tatsächlich findet man im Hapgood-Buch von 1966, dass dem Kapitän Arlington H. Mallery gewidmet ist, und dass nach siebenjähriger Untersuchung durch Studenten veröffentlicht wurde, am Schluss eine Reihe von Kommentaren einiger Wissenschaftler und Offiziere, unter anderem auch vom Mathematiker Dick Strachan, vom Institut of Technology in Massachusetts, und anschließend die Tabellen der einzelnen Ortsangaben der von Hapgood untersuchten Karten. In der Ausgabe von 1979 findet sich sogar ein Hinweis auf das Buch *The Sirius Mystery* von Robert K. G. Temple. Es ist aber so, dass sich Hapgood auch in der Ausgabe von 1979 mit mehreren alten Karten, hauptsächlich aus dem

Mittelmeerraum, auseinandersetzt. Was die Tabellen betrifft, so sind die Ortsangaben (1. Annobon Islands bis 94. Antillia) lediglich von Seite 238 bis 240 und ein "Alternative Grid" für die Ostküste von Südamerika auf Seite 256 angeführt, also auf nur 4 Seiten. Die Mappe von Mallery und Walters ist auf den Seiten 32 und 33 abgebildet. Gegenüber der Ausgabe von 1966 finden sich in dieser Mappe geringfügige Änderungen in der Ortstabelle.

Zuerst führt Hapgood auf den genannten Seiten die tatsächlichen Positionen der einzelnen Orte, wie sie Mallery angibt, von 1 bis 95 an; anschließend, die angenommene Lage dieser Orte auf der Piri-Reis-Karte und in der dritten Spalte, die jeweiligen Fehlerabweichungen. Aus dieser Tabelle von Hapgood ergibt sich nun tatsächlich, dass nur vier Orte, nämlich Nr. 21, 24, 50 und 60 keine Abweichungen aufweisen. Die Orte Nr. 7, 8, 9, 10, 11, 15, 22 und 30, 43, 44, 45, 64 sowie 70 haben Abweichungen bis zu einem Grad und die weiteren Orte bis zu 18,5 Grad (Nr. 77) von der heutigen Position. Von einer absolut exakten Karte kann also auch nach den Angaben von Prof. Hapgood nicht die Rede sein.

Däniken gibt tatsächlich in seinem Buch *Meine Welt in Bildern*, wie er mir auch schrieb, auf Seite 137 (Taschenbuch, S. 139), drei Orte mit den jeweiligen Koordinaten und Abweichungen an, doch nicht ganz korrekt, denn im Buch von Hapgood (S. 240), wird die Abweichung des Ortes 62 (Gulf of Venezuela) mit 0,0 und – ohne Minus! – 1,5 angegeben.

Weiters sieht man an diesen drei von Däniken angegebenen Orten ebenfalls, dass auch bei den Angaben von Hapgood manches nicht stimmen kann. Bei Gibraltar stimmt die Abweichung, jedoch bei den Kanarischen Inseln müsste sie genauer 1,0 S und 2,0 W lauten, denn im Mittel ergibt 13 - 17 W und 14 - 20 W eine Abweichung von 2,0; und beim Golf von Venezuela müsste die Abweichung genauer 1,0 N und 6,0 W lauten, denn die Differenz von 11 - 12 N zu 10 - 11 N ergibt 1,0 und von 71,0 W auf 65,0 W kommt man auf 6,0 W – ohne Berücksichtigung der + 4,5, die eigentlich unsinnig sind.

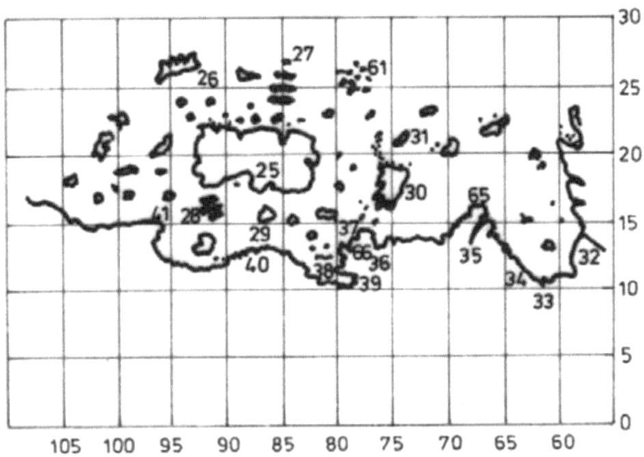

Abb. 26: Ein Vergleich der Ortsangaben nach Mallery und Walters im Bereich Kuba mit den tatsächlichen heutigen Gegebenheiten, zeigt deutlich die Differenzen.

25 CUBA
26 ANDROS INSELN
27 SAN SALVADOR
28 FICHTEN INS. (T. OF PINES)
29 JAMAICA
30 HISPANIOLA (S.DOMINGO, HAITI)
31 PUERTO RICO
32 RIO MARONI
33 CORANTIJ RIVER
34 ESSEQUIBO RIVER
35 ORINOCO RIVER
36 GOLF OF VENEZUELA
37 PORT GALLINAS
38 MAGDALENA RIVER
39 GOLF OF DARIEN
40,65 HONDURAS
41,66 YUCATAN
61 ACKLIN INSELN

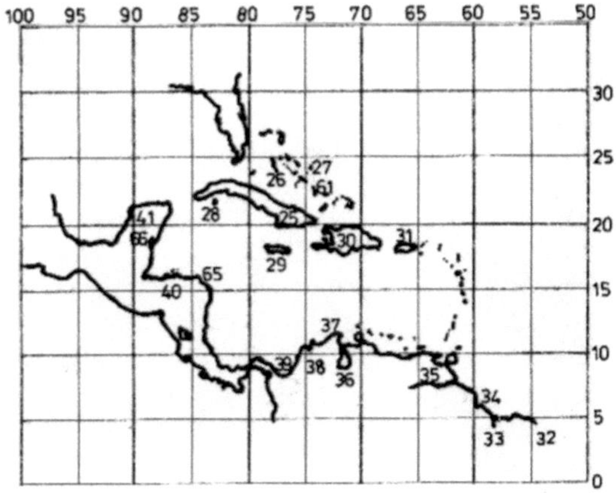

Es schien mir damals sehr unwahrscheinlich, dass sich Däniken alles genauer angesehen hat und dass er selbst die Piri-Reis-Karte mit einem modernen Atlas verglichen hat. So schrieb er im April 1980 in der Zeitschrift *Ancient Skies* erneut: "Die Antarktis ist auf der Piri-Reis-Karte mit unverständlicher Präzision eingetragen... Die Abweichungen sind minim, bezüglich der Antarktis gleich null."[158] Der Titel seines Berichts lautet: "Die Piri-Reis-Karte bleibt ein Rätsel." Fast gleichlautend im Titel folgte ein Bericht von ihm im *Perry-Rhodan-Magazin* Nr. 6/1980.

Im Vorwort des Buches von Hapgood finden wir auch die Aussage, dass die Piri-Reis-Karte von 1513 im Jahre 1929 "wiederentdeckt" wurde, was sich in vielen Publikationen der einschlägigen Literatur wiederfindet. Hapgood schreibt auch nichts von möglichen Satellitenaufnahmen, nach denen die Piri-Reis-Karte angefertigt wurde. Er geht vielmehr von Kontinentalverschiebungen und Entdeckungen der Antarktis aus, die gemacht wurden bevor sie von Eis bedeckt war, und er gibt lediglich einige auf den Globus bezogene Karten mit dem Mittelpunkt Kairo an, wo die Küstenlinien der Piri-Reis-Karte als Vergleich nicht eingezeichnet sind. Legt man jedoch die Piri-Reis-Karte über eine derartige Karte, dann ergibt sich auch hier absolut keine Übereinstimmung.

Auf Seite 51 seines Buches zieht Hapgood ebenfalls einen bildhaften Vergleich mit "Kuba" auf der Piri-Reis-Karte mit den heutigen Koordinaten dieser Insel. Die heutigen Längen- und Breitengrade gibt er korrekt an, jedoch versucht er die Insel den heutigen

Verhältnissen so anzupassen, indem er eigene Koordinaten festlegt, wonach diese auf der Piri-Reis-Karte, auf 72 - 83 W und 13 - 18 N liegt. Dies entgegen den Angaben von Mallery, der "Kuba" auf 82 - 93 W und 17 - 23 N (Grid B) verlegt und die heutige Position 74 - 85 W und 20 - 23 N ist. Hapgood meint übrigens, dass es sich bei dieser Insel auf der Piri-Reis-Karte nur um die östliche Hälfte von Kuba handeln kann.

Tatsächlich handelt es sich bei dieser merkwürdigen Insel, im oberen linken Teil der Piri-Reis-Karte von 1513, mit Sicherheit nicht um Kuba, denn Piri Reis gibt z. B. auf seiner Karte, ganz in der Nähe dieser Insel, eine Bemerkung an, wonach sich dort die sagenhafte St.-Brandan-Insel befinden soll und diese Insel, benannt nach dem seefahrenden irischen Mönch, wird gewöhnlich in den nördlichen Atlantik verlegt. Piri Reis gibt auch die Legende an, wonach St. Brandan irrtümlich auf einem Walfischrücken ein Feuer angezündet hat, da er glaubte es sei eine Insel, und dies hat Piri Reis auch oben auf seiner Karte illustriert.

Weiters gibt Piri Reis die Insel Antillia, weit entfernt von der angeblichen Insel Kuba, an und zeichnet einen Papagei darauf (Nr. 94 auf der Karte von Mallery und Walters). Sollte diese Insel mit den heutigen Antillen identisch sein, dann kann auch aus diesem Grund, die viel weiter im Norden liegende Insel auf der Piri-Reis-Karte nicht Kuba sein.

Im Übrigen – und das sei hier ausdrücklich vermerkt – ist die Piri-Reis-Karte keineswegs aus mehreren "Kartenstücken" zusammengesetzt, sondern es handelt sich um EINE einzige Karte. Was Piri Reis wohl wirklich getan hat, ist die Zuhilfenahme anderer, älterer Karten zum Zeichnen seiner Karte. Es hat auch keinen Sinn, wenn man einen Teil der Karte um 78 3/4 Grad (tatsächlich sind es 85 Grad) verdreht und andere Kartenteile aus dem Original herausnimmt, indem man völlig andere Längen- und Breitengrade angibt. Dies verhält sich etwa so, wie wenn man auf einer Karte vom Mittelmeer, Sizilien nach Kreta verlegen würde – nach allen Regeln der Kunst. Piri Reis hat dies sicher nicht beabsichtigt und auch keine Längen- und Breitengrade angegeben. Er hat mit den Mitteln seiner Zeit versucht, aus alten und neueren Erkenntnissen, eine Weltkarte zu zeichnen, und hat dabei auch die Fehler von anderen übernommen.

Ein berühmter Kartograph im 15. Jahrhundert war Toscanelli. Er zeichnete im Jahre 1474 eine Karte, welche die gegenüberliegenden Küsten des atlantischen Ozeans zeigt. Damals jedoch glaubte man, dort drüben – gegenüber Spanien und Afrika – läge Asien und folglich auch Indien und die vorgelagerte Insel Japan. Auf der Karte von Toscanelli ist das die Insel "Cipango".

Die meisten Kartographen der damaligen Zeit zeichneten ebenfalls, gegenüber Afrika, die Insel Japan ein. Kolumbus soll auf seiner ersten Fahrt (er fuhr von 1492 bis 1504 insgesamt viermal nach Amerika) die Karte von Toscanelli mitgehabt haben und bekanntlich der Meinung gewesen sein, er segle nach Indien. Auch auf der Toscanelli-Karte ist Indien eingezeichnet. Ebenfalls finden wir auf dieser Karte die Insel St. Brendan und die Insel Antilia.

Vergleicht man nun diese Karte mit der Karte von Piri Reis, dann können wir deutlich erkennen, dass auch der türkische Admiral die Insel Cipango eingezeichnet hat. Ebenfalls mit einigen kleineren imaginären Inseln herum. Auch eine im Jahre 1550 von Sebastian Münster gezeichnete Karte beweist, dass es sich bei der Insel "Cipango" um Japan handelt, denn auf dieser Karte ist deutlich Kuba und westlich von dem kurz zuvor entdeckten Kontinent, die Insel "Zipangu" eingezeichnet.

Erst auf einer späteren Karte aus dem Jahre 1528 zeichnete Piri Reis korrekt die Insel Kuba ein und auf dieser Karte sollen auch einige Küstenlinien von Grönland eingezeichnet sein.[159]

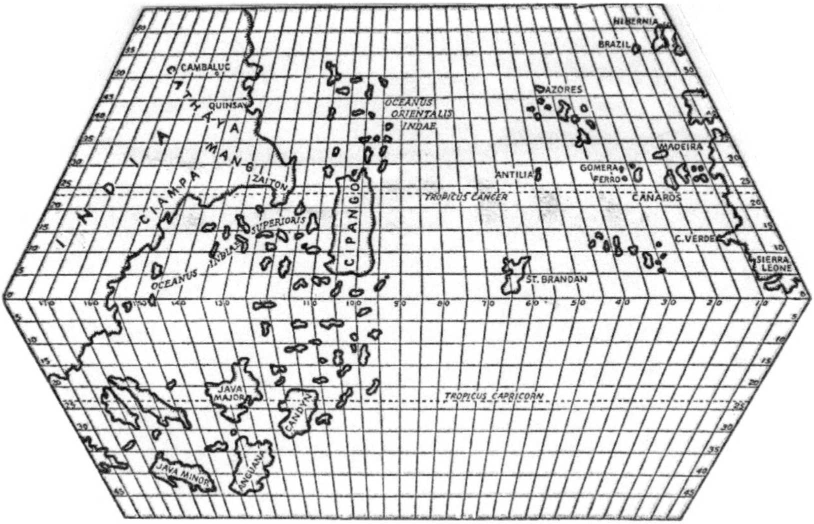

Abb. 27: Die Karte von Toscanelli aus dem Jahre 1474.

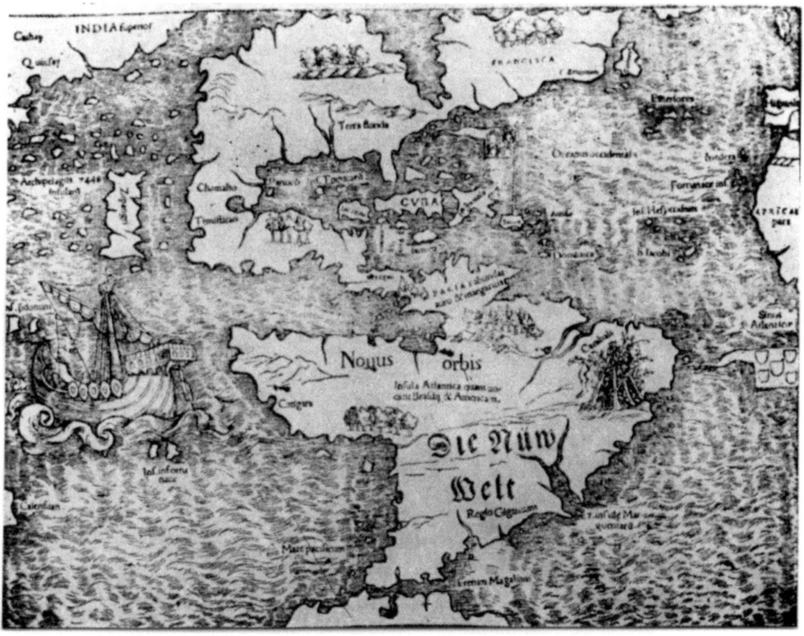

Abb. 28: Die Karte von Sebastian Münster aus dem Jahre 1550.
Westlich von Amerika die Insel "Zipangu". Deutlich zu sehen auch die Insel "Cuba".

Nach Prof. Hapgood (in seinem Buch auf S. 52) soll auf dem "Behaim Globus", der angefertigt worden ist noch bevor Kolumbus 1493 von seiner ersten Reise zurückkam, und auf einer Karte von 1528 von Bordone die Insel "Cipango" – genau wie sie Piri Reis zeichnete – eingezeichnet sein. Darin erkennt Hapgood jedoch eindeutig Kuba. Warum nicht Japan?

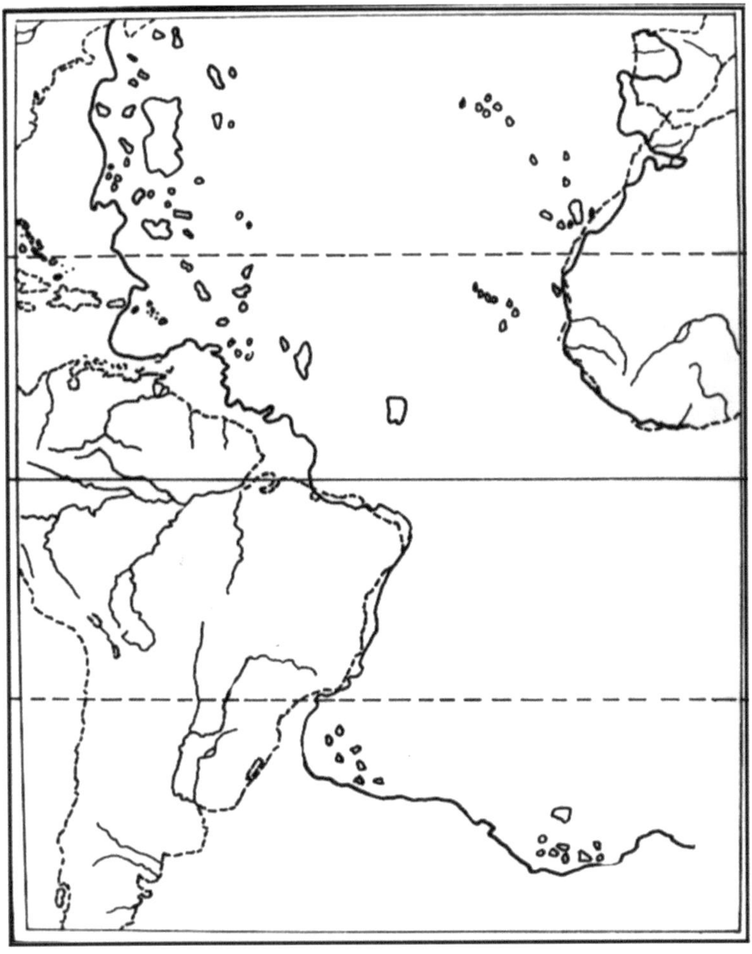

Abb. 29: Ein Vergleich der heutigen Küstenlinien mit den Küstenlinien der Piri-Reis-Karte aus dem Buch von Prof. Afetinan.

Auch Prof. Afetinan ist der Meinung, dass Piri Reis die Insel Japan (= Cipango, Zipangu) eingezeichnet hat. Dadurch ist es aber fraglich, ob der türkische Admiral auf seiner Karte von 1513 überhaupt Amerika eingezeichnet hat. Selbst die Küste links auf seiner Karte, die mit Südamerika identifiziert wird, ist sehr ungenau eingezeichnet, und es ist ebenso fraglich, ob Piri Reis die Anden, die ja an der Westküste von Südamerika liegen, eingezeichnet hat.

Die Piri-Reis-Karte von 1513 hat jedenfalls – nach Prof. Afetinan – noch andere imaginäre Inseln eingezeichnet. So z. B. die von Mallery mit 93, 94 und 95 angegebenen Inseln, die sich in Gebieten befinden, wo heute die Meerestiefe 4000 bis 5000 m beträgt. Dort hat es wohl kaum jemals Inseln gegeben.

Neuerdings werden auch andere alte Karten als Abbilder von Satellitenaufnahmen angesehen, wie die Weltkarte des Oronteus Finaeus aus dem Jahre 1531, die Prof. Hapgood ebenfalls in seinem Buch auf den Seiten 70 und 71 abgebildet hat. Die Karte soll die Antarktis zeigen, bevor sie mit Eis bedeckt war, doch sie ist eine Darstellung, wie sie auch andere damalige Kartographen zeichneten und sie entspricht nicht den heutigen Gegebenheiten. Von 58 Orten, die Prof. Hapgood auf dieser Karte untersucht hat, entsprechen nur 6 davon exakt den heutigen Koordinaten, alle anderen weichen bis zu 14 Grad von der heutigen Position ab.[160] Eine von fortgeschrittenen Intelligenzen produzierte Karte, müsste nahezu exakt die Küstenlinien zeigen, wie sie heute existieren. Diese haben sich nämlich in den letzen 100.000 Jahren nicht wesentlich verändert. Die frühen Kartographen haben sich penibel um jedes Detail bemüht, weil jeder besser als der andere sein wollte. Die Ungenauigkeiten zeigen, dass sie keine besseren Informationen hatten – also auch nicht von irgendwelchen Außerirdischen oder von deren Hinterlassenschaften.

Das Gleiche gilt für chinesische Karten, die verblüffend genau Flussläufe zeigen sollen, als wären sie aus der Luft aufgenommen worden. So eine Karte, die des Yü Chi Fu aus dem Jahre 1137, präsentiert und untersucht ebenfalls Prof. Hapgood in seinem Buch von 1979 auf den Seiten 119 und 250. Auch hier entdeckt er Ungenauigkeiten bis zu 3 Grad von den heutigen Gegebenheiten. Die Vermessungstechnik und die Kartographie sind Jahrhunderte (wenn nicht gar Jahrtausende) alte Wissenschaften, die notwendig waren für die Sicherung der Lebengrundlagen der Menschen. Sie mussten also möglichst exakt sein und sie erwecken oft den Eindruck, als hätte man sie aus großer Höhe angefertigt, obwohl das nicht der Fall ist. Leonardo da Vinci hat z.B. im Jahre 1502 eine "Luftaufnahme" von der Stadt Imola, in Oberitalien, als perfekte Planzeichnung angefertigt.

Wir können also abschließend feststellen, dass die vom türkischen Admiral zur See Piri Reis im Jahre 1513 gezeichnete Karte, nicht im geringsten nach irgendeiner Karte von prähistorischen Astronauten oder überhaupt nach Satellitenaufnahmen aus großer Höhe angefertigt wurde, und auch nicht nach Jahrtausende alten Karten. Nimmt man nämlich an, dass die Karte nach Angaben aus der Zeit vor 11.000 Jahren angefertigt wurde, dann müsste wohl auch zwangsläufig die angebliche Insel Atlantis eingezeichnet sein. Da dies nicht der Fall ist, wäre umgekehrt die Piri-Reis-Karte ein Beweis dafür, dass Atlantis nie wirklich existiert hat. Die Karte ist aber tatsächlich nicht älter als 499 Jahre – von 2012 ausgehend – und sie ist somit kein Beweis für eine prähistorische Superzivilisation oder Besuche von außerirdischen Intelligenzen.

Die Statuen auf der Osterinsel

Ahnenköpfe oder Außerirdische?

Auch die seltsamen Statuen auf der Osterinsel geben noch heute gelegentlich Anlass zu Spekulationen um außerirdische Intelligenzen. "Die Gesichtszüge der Riesenfiguren entsprechen auch mit ihren schmalen Lippen, langen geraden Nasen und tiefliegenden Augen nicht den polynesischen Rassen. Wer waren hier die Vorbilder?", heißt es im *Lexikon der Prä-Astronautik* (Ausgabe 1979, S. 256) und in *Die große Erich von Däniken Enzyklopädie* (Auflage 2004, S. 262), zitiert nach Erich von Däniken (*Meine Welt in Bildern*, S. 117 ff). Er meinte 1972: Es war "eine kleine Gruppe intelligenter Wesen", die "durch einen 'technischen Zwischenfall' auf die Osterinsel verschlagen" wurde und er stellte weiter fest: "Niemand weiß, wer eigentlich mit den Plastiken dargestellt werden sollte." Waren es außerirdische Wesen, die "über hochentwickelte Waffen" und "eine uns unbekannte Steinbearbeitungsmethode, von der es viele Beispiele rund um den Globus gibt" verfügten? Waren es "Gestrandete" nach einer langen Weltraumreise, die hofften "von den Ihren gesucht, gefunden und abgeholt zu werden"? Und ist ihnen das Leben auf der Insel "langweilig und monoton" geworden, sodass sie diese merkwürdigen Statuen schufen?[161]

Schon 1962 schrieben Pauwels und Bergier, über die auf der "3000 km vor der Küste Chiles" liegenden Osterinsel, "über 600 ungeheuren Statuen", die "über zwanzig Meter hoch und fünfzig Tonnen schwer" sein sollen. Durch "Untersuchungen, die an diesen mysteriösen Denkmälern angestellt wurden, glaubt man drei verschiedene Kulturepochen unterscheiden zu können, deren älteste zugleich die vollkommenste ist". Die Insel, deren Gelände "uneben" ist und auf der nur ein "paar verkümmerte Bäume" wachsen, konnte "kein Holz für Gleitrollen liefern",[162] um die Statuen transportieren zu können.

Im Jahre 1968 schrieb Erich von Däniken ähnliches[163] und weist darauf hin, das die Osterinsel "kaum für mehr als 2000 Menschen Nahrung" hergeben konnte und dort "300 Eingeborene" leben sollen. Pauwels und Bergier gingen früher von "drei- oder viertausend Menschen" aus und meinten: "Im 19. Jahrhundert hatte die Insel zweihundert Einwohner." Im Jahre 1977 lebten auf der 165 km^2 großen Insel bereits 1200 Einwohner[164] und heute etwa 2800. Die Insel kann und konnte auch früher durchaus für einige tausend Bewohner die Lebensgrundlagen liefern.

Der Naturforscher Thor Heyerdahl (1914 - 2002), der "letzte große Abenteurer der Wissenschaft", der durch einige Fahrten mit Balsa- und Binsenbooten, die kulturellen Kontakte zwischen den Völkern an den Ufern der Ozeane beweisen wollte, unternahm auch auf der Osterinsel genauere Forschungen. Seine Untersuchungen haben ergeben, "dass alle der etwa sechshundert bis heute bekannten Osterinselstatuen verschiedene Arbeitsgänge in der Herstellung ein und desselben Typs repräsentieren. Es lassen sich vier Phasen unterscheiden.

Beim ersten Arbeitsgang lagen die Statuen mit dem Rücken fest mit der Kraterwand verbunden, während Front und Seiten in allen Einzelheiten fertiggestellt wurden, perfekt bis zur letzten Glättung, nur die Augenhöhlen fehlten noch. In der zweiten Phase wurde der Rücken gelöst und die Statue im Abfallschutt am Fuß des Vulkans aufgerichtet, so dass auch die Rückseite feiner bearbeitet und mit symbolischen Reliefs ausgestattet werden konnte. An der steilen Vulkanwand war die Statue leicht in den Sand emporzuwippen, die breite flache Basis stand dann auf einer künstlichen, mit groben Lavablöcken gepflasterten

Stufe. In der dritten Phase, wenn also die Statue bis auf die Augenhöhlen auf der Vorder- und Hinterseite fertiggestellt war, wurde sie wieder umgelegt und auf den Straßen vom Vulkan wegtransportiert. Erst wenn sie im letzten Arbeitsgang auf dem ihr zugedachten *ahu* aufgerichtet wurde, erhielt sie ihre Augen und einen großen roten Steinzylinder auf dem Kopf, den die Insulaner PUKAO nannten, 'Haarknoten".[165] Diese Kopfbedeckung wurde aus roter Lava hergestellt, wie auch die etwa 12 cm große Iris der ungefähr 35 cm großen Augen.[166]

Abb. 30: Die Statuen auf der Osterinsel.

Thor Heyerdahl berichtet weiter, "dass sich die Vorgeschichte der Osterinsel in drei deutlich voneinander gesonderten Phasen gliedert, die die Archäologen 'frühe', 'mittlere' und 'späte' Periode nannten". Diese drei Perioden wurden mit Hilfe der Radiokarbon-Datierung mit etwa 380 bis 1100 n. Chr., dann bis 1680 n. Chr. "und die letzte von 1680 bis zur Einführung des Christentums im Jahre 1868" festgelegt.

In der ältesten Periode wurden kleinere Statuen angefertigt, "ihre klassische Ausprägung... ist die kleine Basalt-Statue aus dem Steinhaus in Orongo". Die großen Statuen, "die aus der Massenproduktion in der nächsten, der mittleren Periode der Insel stammen, sind sorgfältig ausgeführte Wiedergaben jener kleinen Statuen, nur dass sie von weit größerer Dimension sind, aus Rano-Raraku-Tuff statt aus Basalt geschaffen, Mit einer flachen statt einer runden Basis, damit sie auf einem *ahu* stehen können".

Es gab also eine vorausgehende Entwicklungsperiode von ungefähr 720 Jahren, bis sich die Osterinsulaner entschlossen, diese Statuen zu schaffen und es war keine "kleine Gruppe intelligenter Wesen" aus dem All, die aus Langeweile diese Statuen aus dem Vulkangestein "geschnitten" hatten.

In den Jahren 1934 und 1935 besuchten der französische Völkerkundler und Linguist Alfred Métraux und der Chefkonservator der königlichen Museen für Kunst und Geschichte in Brüssel Henry Lavachery die Osterinsel, um dort eigene Studien vorzunehmen. Sie stellten fest, dass die Osterinsel keineswegs der Rest einer versunkenen größeren Landmasse ist – wie manche meinen –, sondern diese vor "Zehntausenden von Jahren infolge vulkanischer Eruptionen" entstanden ist.[167]

Métraux stellte fest, dass es im Jahre 1934 "etwa zweihundert Eingeborene" gab und die Gesamtbevölkerung ein Jahr später auf 456 Einwohner und im Jahre 1947 auf 721 Einwohner anstieg. Es gab also schon 1947 mehr als 300 Bewohner auf der Osterinsel.

"Fast in ihrer ganzen Ausdehnung war die Osterinsel bebaut und bewohnt; eine Ausnahme bildeten vielleicht die Halbinsel Poike und einige Gebiete im Innern. In frühen Zeiten vermochte sie mit Leichtigkeit 4000 bis 5000 Einwohner zu ernähren, denn die 721 Eingeborenen heute können bequem von dem nur 2500 ha großen Distrikt rings um das Dorf Hanga-roa leben",[168] meinte Métraux 1947.

Die Osterinsel entspricht – und entsprach auch früher – ziemlich genau dem fruchtbaren Typus einer Vulkaninsel. Sie trug zwar keine großen Bäume aber sie hatte grüne Wiesen an den Abhängen der Vulkane mit Gärten, Bananenplantagen, und es wurden Süßkartoffel und Zuckerrohr angebaut. Die Insel ermöglichte auch einen ertragreichen Fischfang und Viehzucht (Schafe, Ziegen). So hielt der holländische Admiral zur See Jacob Roggeveen die Osterinsel für "das irdische Paradies".[169]

Als Roggeveen zu Osten 1722 erstmals auf der Insel landete, bot sich ihm ein eindrucksvolles Bild: "Als die Sonne am nächsten Morgen aus dem Meere stieg, ging das Schiff dicht unter Land, und man konnte Menschen verschiedener Hautfarbe erkennen, die vor einer Reihe riesiger Standbilder Feuer angezündet hatten. Die Eingeborenen kauerten vor den Statuen, die Köpfe gebeugt, anbetend hoben und senkten sie die Arme. Als die Sonne aufging, warfen sie sich auf den Hügeln nieder, dem aufsteigenden Gestirn zugewandt, während noch die Scheiterhaufen vor den steinernen Kolossen flammten. Die Oberfläche der Statuen war damals bereits so alt und verwittert, dass Roggeveen mit den Fingern ein Stück davon losbrechen konnte. Er schloss, die Riesengestalten seien aus Lehm und Erde modelliert, die man mit Kieseln gemagert hatte. Schon nach einem einzigen Tag verließen die Holländer die Insel wieder".[170] Seither trägt sie den Namen "Osterinsel", weil sie von Roggeveen zu Ostern 1722 entdeckt wurde. Zuvor hatte kein Europäer die Insel betreten.

Fast fünfzig Jahre später, im Jahre 1770, kamen die Spanier von Peru aus auf die Insel. Sie "begnügten sich nicht, die Oberfläche der Statuen zu untersuchen, sie nahmen eine Hacke und schlugen mit solcher Wucht zu, dass die Funken sprühten. Danach kamen sie zum Schluss, dass die Monumente bestimmt aus sehr hartem, massivem Stein seien. Sie sahen hoch oben auf den Steinzylindern, die die zehn Meter hohen Statuen auf dem Kopf trugen, Menschenknochen liegen, und meinten daher, dass die Denkmäler sowohl Götterbilder als auch Stätten der Leichenverbrennung dienten".

Schon den Holländern und Spaniern fiel auf, "dass es auf der Osterinsel weder Bauholz noch Tauwerk gab, um solche Kolossalstatuen aufzurichten",[171] und die etwas später dort angekommenen Franzosen meinten, "dass die derzeitige armselige und primitive Bevölkerung auf der Insel nichts mit der Errichtung der Monumente zu tun habe".

Der berühmte Seefahrer Kapitän Cook, der noch vor den Franzosen, im Jahre 1774 dort gelandet ist, konnte nach langem Wortwechsel mit den Insulanern nur erfahren, "dass die vielen Statuen Könige und Häuptlinge der Vorzeit darstellen". Die Eingeborenen wussten nur eine Erklärung nämlich, "dass vor Zeiten einmal alle Statuen auf Befehl des Schöpfergottes Make-Make aus eigener Kraft auf die zahlreichen ahu-Plattformen gestiegen seien, wo sie seither gestanden hätten".[172]

Erich von Däniken fragte sich auch warum diese "ungeheuer großen Statuen... kreuz und quer über die Insel verstreut lagen" und "warum stehen die Statuen rund um die Insel herum, aber keine im Innern". Warum die Statuen großteils um die Insel herum stehen und dem Meer ihren Rücken zukehren, ist für Métraux "einfach genug" zu begründen. "Sämtliche Grabanlagen sind den Strand entlang oder – wie der 'ahu' Te-Peu – auf der Spitze eines steilen Felsenhanges errichtet worden". Die Statuen wurden "kultisch verehrt und bildeten Teil eines religiösen Bauwerks. Sie mussten daher den Gläubigen und nicht den Wogen zugewendet sein".[173] Demnach wären die Statuen als "Signal für fremde Wesen" eher ungeeignet und sie blicken auch nicht erwartungsvoll den kommenden Göttern entgegen.

Die Statuen bestehen aus vulkanischen Tuffstein, der gewöhnlich grau, hellgelb und rötlich ist; er ist weich, porig, oft wetterbeständig, fest, bruchfest, gut zu bearbeiten und härtet an der Luft zunehmend. Es gibt verschiedene Abarten, wie Liparit-, Porphyr- und Trachyt-Tuff, und deshalb ist es sehr schwierig – wenn man einen Tuffstein nicht abwiegen kann –, ein genaues Gewicht anzugeben. Es wird aber für vulkanischen Tuff ein spezifisches Gewicht von 0,8 bis 2,0 g/cm^3 angegeben.[174]

Im Musée de l'Homme, in Paris, steht ein Statuenkopf von einem *ahu* bei Orongo auf der Osterinsel, der 1,84 m hoch und etwa 90 cm breit ist. Dem spez. Gew. entsprechend hat dieser ein Gewicht zwischen 0,55 und 1,37 Tonnen – Métraux meinte "nicht mehr als 1200 Kilogramm!"[175] Im Britischen Museum of Mankind, in London, steht die Statue "Hoa-Haka-Nana-la" (Zerbrecherin der Klingen), aus einem Steinhaus von Orongo. Diese etwa 2 m hohe und 60 cm breite Basalt-Lava-Statue, die wohl ebenfalls nicht mehr als 1200 kg wiegt, wurde 1868 per Schiff nach England gebracht und 1869 der Königin Victoria als Geschenk überreicht. Der Kopf der Statue "Pa-keopa", mit ähnlichem Gewicht, steht im American Museum of Natural History, in New York.

Métraux stellte weiterhin fest: "Die Größe der Statuen schwankt zwischen 3,50 und 5,50 Metern. Die Figuren an der Südküste sind im Allgemeinen höher und mächtiger als die Werke der Westküste. Die größte, 'Paro' genannte Figur ruht auf dem *ahu* Te-Pito-te-kura. Sie besitzt eine Höhe von 10 Metern, einen Umfang von 7,80 Metern und wiegt zweifellos mehr als 20 Tonnen. Sie war von einem Zylinder bekrönt, der 1,80 Meter hoch und 2,40 Meter breit war".[176]

Folgt man diesen Angaben und dem spez. Gew. von 0,8 bis 2,0 g/cm^3, dann ergibt sich ein Durchmesser dieser Statue von 2,48 m und ein Gewicht, zweifellos mehr als 20 t nämlich: zwischen 39,25 und 98,12 t. Die anderen Statuen, deren Größe zwischen 3,50 und 5,50 m schwankt, wiegen zwischen einer und zehn Tonnen. Eine Statue, die etwa einem siebenstöckigen Haus entspricht, hat vermutlich ein Gewicht von 200 bis 500 t. Sie liegt allerdings – nach Heyerdahl – noch unfertig im Steinbruch.[177] Die größte aufgerichtete Staute, "Paro", hat eine Höhe von zwölf Metern. Sie hat ein Gewicht von "über achtzig Tonnen".

Demnach hat die Mehrzahl der großen Statuen auf der Osterinsel ein Gewicht zwischen einer und zehn Tonnen; lediglich eine wiegt zwischen 39,25 und 98,12 t. Der "Zylinder-Hut" dieser Statue wiegt zwischen 9,76 und 24,42 t – nach Heyerdahl – "12 Tonnen". Diese Zylinder, als "einfache Nachbildung des auf dem Kopf verknoteten Haarschopfes.., stammen ausnahmslos von dem Berge Punapau, dem sich hinter Hanga-roa erhebenden Krater".[178]

Die Bearbeitung dieser doch beachtlichen Kunstwerke, konnte durchaus von den Osterinsulanern bewerkstelligt werden. Nach Métraux übten sich die Leute zuerst an den unfertigen Statuen an der Kraterwand und erst später "wurde die Sitte, Statuen auf den Grabanlagen aufzustellen, allgemein".[179] Die Kraterwand aus vulkanischem Tuffstein, ließ sich sehr gut bearbeiten, denn sie "stellt eine Erdart dar, die durch Steinfragmente und Knoten kompakt geworden" und dadurch porös ist. Der Tuffstein "ist locker und lässt sich leicht behauen" und "nach Ansicht der heutigen Bildhauer ist dieses Material leichter zu bearbeiten als Holz".

"Man bediente sich großer Hämmer, die entfernt an die Faustkeile des Chellén erinnern: sie waren mit kräftigen Schlägen zugearbeitet und an den Enden zugespitzt worden. Mit diesen Picken ging man den Tuffsteinwänden zu Leibe. Zur Fertigstellung der Statuen selbst benötigt man jedoch feine Werkzeuge, wie Steinstichel von ungefähr dreißig Zentimeter Länge, von denen sich eine große Anzahl auf der Oberfläche der Insel gefunden hat. Diese Werkzeuge sind so einfach zu verwenden, dass ein Griff überflüssig wäre. Während die Picken im Steinbruch im Überfluss vorkommen, sind die Meißel viel seltener zu finden. Wahrscheinlich waren sie zu wertvoll, als dass man sie bei den Statuen liegengelassen hätte."

Dabei ist zu bedenken, dass es sich bei den Picken wohl um etwas härteres Gestein gehandelt hat, als das aus dem die Statuen bestehen. Heyerdahl spricht von Andesit-Faustschlegeln oder auch Basalt-Klopfern. Zum besseren Verständnis dieser Werkzeuge sei hier auf das spez. Gew. von Andesit (2,56 - 2,85 g/cm^3) und Basalt (2,8 - 3,3 g/cm^3) hingewiesen, das doch einiges über dem des durchschnittlichen spezifischen Gewichts von Tuffstein (0,8 - 2,0 g/cm^3) liegt.

Selbstverständlich ist auch zu berücksichtigen, dass die Faustkeile etwas zugespitzt sind und dass man mit einer bestimmten Technik gezielt auf den Fels einschlägt. Ebenso muss man dabei bedenken, dass das Gestein in der Felswand wesentlich "weicher" ist als ein bereits herausgeschlagenes, luftgetrocknetes.

"Mit einem einfachen Beil lösen die Künstler an einem einzigen Tage einen großen Tuffsteinblock los und verwandeln ihn bereits nach wenigen Stunden in Nachbildungen der großen Statuen",[180] meinte Métraux, und die 1914 auf der Osterinsel gelandete Engländerin Katherine Scoresby Routledge[181] meinte "eine Gruppe von Steinmetzen habe nur vierzehn Tage gebraucht, um eine der Statuen am Rano-raraku herzustellen", während Heyerdahl vermutete, dass "ein Dutzend Arbeiter und ein Jahr Arbeitszeit pro Statue"[182] notwendig waren. Wahrscheinlich wird aber die Arbeitszeit für eine Statue irgendwo in der Mitte dieser Angaben liegen, doch konnten auch bei einjähriger Arbeitszeit die etwa 600 Statuen in der 580 Jahre dauernden mittleren Periode, von 1100 bis 1680, hergestellt werden.

Auch die Aufstellung der Statuen, konnte von den Osterinsulanern durchaus – ohne Gleitrollen! – bewerkstelligt werden. Aus den Mythen und Erzählungen der Einwohner geht hervor, dass Erdaufschüttungen und Dammwege errichtet wurden, auf denen die Statuen auf die Höhe der Plattformen gebracht wurden. Ein Osterinsulaner erwähnte Métraux gegenüber "auch Hebebäume aus Holz sowie zerquetschte Bataten und runde Steine, die das

Gleichgewicht der schweren Massen erleichterten. Er zeigte Métraux hinter dem *ahu* Te-Pito-te-kura einen Hügel, der mit diesem *ahu* durch einen aufgeschütteten Damm verbunden war, über den man die Statue 'Paro' transportiert hätte. Die roten Tuffsteinzylinder wurden über eine Rampe herangerollt, die man aus aufgehäuften Steinen und Blöcken künstlich hergestellt hatte".[183]

Heyerdahl hat diese Methode nachvollzogen und mit zwölf Eingeborenen "im Verlauf von acht Tagen" eine Statue transportiert und aufgerichtet. Diese Statue von etwa 4 Metern Höhe und einem Meter Durchmesser, dürfte aber nicht ein Gewicht von "zwölf Tonnen", sondern zwischen 2,5 und 6,2 t haben.[184]

Die Osterinsel war zwar stets arm an Holz, doch wurde dieses manchmal vom Meer herangetrieben oder vielleicht auch schon früher von anderen Inseln mitgebracht. Jedenfalls waren auch "die Holzstücke, aus denen sie ihre Tanzruder und mächtigen Keulen herstellten, groß genug, um ihnen Hebebäume und Schlitten zu liefern", meinte Métraux.[185] Sie brauchten ja für diese Werkzeuge keine ganzen Wälder. Wenn sie es geschickt anstellten – und dies war zweifellos der Fall –, dann konnten sie – wie es Heyerdahl vorgeführt hat – mit bloß zwei Hebebäumen eine Menge Statuen aufrichten.

Abb. 31: Aufrichtung einer Statue durch T. Heyerdahl.

Ebenso waren starke Seile erforderlich, "um die Statuen zu transportieren. Die Osterinsulaner verfertigten sie aus den Fasern des Papier-Maulbeerbaumes, den sie wahrscheinlich in großer Zahl anpflanzten". Die Osterinsel wird heute noch das "Land der Vogelmenschen" genannt und die Insulaner feiern ein "Fest des Vogelmenschen". Das aber hat nichts mit dem Fliegen zu tun und auch nicht mit "fliegenden Menschen". Dieses Fest, "das mit dem Kult des Gottes Make-Make in enger Verbindung stand", dreht sich um "die Entdeckung und den Besitz des ersten Eies des 'Manu-tara' (Seeschwalbe), das auf der kleinen Insel Motu-nui gelegt worden war". Es "bildete den Gegenstand dieser Riten, die jedes Jahre wiederholt wurden und jedesmal von neuem die heftigsten Leidenschaften erweckten". Die Teilnehmer an diesem Fest waren die Kriegshäuptlinge, die im Juli von Orongo aus ihre Diener (*hopu*) zur kleinen Insel Manu-tara schickten, das erste Ei zu holen. Der *hopu* übergab dann seinem Herrn dieses Ei und der jeweilige Häuptling wurde dann, bis zum nächsten Jahr, zum "Vogelmann" erklärt.[186] Der Hollywood-Film "Rapa Nui" von Kevin Costner aus dem Jahre 1994 zeigt dieses Szenario eindruckvoll.

Die "Skulpturen von fliegenden Wesen mit großen, starren Augen"[187] sind keine Raumfahrer, sondern skurrile Fabelwesen, mit Menschenkörpern und Vogelköpfen, die weder Anzeichen zum Fliegen, noch zu prähistorischen Astronauten erkennen lassen.

Die These Heyerdahls, wonach die ersten Besiedler der Osterinsel um 475 n. Chr. aus Peru kamen, muss allerdings mit Vorsicht betrachtet werden. Métraux ist in dieser Beziehung skeptisch und bedauert es ehrlich, Heyerdahl nicht folgen zu können.[188] Vergebens sucht er nach einer Stilverwandtschaft zwischen den Kulturen der Osterinsel und den Anden. Zum Beispiel haben die Osterinsulaner für ihre Bauten "verhältnismäßig dünne Platten verwendet… während die Steinmetzen von Cuzco sich an massive Blöcke wagten". Zur Erklärung eines peruanischen Ursprungs der Oster-Insel-Schrift stützt sich Heyerdahl "auf die ebenso anfechtbare wie angefochtene Autorität des Chronisten Montesinos". In Peru gab es früher keine Schrift!

Dazu gehören auch die Vergleiche der Osterinsel-Schrift mit den schriftlichen Aufzeichnungen der Indus-Kultur (etwa 2800 - 1350 v. Chr.), in den ehemaligen Städten Mohenjo-Daro und Harappa, im heutigen Pakistan. Der österreichische Ethnologe und Archäologe Robert Heine-Geldern (1885 - 1968) "hält eine direkte Beziehung zwischen beiden Schriften für sehr zweifelhaft, da die Zahl der in beiden verschiedenen Zeichen die der einander ähnelnden Zeichen weit übersteigt. Die Ähnlichkeit zwischen den beiden Systemen würde sich seiner Meinung nach aus Relikten erklären, die sich hier wie dort noch aus einer frühen Periode dieser Schrift erhalten hätten".[189]

Die Deformierung der Ohrläppchen der Osterinsulaner gibt ebenfalls Anlass zu verschiedenen Spekulationen. Nach Heyerdahl sind diese "Langohren, unter dem ersten Entdecker der Osterinsel, Hotu Matua",[190] von Peru gekommen, doch "diese Hypothese beruht einzig und allein auf einer Stelle in der von Thomson[191] veröffentlichten Fassung des Mythos, in der erklärt wird, Hotu-Matua sei 'von einer nach Sonnenaufgang zu gelegenen Inselgruppe gekommen'. Der Name dieses Landes lautete 'Marae-toe-hau', dessen wörtliche Bedeutung 'Begräbnisstätte' ist", schreibt Métraux.[192] Diese Überlieferung ist höchst unsicher, denn es liegt der Beweis vor, "dass diese Überlieferung eine der unsichersten Traditionen darstellt und zweifellos nur ein geringes Alter besitzt. Thomsons wichtigste Quelle auf der Osterinsel war ein Tahitianer Namens Salmon, der sich seit dem Jahr 1877 hier niedergelassen hatte" und schon "vier Jahre vor Thomsons Besuch", im Jahre 1882, dem Kapitänleutnant Geisler[193] berichtete, "die Osterinsulaner seien von Westen her – von einer der Tuamotu-Inseln – gekommen".

Métraux zitiert dann noch die Textstelle aus dem von Pater Sebastián Englert beschriebenen Hotu-Matua-Mythos, wonach es Nuku-Kehu jedes Mal schmerzte, wenn er die Sonne in der Richtung von Hiva (der mythischen Heimat Hotu-Matuas) untergehen sah, wo seine Gemahlin Maramara-kai lebte.[194] Demnach lag die Heimat der ersten Besiedler der Osterinsel im Westen, in Polynesien. Daraus geht auch hervor, dass bereits vor Hotu-Matua "Kundschafter" auf der Osterinsel eintrafen.

Das Datum 475 n. Chr., der Zeitpunkt der Besiedelung der Osterinsel durch die Peruaner, "übernimmt Heyerdahl ohne jede Kritik der in Thomsons Werk enthaltenen Liste der siebenundfünfzig Könige auf der Osterinsel, auf deren Fehlerhaftigkeit häufig genug hingewiesen worden ist", schreibt Métraux. Pater Englert dagegen, "der sich eingehend mit den Genealogien der Osterinsel beschäftigt hat, ist auf Grund der Herrscherlisten zu dem Ergebnis gekommen, die Osterinsel sei im 16. Jahrhundert entdeckt und besiedelt worden". Métraux meinte dazu, dass "weder Heyerdahl noch Pater Englert recht haben, obwohl die Schätzung Englerts der Wahrscheinlichkeit viel näher kommt".

Der vielzitierte Krieg "zwischen den 'Leuten mit den langen Ohren' – hanau-eepe – und den 'Leuten mit den kurzen Ohren' – hanau-momoko – …im Laufe des 17. Jahrhunderts", scheint wohl nur im Bereich der Fabel zu existieren. Für Pater Englert sind diese "Langohren" Melanesier gewesen, die um das Jahre 1610 von einer unbestimmten Insel kamen. Tatsächlich fragt man sich, wie die angeblich in ihrer Entwicklung weiter fortgeschrittenen "Langohren" von den primitiveren "Kurzohren" so vertrieben und vernichtet werden konnten.

In Wirklichkeit dürfte diese Erzählung von dem Krieg "als volkstümliche Erklärung bestimmter Naturbesonderheiten der Insellandschaft" anzusehen sein. In dem Gebiet nämlich, "das den 'Langohren' zugeschrieben wird, gibt es nun in der Tat eine Bodenfläche, die aus geologischen Gründen nicht mit den auseinandergefallenen Lavablöcken übersät ist.., und der Graben, in den die 'Kurzohren' ihre Gegner hineinwarfen und rösteten, entspricht dagegen 'einer Senke, die sich von Norden nach Süden quer durch die Insel zieht – wobei ihre eine Seite von der Kante des Lavastromes, ihre andere dagegen von den durch die See ausgehöhlten Felsen gebildet wird'. Dieser natürliche Graben ruft den Gedanken an eine von Menschenhand geschaffene Vertiefung hervor. Es ist ganz natürlich, dass die Eingeborenen eben dieses glaubten und sich eine Geschichte ausdachten, um seinen Ursprung zu erklären".

Métraux meinte zu den "Langohren", dass "dieses anatomische Detail als die neue Auslegung eines alten Berichtes anzusehen ist, die erst in relativ später Zeit vorgenommen wurde, als nämlich die Deformierung des Ohrläppchens mehr und mehr aufgegeben wurde und man daher glaubte, diese Sitte habe früher einmal einem ethnischen Unterschied entsprochen"; und überhaupt meinte Métraux, "scheint es mir sinnlos, der Erzählung von den 'Langen' und den 'Kurzen Ohren' einen historischen Charakter beizulegen".

"Alles spricht dafür, dass die Monumente der Osterinsel von ein und derselben Bevölkerung errichtet worden sind… Die zahllosen, auf der Insel gesammelten Steinwerkzeuge schließen sich typologisch an die Formen Ost-Polynesiens an und scheinen durchaus von Polynesiern hergestellt und verwendet worden zu sein, die mit ihren Brüdern auf den Marquesas-Inseln und Mangareva ein gemeinsames technisches Erbe besaßen", so Métraux.

Eine Beobachtung während des Aufenthalts auf der Osterinsel, wonach "die Steinsetzungen, auf denen eine größere Zahl der mächtigen 'ahu'-Statuen ruhte", mit den Steinsetzungen der Hütten, die "noch das ganze 19. Jahrhundert hindurch in Gebrauch gewesen sind", identisch waren, führte Métraux zu der Ansicht, dass "diese kleine Einzelheit… von sich aus die vielen Theorien über das hohe Alter der Oster-Insel-Kultur und das in ferner Vergangenheit erfolgte Verschwinden der Menschen, welche die Statuen einmal errichtet hätten" zerstört".

Demnach sind die letzten Osterinsulaner mit "langen Ohren", erst in der zweiten Hälfte des 19. Jahrhunderts gestorben" und der Gewährsmann von Métraux, Tepano, erklärte noch einige von ihnen gekannt zu haben.[195]

So erklärt sich auch wen diese Statuen mit dem "stoischen" Gesichtsausdruck tatsächlich darstellen. Wohl keine außerirdischen Wesen, sondern – wie schon andere ernsthafte Forscher festgestellt haben – Ahnenköpfe. Dies deshalb, weil fast alle Ahnenköpfe und Ahnengesichter, bei vielen Völkern, ähnlich aussehen. Die von der Osterinsel gleichen den Totenmasken aus Elektrum (eine natürliche Gold-Silber-Verbindung) von Mykene (Griechenland, 1550 - 1650 v. Chr.) wie den Gesichtern auf den Tonsärgen der Philister aus Unterägypten und Palästina aus dem elften oder zwölften Jahrhundert v. Chr.; desgleichen einem römischen Mumienportrait einer Dame aus einem Faijum-Grab (2. Jahrh. n. Chr.) und Gesichtern auf Urnen, Grabstätten und Kultpfählen, und auch den Ritualmasken der Dogon, in Westafrika.

Abb. 32, 33: Links ein Tonsarg der Philister (11./12. Jahrh. v. Chr.), rechts eine Totenmaske von Mykene (1550 - 1650 v. Chr.).

Alle Gesichter haben gemeinsam, den zusammengekniffenen Mund, die markante, schmale lange Nase und die niedrige Stirn. Diese Kunstwerke sind mit großer Wahrscheinlichkeit von Menschenhand geschaffen worden, denen die Verehrung ihrer verstorbenen Ahnen am Herzen lag und die sie unabhängig voneinander geschaffen haben – als gemeinsames menschliches Kulturgut. Zugegeben, wir heutigen Menschen können das manchmal nur schwer nachvollziehen.

Die Pyramiden

Bauwerke von außerirdischen Intelligenzen?

Betrachtet man die gigantischen Pyramiden in Ägypten, dann ist es für manche schwer vorstellbar, dass diese von einfachen Menschen errichtet wurden. So stellen viele immer wieder auch die Frage, ob dabei vielleicht Außerirdische im Spiel waren. Ob sie beim Bau dieser monumentalen Werke vielleicht ein wenig nachgeholfen haben oder sogar für die Errichtung selbst verantwortlich waren.

Speziell die größte der Pyramiden, die des Cheops (Chufu), musste dafür herhalten. Zahlreiche Theorien wurden aufgestellt, die ans Unglaubliche bis Phantastische grenzen. Übersinnliches, Übernatürliches und Überirdisches wechseln sich ab wie die Jahreszeiten[196] – je nach dem aktuellen Stand der Forschung. Und natürlich darf auch die außerirdische Komponente nicht fehlen.

Für Jochim Pahl[197] waren die Pyramidenspitzen, die ja bekanntlich flach sind, "Anflug- und Abflugplätze" der "Sternenmenschen", obwohl diese Plattformen wohl zu klein dafür sind. Erich von Däniken schrieb 1968: "Über das Wie, Warum und Wann des Pyramidenbaues wissen wir so gut wie nichts. Da steht ein knapp 150 Meter hoher und 31.200.000 Tonnen schwerer künstlicher Berg als Zeuge einer unbegreiflichen Arbeitsleistung... 2.600.000 riesige Blöcke wurden aus den Steinbrüchen geschnitten, geschliffen und transportiert und auf der Baustelle millimetergenau zusammengepasst... Hätten die fleißigen Arbeiter je Tag die ungeheure Akkordleistung von zehn aufgetürmten Blöcken geschafft, dann hätten sie... in etwa 250.000 Tagen = 664 Jahren die rund 2,5 Mio. Steinklötze zur herrlichen Pyramide zusammengesetzt... Das mag glauben wer will..."[198]

Zuerst schreibt Erich von Däniken von 2,6 Mio., dann – einige Zeilen später – von 2,5 Mio. Steinblöcken und in einem Interview für das deutsche Fernsehen im Jahre 1978 meinte er, es seien 2,4 Mio. Steinblöcke gewesen, doch schließlich rechnete er mit 2,5 Mio.: "Wenn wir die Summe von 2,5 Mio. Steinquadern durch 20 Jahre teilen, dann wurden pro Jahr 125.000 Steine verarbeitet... Setzen wir also 300 Arbeitstage pro Jahr an. Dann teilen wir 125.000 Bausteine durch 300 Arbeitstage. Wir kommen auf eine Tagesleistung von 416,6 verarbeiteter Steinquader... 416 Steine je Tag, geteilt durch 12 Stunden – macht rund 34 Blöcke je Stunde oder – nochmals geteilt durch 60 Minuten... und wir stehen bei einem Akkord von einem Steinquader je zwei Minuten!"[199]

Tatsächlich hat die Cheops-Pyramide, die aus etwa 2,34 Mio. Steinblöcken besteht, ein Gewicht zwischen 5,96 und 8,34 Mio. Tonnen und nicht 31.200.000 Tonnen. 250.000 Jahre sind auch nicht – wie Däniken schreibt – 664 Tage, sondern 684 (genau 684,93). Er berücksichtigt in seiner Rechnung auch nicht die Zahl der Arbeiter, die zur Bestimmung der Bauzeit wichtig ist.

Schon eine Menge Forscher haben sich zur Cheops-Pyramide begeben, um vor Ort die genauen Maße zu ermitteln. Der englische Mathematiker und Astronom John Greaves (1602 - 1652) bestieg die Pyramide im Jahre 1638 und maß beim Abstieg die einzelnen Stufen ab. Er zählte 207 Stufen und kam auf eine Höhe von 146,6 m. Die Grundkantenlänge stellte er mit 211,23 m fest Der französische Geograph und Ägyptologe Edmé Francois Jomard (1777 - 1862), der mit Napoleon 1798 in Ägypten war, ermittelte mit dem selben Prinzip wie Greaves, eine Höhe von 144 m und eine Seitenlänge von 230,80 m. Jomard errechnete auch schon einen Böschungswinkel von 51 Grad 19 Minuten und 44 Sekunden – was eine entsprechende Seitenhöhe von 184,722 m ergibt.[200]

Abb. 34: Die Pyramiden von Giseh.

Der englische Gardeoffizier, Anthropologe und Ägyptologe Richard W. Howard Vyse (1784 - 1853) ermittelte in Giseh im Jahre 1836 an der großen Pyramide eine Höhe von 147,9 m und eine Seitenlänge an der Basis von 232,74 m. Anhand eines Kalksteinblocks der Verkleidung, stellte er einen Böschungswinkel von 51 Grad 51 Minuten fest. Der schottische Astronom Charles Piazzi Smith, der 1864 und 1865 an den Pyramiden Messungen durchführte, stellte die Seitenlänge "im Mittel" mit 232,15 m fest.[201]

Der Landvermesser und spätere Ägyptologe Sir William Mathew Flinders Petrie (1853 - 1942), der von 1880 bis 1882 die Pyramiden von Giseh untersuchte, stellte eine Höhe bei der großen Pyramide von "7 x 40 ägyptischen Ellen (20,6 inches)" und eine Seitenlänge von "11 x 40 Ellen"[202] fest. Umgerechnet ergibt das eine Höhe von 146,5 m und eine Seitenlänge von 230,22 m. Im Jahre 1900 ermittelte Moses B. Cotsworth aus Yorkshire, eine Höhe von 484 Fuß, ist gleich 147,5 m, und die Seitenlänge von 760 Fuß entsprechend 231,6 m.[203]

Leslie V. Grinsell[204] errechnete 1947 den Böschungswinkel der Cheops-Pyramide mit 51 Grad 51 Minuten, und Emmerich von Beöczy[205] gab 1959 die Höhe mit 146,7 m und die Seitenlänge mit 230 m sowie den Böschungswinkel mit 51 Grad 52 Minuten an. Der englische Physiker Kurt A. G. Mendelssohn (1906 - 1980) gab 1974 die Höhe mit "beinahe 150 Metern", die Seitenlänge mit "nahezu 230 Metern" und den Böschungswinkel mit 51 Grad 52 Minuten an.[206] Diese letzten Maße werden heute allgemein in verschiedenen Publikationen angegeben.

Wir sehen daraus, dass sich die einzelnen Forscher durchaus nicht ganz einig sind und die genauen Maße an der Cheopy-Pyramide anscheinend nicht so leicht zu ermitteln sind – auch weil verschiedene Meßmethoden angewandt wurden. Petrie z. B. "kam zu dem Schluss, dass die Seitenlänge der Pyramide nicht vom Fundament ihrer Ecksteine aus gemessen werden dürfe, wie das Smyth getan hatte, sondern vom fast sechzig Zentimeter höher gelegenen Niveau der Pflasterung aus".[207] Dies bedeutet, nach Petrie,[208] dass unter der Cheops-Pyramide eine Pflasterung errichtet wurde, in welche etwa 60 cm tief die schrägen Ecksteine eingelassen wurden. Petrie hat dann nicht von der Grundfläche der Ecksteine, also von der tatsächlichen Grundfläche der Pyramide aus gemessen, sondern etwa 60 cm höher: was dann allerdings eine Pyramidenhöhe von 147,10 m ergeben würde. Entsprechend würde sich auch die Seitenlänge, bei entsprechendem Böschungswinkel, auf 231 m erhöhen. Auch Jomard ist schon 1798 aufgefallen, dass "zwei flache rechteckige Vertiefungen von 3,05 mal 3,66 Metern, in entsprechender Höhe etwa fünfzig Zentimeter tief in den gewachsenen Fels des Fundaments hineingehauen waren. Offensichtlich war dies der Platz für die ursprünglichen Ecksteine der Pyramide".[209]

Aufgrund dieser unterschiedlichen Maßangaben, kann man eine Höhe von ungefähr 147 m und eine Seitenlänge von etwa 231 m für die Cheops-Pyramide annehmen. Bemerkenswert dabei ist, dass die Höhe dabei nicht bis zur gedachten Spitze, sondern bis zu dem etwas tiefer liegenden Plateau gemessen wurde. Von der Cheops-Pyramide sowie auch der des Chephren (Chafre) und des Mykerinos (Menkaure) fehlen jeweils die Spitzen – ebenso von den anderen ägyptischen Pyramiden. Einige meinen, die Spitze der Cheops-Pyramide sei ursprünglich vergoldet gewesen, doch im Schutt der Roten Pyramide des Snofru fand man eine solche Spitze, ein sogenanntes Pyramidion, aus Tura-Kalkstein. Vermutlich hatte auch die Cheops-Pyramide eine solche Spitze. Dass Petries Höhenangaben bis zum Plateau gemessen wurde, geht ebenfalls aus den Angaben von Greaves hervor, der etwa die gleiche Höhe durch Abzählen der Stufen ermittelte. Ebenso ging Jomard vor, er verschätzte sich allerdings um etwa drei Meter. Unterstützt wird diese Ansicht noch durch die Maße der einzelnen Steinquader, die angeblich "Ausmaße von 1,27 x 1,27 x 0.71 m"[210] haben. Da Greaves 207 Stufen zählte, ergibt dies multipliziert mit 0,71 eine Höhe von 146,97 m.

Auch die Ermittlung der Seitenhöhe der Cheops-Pyramide, die schon 1798 Jomard mit 184,722 m ermittelte und sich nach "modernen Schätzungen"[211] auf 184,75 m beläuft, trägt zu der Meinung bei, dass die Höhe der großen Pyramide bis zum Plateau etwa 147 m misst. Würde die Seitenhöhe nämlich bis zur Spitze 184,75 m messen und die gesamte Pyramide 147 m hoch sein, würde die Grundkantenlänge – entsprechend dem pythagoreischen Lehrsatz – nicht 231, sondern 225 m betragen.

Bei den Ermittlungen des Böschungswinkels für die große Pyramide, ergeben sich ebenfalls einige Differenzen. Der allgemein zitierte Böschungswinkel von 51 Grad 52 Minuten scheint an einem schrägen Basisblock im Edinburgh-Museum in Schottland nicht gegeben zu sein.[212] An diesem kann man eher einen Böschungswinkel von 52 Grad 30 Minuten erkennen und auch William Kingsland erkannte schon, "dass einige Steinplatten vielfach unregelmäßige Winkeln und Ecken aufweisen". Die Maße welche Petrie ermittelt hat, wie die Höhe bis zum Plateau von etwa 147 m und die Grundkantenlänge von etwa 231 m sowie die Seitenhöhe von 184,75 m, gehen eher mit dem Böschungswinkel von 52 Grad 30 Minuten als mit 51 Grad 52 Minuten konform. Daraus ergibt sich dann eine gesamte Höhe der Cheops-Pyramide, bis zur gedachten Spitze, von ziemlich genau 150 m.

Aus der Gesamthöhe der Cheops-Pyramide von etwa 150 m und der Grundkantenlänge von etwa 231 m, ergibt sich ein Volumen von ungefähr 2,65 Mio. m^3. Nimmt man – nach den Maßangaben 1,27 x 1,27 x 0,71 m – für einen Steinquader eine mittlere Größe (es sind in Wirklichkeit nicht alle gleich groß) von 1,13 m^3 an, dann besteht die Cheops-Pyramide aus etwa 2,34 Mio. Steinblöcken. Das entspricht daher einem Volumen von etwa 2,65 Mio. m^3. Da die Steinblöcke hauptsächlich aus Kalkstein (spez. Gew.: 2 - 2,8 g/cm^3) bestehen, hat die große Pyramide ein Gewicht zwischen 5,28 und 7,39 Mio. Tonnen – wobei die einzelnen Steinquader zwischen 2,26 und 3,16 t wiegen. Wenn man noch die Steine für die Verkleidung dazurechnet, hat sie ein Gewicht zwischen 5,96 und 8,34 Mio. Tonnen.

Nach Herodot (um 490 bis um 425 v. Chr.) erzählte man in Ägypten, "dass man zum Bau der Pyramide zwanzig Jahre gebraucht habe. Bis zu hunderttausend Mann seien jedes Jahr DREI MONATE LANG für den Transport der Steine von den Steinbrüchen und zur Arbeit an der Pyramide aufgeboten worden".[214] Obwohl Herodot über 2000 Jahre nach dem Bau der Pyramide des Cheops lebte und manche seine Zahlenangaben deshalb berechtigt bezweifeln – weil es sehr unwahrscheinlich ist, dass die Ägypter nur drei Monate im Jahr an der Cheops-Pyramide gebaut haben –, können wir einmal von diesen Angaben ausgehen, um die Möglichkeit der Erbauung dieses gigantischen Bauwerks von Menschenhand zu erklären.

Pro Jahr mussten die Ägypter demnach 117.000 Steine schaffen (2.340.000 : 20 = 117.000), pro Woche 2250 und pro Tag (bei einer 7-tägigen Woche) 321 Steine. Für jeden der drei Arbeitsabläufe stünden 33.333 Arbeiter zur Verfügung. Das heißt jede Gruppe musste 321 Steine pro Tag herausmeißeln, transportieren oder aufschichten. Für jeden Stein würden also in jeder Arbeitsgruppe theoretisch 103 Arbeiter zur Verfügung stehen. Anders gesehen, wenn am Steinbruch sechzehn Leute für einen Stein zuständig waren (acht zum herausmeißeln und heraussprengen, acht zum bearbeiten) und sie dafür sieben Tage benötigt haben, dann waren damit 16 mal 2250, also 36.000 Leute beschäftigt.

William Kingsland, Professor für Astronomie, gab eine ähnliche Rechnung an: "Es war erforderlich, etwa 2.300.000 Steinblöcke in einer Zeit von zwanzig Jahren mit insgesamt 7300 Arbeitstagen einzubauen. Das bedeutet eine Arbeitsleistung von 315 Blöcken pro Tag oder 26 pro Stunde, unter der Voraussetzung, dass man täglich 12 Stunden arbeitete."[215]

Der Steinbruch des Cheops soll in der Nähe von Assuan, etwa 800 km nilaufwärts gelegen sein, da man dort dieselben Hieroglyphen für das Zeichen des Cheops, wie in der großen Pyramide, fand. Etwa 60 km nördlich von Assuan, bei Silsila, lagen die Sandsteinbrüche, wo die Quader mittels Holzkeilen und Feuerplomben herausgesprengt und bearbeitet wurden.

Nun ist es jedoch nicht so, dass die gesamten 2,34 Mio. Steinblöcke von diesem Steinbruch stammen. Entlang des Nil gab es von Kairo bis Theben zahlreiche Steinbrüche, die von den Ägyptern benutzt wurden. "Die Gesteinsanalysen von Baumaterialproben der Cheops-Pyramide… belegen deutlich, dass dieser Herrscher Material aus nahezu allen Kalksteingebieten Ägyptens zum Bau seiner Pyramide verwendete. Dieses Ergebnis deckt sich genau mit dem Bericht des griechischen Reiseschriftstellers Herodot um 450 v. Chr."[216]

Das Problem ist der Transport über den in den drei Sommermonaten hochwasserführenden Nil. Wenn die damals üblichen Papyrusboote nicht mehr als zwei Steinblöcke pro Boot aufnehmen konnten und diese für die etwa 800 km lange Strecke nilabwärts bis nach Giseh gut eine Woche benötigten, und wenn pro Woche 9750 Steinquader transportiert werden mussten, bedeutet das, dass in dieser Woche 4875 Schiffe unterwegs waren. Zur besseren Nutzung des Transportweges, kann man täglich 697 Schiffe starten lassen und nach sieben Tagen würden alle 4875 Schiffe am Ziel sein. Wenn allerdings ein Schiff vier Steinblöcke aufnehmen konnte, würden 2437 Schiffe genügen – bei acht Blöcken 1218 Schiffe usw. Nimmt man an, dass pro Schiff vier Leute notwendig waren, dann wären für den gesamten Schiffstransport 4827 bis 19.500 Leute erforderlich gewesen.

Die Ägypter hatten aber wahrscheinlich für solche Transporte durchaus geeignetere Boote. In der Nähe der Cheops-Pyramide sind einige größere Schiffe aus Zedernholzplanken ausgegraben worden, von denen eines etwa 42 m lang und 7 m breit ist und den Namenszug des Cheops trägt. Auch neben der Pyramide des Sesostris III. (etwa 1882 - 1842 v. Chr.) sind Boote gefunden worden. Schon im Alten Reich (2707 - 2216 v. Chr.) gab es Boote mit einer Länge bis 95 m und einer Breite bis 32 m, die Lasten bis zu 370 t tragen konnten. Sie wurden für den Transport von Obelisken benutzt. Solche Schiffe konnten bis zu 150 Steinquader transportieren und sie waren auch seetauglich. Wenn wir aber von vielen kleineren Booten ausgehen, dann konnten von einem nahen Steinbruch viermal pro Tag vielleicht 18 Schiffe je 19 Steinquader, also täglich 1368 Steinquader, zu den Pyramiden bringen – was einer wöchentlichen Arbeitsleistung von 9576 Steinquadern entspricht. Für einen günstigen Rundkurs wären dann 54 Schiffe erforderlich. Nimmt man pro Schiff eine Besatzung von acht Mann an, dann würden für den gesamten Schiffstransport nur 432 Leute erforderlich sein. Welche dieser Rechnungen wir auch bevorzugen, wir sehen jedenfalls daraus, dass für den Transport der Steine zur Cheops-Pyramide, einige hundert Schiffe und einige tausend Leute ausreichen würden.

Bevor die Ägypter mit dem Bau der Cheops-Pyramide beginnen konnten, mussten sie, laut dem langjährige Kustos des Ägyptischen Nationalmuseums in Kairo und Schüler Petries, Reginald L. Eschenbach,[217] zuerst das ausgesuchte Felsterrain einebnen und das gelang ihnen so perfekt, dass die Ebene von einer Pyramidenecke zur anderen, auf der Entfernung von 230,22 m, von der Horizontalen um nur wenige Zentimeter in der Höhe abweicht. Das schafften die Ägypter dadurch, indem sie einen quadratischen Graben anlegten und diesen mit Wasser füllten. Dann schlugen sie durch den verbliebenen Mittelteil gerade Gräben und sorgten dafür, dass die Grundfläche dieser Gräben überall gleichmäßig tief war. Nachdem sie das Wasser wieder abgelassen hatten, schlugen sie die restlichen Erhöhungen ab und erhielten so eine vollkommen ebene Grundfläche.

Der Archäologe William Rathje, von der Universität von Arizona, meinte, dass die Ägypter einen kleinen Damm um die Grundfläche der Pyramide anlegten und das so gewonnene Becken mit Wasser füllten. Anschließend schlugen sie Pflöcke mit gleich hohen Markierungen in den Felsen am Grund des Wasserbeckens, bis jede Markierung mit dem Wasserspiegel identisch war. Also wenn die Pflöcke alle eine Markierung im Abstand von einem Meter bis zum Ende des jeweiligen Pflockes hatten, dann wurde das Becken gleichmäßig einen Meter tief, wenn man nach Ablassen des Wassers die Zwischenräume bei den Pflöcken herausschlug.[218]

Bei dieser Methode ergibt sich jedoch die Schwierigkeit, dass die Ägypter unter Wasser arbeiten mussten und das gesamte Wasserbecken bei einem Meter Höhe ein Volumen von bis zu 52.900 m^3 hätte; es also mit einer erheblichen Menge Wasser gefüllt werden musste. Andererseits soll in der Mitte der Grundfläche ein etwa 6 Meter hoher Hügel übrig geblieben sein und dadurch wäre weniger Wasser erforderlich gewesen. Es mussten nur die äußeren Steine in der Waagrechten gehalten werden. Die unterschiedlichen Größen der Steinblöcke zeigen, dass es die Ägypter nicht so genau genommen haben. Es musste nur auf die Höhe der Pyramide und auf den Böschungswinkel geachtet werden.

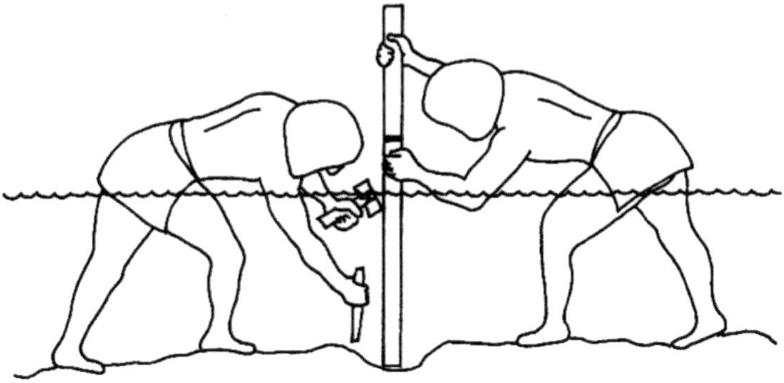

Abb. 35: Die Nivellierung der Pyramidengrundfläche mittels Holzpflöcken.

Die Bauphase der Aufschichtung der Steine für die Cheops-Pyramide ist am meisten diskutiert worden. Moses B. Cotsworth meinte schon um 1900, dass die Ägypter eine Rampe in Spiralform errichteten, an der sie die einzelnen Steine emporbeförderten. Auch der amerikanische Ägyptologe und Archäologe Mark Lehner, von der Universität von Chicago, vertritt diese Theorie seit den 1980er Jahren. Er glaubt, "dass die Erbauer auf ihrem Weg nach oben umlaufende Rampen mit progressivem Neigungswinkel (von 6 bis 16,5 Grad) errichteten, die über eine 320 Meter lange Zugangsrampe erreicht wurden".[219] Nimmt man für eine einzige Spiralrampe eine Neigung von 10 Grad an, dann mussten die Steinblöcke bis zur Spitze etwa 910 m in die Höhe transportiert werden. Bei 20 Grad Steigung wären es etwa 500 m. Durch das Aufschütten vom Boden aus würde die Rampe an allen vier Seiten etwa 24 m breit werden, was ungefähr 940.000 m^3 Baumaterial erfordert hätte. Ein Problem beim Bau dieser Rampe ergibt sich dadurch, dass die Ägypter unten bereits wissen mussten wie breit die Rampe sein muss, um oben noch genügend Platz für den Transport zu haben, denn die jeweilige obere Rampe wäre auf der unteren aufgeschüttet worden. Eine andere Errichtung direkt auf der Pyramide würde viele weitere Steine erfordern und es besteht die Gefahr des Abrutschens. Außerdem erschwert eine Spiralrampe den Transport, weil die Steine um die Ecken gehievt werden müssen. Dies betrifft vor allem die etwa 40 t schweren Granitblöcke für die Königskammer.

Herodot berichtet, die Ägypter hätten zur Aufschichtung der Steinblöcke eine "Maschine mit kurzen Hölzern" benutzt, was einige Forscher veranlasst hat eine solche zu postulieren. Straub-Roessler[220] entwickelte eine derartige "Maschine". Ein etwa acht Meter hohes Gerüst, an dem die einzelnen Steinblöcke mit langen Seilen, wie mit einem Kran, hinaufgezogen und auf die jeweilige Pyramidenstufe hinaufgekippt werden. Die Schwierigkeit besteht aber darin, dass bei entsprechendem Baufortschritt auf einer Pyramidenseite bis zu 23 solche Maschinen übereinander standen und von einer zur anderen, mit einem Gewirr von mindestens 46 Seilen mit jeweils bis zu 170 m Länge, die einzelnen Blöcke von Gerüst zu Gerüst in die Höhe befördert werden mussten.

Der Ingenieur Olaf Tellefsen kam im Jahre 1970 zu einer anderen Konstruktion. Wahrscheinlich unter Zugrundelegung der alten noch heute verwendeten

Wasserschöpfvorrichtung (*shaduf*), die auf der Basis der Hebelwirkung mit Gewicht und Gegengewicht funktioniert, kam er auf "ein starkes Rundholz, das wie ein Hebel um einen Stützpunkt schwenkbar und dazu mit Gegengewichten ausbalanciert war. Das ganze hätte auf hölzernen Kufen montiert gewesen sein müssen".[221] So eine Vorrichtung hätte den Bau von gewaltigen Rampen erübrigt.

Im Jahre 1980 veröffentlichte der österreichische Forscher Prof. Oskar M. Riedl[222] einen Vorschlag zu einer ähnlichen Maschine wie jene von Tellefsen. Sie besteht aus einem etwa 5 m langen Gerüst in der Form einer Bank, das auf Kipplagern (Kufen) und mittels Seilen die einzelnen Pyramidenstufen hinaufgekippt werden kann. Jeweils ein Baustein kann auf diesem Gerüst auf Gleitrollen mit Seilwinden so hin und her bewegt werden und das Gerüst so gekippt werden, dass es nie mit der vollen Last hinaufgezogen werden musste. Dies geschieht in dem man den Block ganz am Ende dieses Gerüsts schiebt und das andere, weniger belastete Ende des Gerüsts, eine Stufe höher hinaufzieht. Da das Gerüst teils auf der unteren teils auf der oberen Stufe steht, kann man auf etwa 12 Grad Steigung den Block mit den Winden hinaufziehen.

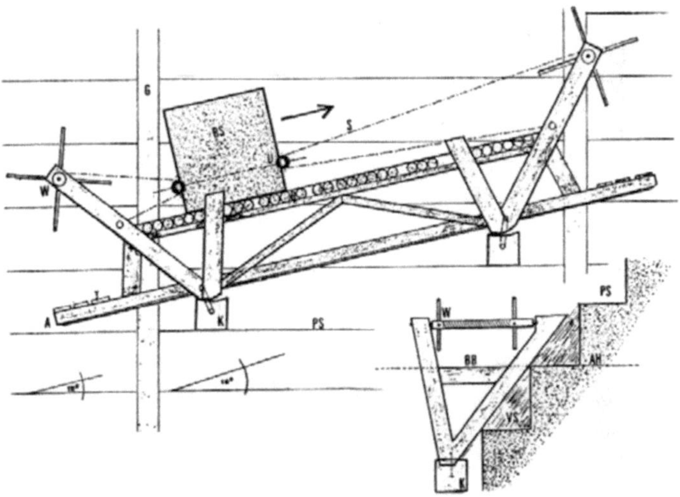

Abb. 36: Klettermaschine nach Prof. Oskar M. Riedl.

Nun ist es natürlich fraglich, ob man den Ägyptern damals schon solche Techniken zumuten kann. Von der recht einfachen Vorrichtung zum Wasserschöpfen bis zu einer doch technisch etwas komplizierteren Klettermaschine, bedarf es doch noch eines gewissen technologischen Fortschritts. Dennoch hat diese Idee etwas für sich und sie entspricht in etwa auch den Vorstellungen Herodots. Prof. Riedl meinte, dass am Anfang (bis auf 42 m Höhe) achtzig solche Hebebühnen, auf denen an einem Arbeitstag 320 Blöcke von 320 Arbeitern in die Höhe gebracht werden konnten, im Einsatz waren. Rechnet man nun für ein Jahr 300 Arbeitstage (die Ägypter hatten auch Fest- und Feiertage), dann brauchte man zum Aufschichten der 2,34 Mio. Steinblöcke 25 Jahre.

Eine solche Maschine konnte jedoch nicht auf den schrägen, im Böschungswinkel abgeflachten Decksteinen, zum Einsatz kommen, wie in der Abbildung gezeigt. Sobald die unterste Reihe mit Decksteinen belegt war, konnte die Maschine so keinen Halt mehr finden und nicht benutzt werden. Sie konnte dann nur als Schrägaufzug, mit der vollen Last des Steines beladen, benutzt werden, was nicht günstig wäre. So hätten die Steine gleich ohne ein derartiges Gerät emporgezogen werden können. Prof. Riedl geht andererseits von dreieckförmigen Decksteinen aus (siehe Abb. S. 87), die nicht übereinander lagen, doch tatsächlich waren diese trapezförmig und lagen am äußeren Ende teilweise übereinander und waren ebenso als Stützsteine gedacht – was man noch heute an der Pyramide sehen kann. Es hat sich gezeigt, dass diese Steine schon von Anfang an schräg und grob behauen und erst zum Schluss, nachdem alle Steine aufgeschichtet waren, von oben nach unten geglättet wurden – und das könnte mit Vorrichtungen wie Schrägaufzüge geschehen sein.

Am einfachsten und wohl am wahrscheinlichsten scheint die Lösung mit geraden Rampen zu sein – zumindest für die untersten Stufen. Die Ägypter hatten damit große Erfahrung. Mit Ziegeln, Sand, kleinen Steinen, Bruchmaterial aus den Steinbrüchen und Gipsmörtel konnten sie durchaus stabile Rampen herstellen. Für die unterste Stufe mit etwa 32.850 Steinblöcken, die auf 52.900 m^2 Grundfläche platziert wurden mussten, war eine Rampe noch nicht erforderlich. Erst ab der ersten Stufe musste eine Rampe errichtet werden, die nach und nach höher wurde. An den untersten Lagen konnten auch mehrere Rampen errichtet werden, aber ab einer gewissen Höhe wird es wohl nur mehr eine gewesen sein.

Auf einer waagrechten Ebene konnten durchaus 46 bis 64 Mann einen Steinblock mit Hilfe von Seilen, Stöcken und Gleitrollen aus Holz befördern und platzieren. Wenn eine solche Gruppe einen Block in einer Stunde an Ort und Stelle bringen konnte, dann würden 50 Gruppen von insgesamt bis zu 3200 Mann an einem achtstündigen Tag 400 Blöcke schaffen. In 83 Tagen wäre die unterste Lage Steine fertig gewesen. Die nächste Lage mit etwa 32.570 Blöcken erforderte bereits einige kleine Rampen. Rechnet man so weiter, wäre die mit 207 Steinlagen versehene Cheops-Pyramide in 58 Jahren fertig gewesen – jedoch wurden die Steine pro Lage immer weniger und die Rampe immer höher.

Wenn wir nun weiter annehmen, dass eine einzige gerade Rampe bis zur Spitze der Pyramide, bis zu einer Höhe von etwa 146 m, eine Steigung von nicht mehr als 20 Grad gehabt hätte, dann wäre diese bis zu 420 m lang gewesen und sie hätte ein Volumen von etwa 1,6 Mio. m^3 gehabt – also etwas mehr als die Hälfte der gesamten Pyramide. Wenn diese Rampenlänge schon zu Anfang bestehen würde, dann würde der Grad der Steigung zuerst weniger sein und mit dem Baufortschritt bis zur gesamten Pyramidenhöhe zunehmen. Es müssten also nicht die ganze Zeit die Steine in einem steilen Winkel nach oben gezogen werden.

Die gesamte Bauzeit für die Aufschichtung der Steine hängt nun davon ab, wie schnell diese hinauftransportiert und platziert werden konnten. Einem einzelnen Mann, mit durchschnittlicher Größe und Körperkraft, dürfte es nicht schwer fallen eine Last von 30 kg zügig einer Steigung von 20 Grad hinaufzuziehen. Für einen Steinblock mit einem Gewicht von 2,26 bis 3,16 t wären demnach 75 bis 105 solche Männer erforderlich. Dies könnte durchaus in einem Tempo von einem Meter je zwei Sekunden geschehen, was einer Geschwindigkeit von 30 Meter pro Minute entspricht. Daraus ergibt sich, dass die größte Länge der Rampe, bis zur Pyramidenspitze, mit 420 m, in 14 Minuten bewältigt werden kann.

Auf dieser Länge konnten mehrere solche Gruppen die Steine hinaufziehen. Wenn wir von hundert Männern pro Steinblock ausgehen, die in einer Zweierreihe zogen, dann brauchten diese nicht mehr als 60 m Platz. Demzufolge konnten auf einer Rampe von 20 Grad Steigung ständig bis zu sieben Kolonnen eingesetzt werden. Bis zur sechzigsten Pyramidenstufe (Höhe 42,60 m) konnte, auf der inzwischen 120 m langen Rampe, nur eine Kolonne eingesetzt werden. Auf der sechzigsten Stufe konnten es bereits zwei Kolonnen sein, die in 4 Minuten jeweils einen Stein auf die Stufe bringen konnten. Da auf dieser Stufe etwa 18.160 Blöcke bewältigt werden mussten, und zwei Kolonnen pro Tag 240 Blöcke hinaufbefördern konnten, wären alle Blöcke in 75 Tagen oben.

Dies setzt sich so fort und auf der 120sten Stufe, wo etwa 7650 Blöcke bewältigt werden mussten und die Rampe 240 m lang wäre, war man (bei gleich bleibender Steigung von 20 Grad und gleich bleibender Geschwindigkeit) in 32 Tagen mit dem Transport der für diese Stufe erforderlichen Blöcke fertig. Innerhalb dieser Zeit wären auch zirka 2300 Mann mit den Arbeiten am Plateau der 120sten Stufe fertig gewesen. Wenn 50 Gruppen zu je 46 Mann an einem Tag 400 Blöcke platzieren konnten, dann hätten sie in etwa 19 Tagen die 7650 Blöcke an ihren Platz gebracht.

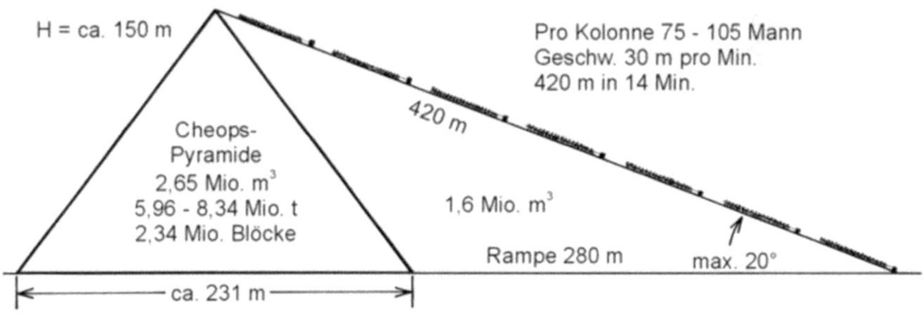

Abb. 37: Pyramidenrampe bis zu 20° Steigung.

Der Transport über eine einzige gerade Rampe wäre auch deshalb zu bevorzugen, weil die einzelnen Blöcke ständig mit der vollen Zugkraft nach oben befördert werden können. Bei einer Spiralrampe wäre das nicht möglich. Die Blöcke müssten um die Ecken gehievt werden, und das würde den Transport erschweren. Es wäre an den Ecken auch nicht genug Platz für diese Arbeiten. Auf den Ebenen im Wüstensand und auch auf den Plateaus der Pyramide konnten die Steinblöcke mit Hilfe der hölzernen Gleitrollen, Holzstöcken und Seilen, durch ziehen, schieben und hebeln, entsprechend platziert werden, doch auf einer Steigung von 20 Grad – und auch geringer – ist das nicht so leicht möglich.

Anhand dieser Überlegungen können wir die gesamte Zeit für die Aufschichtung und Platzierung der Steine an der Cheops-Pyramide ermitteln: Allein für den Transport über die Rampen wären 322 bis 2300 Leute erforderlich, wenn es zuerst 50 Gruppen und später 7 Gruppen zu je 46 Mann wären. Mit der Platzierung der Steine auf den Plateaus wären bis zu 50 Gruppen zu je 46 Mann erforderlich, womit wieder bis zu 2300 Mann an der Platzierung der Blöcke auf der Pyramide gearbeitet hätten. Demnach wären 4600 ägyptische Arbeiter an der Pyramide selbst beschäftigt gewesen. Nimmt man an, dass sieben Mannschaften sieben

Blöcke in durchschnittlich 14 Minuten die Rampe hinaufziehen konnten, dann ergibt sich eine Leistung von 238 Blöcken pro Tag. In einem Jahr zu 300 Tagen wären das 71.400 Blöcke. Die gesamten 2,34 Mio. Blöcke wären demnach in knapp 33 Jahren bewältigt worden.

Die gesamte Bauzeit der Cheops-Pyramide beläuft sich damit auf 20 bis 33 Jahre. Herodot gibt 20 Jahre an. Die Berechnungen liegen bei 33 Jahren, was realistischer wäre. Die Regierungsdauer von König Cheops wird unterschiedlich angegeben. Sie schwank zwischen 23 und 70 Jahren. Der ägyptische Priester Manetho (3. Jahrh. v. Chr.), der angeblich die Hieroglyphen lesen konnte, meinte z. B. Cheops habe 63 Jahre regiert.[223] Der Bau der Cheops-Pyramide kann durchaus länger gedauert haben als angenommen. Es wurden während der Bauzeit auch Pausen für Feste und Feierlichkeiten eingelegt und es mussten Kammern und Gänge angefertigt werden. Ein Arbeitstag war nur acht Stunden lang und es musste auch an anderen Gebäuden gearbeitet werden und die Felder bestellt werden, um die Arbeiter zu ernähren. Westlich der Pyramide des Chephren wurden Unterkünfte für 4000 Menschen entdeckt. "Insgesamt waren vielleicht viertausend Handwerker ständig beim Bau der Pyramide beschäftigt und in der Nähe untergebracht".[224]

Legt man die Baugeschwindigkeit bei der Cheops-Pyramide für die anderen ägyptischen Pyramiden zugrunde, dann kommt man auf recht realistische Bauzeiten. Die Pyramide des Chephren (Regierungszeit zwischen 26 und 40 Jahren), die aus etwa 2 Mio. Steinblöcken besteht, wäre in 29 Jahren fertig gewesen; die Pyramide des Mykerinos (Regierungszeit zwischen 20 und 28 Jahren) in 6 Jahren, die Pyramide von König Djoser (Regierungszeit etwa 20 Jahre) in Sakkara in 18 Jahren; die Pyramide von Meidum ist nach Mendelssohn nach sieben Jahren Bauzeit teilweise eingestürzt (diese Theorie wird allerdings bezweifelt, weil keine Spuren einer baulichen Katastrophe, wie Seile, Hölzer oder gar Leichen gefunden wurden); und die sogenannte Knickpyramide von Dashur, wäre in 14 Jahren Bauzeit fertig gewesen.

Im Jahre 2007 präsentierte der französische Architekt Jean-Pierre Houdin seine Theorie von einer inneren, spiralförmigen Rampe.[225] Die Ägypter hätten nur bis auf 43 m Höhe (die Höhe der Königskammer) eine äußere Rampe benutzt, dann eine innere spiralförmige. Tatsächlich mussten aber die großen etwa 40 t schweren Granitblöcke für die Königskammer bis auf etwa 70 m herauftransportiert werden. An den Ecken soll es nach Houdin Öffnungen gegeben haben, wo die Blöcke außen zum weiteren Transport gedreht wurden. Das geht mit 40 t schweren Blöcken wohl nicht. Die Blöcke sollen nach Houdin von nur zehn Mann durch diese relativ enge Rampe, die dann wie ein langer schmaler Gang aussah, der auch beleuchtet werden musste, emporgezogen worden sein. Das würde aber eine zusätzliche Bautätigkeit erfordern, weil der Gang extra hergestellt und überdeckt werden musste (lt. Houdin hat er ein Kragsteingewölbe). Eine sehr zweifelhafte Theorie.

Dem wäre eine einzige äußere Spiralrampe noch eher vorzuziehen. In den gesamten Öffnungen der Cheops-Pyramide sind keine Hinweise auf eine innere Rampe gefunden worden. Einzelne Eingänge an den Ecken der Pyramide sind wahrscheinlich von Grabräubern freigelegt worden. Der innere Gang hätte sich dann als Hohlraum durch den oberen Teil der Pyramide gezogen, was die Ägypter sicher nicht so wollten, weil dann vermutlich die Todesruhe des Pharao gestört worden wäre, und außerdem könnte so ein Hohlraum die Stabilität der Pyramide im oberen Bereich gefährden. Es bleibt wohl bei der Theorie einer einzigen geraden äußeren Rampe und dafür gibt es auch Belege. Bei der Pyramide des Snofru in Meidum wurde eine 320 m lange und 4 m breite Rampe aus luftgetrockneten Ziegeln und Kalksteinschutt entdeckt und bei der Pyramide des Sesostris I.

eine ähnliche 50 m lange. Auf einem Wandbild im Grab des Rechmire in Theben (15. Jahrh. v. Chr.) ist eine Rampe mit einer Steigung von etwa 30 Grad abgebildet (auch wenn das vielleicht nur symbolisch dargestellt wurde), und im Papyrus des Anastasi I (benannt nach einem Kaufmann aus dem 19. Jahrh. n. Chr.), aus der Zeit 1290 bis 1070 v. Chr., wird der Bau einer 380 m langen, trapezförmigen Rampe aus Ziegeln beschrieben.[226]

Abb. 38: Pyramidenrampe mit Ziegeln (Wandbild im Grab des Rechmire, Theben)

Außerdem legten die Ägypter vermutlich auch beim Bau ihrer Tempel Rampen und Aufschüttungen an. Die Segmente der Säulen stapelten sie mit Hilfe solcher Rampen auf. Anschließend bearbeiteten und verzierten sie die Säulen von oben nach unten und entfernten die Aufschüttung nach und nach. Die 134 Säulen für das Hypostyl (= griech. Säulensaal, "auf Säulen ruhend") des Tempels von Karnak wurden auf diese Weise errichtet. Sie sind bis zu 22,5 m hoch. Der Tempel hat eine Größe von 103 mal 53 m und damit eine Fläche von 5459 m^2. Dazu musste für die Errichtung der Säulen ein Aufschüttmaterial bis über eine Million Kubikmeter in Form einer Stumpfpyramide bei einer Steigung von 20° angelegt werden, auf einer Grundfläche von etwa 227 mal 177 m, also etwa 40.179 m^2. Man sieht mit welch großen Mengen an Baumaterial die Ägypter umgehen konnten. Der Rampenbau war für sie kein Problem, sie waren darin versiert. Dennoch ist zu überlegen, dass für die großen Pyramiden gewaltige Rampen errichtet werden mussten, die mehr als die Hälfte des Volumens der gesamten Pyramide ausgemacht hätten. Allein für den Bau solcher Rampen mussten weitere Arbeiter rekrutiert, oder die Beförderung der Steine über die Rampen zeitweise eingestellt werden. Aus diesem Grund wäre eine Lösung mit Rampen bis zu einer gewissen Höhe und dann mit irgendwelchen Hebegeräten und Seilen zu bevorzugen.

Im Jahre 1997 haben ägyptische Steinmetzen unter der Leitung von Roger Hopkins und Mark Lehner für einen US-Fernsehsender eine kleine 6 m hohe und 9 m breite Pyramide aus Kalkstein nahe dem Giseh-Plateau errichtet.[227] Die Steinmetze schlugen dazu 186 Steine aus einem Steinbruch, die ein Gewicht von durchschnittlich 2,2 t haben. Vor Ort wurden die Steine mit einem Schlitten, Holzrollen und Seilen von 10 bis 20 Männern versuchsweise transportiert. Die Steine wurden bearbeitet und es wurden auch schräge Decksteine wie jene an der Cheops-Pyramide angefertigt und später von oben nach unten glattgemeißelt. Aus Zeitmangel wurden die Steine allerdings mittels Hebel und Holzbretter emporgewuchtet. Auch ein pyramidenförmiger Schlussstein konnte nach oben gebracht werden. Schließlich entstand eine passable, saubere und glatt bearbeitet Pyramide mit einem Volumen von 162 m^3 und einem Gewicht von etwa 405 t. Das Experiment zeigte eindrucksvoll, dass die großen Pyramiden in Ägypten durchaus mit einfachen Mitteln und menschlicher Hand errichtet werden konnten. Dennoch muss man bedenken, dass das Ganze auch in einer Höhe von 100 bis 150 m erfolgen musste. Doch auch das ist mit menschlicher Leistung zu schaffen – wenngleich auch mit gewaltigem Aufwand.

Abb. 39: Errichtung einer Pyramide nach ägyptischen Vorbildern im Jahre 1997.

Eine besondere Leistung beim Bau der Pyramide des Cheops stellt auch die exakte Ausrichtung nach Nord-Süd dar. Die Ägypter gingen dabei so vor, indem sie den Auf- und Untergang eines Sterns am Nachthimmel beobachteten und die höchste Stelle, an der der Stern stand (am Zenit), als Schnittpunkt der Himmelsachse und der Erdachse ansahen und diese als die mittlere Achse der Pyramide markierten. Ansonsten hatten sich die Ägypter beim Bau der Cheops-Pyramide nicht wesentlich nach den Sternen gerichtet. Ein Eingangsstollen soll exakt nach Norden zum Himmelspol gerichtet sein, doch scheint dieser "schlechterdings nicht der Himmelsbeobachtung gedient zu haben. Offensichtlich hatte er irgendeinen magischen Zweck im Zusammenhang mit den Vorstellungen, die man sich vom Geist des toten Pharao machte – offenbar glaubte man, dieser Geist werde keinerlei Schwierigkeiten haben, durch die Blöcke, die den Gang verstopfen, hindurchzublicken oder gar hindurchzudringen", so Kurt Mendelssohn.[228] Dies "bekräftigen neuere Untersuchungen des einzigen unzerstörten Pyramiden-Eingangsstollens, der 1948 in der 'Knickpyramide' von Dashur-Süd entdeckt wurde. Als man den obersten Abschnitt dieses Zugangs-Stollens öffnete, fand man ihn in seiner ganzen Länge mit eng aneinanderschließenden Steinpflöcken gefüllt, die es außerordentlich schwer machten, sich ins Innere vorzuarbeiten".

Speziell bei der "Großen Galerie" nimmt man an, es habe sich um einen astronomischen Beobachtungsort gehandelt, doch als diese fertiggebaut wurde, war bereits die Kammer der Königin unterhalb vorhanden und wohl auch die des Königs selbst. Man konnte also vom unteren Ende der "Galerie" aus nur bis dahin den Sternenhimmel beobachten, später nicht mehr. Dass die Galerie, die 106,68 m lang und 8,53 m breit ist, oben etwas enger wird, ist auf die Bauweise (Kragsteingewölbe) zurückzuführen und erfüllt ebenfalls keinen astronomischen Zweck. Die Galerie wurde außerdem in ihrer ganzen Länge ebenfalls mit Steinblöcken verschlossen und sie hatte wahrscheinlich auch einen magischen Sinn. Interessanterweise ist sie die Verbindung von der Kammer des Königs zu der der Königin und wahrscheinlich sollten sich die beiden Seelen in dieser Halle nach dem Tode feierlich begegnen.

Wüste Spekulationen werden immer wieder bei den Maßen der Cheops-Pyramide aufgestellt. Die Höhe soll z. B. den mittleren Abstand zwischen Sonne und Erde (149.597.870 km) darstellen, doch bei 146 bis 147 m (auch bei 150 m) kommt man nicht ganz hin. Angeblich soll auch die Lage der Pyramide "Kontinente und Ozeane in genau gleiche Hälften"[229] teilen, jedoch "wer die Mühe einer planimetrischen Nachrechnung nicht scheut, wird feststellen, dass es bis auf ein paar Millionen Quadratkilometer schon stimmt. Zufriedenstellender wäre das Ergebnis freilich, wenn Cheops seine Pyramide, ungeachtet libyschen Einspruchs, etwa in der Gegend von Bengasi errichtet hätte", schreibt Karl-Heinz Bernhardt.[230] Einen Zusammenhang mit dem Gewicht der Erde (5977 Trillionen Tonnen) und dem Gewicht der Cheops-Pyramide (zwischen 5,96 und 8,34 Mio. t) ergibt sich ebenso nur sehr ungenau.

Der deutsche Ingenieur Willy Kross[231] meinte 1977, die Dreiergruppe der Pyramiden von Giseh entspricht in ihrer Anordnung der Anordnung der drei Vulkane in der Tharsis-Region auf dem Mars. Ich habe die Forschungsergebnisse von Willy Kross 1979 in meinem Buch *Wir, vom Mars* publiziert, doch das ganze scheint doch bloß ein Zufall zu sein. Mit der nötigen Selbstkritik und fehlender Beweise für einen tatsächlichen Zusammenhang, muss ich bei letzterem bleiben.

Am meisten bekannt ist jedoch die Annahme, dass in der Cheops-Pyramide die L'udolfsche Zahl (nach Ludolf von Ceulen, 1540 - 1610), die Kreiszahl Pi (= 3,14159...), enthalten ist. Sie soll sich aus der doppelten Höhe, geteilt durch den Umfang an der Basis, ergeben. Der vermutlich erste, der dies entdeckt hat, war John Taylor, der 1859 aus den Maßangaben von Howard-Vyse die Zahl Pi mit 3,144 errechnete – tatsächlich ergibt sich jedoch ein Wert von 3,1472 (930,96 : 295,8 = 3,1472). Einige Maße anderer Forscher ergeben noch geringere Übereinstimmungen. Nach Greaves 2,88 (bis zum Plateau) bzw. 2,816, nach Jomard 3,205, nach Cotsworth 3,140. Lediglich nach Petrie ergibt sich der Wert mit 3,1425 relativ genau. Es ist also sehr zweifelhaft, ob die Kreiszahl Pi bewusst in die Maße der Cheops-Pyramide eingebaut wurde. Es wird eher so sein, dass sie sich durch Zufall bei einigen Maßangaben ergibt.

Wenn wir die Maße der anderen großen Pyramiden hernehmen, dann ergeben sich ebenso ungenaue Werte was die Kreiszahl Pi betrifft. Bei der Pyramide des Chefren, Höhe

140 m, Basislänge 216 m, Böschungswinkel 52 Grad 20 Minuten, der Wert 3,08; bei der Pyramide des Mykerinos, Höhe 70 m, Basislänge 108 m, Böschungswinkel 51 Grad 10 Minuten, ebenfalls 3,08. Bei der Pyramide von Sakkara, Höhe 99 m, Basislänge 213 m, kommt man auf den Wert 4,303; bei der Pyramide von Meidum, Höhe 83 m, Basislänge 145 m, auf 3,493; und bei der Pyramide in Dashur, Höhe 99 m, Basislänge 190 m, auf 3,83.

Nur eine Pyramide, die exakt genau einen Böschungswinkel von 51 Grad 52 Minuten hat, enthält die Kreiszahl Pi. Die Abweichung darf nicht mehr als 4 Winkelsekunden betragen – also ein Spielraum zwischen 51 Grad 51 Minuten 57 Sekunden und 51 Grad 52 Minuten 1 Sekunde. Das würde für die Cheops-Pyramide eine Höhe zwischen 146,3 und 146,7 m ergeben – bis zu einer gedachten Spitze und nicht bis zum Plateau. Wenn die Cheops-Pyramide eine Höhe von 146,6 m hat und eine Grundkantenfläche von 230,35 m, dann muss die Seitenhöhe, bei einem Winkel von 51 Grad 52 Minuten, 186,5 m betragen damit sich die Kreiszahl Pi ergibt.

Nach Peter Tompkins soll in den Maßen der Cheops-Pyramide auch der "Goldene Schnitt" enthalten sein – die Teilung einer Strecke in zwei Abschnitte, deren kleinerer sich zum größeren verhält wie dieser zur ganzen Strecke, ausgedrückt mit dem griechischen Buchstaben "Phi". Dieser hat einen Wert von 1,618. "Wenn man die Seitenhöhe der Pyramide (356 Ellen) durch die halbe Seite des Grundflächenquadrats (220 Ellen) teilt, ist das Resultat 89/55 oder 1,618", schreibt Tompkins.[232] Er gibt jedoch an anderer Stelle[233] die Seitenhöhe der Cheops-Pyramide mit 352 Ellen an, woraus sich nur der Wert (352 geteilt durch 220) 1,6 ergibt und nicht mehr.

Schon C. W. Ceram (= Pseud.: Kurt W. Marek) meinte im Jahre 1975 zu den Zahlenspielereien um die Cheops-Pyramide: "Die meisten Feststellungen beruhen auf fehlerhaften Messungen oder Übertreibungen und ungebührlichen Ausweitungen der Möglichkeiten, die jedes große Bauwerk liefert, wenn man mit sehr kleinen Messeinheiten an seine Maße geht."[234]

Eine mit Hilfe von Computern durchgeführte Untersuchung der Chephren-Pyramide, gibt immer wieder Anlass zu Spekulationen. Tatsache ist, dass Ende der 1960er Jahre der Nobelpreisträger für Physik Dr. Luis Alvares seine elektromagnetischen Messgeräte in der Grabkammer dieser Pyramide aufstellte, um durch den Einfall kosmischer Strahlungen von außen, eventuelle weitere Grabkammern zu entdecken. Als man die Aufzeichnungen an den Magnetbändern in einen Computer zur Auswertung eingab, lieferte dieser nach jedem Durchgang ein anderes Ergebnis.[235] Man war also nach dem Experiment genauso klug wie zuvor.

Es gibt auch immer wieder Versuche, die ägyptischen Pyramiden älter zu machen als die herkömmlichen Datierungen zeigen. Erich von Däniken meinte 1968, dass in der Bibliothek von Oxford ein Manuskript liegt, "in dem der koptische Schriftsteller Mas-Udi behauptete, der Ägypterkönig Surid habe die große Pyramide bauen lassen"[236] und er meinte weiterhin, "seltsam, dieser Surid herrschte vor der Sintflut in Ägypten!.. Nach der koptischen Überlieferung ist also die Pyramide vor der Sintflut erbaut worden".

Nun kommt es darauf an, wer dieser Surid war und welche "große Pyramide" gemeint ist. "Der ägyptisch-griechische Geschichtsschreiber Manetho kennt Snofru unter dem Namen Soris. Man darf daher wohl annehmen, dass sich hinter diesem Soris der Surid der von Masudi überlieferten Legende verbirgt", schreibt Karl-Heinz Bernhardt.[237]

Da die Regierungszeit von Snofru vermutlich in die Zeit 2670 bis 2620 v. Chr. fällt (nach anderen Angaben 2614 - 2579 v. Chr.), ist es durchaus möglich, dass dieser schon etwas vor der um 2600 v. Chr. offenbar stattgefundenen Sintflut (siehe Kapitel "Atlantis") herrschte. Cheops jedenfalls herrschte vermutlich von 2620 bis 2580 v. Chr. (nach anderen Angaben 2604 - 2581 oder 2579 - 2556 v. Chr.) und während oder nach der Sintflut.

Im Jahre 1994 veröffentlichten die beiden Autoren Robert Bauval und Adrian Gilbert ihre Theorie, wonach die drei Gürtelsterne des Sternbilds Orion so angeordnet sein sollen wie die drei großen Pyramiden von Giseh. Nach mehr als 4000 Jahren soll das Geheimnis der Pyramiden gelöst sein, schreiben sie in ihrem 1994 erschienenen Buch *The Orion-Mystery* (deutscher Titel *Das Geheimnis des Orion*, erschienen 1995).[238] Bauval und Gilbert sind sogar der Meinung, die Helligkeiten der drei Gürtelsterne Alnitak, Alnilam und Mintaka entsprechen den Größen der drei Pyramiden des Cheops, des Chephren und des Mykerinos. Die unteren Sterne Alnitak und Alnilam entsprechen den beiden größeren Pyramiden, die praktisch gleich hoch sind und die Sterne praktisch gleich hell. Der oberste Stern Mintaka soll um 50 % lichtschwächer sein als die beiden anderen und die kleinste Pyramide, die des Mykerinos, soll um etwa 53 % niedriger sein als die beiden anderen Pyramiden. Die drei Pyramiden sollen auch neben dem Nil, der als irdisches Gegenstück der Milchstraße galt, so platziert sein, wie der Orion neben der Milchstraße am Nachthimmel. Der Orion verändert jedoch seine Position im Laufe von Jahrhunderten, weshalb die beiden Autoren meinen, die richtige Position hatte er im Jahre 10.500 v. Chr. Die drei Gürtelsterne standen zu diesem Zeitpunkt exakt so am Himmel wie die drei Pyramiden am Plateau von Giseh.[239]

Tatsächlich verändert sich der Winkel der drei Sterne zum Horizont sogar im Laufe einer Nacht, sodass die Ägypter eine Position gewählt haben müssten, die auf wenige Minuten genau jener der drei Pyramiden entspricht. Das ist sehr unwahrscheinlich. Die Anordnung der Pyramiden hat sich wahrscheinlich aus praktischen Gründen so ergeben, lediglich auf die Nord-Süd-Richtung hatten die Ägypter geachtet. Sterne waren ihnen nicht so wichtig, dass sie ihre Pyramiden danach ausrichteten. Ähnliches hat sich ja auch bei den drei Marsvulkanen ergeben, wie ich schon erwähnt habe und auch daraus könnte man spekulative Theorien entwickeln, doch mehr als nur eine gewisse Gemeinsamkeit von Gegebenheiten scheint in beiden Fällen nicht dahinterzustecken.

Der deutsche Ingenieur Rudolf Gantenbrink[240] sorgte im März 1993 für einiges Aufsehen mit seiner Untersuchung der beiden etwa 20 mal 20 cm breiten Schächte der Königinnenkammer in der Cheops-Pyramide, die nach oben aber nicht nach außen führen, mittels eines fahrbaren Robotergerätes namens UPUAUT-2. Im nördlichen Schacht blieb der Roboter durch eine 45-Grad-Biegung des Schachtes stecken und konnte nicht weiter. Im südlichen Schacht stieß er nach 60 Metern auf einen Blockierstein, an dem sich zwei Kupferklammern befanden. Es schien als gebe es dahinter eine versteckte Kammer. Mit dem Roboter konnte das zunächst nicht festgestellt werden. Gantenbrink zog sich mit seinem Gerät aus Ägypten zurück und hoffte auf eine spätere Untersuchung des Blockiersteins, doch er erhielt keine Genehmigung mehr von den ägyptischen Behörden. Erst am 17. September 2002 konnte ein weiteres Robotergerät, gesponsert von National Geographic, namens "Pyramid Rover", die Steinplatte in diesem Schacht durchbohren. In einer Direktübertragung durch das internationale Fernsehen konnten die Zuschauer das Ereignis verfolgen. Hinter dem Steinblock befand sich schließlich ein weiterer Hohlraum, der wiederum von einem Steinblock versperrt war. Eine weitere Kammer dahinter gibt es offensichtlich nicht.

Einen Tag später, am 18 September 2002, fuhr der Roboter auch durch den nördlichen Schacht. Auch dort befand sich ein ähnlicher Blockierstein wie im südlichen Schacht. Auch eine Erkundung im südlichen Schacht durch ein internationales Forscherteam im Mai 2009, mit einem neuen Robotergerät namens "Djedi", mit einem schwenkbaren Kameraarm, erbrachte erneut die Ergebnisse aus dem Jahre 2002, jedoch wurden an einer Wand Hieroglyphen entdeckt, die noch entschlüsselt werden sollen. Größere Kammern hinter diesen Schächten, die nach oben führen, sind also sehr unwahrscheinlich, weil dort einfach kein Platz mehr dafür ist. Bis nach außen sind es nur noch etwa 15 Meter. Es sind offensichtlich nur "Luftschächte", Schächte an denen die Seelen der Verstorbenen nach außen dringen können, auch wenn diese aus Sicherheitsgründen verschlossen wurden. Die Untersuchungen dieser Schächte ergaben auch keinen Hinweis auf eine innere Rampe.

Man nimmt heute an, dass die ägyptischen Pyramiden nicht ausschließlich als Grabstätten erbaut wurden. Es gab auch praktische und volkswirtschaftliche Gründe zur Errichtung dieser gewaltigen Bauwerke. Ein regierender König konnte ja nicht so leicht das "Timing" seines Ablebens mit der Fertigstellung seiner Pyramide bestimmen. Falls ein Pharao früher starb, musste sein Nachfolger das Werk beenden. Anschließend musste der neue Bauherr für den Bau seiner eigenen Grabstätte sorgen. Diese Schwierigkeit "fiel schon um die Mitte des 19. Jahrhunderts dem großen deutschen Ägyptologen Richard Lepsius auf".[241]

"Nach all dem fragt man sich immer zweifelnder, ob tatsächlich religiöse Vorstellungen von so vorrangiger Bedeutung für den Anbruch des Pyramidenzeitalters waren und nicht vielmehr so 'irdische' Dinge wie die Sicherstellung der Nahrungsversorgung für den einzelnen und eine neue Dimension des menschlichen Zusammenlebens",[242] meinte Kurt Mendelssohn schon 1974.

Alles in allem waren zur Errichtung der ägyptischen Pyramiden keine übersinnlichen, überirdischen oder außerirdischen Kräfte erforderlich. Es sind großartige Zeugnisse menschlicher Schaffungskraft. Auch ihr Ursprung ist nicht rätselhaft. Die Pyramidenform entwickelte sich aus den ersten Bestattungsbräuchen der Menschen schon vor 140.000 Jahren. Verstorbene Angehörige wurden mit verschiedenen Grabbeigaben in Gruben beerdigt und darüber legte man anfangs Holzstämme, später Steine. Diese wurden mitunter zu einem pyramidenförmigen Hügel aufgehäuft. In Ägypten entstanden so die ersten einstufigen und rechteckigen Mastabas mit Steinblöcken, die das Grab bedeckten. Später wurden sie quadratisch angelegt und man häufte sie zu Stufenpyramiden auf. Ähnliches taten viele Völker rund um den Globus, zur Verehrung ihrer Hinterbliebenen. Kaiser, Könige und ruhmreiche Herrscher ließen sich in solchen Gräbern bestatten. In Ägypten gelangten sie in dieser Form zur höchsten Vollendung.

Der mythologische Lebensbaum

Gentechnik im Altertum?

Auf sumerischen und akkadischen Rollsiegeln, aus der Zeit um 2800 bis 900 v. Chr., finden wir "Schöpfungsszenen", wo seltsame Göttergestalten (auch geflügelte) irgendwelche Kulthandlungen an einem merkwürdigen baumähnlichen oder auch stab- oder säulenartigen Gebilde vollziehen. Oft sind es Szenen mit Tieren, aber auch mit kugelartigen und sternförmigen Gebilden, und einem fliegenden Objekt, in dem manchmal eine Gottheit sitzt. Die Kugel- und Sterngebilde könnten Planeten und Sterne darstellen, es könnte sich also um kosmische Schöpfungsszenen handeln. Präastronautisch gedeutet wird das Flugobjekt als Raumschiff und die baumähnlichen Gebilde als der DNS-Strang, die Doppelhelix, im menschlichen Erbgut. Es wird also eine Genmanipulation durch die außerirdischen Götter an den Menschen postuliert. "Mir geht es... hier darum, der überheblichen Meinung entgegenzutreten, dass der (irdische) Mensch die Krone der Schöpfung sei. Wenn aber fremde Kosmonauten über Kenntnisse verfügten, die wir eben erst erwerben, dann konnten sie unsere primitiven Vorfahren durch Manipulationen mit dem genetischen Code intelligent werden lassen", schrieb Erich von Däniken 1973.[243]

Abb. 40: Geflügelte Götterwesen um den Lebensbaum (assyrisch).

Und weiter: "Geflügelte Wesen flankieren den 'Lebensbaum'. Müsste der Genetiker in diesem 'Lebensbaum' nicht eine schematische Darstellung erkennen? Vier Basen (Adenin, Guanin, Cytosin und Thymin) produzieren Zucker- und Phosphorsäuremoleküle, diese wiederum Aminosäuren. Fest steht: Mit einem 'Baum' herkömmlicher Art haben wir es nicht zu tun", schreibt Erich von Däniken in einem Begleittext zu einem assyrischen Relief.[244]

Schriften und Erzählungen "von merkwürdigen Völkerschaften mit Hundsköpfen, Kranichköpfen, Vogelbeinen und dergleichen", gab es nicht nur in vorchristlichen Zeiten, sie "gehören bis ins 17. Jahrhundert zur Standardausrüstung volkstümlicher Reiseschriftsteller".[245] Der babylonische Priester Berossos berichtet, wie schon zuvor erwähnt, nicht nur von fischähnlichen Wesen, sondern auch von anderen seltsamen "Mischwesen" wie "Menschen mit zwei Flügeln, ja, einige hatten vier, dazu zwei Gesichter. Sie hatten einen Körper, doch zwei Köpfe, einen Männer- und einen Frauenkopf. Auch ihre Geschlechtsteile waren teils männlich, teils weiblich.

Andere Menschen wiederum besaßen Ziegenbeine und Ziegenhörner, während noch andere Pferdebeine hatten. Andere waren hinten wie Pferde gebaut, vorne jedoch, ähnlich wie die Hippokentauren, wie Menschen geformt. Auch Stiere mit Menschenköpfen... desgleichen Hunde mit vierfachen Leibern und Fischschwänzen, sowie Menschen und andere Lebewesen mit Pferdeköpfen und Pferdeleibern, aber gleichfalls Fischschwänzen sowie Kreaturen mit den Gliedern jeder Tierart".[246] Der babylonische Priester beschreibt nicht nur die Geschichte Babylons, sondern die gesamte Schöpfungsgeschichte vor der Sintflut vor 432.000 Jahren[247] und er hatte darin offenbar eine blühende Phantasie entwickelt.

Abb. 41: Assyrisches Rollsiegel mit dem "Lebensbaum" und einem "Fluggerät".

Angeblich soll es, nach Erich von Däniken, "in grauer Vorzeit... Zwitterwesen von Mensch und Tier gegeben haben". Und "die sumerischen Großkönige und später auch die Assyrer" sollen "Jagd auf Menschentiere" gemacht haben "Möglicherweise zur puren

Belustigung".[248] Doch von derartigen Wesen oder gar "von 'gezüchteten Zwitterwesen', von mischgestaltigen 'Tempeltieren' oder von 'Menschentierjagden' mesopotamischer Herrscher gibt es keine Nachrichten in orientalischen Quellen".[249] Herodot (II, 57) soll "schwarze Tauben erwähnen, die 'Menschentierweibchen gewesen seien'. Tatsächlich berichtet Herodot (II, 54 ff) von einer ägyptischen Sage, nach der einst Phöniker zwei Frauen aus dem Tempel von Theben geraubt hätten. Die eine sei nach Libyen, die andere nach Griechenland verkauft worden, und beide hätten jeweils an ihrem Ort die erste Orakelstätte eingerichtet.

Die Priesterinnen im griechischen Dodona, so fährt Herodot fort, erzählen dagegen, dass zwei schwarze Tauben aus Theben entflohen seien, die eine nach Libyen, die andere nach Dodona. Beide hätten jeweils mit menschlicher Stimme die Errichtung eines Orakels für Zeus gefordert.

Herodot sucht beide Legenden zu harmonisieren und zu rationalisieren. Er meint, man hätte die beiden ägyptischen Frauen Tauben genannt, weil man ihre 'Sprache so wenig verstand wie die Vögel'. Von 'Menschentierweibchen' kann also keine Rede sein.

Weiteres bezieht sich Erich von Däniken auf Herodot I, 202. Dort soll der 'Vater der Geschichtsschreibung' von Menschen im Mündungsgebiet des persischen Araxes berichten, die sich 'mit Fischen gesellt haben und... Fischmenschen mit Schuppenhaut gewesen seien'. Tatsächlich weiß Herodot nur von Menschen, 'die rohe Fische essen und sich in Seehundfelle kleiden".

Auch die Reliefdarstellungen auf dem Schwarzen Obelisken des assyrischen Königs Salmanassar III. (858 - 824 v. Chr.) – nicht wie Däniken schreibt II. – zeigen nicht "seltsame tiermenschliche Wesen" oder "gefangene Menschentiere",[250] sondern es handelt sich um die bildliche Wiedergabe der Tributleistung des Königs von Musri an König Salmanassar III. "Der Begleittext spricht nur von zwei verschiedenen Affenarten, deren Abbildung dem Künstler etwas menschenähnlicher geraten ist als in anderen mesopotamischen Darstellungen solcher Tiere."

Es gibt nicht nur diese seltsamen Vermischungen von Menschen oder Göttern mit Tieren. Es gibt auch wichtige Götter, die mit der Ancient-Astronaut-Hypothese nicht in Einklang gebracht werden können. "Da wären die Vegetationsgötter zu nennen, die in der Ikonographie gern als Mischwesen dargestellt werden. Den Getreidegöttern wachsen Ähren aus den Schultern, während die Baumgötter menschliche Glieder aus Dattelpalmen oder Sykomoren herausstrecken. Selbst die kühnsten Gen-Manipulationen dürften Zwitterwesen zwischen Mensch und Weizen nicht hervorbringen können", schreibt Karl-Heinz Bernhadt.[251]

Aus der Biologie wissen wir, dass sich das Erbgut immer nur paarweise fortpflanzt – also immer durch zwei teilt. Dadurch ist es auch nicht gut möglich, "dass Gilgamesch eine Mischung von 'Gott' und Mensch war: zu zwei Drittel 'Gott', zu einem Drittel Mensch", wie Däniken meint.[252]

Die Frage "Was war früher da, die Henne oder das Ei?" wird oft gestellt, doch die Antwort lautet: keines von beiden. Man fragt ja auch nicht, ob das Sperma zuerst da war oder die weibliche Eizelle. Der Ursprung von all dem ist in der Mikrobiologie zu suchen, in der Zellteilung und der Replikation der DNA, der Desoxyribonukleinsäure. Aus der Evolution der Zellvermehrung geht – über Millionen Mutationen hinweg – hervor, ob die spätere Entwicklung eine Henne wird oder ein Ei – oder das Sperma oder die weibliche Eizelle. Die Entstehung des Menschen, mit all seinen Eigenschaften, reicht weiter in die Evolutionsgeschichte zurück als ein paar tausend oder hunderttausend Jahre.

Abb. 42: Relief auf dem "Schwarzen Obelisken" mit "Menschentieren".

Die Entstehung von Leben ist einer bestimmten Gesetzmäßigkeit unterworfen. Schon die Nucleinsäurebasen Adenin, Guanin, Cytosin und Thymin treffen sich in den Molekülen der DNS (Desoxyribonukleinsäure, engl. DNA, deoxyribonucleic acid) immer zu gleichen Paaren: nämlich Adenin-Thymin und Guanin-Cytosin. Diese werden nicht "wie magnetisch angezogen",[253] sondern es bilden sich bei A-T immer zwei und bei G-C drei Wasserstoffbrücken, die die einzelnen Basenpaare immer auf gleiche Weise zusammenbringen. Bei der Trennung des DNA-Strangs, also bei der Zellvermehrung, bleibt jeweils eine Nucleinbase auf dem Strang hängen und die andere genau dazupassende verbindet sich mit dieser: zu A gelangt also immer nur T und zu G immer nur C. Dadurch entsteht ein neues, genetisch gleiches Lebewesen.

In den vergangenen zwanzig Jahren ist es Genmedizinern mehrfach gelungen Säugetiere zu klonen. Die Versuche haben zwar gute Erfolge gebracht, doch die Fehlerquote bei der Entstehung eines Embryos ist sehr hoch. Erstmals ist das den beiden britischen Zellbiologen und Embryologen Keith Campbell und Ian Wilmut im Jahre 1996 gelungen.[254] Aus Stammzellen (Eizellen) eines Spenderschafes reproduzierten sie das Schaf "Dolly". Es hatte sogar Nachkommen geboren, doch es ist nach 6 ½ Jahren, im Jahre 2003, an Altersschwäche gestorben. In der Folge ist es jedoch gelungen mehrere Haustiere und sogar ein Dromedar und einen Rhesusaffen zu klonen. Im Jahre 2007 erregte Ian Wilson einiges Aufsehen, indem er sich das Klonen von Menschen patentieren ließ. Er wollte mit der Methode wie beim Schaf Dolly am Menschen weitermachen, doch dann ereilten ihn Nachrichten aus Japan und den USA, wo es Embryologen in Kyoto und in Cambridge gelungen ist, durch Eingriffe in das Erbgut einer Maus, embryonale Stammzellen zu erzeugen. Ian Wilmut will nun mit dieser Methode weitermachen. Er will jedoch nur menschliches Gewebe und bestenfalls Organe klonen.

Dem Team in Kyoto, unter der Leitung des Zellbiologen Shinya Yamanaka, ist es jedoch bald gelungen mit ihrer Methode des Einschleusens von nur vier Proteinen in menschliche Körperzellen, Stammzellen zu produzieren. Die Spender waren eine 36 Jahre alte Frau und ein 69 Jahre alter Mann. Es handelte sich jedoch nur um Gewebezellen, was bestenfalls zur Heranbildung von Organteilen führen könnte. Bis zum Klonen eines Menschen wird es wohl noch ein sehr weiter Schritt sein. Er könnte sich als unmachbar erweisen. Schon am 6. April 2000 verkündete allerdings der Chef der Firma Celera Genomics, Craig Venter, im US-Bundesstaat Maryland, die Entschlüsselung des genetischen Bausatzes. Man wird sehen, was die Zukunft bringt. Ungefährlich ist die ganze Sache nicht.

Abb. 43: Der DNA-Strang.

Das Reproduzieren der DNA, was man "Klonieren" nennt, kann sich tödlich und verheerend auswirken. Die erblichen Veränderungen beim Menschen entstanden durch Mutationen über Millionen Jahre hinweg. Selbst kleinste Eingriffe ins Erbgut können zu Missbildungen und fürchterlichen Krankheiten führen. Das hat sich bei der Einwirkung von radioaktiven Strahlen gezeigt. Auch auf natürliche Weise sind durch Mutationen beim Menschen viele Missbildungen entstanden.

Forschern der Yokohama City University ist es im Jahre 2011 zumindest bei Mäusen gelungen Spermien aus Stammzellen zu züchten. Irgendwann könnte das auch beim Menschen möglich sein. Aus Stammzellen von Schimpansen, die uns zu 99 % genetisch ähnlich sind, könnte das gelingen.

Der italienische Reproduktionsmediziner und Gynäkologe Severino Antinori[255] hatte im April 2001 angekündigt, in 18 Monaten einen Menschen klonen zu wollen. Bisher ist es ihm nicht gelungen. Es ist auch per Gesetz verboten. Was hätte das aber, falls es gelingen sollte, für einen praktischen Sinn. Man muss nicht Menschen mit bestimmten Eigenschaften für sportliche Wettkämpfe, mit einem hohen Intelligenzquotienten oder gar als Supersoldaten heranzüchten. In der Vielzahl der auf natürliche Weise gezeugten Menschen finden sich auch ohne genetische Manipulationen zahlreiche Exemplare mit besonderen Fähigkeiten.

Was hätte denn das Klonen zur Herbeiführung von Tier-Menschen wie in den Sagen, in den Märchen, in den Mythologien, und in den Phantasien antiker Schriftsteller für einen Sinn? Wenn Außerirdische Menschen züchten wollten, dann hätten sie Menschen gemacht und keine Kreaturen. Es sei denn, es handelt sich um Fehlversuche, dass stellt ihnen aber kein gutes Zeugnis aus. Wenn sie uns ähnlich sein sollen – was ja angeblich laut der Bibel (Gen. 1, 26) der Fall ist –, dann hätten sie gleich durch geschlechtliche Vereinigung mit den Menschen Nachkommen zeugen können – auch das berichten die Mythen. Doch nirgends in der Erdgeschichte ist ein Hinweis auf ein derartiges Eingreifen zu sehen. Die Evolution des Menschen hat sich über Jahrmillionen, ja sogar über hunderte Millionen von Jahren, über die Säugetiere kontinuierlich entwickelt. Fehlbildungen gibt es beim Menschen auch ohne fremden Eingriff von außerhalb der Erde. Die in den alten Schriften geschilderten

Fabelwesen sind solche nicht und ein außerirdischer Einfluss durch direkten Kontakt mit fremden Intelligenzen ist in dieser Beziehung nicht ersichtlich.

Im Jahre 1953 hat Stanley L. Miller Versuche unternommen, die Uratmosphäre auf der Erde im Labor nachzustellen. Er hat die wichtigsten chemischen Verbindungen zur Entstehung von Leben, wie organische Säuren, Harnstoffe, mehrere Aminosäuren, wie Glycerin, Alanin, Asparaginsäure und Glutaminsäure erzeugen können. "Die bei diesen Reaktionen wirksamen chemischen Kräfte ergeben keineswegs ein 'Chaos' aller erdenkbaren Verbindungen, sondern veranlassen die bevorzugte Entstehung bestimmter Stoffe und Stoffgruppen", schreibt der Biogenetiker Prof. Dr. R.W. Kaplan.[256]

Neben den schon erwähnten Aminosäuren erhielt man im Jahre 1960 Adenin, eine der Nucleinbasen. Bei verdünnten Lösungen von HCN (Cyanwasserstoff) erhielt man durch UV-Bestrahlung, sowohl Adenin als auch Guanin. Wenn Cyanacetylen und Harnstoff, Produkte solcher Experimente, in verdünnter wässriger Lösung einen Tag gekocht werden, entsteht Cytosin mit 5%iger Ausbeute. 1 % Ausbeute gibt diese Lösung bei bloßem einwöchigen Stehen in Zimmertemperatur: das sind auf der Früherde sicher mögliche Bedingungen. Durch UV-Bestrahlung wässriger Lösungen von H_2CO (Formaldehyd), ein Urgasprodukt, erhielt man Ribose und Desoxyribose, die Zucker in der DNA.

Wir sehen also, das Leben auf der Erde konnte durchaus ohne Eingriff von außen entstanden sein. Eine Manipulation durch fremde Lebewesen vor Jahrmillionen ist nicht erforderlich gewesen und auch nirgends in Sicht. Zu solchen Eingriffen befragte ich schon 1977 Prof. Kaplan. In einem Schreiben vom 23. Juni 1977 teilte er mir mit, dass keine Fakten bekannt sind, "die das 'Eingreifen' extraterrestrischer Intelligenzen zu irgendeiner Zeit beweisen oder wahrscheinlich machen." Es gibt auch keine Hinweise, dass Außerirdische, etwa durch die Aussetzung von Blaualgen auf der Erde, das Leben hier beeinflusst haben. "Es scheint technisch möglich, dass man mittels Raumsonden Blaualgen oder andere Mikroben auf einem dafür günstigen Planeten aussäen kann. Es gibt aber keine Hinweise und auch nicht die Notwendigkeit dafür, dass das Leben auf diese Weise auf die Erde gekommen ist", so der Biogenetiker.[257]

Auch die Einbringung von Nanobakterien durch Meteoriten aus dem Weltall muss nicht zwangsläufig zu Leben auf der Erde geführt haben. Die vom schwedischen Physiker und Chemiker Svante Arrhenius in den Jahren 1903 bis 1908 entwickelte Theorie der "Panspermie", wonach das Leben durch Meteoriten aus dem Weltall zur Erde kam, muss nicht zwangsläufig bedeuten, dass es sich erst dadurch auf der Erde entwickelt hat. Es gibt zahlreiche Beweise, dass es sich auch ohne einen derartigen Einfluss entwickeln konnte.

Auch die Entstehung von Intelligenz reicht weit in die Frühgeschichte der Entstehung von Lebewesen zurück. Das Gehirn machte keine spontane Entwicklung durch, sondern es entwickelte sich im Laufe der menschlichen Evolution. Das Stammhirn gibt es seit etwa 1,5 Milliarden Jahren, das Zwischenhirn seit einer Milliarde Jahren und "vor etwa 500 Millionen Jahren erfolgte der – bisher – letzte Schritt: Über dem jetzt voll entwickelten Zwischenhirn entstanden neue, vorerst nur knospenartige Konzentrationen von Nervenzellen. Sie waren die ersten Ansätze der Ausbildung des obersten, jüngsten Hirnteils, den wir heute 'Großhirn' nennen".[258]

Gehirnforscher vom Howard Hughes Medical Institute um Bruce Lahn, an der Universität von Chicago, haben im Jahre 2005 herausgefunden, dass zwei Mutationen im Laufe der jüngeren Menschheitsgeschichte für das Größenwachstum des Gehirns verantwortlich waren. Die erste vor 37.000 Jahren, als der Mensch begann sich für Musik, Kunst und Religion zu interessieren und die zweite vor 5800 Jahren, als die menschliche

Zivilisation in Mesopotamien, im heutigen Irak, einen entscheidenden Schritt nach vorn gemacht hat.[259] Es gab diverse Intelligenzsprünge in jüngerer Zeit, doch die Voraussetzungen dazu wurden schon viel früher geschaffen.

Es gibt daher auf unserer Erde keinen Grund und keinen Hinweis, dass außerirdische Intelligenzen bei der Entstehung von Leben und Intelligenz mitgeholfen haben. Die mythologischen Lebensbäume sind – wenn man es genau nimmt – keine Abbilder des menschlichen DNA-Strangs, der Doppelhelix. Wenn man sich unvoreingenommen diese Darstellungen ansieht, dann ergibt sich in Wirklichkeit keine Ähnlichkeit. Manche stellen eher gewöhnliche Bäume dar, mit Ästen oder palmähnlichen Blättern oder mit Zacken, oder ein netzartiges Geflecht mit Blüten (siehe Abb. S. 97) und manchmal auch ein säulenartiges Gebilde.

Die Bedeutung der Lebensbäume ist eine ganz andere; für viele scheint sie ein Rätsel zu sein. Manche meinen, es sind Symbole der Fruchtbarkeit, in manchen Fällen des Schöpfungsaktes. Göttergestalten oder Schöpferwesen stehen in den Darstellungen bei diesen Gebilden und scheinen irgendwelche Handlungen an ihnen zu vollziehen. Offenbar sollen sie das Leben in die Welt setzen, auf die Erde bringen. Die Götter lassen das Leben entstehen und schaffen die Bedingungen für Mensch und Tier und auch für die Pflanzenwelt. Warum sie dazu einen Baum brauchen, hat einen ganz besonderen Grund: "Blickt man zu Beginn des Frühlings kurz nach Sonnenuntergang zu den Sternen, dann steht, falls der Himmel klar genug ist, dort ein riesiger, glitzernder Baum am Himmel. Sein mächtiger Stamm reckt sich im Süden aus der Tiefe, strebt ziemlich dicht am Nordpol vorbei und senkt sich dann wieder zum Horizont. Es ist der Baum, der heute 'Milchstraße' genannt wird", schreibt Erich Zehren.[260]

Abb. 44: Die Milchstraße, der himmlische Lichterbaum
über der Sahara in Algerien. Das linke helle Objekt ist der Jupiter.

Für uns Menschen des technischen Zeitalters mit den unzähligen Leuchtkörpern in den Städten, die die Nacht zum Tag machen und man schon von Lichtverschmutzung spricht und man dadurch kaum noch Sterne, geschweige denn die Milchstraße sieht, ist es schwer verständlich, dass sich die Menschen vor Jahrtausenden nach diesen Lichtern am Himmel gerichtet und mit ihnen auch gelebt haben. Sonne und Mond waren sowieso deutlich sichtbar und besonders nachts waren die Lichter in den noch klaren Nächten der Steinzeitmenschen am Himmel eindrucksvolle Gebilde. Es wundert dann nicht, wenn sie sich die Milchstraße als riesigen Baum vorstellten, der durch die vielen Sterne entsteht. Der Baum scheint auch Zweige zu haben und natürlich müssen die Götter dort zuhause sein.

Zu Beginn des Sommers nämlich, "beherrschen die beiden Zweige des Baumes den Himmel schon bei Sonnenuntergang. Der Baumstamm hingegen ist ganz verschwunden, und er taucht auch während der folgenden Nachtstunden nicht mehr auf. Dies erklärt sich durch den (scheinbaren) Lauf der Sonne durch das Jahr. Sie steht um die Sommersonnenwende so nahe am Baumstamm, dass dieser im engsten Strahlenbereich des Sonnenlichts nicht mehr sichtbar ist. Erst wenn sich die Sonne wieder weit genug entfernt hat, erscheint auch dieser Baumstamm wieder – gegen Herbst zu.

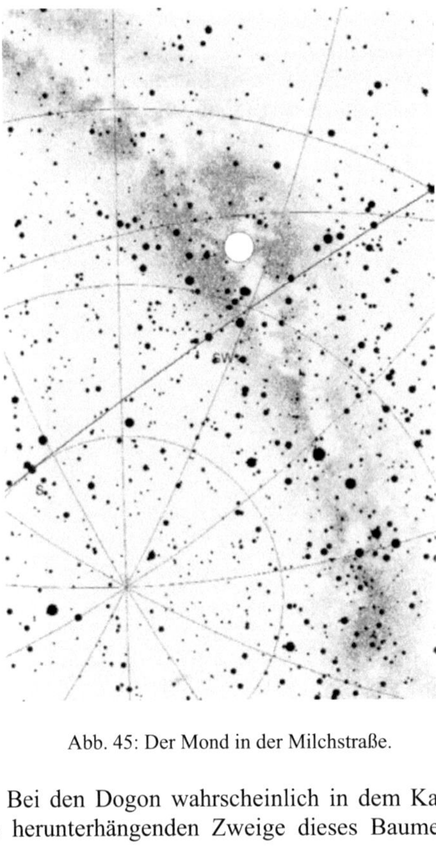

Abb. 45: Der Mond in der Milchstraße.

In den Herbstmonaten wächst der Baum mehr und mehr wieder heran. Nach Mitternacht leuchtet er breit und mächtig bis vor Sonnenaufgang zur schlafenden Erde herab. Im Winter ist es dann umgekehrt: die Äste bleiben unsichtbar, weil um diese Zeit die Sonne über sie hinwegzieht. Die Sonne steht sozusagen zwischen den Zweigen, sie krönt den Wipfel des mächtigen Baumes. Wie ein goldener Apfel hängt sie in den Zweigen. Aber dies ist erst eine spätere Vorstellung. Die ursprüngliche wird sein, dass um die Zeit der Sommersonnenwende ein anderer goldener Apfel zwischen den Zweigen hängt, der Vollmond nämlich", so Erich Zehren.

Denkt man sich zu dem himmlischen Baum die Bahn des Tierkreises und den Himmelsäquator, dann haben wir den Lebensbaum wie er sich bei vielen Völkern im Laufe der Geschichte niedergeschlagen hat.

Bei den Dogon wahrscheinlich in dem Kanaga-Zeichen, dass die emporragenden und die herunterhängenden Zweige dieses Baumes darstellt, und beim "Kandelaber" in der

Bucht von Pisco, an der peruanischen Küste. Selbstverständlich sitzt dann der babylonische Mondgott Sin (dargestellt durch die Mondsichel) in oder auf den Zweigen des himmlischen Lebensbaumes. Dieses Motiv findet man auf zahlreichen Siegeln aus sumerischer, akkadischer und babylonischer Zeit, wo die geflügelte Sonnenscheibe über dem Lebensbaum schwebt – dargestellt mit einem kreisrunden Symbol oder einer Göttergestalt. Es handelt sich also nicht um ein technisches "Fluggerät" oder ein "Raumfahrzeug". Das Symbol findet sich auch bei anderen Völkern wie den Mayas, den Azteken, den Assyrern, den Babyloniern, den Ägyptern und in weiterer Folge in den Hoheitszeichen, den Kokarden der modernen Luftstreitkräfte.

Abb. 46: Die geflügelte Sonne bei den alten Völkern und in moderner Version.

Der himmlische Lebensbaum spiegelt sich auch wieder in dem Brauch zur Weihnachtszeit einen Tannenbaum mit Lichtern aufzustellen. "Wenn auch die Wissenschaft nüchtern verzeichnet, der Lichterbaum wäre als Tannenbaum erst seit 1605 n. Chr. und als 'Weihnachtsbaum' erst seit 1642 n. Chr. – gegen Ende des Dreißigjährigen Krieges – in Straßburg im Elsaß bezeugt, so besagt dies lediglich etwas über den unerbittlichen Kampf der römischen Kirche gegen den alten Baumkult, der sich ein volles Jahrtausend hindurch in den verborgendsten Winkel der Seele flüchten musste, um dann nach der Reformation allmählich wieder zum Vorschein zu kommen."[261]

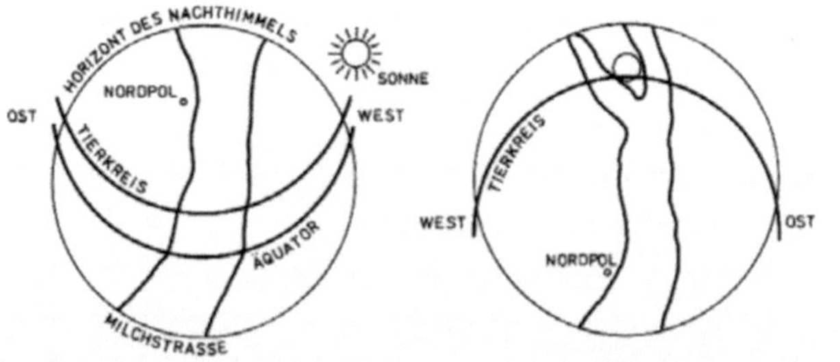

Der Himmelsbaum zu Frühlingsanfang (links) und der goldene Apfel in den Zweigen bei Sommeranfang als Vollmond um Mitternacht (rechts) nach E. Zehren.

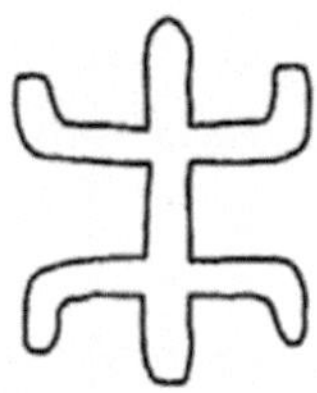

Das Kanaga-Zeichen der Dogon.

Assyrischer Lebensbaum (symbolisiert die Milchstraße).

Der babylonische Mondgott Sin auf der Mondsichel über dem Lebensbaum den Venus-Stern grüßend.

Die geflügelte Sonnenscheibe mit Schöpferwesen, darunter die Mondsichel und der Lebensbaum (sumerisch).

Abb. 47: Der himmlische Lebensbaum in seinen vielen Darstellungen.

In Wirklichkeit sind praktisch alle "Heiligen Bäume" und "Kultbäume" Abbilder der himmlischen Lichtersäule, der Milchstraße. Bei den Sumerern ist es der große Baum "gischgana", der sich über alle Länder erhebt. Bei den finnisch-ugrischen Völkern ist es die "große Eiche" *iso tammi*, die so groß ist, dass sie das Licht der Sonne, des Mondes und der Sterne verdunkelt. Bei den Germanen ist es die heilige Esche "Yggdrasil", unter deren Zweige die ganze Welt im Schatten liegt. Ihre Wurzeln senken sich tief in die Erde und ihre Krone reckt sich bis zum Himmel, wo sie "in einer Wolke von Licht schwimmt".[262]

In der Mythologie der Sibirier, der alten russischen Völker, ist die Achse des Universums eine Birke, Lärche oder Eiche aus Gold; sie durchdringt den Mittelpunkt oder Nabel der Welt und den Himmel, dort wo der Polarstern steht. Die Äste dieses gewaltigen Baumes reichen in alle Himmelssphären und seine Wurzeln bis in die Erde hinab. Bei den Chinesen ist diese Vorstellung im Symbol des Yin und Yang, dem Mond und der Sonne, mit der s-förmigen Milchstraße dargestellt.

In der Folge wurden aus dem himmlischen Baum der himmlische Stamm, die heilige Säule und der kultische Holzpfahl. "In Ägypten ist es der sogenannte 'Dedpfeiler', der zugleich zu den häufigsten Totenamuletten zählt. Er zeigt meistens ein vierteiliges Gebilde am oberen Schaft. Mitunter erscheint dieser Dedpfeiler mit menschlichen Armen oder mit dem Falkengott Horus und mit Schlange und Sonnenscheibe. Zwei Göttinnen beten den Pfeiler an; oder das Horn eines Schafbockes, eines Widders, ist mit Schlangen und Federn mit ihm verbunden".[263] Der Himmelsbaum wurde in Ägypten auch paarweise dargestellt in der Form von Obelisken, vorwiegend beiderseits von Tempeltoren.

Abb. 48: Ägyptische Darstellung des (Ded)Djed-Pfeilers mit dem Anch(Ankh)-Kreuz und zwei Händen, die die Sonnenscheibe halten.

Auch die sogenannten Schlangensteine stellen wahrscheinlich den himmlischen Lebensbaum, die Milchstraße dar. Zu sehen an den Wandreliefs in einer Kapelle im Hathortempel von Dendera und auch in den Hieroglyphen als ein Gefäß aus dem sich eine Schlange senkrecht emporhebt. Die Schlange ist eingerahmt. Solche Schlangen finden sich auch auf Steinstelen, die in einem besonderen Ritual aufgerichtet wurden, als Erneuerung des Königtums aus den Kräften der Erde.

Den gleichen Bezug zum Lebensbaum am Himmel hat auch das "Tor zum Jenseits", das in den Eingängen zu Tempeln und Grabbauten symbolisch dargestellt wird. "Das Tor liegt… im oder am Baumstamm, in der Nähe des Sternbildes des Großen Hundes und des Orion. Deshalb stellten die Ägypter ihre Obelisken an das Tor ihrer Tempel oder einen heiligen Baum neben den Toreingang zum Osirisgrab".[264]

Es ist auch das "Tor des Lichts" oder die "enge Pforte" in der Bibel (Matth. 7, 13), als runde oder linsenförmige Öffnung im Himmel in vielen mythologischen und religiösen Darstellungen. Meist in Verbindung mit einem Genius, einem Engel, der das Tor, das auch zum Jenseits führt für die Verstorbenen öffnet. Es führt aber auch zum himmlischen Paradies und in der christlichen Vorstellung tritt manchmal auch Jesus aus dem Tor heraus und damit symbolisch in die irdische Welt hinein.[265]

So gesehen finden sich recht irdische Erklärungen zum "Baum des Lebens", die recht vernünftig und einleuchtend sind. Man muss dazu nicht außerirdische Intelligenzen bemühen. Die Menschen beobachten seit Jahrtausenden den Sternenhimmel und daher kann nur das gewaltige Band der Milchstraße, als lebensspendender Baum für die gesamte irdische Schöpfung, in ihre Vorstellungen eingegangen sein kann.

Die Visionen des Propheten Ezechiel

Begegnungen mit Außerirdischen?

"Es geschah im dreißigsten Jahre, im vierten Monat, am fünften Tage des Monats, als ich unter den Verbannten am Flusse Kebar weilte, da öffnete sich der Himmel, und ich sah göttliche Gesichte", heißt es zu Beginn des ersten Kapitels (Vers 1) im Buch Ezechiel, in der Bibel.[266]

Der Urheber dieser Zeilen, soll der Priester und Prophet Ezechiel (nach M. Luther: Hesekiel) gewesen sein. Er war damals vermutlich 29 Jahre alt und man schrieb das Jahr 593 v. Chr. – genau den 5. April dieses Jahres. Damals also "öffnete sich der Himmel", wie es heißt, und was anschließend geschah, erzählt uns der biblische Prophet fast minutiös in den folgenden Versen: Es "kam über mich die Hand des Herrn. Ich schaute, und siehe, ein Sturmwind kam von Norden und eine große Wolke, rings von Lichterglanz umgeben, loderndes Feuer... aus seinem Innern... leuchtete es hervor wie Glanzerz." Und es "wurde etwas sichtbar, das vier lebenden Wesen glich, Sie hatten Menschengestalt. Vier Gesichter,.. vier Flügel. Ihre Füße waren gerade und ihre Fußsohlen wie die Sohlen eines Kalbes, und sie leuchteten wie der Glanz von geglättetem Erz." Die Wesen "hatten Menschenhände unter ihren Flügeln. Und ihre Gesichter, waren in die vier Richtungen gewandt. Ihre Flügel berührten einander; sie wandten sich nicht beim Gehen; ein jedes ging gerade vor sich hin." Sie hatten "ein Menschengesicht... ein Löwengesicht... ein Stiergesicht... ein Adlergesicht". Und "ihre Flügel waren nach oben hin ausgespannt; je zwei bedeckten ihre Leiber" (Verse 3 - 11).

Und weiter berichtet Ezechiel: "Inmitten der Lebewesen sah es aus wie feurige Kohlenglut..." und "je ein Rad war auf dem Boden neben den Wesen..." Diese Räder sahen aus "wie der Glanz des Chrysoliths" und sie waren ausgeführt, "als ob ein Rad durch ein anderes ginge. Sie liefen nach vier Richtungen und wandten sich nicht beim Gehen". Sie hatten "hohe Felgen... voll von Augen ringsum… und wenn die Wesen gingen, gingen auch die Räder, und wenn die Wesen von der Erde sich erhoben, so erhoben sich auch die Räder" (Verse 13 - 19).

Über ihnen "war eine Art Feste, leuchtend wie Kristall, ausgespannt über ihren Häuptern... und wenn sie gingen hörte ich das Rauschen ihrer Flügel wie das Rauschen vieler Wasser, wie die Stimme Schaddais, ein brausendes Geräusch wie das Geräusch eines Heerlagers; wenn sie aber standen ließen sie die Flügel sinken, und es gab ein Geräusch" (Verse 22 - 25).

"Oberhalb der Feste,.. da war etwas, das aussah wie Saphirstein und einem Throne glich..." und darauf war "eine Erscheinung, die das Aussehen eines Menschen hatte. und... es funkelte wie Glanzerz, wie Feuer... Oberhalb dessen, was wie seine Hüften aussah, sah ich etwas, was wie Feuer aussah... einen Lichtglanz ringsumher. Wie die Erscheinung des Bogens, der in den Wolken steht am Tag des Regens..." war der "Lichtglanz ringsum. So sah das Schaubild der Herrlichkeit des Herrn aus. Ich schaute und fiel auf mein Angesicht und hörte die Stimme von einem, der redete" (Verse 26 - 28).

Das ist die sogenannte "Vision vom Thronwagen Gottes", wie es in der Bibel heißt und tatsächlich erscheint die Schilderung Ezechiels etwas eigenartig. Was hat er wirklich gesehen, dass er eine derartige Ausdrucksweise benutzen musste? Ein natürliches, für den Propheten alltägliches Ereignis, scheint es nicht gewesen zu sein. Er bediente sich der

Floskel "sah aus wie" und er konnte sich die offensichtlich fremdartigen technischen Attribute des "Thronwagens" nicht erklären.

Abb. 49: Die Visionen Ezechiels vom "Thronwagen" Gottes, nach Schnorr von Carolsfeld (1794 - 1872).

Für viele Forscher im 20. Jahrhundert, dem "Jahrhundert der Raumfahrt", war diese biblische Schilderung eindeutig eine Begegnung mit einem außerirdischen Raumschiff. Schon 1962 meinte der österreichische Geologe und Paläontologe Dr. Herbert Schaffer, diese Schilderung sei nichts anders als der Landevorgang eines Raumschiffes. Er glaubte dieses "Raketenfahrzeug" wirbelte mit seinen "Feuer speienden Düsen Staub auf... Die Apparaturen an den vier Ecken sahen beinahe wie menschliche Wesen aus, jedoch handelte es sich um Teilroboter, die fest mit der Landefähre verbunden waren...

Unter den Flügeln an den vier Seiten waren Roboterarme, wie Menschenhände geformt..." Anhand einer Skizze hat Dr. Schaffer seine Überlegungen erörtert. Darauf erkennen wir die Form des "Teilroboters", der "klappbaren Rotoren" und als Landebeine "schwenkbare Stoß dämpfende Teleskoprohre". Weiters soll das gesamte Raketenfahrzeug einen zentralen Antrieb und oben eine Kommandantenkabine gehabt haben. "Die von Ezechiel beschriebenen ´vieläugigen Räder´ seien", nach Dr. Schaffer, "nichts anderes als verschieden arretierbare Kugeln" gewesen.[267]

Im Jahre 1965 identifizierte Robert Charroux die Begegnung Ezechiels am Flusse Kebar (etwa 160 km südöstlich von Bagdad), mit "dem Phänomen, das heute unter der schlagwortartigen Bezeichnung ´Fliegende Untertasse´ bekannt ist", und er meinte, dass der "Himmelswagen Ezechiels oder die ´Wolke´ eine Flugmaschine ist". Diese hatte zwei Hände und jeweils vier Flügel, "entsprechend den Rotoren bzw. Drehflügeln eines

Hubschraubers", und überhaupt scheinen, nach Robert Charroux, die "Cherubim, mit einer Art von persönlichem Hubschrauber" ausgerüstet zu sein, "ähnlich den modernen ′rocket belt men".

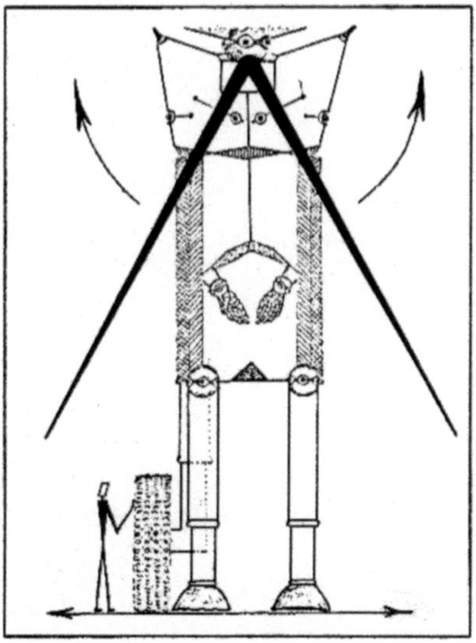

Abb. 50: Die technische Interpretation der Ezechiel-Vision von Dr. Herbert Schaffer.

Die Räder sollen wir uns, nach Robert Charroux, "wie einen Stapel von Reifen übereinander gelegt" vorstellen. Die "Flugmaschine besitzt an ihrem vierfachen Rumpf, Reihen von Rundfenstern" und der oben sitzende Astronaut besitzt einen "durchsichtigen Kunststoffhelm", wie die Astronauten des 20. Jahrhunderts.[268]

Erich von Däniken, als Schweizer, verglich 1969 diese Schilderung des Propheten Ezechiel, mit der Abfertigung der Passagiere auf einem Schweizer Flughafen, was seiner Meinung nach, "beachtliche Assoziationen zulässt".[269]

Er schrieb aber schon ein Jahr zuvor 1968: "Wieder stehen wir vor einem Konvolut von Fragen. Wer sprach mit Hesekiel? Was waren das für Wesen? Götter der herkömmlichen Vorstellung waren es gewiss nicht..."

Die Räder dieses "Fahrzeugs" waren, nach Däniken, "Spiralwalzen, wie sie die Amerikaner im Wüstensand und in Sumpfgebieten einsetzen".[270]

Jochim Pahl, der die Vision Ezechiels "auf Anfang Juli 593 v. Chr. datiert", meinte 1971, dass damals in biblischen Zeiten "vier Männer in silbernen Raumanzügen einem raketengetriebenen Flugobjekt entstiegen. Sie hatten vier Ein-Mann-Hubschrauber bei sich und entluden zusätzlich ein Landefahrzeug mit ineinander greifenden Rädern, das sich in vieler Hinsicht mit dem russischen Lunochod vergleichen lässt".[271]

Diese "beachtlichen Assoziationen" kamen schließlich dem ehemaligen NASA-Ingenieur und gebürtigen Österreicher Josef F. Blumrich zu Ohren. Er war bis 1974 unter anderem Leiter der Abteilung Projektkonstruktion der NASA und wollte zuerst nicht glauben, dass der biblische Prophet Ezechiel, ein derart technisches Fahrzeug gesehen haben soll. Seine Sicherheit die Raumschiff-Version widerlegen zu können, schlug aber bald in Neugier über und er kam zu dem Schluss: "Man kann das allgemeine Aussehen der von Ezechiel beschriebenen Raumschiffe aus seinem Bericht herauslesen. Man kann dann, und zwar als Ingenieur, völlig unabhängig vom Bericht ein Fluggerät solcher Charakteristik nachrechnen und rekonstruieren. Wenn man dann feststellt, dass das Resultat nicht nur technisch möglich ist, sondern sogar in jeder Hinsicht sehr sinnvoll und wohldurchdacht, und ferner im Ezechiel-Bericht Details und Vorgänge beschrieben findet, die sich mit dem technischen Ergebnis ohne Widerspruch decken, dann kann man nicht mehr nur von

Indizien sprechen. Ich habe gefunden, dass Ezechiels Raumschiff sehr glaubhafte Dimensionen hat und einem Stand der Technik angehört, den die heutige Menschheit erst in wenigen Jahrzehnten erreichen wird."[272] Das alles ist nachzulesen in Josef F. Blumrichs Buch *Da tat sich der Himmel auf*, erschienen 1973.

Der ehemalige NASA-Ingenieur kam schließlich zu folgendem Aussehen und folgenden Daten[273] des Ezechiel-Raumschiffs:

Spezifischer Impuls	I_{sp} =	2080 sek
Konstruktionsgewicht	W_o =	63.300 kg
Treibstoff für den Rückflug	W_9 =	36.700 kg
Gesamtgewicht	G =	100.000 kg
Durchmesser des Hauptkörpers	D =	18 m
Rotordurchmesser	D_r =	11 m
Rotor- Antriebsleistung (gesamt)	N =	70.000 PS

"Das Raumschiff", schreibt Blumrich, "besteht aus drei Systemen: dem zentralen Hauptkörper, den vier Hubschraubern, die den Hauptkörper tragen und der Kapsel für die Besatzung, die sich auf der Oberseite des Hauptkörpers befindet".[274] Der Hauptkörper stellt "eine Art Feste" (Ez. 22, 1) dar, die vier Hubschrauber die "vier lebenden Wesen" (Ez. 5, 1), "ebenso vier Flügel, die ein jedes hatte" (Ez. 6, 1) "und vier Gesichter" und die Kapsel das "thronähnlichen Gebilde, das aussah wie Saphirstein" (Ez. 26, 1).

Abb. 51: Das Ezechiel-Raumschiff nach Joseph F. Blumrich.

Im Ganzen erinnert die Form, so Blumrich, mehr an einen "Brummkreisel, mit denen Kinder spielen, als an ein futuristisches Fluggerät", mit "quasi-konischen Unterteil". Das Ganze soll ein teilweise Helikopter und teilweise Atomar getriebenes Fluggerät darstellen. Die Idee dieser Formgebung erhielt Blumrich von einem Kollegen: "von Roger A. Anderson vom Langley Forschungs-Zentrum der NASA entwickelt und im Dezember 1964 veröffentlicht".[275] Die Idee zu diesem Raumschiff gab es also schon lange vor Erscheinen des Buches von Blumrich im Jahre 1973.

Entscheidend ist aber, ob der biblische Prophet tatsächlich ein derartiges Raumschiff gesehen hat. Kann man angesichts von "vier lebenden Wesen", die je "vier Flügel" und "Menschengestalt" hatten von einem technischen Fahrzeug sprechen? Ein derartiges Aussehen haben gewöhnlich die religiösen Vorstellungen von Engel. Ein Fluggerät hat keine Flügel wie Engel oder auch Vögel, sondern Tragflächen. Kann man Rotorblätter, wie sie auch Hubschrauber haben, mit Flügel vergleichen? Hätte Ezechiel Rotorblätter gesehen, hätte er sie wahrscheinlich anders beschrieben, vielleicht als waagrecht kreisende Stäbe um die Köpfe der Wesen.

Auch zylindrische Körper als Wesen anzusehen ist doch etwas sehr weit hergeholt. Die Wesen "schossen" andererseits "gleich Blitzen hin und her". Ezechiel sah auch eindeutig einen Regenbogen, eine "Erscheinung des Bogens, der in den Wolken steht am Tag des Regens". Ist die "feurige Kohlenglut" inmitten der Wesen als ein in Betrieb stehender Kernreaktor anzusehen? Kann man den Lärm der laufenden Rotorblätter als "Geräusch eines Heerlagers" bezeichnen, wie es Ezechiel beschreibt? Klingt das Murmeln, Schreien, Lachen oder Singen der Soldaten, das Klirren der Schwerter, das Wiehern der Pferde, wie der Lärm laufender Rotorblätter eines Fluggeräts?

Wie schon beschrieben sah Ezechiel recht eigenartige Räder: "Die Art ihrer Ausführung war so, als ob ein Rad durch ein anderes ginge" (Ez. 16, 1). Also Räder, die sich ineinander verschränken. Um dieser Schilderung halbwegs gerecht zu werden, entwarf Blumrich ein achtspeichiges Rad "mit fassförmigen Segmenten", das eine Bewegung senkrecht zur Radebene ermöglichen soll.

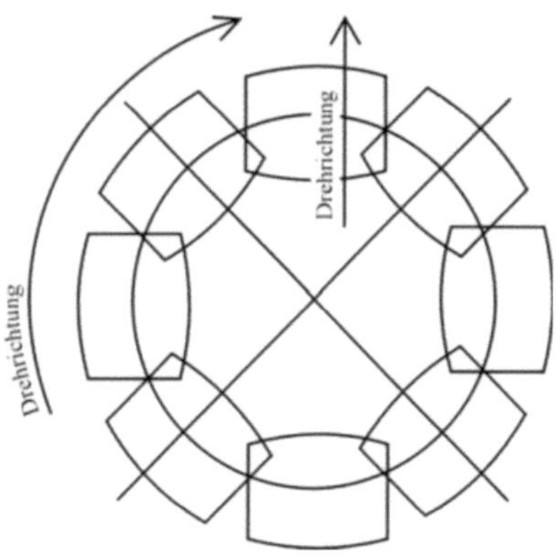

Abb. 52: Die Räder nach J. F. Blumrich.

Räder also, die sich nicht nur auf herkömmliche Art fortbewegen, sondern sich auch seitlich fortbewegen können ohne zu schwenken. Das sollen fassförmige Segmente ermöglichen. Diese müssten innerhalb des Rades eigens angetrieben werden. Eine Radform, die sicher nie so eingesetzt werden wird, weil sie nicht nur technisch kompliziert, sondern überhaupt unpraktisch ist. Hier könnte man besser gleich kugelförmige Rollen verwenden. Blumrich hat sich jedenfalls seine Konstruktion sicherheitshalber 1974 patentieren lassen.[276]

Die Räder des Blumrich-Raumschiffs sehen andererseits aus der Entfernung nicht wie "Räder inmitten von Rädern aus", sondern eher wie ganz gewöhnliche Räder. Sie sind nicht größer als die Landebeine unterhalb der Helikopter-Zylinder (ca. 1,8 m), nach Blumrich. Die "fassförmigen Segmente" sind erst bei genauer Hinsicht zu sehen. Diese erwecken aber nicht die von Ezechiel geschilderten Eindrücke.

Blumrich schreibt schließlich, dass seine Radkonstruktion "lediglich die prinzipiellen Auslegungen darstellen und keinerlei Verfeinerungen durch konstruktive Bearbeitung enthalten"[277] Die neben stehende Abbildung zeigt schematisch die Laufrichtungen der von Blumrich konstruierten Räder und der Fasssegmente, die sich gegenseitig behindern würden oder einen zu großen Abstand voneinander hätten.

Kann man eine "kuppelförmige Kommandokapsel" mit der Schilderung, "da war etwas, das aussah wie Saphirstein und einem Throne glich " (Ez. 1, 26) gleichsetzen. Der Kommandant ist nach Ezechiels Schilderung eindeutig im Freien gesessen, was für einen Astronauten etwas merkwürdig wäre. Es heißt nämlich: "...und AUF diesem thronähnlichen Gebilde war OBEN eine Erscheinung, die das Aussehen eines Menschen hatte".

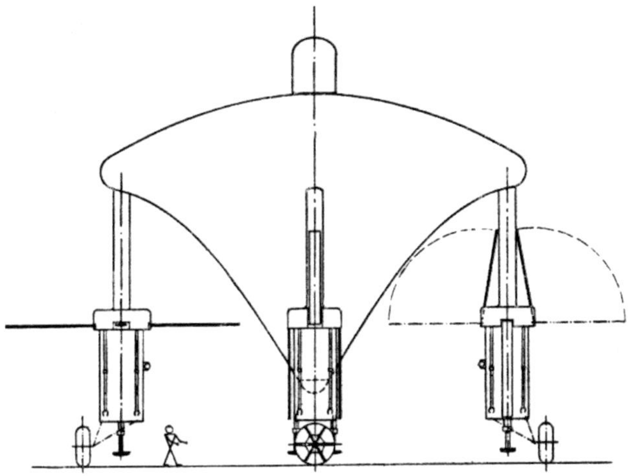

Abb. 53: Das Ezechiel-Raumschiff mit den Rädern (Zeichnung J. F. Blumrich).

Nachdem der vermeintliche Raumschiffkommandant zu Ezechiel sprach: "Menschensohn, stelle dich auf deine Füße, dass ich mit dir rede" (Ez. 2, 1), gab er ihm – damit er nicht widerspenstig sei – etwas Merkwürdiges zu essen: "Öffne deinen Mund und iß, was ich dir geben werde" (Ez. 2, 8) und Ezechiel berichtet: "Da sah ich, wie eine Hand gegen mich ausgestreckt war, und siehe, es war eine Buchrolle darin. Er breitete sie vor mir aus, sie war sowohl auf der Vorderseite wie auf der Rückseite beschrieben, es war auf ihr geschrieben: 'Klage und Seufzen und Weh" (Ez. 2, 9 - 10). Diese Buchrolle soll ein "Medikament"[278] gewesen sein, eine Art Beruhigungspräparat", wie Peter Krassa meint. Doch ist eine Buchrolle genießbar?

Die "Buchrolle", bekam Ezechiel nur SYMBOLISCH zu essen. Sie enthielt die Weissagungen Gottes und diese sollte der Prophet dem widerspenstigen Geschlecht Israels mitteilen. So stellte es sich jedenfalls Ezechiel vor. Dass die Worte Gottes, in Ezechiels Mund "Wie süßer Honig" schmecken, ist doch bei einem Priester und Propheten ganz natürlich. Er wollte doch die Israeliten wieder zum Wort Gottes bekehren. Gott selbst sagt ja zu Ezechiel: "Aber das Haus Israel wird dich nicht hören wollen, denn sie wollen auch mich nicht hören, denn das ganze Haus Israel hat eine harte Stirn und ein verstocktes Herz" (Ez. 3, 7). Götter oder auch Außerirdische werden es wohl kaum nötig haben, einem ungelenken "Menschensohn" irgendwelche Beruhigungspräparate zu geben, um sich Autorität zu verschaffen. Im Gegenteil, das Mittel war stark genug, um Ezechiel sieben Tage lang außer Gefecht zu setzen, denn er blieb bei den Verbannten, "die am Flusse Kebar wohnen.., sieben Tage unter ihnen, starr und stumm" (Ez. 3, 15).

Etwa 600 Jahre später soll der Apostel Johannes dasselbe Raumschiff wie Ezechiel gesehen haben. "Die Raumfähre, die Johannes sah, war ein genaues Gegenstück zu jener, von der uns auch Ezechiel so eingehend berichtet", schreibt Peter Krassa.[279] Dem ist aber nicht so, denn es heißt in der Offenbarung des Johannes: "Und ich ward im Geist (verzückt) am Tage des Herrn und hörte hinter mir eine mächtige Stimme, wie die einer Posaune" (Joh. 1, 10). Wenn jemand "im Geiste (verzückt)" ist, ist das schon verdächtig und es verwundert dann kaum, wenn er eine laut sprechende Stimme, mit der einer Posaune vergleicht, wenn diese doch nicht sprechen kann. Dies natürlich unter der Voraussetzung, dass die Erscheinung des Johannes tatsächlich ein physisches Ereignis war.

Johannes berichtet dann weiter: "Da wandte ich mich um, die Stimme zu sehen, die mit mir sprach;" ich sah "sieben goldene Leuchter, und inmitten der Leuchter einen gleich einem Menschensohn, angetan mit wallendem Gewand und um die Brust gegürtet mit goldenem Gürtel. Sein Haupt aber und seine Haare waren weiß wie schneeweiße Wolle und seine Augen wie eine Feuerflamme; und seine Füße glichen dem Glanzerz, als wäre es in der Esse zum Glühen gebracht, und seine Stimme klang wie das Rauschen vieler Wasser. Und in seiner rechten Hand hielt er sieben Sterne, und aus seinem Munde ging ein scharfes, zweischneidiges Schwert hervor, und sein Antlitz war, wie wenn die Sonne scheint in ihrer Kraft" (Joh. 1, 12 - 16). Hier haben wir es ganz offensichtlich mit einem ganz anderen Raumschifftyp zu tun – wenn wir bei der präastronautischen Version bleiben.

Wie wir es aber drehen und wenden, Johannes sah eigentlich kein Raumschiff, sondern – in durchaus religiöser Manier –, "sieben goldene Leuchter" und dazwischen "einen gleich einem Menschensohn, angetan mit wallendem Gewand". Auch für fortgeschrittene Intelligenzen wird wohl nicht ein "wallendes Gewand" zur üblichen Astronautenkleidung zählen und aus ihrem Mund würde wohl auch nicht "ein scharfes, zweischneidiges Schwert" hervorgehen.

Der Prophet Ezechiel jedenfalls hatte insgesamt vier Begegnungen mit dieser "Herrlichkeit des Herrn", in der Jerusalemer Bibel ist es "Jahwe" (hebr. JHWH). In der zweiten Begegnung erkennt er, "die Herrlichkeit Jahwes wie die Herrlichkeit... am Flusse Kebar" (Ez. 3, 23) zuvor wieder. Etwas später, ein Jahr nach der ersten Begegnung, begegnet Ezechiel zum dritten Mal dieser "Herrlichkeit". "Es geschah im sechsten Jahre, im sechsten Monat, am Fünften des Monats, als ich in meinem Haus war..., da fiel dort auf mich die Hand des Herrn", (Ez. 8, 1 - 4). Ezechiel sah wieder "eine Gestalt, die das Aussehen eines Mannes hatte", und "von seinen Hüften an und nach unten zu sah sie aus wie Feuer, und von seinen Hüften an und nach oben zu wie Himmelsglanz, wie der Anblick von Glanzerz". Die Gestalt, schildert Ezechiel, "streckte etwas aus wie eine Hand und fasste mich bei einer Locke meines Hauptes, und ein Geist hob mich zwischen Himmel und Erde und brachte mich nach Jerusalem in göttlichen Gesichten an den Eingang des inneren Tores, das nach Norden liegt, wo der Stand des Eifersuchtsbildes war, das die Eifersucht (Jahwes) erregte. Und siehe, dort war die Herrlichkeit des Gottes Israel, entsprechend der Erscheinung, die ich in der Talebene geschaut hatte" (Ez. 8, 1 - 4).

Es fällt auf, dass dieses Ereignis bei Ezechiel am 5. Juni "im sechsten Jahr" stattfand, während doch die erste Begegnung "im dreißigsten Jahr" war. Dies könnte vielleicht so interpretiert werden, dass Ezechiel zuerst sein Alter angibt und dann die Zeit der Verbannung. Es ist auch bemerkenswert, dass dieselbe Erscheinung wie die "in der Talebene", IN seinem eigenen Haus vonstatten ging, was mit einem Raumschiff nicht möglich wäre. Andererseits erscheint Ezechiel die Gestalt des MANNES "von seinen Hüften an und nach oben zu… wie der Anblick von Glanzerz", während bei seiner ersten Begegnung die FUSSOHLEN der Wesen "wie der Glanz von geglättetem Erz" leuchteten.

Auch die Schilderung der zweiten Begegnung wird von einigen Autoren wieder präastronautisch interpretiert. Ein Raumschiff – oder jedenfalls ein Fluggerät – soll den biblischen Propheten nach Jerusalem gebracht und ihn anschließend im Tempel abgesetzt haben. Es ist aber schwer möglich, dass ein Raumschiff in einem Tempel landen kann – noch dazu in dem relativ kleinen Tempel von Jerusalem, der mit einem Dach bedeckt war. Der Tempel wurde ursprünglich von König Salomon etwa 950 v. Chr. erbaut. Er bestand aus einem länglichen Gebäude aus drei Teilen: einer Vorhalle, dem *Ulam*; einem Hauptraum, dem *Hekal*; und einem Hinterraum, dem *Debir*. Im Hinterraum, dem *Debir*, stand die Bundeslade, im Hauptraum, dem *Hekal*, standen der Räucheraltar, der Schaubrottisch und zehn Leuchter. *Debir* und *Hekal* waren voneinander durch einen Vorhang getrennt. Der Tempel war der religiöse Mittelpunkt Israels und hier wohnte auch Jahwe, der Gott Israels. "Jahwe" ist der Eigennahme des Gottes Israels, im Hebräischen hängt er mit dem Wort "sein" zusammen und bedeutet soviel wie "der da ist".[280]

Der Tempel dürfte nach den Maßangaben in der Bibel (1. Kön. 6, 2 - 3 u. 2. Chr. 3, 3) mit der "Vorhalle", die "zwanzig Ellen lang" und "zehn Ellen breit" und der Breitseite des Tempels vorgelegt", und "in Längsrichtung des Tempels" angeordnet war, ein längliches rechteckiges Ausmaß gehabt haben. Der gesamte Tempel soll "sechzig Ellen lang", "zwanzig Ellen breit" und "fünfundzwanzig Ellen hoch" gewesen sein. Die gewöhnliche hebräische Elle (die "kleine Elle") wird mit 0,45 m angegeben. Ezechiel soll aber die "königliche Elle", "nach dem früheren Maß", die mit 0,524 bis 0,550 m angegeben wird, gemeint haben.[281] Demnach war der Tempel zwischen 27 und 33 m lang, zwischen 9 und 11 m breit und zwischen 11,25 und 13,75 m hoch. Das von Blumrich konstruierte Raumschiff mit seinem Gesamtdurchmesser von 18 m könnte also nicht IM Tempel landen, weil dieser dafür zu klein war. An anderer Stelle (1. Könige 6, 20) heißt es, dass der Hinterraum, wo sich die Bundeslade befand, 20 Ellen (= 9 bis 11 m) lang und 20 Ellen breit war. Auch eine Landung im Hinterraum war also nicht möglich.

Dass die "Herrlichkeit Jahwes" aber IM Tempel war, geht aus dem Text eindeutig hervor: "...und die Herrlichkeit Jahwes ging fort von der Schwelle des Tempelhauses und ließ sich auf den Keruben nieder. Da hoben die Kerube ihre Flügel, stiegen auf von der Erde vor meinen Augen und zogen ab, und die Räder zugleich mit ihnen. Und sie stellten sich auf am Eingang des östlichen Tores des Hauses Jahwes, und die Herrlichkeit des Gottes Israels thronte über ihnen. Das war das Wesen, das ich unter dem Gott Israels am Flusse Kebar geschaut hatte, und ich erkannte, dass es die Kerube waren" (Ez. 10, 18 - 20). So heißt es auch an anderer Stelle "und die Wolke erfüllte den inneren Vorhof. Und die Herrlichkeit

Jahwes erhob sich von den Keruben zur Schwelle des Hauses hin, und das Haus wurde mit der Wolke erfüllt, und der Vorhof war voll von dem Glanze der Herrlichkeit Jahwes. Das Rauschen der Flügel der Keruben war zu hören bis in den äußeren Vorhof wie die Stimme Gottes des Allmächtigen, wenn er spricht" (Ez. 10, 3 - 5).

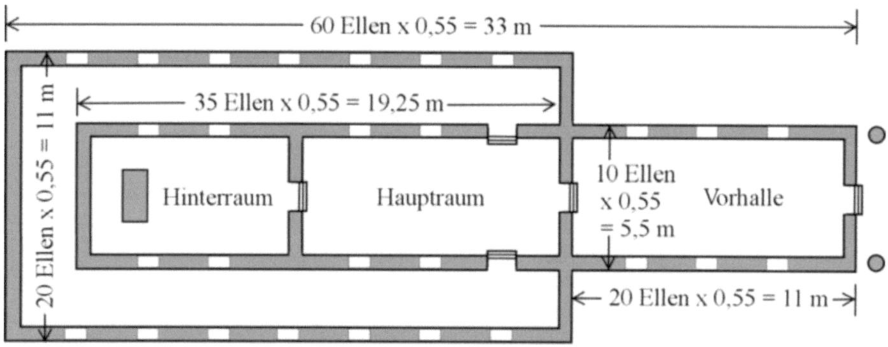

Abb. 54: Der vermutliche Grundriss des Tempels von Jerusalem.

Wer immer noch glaubt, die "Herrlichkeit Jahwes" sei ein Raumschiff gewesen und im Tempel von Jerusalem gelandet, sei auf den Text im Buch Ezechiel, Kapitel 43, Vers 4, verwiesen, denn dort heißt es: "Und die Herrlichkeit Jahwes zog IN den Tempel ein DURCH das Tor, das nach Osten gerichtet war." Jahwe sagte auch zu Ezechiel: "Dieses Tor soll verschlossen bleiben. Es soll nicht geöffnet werden, und niemand soll durch dasselbe eingehen, denn Jahwe, der Gott Israels, ist DURCH dasselbe eingezogen" (Ez. 44, 1 - 3).

Durch diese Schwierigkeit mit der Landung eines Raumschiffs im Tempel von Jerusalem verlegte Däniken den Tempel nach Indien, nach Kaschmir, wo angeblich ein "Judentempel" (eigentlich ein Sonnentempel) existieren soll. Dieser Tempel hat, laut Däniken, "vier Tore, einen Vorhof und dazu eigentlich alles, was zu einem jüdischen Tempel gehört".[282] Dieser Tempel bei Marand, zeigt allerdings wenig Parallelen zu den phönizischen Tempeln, die den jüdischen Tempel nachempfunden wurden; und eine Landung eines Raumschiffes ist auch in diesem Tempel nicht möglich. Was sollte andererseits Ezechiel in einem Tempel, der 3500 km (Luftlinie) von Jerusalem entfernt ist.

"Als ich im Sommer 1976 dort stand", berichtet Däniken, "sah ich den Vorhof mit dem Haupttor, auch die sieben Stufen, das Heiligtum im Innern. Da war das Bächlein neben den Ruinen, und da leuchtete der Himalaya, der 'sehr hohe Berg'. Falls Hesekiel hierher gebracht worden war, hatte das Zubringerschiff im Tempelvorhof landen müssen".[283] Abgesehen davon, dass sich die "Herrlichkeit", auf den Keruben, die im Hinterhof im "Allerheiligsten" (*Debir*) standen, niederließ, steht in der Bibel etwas ganz anderes.

"Im fünfundzwanzigsten Jahre unserer Verbannung, am Anfang des Jahres, am Zehnten des Monats, im vierzehnten Jahre nach der Eroberung der Stadt, an ebendiesem Tage kam über mich die Hand Gottes, und er brachte mich in göttlichen Gesichten in das Land Israel und versetzte mich auf einen sehr hohen Berg, und auf diesem war im Süden etwas wie der Bau einer Stadt" (Ez. 40, 1 - 2). Es handelt sich hier offenbar um die vierte und letzte

Begegnung Ezechiels mit der "Herrlichkeit", denn er erwähnt ganz deutlich das 25. Jahr seiner Verbannung. Daraus ergeben sich folgende Daten:

	Deportierung 597 v. Chr.
1. Begegnung	5. April 593 v. Chr., "das fünfte Jahr" (Ez. 1, 2).
2. Begegnung	12. April 593 v. Chr., "sieben Tage nach der Verstummung" (Ez. 3, 15 - 16 u. 23) durch das "Medikament".
3. Begegnung	5. Juni 592 v. Chr., "im sechsten Jahre" (Ez. 8, 1).
4. Begegnung	10. Januar 573 v. Chr., "im 25. Jahre" (Ez. 40, 1).

Tatsächlich kann man vom Jahr 597 v. Chr. ausgehen, denn Ezechiel berichtet deutlich vom "fünften Jahr nach der Wegführung des Königs Jojachin" und dieser regierte – nach seinem Vater Jojachin – in den Jahren 598 und 597 v. Chr. Ezechiel hatte demnach seine erste und zweite Vision, "im dreißigsten Jahre", also im Alter von 29 Jahren; die dritte dann mit 30 Jahren und die vierte mit 49 Jahren – woraus sich sein Geburtsjahr mit 622 v. Chr. ergibt. Ein Widerspruch ergibt sich allerdings bei der Datierung der vierten Vision, denn sie soll sich laut Ezechiel nicht nur "im fünfundzwanzigsten Jahre unserer Verbannung", sondern auch "im vierzehnten Jahre nach der Eroberung der Stadt" Jerusalem ereignet haben. Da Jerusalem erstmals durch Nebukadnezar II. 597 v. Chr. erobert wurde und das auch das Jahr der Verbannung, der Deportierung ist, schrieb man 14 Jahre später das Jahr 583 v. Chr. und nicht 573 v. Chr. Aber offenbar meint Ezechiel mit "im vierzehnten Jahre" die zweite Tempelzerstörung 587 v. Chr., womit man dann auf das Jahr 573 v. Chr. kommt.

Das Buch Ezechiel enthält aber noch andere Widersprüche, wie die Vermessung des Tempels von Jerusalem vor dem Baubeginn (Ez. 40 - 44). Der Tempel wurde nämlich während der Regierungszeit von König Salomon (961 - 922 v. Chr.), in den Jahren 958 bis 950 v. Chr., also mehr als 320 Jahre vor Ezechiel, errichtet.[284] Diese Widersprüche werden von den Bibelforschern mit redaktioneller Bearbeitung von späteren Bearbeitern (Exegeten) des Buches Ezechiel erklärt. Einige Prä-Astronautik-Forscher meinen daher, Ezechiel müsse in einem anderen Tempel gewesen sein – in jenem in Kaschmir.

Dass Ezechiel jedoch nicht den Tempel in Indien gemeint hat, geht schon aus der Bibel hervor. Zum Beispiel wird mehrmals (Ez. 10, 19; 11, 1; 40, 6; 42, 15; 43, 4; 44, 1 und 47, 1) erwähnt, dass das Tor des Tempels an der Vorderseite "in der Richtung nach Osten" liegt: wie das beim salomonischen Tempel der Fall ist. Ezechiel berichtet auch deutlich von "dem Tempel Jahwes" (Ez. 44, 4), von einem "sehr hohen Berg" und es war "im Süden etwas wie der Bau einer Stadt", und dieses war eindeutig im "LAND ISRAEL" (Ez. 40, 2).

Nach Däniken soll es in Indien "unmittelbar beim Tempel... neben den Ruinen", ein Bächlein geben und er meint Ezechiel habe dasselbe berichtet.[285] Dem ist aber nicht so, denn er berichtet lediglich, dass "unter der Schwelle", beim "Eingang des Tempelhauses" (Ez. 47, 1) Wasser hervorströmte.

Jerusalem wurde – wie schon erwähnt – nach 597 v. Chr., im Jahre 587 v. Chr., noch einmal von den Babyloniern angegriffen und mit dem Tempel zerstört. Später fiel der persische König Cyrus (Regierungszeit 550 - 530 v. Chr.) über die Babylonier her und stellte 538 v. Chr. die jüdische Gemeinschaft und ihren Kult in Palästina wieder her. König Cyrus gab dann einen Erlass heraus, wonach der Tempel Jahwes wieder aufgebaut werden soll und ungefähr im Jahre 515 v. Chr. wurde der neue Tempel eingeweiht.[286]

Demzufolge hat nicht "ein Bearbeiter des Buches Ezechiel" – wie Blumrich meint – bloß "in gutem Glauben und bester Absicht"[287] den Tempel nach Jerusalem verlegt, sondern die Israeliten selbst auf Anordnung von König Cyrus. Erst im 1. Jahrh. v. Chr. wurde der Tempel von König Herodes im griechisch-römischen Stil umgebaut und dieser "Herodes-Tempel" wiederum wurde im Jahre 70 v. Chr. von den Römern geplündert.[288] Nach all diesen Ausführungen ist es wohl klar, dass Ezechiel mit seinen Beschreibungen des Tempels jenen in Jerusalem gemeint hat und nicht jenen in Kaschmir.

Wenn Ezechiel "in göttlichen Gesichten" nach Jerusalem gebracht wurde, dann ist das so zu verstehen, dass er durch seine Überzeugung von der Richtigkeit des Glaubens an den Gott Israels IM GEISTE nach Jerusalem ging, wo sich die Leute nicht an den Glauben hielten und dabei waren, sich von diesem abzuwenden. Ezechiel hob eindeutig "ein Geist" empor und kein "mechanischer Arm" irgendeines technischen Fahrzeugs; er hätte ja sonst berichtet "er streckte etwas wie eine Hand aus und hob mich damit empor". Auch Jochim Pahl glaubte nicht so recht an die Deportation Ezechiels nach Jerusalem und meinte eher, dass der biblische Prophet nur eine "Life-Show aus Chaldäa"[289] gesehen hat.

Abgesehen vom Ezechiel-Bericht scheinen auch die technischen Angaben Blumrichs nicht ausreichend für ein außerirdisches Raumschiff zu sein. Aus dem spezifischen Impuls lässt sich nämlich leicht die Ausstoßgeschwindigkeit des Raketenrückstrahls (im günstigsten Fall die Endgeschwindigkeit) errechnen. Der spezifische Impuls gibt den Zeitraum in Sekunden an, während dem sich mit 1 kg Treibstoff 1 kg Schub erzeugen lässt. Das hypothetische Ezechiel-Raumschiff hat – nach Blumrich – einen spezifischen Impuls von 2080 Sekunden; multipliziert mit der Erdbeschleunigung (die Kraft, die mindestens notwendig ist um des Schwerefeld der Erde zu verlassen) 9,81 m/s^2 ergibt das eine Endgeschwindigkeit von 20.404 m/s – also knapp 20,4 km/s. Das würde zum Verlassen der Erdoberfläche zwar reichen, doch zum Durchqueren des interstellaren Raums zu wenig sein. Blumrich selbst hat das auch erkannt und meint deshalb, dass Ezechiel-Raumschiff war nur "für den Pendelverkehr zwischen einem Mutterschiff und der Erdoberfläche bestimmt".[290]

Doch auch für einen Pendelverkehr scheint dieses Vehikel mit nur 100 Tonnen Gesamtmasse etwas zu klein zu sein. Der von der NASA noch bis vor kurzem dazu benutzte Spaceshuttle hatte ein Eigengewicht von 107,5 Tonnen. Er musste mit einer Trägerrakete, die mit dem Treibstoff selbst 1790 Tonnen gewogen hat, ins Weltall befördert werden. Das gesamte Startgewicht belief sich somit auf knapp 1900 Tonnen. Selbst bei einer weit fortgeschrittenen Technik wird diese Masse nicht bis zu einem Zehntel unterschritten werden können.

Daten des Spaceshuttles plus Trägerrakete:

Gesamtes Abfluggewicht (Trägerrakete plus Shuttle) ca.	1900 t
Leergewicht des Shuttles	68 t
Treibstoffgewicht des Shuttles ca.	10 t
Maximale Nutzlast des Shuttles	29,5 t
Gesamtgewicht des Shuttles	107,5 t
Gesamtgewicht der Treibstofftanks der Trägerrakete	740 t
Gesamtgewicht an Sauerstoff	

und Wasserstoff	705 t
Gesamtschub beim Abflug	2800 t
Spez. Impuls	456 sek
Ausströmgeschwindigkeit	4475 m/s
Länge des Shuttles	36 m
Breite des Shuttles	23 m
Gesamthöhe mit Trägerrakete	56 m

Blumrich konnte aber kein größeres Raumschiff entwickeln, weil er dem Ezechiel-Bericht entsprechen und die vier Helikoptereinheiten einbeziehen musste, die ja die "vier Wesen mit Flügeln" darstellen sollen. Ein fast 2000 Tonnen schweres Raumfahrzeug mit Helikoptereinheiten in die Lüfte zu heben stößt an die Grenzen des technisch Machbaren. Selbst bei einer Reduzierung des Gewichts um die Hälfte, wäre eine Fortbewegung einer derartigen Masse allein mit Rotoren praktisch undurchführbar. Auch aus anderen Überlegungen bezüglich des Reibungswiderstandes beim Verlassen der Erdoberfläche, ist ein raketenähnliches Gefährt wesentlich günstiger als ein Fluggerät ähnlich einem Brummkreisel mit einer großen horizontalen Ausdehnung.

Diese Überlegungen kann man auf fast alle angeblich außerirdischen Flugkörper, die bisher im erdnahen Raum gesichtet wurden, und die nach Zeugenaussagen etwa 20 bis 40 m im Durchmesser haben, anwenden. Sie sind einfach zu klein für bemannte Flüge ins Weltall. Das Schwerefeld der Erde und auch auf anderen Himmelskörpern, lässt Flugobjekte nur in bestimmten Größenordnungen zu. Das Verhältnis zu Masse, Energie und Geschwindigkeit begrenzt dabei die Größe der Flugobjekte. Je mehr Energie benötigt wird um einen entsprechend großen Körper aus einem Schwerefeld in den Weltraum zu bringen, desto größer wird die Masse des Antriebsaggregats, das diese Energie liefern soll. In einem relativ kleinen Flugköper mit nur wenigen Metern Durchmesser kann also nicht die nötige Energie gewonnen werden, um diesen in den Weltraum zu bringen. Die Grenze der Geschwindigkeit für Raketen liegt wahrscheinlich bei 1500 km/s, weil dann das Material starken Belastungen ausgesetzt ist und hohe Temperaturen an den Triebwerken auftreten. Um aber ein 100 Tonnen schweres Raumschiff mit 100 Tonnen zu schieben, das eine Ausstoßgeschwindigkeit von 1500 km/s erreichen soll, ist eine Energie von 750.000 Megawatt erforderlich.[291]

Das ist ungefähr die gesamte Leistung von 750 Atomkraftwerken derzeitiger Bauart. Unsere heutigen Raketen erreichen maximal 4 bis 5 km/s, und das nur für wenige Minuten – dann sind die Tanks leer. Das gilt auch für das Blumrich-Raumschiff, das die Geschwindigkeit von 20,4 km/s wahrscheinlich nur für kurze Zeit aufrecht halten kann. Dafür würde dieses Raumschiff aber eine Energie von 10.000 Megawatt benötigen – also die Leistung von etwa 10 Atomkraftwerken.

Eine weitere technische Schwierigkeit sehe ich beim Blumrich-Raumschiff in dem Hochschwenken[292] der vier Helikoptereinheiten, um beim Eintritt in die Erdatmosphäre Widerstand wegzunehmen. Dazu ist auch zu sagen, dass – nach Blumrich – innerhalb der senkrechten Befestigungssäule der Antriebsmechanismus für diese Einheiten liegen soll. Dieser müsste im Raumschiffkörper, durch das Hochschwenken, wohl flexibel ausgestattet sein – ähnlich wie bei den Bohrern der Zahnärzte – nur wesentlich größer.

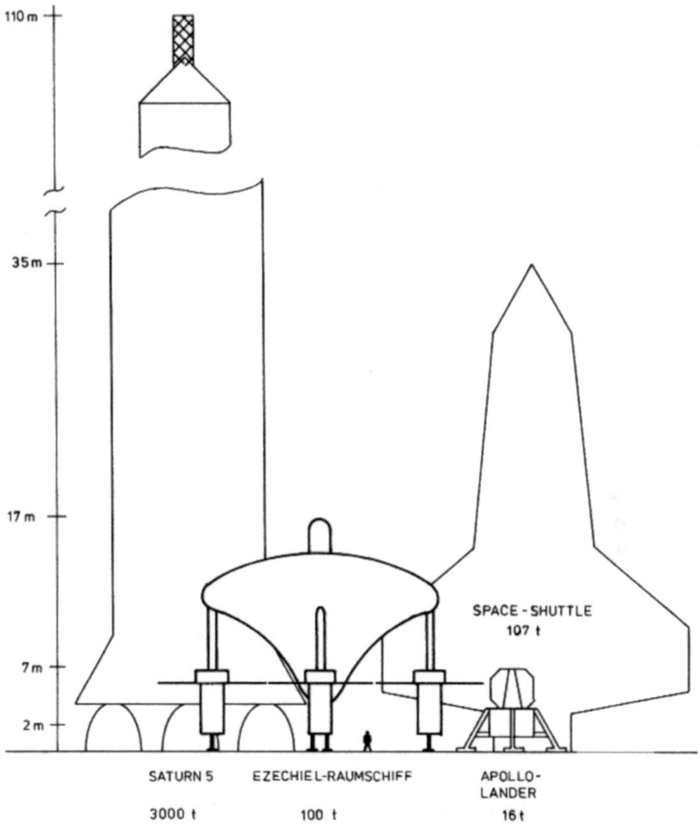

Abb. 55: Die Saturn-V-Rakete, der Space Shuttle und die Mondlandefähre im Vergleich mit dem Ezechiel-Raumschiff.

Besonders wichtig ist dabei, dass die Antriebssäulen der Helikopter innen begehbar[293] sein sollen, was die Dimensionen des Blumrich-Raumschiffs eigentlich nicht zulassen und das bei einer Schwenkung nach oben sehr problematisch ist. Außerdem bringt der Antrieb für die Rotorblätter von oben her, durch die Landebeine, erhebliche Schwierigkeiten bei der Übersetzung. Helikoptereinheiten unterhalb eines Fluggerätes sind daher nicht gerade günstig, weil ein Hochziehen immer besser ist als ein Hochdrücken, denn dieses könnte leicht zu einer Instabilität führen und das würde sich für die Flugeigenschaften negativ auswirken. Rotorblätter unterhalb eines Flugkörpers sind also keine gute Lösung.

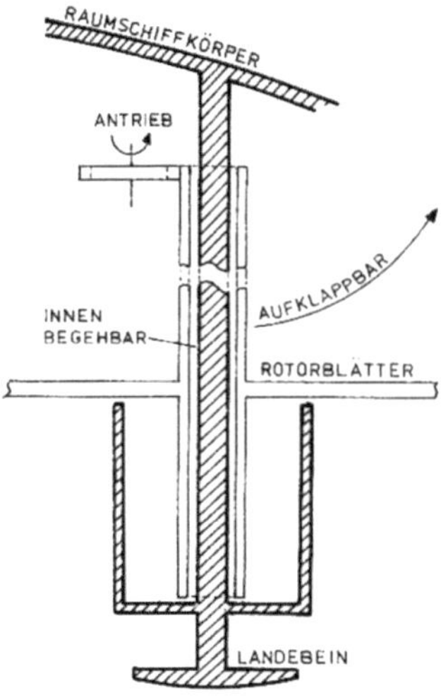

Abb. 56: Die Landebeine des Blumrich-Raumschiffs.

Im Jahre 2002 haben Techniker der norwegischen Firma Simicon ein Fluggerät der Presse präsentiert, das die Vorteile eines Helikopters, als auch die eines Düsenflugzeugs verbindet, und das eigenartigerweise wie das Raumschiff Enterprise aus der gleichnamigen Fernsehserie aussieht.[294] "Das Endprodukt", so die Pressemeldung, gleicht "optisch dem Raumschiff Enterprise" und es ist vorläufig "ein unbemanntes Fluggerät von viereinhalb Metern Durchmesser und einer halben Tonne Gewicht". "Die Nachteile von Düsenjet und Helikopter soll es vergessen machen. Jets sind zwar schnell, brauchen aber lange Start- und Landebahnen. Hubschrauber können schweben und auf kleinstem Raum landen, erkaufen diese Vorteile aber mit ihrer geringen Geschwindigkeit", meinen die norwegischen Techniker.

Auch hier stehen sie aber bis heute vor dem Problem, derartige Flugkörper entsprechend zu vergrößern, um sie bemannbar zu machen. Die vier Rotorblätter dieses Fluggeräts befinden sich im Hauptkörper und sind aus- und einklappbar – also nicht wie jene des Blumrich-Raumschiffs außerhalb in vier getrennten Einheiten mit jeweils vier Rotorblättern. Auch unsere größten herkömmlichen Helikopter haben höchstens zwei Einheiten mit jeweils vier Rotorblättern und diese befinden sich oberhalb des Fluggeräts und nicht unterhalb, weil eben für Helikopter ein Hochziehen immer günstiger ist als ein Hochdrücken.

Für den Shuttle-Verkehr zwischen der Erdoberfläche und der Raumstation haben sich bisher die Raketenversionen am günstigsten erwiesen, weil diese den geringsten Luftwiderstand haben. Die NASA wird höchstwahrscheinlich auch weiterhin bei diesem System bleiben. Es sollen aber in Zukunft aus Kostengründen und aus Energieersparnis die bemannten und die unbemannten Einheiten getrennt mit Raketen ins Weltall befördert werden. Die Entwicklung eines neuen Shuttles (X-33/X-34), das selbstständig (ohne Trägerrakete) ins Weltall (bis auf eine Höhe von 386 km von der Erdoberfläche, die Höhe der ISS, der internationalen Raumstation) und wieder zurück fliegen soll, hat die NASA allerdings wegen Ineffizienz und zu hohen Kosten im Jahre 2001 eingestellt.

Der Prophet Ezechiel aber, aus priesterlicher Familie stammend, so die Erklärung der Theologen, "hat ein besonderes Interesse für Tempel, Priesteramt, Kult, kultische Vergehen und steht hierin der priesterlichen Überlieferung insbesondere dem Heilsgesetz nahe. In seiner Verkündigung spielen sinnbildliche Handlungen, ausführlich beschriebene Visionen und – manchmal bis ins einzelne ausgemalte – Gleichnisse, eine große Rolle. Seine Visionen leiten schon der Thematik und den verwendeten Bildern nach von der Prophetie über zu einer spezifischen Gruppe von Schriften im Spätjudentum, der apokalyptischen

Literatur. Für Ezechiel ist Gott der Transzendente und absolute Heilige, die Geschichte Israels eine einzige Kette von Verfehlungen gegen Gottes Heiligkeit, die seinen Zorn und seine Strafe über Israel bringen; aber um der Ehre seines Namens willen wird er aus dem Läuterungsgericht ein neues Israel hervorgehen lassen unter dem neuen David, dem Hirten seines Volkes, und Gott selbst wird ein neues Herz und einen neuen Geist in ihr Inneres legen, damit die Völker erkennen, dass sich Jahwe vor ihren Augen als heilig erweist".[295]

Der Prophet Ezechiel hatte lediglich religiöse "Visionen", seherisch traumhafte Erscheinungen und keine Begegnungen mit Außerirdischen. Einige Forscher erkannten in den Schilderungen des "Thronwagens" einfach eine übertriebene visionäre Darstellung eines römischen Streitwagens.

Kam Gott von den Sternen?

Außerirdische Kontakte in der Bibel?

Der brennende Dornbusch

Irgendwann, laut dem Alten Testament, hütete Moses eines Tages die Schafe seines Schwiegervaters Jetro. "Da erschien ihm der Engel Jahwes in einer Feuerflamme, mitten aus einem Dornbusch heraus. Und er sah hin, und siehe, der Dornbusch brannte im Feuer, aber der Dornbusch wurde nicht verzehrt. Aus dem brennenden Dornbusch rief die Stimme Gottes: Tritt nicht näher heran! Ziehe deine Schuhe von den Füßen, denn der Ort, auf dem du stehst, ist heiliger Boden" (Ex. 3, 1 - 5).

Schon diese Schilderung ist für einige Vertreter der Ancient-Astronaut- Hypothese eine Begegnung mit Außerirdischen. Peter Krassa sah darin "Besucher eines fernen Planeten."[296] dessen Stimme "über einen Tonverstärker" zu Moses sprach. Jochim Pahl suchte für diese Erscheinung eine natürliche Erklärung und meinte, es habe sich vermutlich um ein St.-Elms-Feuer gehandelt, das sich in gewittriger Atmosphäre auf den Spitzen von Zweigen, Masten und Kirchtürmen niedersetzt. In der Bibel gibt es aber keinen Hinweis darauf, dass bei dieser Begegnung ein Gewitter herrschte.

Werner Keller schrieb 1955 in seinem Bestseller *Und die Bibel hat doch recht*, dass es sich bei dem Dornbusch um ein Gewächs der Gaspflanze, *Faxinella*, und zwar der *Dietamnus albus L.*, das einen Meter hoch und mit Rispen von Purpurblüten besetzt ist handelt.[297] "Die Pflanze ist mit winzigen Öldrüsen bedeckt. Dieses Öl ist so flüchtig, dass es ständig entweicht, und die Annäherung mit einem offenen Licht verursacht ein plötzliches Aufflammen." Andere, wie George A. Smith, haben eine andere Erklärung. "Er vermutet, dass die 'Feuerflamme' der karmesinrot blühende Mistelzweig, *Loranthus acaciae*, gewesen sein mag, der überall im Heiligen Land und im Sinai auf verschiedenen dornigen Akazienbüschen und -bäumen wächst. Wenn diese Mistel in voller Blüte steht, so erscheint der Busch durch ihre leuchtenden, flammenden Farben wie in Feuer gehüllt." Mir scheint weder die eine noch die andere Erklärung plausibel, weil weder Moses mit irgendeinem Feuer hantierte noch blühende Mistel wie brennendes Feuer aussehen. Auch die astronautische Version scheint nicht sehr einleuchtend. Wieso versteckt sich ein Raumfahrer hinter einem Busch und wieso tat dieses erst recht der große allmächtige Gott. Hinter dem brennenden Dornbusch steht wahrscheinlich eine ganz andere Erklärung.

Das Vorbild für den brennenden Dornenbusch ist der "im Lichte Tausender funkelnder Sterne leuchtende Baum" am Himmel, die Milchstraße. "Im fortschreitenden Wissen ist der Himmel kein Ozean mehr, in dem Bäume stehen; er ist auch keine Sternenwiese mehr, auf der goldene Kälber weiden. Der Himmel ist vielmehr ein Raum voller Feuerlichter, wie dies auch die Griechen schließlich annahmen – ein Luftraum voller brennender Sterne", schreibt Erich Zehren.[298] So ist es sehr wahrscheinlich, dass der biblische Dornbusch die leuchtende Milchstraße symbolisiert, denn nur diese kann "schließlich im Himmel stehen, ohne zu verbrennen".

Die ägyptischen Plagen

Auch die ägyptischen Plagen geben immer wieder Anlass zu Spekulationen in Verbindung mit Atlantis oder Außerirdischen. Diese Plagen, nach Exodus 7 - 10, "erinnern aber an Naturkatastrophen, wie sie auch sonst in Ägypten aufgetreten sind. In der biblischen Erzählung geht es darum, in solchen Plagen, die auf Jahwes Befehl hereingebrochen sind, die Wirklichkeit des göttlichen Eingreifens zu Gunsten seines Volkes aufzuzeigen", erklärt die Bibel.

Zum Beispiel: "Sinkstoffe aus abessinischen Seen färben das Flusswasser, vor allem im Oberlauf, oft dunkelrotbraun. Das sieht Blut, wenn man will, sehr ähnlich. Zur Zeit der Überschwemmung vermehren sich Frösche und auch Stechmücken zuweilen so stark, dass sie zu regelrechten Landplagen werden. In die Kategorie Ungeziefer gehört zweifellos die Hundsfliege. Sie überfällt in Schwärmen oft ganze Landstriche, dringt in Augen, Nasen und Ohren und kann empfindliche Schmerzen verursachen. Viehpestilenzen gibt es überall in der Welt. Hagelschlag ist am Nil zwar äußerst selten, aber nicht unbekannt. Die Jahreszeit dafür ist Januar oder Februar. Heuschreckenschwärme dagegen sind in den Ländern des Orients eine typische Katastrophenerscheinung."[299]

Einige dieser Plagen hatte sicher Moses geschickt für seine Zwecke genutzt. Sie wurden bestimmt nicht von außerirdischen Intelligenzen "künstlich hervorgerufen" und "mittels Ultraschall 'aktiviert".[300] Es wären sonst wohl auch andere Tiere wie Fledermäuse oder Hunde und sogar Delphine angelockt worden.

Der Stab und die Schlange

Ausgelöst wurden diese Plagen durch einen "wundersamen" Stab, der zur Schlange wurde. Dieser Stab sollte Moses und Aaron vor dem Pharao den nötigen Respekt verschaffen. "Aaron warf seinen Stab vor den Pharao und seine Diener hin und er wurde zu einer Schlange", heißt es (Ex. 7, 9 – 12).

Nach Jochim Pahl "muss der Stab als regelrechtes Funkgerät verstanden werden, durch das Moses seine Auftraggeber anrufen konnte, um Ratschläge und Weisungen zu erbitten".[301] Heute würde man ein Mobiltelefon benutzen. Moses konnte auch noch, nach Jochim Pahl, "Gedanken und Gedankenströme zu sichtbaren Handlungen materialisieren", jedoch "scheinen die meisten Wunder, die Moses mit Hilfe des Stabes bewirkt haben soll, erst alberne Zutaten späterer Zeiten zu sein", schreibt er. Hiermit meinte Jochim Pahl wahrscheinlich die Albernheit, wie ein Funkgerät zu einer Schlange werden kann und umgekehrt. Die Erklärung liegt auch hier wieder ganz woanders.

Sie steht in Verbindung mit dem himmlischen Lebensbaum, der Milchstraße, dessen Stamm bisweilen als Stab anzusehen ist. Stellt man sich nämlich diese himmlische Erscheinung so vor, dass die in äquatorialen Gebieten der Erde sichtbare liegende Mondsichel wie eine Schlange um den Stab herumklettert, dann können wir uns ganz gut die in der Bibel (Ex. 4, 7 und 8) geschilderten Vorgänge vorstellen.

"Wenn nämlich die Sonne sich dem Baum nähert, dann verschwindet dieser: der Stab ist im Sonnenlicht nicht mehr zu sehen, nur die Mondschlange. Der Stab hat sich also zur Schlange verwandelt. Sobald aber die Sonne über den Baumstamm hinweggezogen ist, erscheint auch der Stab wieder, und die Sichel ist weggezogen", schreibt Erich Zehren.[302] Andererseits verschwindet die Sonne, gegen Herbst zu, im Westen hinter dem Horizont; kurz darauf auch die Mondsichel. Diese verschwindet dann ebenfalls hinter dem Horizont und es erscheint der Stab, die Milchstraße, die sich lang über den Horizont erstreckt, so als würde sie zu Boden fallen. Deshalb warf Aaron seinen Stab vor den Pharao hin (E. 7, 9 - 10).

Abb. 57, 58: Die Mondsichel als Schlange.

Dieses himmlische Phänomen wollten die Israeliten dem Pharao demonstrieren; jedoch dieser, nicht auf dem Kopf gefallen, ließ ihnen dasselbe Kunststück von seinen Priestern "vorzaubern". Dies ist natürlich so zu verstehen, dass die Israeliten die Allmacht ihres Gottes in diesem himmlischen Phänomen darstellen wollten, doch wussten die Ägypter – durch Jahrtausende lange Erfahrung – selbstverständlich ebenfalls von diesen natürlichen Wundern. So blieb das Herz des Pharaos verstockt. Dadurch wird aber klar, dass bei diesem "Zaubertrick", nicht wirklich ein Stab zur Schlange verwandelt wurde.

"Noch in der Zeit um Jesus Christus wurden am ägyptischen Tempel auf der Insel Philae am oberen Nil Bilder angebracht, die zwei Schlangen an einem Stab zeigen. Rechts und links der Tempelpforte an der Südseite des Heiligtums winden sich zwei Schlangen spiralförmig um einen Stab. Die Köpfe beider Tiere sind gekrönt; sie tragen die weiße Krone Oberägyptens und die rote von Unterägypten."[642] Die Schlange um den Stab, als Symbol der Wiedergeburt und der Heilung, wurde auch als "Äskulap-Stab" zum Symbol der Heiler und der Ärzte.

Der Auszug aus Ägypten

Nachdem der Pharao doch nachgegeben hatte, zogen die Israeliten von Ägypten fort. Der Zeitpunkt des Auszugs kann aus verschiedenen Quellen ermittelt werden. Nach Calvisius[304] war dieser im Weltjahre 2453, also 1495 v. Chr. Robert Charroux meint, dass dieser Auszug – "nach den Berechnungen Freuds – zwischen 1358 und 1350" v. Chr. stattfand.[305] Werner Keller ist der Ansicht, dass "wir kaum fehlgehen, wenn wir ihn ungefähr 1290 v. Chr. ansetzen".[306]

Nun war aber der Auszug der Israeliten – glaubt man der Bibel – in der Regierungszeit Ramses II., die von 1290 bis 1224 v. Chr. dauerte[307] und demnach müsste er in dieser Zeit stattgefunden haben – zwischen 1280 und 1230 v. Chr.

Die Feuersäule und die Wolkensäule

Während der Wanderung zog Jahwe vor den Israeliten her, "bei Tag in einer Wolkensäule... bei Nacht in einer Feuersäule... damit sie bei Tag und Nacht wandern konnten" (Ex. 13, 21). Für Peter Krassa war diese Feuersäule "ein Luftschiff",[308] das bei Tag den Wüstensand zu einer Wolke aufwirbelte und bei Nacht mit den Flammen aus den Düsen leuchtete. Das Ganze dürfte aber für die Israeliten, in dieser Version, eine staubige Angelegenheit gewesen sein. "Darf ich um eine logischere Erklärung bitten?" fragte daher Peter Krassa nicht zu unrecht.

Es könnte sich um die Schilderung eines Vulkanausbruchs handeln. Ein Vulkanausbruch erscheint tatsächlich bei Tag als gigantische Wolkensäule und bei Nacht als Feuersäule. Viele Schilderungen in der Bibel und in den Mythen der Völker gehen auf reale Naturereignisse zurück. Eine andere Erklärung ergibt sich wieder aus dem himmlischen Lebensbaum, der Milchstraße: "Im Frühling, zur Zeit des Auszugs aus Ägypten, steht sie kurz nach Sonnenuntergang breit und mächtig mit dem ganzen Stamm am Himmel; am Tage freilich ist die Milchstraße hinter den Wolken versteckt",[309] so Erich Zehren. Nur bei Nacht "leuchtet" die Milchstraße am Himmel, bei Tag erscheint sie jedoch nicht als Wolkensäule. Sie entspricht daher nicht ganz der Schilderung in der Bibel, weshalb die Feuersäule eher mit einem Vulkanausbruch gleichgesetzt werden kann.

Auch bei dem vielzitierten Ereignis am Schilfmeer war diese Wolkensäule in Aktion. Sie wechselte angeblich ihren Platz und trat hinter die Israeliten und kam schließlich "zwischen das Heer der Ägypter (das ja die Israeliten verfolgte, Anm. vom Autor) und das Lager der Israeliten zu stehen" (Ex 14, 19 - 20). Es muss sich hier also nicht um ein Raumschiff handeln, das sich schützend zwischen die beiden Völkergruppen stellte; je nachdem in welcher Richtung die Israeliten gingen, stand der Rauch und Feuer speiende Vulkan einmal hinter ihnen und einmal vor ihnen – und wenn sie sich trennten auch zwischen ihnen. Dasselbe würde auch beim himmlischen Lebensbaum, der Milchstraße, bei Nacht zutreffen. Davon, dass die Wolke auf der einen Seite die Nacht verdunkeln und auf der anderen Seite erhellen soll – wie Peter Krassa zitiert[310] – steht in der Bibel nichts. Dort heißt es lediglich: "Die Wolke blieb dunkel, und die Nacht verstrich, ohne dass sich die Heere während der ganzen Nacht einander nähern konnten" (Ex. 14, 20). Die Wolke leuchtete also diesmal interessanterweise nicht. Andererseits konnte so einen Hell-Dunkel-Effekt auch eine gewöhnliche unter dem Vollmond vorbeiziehende Wolke ermöglichen; sonst wären ja die Israeliten in der Rauch- oder Staubwolke erstickt, oder die Ägypter um die Wolke zu den Israeliten gelangt. Wir sehen, es gibt logischere Erklärungen!

Die Begegnung am Berg Sinai

Am Berg Sinai begegnete Moses bekanntlich Gott dem Herrn. Die Bibel schildert diese Begegnung folgendermaßen: "Am dritten Tag, als es Morgen wurde, brachen Donner und Blitze los, eine schwere Wolke lagerte sich über den Berg, und es ertönte mächtiger Posaunenschall. Das ganze Volk, das im Lager war, erbebte… Der Berg Sinai war ganz in Rauch gehüllt, weil Jahwe im Feuer auf ihn herabgekommen war. Der Rauch stieg auf wie der Rauch eines Schmelzofens. Der ganze Berg erbebte heftig. Der Posaunenschall wurde immer stärker. Moses redete, und Gott antwortete ihm im Donner. Jahwe stieg herab auf den Berg Sinai, auf den Gipfel des Berges und rief Moses auf den Gipfel des Berges, und Moses stieg hinauf" (Mos. 19, 16 - 20). Diese Schilderung klingt natürlich verlockend, wenn man sie im Sinne der Ancient-Astronaut-Hypothese betrachtet.

Auch mich hatte sie 1979 veranlasst in meinem Buch *Wir, vom Mars* Spekulationen in dieser Richtung aufzustellen. Besonders das Herabkommen von Gott auf den Berg scheint merkwürdig. Die Theologen erklären das so: "Gewitter, Sturm, Blitz, Donner, Wolke sind Zeichen der Gegenwart Gottes, des Herrn der Naturgewalten, die seine schreckenerregende Majestät zum Ausdruck bringen". Diese Naturgewalten sind typisch für einen Vulkanausbruch und "aus dem Nordteil des Roten Meeres ist vulkanische Tätigkeit seit frühester Zeit bekannt", schreibt Friedrich L. Boschke.[311] "Die 'dicke Wolke' ist gewiss eine Wolke vulkanischer Asche oder herausgeschleuderten Staubes gewesen. Viele Fotos haben inzwischen Belege dafür geliefert, dass sich in solchen Wolken elektrische Spannungen (Reibungselektrizität) in langen Blitzen entladen, Mit entsprechenden zusätzlichen Donnern. Auch den Posaunenschall können wir buchstäblich nehmen, denn die freiwerdenden Gasmengen rauschen pfeifend und röhrend durch die aufbrechenden Risse, Spalten und Schlote."

Es scheint also sehr wahrscheinlich, dass die biblische Schilderung des Ereignisses am Berg Sinai. die Schilderung eines Vulkanausbruchs ist – wie jene von der Wolken- und Feuersäule. Im Buch der Psalmen wird – wie Karl-Heinz Bernhardt festgestellt hat[312] – Jahwe ganz deutlich als Vulkangott definiert, denn es heißt: "Er, der hinblickt zur Erde, und sie erbebt, / der die Berge berührt, und sie rauchen" (Ps. 104, 32). Es ist ja nicht gut möglich, dass auf dem Moses-Berg, dem 2245 m hohen Dschebel Mussa, an dessen Fuß sich jetzt ein Katharinenkloster befindet, und wo es steile Felsen gibt, ein Raumschiff landen kann. Unten in der Ebene hätte es bessere Möglichkeiten zum landen. Es ist auch sehr unwahrscheinlich, dass ein Raumschiff vierzig Tage lang – zumindest sind es sieben Tage gewesen (Ex. 24, 15 - 18) – in der "Wolke" auf dem Berg stehen bleiben würde und die Triebwerke laufen lassen würde, die angeblich diese Wolke erzeugt haben sollen – und auch Moses blieb solange in der Wolke.

Die "Manna-Maschine"

Zwei britische Naturforscher machten im Jahre 1978 einiges Aufsehen in präastronautischen Kreisen, als sie ihr Buch *The Manna-Machine* (deutscher Titel *Die Manna-Maschine*, erschienen 1979) veröffentlichten. Die beiden Autoren, George Sassoon und Rodney Dale, meinten, dass das biblische Manna aus einer mit einem Atomreaktor betriebenen Maschine kam, in der eine Chlorella-Algenkultur zur Nahrungsquelle aktiviert wurde.[313] Die Anhaltspunkte dazu wollten die beiden Forscher aus Urtexten der jüdischen Kabbala, dem Sohar, der über mystische und spiritistische Werke bis ins Jahr 1290 n. Chr. zurückreicht, entnommen haben. Die weiter zurückliegenden Überlieferungen über die sogenannte "Manna-Maschine", sollen bis 500 v. Chr. – also über etwa 1800 Jahre hindurch (!) – nur mündlich erfolgt sein, woraus dann folgende technische Beschreibung hervorgehen soll:

"Und alle (die Heiligkeiten) kommen vom oberen Kopf des Schädels… aus der Richtung der oberen Gehirne… dieser Segen fließt in sämtliche Gefäße des Körpers, bis er jene erreicht, die 'Heere' genannt werden… und jener Fluss bleibt dort, nachdem er dort aufgesammelt wird und geht dann in jene heilige Gründung. Er ist ganz weiß und wird deshalb 'Gnade' genannt. Und diese Gnade geht ins Allerheiligste ein, wie geschrieben steht: 'Wie der Tau, der vom Himmel herabfällt auf die Berge Sions.' Denn dort verheißt der Herr den Segen und Leben bis in Ewigkeit"[314]

Sassoon und Dale erkannten aus diesen religiös spiritistischen Texten des "Alten der Tage" – wie im Sohar angegeben – eindeutig technische Attribute. Da ist der "Mund", die "Luftzufuhr"; "das Hirn des Hochbetagten", der "Taukondensator" für die Wasserzufuhr; das "Große Meer", der Tank für die Chlorella-Kultur; die "Haare des Bartes des Hochbetagten", die "Gasaustauschröhren"; das "Gefäß, das Feuer enthält", der "Kernreaktor"; das "Große Gesicht", der obere Teil; das "kleine Gesicht", der untere Teil der Maschine; der "Auspuff", der die Rauchsäule bei Tag und die Feuersäule bei Nacht erzeugt; die "Heere", die "Speichergefäße" für das Manna; und der "Penis", das Abfüllrohr.

Moses und Aaron soll – nach Sassoon und Dale – diese merkwürdige Maschine, die eine Algennahrung produzieren konnte, die das biblische Manna war, durch die vermeintlichen Außerirdischen, erst am Berg Sinai überreicht worden sein.[315] Das Manna-Wunder geschah aber bereits mindestens fünfzehn Tage vor dieser Begegnung, am fünfzehnten Tag des zweiten Monats nach dem Auszug (Ex. 16, 1). Die Israeliten hatten also schon vor der Übergabe der angeblichen Maschine das Manna. Die beiden Forscher gehen deshalb von diesem Zeitpunkt aus, weil sie meinen, ihre Maschine war in der Bundeslade verpackt worden und diese bekamen die Israeliten erst bei der Begegnung am Berg Sinai.

Die Manna-Maschine hat – nach Sassoon und Dale – einen Kulturbehälter mit einem Fassungsraum von 5000 Liter.[316] Es ist ein zylindrischer Kessel mit einem Durchmesser von etwa 1,7 m und einer Höhe von 2,2 m. Die Gesamthöhe der Maschine müsste, da sie das Dreifache der Höhe des Kulturbehälters haben soll, etwa 6,6 m ausmachen. Der Gesamtdurchmesser müsste 3,6 m sein (am Kopf). Wäre der Kulturkessel aus Leichtmetall (Aluminium rein, spez. Gew. 2,7 g/cm^3) und hätte er eine Wandstärke von 10 mm, dann würde dieser allein und leer ein Gewicht von etwa 440 kg haben. Demnach kann man annehmen, dass die beiden kugelförmigen Sammelbehälter für das Manna (Durchmesser je 1,62 m)[317] zusammen ein Leergewicht von etwa 445 kg haben. Mit dem "Taukondensator (200 kg), dem Mini-Kernreaktor (200 kg) und diversen anderen Teilen, würde das Gewicht der gesamten Manna-Maschine im entleerten Zustand mindestens 1400 kg betragen – mit vollem Tank (5000 Liter) und einem vollen Sammelbehälter (2220 Liter) mindestens 8600 kg (!) – also 8,6 Tonnen. Dieses technische Monstrum kann sich kaum in der Bundeslade befunden haben, die ja – laut der Bibel – von einigen Männern immer wieder herumgetragen wurde (Ex. 25, 14). So schreibt z. B. auch Erich von Däniken "Die Lade kann aber nicht über 300 kg schwer gewesen sein…"[318] Sassoon und Dale erkannten dieses Problem und meinten daher, "dass es in Wirklichkeit zwei Bundesladen gegeben hat".[319] Eine als kleine Holztruhe und eine für die Manna-Maschine. Obwohl die Bibel nichts von zwei Behältern berichtet, ergibt dies auch sonst keine Lösung, denn die "Lade" für die Maschine müsste wohl gut 7 m hoch und 4 m breit sein und das Gesamtgewicht mit der Maschine würde die 8,6 Tonnen noch überschreiten.

Da die Anzahl der Israeliten mit "601.730" (Num. 26, 51) angegeben wird und als tägliche Brotration für jeden "ein Omer" (Ex. 16, 16), das ein hebräisches Hohlmaß ist und umgerechnet 3,644 Liter entspricht, zur Verfügung stand, müsste insgesamt täglich 2.192.704,12 Liter, also über 2,1 Mio. Liter Manna benötigt worden sein. An anderer Stelle heißt es, es waren "sechshunderttausend Mann zu Fuß – alles Männer – ohne ihre Familien"

(Ex. 12, 37). Das klingt sehr unglaubwürdig. Wahrscheinlich werden auch Frauen und Kinder mitgezogen sein und so müsste noch wesentlich mehr Manna zur Verfügung gestanden haben – pro Tag vielleicht 3 bis 4 Mio. Liter. Dies dürfte mit der von Sassoon und Dale postulierten Maschine wohl schwer machbar sein und so meinen die beiden auch, dass es sich nur um 600 Familien,[320] mit jeweils drei Personen, also 1800 Leuten, gehandelt habe. Dies wären aber immerhin noch 6559 Liter Manna pro Tag. Die Manna-Maschine produzierte aber – lt. Sassoon und Dale – täglich nur 800 kg Manna, wodurch für jede Person nur 44 dkg Nahrung zur Verfügung stand – minus ein Sechstel als Reserve für den Sabbat (da stand die Maschine still) sogar nur etwas über 36 dkg: eine recht karge Nahrung vierzig Jahre lang.

An einem Tag in der Woche musste diese Maschine außerdem gereinigt und gewartet werden. Dies geschah aber sicher nicht am Sabbat,[321] denn an diesem Tag durften die Israeliten keine Arbeit verrichten und das Haus nicht verlassen (Ex. 16, 29). Daraus ergibt sich aber, dass die Israeliten zwei Tage pro Woche kein Manna hatten: an dem Tag, wenn die Maschine gewartet wurde und am nächsten Tag, wenn sie produzieren musste. Das Manna konnte nämlich, nach der Bibel (Ex 16, 20), nicht länger als bis zum nächsten Morgen aufbewahrt werden und daher auch nicht in der Maschine einige Tage bis zum Sabbat gesammelt werden. Schließlich ist zu bezweifeln, ob 800 kg Manna innerhalb von zwölf Stunden nach der Wartung sofort zur Verfügung standen.

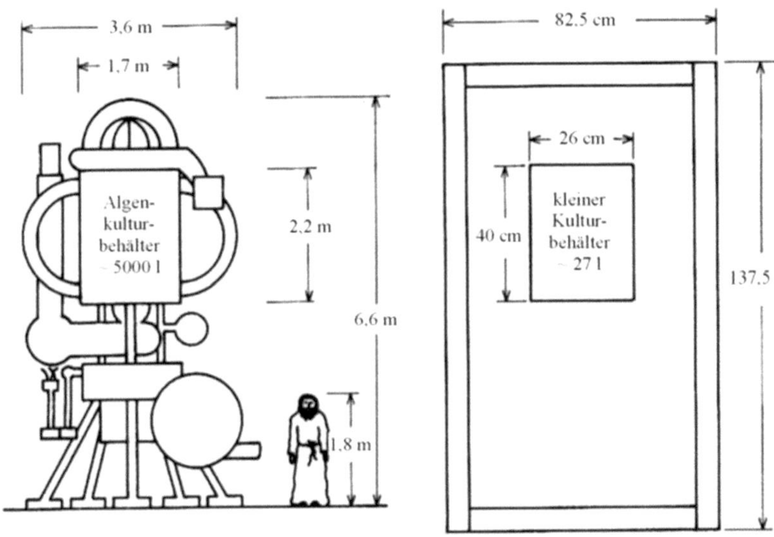

Abb. 59: Die "Manna-Maschine" im Vergleich mit der Bundeslade.

Die vermeintlichen biblischen Astronauten hätten wohl auch kaum ein technisch unterentwickeltes Volk mit so einer komplizierten Maschine alleine gelassen. Sie hätten wohl andere Versorgungsmöglichkeiten gefunden, zumal sie ja – nach Sassoon und Dale –

in einer Erdumlaufbahn[322] anwesend waren und sogar den Kunstdünger, die Brennstäbe und die Ersatzteile für die Maschine lieferten. Andererseits soll ja – nach Überlegungen anderer Forscher – ständig ein Raumschiff, in Form einer Wolken- und Feuersäule, anwesend gewesen sein. Die einzelnen Autoren der Prä-Astronautik-Literatur sind sich in diesem Fall nicht ganz einig, was die Schilderung im Sohar bedeuten soll. Robert Charroux meinte, es habe sich um einen Himmelswagen gehandelt, den gleichen den Ezechiel sah.[323]

Über die jüdische Kabbala heißt es von den Orientalisten das sie keinesfalls "geheimnisvolle Mitteilungen das Alten Testaments deutet",[324] sondern "bemüht ist ihrerseits, in alttestamentliche Texte Geheimnisse einzutragen". Deshalb "ist die Kabbala nur in diesem Sinne Geheimlehre. Im Übrigen ist sie als ein Ergebnis jüdisch-arabischer Adaption des spätantiken Neuplatonismus eine im Mittelalter weit verbreitete und keineswegs nur unter 'Eingeweihten' diskutierte Lehre gewesen". Durch einer "vorwiegend abenteuerlichen Buchstabenbetrachtung", in der "höhere Erkenntnisse über Gott, Schöpfung und Mensch" einbezogen wurden, gelangte man zu tieferer Bedeutung. "Die sich daraus entwickelnde mystische Zahlenspekulation" halten einige "naiverweise für die Wiedergabe 'mathematischer Formeln." Die Kabbala entstand Anfang des 13. Jahrhunderts und nannte "sich zwar Kabbala, das heißt wörtlich 'Tradition, Überlieferung', deren Lehren aber, aus überhitzten Phantastenköpfen entsprungen ist und abergläubischen und unjüdischen Charakter besitzt", meint Gershom Scholem.[325]

Ähnliches kann man vom Sohar sagen, der Ende des 13. Jahrhunderts von Mose ben Schemtob de Leon (1250 - 1305), als ein Werk des Rabbi Simon ben Jochai, der angeblich dreizehn Jahre in einer Höhle verbracht hat und "himmlische Geheimnisse" empfangen haben soll, verbreitet wurde. Die Benennung wie " der Verborgene der Verborgenen", der "Alte der Alten", der "Alte der Tage", der "heilige Alte", "der Langgesichtige" und das "weiße Haupt", stellen "bloß das Geheimnisvolle des Urwesens oder seine Urerhabenheit" dar, schreibt Ernst Müller.[326] Dieser "heilige Alte" oder "Langgesichtige", wird im Sohar als Urvater der Schöpfung und als Dreieinigkeit dargestellt. In dieser Dreieinigkeit gibt es zum Zwecke des Schöpfungsaktes, eine "ewige Mutter" und einen "ewigen Vater" und aus der Vereinigung von beiden entsteht der Sohn, der "Kurzgesichtige" (Se'er Afin). Deshalb wird im Sohar der "Kurzgesichtige" dem "Langgesichtigen" (Arach Anfin) gegenübergestellt.

Alles in allem kommt die "Manna-Maschine" wohl nicht als Beweis für frühe Kontakte mit Außerirdischen infrage, denn sie entstand durch grobe Fehlinterpretationen der Texte in der Kabbala und im Sohar. Außerdem steht in der Bibel eindeutig, dass das Manna weiß war – weiß wie Koriandersamen. Eine Algennahrung wäre aber grün oder vielleicht braun und das hätte die Bibel erwähnt. Auch Erich von Däniken schreibt schließlich: "Ich beanspruche nicht, den Bericht der Engländer als Beweis für meine Astronautentheorie zu werten".[327] Trotzdem möchte er "wo es legitim ist, falsche und überholte Vokabel aus modernem Wissen technische interpretiert" sehen.

Die Bundeslade

Moses bekam bekanntlich am Berg Sinai den Auftrag zur Anfertigung einer Lade, eines Kastens, einer Truhe und er erhält sogar die genauen Maße dafür. Aus Akazienholz soll sie sein, zweieinhalb Ellen lang, eineinhalb Ellen breit und eineinhalb Ellen hoch. Sie soll innen und außen mit Gold überzogen werden, Man soll an ihr an jeder Seite zwei Ringe befestigen, damit man sie daran mit zwei Stangen aus Akazienholz tragen kann. Zwei goldene Cherube sollen darauf montiert werden und innen soll das Zeugnis Jahwes untergebracht werden (Ex. 25, 10 - 22).

Diese Lade wurde schon früher verschiedentlich technisch interpretiert. Im 18. Jahrhundert war sie eine "Leydener Flasche", eine von Kleist in Kamin (1745) und Cunäus in Leyden (1746) konstruierte Elektrisiermaschine, die man durch Reibung entsprechend aktivierte. Diese "Flasche" behielt aber nur für relativ kurze Zeit die elektrische Energie, wovon Moses eigentlich wenig gehabt haben dürfte. Erich von Däniken stellte 1968 fest: "Wirkte nun noch einer der beiden Cherube auf der Deckplatte als Magnet, dann war der Lautsprecher – vielleicht sogar eine Art Gegensprechanlage zwischen Moses und dem Raumschiff – perfekt".[328] Robert Charroux meinte 1969, "dass die Bundeslade... eine Art elektrisch geladener Kasten war, der 500 - 700 Volt starke Schläge austeilen konnte"[329] und zitiert damit Maurice Denis-Papin. Jochim Pahl schrieb 1971, es erscheint "fast selbstverständlich, sich unter der ganzen Konstruktion ein nicht genau erkennbares stromerzeugendes Aggregat, zugleich Kondensator und Generator, Sende- und Empfangsanlage vorzustellen... Schon im Jahre 1958 erklärte Anton Zischka,[330] wohl Anhänger dieser Idee, aber nicht ihr Vater zu sein... Allein an Gold und Silber wurden bei ihrem Bau 130 Zentner, oder 6500 kg, verwendet, ungeachtet zusätzlicher Mengen an Kupfer und Eisen".[331]

Diese Ansichten sind eigentlich ganz unverständlich, denn es weist in der Bibel nichts darauf hin, dass die Lade irgendeine technische Apparatur war. Sie war ein schlichter Kasten (hebr. *aron*) aus Akazienholz mit Goldverzierungen, mit Cheruben darauf und drinnen die Zeugnissen des Bundes: die Gesetzestafeln, der Aaronstab und ein Gefäß mit dem Manna, dem "Schaubrot" (ungesäuertes Brot aus Weizenmehl).[332]

Jochim Pahl, der übrigens schon 1971 auf die Idee mit einem Kernreaktor gekommen ist, bezweifelte dies und meinte, die Gesetzestafeln, "die Moses mitbrachte und in die Bundeslade einlegte, waren nichts anderes als Schaltdrucktafeln, fertige Computerprogramme".[333] Die Bibel berichtet aber erstens nur von zwei Tafeln und zweitens eindeutig von "steinernen Tafeln, die von Gottes Finger beschrieben waren" (Ex 31, 18). Andererseits sind Schaltdrucktafeln keine fertigen Computerprogramme, sondern – wie der Name schon sagt – die Schaltungen (Leiterplatten) im Computer. Wohl diese meinte Jochim Pahl.

Er bezweifelte aber auch, dass Akazienholz zum Bau der Lade verwendet wurde und es sei in der Bibel "fälschlich erwähnt".[334] Tatsächlich gibt es unter den 700 bis 800 Akazienarten nicht nur Sträucher, sondern auch regelrechte Forstbäume. Jedoch können auch durchaus einige Sträucher von jeweils einigen Metern Höhe genug Holz für eine kleine Truhe liefern. Wenn man aber eine Truhe mit einem Gewicht von 6,5 t (siehe "Manna-Maschine") bauen will, dann dürfte die dazu erforderliche Menge Akazienholz in der Wüste nicht so leicht zu finden sein. Jochim Pahl meinte auch, die Israeliten hätten den sogenannten "Gummi arabicum" zum Bau der Lade verwendet. Schon die alten Ägypter verwendeten ihn als Werkstoff, den viele Akazienarten, z. B. *Acacia senegal*, die im Sudan in Gärten gezogen wird, lieferten. Dieser Gummi konnte dann – nach Jochim Pahl – "in großen Mengen als Isoliermaterial" für die Lade verwendet werden. Nun ist aber Gummi zur Isolierung von fixen elektrischen Geräten nicht gerade geeignet und es wäre besser gewesen dazu Keramik – die ja schon damals hergestellt werden konnte – zu verwenden. Ganz und gar unverständlich ist es schließlich, dass hochentwickelte außerirdische Intelligenzen auf solche primitive Materialien angewiesen sein sollen.

Da die Lade radioaktives Material enthalten haben soll, werden von manchen Prä-Astronautik-Forschern die einzelnen Geschehnisse bei den Philistern, die die Lade erbeutet hatten, auf dieses zurückgeführt. Das Götzenbild des Philistergottes Dagon stürzte eines Tages um, während sich die Lade in dem Tempel des Gottes in Aschdod befand (1. Sam. 5, 1 - 5). Die Bewohner von Aschdod wurden daraufhin mit Beulen geschlagen (1. Sam. 5, 6 - 12) und von Mäusen heimgesucht (1. Sam. 6, 4 - 5) und schließlich wurde später einer der Philister, nämlich Usa, der die Lade halten wollte, "weil die Rinder sie umwarfen" (2. Sam. 6, 4 - 7) – nach Ansicht einiger Astronautengötter-Forschern – "augenblicklich durch einen Stromstoß"[335] getötet. Die Bibel sagt aber "Gott schlug ihn dort wegen seines Vergehens, so dass er dort neben der Lade Gottes starb" (2. Sam 6, 7). Nichts von einem Stromstoß, einem Blitz oder ähnliches. Daraus erkennen wir aber: "Heilige Gegenstände, die in irgendeiner Weise die Gottheit repräsentieren, darf eine unbefugte Hand nicht berühren, auch wenn es in löblicher Absicht geschieht. Eine solche Berührung ist tödlich", schreibt Karl-Heinz Bernhardt.[336]

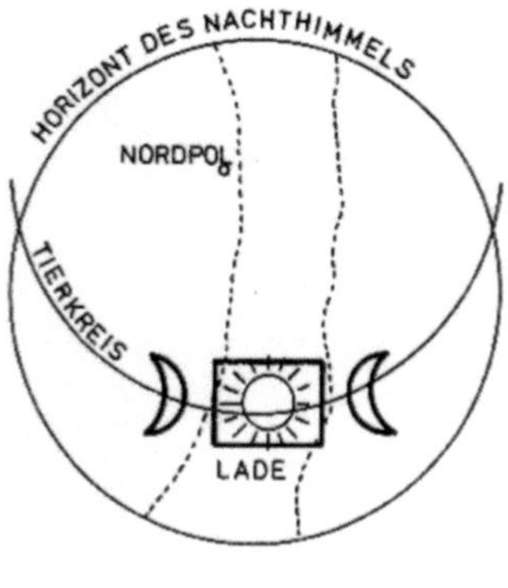

Abb. 60: Die himmlische Lade (nach E. Zehren).

Das Ganze hat aber wieder eine astronomische Bedeutung: "Wer nämlich den Sternenhimmel beobachtet, dem kann nicht entgehen, dass sich der Ort, an dem die abnehmende Mondsichel zuletzt erscheint - und der Ort der neuen Sichel - im Laufe des Jahres durch einen großen Kreis bewegt. Weil nun zwischen der sterbenden und der auferstehenden Mondsichel die LADE DES HERRN liegt, wandert diese mit den Mondsicheln über die Sternbilder des Winters und des Frühlings nach und nach dem Baumstamm oder dem Stein zu.

Für Palästina ist es Erntezeit, bevor die Gotteslade auf den großen Stein gesetzt und das Holz gespalten wird: Mai/Juni. Deshalb freuten sich die Beth-Semiter (1. Sam. 6, 13), als sie ihre Augen aufhoben und die Lade des Herrn mit den beiden Kühen vorbeiziehen sahen, als sie bei der Weizenernte waren", schreibt Erich Zehren.[337]

Tatsächlich hat man den Eindruck zwischen beiden – zeitlich verschiedenen – Mondsicheln eine Lade, einen Kasten, wahrzunehmen. Gegen Mittag steht die Lade mit der Sonne in der Milchstraße im Sternbild Stier. Dort steht auch der Neumond. Dieses himmlische Schauspiel kann man während des Tages, etwa von Mitte Mai bis Anfang Juni, beobachten, weil die täglich von Osten nach Westen wandernde Mondsichel in diesen Tagen schwach am Himmel zu sehen ist. Zum Beispiel erscheint sie im Jahre 1237 v. Chr. in Kairo am 11. Mai gegen 11.40 Uhr, als abnehmende und am 31. Mai, als zunehmende Mondsichel.

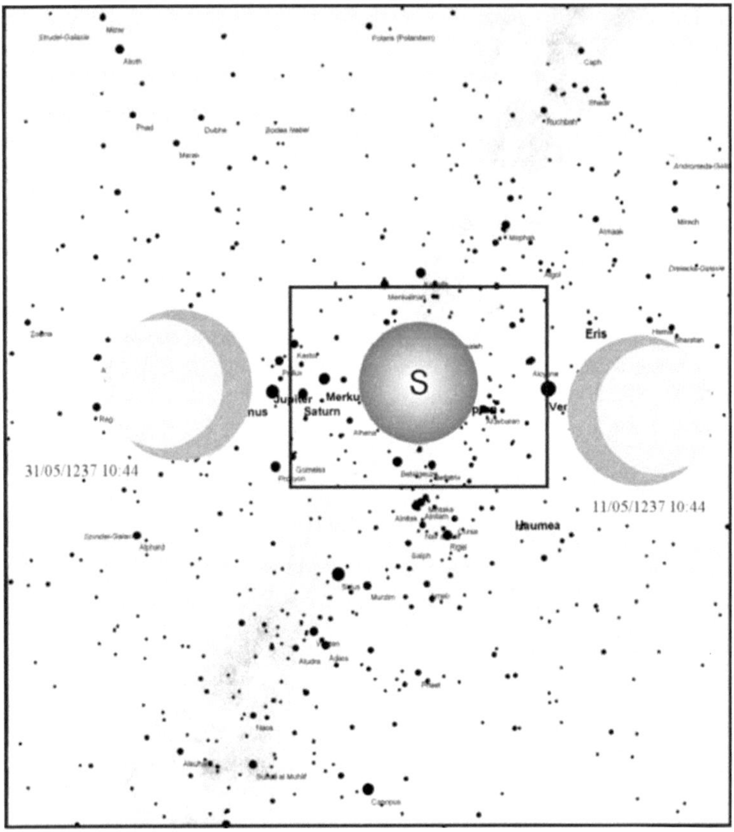

Abb. 61: Die himmlische Lade gegen Mittag in der Milchstraße und im Sternbild Stier, nahe beim Orion. Der Stand der Sonne entspricht auch dem Stand des Neumondes.

Die Milchstraße ist tagsüber nicht sichtbar, doch man wusste durch Beobachtung, dass sie sich zu dieser Zeit von Süden nach Norden über den Himmel erstreckt. Andererseits wird durch das von Tag zu Tag scheinbare Hindurchziehen der Mondsichel der Baum gespalten und übrig bleibt der Baumstumpf, der auch als Stein angesehen wurde. So berichtet auch die Bibel: "…Daselbst lag ein großer Stein…" (1. Sam. 6, 14). So wird klar, warum die Israeliten – laut der Bibel – einen Kasten, eine Lade angefertigt haben. Sie wollten damit das himmlische Ereignis symbolisch darstellen. Auch in der Johannesoffenbarung (Kap. 11, Vers. 19) heißt es: "Und es tat der Tempel Gottes im Himmel sich auf, und die Lade seines Bundes wurde sichtbar in seinem Tempel..."

In dieser Hinsicht findet sich vielleicht auch eine Erklärung für den plötzlichen Tod Usa´s, als er die Lade berührte. Wenn die Lade ein himmlisches Vorbild hat, dann ist leicht zu verstehen, dass auch Usa ein solches haben könnte. Und tatsächlich war nach der rabbinischen Überlieferung Usa der Sternenengel Ägyptens; "er wurde ins Rote Meer geschleudert, als die Israeliten hindurchzogen". Im Arabischen heißt der Planet Venus "al-

Usa" und sie "pflegten al-Usa Menschenopfer darzubringen"[338] Wenn dem so ist, dann ist klar, dass in den Augen der Israeliten der Götze Usa sterben musste, als er der himmlischen Lade in Form des Venussterns zu nahe kam.

Moses ließ also, folgt man der Bibel, einen Kasten, eine Holztruhe, anfertigen, die nach dem Bund, den Moses mit Gott einging, Bundeslade genannt wird. Aus Akazienholz soll sie sein, "zwei und eine halbe Elle lang, anderthalb Ellen breit und anderthalb Ellen hoch" (Ex. 25, 10). Folgt man der älteren "königlichen Elle" zwischen 0,524 und 0,55 m, dann war die Bundeslade zwischen 1,31 und 1,375 m lang, zwischen 0,786 und 0,825 m breit und ebenso hoch. Nimmt man dann ein mittleres spezifisches Gewicht für das Holz an, das etwa 5 cm dick ist, dann hat die ganze Bundeslade in leerem Zustand ein Gewicht von etwa 125 kg gehabt. Samt Inhalt, Goldüberzug, Ringen, Tragstangen und zwei aufmontierten Cheruben, dürfte sie ein Gewicht von nicht mehr als 160 kg gehabt haben. Dieses Gewicht konnte relativ leicht von acht Männern, auch über einen längeren Zeitraum hinweg, getragen werden.

Nimmt man an, dass die Bundeslade etwa 1230 v. Chr. angefertigt wurde, dann wurde sie 180 Jahre später, im Jahre 1050 v. Chr.[339] von den Philistern erbeutet. Nach sieben Monaten jedoch (1. Sam. 6, 1), brachten sie die Lade schleunigst wieder zu den Israeliten, nach Bet-Schemesch und sie wurde anschließend nach Kirjat-Jearim, in das Haus Abinadabs gebracht (1. Sam 7, 1). Bald nach 1000 v. Chr. holte König David (er regierte ca. 1000 - 961 v. Chr.) die Lade bei Abinadab ab (2. Sam. 6, 3) und bewahrte sie bis zur Fertigstellung des Tempels von Jerusalem durch König Salomon, bis 950 v. Chr. auf.

Nach diesen Ausführungen ist es äußerst unwahrscheinlich, ja sogar absurd, anzunehmen, dass in dieser vergoldeten und verzierten Holztruhe, eine technische Apparatur war oder die Bundeslade an sich irgendein technisches Gerät gewesen sein soll. Es fragt sich nur, was aus der Bundeslade geworden ist und ob sie noch auffindbar ist.

Abb. 62: Die Bundeslade nach der Bibel.

"Die Bundeslade wanderte durchs Land. Ihren endgültigen Platz fand sie in der nordäthiopischen Stadt Axum, die einst Hauptstadt des Reiches war und deren Gründung einem Enkel Noahs zugeschrieben wird", meinte Erich von Däniken schon 1979. Dort soll sie sich nun angeblich befinden – oder vielleicht auf Umwegen im Vatikan gelandet sein. Wer weiß?

Im Jahre 597 v. Chr. jedenfalls – die Bundeslade wäre inzwischen 633 Jahre alt – wurde Jerusalem zum ersten Mal vom babylonischen König Nebukadnezar II. (er regierte 605 - 562 v. Chr.) belagert und zehn Jahre später, mit dem Tempel, vollkommen zerstört. Der damals lebende Prophet und Priester Jeremia (627 - 585 v. Chr.) gibt die Schätze an, welche die Chaldäer aus dem Tempel entfernten und nach Babylon brachten (Jer. 52, 17 - 23): die Bundeslade ist nicht darunter. Auch Baruch, der Schreiber Jeremias, berichtet uns nichts von der Bundeslade.

Der persische König Cyrus (Regierungszeit 550 - 530 v. Chr.) brachte die Tempelschätze wieder nach Jerusalem (Esra 6, 3 - 5) und unter der Regierung Darius I. (522 - 486 v. Chr.), im Jahre 515 v. Chr., wurde der Jahwetempel wieder neu errichtet – die Bundeslade war wieder nicht unter den Heiligtümern. Wo ist sie geblieben?

Interessanterweise findet man im 2. Buch der Makkabäer (2, 4 - 6) den Hinweis, das Jeremia selbst die Bundeslade "in einer höhlenartigen Wohnung", auf dem Berg Nebo, versteckt haben soll. Andererseits soll – nach Däniken[340] – Menelik I., ein Sohn König Salomons, die Bundeslade nach Äthiopien, nach Axum, entführt haben, denn ein Äthiopier namens Abimelech soll Augenzeuge gewesen sein, als Jeremia die Lade versteckte.

Nun ist es jedoch so, dass das Buch der Makkabäer von Ereignissen berichtet, die aus der Zeit um 175 bis 160 v. Chr. stammen. Man muss daher annehmen, dass die Makkabäer diese "Höhlengeschichte" Jeremia angedichtet haben, denn er und Abimelech lebten über 400 Jahre früher. Hätte Jeremia die Lade tatsächlich versteckt, dann würde er oder sein Schreiber – wenn auch im geheimen – davon berichtet haben, damit man sie später wieder findet. Nichts dergleichen ist geschehen.

Angesichts dieser Tatsachen ist es äußerst unwahrscheinlich, dass die Bundeslade – die sicher keine technische Apparatur war – heute noch irgendwo zu finden ist. Ein etwaiger "Indiana Jones" wird sie vergeblich suchen. Die meisten seriösen Bibelforscher gehen davon aus, dass sie bei der Zerstörung des Jahwetempels im Jahre 587 v, Chr. vernichtet wurde – falls sie überhaupt jemals existiert hat. Einen archäologischen Beweis für die Existenz der Bundeslade gibt es nämlich nicht. Und es gibt starke Anzeichen dafür, dass sie bloß ein symbolischer biblischer Gegenstand ist.

Das Manna-Wunder

Und was war das Manna wirklich? Laut der Bibel ließ Jahwe "am fünfzehnten Tag des zweiten Monats" (Ex 16, 1), nach dem Auszug aus Ägypten, "Brot vom Himmel regnen" (Ex. 16, 13), nachdem er allerdings noch am Vorabend die Leute mit Wachteln (Ex 16, 13) versorgt hatte. Und am Morgen schließlich, "als der tauende Nebel aufstieg, da lag auf dem Boden der Wüste etwas Feines, Körnerartiges, fein wie Reif auf der Erde… Es war weiß wie Koriandersamen und schmeckte wie Honigkuchen" (Ex. 16, 14 - 31). Dieses "Manna" (hebr. *man hu* = Was ist das?) "aber war wie Koriandersamen und sah aus wie Bdeliumharz", heißt es an anderer Stelle (Num. 11, 7), und weiters: "Die Leute streiften umher und lasen es auf, dann mahlten sie es mit der Handmühle oder zerstießen es im

Mörser, kochten es im Topf und machten Kuchen daraus; es schmeckte wie Ölkuchen. Wenn nachts Tau auf das Lager fiel, fiel auch das Manna darauf herab" (Num. 11, 8 - 9).

Im Jahre "1823 meinte der deutsche Botaniker G. Ehrenberg… das berühmte Manna sei nichts anderes als ein Sekret, das Tamariskenbäume und -sträucher aussondern, wenn sie von einer im Sinai heimischen Schildlausart gestochen werden".[341] Hundert Jahre später durchforschen die beiden Botaniker Friedrich Simon Bodenheimer und Oskar Theodor von der Hebräischen Universität, die Halbinsel Sinai und "bestätigen nicht nur vollauf die Angaben von Breitenbach und Ehrenberg, sondern erweisen auch die Wirklichkeitstreue, mit der die Bibel von der Wüstenwanderung des Volkes Israel berichtet". Bodenheimer und Theodor stellten schließlich fest: Die Schildläuse auf den Tamarisken schwitzen "ein eigentümliches harziges Sekret aus, das nach den Angaben Bodenheimers Form und Größe des Koriandersamens hat. Im Herabfallen ist es weiß, erst nach längerem Liegen nimmt es eine gelblich-bräunliche Farbe an… 'Der Geschmack der auskristallisierten Mannakörnchen ist eigentümlich süß', sagt Bodenheimer. 'Er lässt sich am ehesten mit dem von Honigzucker, dem Produkt langstehenden Bienenhonigs, vergleichen.' Noch heute kneten die Beduinen aus den Mannatropfen einen Brei, der als beliebte und vitaminreiche Beigabe zur oft eintönigen Nahrung verzehrt wird".

Obwohl das plausibel klingt, berichtet die Bibel eigentlich nichts von einem Sekret, sondern von "etwas Feines, Körnerartiges", das mit der Handmühle gemahlen, mit dem Mörser zerstoßen und im Topf gekocht werden konnte. Man müsste also eigentlich eher nach einer Art Samenkörner suchen. Da bietet sich der sogenannte Johannisbrotbaum an, "der im Vorderen Orient heimisch ist und im Orient – lange vor unserer Zeitrechnung – in Kultur genommen wurde"[342] "Die essbaren Hülsen werden auch in Mitteleuropa gelegentlich zur Weihnachtszeit im Handel angeboten. Sie enthalten bis zu 50 Prozent Zucker und werden roh, im Orient auch geröstet oder gebacken verzehrt, sie sind außerdem ein wertvolles Viehfutter… Von der griechischen und lateinischen Benennung dieses Baumes stammt die Bezeichnung *Karat*; das Gewicht eines Samens dieser Art gilt noch heute als Gewichtseinheit für Edelsteine und Gold."

Auch in anderen Ländern gibt es Gewächse, die eine mannaähnliche Nahrung liefern. In Mitteleuropa ist es die Röhren-Cassie deren Fruchtmus, indem die Samen der bis zu 60 cm langen, röhrenartigen Hülsen eingebettet sind, unter dem Namen "Manna" von Kindern recht gern als Leckerei gegessen wird. In Vorder- und Mittelasien gibt es den Kameldorn, der an heißen Tagen einen honigartigen Saft abscheidet, der in der Nacht erstarrt und als Persisches Manna von der Bevölkerung gesammelt, gegessen und medizinisch verwendet wird. Im westlichen Nordamerika (West-Oregon, Kalifornien, Mexiko: Nieder-Kalifornien) ist die Zuckerkiefer beheimatet, die gewöhnlich 50 bis 55 m hoch wird. "Die Samen sind groß und werden in Kalifornien und Oregon gegessen. Ihren Namen hat die Zuckerkiefer nach der zuckerähnlichen Balsamasse (Kalifornisches Manna oder Pinit), die bei Verwundung ausgeschwitzt wird und früher von den Indianern wie Zucker verwendet wurde."[343]

Wie immer man das Manna-Wunder auf irdische Weise erklären möchte, es hätte wohl für die Israeliten als herkömmliche Nahrung nicht ausgereicht. Nach den Angaben in der Bibel waren es "sechshunderttausend Mann zu Fuß – alles Männer – ohne ihre Familien" (Ex. 12, 37). Da vermutlich auch Frauen und Kinder mitgezogen wären, müsste man die Zahl der Israeliten auf 900.000 bis 1,2 Millionen erhöhen. Wie schon erwähnt, stand ein Omer (= 3,644 Liter) pro Person und Tag zur Verfügung und das wären dann 3,2 bis über

4,3 Mio. Liter pro Tag. Das ist sehr unwahrscheinlich und es bedarf wirklich eines Wunders, um das zu ermöglichen. Wahrscheinlich will das die Bibel auch ausdrücken.

Von Herodot (um 490 bis um 425 v. Chr.) und Hesiod (700 v. Chr.) wird das Manna mit dem Ambrosia, der unsterblich machenden Speise der Götter verglichen (Ambrosia = griech. Unsterblichkeit). In flüssigem Zustand wird es auch mit dem mythologischen Nektar verglichen, der ebenfalls als wundersame Speise, als auch als Getränk angesehen wurde und der wie das Manna als Tau vom Himmel gefallen war. Auch mit dem mythologischen Met, dem Honigwein, steht das Manna in Verbindung. Es handelt sich also beim biblischen Manna ganz einfach um eine wundersame Speisung, um ein Geschenk des Himmels.[344]

Jericho, Sodom und Gomorra

Andere biblische Ereignisse werden ebenfalls mit der Ancient-Astronaut-Hypothese in Verbindung gebracht. Die Stadt Jericho soll z. B. nach der Bibel durch den Schall von Posaunen zerstört worden sein. Peter Krassa meinte es waren "Geheimwaffen",[345] Däniken spricht von "Schallwellen… mit tödlich niedrigen Hertz-Frequenzen".[346] In der Bibel heißt es aber: "Das Volk schrie, und man ließ die Posaunen erschallen. Als das Volk den Posaunenschall hörte, stieß es einen gewaltigen Kriegsschrei aus, und die Mauern stürzten in sich zusammen" (Jos. 6, 20). "Offensichtlich ist es nicht der Posaunenschall, durch den die Erzählung die Mauern Jerichos zum Einsturz bringen lässt",[347] und außerdem ist dies mit Posaunen gar nicht möglich. Der Zweck der Übung war, dass man zuvor die Mauern untergraben hatte und "die Prozession unter Posaunenschall rund um die Stadt hatte dann nur… die Aufmerksamkeit der Verteidiger listig abzulenken". Nachdem die Israeliten sechs Tage lang einmal unter Posaunenschall um die Stadt zogen und am siebenten Tag sogar siebenmal (Jos. 6, 15), waren die Bewohner so daran gewöhnt, dass sie von dem Kriegsgeschrei überrascht wurden mit dem ihre Stadt angegriffen wurde. Letztendlich entpuppen sich die "Schallkanonen" als simple "Widderhornposaunen" (Jos. 6, 8).

Andererseits "zeigt sich, dass die letzten bronzezeitlichen Stadtmauern zu Zeiten Josuas mindestens schon dreihundert Jahre in Trümmern lagen. Eine um 1400 v. Chr. auf der Stätte des um 1550 zerstörten alten Jericho neugegründete Siedlung hatte keine Befestigung und verschwand bereits um 1325 wieder. Was Josua in Jericho am Ausgang der Spätbronzezeit hätte erobern können, war lediglich ein unbesiedelter Ruinenhügel. Der Anblick der zusammengesunkenen gewaltigen Mauern Jerichos… ist also der 'reale Hintergrund' der Erzählung".

Werner Keller schrieb 1955, dass die Mauern von Jericho etwa im Jahre 1200 v. Chr. eingestürzt seien.[348] Später revidierte er dies und meinte, dass Josua wohl doch Jericho nicht erobert hat.[349] Erst im 9. Jahrhundert v. Chr. soll die Stadt wieder aufgebaut worden sein und "es war, als hätte Jahrhunderte lang tatsächlich ein Fluch über diesem Ort gelegen, wie die Bibel berichtet (Jos. 6, 26)", meinte Werner Keller. Auch hier irrt er aber, denn an der betreffenden Stelle heißt es: "Verflucht sei der Mann, der auftritt um diese Stadt neu zu erbauen!". Es war also nicht die Stadt selbst verflucht, sondern der Mann der sie wieder aufbauen sollte.

Die biblischen Städte Sodom und Gomorra (Gen. 19, 23 - 29) sollen als "Testgebiet für nukleare Experimente"[350] der Außerirdischen gedient haben und schließlich einer atomaren Katastrophe zum Opfer gefallen sein. Bereits 1959 spekulierte Modest M. Agrest mit dieser Theorie, jedoch "gibt es nicht den geringsten Hinweis auf eine der Wirkung einer Atombombe auch nur entfernt ähnliche Katastrophe am Toten Meer".[351] Überhaupt scheint es dort in den letzten 10.000 Jahren keine erdbewegende Katastrophe gegeben zu haben, sondern die Gegend um das Tote Meer ist im Laufe der Jahrtausende "immer wieder Veränderungen unterworfen gewesen, die ihre Ursache in den beträchtlichen Schwankungen des Wasserstandes" haben. Zum Beispiel ist die Ruinenstätte Mesad Gozal, nördlich des Dschebel Usdum, am Südwestufer des Toten Meeres, die 1964 von Y. Ahorni untersucht wurde, im 10. Jahrhundert v. Chr. durch kriegerische Ereignisse zerstört und später überflutet worden. Daher konnte "das Südbecken im Unterschied zum größeren nördlichen Teil des Toten Meeres", da es sehr flach ist "(maximale Wassertiefe z. B. um 1820: 1,5 m, um 1920: 10,5 m, um 1970: 5,5 m)... bereits im Zeitraum von nur wenigen Generationen" steigen und die Gegend in der Nähe unbewohnbar werden.

Die Städte Sodom und Gomorra sind also in Wirklichkeit nicht durch die göttliche Hand und auch nicht durch atomare Katastrophen vernichtet worden, sondern durch kriegerische Ereignisse und Überflutungen. Auch nicht durch eine Vulkankatastrophe, wie Werner Keller früher vermutet hat.[352] Dadurch erübrigt sich auch die Frage, ob Lots Frau durch den Blick in eine "Atomsonne... auf der Stelle tot zusammenbrach".[353] Sie wurde vielmehr in der biblischen Vorstellung zur Salzsäule (Gen. 19, 26). Auch das gründet sich aus einer Sage heraus, weil es "ein der Gestalt einer Frau ähnliches Gebilde unter den verwitterten Salzfelsen an der Südwestküste"[354] gibt. Ebenso hat sich Lot nicht hinter die "harten, gefährlichen Strahlen absorbierenden Felswände"[355] begeben, "sondern in dem nahen, am Südufer des Toten Meeres gelegenen Ort Zoar, der ja nur eine 'Kleinigkeit' (= hebr. *Zoar*) ist, Zuflucht" gefunden.

Die ganze Erzählung hat aber doch sinnbildlich etwas mit einer Vulkankatastrophe zu tun, denn die Erwähnung von Schwefel, Feuer und Qualm (Gen. 19, 24 u. 28) deutet wieder auf das "Ideogramm Vulkan"[356] hin, mit dem Jahwe, der Gott Israels, identifiziert wird, denn es heißt in der Bibel an anderer Stelle: "Bei seinem Anblick wanken die Berge, bei der Stimme seines Donners gerät die Erde in Wehen" (Jesus Sirach 43, 16B, 17A).

Raumfahrten in der Bibel?

In den Schriften, die nicht in die Bibel aufgenommen wurden, in den sogenannten Apokryphen, den verborgenen Schriften (apokryph, altgr. verborgen), im Buch Henoch (hebr. der Eingeweihte), soll von "abtrünnigen Engeln" und "Raumfahrern" berichtet werden,[357] meinte Erich von Däniken 1973. "Die Kapitel 72 - 82 machen verblüffend präzise Angaben über Sonnen- und Mondumlaufbahnen, über Schalttage, Sterne und die Himmelsmechanik, sie geben geographische Bestimmungen des Universums." Andere Textstellen sind jedoch nicht so verblüffend. Da lehrt der oberste Engel Semjasa "das Schneiden der Wurzeln", ein anderer "Beschwörungen", wieder ein anderer "das Sternschauen", ein weiterer "die Astrologie", wieder ein weiterer "die Wolkenkunde", dann "die Zeichen der Erde..., der Sonne..., und des Mondes".[358] Es heißt auch, dass Donner und Blitz niemals getrennt sind, obwohl dies nicht stimmt, denn man hört den Donner erst nach dem Blitz und dieser entsteht durch die plötzliche Ausdehnung der vom Blitz erhitzten Luft. Schließlich heißt es im Buch Henoch eigentlich: "Denn wenn der Blitz blitzt, lässt der Donner seine Stimme erschallen." Also entsteht doch der Blitz zuerst und dann der Donner.

Aus dem Henoch-Buch soll auch hervorgehen, dass das irdische Jahr "genau 364 Tage"[359] hat, doch in Wirklichkeit sind es genau 365,25 Tage. Henoch rechnet vielmehr noch in alter Weise mit dem Mondjahr von 360 Tagen und 12 Monaten. Sein Lebensalter von 365 Jahren ist symbolisch die Folge späterer Erkenntnisse über das Sonnenjahr zu 365 Tagen.

Aus einem slawischen Henoch-Buch geht angeblich hervor, "wie Henoch Kontakt mit den Himmlischen bekam"[360] "Als ich 365 Jahr alt geworden war... erschienen mir zwei sehr große Männer... ihre Kleidung und ihr Gesang waren herrlich, ihre Arme wie goldene Flügel. Sie standen zu Häupten meines Bettes und riefen mich mit Namen", schreibt Däniken. Robert Charroux zitiert diese Textstelle etwas anders: "…ihre Augen glichen brennenden Fackeln (Lampen); aus ihrem Mund ging Feuer hervor; ihre Kleider ähnelten einer Verteilung von Schaum, und ihre Arme waren wie goldene Flügel am Kopfende meines Bettes."[361] Er schreibt nichts von singenden Männern. Karl-Heinz Bernhardt meint dazu: "Was an derartigen Kenntnissen geboten wird – vornehmlich im Interesse der Durchsetzung des am Sonnenjahr orientierten Kalenders – ist eine verwirrende Zusammenstellung nicht immer recht verstandener spätbabylonischer, ägyptischer, persischer und griechischer Astronomie und Naturerkenntnis, die in der Qualität weit hinter ihren Quellen zurückbleibt".[362]

Charroux glaubte schon 1965, "dass das Buch Henoch von Noah in die Arche mitgenommen wurde und auf diese Weise der Vernichtung entging"[363] und damit eine vorsintflutliche Herstellung dokumentiert. Kohlenberg meinte 1970, dass dieses "geheimnisvolle, erregende Buch",[364] eine "Spätfassung durch einen jüdischen Schriftgelehrten aus dem 6. Jahrhundert v. Chr." darstellt. Däniken wies 1977 darauf hin, "dass Henoch-Forscher den Kern des Buches EINEM Verfasser zuschreiben und einheitlich die Niederschrift ins letzte Drittel des zweiten VORchristlichen Jahrhunderts datieren",[365] dennoch "MUSS das alles VOR der Sintflut passiert sein."

Nun, "aus mancherlei Anspielungen auf geschichtliche Vorgänge und theologische Auseinandersetzungen ergibt sich für den Grundbestand des aus verschiedenen Quellenschriften zusammengestellten Buches eine Datierung in die erste Hälfte des 2. Jahrhunderts v. Chr."[366] Dadurch ist das Henoch-Buch nicht deshalb nicht in der Bibel, weil es "nicht 'heilig' genug"[367] war, sondern weil nach den "Prinzipien, nach denen der palästinische Kanon der alttestamentlichen Schriften zusammengestellt wurde... nur Schriften in hebräischer Sprache, deren Abfassung vor Artaxerxes I. (464 - 424 v. Chr.) lag"[368] aufgenommen wurden.

Das Henoch-Buch hat also vor 464 v. Chr. noch gar nicht existiert und wahrscheinlich erst 300 Jahre später wurden die wenigen Hinweise auf dieses Buch (Gen. 5,23 - 24 u. Judasbrief 14) in die Bibel aufgenommen. Von einer vorsintflutlichen Redaktion kann also keine Rede sein.

Ähnliches widerfährt dem Buch-Esra. Es soll "der rigorosen Zensur der Bibelkompositeure zum Opfer"[369] gefallen sein, wie Däniken meint. Er bemerkt, dass nur "ganze magere zehn Kapitel" im Alten Testament geblieben sind, wo doch in dem "uns vorenthaltenen vierten Buch" des Propheten, "zu viele technische und mathematische Einzelheiten" enthalten sind. Da wird eine Adler-Version geschildert, wonach dieser Vogel seine Flügel, von denen er bis zu sechs Stück hat, hervorholt und wieder verschwinden lässt, was – nach Peter Krassa – "eindeutig ein technischer Vorgang" ist und auf eine "Flugmaschine" hinweist.[370] Nur steigt dieser Adler eindeutig "aus dem Meer empor" und nicht vom Himmel herab.[371]

Was die "zehn Kapitel" betrifft, "ist tatsächlich der Befund noch ungünstiger. Was Esra als literarisches Werk zuzuschreiben ist, beschränkt sich auf seine 'Memoiren'. Von ihnen ist nur in Esra 7, 11 - 9, 5 ein von der Redaktion des chronistischen Geschichtswerkes bearbeitetes Bruchstück erhalten geblieben. Mit einiger Sicherheit können Esra also lediglich zwei 'magere Kapitel' zuerkannt werden. Auch das von der lateinischen Bibelübersetzung als zweites Buch Esra bezeichnete kanonische Buch Nehemia, das Däniken irrtümlich zu den Apokryphen rechnet, kann Esra nicht zugeschrieben werden, ebenso wie das apokryphe dritte Esra-Buch, das im wesentlichen nur eine griechische Übersetzung von Teilen des kanonischen chronistischen Geschichtswerkes bietet", schreibt Karl-Heinz Bernhardt.

Das "vierte Buch Esra" konnte nicht nur deshalb nicht in dass Alte Testament aufgenommen werden, "weil es unter der leicht durchschaubaren Fiktion in Umlauf gesetzt wurde, von dem bereits 500 Jahre vorher verstorbenen Esra verfasst zu sein, sondern vor allem, weil es erst kurz nach dem Tode Domitians, den der Verfasser des Buches als letzten römischen Kaiser (81 - 96) erwähnt, entstanden sein kann". Also reicht das Buch Esra nicht weiter als bis kurz nach 96 n. Chr. zurück und "um 100 n. Chr. erfolgte bereits der Abschluss des palästinischen Kanons". Es hat also die Aufnahme ins Alte Testament knapp verpasst.

Einen "neuerlichen Beweis dafür, dass nichtirdische Existenzen ein klar definiertes Interesse daran hatten, späteren Generationen Dokumente über ihre Anwesenheit und Notizen über das hinterlassene Wissen weiterzugeben",[372] sieht Däniken in der Anweisung des "Höchsten" wonach in 40 Tagen 94 Bücher niedergeschrieben werden sollten – tatsächlich sind dann nur 24 Schriften veröffentlicht worden. Warum nur 24 Schriften? Wollten uns die Außerirdischen doch nicht so viel Wissen hinterlassen?

Die Begründung der 40-tägigen Frist entspricht jedoch der "klassischen' Frist des vierzigtägigen Offenbarungsempfanges",[373] der wie bei Moses am Sinai (Ex. 24, 18) und bei Elia (1. Kön. 19, 8) eingehalten werden musste. Das schließlich nur 24 von 94 Schriften veröffentlicht wurden, "entspricht dem palästinischen Kanon des Alten Testaments, den wenige Jahre nach Erscheinen des vierten Esra-Buches die Synode von Jamnia verabschiedete. Die übrigen 70 Bücher, sämtlich Apokalypsen, sollen geheim bleiben und nur den Weisen zugänglich sein. Der Verfasser der Esra-Apokalypse gehört also selbst zu den 'rigorosen Bibelkompositeuren', die den alttestamentlichen Kanon auf 24 Schriften begrenzten!"

Auch das Verschwinden von Henoch und Elias "in einem feurigen Wagen in den Himmel"[374] wird präastronautisch gedeutet. Doch es ist so, dass in der Bibel (Gen. 5, 24) von Henoch lediglich berichtet wird, er sei von Gott "hinweggenommen" worden; und bei Elias, der "im Sturmwind gen Himmel fuhr" (2. Kön. 2, 11), jedoch später (2. Kön. 2, 16) von seinen Knechten bloß gesucht wurde, wird es eher so gewesen sein, dass er sich "in Wirklichkeit in eine einsame Gegend zurückgezogen hat, zur beschaulichen Ruhe, des endlosen Streites mit den Baalspriestern überdrüssig", schreibt Karl-Heinz Bernhardt.[375]

Eine besondere Beachtung findet bei Erich von Däniken die Abraham-Apokalypse. Er schildert sie immer eindrucksvoll in seinen Vorträgen mit Bildern aus dem Weltall und der Internationalen Raumstation, ISS. Abraham, so heißt es in der Apokalypse, wird "wie mit vielen Winden" zum Himmel hinaufgetragen. Dort gibt es ein "mächtiges Licht" in dem ein "mächtiges Feuer" brennt. Abraham bekam es mit der Angst zu tun. Er "wünschte auf die Erde niederwärts zu fallen", denn "der hohe Ort", auf dem er sich befand, stand bald "aufrecht da; bald aber drehete er sich abwärts..."[376]

Hier kann man vielleicht an eine Raumstation denken, die sich um die eigene Achse dreht, doch die Schilderung in der Abraham-Apokalypse scheint bei genauer Betrachtung doch nicht den Gegebenheiten in einer Raumstation zu entsprechen. Das Drehen und

Rotieren einer Raumstation, das zum Zweck des Aufbaus eines leichten Schwerefeldes, das dem irdischen Gravitationsfeld entspricht, geht sehr langsam und für die Besatzung kaum spürbar vor sich. Die "Himmelfahrt" Abrahams würde eher irdischen Fluggeräten entsprechen, doch auch das trifft nicht zu, denn Abraham STAND auf einem "hohen Ort". Er befand sich nicht IN einem "hohen Ort" und das "mächtige Licht", das "mächtige Feuer" deutet eher auf die Sonne hin.

Einige Forscher und Autoren fragen sich immer wieder, warum der für die katholische Glaubenslehre einzig gültige Gott im Alten Testament im Plural, in der Mehrzahl spricht und nicht im Singular, in der Einzahl. "Lasst UNS den Menschen machen" heißt es in der Genesis, in der Schöpfungsgeschichte der Bibel, Kapitel 1, Vers 26. Der Grund ist, weil das Alte Testament "zu der anthropomorphen Gottesvorstellung"[377] gehört, für die mehrere Naturgötter zur Schöpfung notwendig sind. Es sind also auch nicht mehrere Astronautengötter gemeint.

Den Behauptungen, dass es "zu Beginn aller Schrift den Singular 'Gott' überhaupt nicht gegeben habe"[378] und "ausschließlich" von "den Göttern", was "die in den Wolken Kreisenden" bedeuten soll, geschrieben wird, muss ebenso widersprochen werden. Es ist nämlich so, "dass der gemeinsemitische Begriff für Gott (*ilu*) bereits in den ältesten einschlägigen Dokumenten in Singular und Plural gebraucht wird. Etymologisch steht er in enger Beziehung zum akkadischen Verb *elu* mit der Bedeutung 'oben befindlich sein".[379]

Überhaupt ist die Bibel "kein Geschichts-, sondern ein prophetisches Buch, prophetisch nicht in unserem Sinne von 'voraussagend', sondern im biblischen Sinn von 'das Zeitgeschehen von Gott und auf Gott hin deutend".[380] Daher ist es wenig sinnvoll, aus der Bibel ausschließlich reale Geschehnisse herauslesen zu wollen. So ist z.B. der Auszug der Israeliten historisch nicht belegt. "Die moderne Archäologie hat durch Ausgrabungen in Ägypten, auf dem Sinai und in Israel nachweisen können, dass es den Exodus nie gegeben hat, er ist eine Sage, die gegen Ende des 7. vorchristlichen Jahrhunderts formuliert wurde. Eventuell auf Grundlage einer gesamtkanaanitischen Erinnerung an die Vertreibung der westsemitischen Hyksos aus Ägypten". Damit erübrigt sich jede Spekulation mit außerirdischen Intelligenzen während der Wüstenwanderung durch die Israeliten.

Es mag auch verlockend sein Jesus Christus, den Sohn Gottes im Neuen Testament, als eine außerirdische Erscheinung anzusehen, doch auch das hat keinen realen Hintergrund – außer einen theologischen. Wenn Jesus sagt, "mein Reich ist nicht von dieser Welt" (Joh. 18, 36), dann meint er nicht er käme von irgendeinem Ort im Weltall, sondern er meint das im übertragenen Sinn – auch wenn die Theologie diesen Ort in den Himmel versetzt. Der Himmel ist in der religiösen Vorstellung ein Ort der Glückseligkeit, ein Ort der Auserwählten nach dem Jüngsten Gericht.

Es gibt überhaupt starke Anzeichen, dass es einen Jesus wie im Neuen Testament geschildert nie gegeben hat. Der Geburtsort und das Geburtsjahr von Jesus waren den Urchristen unbekannt. Nazareth war im 1. Jahrh. v. Chr. nur eine Begräbnisstätte. Die christliche Zeitrechnung ist willkürlich festgesetzt und beruht auf einen Rechenfehler. Die Zahlenangaben zu seinem Alter, seinem Wirken, seiner Kreuzigung und seiner Auferstehung sind mythologisch begründet. Jesus ist die Personifizierung von Mond und Sonne, als sterbende und auferstehende Himmelskörper. Das älteste Textfragment, das Jesus als Christus erwähnt, ist der Galaterbrief des Paulus aus dem Jahre 54 n. Chr. Das älteste Evangelium, das des Markus, wurde erst knapp vor 70 n. Chr. verfasst. Sämtliche Geschichtsschreiber, die in der Zeit Jesu gelebt haben erwähnen keinen Jesus und auch keine Vorkommnisse um einen Prediger wie in der Bibel geschildert. Ob Jesus jemals gelebt hat ist einfach Glaubenssache, es bedarf keiner Beweise.[381]

Die biblischen "Wunder" lassen sich, wie wir gesehen haben, bei genauer Betrachtung, auf sehr irdische Weise erklären. Außerirdische Intelligenzen waren dabei ganz offensichtlich nicht im Spiel. Im Zeitalter der Raumfahrt, im 20. Jahrhundert, war es aber durchaus verständlich, bei der Suche nach Hinweisen auf Kontakte mit fremden Intelligenzen aus dem Weltall, auch diese Quelle zu durchforsten.

Die Zeitverschiebung in Mythen und Legenden

Relativistische Raumflüge im Altertum?

Dass die Götter die unendlichen Weiten des Kosmos beherrschen und bewohnen und für sie Zeit und Raum ohne Bedeutung sind, haben die Menschen schon sehr früh erkannt. Selbstverständlich müssen dann die Götter weit älter sein als die Menschen. Man dichtet ihnen eine ungeheure Zahl an Lebensjahren an, die heute mit "Weltraumaugen" anders gesehen werden als früher. Man spekuliert mit dem modernen Wissen, mit den Gesetzen der Physik und besonders mit der Zeitverschiebung.

Die inzwischen gut bekannte Zeitverschiebung, auch Zeitdehnung oder Zeitdilatation, die bei relativistischen Raumflügen entstehen würde, erkannte Albert Einstein (1879 - 1955) indem er sich fragte: "Was passiert, wenn man einem Lichtstrahl nachläuft?" Im Jahre 1905 veröffentlichte er die ersten Ergebnisse seiner "speziellen" und später, im Jahre 1916, die "allgemeine Relativitätstheorie". Nach Einstein weisen zwei Bezugssysteme verschiedene Zeiten auf, wobei die Zeitunterschiede umso größer werden, je schneller sich diese voneinander entfernen.

Für uns ist das insofern wichtig, da ein mit annähender Lichtgeschwindigkeit (im Vakuum 299.792,4562 km/s) reisendes Raumschiff, eine Zeitdehnung gegenüber dem Heimatplaneten ermöglichen könnte. Dies geht so weit, dass in einem Raumschiff, das mit 99,9999 % der Lichtgeschwindigkeit durchs Weltall reist, die Zeit etwa 707,10-mal langsamer vergeht als auf dem Planeten von dem es gestartet ist.[382] Dies würde bedeuten, dass im Raumschiff z. B. 50 Jahre vergehen, während auf dem Heimatplaneten inzwischen 35.355 Jahre vergangen sind. Je näher man der Lichtgeschwindigkeit kommt, umso größer wird der zeitliche Unterschied zwischen Raumschiff und Heimatplaneten – bei Lichtgeschwindigkeit wäre dann dieser Unterschied unendlich. Dies alles natürlich unter der Voraussetzung, dass ein Raumschiff diese Geschwindigkeit erreichen kann. Jedenfalls hat man in den vergangenen Jahrzehnten mit präzisen, atomar gesteuerten Uhren das Phänomen der Zeitdehnung weitgehend bestätigt und es ist sogar möglich, "den Einfluss der Bewegung auf den Gang einer Uhr in einem Rennwagen festzustellen, wobei dieser wenige Stunden lang 300 km/h fährt"[383] Angeblich soll in alten Schriften bereits das Phänomen der Zeitverschiebung beschrieben worden sein.

"In Mythologien wimmelt es von grandiosen Begebenheiten, die erst seit Albert Einsteins Relativitätstheorie verständlich sind", schreibt Erich von Däniken und er zitiert gleich eine solche Mythe: Die Geschichte von "Inselkind" aus der "steinalten Überlieferung Tango-Fudoki" aus Japan.[384]

Zu Beginn des 8. Jahrhunderts n. Chr. wurden diese "steinalten" Mythen der Japaner "in zwei wichtigen Werken gesammelt: dem 'Kojiki' oder 'Berichte von den alten Dingen' und dem 'Nihongi' oder 'Japanische Chroniken'. Beide Werke hatten es sich zum Ziel gesetzt, die Mythen aus der Zeit vor dem 8. Jahrhundert zu sammeln". Im Nihongi finden wir die Legende von "Feuerlicht und Feuerschatten" oder "Urashima von Mizunoe".[385]

Die Legende berichtet von dem Fischerjungen Urashima, der von einem schönen Mädchen, das sich aus einer Schildkröte verwandelte, auf eine wundersame schöne Insel, die mit Perlen übersät ist und an deren Bäume Edelsteine hängen, gebracht wird. Urashima verlebte dort drei volle Jahre mit seinem Mädchen, doch dann drückte ihn das Heimweh. Nur mit Widerwillen lässt das Mädchen Urashima wieder in die Heimat und gibt ihm eine

Kammschatulle mit, die er allerdings niemals öffnen darf, sonst findet er nicht mehr auf die Insel zurück.

Als er in seinem Heimatdorf angelangt war, erkundigte er sich nach seinen Eltern, doch man wusste nichts von ihnen. Man wusste nur mehr, dass vor ungefähr dreihundert Jahren ein gewisser Urashima ins Meer hinausgefahren war und seitdem verschwunden ist. Als Urashima voller Verzweiflung die Kammschatulle doch öffnet, entweicht daraus ein feiner Nebel und er erkennt sein Missgeschick und schreit seine Liebe hinaus. Schließlich läuft der unglückliche Urashima wie ein Irrer hin und her und stampft mit den Füßen auf den Boden.

War dies eine Zeitverschiebungslegende, wo aus drei schließlich dreihundert Jahre werden? Die Legende endet mit den Worten: "Da wandelt Inselkind schluchzend umher. Seine bis dahin schneeweiße Haut wird von Runzeln durchfurcht, sein einst schwarzes und glänzendes Haar wird schlohweiß, schließlich stirbt Urashima." Er altert also buchstäblich von der einen Sekunde auf die andere und das ist eindeutig kein Beweis für eine Zeitdehnung, denn dabei treten derartige Effekte nicht auf. Die heimkehrenden Raumfahrer wären lediglich um einige Jahre älter geworden und würden ganz gut noch einige Jahre weiterleben.

Ähnliche Legenden finden sich bei vielen Völkern, meistens in Verbindung mit einem glückseligen Land oder einer glückseligen Insel. Manche Menschen haben Zugang dazu, wenn sie die Insel oder das Land jedoch wieder verlassen wollen, können sie das nur unter bestimmten Voraussetzungen, ansonsten müssen sie unweigerlich sterben.[386]

Die Iren z. B. kennen ein "Fernenland jenseits des Meeres".[387] Dieses Land "liegt weit entfernt und heißt MAG MELL, 'Land der Freude', oder TIR NA N-OG, 'Land der Jugend'. Dort sind die Jahrhunderte wie Minuten. Mit der Zeit ist alles Altern aufgehoben". Einmal nahm die Feen-Göttin Niamh, den Gottessohn Ossian "in ihrem gläsernen Boot nach Tir na n-Og mit. Während sich das Gesicht der Bevölkerung wandelt, verbringt Ossian dort dreihundert selige Jugendjahre. Im Laufe der Zeit erfasst ihn jedoch der Wunsch, seine Heimat wiederzusehen. Niamh stellt ihm ihr Zauberross zur Verfügung, gebietet ihm aber, den Fuß nicht auf die Erde zu setzen. Doch der Gurt reisst, der Sattel rutscht, so dass Ossian stürzt. Als er sich erhebt, ist er ein blinder Greis und seiner göttlichen Gaben beraubt". Hier ergibt sich wieder ein plötzliches Altern, das mit einer Zeitverschiebung nichts zu tun hat.

In den Mythen der Völker finden sich auch verschiedene Zahlenangaben über die Götterjahre und die Menschenjahre, die präastronautisch gedeutet werden. Aus den "alten geheimnisvollen Büchern KANSCHUR und TANDSCHUR", der chinesischen Mythologie, kann man – laut Däniken[388] – die folgende "Tabelle für die Zeitgesetze der Himmlischen" entnehmen:

	Erdenjahre	Götter-jahre	Lebens-dauer	Menschen-jahre
1. Himmel	50	1 Tag, 1 Nacht	500	9 000 000
2. Himmel	100	1 Tag, 1 Nacht	1 000	36 000 000
3. Himmel	200	1 Tag, 1 Nacht	2 000	144 000 000
4. Himmel	400	-"-	4 000	576 000 000
5. Himmel	800	-"-		2 304 000 000
Am Gipfel der Wünsche	1 600	-"-	10 000	9 216 000 000

Dazu schreibt Erich von Däniken: "Wenn im Reich der vier Großen Könige 50 Erdenjahre einen Tag und eine Nacht ausmachen, wie schnell muss sich dann ein Raumschiff bewegen, damit unter Berücksichtigung der Gesetze der Zeitdilatation ein Verhältnis von 50 Erdenjahren zu 24 Götterstunden entsteht?"

Nun, dazu kann man relativ leicht eine Antwort geben. Fünfzig Erdenjahre zu einem Göttertag ergeben ein Verhältnis von 1 : 18.250 (50 x 365 = 18.250). Wenn nun ein Raumschiff mit 99,9999 % der Lichtgeschwindigkeit fliegen würde, und dadurch eine 707,10-fache Zeitdehnung entstehen würde, würde ein Raumschiff für eine 18.250-fache Zeitdehnung etwa 99,9999999 % der Lichtgeschwindigkeit benötigen. Dies geht aber aus der obigen Tabelle nicht hervor, denn die Zahlen lassen sich auf relativ einfache irdische Weise erklären.

Dazu möchte ich nochmals Erich Zehren zitieren: "Wie Tag und Nacht unaufhörlich abwechseln, wie Jahr auf Jahr abrollt, so rollen auch ganze Zeitalter dahin. Vor der Gottheit schrumpfen Jahre und Zeitalter zu Wochen und Tagen, ja zu Stunden zusammen… Der Mensch ist nur eine Eintagsfliege, und seine ganze Lebenszeit ist, gemessen an der großen Weltenuhr am Himmel, kaum von Belang: dies wussten bereits die Ägypter Ende des 3. Jahrtausends… Auch die Inder wussten ähnliches schon im ältesten Rig-Veda. Ein menschliches Zeitalter ist für Gott Indra nur ein Tag. Auch die Sumerer, die Babylonier und Assyrer wussten es, und in ihrer Symbolik mischen sich die Begriffe von Tag und Monat, Jahr und Zeitalter oftmals innig miteinander… In der Chronologie des Altertums erscheinen Zeitkreise von 350 bis 365 Jahren… Aus Vorstellungen von einem hundertfachen Kreislauf des Himmels entstanden schließlich Begriffe von der Dauer eines Zeitalters von 36.500 bis 36.525 Jahren… Nach dem Glauben der Ägypter tritt nach 36.525 irdischen Jahren die allgemeine Umwälzung des Himmels ein. Alle Gestirne kehren dann zu ihren Ausgangsstellungen bei der Schöpfung der Welt zurück", schreibt Erich Zehren.[389] Diese Zeitspanne wird "das große Jahr" (Annus Magnus) oder – nach Platon – "Platonisches Jahr" genannt.

"Durch eine verschiedenartige Unterteilung, die sich bis nach China nachweisen lässt, entstanden zahlreiche neue Lehren, die dann, in ihrer unheimlichen Verschachtelung, wiederum zu andersartigen Riesenzeiträumen von der Dauer Hunderttausender und Millionen Jahre gelangten", so Zehren.

So brauchen wir uns nicht mehr wundern, wenn in der vorhin angeführten Tabelle, die Zahl der Menschenjahre, "am Gipfel der Wünsche", 9.210.000.000 zu finden ist. Diese entstand durch eine einfache Rechnung: Im 1. Himmel ist die Lebensdauer der Götter gleich 9 Mio. Menschenjahre; im zweiten Himmel sind es viermal so viel, nämlich 36 Mio. Jahre; im dritten Himmel wieder viermal so viele Jahre, nämlich 144 Mio. Jahre; und ebenso im vierten Himmel gleich 576 Mio. Jahre usw. Die Erdenjahre verdoppeln sich bei jedem Himmel bis zum Gipfel der Wünsche, wobei die Lebensdauer der Götter (bis auf den 5. Himmel) immer das Zehnfache beträgt. Alles also eine einfache Rechnung ohne einen Hinweis auf die Zeitdehnung. Besonders zu bemerken sei hier noch einmal, das von Erich Zehren geschriebene, nämlich das Tausend- bis Millionenfache des irdischen Jahres.

Auch die Rechnungen der iranischen Parsen[390] haben demnach nichts mit der Zeitdehnung zu tun, denn sie sind nach den Saturnjahren von 29,5 Erdenjahren ausgerichtet. Ein Saturnumlauf um die Sonne entsprach einem Tag, "30 solcher Tage ergaben einen Monat – gleich einem Zeitraum von 885 Erdenjahren. 12 solcher Monate entsprachen einem Jahr, und das sind dann 10.620 Erdenjahre", nach Erich von Däniken. "Die erste Monarchie, die aus dem Himmel regierte, soll über 100 Zad bestanden haben. Das muss nach meiner Rechnung eine Zahl mit 25 Ziffern sein", meint er.

Nun, fast alle Völker betrieben dieses astronomische Zahlenspiel und so ist es nicht verwunderlich, wenn z. B. die Sumerer eine fünfzehnstellige Zahl kannten: nämlich 195.955.200.000.000. Diese Zahl ist durch 4 und durch 9 teilbar, wie die Jahreszahl 360. Andererseits heißt es in den sumerischen Überlieferungen, die Götter haben 28.800, 36.000, 64.000 bzw. 43.200 Jahre regiert. Auch das wird als Hinweis auf die Zeitdehnung angesehen. Wenn wir annehmen, dass mit diesen Zahlen Erdenjahre gemeint sind, dann würde ich gerne den Menschen kennenlernen, der diese Zeit miterlebt und mitverfolgt hat. Oder sollen vielleicht hunderte Menschengenerationen diese Regierungsjahre aufgezeichnet haben? Allein diese vier Regierungszeitspannen umfassen insgesamt einen Zeitraum von nicht weniger als 172.800 Jahren (!) – und es gibt noch mehr sumerische Könige der Urzeit.

Man könnte annehmen, dass ein raumfahrender Gott auf der Erde gelandet ist, nach einiger Zeit weggefolgen ist, und vielleicht nach 36.000 irdischen Jahren wiedergekommen ist. So wären die Überlieferungen halbwegs mit der Zeitdehnung in Einklang zu bringen. Nur ist das bei genauer Betrachtung der Aufzeichnungen EINDEUTIG nicht der Fall, da es in den sumerischen Texten klipp und klar heißt, dass die Urkönige Alulim und Alalgar in Eridu 28.800 und 36.000 Jahre REGIERT haben[391] – desgleichen auch die anderen Urkönige mit ähnlichen Regierungsjahren. Die sumerischen Könige waren demnach die ganze Regierungszeit hier auf der Erde und so ist eine Zeitdehnung nicht möglich.

Die angegebenen Zahlen sind außerdem durch das 360-tägige irdische Mondjahr teilbar und man könnte ebenso annehmen, dass die sumerischen Gottkönige lediglich 80, 100 oder 120 Jahre lang regiert haben und demnach nicht wesentlich länger als ein gewöhnliches Menschenalter (28.800 : 360 = 80, 36.000 : 360 = 100 und 43.200 : 360 = 120 usw.). Die 9 Millionen Menschenjahre in der Tabelle ergeben sich aus den Rechnungen: 9.000.000 : 360 = 25.500 : 500 (Lebensdauer) = 50 (Erdenjahre), oder 36.000.000 : 360 = 1.000.000 : 1000 (Lebensdauer) = 100 (Erdenjahre), oder 144.000.000 : 360 = 4.000.000 : 2000 (Lebensdauer) = 200 (Erdenjahre), usw.

Der Ingenieur Karl Lawat[392] kam im Jahre 1978 zu der Ansicht, dass in den sumerischen Regierungszeiten Wiederholungen und ein gemeinsamer Nenner enthalten sind. "Alle angeführten Zahlen der Königsliste 'WB 444' lassen sich durch 7200 teilen. Wenn eine Periode 7200 entspricht, hätte König Alulim vier Perioden (28.800 Jahre) regiert", meinte er. Erich von Däniken schrieb dazu: "Es liegt eine Gesetzmäßigkeit vor!" und folgert: "Die Regierungsjahre der vorsintflutlichen, himmlischen Könige von Sumer waren keine Erfindungen".

Nun, wenn sich in den sumerischen Regierungsjahren der Urkönige eine Gesetzmäßigkeit – also ein gemeinsamer Nenner – ergibt, dann ist das noch lange kein Grund, diesen nicht als reine Erfindung zu betrachten. Ing. Lawat hatte richtig erkannt, dass in diesen Zahlenangaben ein gemeinsamer Nenner liegt, nur der den er angibt (7200) dürfte nicht in Frage kommen. Vielmehr lassen sich die sumerischen Zahlenangaben ebenso durch den wesentlich realistischeren Wert 360 (7200 : 2 = 3600 : 10 = 360) teilen: diese Zahl ist offenbar die einzige, die nicht erfunden, sondern erkannt wurde – nämlich durch das irdische Mondjahr.

Es heißt auch in der Königsliste "WB 444", dass die Könige vor der Sintflut insgesamt 456.000 Jahre regierten. Diese Zahl ist durch 30 teilbar – also etwa dem irdischen Mondmonat von 29,5 Tagen (entsprechend den Mondphasen) gleich. Wenn nun ein Götterjahr einem Erdtag entspricht, dann hätten die Könige insgesamt 456.000 Erdentage regiert: was einer Zeit von 15.200 irdischen Monaten oder 1266 Erdenjahren plus 8 Monaten entsprechen würde. Da sich die Sintflut wahrscheinlich um 2600 v. Chr. ereignet hat, kommt man nach dieser Rechnung, mit 1266 Jahren, auf die Zeit 3766 v. Chr. Das wäre schon eine realistischere Zeit, doch die Anfänge Sumers gehen höchsten bis zur Mitte des 4. Jahrtausends v. Chr. zurück.

Durchaus verständlich ist auch, dass die Regierungsdauer der jeweiligen sumerischen Könige nach der Sintflut abgenommen hat. Bei Enmenluanna waren es z. B. noch 43.200 Jahre, bei Utnapischtim nur mehr 126 Jahre und bei Sabu nur noch 14 Jahre. Dies war deshalb der Fall, da die Könige ihre "Unsterblichkeit" in der Folge verloren hatten.[393] "Da sich das Hauptgewicht ihres Wirkens auf weltliche Dinge verlagert hat und sie daher ihre priesterliche Unschuld verloren haben, sind sie sterblich, sind sie Menschen unter Menschen geworden", schreibt Helmut Uhlig.[394]

Zu erklären wäre hier noch, wie die verschiedenen Völker zu den 9000 Jahren oder auch 9 Millionen Jahren gekommen sind. Der Ursprung ist auch hier in den alten Vorstellungen des 360-tägigen Mondjahres zu suchen: dies lässt sich nämlich in 40 Wochen zu je 9 Tagen teilen. Erst später entstand im 365-tägigen Sonnenjahr die Unterteilung in 52 Wochen zu je 7 Tagen – mit einer kleinen Differenz. So entstand aus der magischen Zahl 9 die ebenso magische Zahl 7 und "so musste die Lehre vom tausendjährigen Wochentag Gottes geradezu zwangsläufig neben der siebentägigen Woche die alten Begriffe von einer neuntägigen wachrufen. Nicht siebentausend, sondern neuntausend Jahre war die Woche der Gottheit lang",[395] schreibt Erich Zehren über die Wiedereinführung der 9000-jährigen Schöpfung im alten Griechenland (siehe Platon). Logischerweise wurden aus diesen kalendarischen Zahlen manchmal sogar 9 oder 7 Millionen Jahre.

Ähnlich ist es auch in der Bibel, wo der erste Mensch, Adam, ein Alter von 930 Jahren erreicht, Set 912 Jahre, Enosch 905 Jahre, Kenan 910 Jahre, Mahalaleel 895 Jahre, Jared 962 Jahre, Methusalem 969 Jahre, Lamech 767 Jahre und Noah 950 Jahre. Ordnet man diese Zahlen in absteigender Reihenfolge, von Adam bis Lamech, dann erkennt man hier den Übergang vom Mondjahr zum Sonnenjahr. Dies bestätigt auch das angegebene Lebensalter von Henoch mit 365 Jahren. Henoch ist also eindeutig eine jüngere biblische Erscheinung.

Aus all diesen Ausführungen haben wir jedenfalls gesehen, dass sich aus den Überlieferungen und den Mythologien der Völker kein Hinweis auf die Zeitdehnung ergibt und dass es sich einerseits um sagenhafte Erzählungen im Zusammenhang mit einem lang andauernden glückseligen Zustandes an einem bestimmten Ort handelt, und andererseits um Zahlenspielereien, die zum Verständnis der Welt notwendig waren.

Das Gold der Götter in Ecuador

Die Suche nach der "Metallbibliothek"

In Ecuador, in der Provinz Morona-Santiago, soll es – nach zahlreichen Berichten von Forschern, Abenteurern und Sachbuchautoren in den vergangenen Jahrzehnten – eine Höhle geben, in der Kunstwerke und Gebrauchsgegenstände und eine Bibliothek aus seltsamen Metallplatten, von einer uralten Kultur existieren sollen. Jener, der diese Höhle und die Gegenstände entdeckt haben will, ist der Abenteurer und Forscher Juan Moricz. Im Jahre 1969 ist er mit einigen Freunden unter der Führung eines Indianerhäuptlings in die Höhle eingedrungen. Die Teilnehmer dieser Expedition erklärten sich – auf Anweisung von Juan Moricz – daraufhin schriftlich einverstanden, keine Auskünfte über diese Höhlenbegehung und auch nicht den Ort derselben an die Medien oder an die Öffentlichkeit weiterzugeben.

Dennoch kam die Geschichte ans Tageslicht und 1971 Erich von Däniken zu Ohren. Er kontaktierte Juan Moricz und dieser erzählte ihm diverse Einzelheiten, die er aber angeblich nicht vollständig veröffentlichen durfte. In seinem Buch *Aussaat und Kosmos*, erschienen 1972, schildert Erich von Däniken dann doch vielleicht etwas zu viel, denn Moricz war verärgert, als er das Buch zu Gesicht bekam. Jedenfalls wurde dadurch die Geschichte der breiten Öffentlichkeit bekannt. "Mir ist, nach langen kritischen Betrachten, schleierhaft, welches Material eine Konsistenz hat, die das Aufrechtstehen so dünner und großer Folien ermöglicht. Sie stehen nebeneinander wie gebundene Blätter von Riesenfolianten. Jede Tafel ist beschriftet, trägt Stempel, ist gleichmäßig von einer Maschine bedruckt", berichtet Däniken enthusiastisch, nachdem er diese "Blätter" angeblich in der Höhle gesehen hat. Es soll genau eine "Bibliothek aus Metallplatten, teils Platten, teils millimeterdünne Metallfolien, die meisten in der Größe von 96 x 48 cm"[396] sein. Im März 1972 soll das gewesen sein[397] und es "könnte eine Sciencefiction-Story sein, wenn ich das Unglaubliche nicht gesehen und fotografiert hätte",[398] schrieb damals Erich von Däniken und er präsentierte der Öffentlichkeit die Bilder von seiner angeblichen Höhlenbegehung.

Gemeinsam mit Juan Moricz betrat er, seinen Angaben nach, die Höhle: "Helmscheinwerfer und Taschenlampen blitzten, vor uns reißt das Einstiegloch seinen Schlund auf. An einem Seilzug, der 80 m in die Tiefe führt, gleiten wir auf die erste Plattform herab; von dort aus geht es noch zweimal 80 m tief nach unten. Der Marsch in die Jahrtausende alte künstliche Unterwelt einer fremden, unbekannten Rasse beginnt."[399] Dort will Däniken einen "zoologischen Garten der Verrücktheiten… aus reinem Gold"[400] gesehen haben. Ein "aus einem Stein gemeißeltes Skelett" mit "zehn Rippenpaaren".[401] Auf einer Steinplatte die Darstellung eines Dinosauriers, einen kleinen Clown aus Ton und einen seltsamen Kuppelbau aus Stein.[402] Juan Moricz schätzte die Seiten der "Metallbibliothek" auf "einige tausend" und sie liegen angeblich in verschiedenen Höhlen[403] herum und sollen die Geschichte der Menschheit erzählen.

In seinem Buch *Aussaat und Kosmos* gibt Erich von Däniken, anhand einer Skizze,[404] annähernd die Lage der Höhle an. In der Nähe von Gualaquiza, Gral. Plaza und Yaupi, beim Rio Zamora und dem Rio Santiago, soll sie sich befinden, knapp an der Grenze von Ecuador, wo sich das Gebiet hinüber nach Peru erstreckt, "in der Provinz MORONA-SANTJAGO, im Dreieck GUALAQUIZA-S.ANTONIO-YAUPI".

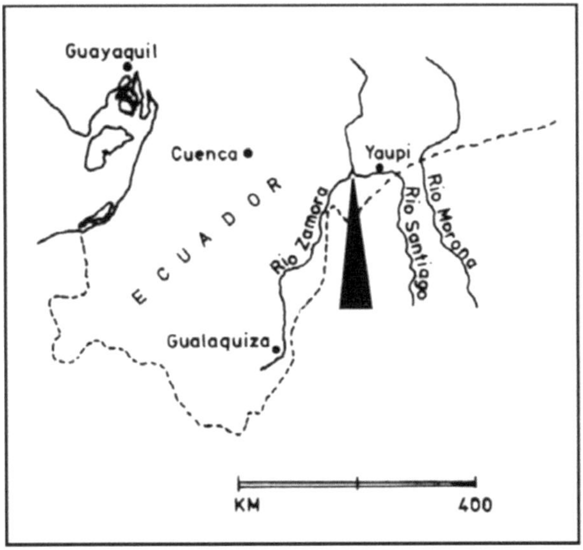

Abb. 63: Die Lage der Moricz-Höhle, der "Cueva de los tayos".

Ende 1973 gab es einen riesen Wirbel nachdem der *Spiegel* verkündete: "Er ist nie in den Höhlen gewesen"[405] und Däniken des Schwindels bezichtigte. Angeblich soll Däniken selbst gegenüber den *Spiegel*-Redakteuren behauptet haben, er sei "niemals in der von ihm genannten Gegend Ecuadors gewesen". Später behauptete er, der *Spiegel* habe derartiges nicht gedruckt.[406] Doch dort steht es schwarz auf weiß. Was war los? Erich von Däniken war damals schon sehr bekannt mit seinen Ideen von den "Göttern aus dem All" und es gab viele Neider und auch Gegner in der wissenschaftlichen Gemeinschaft. Und einige warteten schon darauf, ihn als Schwindler entlarven zu können. Und natürlich wollte der *Spiegel* eine Sensationsstory.

Den ganzen Streit hatte Juan Moricz entfacht, der ganz bestürzt war, als er die druckfrischen Exemplare von *Aussaat und Kosmos* in den Händen hielt, die ihm per Post zugesandt wurden. Däniken hatte zwar fünf Monate nach dem Treffen im März 1972, im August 1972, Moricz noch einmal besucht, und später versucht ihn zum Besuch auf der Frankfurter Buchmesse, zur Präsentation seines Buches, zu bewegen, doch Moricz sagte ab und dabei blieb es. Als Moricz nun das Buch vor Augen hatte waren er und sein Rechtsanwalt fassungslos: "Warum macht dieser Mann so krumme Dinger?"[407] fragten sie sich.

Am 4. März 1972 traf Däniken zum ersten Mal Juan Moricz.[408] Dieser berichtete nun den *Spiegel*-Redakteuren ganz entsetzt: "Ich habe ihm alles erzählt. Stunden-, tagelang hat er mich ausgequetscht." Er "wollte immer mehr hören. Er hat sogar mit 200.000 Dollar für eine Höhlenexpedition gewinkt".[409] Daraus wurde jedoch nichts, denn "eine Expedition zu den Höhlen im östlichen Ecuador hätte mindestens 14 Tage gedauert" und so viel Zeit hatte Däniken nicht. Er war "nur etwa eine Woche bei Moricz".

Stattdessen fuhr er mit seinem Reisebegleiter Franz Seiner, mit Juan Moricz und dessen Rechtsanwalt Peña Matheus, mit einem Jeep in einer "24stündigen Fahrt"[410] zu einem angeblichen "Seiteneingang" der Höhle, bei Cuenca. "Aber man konnte in diese Höhle nicht hinein, sie ist verschüttet", so Moricz. "Däniken kann lügen soviel er will, ich nicht." Denn "man braucht keine Ausrüstung, um sich das anzusehen, sondern kann mit Jackett und Krawatte dort hineinspazieren".[411]

In einem Dokument,[412] das Däniken besitzt, haben sich nämlich die Teilnehmer der Expedition zu der Höhle im Jahre 1969 verpflichtet, keine Auskünfte darüber an Zeitungen, Zeitschriften, Radiostationen, Fernsehsender oder andere Medien zu geben. Als Däniken dann die Höhlengeschichte veröffentlichte, fühlte sich Moricz übervorteilt, denn er wollte als Entdecker gelten und selbst die Tantiemen einstreifen. Und natürlich hatten auch die Teilnehmer der Expedition das Nachsehen. Umgekehrt hätte Moricz aber rechnen müssen, dass Däniken die Informationen weitergeben könnte. Jedenfalls versuchte er nun einen deutschen Rechtsanwalt einzuschalten, damit er zu seinem vermeintlichen Geld kommt.[413]

Nach dieser Kontroverse mit Juan Moricz war Däniken nicht mehr bereit die Höhle aufzusuchen. Er hätte es gerne getan, doch er konnte nicht. "Seit meiner 12-Seiten-Veröffentlichung über die Höhlen habe ich in Ecuador eine Menge Gegner. Ich bin doch nicht lebensmüde", meinte er damals. Peter Krassa zeigte sich verwundert über diese Vorgangsweise: "Ungeachtet aller Warnungen, Ecuador noch einmal aufzusuchen, um nicht der Willkür eines Juan Moricz zum Opfer zu fallen, kann mich schon deshalb Dänikens hartnäckige Weigerung, aus diesem Motiv heraus die Tunnels mit der Metallbibliothek noch einmal aufzusuchen, nicht voll zufrieden stellen. Handelt es sich lediglich um die Sammlung von Metallfolien mit den rätselhaften Schriftzeichen – an sich schon Beweis genug – so würde ich darüber hinwegsehen. Däniken aber will in dem unterirdischen Labyrinth 'ein Ding' entdeckt, ja 'gefühlt' haben, das – wenn er die Wahrheit sagt – schlechthin als 'der' Beweis anerkannt werden müsste".[414]

Der Rechtsanwalt von Juan Moricz schickte jedenfalls daraufhin jedem an der Höhlengeschichte Interessierten ein Schreiben, aus dem hervorgeht, dass Däniken nie mit Juan Moricz in der von ihm entdeckten Höhle war und die Version in seinem Buch *Aussaat und Kosmos* einer Erzählung von Juan Moricz entstammt. Wenn Däniken behauptet, er habe die Metallbibliothek und einen "zoologischen Garten der Verrücktheiten... aus reinem Gold"[415] gesehen, "dann ist das Lüge", meinte Moricz und weiters: "Wir haben ihm diese Dinge nicht gezeigt. Er mogelt sogar mit den Photos: Das Bild auf Seite 15 seines Buches... wurde schon bei unserer Expedition im Jahre 1969 aufgenommen, es zeigt einen von Wasser ausgewaschenen Höhleneingang; das auf Seite 20 abgebildete Amulett habe ich nicht, wie er schreibt, in einer Höhle gefunden".[416] Däniken soll auch nicht nach dem Abseilen in dreimal 80 m Tiefe, also 240 m, durch "schwärzeste Finsternis" geschritten sein. "Daran ist kein Wort war. Nur drei Minuten Marsch da unten ohne Licht, und man ist futsch",[417] meinte Moricz.

Dass sich Däniken nicht in die Höhle "abgeseilt" hat, bestritt er auch in einem Interview für die BBC im Jahre 1979 nicht.[418] Für ihn ist diese Schilderung nur ein "dramaturgischer Effekt, der die Tatsachen nicht verfälscht und diese Effekte müssen den Sachbuchautoren gestattet sein".[419] Er spricht auch einerseits "von einem Seiteneingang",[420] wo er 1972 gewesen sein will, andererseits soll das der "Haupteingang"[421] sein. Das Ganze ist tatsächlich ein Verwirrspiel. Däniken meint, die Bilder in seinem Buch "stammen ja von Moricz, hingegen die Orte wo wir gewesen sind, die haben wir ja gar nicht fotografiert. Wenn also Moricz sagt, ich bin nicht dort gewesen, wo die Bilder es zeigen, hat er recht.

Sagt er hingegen ich sei auch nicht mit ihm an einem Seiteneingang gewesen, dann lügt er". Auch Robert Charroux meinte 1979, dass Däniken lediglich bei "einem unwichtigen zweiten Eingang..." war, "den auch eine ganze Menge Einheimischer und ecuadorianischer Archäologen kannten".[422]

Schließlich geht es nicht darum, ob Däniken in einer Höhle in Ecuador war oder nicht, sondern, ob es dort tatsächlich die genannten Gegenstände gibt. Moricz und die anderen Expeditionsteilnehmer von 1969 wurden angeblich von einem Indianerhäuptling Namens Nayambi,[423] vom Stamm der Coangos, zu den Höhlen geführt, jedoch behauptete Moricz, es waren Bélas.[424] Moricz konnte nicht sagen, wann er zum ersten Mal die angebliche Bibliothek gesehen hat und wer ihn dort hingebracht hat. Ebenso konnte er nicht sagen, ob sich der "goldene Zoo" im selben Raum der "Bibliothek" befand und meinte, die "naturgetreuen Nachbildungen von Pflanzen und Tieren" seien "nur vergoldet". Er habe auch die "Metallfolien" nicht gezählt und nicht vermessen; er gab jedoch an, dass die Zeichen darauf "von Kulturen des untergegangenen Atlantis stammen". Die Behauptung, dass die "Metallbibliothek" eine "chronologische Aufzeichnung der Menschheitsgeschichte" enthält, stamme nicht von ihm, sondern von seinem indianischen Führer. Moricz konnte auch kein Beweisstück für seine Behauptungen mitnehmen, denn die dortigen Indianer hätten ihn sonst umgebracht. Warum er schließlich doch mit heiler Haut davongekommen ist, habe er der "Gutartigkeit" dieser Leute zu verdanken, die diesmal eine "Ausnahme" gemacht hatten.

Der Museumsdirektor Crespo Toral wollte damals sein Museum Juan Moricz zur Verfügung stellen, falls dieser die sagenhaften Metallfolien und die goldenen Tiere herbeischaffen würde. Nichts dergleichen ist geschehen. Ebenso vergebens versuchte der US-Produzent James Mobley, Juan Moricz 1973 für einen Film über die Höhlen zu gewinnen und zur Preisgabe des angeblichen Schatzes zu bewegen. Moricz verlangte 50.000 Dollar plus 1000 Dollar pro Expedition – und weigerte sich dann doch."[425]

Auch Landeskundige wie der Ing. Augustin Paladines von der Nationalen Direktion für Geologie und Bergbau erklärten damals eindeutig, dass die Höhlen mit Sicherheit auf natürliche Weise entstanden seien. "Mindestens ein Dutzend Höhlen im Osten Ecuadors hat der Josephiner-Pater Pedro Porras, Archäologie-Professor an der Katholischen Universität in Quito, während der letzten 25 Jahre erforscht. Aber nirgendwo entdeckte er in der Unterwelt Zeichen von Menschenwerk: "Absolut nichts, keine bearbeiteten Steine, keine Wandmalereien, keine Tonscherben, noch nicht einmal Rauchspuren. Im Archäologischen Museum in Quito gibt es nicht ein Stück, das in den Kalksteinhöhlen des Oriente gefunden worden wäre."[426]

Im Jahre 1976 organisierte der schottische Hobbyarchäologe Stanley Hall eine umfangreiche Expedition zu den Höhlen. An der Expedition beteiligt waren acht britische Höhlenforscher, mehrere andere Experten, britisches und ecuadorianisches Militärpersonal, ein Filmteam und der ehemalige Mondastronaut Neil Armstrong wegen seiner schottischen Vorfahren. Sie konnten jedoch an den Höhlen nichts Künstliches erkennen und auch keine künstlichen Gegenstände finden. Neil Armstrong stieg schließlich nicht in die Höhle hinab, weil er am Eingang ausgerutscht war und dann keine Lust mehr zum Betreten derselben hatte. In einem Brief an Erich von Däniken, datiert mit 24. Februar 1977, schreibt er: "Es ist mir zugetragen worden, dass verschiedene Artikel in Deutschland und Argentinien verbreitet worden sind, die über die Expedition im Zusammenhang mit ihrer Theorie sprechen. Bilder sind veröffentlicht worden, die mich an Ort und Stelle zeigen. Ich bin von niemandem irgendeines Publikationsorgans befragt worden. Man hatte mich in Ecuador gefragt, ob ich in den Höhlen irgendetwas von einer höher entwickelten Gesellschaft gefunden habe und ich antwortete nein".[427]

GERARDO PEÑA MATHEUS
DOCTOR EN JURISPRUDENCIA
ABOGADO

APARTADO POSTAL 67
GUAYAQUIL-ECUADOR
SUD AMERICA
Direccion Cablegrafica: GEPENA
GUAYAQUIL

Mr.
Walter Hain
Austria

Guayaquil, April 25th 1979

Dear Sir:

In reply to your letter of the Ap. 4th I would like to inform you as follows:

1) It is a fact that Mr. Juan Moricz has discovered in Ecuador a subterranean world, formed by a system of tunnels, corridors, caverns and cyclopean stones in the depths of the earth. The existence and discovery of this astounding place was made public by Mr. Moricz on the 24th. June 1.969, when he formally denounced the existence of same to the Ecuadorian Government. It's reality has been proven occularly by traversing many kilometres of it, and by the taking of numerous photographs.

2) Mr. Moricz has also denounced the discovery in the interior of the tunnel system of a "Metalic Library" and of various arqueological objects etc., the existence of which has not as yet been proved of photographed by anyone else. An expedition is being prepared the goal of which is to penetrate the underground world and reach the site of this discovery. Unfortunately the preparations are paralised due to the distance and the difficulty in reaching the site of the caves (in the Amazonian Jungles) and the lack of material means.

3) Mr. von Däniken has never been with us to the site of the discovery, and the version published in the book "Aussaat und Kosmos" is the result of a narration to him made by Mr. Moricz.

4) Additional information, profusely illustrated can be found in the following publications:

a) Newspaper "El Telegrafo" of Guayaquil dated 28th. Sept. 1.969.

b) Newspaper "El Comercio" of Quito dated the 28th. Sept. 1969

GERARDO PEÑA MATHEUS
DOCTOR EN JURISPRUDENCIA
ABOGADO

APARTADO POSTAL 67
GUAYAQUIL-ECUADOR
SUD AMERICA
DIRECCION CABLEGRAFICA: GEPENA
GUAYAQUI

c) Magazine "Vision" of the 21st. Nov. 1.969
Page 60 B.

d) Magazine "Vistazo", Guayaquil December I.969

e) German Magazine "STERN" No. 41 of the 1st. Oct. 1.972, pages 152, 154, 156, 157.

f) German Magazine "STERN" No. 44 of the 19th. Oct. 1.972.

g) German Magazine "DER SPIEGEL" No. 12 of the 19th. March 1.973, pages 142 to 159.

h) Magazine "Vistazo", Guayaquil, February 1974.

5) I have personally proved the existence of the subterranean world, as I formed part of the " Moricz Expedition 1.969", that descended to the depths of the earth, and I believe that it constitutes an astounding discovery which borders on the fantastic.

6) Mr. Moricz has asked me to assure you that the rest of the objects discovered by him really exist, and that he considers them of the utmost historical and arqueological importance to mankind.

Thanking you for the interest that you have shown by requesting further details of these discoveries, and in the hope that to some extent your interest has been satisfied, I remain

Yours faithfully,

Abb. 64, 65: Der Brief vom Rechtsanwalt von Juan Moricz, Peña Matheus, an alle an der Höhlengeschichte Interessierte, vom 25. April 1979.

Nach einem Bericht von Ronald Story im amerikanischen *Sceptical Inquirer* vom Herbst/Winter 1977 über diese Höhle, setzte ich mich mit dem Archäologen Pino Turolla aus Florida in Verbindung. Dieser ist bereits im Sommer 1968 der Sache auf den Grund gegangen und hat im September 1969 auch die fragliche Höhle betreten. Sein Informant war der ehemalige Major der ecuadorianischen Armee Petronio Jaramillo-Abarca. In einem Tonband-Interview erzählte der Major dem Archäologen die ganze Geschichte von der "Cueva de los tayos", wie die Höhle dort heißt. Im Jahre 1980 hattte Pino Turolla die ganze Geschichte in seinem Buch *Beyond the Andes* veröffentlicht.[428]

Es begann schon 1941, als Jaramillo gerade zwölf Jahre alt war, und ihm ein etwa gleichaltriger Indianerjunge Namens Mashutaka von einer riesigen Höhle im Osten Ecuadors erzählte, in denen Vögel mit großen Augen hausen, die die dortigen Einwohner "tayos" nennen. Daher der Name "Cueva de los tayos", die "Höhle der Tayos". Jahre später, 1956, stieß Jaramillo, während einer Dschungel-Patrouille, wieder zufällig auf Mashutaka und dieser war nun bereit Jaramillo in die Höhle zu führen. Als sie in die Höhle eingestiegen waren, standen sie teilweise in Wasserpfützen und Jaramillo sah sich plötzlich in einer riesigen "Basilika", einem großen Gewölbe. Im Zentrum stand ein riesiger geschwungener Stuhl für gut sieben bis zwölf Personen. In einem Raum, der in Regenbogenfarben glänzte, lagen auf dem Fußboden verstreut Gegenstände aus gelbem Metall – andere waren gelbgrün. "Ich blickte sie näher an und sah, dass alle mit einer fremden Schrift versehen waren, manche wie moderne Kurzschrift", so Jaramillo.

In einem anderen Raum sahen die beiden mehrere steinerne Tiere wie Elephanten, Mastodons, Reptilien, Schlangen, Coyoten, Jaguare, Pferde und Vögel; sie waren ungefähr 30 cm groß. Eine braune Katze stand auf einem dreieckigen Sockel und hatte brillantene rote Augen. Im Zentrum des Raumes lag ein großer Kristallsarg von etwa 2,5 cm Stärke. Drinnen lag ein Skelett mit Gold bekleidet; es war ziemlich lang: 2,8 m. In einem dritten Raum sahen sie etwa acht Figuren – halb Mensch halb Tier. Sie hatten Flügel statt Arme und Elephanten-, Schweine- oder Hühnerbeine. In einer Ecke stand ein Kessel auf einem Ständer – beide aus gelbem Metall. Dahinter stand eine Figur von einem Mann mit einem Monsterkopf und goldenen Zähnen.

Ein weiterer Raum, etwa 20 x 20 m im Quadrat, war gefüllt mit Regalen aus gelbem Metall und auf diesen standen Bücher aus demselben Metall mit tiefen roten Rücken. Die Bücher maßen ungefähr 60 cm im Quadrat und waren etwa 30 cm dick. Die Seiten waren aus sehr dünnem grünlich-gelbem Metall und darauf waren Inschriften wie auf den Figuren in dem anderen Raum eingraviert oder eingepresst. Einige Seiten zeigten gerade oder gebrochene Linien, geometrische Figuren, Dreiecke, Trapezoide, Kreise und Halbkreise und Tangenten; mit anderen Worten, es waren geometrische Bücher. Im gesamten waren es etwa 200 Bücher, die einzeln etwa 50 kg wogen, so die Geschichte von Jaramillo.

Pino Turolla wollte es jedoch genau wissen und sich selbst vom Wahrheitsgehalt dieser Schilderung überzeugen. Er versuchte den fraglichen Höhleneingang genau ausfindig zu machen und so stieß er auf einen Artikel in der Zeitschrift *El Comercio* aus Quito, vom 28. September 1969, wo es heißt, dass Juan Moricz eine Höhle in der Region Oriente entdeckt habe, welche die Indianer "Cueva de los tayos" nennen und wo sich in verschiedenen von Menschenhand errichteten Stockwerken Gänge und Tunneln befanden, die mit Inschriften versehen waren. Pino Turolla fand daraufhin bald heraus, dass sich die fragliche Höhle in der Nähe der peruanischen Grenze, beim Rio Santiago, nahe der Militärstation Teniente Ortiz befindet.

Von Cuenca aus war dieser Militärstützpunkt über Land und Flüsse nicht unter zehn Tagen zu erreichen und so charterte Turolla mit einem Begleiter eine Cessna-Maschine nach Teniente Ortiz. Dort erhielten sie vom Leiter des Stützpunkts zwei indianische Führer, die die beiden in einem Kanu flussabwärts zu den Höhlen brachten. Während die beiden Indianer am Flussufer warteten, gingen Turolla und sein Begleiter einen unwegsamen Pfad nach und sie kamen – nach einer Nächtigung auf dem Weg – zu einer Lichtung, wo bereits drei zivile Polizisten auf sie warteten. Nachdem Turolla den Polizisten seine Genehmigung zur Besichtigung der Höhle zeigte, willigte der höherrangige Beamte ein, die beiden zum Höhleneingang zu führen – er nahm ihnen aber die Kameras ab.

Auf dem Weg dorthin erzählte ihnen der Polizeibeamte, dass es in der Umgebung keine steinernen Wände mit mysteriösen Inschriften und auch keine Ruinen gebe, und dass Moricz mit seiner Erzählung etwas übertrieben habe, denn es gibt nur einen Eingang. Dieser sah schließlich nicht überwältigend aus, wie sich Turolla überzeugen konnte. Die Öffnung war etwas aus dem Felsen geschnitten; sie sah wie ein eigenartig geformter Brunnen aus und sie war von Büschen und Bäumen umgeben. Ein tiefes Loch oder ein Schacht ragte in die Erde. Turolla leuchtete in die Öffnung, doch man konnte nicht in die Tiefe sehen, nur die Steine an den Wänden waren zu sehen. Von den Offizieren, die den Eingang bewachten, wurde eine provisorische Plattform errichtet und an deren Kante waren Seile befestigt, die in die Tiefe hinunter hingen.

Erst am nächsten Morgen stieg Turolla mit seinem Begleiter in die Höhle ein. Sie ließen sich an den Seilen etwa 60 m tief hinab und landeten schließlich am Boden des Schachtes, der etwa 15 bis 18 m breit war. Turolla sah sich nach Inschriften um, doch es war nichts zu sehen. Er sah auch keine künstlichen Gegenstände. Nichts was auf Menschenwerk hindeuten könnte war zu sehen. Keine Bibliothek, kein "zoologischer Garten", rein gar nichts, was den Schilderungen von Juan Moricz und Jaramillo entsprach. Auch die angegebenen Maße stimmen nicht. Die Höhle erstreckt sich bestenfalls einige hundert Meter in die Länge. Die komplette Höhle war rein natürlichen Ursprungs und man hörte Wasser plätschern und ein fürchterliches Gekreische von hunderten Vögeln. Der Archäologe war naturgemäß enttäuscht, doch er wollte dennoch wissen, wie es zu den phantastischen Erzählungen über eine "Metallbibliothek" in einer Höhle von Ecuador kommen konnte.

Schon zuvor, nach dem Tonband-Interview mit Jaramillo im Februar 1969, besuchte Turolla den bekannten Kuriositätenladen des Jesuitenpaters Carlo Crespi in Cuenca. Dort sah er die später durch Erich von Däniken bekannt gewordenen und auch von Jaramillo beschriebenen Gegenstände aus Ton, Stein und Metall und auch den "frühesten Kuppelbau".[429] In einem von Crespi als "Schatzkammer" bezeichneten Raum sah er die "Metallbibliothek". An den holzgetäfelten Wänden hingen tausende Metallgegenstände, und in Schränken und Schachteln jeweils etwa 4 bis 6 goldfarbene Metallblätter, an denen Reliefs von verschiedenen Tieren, Pflanzen, Pyramiden, Sterne, und Gottheiten zu sehen waren. Eine gelbe Metallplatte, 51 cm hoch und 13 cm breit, mit 56 Bildzeichen darauf, die der Pater für eine altägyptische Schrift hielt.

Nach dem Höhleneinstieg und dem Besuch bei Pater Crespi kam Turolla zu dem Schluss: "Viele der Objekte, die Jaramillo beschrieb, standen vor meinen Augen auf Crespis Regalen. Selbstverständlich war Jaramillo hier und sah diese Sammlung. Er verbrachte mehrere Jahre in diesem Gebiet." Crespis Sammlung wuchs stetig an und manche von den einheimischen Künstlern hatten sich in der Herstellung dieser Gegenstände aus moderner Bronze, Messing, Kupfer und Zinn ausgezeichnet entwickelt und dem gutgläubigen

Jesuitenpater angedreht. Der Pater zeigte Turolla sogar einen Schwimmer einer Toilettenspülung mit der Inschrift "république francaise", den er für einen uralten Gegenstand hielt.

Abb. 66: Pino Turolla im Kuriositätenladen von Pater Crespi im Jahre 1969.
Im Vordergrund der von Däniken publizierte "früheste Kuppelbau".

Zwei Forscher aus Kanada, Wolfgang G. Jilek und Louise M. Jilek-Aal, besuchten 1971 den Laden von Pater Crespi. Er überließ ihnen einen angeblich vergoldeten Gegenstand als Souvenir. Nach einer Analyse mussten die beiden Forscher feststellen, dass er nur aus Messing bestand. Auch die beiden Kanadier waren der Ansicht, dass der Pater mit fortgeschrittener Zeit ein Opfer seiner bekannten Theorie eines ägyptischen Ursprungs der präkolumbianischen Kunst geworden war.[430]

Der deutsche Buchautor Peter Kaufhold[431] ging im Jahre 1982, auf einer seiner Reisen nach Südamerika, den Spuren der Geschichten um diese Höhle in Ecuador nach. Er wollte vor allem wissen, ob Erich von Däniken mit seinen phantastischen Behauptungen Recht hat. Er betrat in Cuenca den Laden von Pater Crespi und fand dort ebenfalls die von Däniken publizierten Gegenstände.

Die Metallplatten waren so dünn, dass er sie mit zwei Fingern hochhalten konnte, was auch Däniken in seinem Buch *Aussaat und Kosmos* bemerkt, wenn er von "millimeterdünnen Metallfolien" schreibt. Kaufhold traf auch den Jesuiten-Pater und Archäologen Professor Porras im Institut der Katholischen Universität in Quito, der die Höhlen mehrere Jahrzehnte lang erforscht hat. Er zeigte Kaufhold einige Dias von einer Expedition aus dem Jahre 1976 in eine der Höhlen. Einen schachtartigen Eingang, eine riesige Halle, wo einige Leute zu sehen waren; vor einem torartigen Durchgang lagen tonnenschwere Steinquader herum; dann eine Halle, die einem Amphitheater glich, doch nirgends glasierte Wände. Die Höhle soll angeblich bereits 1500 v. Chr. von Menschen als Kultstätte benutzt worden sein. Noch vor kurzem stiegen die Indios regelmäßig zu diesem

Zweck in die Höhle. Die Bilder zeigten auch einen Altar aus Stein. Prof. Porras hat dort einige sehr alte Tonscherben gefunden, die aus vorchristlicher Zeit stammen sollen. Eine "Metallbibliothek" oder irgendwelche wertvolle Figuren hat Prof. Porras nicht gefunden. Letztlich konnte Kaufhold, aus terminlichen Gründen, die Höhle nicht aufsuchen und auch nicht betreten.

Der Wiener Buchautor und Illustrator Reinhard Habeck und der Kulturmanager Klaus Dona versuchten im Februar 2000 einige Gegenstände aus der Crespi-Sammlung und vor allem die "Metalltafeln" ausfindig zu machen, um sie in einer Ausstellung präsentieren zu können. Nach dem Tod von Pater Crespi im Jahre 1982 erwarb die Zentralbank von Ecuador in Quito einige Gegenstände, die sie für wertvoll hielt. Die Metallplatten waren nicht darunter. Diese landeten in einem Depot des dortigen Salesianer-Ordens, das für die Öffentlichkeit nicht zugänglich ist. Der Chefrestaurator des Museums der Bank, José Maldonado, verschaffte den beiden jedoch den Zugang und sie konnten anschließend im Hof des Salesianerklosters einige der noch vorhandenen Platten abmessen, fotografieren und filmen – und einige sogar für die im Jahre 2001 in Wien erstmals präsentierte Ausstellung "Unsolved Mysteries" mitnehmen. "Bei einigen konnte man selbst als Laie erkennen, dass es sich offensichtlich um Fälschungen handelt", schreiben die beiden später in ihrem Buch *Im Labyrinth des Unerklärlichen.*[432] Jene Stücke, die echt aussahen, wurden auf der Ausstellung präsentiert. Wissenschaftliche Untersuchungen davon liegen aber nicht vor.

Im Jahre 2005 unternahm Stanley Hall neue Anstrengungen zu einer Expedition in die Höhle. Er will inzwischen, nach der Beschreibung von Jaramillo, die tatsächliche Lage des Haupteingangs ausgemacht haben, die nicht in der Provinz Morona-Santiago, wie Moricz angibt, liegen soll. In seinem Buch *Tayos Gold: The Archives of Atlantis* [433] schreibt er, dass der Eingang etwa 150 km nordöstlich der Coangos-Höhle, am Nordufer des Rio Pastaza, innerhalb der Provinz Pastaza, östlich des Mount Sangay liegt – genau unter den Koordinaten 77° 47' 34" West and 1° 56' 00" Süd. Am 17. Januar 2005 informierte Hall in einem Schreiben die ecuadorianische Botschaft in London über die genaue Lage, um eventuell eine offizielle Expedition in Gang zu setzen, und weil er sich im Alter von 68 Jahren nicht mehr so sicher war selbst in die Höhle einsteigen zu können. Er wollte die Suche anderen überlassen. Im Jahre 2008 ist er allerdings verstorben.

Erich von Däniken erregte im Herbst 2007 in dieser Beziehung wieder einiges Aufsehen mit seinem Buch *Falsch informiert.*[434] Der Werbetext dazu versprach die Bekanntgabe der genauen Lage des "Haupteingangs" der Moricz-Höhle. Diese ist jedoch schon seit gut zwanzig Jahren öffentlich bekannt. Er selbst hat in *Aussaat und Kosmos* die richtige Lage der Tayos-Höhle anhand einer Zeichnung veröffentlicht. Sie liegt – wie schon zuvor erwähnt – zwischen Gral. (General) Plaza und Yaupi südlich von Yuquianza, unterhalb der Gabelung der beiden Flüsse Rio Zamora und Rio Santiago. Peter Kaufhold gibt in seinem Buch *Von den Göttern verlassen* die Lage noch genauer an: nahe dem Rio Coangos. Der Archäologe Pino Turolla war 1969 ebenfalls genau an diesem Ort, was aus seiner Reiseschilderung hervorgeht. Demnach liegt der richtige Höhleneingang auf 78°12'08.11" West und 3°02'58.38" Süd, was man mit Google Earth anfliegen kann. Halls Höhle auf 77°47'34" West und 1°56'00" Süd liegt etwa 130 km nördlich. Das ist nicht die "exakte Position der Metallbibliothek", wie Däniken meint und auch nicht die der Tayos-Höhle. Dort hat Neil Armstrong angeblich eine Höhle betreten, jedoch niemals die Tayos-Höhle.

Abb. 67: Die Lage der Tayos-Höhle und Halls Höhle.

Die ganze Höhlengeschichte ist, wie es aussieht, ein Konstrukt aus Tatsachen und Erfindungen einiger phantasievoller Abenteurer, Forscher und Autoren – ausgelöst wahrscheinlich von jugendlichen Schwärmereien. Die in der einschlägigen Literatur immer wieder publizierte "Metallbibliothek" gibt es im Sinne einer Hinterlassenschaft einer prähistorischen Kultur ganz offensichtlich nicht.

Die Chronik von Akakor

Relikte von Außerirdischen im brasilianischen Urwald?

Diese früher in der präastronautischen Literatur vielzitierte Geschichte um zwei unterirdische Städte im brasilianischen Urwald, in denen sich Relikte von außerirdischen Intelligenzen befinden sollen, ist eigentlich kaum noch nennenswert. Sie ist eigentlich spätestens durch Rüdiger Nehbergs Buch *Der selbstgemachte Häuptling*,[435] erstmals erschienen 1991, geklärt. Der Abenteurer und Survivalspezialist folgte den Spuren von Tatunca Nara, dem angeblichen Häuptling eines Indiovolkes Namens Ugha Mongulala, das im Besitz von Artefakten von Außerirdischen sein soll. Es stellte sich heraus, dass Tatunca Nara eigentlich Günther Hauck heißt, bei Coburg in Deutschland geboren wurde und immer wieder naive Touristen zu seinem angeblichen Volk im brasilianischen Urwald lockte. Wenn das auch nun feststeht, so schließt das nicht grundsätzlich aus, dass es in dem schwer zugänglichen und ausgedehnten Urwald Brasiliens, Hinterlassenschaften von Außerirdischen geben könnte.

Bekannt geworden ist der Deutsche unter dem Namen Tatunca Nara besonders durch den Soziologen und "Spezialisten für Indianerfragen" Karl Brugger, der in seinem 1976 erschienenen Buch *Die Chronik von Akakor,*[436] die Geschichte von Tatunca Nara veröffentlicht hat, und damit in Kreisen der Prä-Astronautik großes Aufsehen erregte. Was der angebliche Häuptling der Ugha Mongulala dem erstaunten Soziologen bei einem Treffen am 3. März 1972, in einer Bar in Manaus namens "Gracias á Deus" (Gott sei Dank) erzählt hat, klang zu ungeheuerlich, als dass man es glauben konnte. Der größte Teil der "Chronik von Akakor" berichtet von Kämpfen gegen die Weißen, die Spanier und die Portugiesen, den Gummisuchern, den Siedlern, den Abenteurern und den peruanischen Soldaten, doch das Unglaubliche begann schon 13.000 v. Chr., zu einer Zeit, als es noch keine Mayas, Inkas, Azteken oder Tolteken gab, und als zum zweiten Mal eine Landbrücke über die Beringstraße bestand und die Gletscher bis zur Mitte Nordamerikas reichten.[437]

Die Heimat der Fremden war "Schwerta", so die Chronik, "eine weit entfernte Welt in den Tiefen des Alls… bestehend aus vielen Planeten". Und es heißt, "dass sich die beiden Welten, diejenige unserer früheren Herren und die Erde, alle sechstausend Jahre begegnen. Dann kommen die Götter zurück". Damals "begann die goldene Zeit… und unsere geschickten Handwerker haben Abbilder der Götter geschaffen... Sie hatten einen zierlichen Körper von weißer Hautfarbe, blauschwarzes Haar; einen Oberlippen- und Kinnbart und waren verwundbare Wesen aus Fleisch und Blut. Aber das entscheidende Merkmal, das die Altväter von den Menschen unterschied, waren ihre sechs Finger und sechs Fußzehen, die Zeichen ihrer göttlichen Herkunft", berichtete Tatunca Nara.[438]

Laut der Chronik gründeten die Götter "den Stamm der Ugha Mongulala, was 'die Verbündeten Auserwählten Stämme' heißt" und "sie sind das einzige Volk weißer Hautfarbe auf dem Kontinent". Weiters übergaben die Götter dem Stamm ihre Städte und Tempel, die "eine Zeit von zwölftausend Jahren überdauert" haben, so auch die Hauptstadt Akakor, die noch kein Weißer gesehen hat und die vor 14.000 Jahren errichtet wurde. Die "Altväter", die von 13.000 bis 10.481 v. Chr., also fast 2500 Jahre bei den Auserwählten waren, sollen über ein Reich von 362 Millionen Menschen geherrscht haben.[439]

Akakor, die Hauptstadt, die "Festung Zwei", heißt es, "ist rechtwinkelig angelegt. Zwei sich kreuzende Hauptstrassen teilen die Stadt in vier Teile, entsprechend den vier

Weltecken unserer Götter. Das Zentrum ist ein weiter Platz mit dem Großen Tempel der Sonne und dem Steintor aus einem einzigen Block. Es ist genau nach Osten gerichtet, der aufgehenden Sonne entgegen und auf seiner Stirnseite mit symbolischen Abbildungen geschmückt. Ein göttliches Wesen hält in jeder Hand einen Stab, der in den Kopf eines Jaguars ausläuft. Das Haupt der Figur wird von einem Strahlenkranz mit Tierornamenten umrahmt. Auch auf ihrem Gewand befinden sich ähnliche Abbildungen. Fremde Schriftzeichen, die nur unsere Priester zu deuten vermögen, berichten von der Entstehungsgeschichte der Stadt. Alle Steinstädte, die von unseren früheren Herren errichtet wurden, besitzen ein solches Tor", erzählte Tatunca Nara. Das erinnert an Tiahuanaco, mit seinem berühmten "Sonnentor", das genau jene hier geschilderten Attribute aufweist.[440]

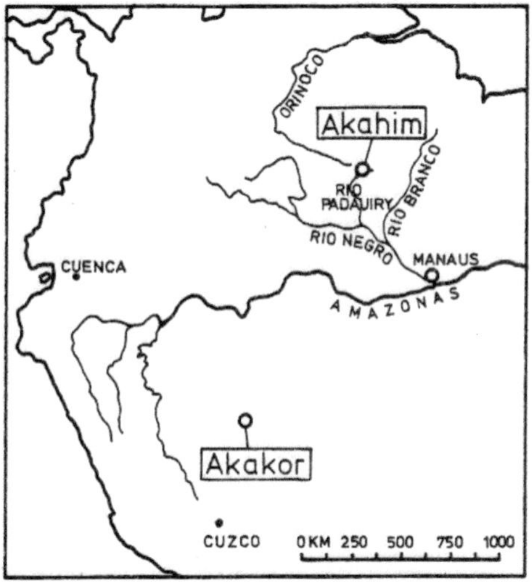

Abb. 68: Die Lage von Akakor und Akahim nach der "Chronik von Akakor".

Akakor liegt, nach der "Chronik von Akakor", etwa 600 km nordöstlich von Cuzco, nahe der Grenze zu Peru, beim Rio Branco, im Bundesstaat Acre.

Akakim, die "Festung Drei", liegt "in den Bergen an der Grenze im Norden zwischen den Ländern, die man Venezuela und Brasilien nennt.

Es gibt auch noch eine "Festung Eins", Akanis, die "auf einer schmalen Landenge in dem Land das man Mexiko nennt" lag, und zwar "dort wo sich die beiden Weltmeere berühren".[441]

Damals soll es noch weitere 26 Steinstädte gegeben haben, z. B. "Humbaya und Patite in Bolivien, Emin am Unterlauf des Großen Flusses und Gadira in Venezuela". Dreizehn Jahre nach dem Aufbruch der Götter, wurden diese Städte während einer großen Katastrophe zerstört, "dazu gehörten auch die Städte Salazere am Oberlauf des großen Flusses, Tiahuanaco an dem großen See und Manoa auf der Hochebene im Süden.

Dies waren die oberirdischen Städte die alle im Zentrum eine große Pyramide besaßen. Dreizehn weitere waren unterirdisch gelegen: so auch Akakor – ihr Grundriss entspricht dem Sternbild von Schwerta… Das Zentrum ist aber Unterakakor. Sie hat eine Ausdehnung von einigen Kilometern und in der Mitte den Tempel der Sonne.

Von hier aus beherrschten die Götter ihr großes Reich von 362 Millionen Menschen… Sie hatten Schiffe, schneller als ein Vogel fliegt. Schiffe, die ohne Segel und Ruder und bei Tag gleich wie bei Nacht an ihr Ziel gelangten. Sie hatten magische Steine, um in die Ferne zu blicken. Man sah Städte, Ströme, Hügel, Seen. Was immer auf Erden oder im Himmel geschah, es spiegelte sich darin".[442] Dies steht jedoch im krassen Widerspruch zur bekannten Geschichte, denn vor 12.000 Jahren gab es eine geschätzte Erdbevölkerung von 4 Millionen Menschen und zur Geburt Christi gab es erst etwa 250 Millionen.

Bemerkenswert ist, wie Tatunca Nara (alias Günther Hauck) das 3 Meter hohe und 4 Meter breite Sonnentor von Tiahuanaco, in der Nähe der Südküste des Titicacasees, wo eine Stadt lag, deren Grundriss auf zwei Prachtstraßen aufbaute, die in der Nähe eines Tempels in Form eines "T" aufeinandertrafen, und wo eine 17 Meter hohe Steinpyramide stand, in Verbindung mit den angeblich vor 15.000 Jahren gelandeten Göttern bringt. An der Stirnseite dieses Tores ist das Flachrelief eines katzenmäuligen, weinenden Gottes, der zwei Stäbe trägt, zu sehen. Es datiert wohl in die Zeit zwischen 1000 bis 300 v. Chr., in die damals dort herrschende Chavin-Kultur. Die Tempelstadt selbst wurde allerdings etwas später, im ersten Jahrhundert n. Chr., erbaut.[443]

Diese Datierung wurde auch schon früher angezweifelt. Der französische Archäologe Charles Wiener soll im Jahre 1876 gemeint haben: "Ein Tag wird kommen, da man von den klassischen Kulturen der Pharaonen, der Chaldäer und der Brahmanen sagen wird: Ihr seid zwar in unsren Büchern als die ältesten verzeichnet, aber die Wissenschaft beweist, dass die Vor-Inkakultur von Tiahuanaco mehrere Jahrtausende vor der euren bestanden hat."[444]

Und Robert Charroux meinte 1972: "Im Tertiärzeitalter vor ungefähr fünf Mio. Jahren, als noch auf unserem Planeten kein menschliches Wesen existierte… landete eines Tages ein wie Gold leuchtendes Raumschiff auf der Insel der Sonne im Titicacasee. Heraus stieg eine Frau mit einem kegelförmigen Kopf, großen Ohren und mit Schwimmhäuten versehenen vierfingrigen Händen. Ihr Name war Orejona ('die Großohrige') und sie kam vom Planeten Venus… wo es Wasser in Hülle und Fülle gab. Ein Stamm am Titicacasee hatte das Erbe Orejonas gehütet. Dies alles steht geschrieben auf dem Giebel des Sonnentores zu Tiahuanaco."[445] Die Venus ist jedoch, wie auch neueste Ergebnisse durch Raumsonden zeigen, kein günstiger Planet für außerirdisches Leben. Dort herrschen Oberflächentemperaturen zwischen 430 und 490 Grad Celsius und es gibt dort auch kein flüssiges Wasser. Höchstwahrscheinlich war das auch vor fünf Mio. Jahren nicht anders.

Dass sich der Planet Schwerta alle sechstausend Jahre der Erde nähert ist nicht so bedeutsam, wenn dieser mehrere Lichtjahre von uns entfernt sein soll. Denn wenn dieser dort um einen Stern kreist, dann würde er sich nur unbedeutsam um einige Mio. km der Erde nähern. So wie sich unsere Planeten manchmal, durch unterschiedliche exzentrische Bahnen, gegenseitig nähern, so können sich auch Sonnensystem innerhalb einer Galaxie einander nähern. Dies geschieht aber in einer Periode von 250 Mio. Jahren, weil unsere Sonne für einen Umlauf um das Zentrum unserer Galaxie diese Zeit benötigt. Eine Annäherung eines Planeten in einem fernen Sonnensystem kann daher im Sinne einer günstigeren Weltraumreise vernachlässigt werden. Es sei denn, es handelt sich bei Schwerta um einen Planeten in unserem Sonnensystem, doch da gilt das Gleiche wie beim "Zwölften Planeten".

"In der Stunde Null, 10.481 v. Chr. in der Zeitrechnung der Weißen Barbaren, verließen die Götter die Erde… Nur das Bild der Götter hatten die Auserwählten Diener im Herzen. Mit brennenden Augen blickten sie zum Himmel. Aber die goldglänzenden Schiffe kehrten nicht zurück. Leer war der Himmel. Kein Hauch. Kein Laut. Der Himmel blieb leer",[446] heißt es. Ist hier die Phantasie mit Tatunca Nara durchgegangen oder gibt es doch einen realen Hintergrund für diese Geschichte?

In Akakor, soll sich noch immer eine "Flugmaschine" befinden, die "die Form einer Tonrolle hat" und die "hoch wie zwei übereinanderstehende Männer und ebenso breit"[447] sein soll und "das seltsame Gefährt, das über Wasser und Berge gehen kann", eine "große versilberte Schale mit sieben langen Beinen, drei nach vorn und vier nach hinten, wie gekrümmte Bambusstangen, beweglich und an ihren Enden mit Rollen versehen". Und es soll noch anderes Interessantes im Tempelbezirk von Unterakakor geben.

Als im Jahre 1968 Sinkaia der Vater von Tatunca Nara starb, führte man Tatunca "am frühen Morgen kurz vor Sonnenuntergang" in die unterirdischen Räume von Akakor. Dort standen "vier Blöcke aus einem durchsichtigen Stein. Als ich mich ihnen in aller Ehrfurcht näherte", berichtete Tatunca Nara, "erkannte ich in ihnen vier geheimnisvolle Wesen. Vier lebende Tote. Vier schlafenden Menschen. Es waren drei Männer und eine Frau. Sie lagen in einer Flüssigkeit, die sie bis zur Brust bedeckte. In allem glichen sie den Menschen. Nur hatten sie sechs Finger und sechs Fußzehen".[448]

Es ist nicht verwunderlich, wenn diese Geschichte jeden Abenteurer, Naturforscher und besonders Anhänger der Theorien über außerirdische Intelligenzen anlockt. Zunächst soll die Indianerschutzbehörde FUNAI einen Versuch unternommen haben, die unterirdischen Anlagen zu betreten, doch das missglückte. Dann, am 25. September 1972, begab sich Karl Brugger zusammen mit Tatunca Nara und einem Fotografen auf dem Weg nach Akakor. Doch nach 18 Tagen, "am 13. Oktober", mussten sie nach einem Unfall mit einem Boot umkehren. Erich von Däniken wäre nicht der "Götterforscher", wenn er nicht brennend dieser Geschichte um Akakor nachgegangen wäre. Tatunca Nara versicherte im Sommer 1977: "Die Götter sind auf dem Rückweg hierher, denn das Summen in den unterirdischen Anlagen habe sich verstärkt."[449] Gemäß der Chronik, sei dies ein Zeichen für das baldige Eintreffen der außerirdischen Götter.

Anfang Juli 1977 machte sich Erich von Däniken, zusammen mit seinem langjährigen Sekretär Willi Dünnenberger und dem bekannten Sciencefiction-Autor Walter Ernsting (alias Clark Darlton, 1920 - 2005) auf dem Weg nach Manaus, um dort Tatunca Nara zu treffen. Das Unternehmen hätte mit zwei Helikoptern durchgeführt werden sollen. Tatunca Nara sollte Führer, Verbindungsmann und Dolmetscher sein, "denn er allein kannte die exakte geographische Position von Akahim" (die zweite Hauptstadt, Anm. v. Autor). Drei Monate zuvor – Mitte April – wurde Tatunca Nara vorausgeschickt und sollte spätestens Mitte Juni einen außerirdischen Gegenstand, als Beweis, nach Manaus bringen. Als er jedoch bis zum 15. Juli noch immer nicht auftauchte, entschloss sich Erich von Däniken nach Europa zurückzufliegen

In letzter Minute vor dem Heimflug kam Tatunca Nara doch und versicherte in Akahim gewesen zu sein; die Priester hätten ihm jedoch nicht gestattet einen Gegenstand der Götter mitzubringen. "Ich stehe nicht auf Ihrer Seite! Ich bin Angehöriger meines Volkes und kann mein Volk nicht verraten. Auch als Stammesfürst habe ich mich an geschriebene und ungeschriebene Gesetze zu halten", meinte Tatunca Nara. Er beteuerte jedoch, dass die unterirdischen Anlagen der Götter immer noch funktionierten und er gebe Däniken 130 Tage Zeit, ohne Helikopter nur zu Fuß und per Boot, Akahim aufzusuchen.

Nachdem sich Erich von Däniken Bedenkzeit erbat, kam am nächsten Tag ganz überraschend Tatunca Nara und verkündete, er werde nun einen Gegenstand als Beweis holen und erst dann wieder in die Zivilisation zurückkehren. Jedoch nichts dergleichen geschah und Däniken fuhr mit leeren Händen nach Hause. Etwas später wurde ein erneuter Versuch unternommen, die geheimnisvolle Stadt zu erreichen. "Nach unserer Zusammenkunft im Juli 1977", berichtete Erich von Däniken, "bemühte sich mein Freund Ferdinand Schmid, Ex-Swissair-Pilot... gemeinsam mit Tatunca den Stamm der Mongulala zu erreichen". Jedoch "die Natur war dagegen. Bei einem fürchterlichen Tropensturm kenterte das Boot; Nahrungsmittel, Munition und Treibstoff versanken auf Nimmerwiedersehen. Das Vorhaben musste ohne Tatuncas Schuld abgebrochen werden".

"Im Herbst 1978" starteten Tatunca und Ferdinand Schmid erneut einen Versuch Akahim zu erreichen. "Diesmal verkomplizierte sich das Unternehmen durch behördliche Auflagen und einen spektakulären Unfall...", wie Erich von Däniken berichtete.[450] Im Frühjahr 1979 streiften Tatunca und Schmid abermals durch den Dschungel, um nach Akahim zu gelangen. Während der Expedition tauchte ein anderer Indio auf und plötzlich wollte Tatunca aus unerfindlichen Gründen den Ex-Swissair-Piloten nicht zur geheimnisvollen Stätte geleiten. Auf der Heimfahrt gab es wieder einen Unfall mit einem Boot und das Unternehmen war abermals gescheitert.[451] Das war zu dieser Zeit der letzte Versuch die angeblich unterirdischen Anlagen von Akakor und Akahim zu erreichen.

Erich von Däniken sah aber die ganze Sache nicht als gescheitert, denn unabhängig von seinen Versuchen die Städte zu erreichen, gelang es zu dieser Zeit dem brasilianischen Archäologen Roldao Pires Brandao, der mit neun Mann ebenfalls auf der Suche nach Akahim war, im dichten Urwald, "am oberen Rio Padauiry", drei bewachsene "Pyramiden", die etwa 250 m hoch sind, zu fotografieren. Diese hatte jedoch Ferdinand Schmid schon 1978 fotografiert – sie sind nichts weiter als natürliche, pyramidenförmige Berge.[452]

Nach all diesen Verstrickungen um die seltsame "Chronik von Akakor" und der Unfähigkeit Tatunca Naras (alias Günther Hauck) oder auch Karl Bruggers einen Beweis für diese Geschichte zu liefern – und weil es auch bis heute keinen zwingenden Hinweise auf einen Gegenstand von Außerirdischen im brasilianischen Urwald gibt – dürfte es sehr unwahrscheinlich sein, dass wir dort noch fündig werden.

Schon 1981 hielt ich die ganze Geschichte um Akakor und Akahim für frei erfunden. Eine der Grundlagen der "Chronik von Akakor" könnte eine Sciencefiction-Geschichte von R. De Witt Miller aus dem Jahre 1937 sein. Die Story mit dem Titel "Within the Pyramid" ("Im Innern der Pyramide") beinhaltet die Entdeckung von unterirdischen Räumen in Südamerika, in denen "lebende Tote", Körper von vier prähistorischen Astronauten, umhüllt von durchsichtigen Sarkophagen, auf die Wiederkehr ihrer göttlichen Gefährten warten."[453]

Die Steine von Ica

Hinweise auf uralte medizinische Kenntnisse?

Die Steinsammlung des peruanischen Mediziners Prof. Dr. med. Javier Cabrera Darquea, sorgte in der Vergangenheit für heftige Diskussionen und diverse Meinungen um eine alte prähistorische Zivilisation und vermeintliche Hinweise auf frühe Kontakte mit außerirdischen Intelligenzen. In Ica, in Peru, hatte Dr. Cabrera eine eigenartige Sammlung von etwa 11.000 runden Steinen in verschiedenen Größen, mit merkwürdigen Gravuren darauf. Der Mediziner hütete sein MUSEO DE GLIPTOLITOS (die Touristen nannten es scherzhaft "Eierladen") wie einen kostbaren Schatz.

Auf den Steinen, den *piedras*, sind eigenartige Ritzzeichnungen, *grabados*, zu sehen, die Sterne, Kometen, Landkarten, Tiere, Fabelwesen, seltsame Gestalten, die mit merkwürdigen Geräten operieren und Dinosaurier in trauter Zweisamkeit mit Menschen zeigen.. Bilder also, die recht seltsam anmuten. Nicht nur Erich von Däniken zeigte ein reges Interesse an diesen Steinen, sondern auch Kreationisten, die hofften den biblischen Schöpfungsakt beweisen zu können. Dr. Cabrera selbst glaubte an eine versunkene prähistorische Kultur und meinte den Hinweis darauf auf seinen Steinen gefunden zu haben.

Etwa 1955 dürften die ersten Steine aufgetaucht sein und in den Jahren 1966 und 1967 erwarben das Marinemuseum von Callao und das Museum von Ica eine größere Anzahl von Steinen.[454] Damals fielen auch die ersten Steine Dr. Cabrera in die Hände.

Am 29. April 1973 war Robert Charroux, für den Dr. Cabrera "nicht nur der größte Entdecker des Jahrhunderts, sondern aller Zeiten"[455] war, im Museum des Mediziners. Er sprach mit Dr. Cabrera, der die Steine und ihre Gravuren auf 60 Mio. Jahre datierte und sah sich die Steine an. Charroux sah auf einem Stein einen Brachiosaurier, der vor 140 Mio. Jahren lebte und über diesen "eine Art Humanoiden mit Schwanz". Dr. Cabrera dagegen, als Mediziner und Chirurg, war der Ansicht, dass der "Kaiserschnitt" schon "vor 60 Mio. Jahren durchgeführt wurde", weil das auf einem seiner Steine dargestellt ist. Charroux stellte fest, dass diese Kenntnisse nur "hochentwickelte Ahnen",[456] die "Atlanter vor der Sintflut oder Initiatoren von einem anderen Planeten" vermitteln konnten. Er hielt das Alter von 60 Mio. Jahren jedoch für absurd und meinte, dass die Steine vor 11.000 bis 30.000 Jahren angefertigt wurden und stempelte gleich alle die daran zweifeln als Lügner ab.

Im Jahre 1976 besuchte Erich von Däniken den Mediziner Dr. Cabrera. Er wollte wissen: "Gibt es hier echte (alte) und gefälschte (moderne) Steingravuren?"[457] Als Dr. Cabrera meinte, es gebe in einem 26 km von Ica entfernten Dorf einige Fälscher, angelte sich Däniken einen Stein aus Cabreras Sammlung und fuhr dorthin. Mit diesem von Dr. Cabrera als "echt" bezeichneten Stein landete er schließlich in dem "winzigen Wüstenkaff" bei einem gewissen Basilio Uschuya, der einige der Steine angefertigt haben soll.

"Ich sagte ihm", berichtete Däniken, "dass ich einen seiner Steine kaufen würde, sofern ich dabei zusehen dürfe, wie er unter seinen Händen entstände" und weiter: "Der Meister angelte sich einen faustdicken Stein aus einem Korb, markierte mit einem Bleistift Linien darauf und begann, mit dem Rest eines Sägeblattes zu griffeln. Nach 40 Minuten drückte er mir den Stein mit den Umrissen einer Taube in die Hand. 'Stellen Sie auch Gravuren größeren Formats her?' fragte ich. Stolz lächelte der Steinmetz: 'Alle!'. 'Die großen Steine in Dr. Cabreras Sammlung zeigen komplizierte, historische Muster. Woher haben Sie all die Kenntnisse?'. 'Aus illustrierten Zeitungen!", meinte Uschuya.

Auf der Heimfahrt begann Däniken zu rechnen: "Cabrera besitzt 14.000 Steine, sein Nachbar weitere 11.000. Macht rund 25.000 Steine. Für die einfachen Linien der Taube braucht Basilio 40 Minuten… Bei den angenommenen 25.000 Steinen ständen 375.000 Arbeitsstunden in Rechnung, sofern man je Arbeitstag 12 Stunden ohne Pause zugrunde legt. 31.250 Arbeitstage ohne Unterbrechung. Der fleißige Fälscher der beiden Sammlungen hätte also 85 Jahre lang je 12 Stunden Arbeit pro Tag aufwenden müssen." Eine fast unmögliche Leistung, doch wenn "die Sippschaft mitwirkte, ist der Ertrag schon zu schaffen", meinte Däniken nach Abschluss seiner Rechnung.

Erich von Däniken hatte sich bei seiner Rechnung aber doch etwas verschätzt. Dr. Cabrera hatte keinen Nachbarn mit weiteren 11.000 Steinen, sondern Cabrera selbst soll etwa diese Anzahl von Steinen besessen haben, womit sich die ganze Anfertigungsdauer auf fast die Hälfte und unter der Mitwirkung der Sippschaft sogar auf ein Viertel, also auf etwa 20 Jahre, reduziert. Da die Steine anscheinend erstmals 1955 auftauchten, ist die gesamte Anzahl bis 1976 durchaus zu schaffen.

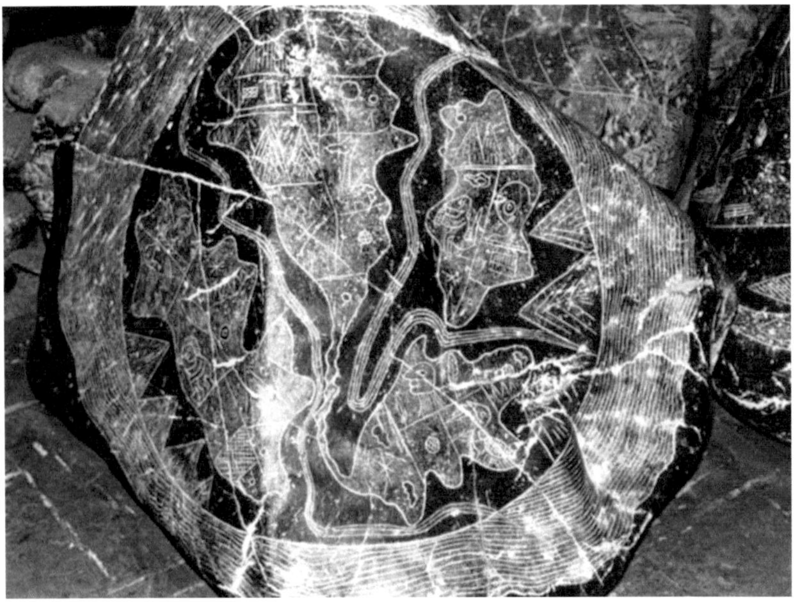

Abb. 69: Einer der großen Cabrera-Steine mit merkwürdigen "Landmassen", eine davon (rechts oben) soll der sagenhafte Kontinent "Mu" sein.

Auch Charroux stellte schon früher eine ähnliche Rechnung an und meinte, dass ein Bauer bei 11.000 Ritzzeichnungen, "über dreißig Jahr lang täglich zehn Stunden arbeiten"[458] hätte müssen – wobei er ebenfalls vergessen hat die Sippschaft mit in die Rechnung einzubeziehen.

Nachdem die Anfertigung der Steine doch in angemessenen und menschenmöglichen Zeiträumen zu schaffen ist, verlegte sich Däniken mehr auf die Deutung der

Ritzzeichnungen. Er meinte, dass "die Gravuren keinerlei Ähnlichkeit mit dokumentarischen Reporteraufnahmen haben"[459] und definierte: "Die moderne Chirurgie zapft, beispielsweise, Venen und Arterien an den Armen an. Auf den alten Steinen enden die Schläuche im Mund des Patienten. Wann je knipste ein Fotograph Vögel, die mit Pedalen gesteuert werden, und auf denen ein Wesen reitet? Wann je wurden feuerspeiende Drachen in unseren Blättern gedruckt? Wo traf ein Reporter auf Wesen, deren Kopf ein Heiligenschein umgab?"

Dass die chirurgischen Techniken auf den Steinen nicht mit den medizinischen Kenntnissen unserer Zeit übereinstimmen, beweist doch, dass die Steine Fälschungen sind – also von modernen einfachen Künstlern stammen. In Illustrierten und anderen Zeitschriften findet man sehr wohl Fabelwesen und merkwürdige feuerspeiende Drachen abgebildet.

Auch in prähistorischen Zeiten wird es wohl keine "Vögel mit Pedalen" gegeben haben, auf phantasievollen Bildern in Zeitschriften aber sehr wohl. Ebenso wird man in modernen – vorwiegend religiösen – Druckwerken manche "Wesen mit Heiligenschein" finden, obwohl es solche in der Realität nicht gibt.

Es bekommt, durch ein geologisches Gutachten von Dr. Eric Wolf, von der Minengesellschaft MAURICIO HOCHSHILD, aus dem Jahre 1976, die Ancient-Astronaut-Hypothese um keinen Beweis mehr, denn dort heißt es lediglich, dass die Steine Schichten entstammen, "die durch ausgeflossenes, vulkanisches Material gebildet worden sind, wie sie dem typischen Mesozoikum dieser Zone entsprechen". Es wurde lediglich das MATERIAL der Steine analysiert, das aus 200 Mio. Jahre alten Schichten stammt, nicht jedoch die Gravuren darauf. Vor ca. 80 bis 200 Mio. Jahren regierten die Dinosaurier auf der Erde; die ersten Menschenaffen erschienen erst 40 Mio. Jahre später. Daher ist es äußerst unwahrscheinlich, dass damals "EINDEUTIG Mensch und Dinosaurier in trautem Verein" lebten.[460]

Abb. 70: Eine seltsame Gestalt mit Lupe, die die Steine oder Fossilien untersucht. Im Cabrera-Museum mit erklärenden Ziffern versehen.

Für den Archäologen Dr. Henning Bischof, vom Völkerkundemuseum in Mannheim, sind die Cabrera-Steine ebenfalls Fälschungen, "die die Indios anfertigen, um sie für einige Soles (peruanische Währung) an Touristen zu verkaufen".[461] Dr. Bischof musste sich infolge seines Berufes eingehend mit Kunstfälschungen befassen – zumindest musste er dafür sorgen, dass solche nicht in seinem Museum landeten. Er ließ mitunter Kunstgegenstände vom Max-Planck-Institut für Kernphysik genau untersuchen. Dort wird mittels Thermolumineszenz-Analyse ein Gegenstand auf Herz und Nieren geprüft.[462] Bei Fälschungen aus Feuerstein oder Obsidian, kommt man diesen relativ leicht auf die Spur: "Beim Lagern im Boden entsteht durch die Aufnahme von Wasser an der Oberfläche kieseliger Gesteine eine Verwitterungsschicht ('Hydratationsrinde'). Diese Schicht nimmt im Laufe der Zeit so gleichmäßig zu, dass man durch die Messung ihrer Dicke eine direkte Aussage über das Alter des Steingegenstandes machen kann." Dr. Bischof musste also wissen warum er die Cabrera-Steine als Fälschungen bezeichnete, denn diese haben keine Hydratationsrinde.

Im Jahre 1977 fuhren Reporter der BBC-London zu Basilio Uschuya nach Ocucaje. Er arbeitete gerade an der Zeichnung einer Herzverpflanzung. "In wenigen Minuten entstand das typische Gesicht. Dann die inneren Organe des Patienten und schließlich die gitterförmige Schraffierung die auf allen Ica-Steinen wiederkehrt. In knapp einer Stunde war Basilio fertig – so wie bei seiner Vorführung Erich von Däniken gegenüber.

Um dem Stein ein verwittertes Aussehen zu geben, wird er eine Stunde in Eselmist gebrannt. Anschließend wird er noch mit Schuhcreme behandelt. Die Ähnlichkeit dieser Arbeit Basilios mit den Steinen der Sammlung von Dr. Cabrera ist nicht zu verkennen. Basilio behauptete auch nicht, dass seine Steine alt seien. Er gab zu, seine Ideen stammten aus Illustrierten und Kinderbüchern. So hattte er auch die Abbildung gefunden, die ihn zu der Herzverpflanzung anregte. Auf die Frage, ob er auch für Dr. Cabrera gearbeitet habe, behauptete er: alle Steine aus der Sammlung stammen von ihm.

Die Zeichnung des Herzen ist der Abbildung in Dänikens Buch tatsächlich sehr ähnlich. Basilio erkannte die Fotos in seinem Buch sofort wieder. Er sagte, er habe die Steine gemacht – auch jenen mit dem Gesicht. Basilio bestätigte auch, die Steine aus Dänikens Buch gehören zu den ersten, die er vor ungefähr zehn Jahren für Dr. Cabrera angefertigt hatte. Basilio bewahrte übrigens einen Zeitungsausschnitt mit dem Bild des Museums auf, dass Dr. Cabrera mit einem handschriftlichen Dank an ihn für seine Steine versehen hatte. Die Unterschrift ist deutlich zu erkennen", so der Bericht von Graham Massey, im Britischen Fernsehen.[463]

Dr. Cabrera gab auch einen seiner Meinung nach echten Stein den BBC-Reportern zur Untersuchung. Dieser Stein und ein anderer – neuer – Stein von Basilio wurden von Dr. R. Dearley, vom Institut of Geological Science, London, anschließend genau untersucht. In dem Gutachten[464] vom 23. August 1977 heißt es sinngemäß: Die Oberflächenverwitterungsschicht hat eine durchschnittliche Dicke von über 0,5 mm und die gravierten Rillen reichen nicht bis an deren Basis. Wenn die Verwitterung nach der Gravierung eingetreten wäre, würde die Oberflächenoxydationsschicht in den Rillen von der des gesamten Steines in der Dicke abweichen. Die "Spitzen" auf dem "Dinosaurier" und die meisten der Rillen enthalten eine Art Steinpulver, das sich mit einer steifen Bürste leicht entfernen lässt. Ein Vergleich mit den beiden Steinen, zeigt bei beiden dieses Steinpulver und dies demonstriert die Ähnlichkeit. Die scharfen und relativ sauberen Kanten der Rillen sind auffällig und daher können diese nicht lange normalen Witterungsverhältnisse ausgesetzt gewesen sein. Es zeigen sich auch kleine Differenzen in der Deutlichkeit der

Rillen bei beiden Steinen. Man kann daher abschließend sagen, dass die Ähnlichkeit des "alten" mit dem "neuen" Stein in der Oberfläche, in dem Steinpulver und in der Deutlichkeit der Rillen, einen Beweis gegen ein hohes Alter der Gravuren auf dem "alten" Stein darstellt. Die Gravuren beider Steine sind also sehr jung und folglich sind diese Ica-Steine eine bewusst gefälschte "Antiquität", wie mir am 4. Januar 1980 der Chef-Petrograph R. K. Harrison vom Geologischen Institut in London schriftlich mitgeteilt hatte.

Nun würde dieses Untersuchungsergebnis allein schon genügen, um die Cabrera-Steine als künstlerische Anfertigungen von neuzeitlichen Künstlern zu klassifizieren und somit als Beweis für prähistorische Techniken oder Besucher aus dem All zu disqualifizieren, doch es sollen angeblich doch echte "echte" in der Nähe des Ica-Flusses, in "Höhlenheiligtümern und Gräbern",[465] gefunden worden sein. Daher war es damals erforderlich in Ocucaje nach wirklich echten, also prähistorischen Steinen zu suchen und den angeblichen Hersteller der Steine nochmals aufzusuchen.

Durch einen glücklichen Zufall, lernte ich im Jahre 1979 einen ehemaligen Entwicklungshelfer in Peru, Karl Kratochwill, kennen und er war bereit, mir bei seiner nächsten Reise nach Peru einen echten – oder auch gefälschten – Stein zu besorgen. Er werde sich bemühen, bei Dr. Cabrera vorbeizuschauen und auch Basilio Uschuya ausfindig zu machen und ihn auch zu besuchen. Im Januar 1980 flogen dann er und sein Bruder los und ich wartete gespannt auf seine Rückkehr in Wien und seinen Bericht.

Einige Monate später war es dann soweit und Karl Kratochwill berichtete mir folgendes: Am 7. Januar 1980 betrat er den Laden von Dr. Cabrera und sein Mitarbeiter, der Biologe Luis Cahua, führte ihn drei Stunden lang durch die Räume und zeigte ihm die zwischen Hühnerei und 80 cm großen Steine. Auf einem 50 cm großen Stein war eine Herzoperation eingraviert und auf den kleineren einfache Motive wie z. B. Larven von Sauriern. Einen solchen Stein, der allerdings von Dr. Cabrera als unecht bezeichnet wurde, brachte mir Kratochwill mit. Einen echten Stein wollte Dr. Cabrera nicht zur Verfügung stellen.

Luis Cahua erzählte dann, dass es zur Zeit der Entstehung der Steine zwei Menschentypen gab, und zwar zu der Zeit, als auch die Dinosaurier existierten. Der erste Typ von Mensch kommt von einer anderen Zivilisation, was an seinem Äußeren ersichtlich ist. Ein großer Kopf mit Kopfschmuck, der es ihm ermöglicht außerirdische Energien aufzunehmen; er verfügt über telepathische Kräfte, Hellseherei usw. Ebenso verfügt er über außerordentliche körperliche Kräfte, was durch seinen Gürtel symbolisiert wird. Der zweite Menschentyp, unser Vorfahre, wird ohne jeden Schmuck dargestellt.

Der Mitarbeiter von Dr. Cabrera zeigte zwei Steine, die Nord- und Südamerika ohne der Landbrücke dazwischen zeigen und im Bereich des Pazifik eine merkwürdige Insel (siehe Abb. S. 166). Das soll der sagenhafte Kontinent "Mu" sein, der vor 12.000 bis 50.000 Jahren existiert haben soll. Dessen letzter Rest soll heute die Osterinsel sein. Am Rand der Darstellung befinden sich "Energiepyramiden", die wie der Kopfschmuck des Übermenschen, kosmische Energien aufnehmen können. Zwischen den Kontinenten verlaufen Linien, die von Dr. Cabrera als Energieströme bezeichnet werden. Neben der Südspitze Nordamerikas treffen sich die Linien und bilden das "Bermuda-Dreieck", wo sich noch heute eine untermeerische Pyramide befinden soll, deren Energien sich manchmal entladen und für das Verschwinden von Flugzeugen und Schiffen etc. verantwortlich sein sollen. Diese Ansichten hat Dr. Cabrera 1976 in seinem Buch *El Mensaje de las Piedras Grabados de Ica* veröffentlicht.[466]

Am 17. März 1980 besuchte Karl Kratochwill dann Basilio Uschuya in Ocucaje. Dieser erzählte ihm, dass ein Freund von Dr. Cabrera einen Stein anfertigen hat lassen, auf dessen

Rückseite eine Zeichnung von einer Coca-Cola-Flasche eingraviert war. Als sich Cabrera das vordere Motiv ansah, meinte er es passe in irgendeine Serie, jedoch war er sich nicht sicher, ob der Stein echt sei. Als er den Stein dann umdrehte, hatte er sich fürchterlich geärgert und seitdem war der bewusste Freund nicht mehr sein Freund. Basilio jedoch musste anschließend erklären, dass er diesen und auch alle anderen Steine von Dr. Cabrera selbst angefertigt habe. In einer lokalen Zeitung wurde dies 1977 veröffentlicht. In seinem Buch stellt dies Dr. Cabrera so dar, dass Basilio dies nur sagen musste, um nicht mit dem Gesetz in Konflikt zu kommen, denn in Peru ist es verboten archäologische Gegenstände zu verkaufen. Basilio durfte auch keine Steine mehr Cabrera geben und keine an Touristen.

Dennoch ließ sich Basilio Uschuya – nach längerem Verhandeln mit Kratochwill – dazu bewegen, zwei seiner Meinung nach echte Steine und einen Stein, den sein Bruder angefertigt hatte, herzugeben. Dass zumindest ein Stein echt – also wenigstens einige hundert Jahre alt – sein könnte, geht daraus hervor, dass Basilio angeblich als einziger den Fundort der "echten" Steine kennt, also er die Quelle ist.

Bei den drei Steinen handelt es sich um einen 51 mal 61 mm großen Stein, auf dem sich ein "Dinosaurier" befindet, den der Bruder von Basilio eingraviert hatte. Der Stein selbst ist hellgrau bis beige, wie auch das eingravierte Motiv, während die andere Oberfläche hellbraun ist. Der zweite Stein ist 55 mm hoch und 48 mm breit und zeigt einen Papageienkopf. Er ist hell- bis dunkelbraun und abgebrochen.

Der dritte Stein ist 98 mm hoch und 50 bis 68 mm breit. Er ist hell- bis dunkelbraun und wiegt 490 Gramm. Das Interessanteste an diesem Stein ist jedoch das Motiv: es soll einen Außerirdischen oder den "ersten Menschentyp" darstellen. Er trägt den "außerirdische Energien empfangenden Kopfschmuck" und besitzt übermenschliche Kräfte, wie Fliegen und Springen, die ihm durch das enganliegende Höschen verliehen werden. Ferner hat er keine Zähne, denn solche hat ein höheres Wesen nicht nötig und besonders bemerkenswert ist der große Kopf, der auf eine hohe Intelligenz hinweist. In der Hand hält er einen Schild zur Abwehr feindlicher Energien. Dieses zahnlose Superwesen ist auf vielen Darstellungen auf den Cabrera-Steinen zu sehen.

Mit diesen angeblich echten, alten Steinen (zumindest einer soll es sein) ging ich in die Technische Hochschule in Wien und befragte dazu den Geologen Dr. Walter Eppensteiner. Er sah sich die Steine unter dem Stereoskop an. Auffallend war sofort, dass die ursprünglich hellgrauen Steine fast schwarz waren. Offensichtlich hat man sie mit irgendeiner schwarzen Creme eingeschmiert. Schon 1973 ist dies Robert Charroux aufgefallen und inzwischen hat sich herausgestellt, dass die Ica-Steine tatsächlich mit schwarzer Schuhcreme behandelt wurden, um (wie es jetzt heißt) einen besseren Kontrast der Zeichnungen zu bekommen. Auch die 21 Teilnehmer an einer Reise nach Peru mit Erich von Däniken, die vom 21. September bis 13. Oktober 1979 dauerte und jeden 9000 DM kostete, mussten bei Dr. Cabrera feststellen, dass seine Steine mit "Schuhwichse",[467] Schuhcreme, eingeschmiert waren. Für Däniken waren das eindeutig die gefälschten Steine.

Jedenfalls konnte Dr. Eppensteiner, bei meinem Besuch bei ihm, feststellen, dass sich in den Rillen der Steine eine Art Mörtel befand, um die Zeichnungen vom schwarzen Hintergrund besser hervorbringen zu können. Die Gravuren an den Steinen scheinen teilweise mit einem Sägeblatt hineingesägt worden zu sein. Die Steine sind also ziemlich sicher Fälschungen, also Werke von einfachen zeitgenössischen Künstlern.

Tatsächlich stammen die Steine nicht aus einem "unbekannten Versteck" oder aus "Höhlenheiligtümern und Gräbern", sondern – wie auch schon Charroux festgestellt hat –, "aus Wildbächen, aus dem Tal des Icaflusses".[468]

Am 26. August 1980 erhielt ich von Dr. Henning Bischof vom Reiss-Museum in Mannheim, einen Brief, in dem er mir mitgeteilt hat, dass er selbst in den Jahren 1959/60 in Ica Ausgrabungen gemacht hatte. "Damals pflegten die Fälscher Motive der Paracas-Kultur in unverzierten archäologischen Gefäßen einzugravieren, um sie dann besser verkaufen zu können. Derartige Stücke sind verschiedentlich im Kunsthandel aufgetaucht. Leider unterliefen den Künstlern aber Fehler, sodass dann auch der Handel Verdacht schöpfte und nicht mehr kaufte.

Abb. 71: Die Ica-Steine, die mir K. Kratochwill 1980 überreicht hat.

Um 1963 tauchten dann diese Motive zunächst auf sehr kleinen Kieseln auf, es waren auch ikonographisch recht gut wiedergegeben klassische Zeichnungen. Für diese Steine begann sich u. a. auch Dr. Cabrera zu interessieren, und er bekundete den Zeichnern sein Interesse an ausgefallenen Darstellungen. So entwickelte sich langsam (bei gesichertem Absatz) ein Kunstgewerbe auf der Basis von Illustriertenphotos, Enzyklopädien usw., die auch auf dem Lande in Ica zugänglich sind.

Etwa 1974 gab es dann Probleme, weil die Zeichner angeklagt wurden. archäologische Kunstschätze zu rauben und zu verkaufen. So blieb ihnen gar nichts anderes übrig, als ihre Autorenschaft zuzugeben. Dr. Cabrera war untröstlich, bemühte sich dann natürlich auch, sein Gesicht (und seinen Glauben?) zu wahren. Kurz: vielleicht hat es einmal derartige Steinritzungen gegeben, doch ist mir kein Original bekannt. Man kann aber davon ausgehen, dass alle Steine, die man üblicherweise von dort in die Hand bekommt, zur neuen Bauernkunst der sechziger/siebziger Jahre zu zählen sind."

Der Archäologe Neil Steede untersuchte die Ica-Steine für den Film "The Mysterious Origins of Man" ("Die geheimnisvollen Ursprünge des Menschen"), der von der NBC am 25. Februar 1996 ausgestrahlt wurde, und der unter anderem das hohe Alter der Steine beweisen sollte. Diverse Kreationisten wollten beweisen, dass die Menschheit älter ist als angenommen. Steede stellte aber fest, dass die Gravuren weit jünger sein müssen als die

Steine selbst. Der Film wurde von Wissenschaftlern heftigst kritisiert. Er ist "absolut beschämend und wirft uns um hundert Jahre zurück", meinte der Paleoanthropologe Donald Johanson.

Im Jahre 1998 verkündete der spanische Forscher Vicente Paris, nach einer vierjährigen Analyse mit Hilfe der Mikrofotografie, dass es sich bei den Steinen um einen Schwindel handle.

Im Jahre 2002 sollen einige alte Steine in der Nähe von Ocucaje, beim Berg Cerro Blanco, in zwei Metern Tiefe, gefunden worden sein, die nach einer Untersuchung mit der Thermolumineszenz-Methode an der „Universidad Autonoma de Madrid“ ein Alter von etwa 61.000 bis 99.000 Jahren aufweisen. Ob es sich um gravierte Steine handelt ist nicht belegt.[469]

Wir können also abschließend feststellen, dass die gravierten Ica-Steine ganz offenbar moderne Kunstwerke sind und besonders Basilio Uschuya hat sich darin ausgezeichnet. Es wäre nicht ganz richtig Basilio rundweg als Fälscher zu bezeichnen; inzwischen hat er ja mehrfach zugegeben, dass er viele der Steine angefertigt hat, obwohl er mir – bzw. Karl Kratochwill – einen angeblich "echten" überreicht hat. Was dabei herausgekommen ist hat sich gezeigt.

Elektrizität im Altertum?

Vergessene prähistorische Techniken?

Die "Batterien" von Bagdad

Im Jahre 1936 entdeckte der Österreicher Wilhelm König, der damals Direktor der Bagdader Antikensammlung war, bei Ausgrabungen im Irak, einen seltsamen Gegenstand: "In einem vasenartigen Gefäß aus hellgelbem Ton, dessen Hals abgenommen war, stak, von Asphalt festgehalten, ein Kupferzylinder. Die Vase war etwa 15 cm hoch, das aus Kupferblech verfertigte Zylinderrohr mit Boden hatte einen Durchmesser von 26 mm und eine Höhe von 10 cm. In diesem befand sich, durch eine Art Stöpsel aus Asphalt festgehalten, ein vollständig oxydiertes Stäbchen aus Eisen mit einer Höhe von 9 cm, dessen oberes Ende etwa 1 cm über den Stopfen herausstand und mit einer gelbgrauen, völlig oxydierten dünnen Schicht eines Metalls, dem Aussehen nach Blei, überzogen war. Das untere Ende des Eisenstäbchens reichte nicht bis auf den Boden des Zylinders, auf dem sich eine etwa 3 mm starke Asphaltschicht befand", schrieb König in seinem 1940 erschienenen Buch *Neun Jahre Irak*.[470]

König erkannte schon damals, dass es sich bei diesem seltsamen Gegenstand nur um ein "elektrisches Element" handeln könne. Es hat anscheinend recht deutlich die Beschaffenheit einer elektrolytischen Zelle, die chemische in elektrische Energie umwandeln kann. Ein Tongefäß als Isolierkörper, einen Kupferzylinder als Kathode in dem durch eine Säure als Elektrolyt die Ionen zur Anode, dem Eisenstab, wandern und somit elektrischer Strom fließen kann. Das interessante daran ist, dass dieses Objekt aus einer Zeit stammt, in der es noch keine künstlichen Stromquellen gab. Der Fundort liegt nämlich etwa 30 km östlich von Bagdad, auf einem Hügel namens "Khujut Rabuah" (auch "Khuyut Rabbou'ah").

Auf diesem Hügel fand König auch Terrakottafiguren und Gefäße aus Glas und Keramik; sie stammen aus der Zeit der Parther, ein Reitervolk, dass zwischen 250 v. Chr. und 224 n. Chr. das Gebiet östlich des Kaspischen Meeres beherrschte. Die Frage ist: konnte dieses Reitervolk schon mit elektrischem Strom umgehen? Die Blütezeit des Parther-Reiches war unter der Regierung König Mithridates II. (123 - 87 v. Chr.)[471] Aus dieser Zeit könnte die "Batterie von Bagdad" stammen. Nicht weit von Bagdad, etwa 50 km entfernt, "in Ktesiphon, in der Nähe von Seleucia",[472] fanden Archäologen mindestens zehn weitere ähnliche Gegenstände.

Schon im 6. Jahrh. v. Chr. entdeckte der Grieche Thales von Milet die Wirkung der elektromagnetischen Kraft in dem er herausfand, "dass Bernstein leicht Gegenstände, wie Haare, Stofffasern oder -fäden, anzieht, wenn er vorher gerieben wird".[473] Diese Reibungselektrizität konnte man erstmals im Jahre 1745 mit Hilfe einer Elektrisiermaschine, der Leydener Flasche, sichtbar machen und für kurze Zeit sammeln. Sie "gab bei der Entladung jedoch kaum mehr als einen Funken 'statischer' Elektrizität ab".[474] Diese Elektrisierversuche waren schließlich ausschlaggebend, dass der Anatomieprofessor Luigi Galvani (1737 - 1798) im Jahre 1780, die nach ihm benannte Galvanische Elektrizität entdeckte. Erst seit dieser Zeit gibt es, nach der herkömmlichen Lehrmeinung, eine chemische Energiequelle zur Erzeugung von elektrischem Strom.

Abb. 72: Der von Wilhelm König in Bagdad aufgefundene Gegenstand.
(Bild aus W. König: *Neun Jahre Irak*, 1940).

Im Jahre 1960 fertigte John B. Pierczynski,[475] an der Universität von North Carolina, eine Nachbildung dieser seltsamen Gegenstände aus Bagdad an. Er füllte den Kupferzylinder mit einer 5-prozentigen Essigsäure und erhielt 18 Tage lang eine elektrische Spannung von 1,5 Volt. Im Jahre 1978 fertigte der damalige Direktor vom Museum Hildesheim, Dr. Arne Eggebrecht,[476] anlässlich einer Ausstellung, gemeinsam mit dem Restaurator Rolf Schulte, ebenfalls eine Nachbildung der "Bagdad-Batterie" an. Sie wählten als Elektrolyt frisch gepressten Traubensaft, der auch damals im Orient verfügbar gewesen sein müsste. Die so entstandene galvanische Batterie gab schließlich 0,5 Volt elektrische Spannung ab – ausreichend zum Vergolden von kleinen Gegenständen wie beide, der Restaurator und der Museumsdirektor meinten. Tatsächlich konnte auch dieser Vorgang anhand einer kleinen Figur demonstriert werden. Ein anwesender Galvaniseur, Kurt Pengel, meinte, dass die Parther vermutlich eine weit bessere Salzlösung als Elektrolyt verwendeten. Diese Salzlösung konnte man durch schlecht gegerbtes und verrottetes Leder gewinnen. Im Jahre 1940 konnte Wilhelm König feststellen, dass es in Bagdad noch immer "ein primitives Verfahren auf versteckter elektrischer Basis"[477] zum Vergolden von Gegenständen gibt.

Im Jahre 1979 fertigten zwei Mitarbeiter des Prähistorischen Museums in München, Roman Raab und Max Berkau, für eine Ausstellung im Jahre 1980 in Österreich, (auf der Schallaburg) Rekonstruktionen der "Batterie" aus Bagdad, aus Materialien wie sie früher bekannt waren wie Ton, Kupfer und Eisen, an. Mit einfachen Essig-, Trauben- und Zitronensäuren gefüllt, lieferten diese Batterien jeweils 0,5 Volt Spannung und 20 Milliampere Strom. Wenn man alle 4 bis 5 Tage die Säure erneuert, kann man das Element monatelang verwenden, meinten die Konstrukteure.

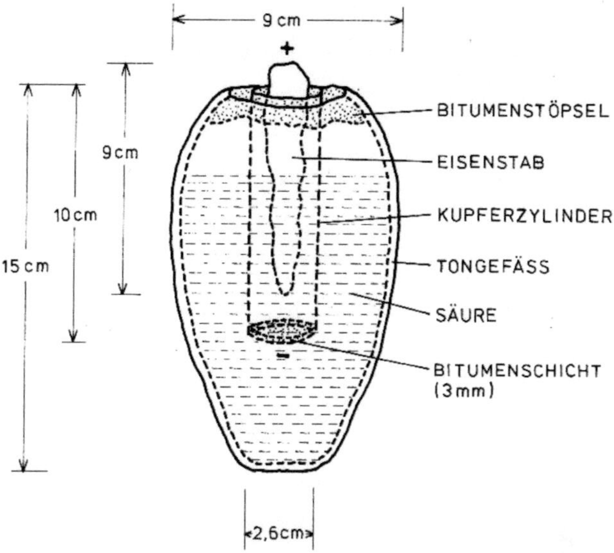

Abb. 73: Größe und Details des Objekts von Khujut Rabuah.

Konnten die Parther aber tatsächlich gezielt mit elektrischem Strom umgehen? Wussten sie, dass in ihren seltsamen Gefäßen eine elektrische Spannung entsteht? Es ist ja kein elektrisches Zubehör wie Drähte, Kabel oder Klemmen gefunden worden. Mit Recht fragte sich daher schon 1962 Walter Winton vom Science Museum in London: "Wie konnte denn der Strom nachgewiesen werden?"[478] Und weiter fragte sich Winton: "Und wenn diese seltsame Erfindung nicht als Speicher für Elektrizität verwendet wurde, für welchen Zweck wurde sie dann angefertigt?" Ist diese Tonvase mit dem Kupferzylinder und dem Eisenstäbchen nur ein merkwürdiger Kultgegenstand, der zufällig eine Ähnlichkeit mit einem galvanischen Element hat? Das ist nicht von der Hand zu weisen. Mit einfachen Experimenten aus dem Physikunterricht mit Äpfeln oder Birnen und Metallstäbchen kommt man zu ähnlichen Ergebnissen wie mit den Nachbildungen der Tongefäße aus Bagdad. Einigermaßen nennenswerte elektrische Spannungen müsste man durch Zusammenschalten vieler solcher Elemente erreichen. Man müsste stärkere Elektrolyte wie Schwefelsäure verwenden, diese ist aber erst im 8. Jahrhundert von Jabir ibn-Hayyan entdeckt worden, wie der amerikanische Ingenieur und Historiker L. Sprague de Camp und dessen Freund Willy Ley, die ebenfalls das Bagdad-Element untersuchten, schon 1980 festgestellt hatten.[479]

Wie schon erwähnt, sind zum Galvanisieren Drähte, Klemmen und anderes Material notwendig, die bisher aus dieser Zeit nicht gefunden wurden. Daher müssen diese "Bagdad-Batterien" weiter zweifelhaft bleiben, "bis mehr und endgültigere Beweise gefunden sind – Gegenstände wie Verbindungsdrähte, Kompassnadeln, elektrolytische Gefäße, Metallunterteile zur 'Umwandlung' von Gold und Silberverkleidungen, Spulen, oder, genug Zellen zur Verbindung in Serie, um einen elektrischen Schlag geben zu können", meinte schon 1962 Walter Winton und abschließend: "Bis zu diesem Tag ist es mir nicht erlaubt an Bagdad-Batterien zu glauben die vor Christus hergestellt wurden."

Angesichts des fehlenden elektrotechnischen Zubehörs aus dieser Zeit und sonstiger Schwierigkeiten die Bagdad-Gefäße eindeutig als galvanische Elemente zu identifizieren, stellte der Physiker Markus Pössel ähnliche Überlegungen wie Winton an, die er im Jahre 2000 in seinem Buch *Phantastische Wissenschaft* veröffentlichte. In Texten aus hethitischer Zeit, rund ein Jahrtausend vor den Parthern, fand er Hinweise zur Benutzung von Gegenständen für den Hausbau. Dabei erwähnt werden Bronzenägel, Kupfer und Eisenhammer, die magische Wirkung hatten. "Den Materialien Kupfer und Bronze kam dabei augenscheinlich eine besondere Schutz- oder Abwehrfunktion zu. Vergleichbare Kräfte wurden Bitumen (Asphalt) und Eisen zugeschrieben – letzteres galt sogar als noch stärker als Kupfer", schreibt Pössel. Bitumen wird in assyrischen Texten in Verbindung mit Zaubersprüchen ausgegossen. "Eisennägel waren besonders beliebt zum Bannen und zur magisch wirksamen Befestigung von Verwünschungstafeln", so Pössel. "Von Blei ist bekannt, dass es vor allem bei Schadenszauber eine Rolle spielte, bei dem eine andere Person verwünscht wurde", und "aus dem hellenistischen Kulturkreis, mit dem die Parther in engem Kontakt standen, sind einige hundert Bleitafeln mit Fluchsprüchen erhalten, die zum Teil in zusammengerolltem Zustand deponiert waren".[480]

"Möglicherweise stehen die diversen 'Batterien' in ebendieser Tradition", schreibt Pössel. "Schriftlich fixierte Zauberformeln, auf Papyrusrollen geschrieben, zu ihrem magischen Schutz in Bronze gewickelt, zu ihrem mechanischen Schutz in Tonkrügen aufbewahrt, können die halb zersetzten Papyrusrollen und das in einigen der Bronzezylinder festgestellte zellulosehaltige Material erklären. Die Art, wie die drei Objekte aus Seleukia um ein bestimmtes Gebäude herum angeordnet waren, jeweils mit vier Metallstäben, die um sie herum in der Ecke staken, erinnert an Gründungs- oder Schutzzauber ähnlich dem oben zitierten. Der Eisenstab der 'Batterie' von Khujut Rabbou'a könnte zur magischen Befestigung des Inhalts gedient haben, ähnlich den Eisennägeln, mit denen Zaubertexte festgenagelt wurden. All dies passt zu einer magischen Funktion der 'Batterien", meint der Physiker.[481]

Und tatsächlich, können die "Batterien", wenn sie mit irgendeiner säurehaltigen Flüssigkeit gefüllt waren, keinen Strom geliefert haben, denn sie wurden mit einem Bitumenstöpsel verschlossen. "Vollzieht man diese Versiegelung an einem mit den erwähnten Säuren gefüllten Modell nach, kommt der galvanische Prozess wegen Sauerstoffmangels so gut wie sofort zum Stillstand. Man kann die 'Batterie' mit organischer Säure also gar nicht zur Stromerzeugung nutzen", so Pössel.[482] Einen galvanischen Effekt erreicht man nur mit offenen Gefäßen. Die zuvor genannten Nachbildungen waren alles offene Gefäße und konnten nur deshalb Strom liefern.

Die Tongefäße aus Khujut Rabuah sehen tatsächlich nur rein zufällig elektrischen Batterien etwas ähnlich, und weil sie Metalle enthalten, können sie mit säurehaltigen Flüssigkeiten gefüllt, wie auch ähnliche Versuche mit Äpfeln oder Birnen im Physikunterricht, kleine Mengen von elektrischem Strom abgeben.

Heute, mehr als siebzig Jahre nach der Auffindung durch Wilhelm König und mehr als dreißig Jahre nach den Rekonstruktionsversuchen, gibt es immer noch keine weiteren Hinweise auf die Verwendung von elektrischen Batterien im Altertum. Der amerikanische Däniken-Kritiker Ronald Story konnte schon 1976 nicht sehen. "wie diese Batterien nur teilweise für prähistorische Raumfahrer nützlich gewesen wären".[483]

Die Wandreliefs von Dendera

Die merkwürdigen Gefäße aus Bagdad sind nicht die einzigen Gegenstände, die auf Elektrizität im Altertum hinweisen sollen. In einem ägyptischen Tempel, in Dendera, der Göttin Hathor geweiht, errichtet in ptolemäischer Zeit von 332 bis 30 v. Chr., finden sich seltsame Wandreliefs, die entfernt an elektrische Glühbirnen erinnern. Schon 1869 hatte der Ägyptologe Auguste Mariette genaue Skizzen von den Reliefs angefertigt und diese veröffentlicht.[484]

Der "Bermuda-Dreieck-Forscher" Charles Berlitz veröffentlichte dann 1974 in seinem Buch *Das Bermuda-Dreieck* eine Zeichnung von einem dieser Reliefs, die "früher als 'Kultobjekte' beschriebene Gegenstände"[485] zeigen sollen, die "stark an gewaltige Glühlampen mit umsponnenen Kabeln" erinnern, und "die an eine Art von Schalter oder Generator angeschlossen sind".

Der dänische Ingenieur Tons Brunés sah dann ebenfalls diese Wandreliefs im Tempel von Dendera "mit moderner Brille".[486] Er bezweifelte schon 1976 die Datierung des Tempels und meinte, dass daran die Wandreliefs in den unterirdischen Krypten schuld seien. "Die Illustrationen sind von ganz besonderer Art und können uns etwas über Technik und Energie aussagen. Ohne viel Phantasie zu mobilisieren, muss man sagen, dass die Bilder an große Glühbirnen erinnern, die auf starken Isolatoren angebracht sind", schrieb der Ingenieur 1977 in seinem Buch *Energien der Urzeit.*

Im Jahre 1979 fuhr Reinhard Habeck mit einigen Freunden nach Dendera, um der Sache auf den Grund zu gehen. Es war im schließlich gelungen zahlreiche Fotos von diesen Wandbildern der Öffentlichkeit zu präsentieren und diese waren beeindruckend. Man kann beim unvoreingenommenen Betrachten der Bilder tatsächlich an gewaltige Glühlampen denken. In einigen ersten Veröffentlichungen im Jahre 1980 erklärte Habeck die Bilder folgendermaßen: "An den Wänden erkennt man menschliche Gestalten (1) neben blasenförmigen Gegenständen (2), die spontan an überdimensionale Glühbirnen erinnern. Innerhalb dieser 'Birnen' befinden sich wellenartige Schlangen (3). Werden hier Glühfäden symbolisiert? Die spitzen Enden der Schlangen führen alle zu einer Lotusblume, die ohne viel Phantasie leicht als Fassung (4) interpretiert werden könnte. Von diesem Element führt ein höchst eigenartiges Kabel (5) zu einem 'Kästchen' (6) auf dem der Luftgott kniet. Luftgott? Gibt es hier vielleicht einen Zusammenhang mit Ionisation? Unmittelbar daneben befindet sich als Zeichen der Kraft ein zweiarmig dargestellter Djedpfeiler (7), der in Verbindung mit der Schlange steht. Eine Ähnlichkeit mit modernen Hochspannungsisolatoren lässt sich kaum abstreiten. Über die ursprüngliche Bedeutung oder Zweck dieser Stütze ist man sich selbst in ägyptischen Fachkreisen uneinig. Man glaubt unter anderem auch eine Palme zu erkennen, dargestellt mit gestützten Wedeln oder einer Rückwand. Bemerkenswert erscheint mir auch die Dämonengestalt mit zwei Messern in den Händen, die als schützende und abwehrende Macht gedeutet wird (8)", so Habeck.[487]

Sollten die Reliefs tatsächlich Glühlampen darstellen, dann müssten auch in Ägypten entsprechende elektrotechnische Gegenstände wie Kabel, Klemmen, Schrauben und auch entsprechende Glaskörper aus dieser Zeit gefunden worden sein. Nichts dergleichen ist geschehen. Würden die Wandreliefs Szenen einer vor Jahrtausenden existierenden Hochtechnologie zeigen, dann müssten längst entsprechende Funde gemacht worden sein. Nach unserem herkömmlichen Wissen konstruierte erstmals Heinrich Goebel (1818 - 1883) im Jahre 1854 eine erste elektrische Glühlampe, wobei er einen verkohlten Bambusfaden als Glühfaden benutzte, den er in einer luftdicht verschlossenen Glasröhre einschloss. Diese

Versuche waren aber nicht von Erfolg gekrönt, weil der Kohlefaden zu rasch verbrannte. Erst Thomas Alva Edison (1847 - 1931) gelang im Jahre 1879 die Herstellung einer brauchbaren Glühlampe mit einem Glühfaden aus Platindraht in einer Vakuumkammer. Später wurden die Glühfäden aus Wolframdraht gemacht, der einen höheren Schmelzpunkt als Platindraht hat.

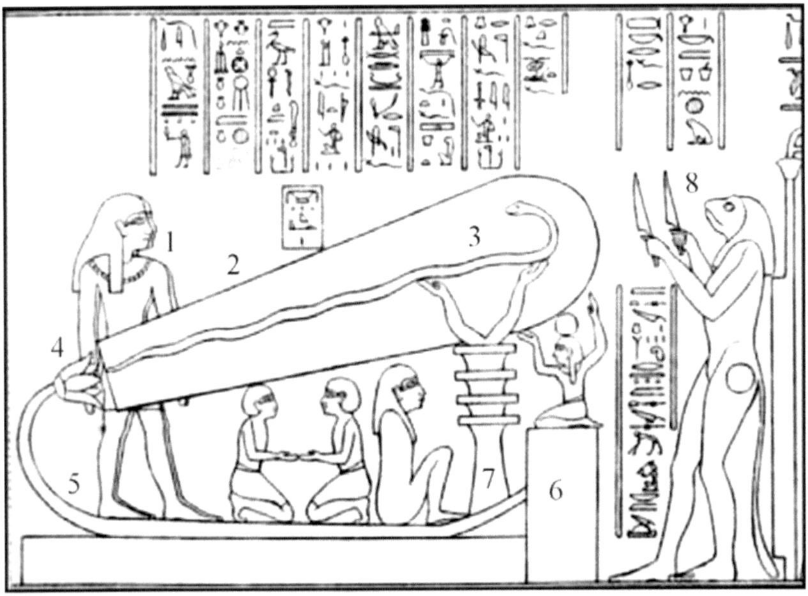

Abb. 74: Relief im Hathor-Tempel von Dendera nach Auguste Mariette.

Für derartige Glühlampen, und überhaupt für Glühlampen im Allgemeinen, braucht man auch die nötige Energiezufuhr. Edison benötigte für seine ersten Glühlampen einen elektrischen Generator mit wahrscheinlich 100 Volt Spannung. Damit konnte er cirka 400 Glühlampen speisen, später wurden stärkere Generatoren entwickelt, die bis zu 1400 Volt elektrische Spannung lieferten.[488] Derartiges müssten auch die Ägypter gehabt haben, um ihre "Glühlampen" zu speisen. Einige wenige einfache Batteriezellen würden nicht ausreichen. Im Jahre 1808 benutzte man z.B. 2000 Batteriezellen, um einen kleinen Lichtbogen zu erzeugen. Deshalb wurden später die Lichtbogenlampen durch Metalldrahtlampen ersetzt. Im Prinzip gilt die Regel: geringe elektrische Energie, kleine Glühlampen; große elektrische Energie, große Glühlampen.

Wenn also die Wandreliefs im Hathor-Tempel von Dendera Glühlampen darstellen sollen, dann sind diese – entsprechend den Proportionen auf den Reliefs – etwa 170 cm mal 40 cm groß. Es müssten also Glühlampen sein, die eine hohe elektrische Energie benötigten, um sie zum Leuchten zu bringen. Die Benutzung in den Räumen des Tempels wäre schwierig gewesen, weil diese nur wenige Meter breit sind (4,6 mal 1,12 m). Die dabei entstehende Hitze wäre unerträglich. Nimmt man an, dass die Schlange im Innern einer der

"Lampen" den Glühfaden darstellt, dann wäre dieser über einen Meter lang und demnach äußerst heiß und gefährlich – abgesehen davon, dass unsere besten Elektrotechniker Mühe hätten einen derartigen Glühfaden herzustellen.

Die bisher größten Metallfadenlampen entwickelte die Firma Osram[489] im Jahre 1934 mit einer Länge von etwa einem Meter und einer Breite von etwa 34 cm. Sie erbrachte eine Leistung von 20.000 Watt. Solche Superglühlampen hat man dann nicht mehr gebaut, weil es günstiger ist viele kleine Lampen zusammenzuschalten.

Nach einer weiteren Ägyptenreise von Reinhard Habeck im Jahre 1980 gemeinsam mit Peter Krassa, veröffentlichten die beiden ihre Fotos von den Wandreliefs im Hathor-Tempel von Dendera 1982 in ihrem Buch *Licht für den Pharao*, später auch in anderen Publikationen.[490] Darin schildern die beiden ausführlich warum die Reliefs ihrer Meinung nach Glühlampen zeigen. Sie berichten auch über eine Rekonstruktion der angeblichen Glühlampen durch den Wiener Elektrotechniker Dipl. Ing. Walter Garn. Dem Elektroingenieur ist es gelungen ein allerdings nur etwa 40 cm großes Modell, das im Aussehen nur einem bestimmten Relief im Dendera-Tempel entspricht, herzustellen. Mit Hilfe eines kleinen Generators und einer Vakuumpumpe konnte der Diplomingenieur dann tatsächlich mehrere Entladungen "ähnlich einem Elmsfeuer" und "sich verästelnde Sprühentladungen", sowie "ein schlangenartiges Lichtband" im Glaskörper des Modells erzeugen.

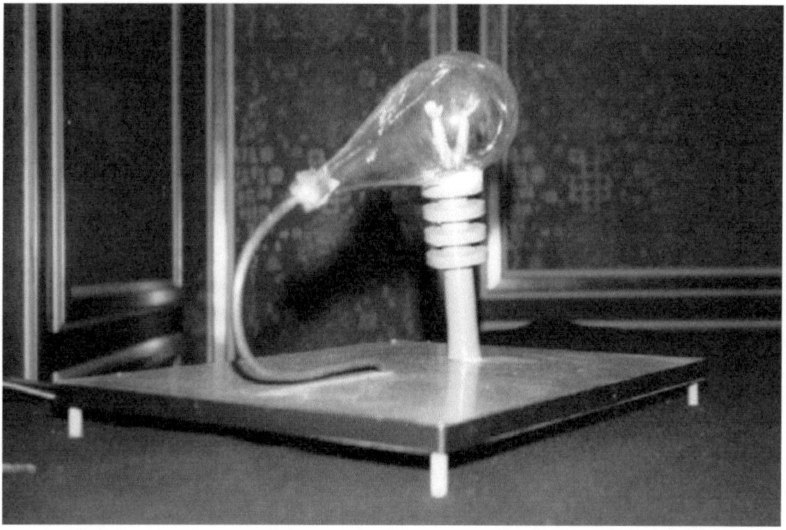

Abb. 75: Das Dendera-"Glühlampen"-Modell von Dipl. Ing. Walter Garn.

Es handelt sich also bei dem Modell von Dipl. Ing. Garn um eine Art Gasentladungslampe und nicht um eine Glühfadenlampe. Ähnliches hätte man aber auch mit einem anderen aus der Phantasie heraus entwickelten Glaskörper in jeglicher Form machen können. Das Modell von Walter Garn beweist nicht, dass derartiges auch die

Ägypter imstande waren herzustellen. Der Elektroingenieur konnte mit seinem Modell kein dauerhaftes, stabiles Leuchten herstellen, was unerlässlich wäre für eine längere Beleuchtung in den dunklen Tempelgewölben. Sein Modell würde höchstens beweisen, dass die Ägypter aus dem Experimentierstadium nicht herausgekommen sind, obwohl deren "Glühlampen" gewaltig gewesen wären. Der zweiarmige Djed-Pfeiler, der eine Ähnlichkeit mit einem Hochspannungsisolator haben soll, hat in Garns Modell lediglich stützende (des Glaskörpers) und weniger isolierende Funktion. Die vier Querbalken sollen die Kühlrippen des Isolators darstellen und sollen ihn flächenmäßig vergrößern, um – wie Dipl. Ing. Garn richtig bemerkt – "die 'Kriechwege' für die elektrische Entladung entlang der Isolatoroberfläche möglichst groß zu machen". Sie haben deshalb meistens mehrere bis viele Kühlrippen. Bei geringeren elektrischen Spannungen, wie bei Glühlampen, sind derartige Isolatoren nicht notwendig. Tatsächlich hat der sogenannte Djed-Pfeiler wahrscheinlich einen ganz anderen Ursprung. Das Modell von Dipl. Ing. Garn entspricht nur einem bestimmten Relief. Auf den anderen Darstellungen sind die Arme des Djed-Pfeilers außerhalb des Glaskörpers und manchmal fehlt der Djed-Pfeiler überhaupt. Es lässt sich also aus den Reliefs nicht eindeutig eine bestimmte technische Konstruktion herauslesen.

Schon 1979 meinte der von Habeck befragte Ägyptologe Dr. Helmut Satzinger, vom Kunsthistorischen Museum in Wien, zu den Wandreliefs von Dendera: "Es könnte sich um eine Sonnenbarke handeln, dem Standardsymbol im alten Ägypten. Ein Boot, mit dem der Sonnengott bei Tag über den Himmel und bei Nacht in die Unterwelt fährt. Der Form nach erinnert es an die Papyrusboote von Thor Heyerdahl. Diese Sonnenboote haben im Heck eine Plattform mit einer herunterhängenden Matte, während der Bug zu einer Lotusblume gestaltet ist."[491]

Tatsächlich taucht die Sonnenbarke in ägyptischen Darstellungen sehr häufig auf, mitunter auch stark stilisiert und als Hieroglyphe. Auch auf einem Wandrelief im Tempel von Dendera ist die stilisierte Sonnenbarke zu sehen, mit abgewinkeltem Heck und der Lotusblume am Bug. In der Mitte – auf der Barke – eine weitere Lotusblume mit einer aufrecht stehenden Schlange.[492]

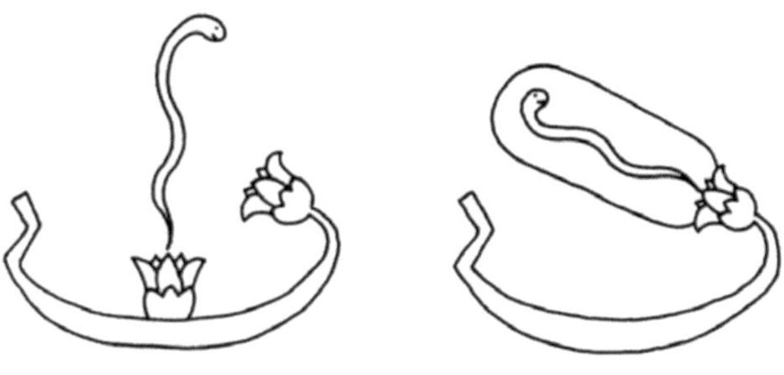

Abb. 76: Ein Detail in den Darstellungen im Hathor-Tempel zeigt die aus der Lotusblume emporragende Schlange (links). Rechts eine Umzeichnung vom Autor mit einer "Blase", wie in den Wandreliefs mit den "Glühlampen" dargestellt.

Kippt man die Schlange um, sodass ihr Ende in die Lotusblume am Bug zeigt und zieht man eine Ellipse um die Schlange, dann hat man genau das was auf den Wandreliefs in vergrößerter Form dargestellt ist und als "Glühlampe" identifiziert wird. Die Reliefs haben aber in Wahrheit kultisch-religiöse Bedeutung und stellen Handlungen dar, die von den Pharaonen zur Verehrung des Sonnengottes vorgenommen wurden. Sie besaßen magische Bedeutung und konnten durch bestimmte Riten "zum Leben erweckt" werden.[493]

In den vergangenen Jahren haben sich wieder einige Forscher und Buchautoren kritisch zu den Wandreliefs von Dendera geäußert. Der schon erwähnte Physiker Markus Pössel hat weitere Details beschrieben, die auf kultische Handlungen hinweisen. Er beruft sich unter anderem auf den Ägyptologen Wolfgang Waitkus,[494] den auch schon Habeck und Krassa erwähnt haben, jedoch interpretieren sie die Texte anders. Waitkus hatte die Texte schon 1991 in einer Dissertation ausführlich beschrieben, die mit den zuvor erwähnten Erklärungen bezüglich des Sonnenbootes weitgehend übereinstimmen. Ein besonderes Detail ist der "Kasten", das Rechteck auf dem der Luftgott *Schu* sitzt. Dr. Satzinger hat dieses als "Plattform mit einer herunterhängenden Matte" identifiziert. Pössel schreibt dazu: "In der älteren ägyptologischen Literatur werden sie (die Kästen, Anm. v Autor) oft als 'Ziermatte' bezeichnet. Heute deutet man sie als Treibtafel: eine Art 'Unterwassersegel', das, wie wir beispielsweise aus den Überlieferungen des griechischen Geschichtsschreibers Herodot wissen, bei stromabwärts fahrenden Nilschiffen benutzt wurde".[495] Bisweilen sind diese "Kästen" sehr detailliert als eine Art geflochtener Kasten[496] ausgeführt, in anderen Fällen als bloßes Rechteck.

Abb. 77: Ein Serekh

Andererseits hat sich die Meinung durchgesetzt, dass dieser "Kasten" den "Serech" oder "Serekh" darstellt, die stilisierte Fassade des königlichen Palastes, manchmal deshalb mit säulenartigen Verzierungen und oberhalb den Horus-Falken. Das ist in den Wandreliefs auch zu sehen. In den hier erwähnten Darstellungen mit den "Glühlampen" wird der Luftgott *Schu* auf dem Serech auch als *Heh* identifiziert, der ebenfalls als Luftgott galt. Beide deuten auf die Geburt Harsomtus (Re-Harsomtus) aus dem Mutterleib der Himmelsgöttin *Nut* hin, die als "Blase" dargestellt wird. Weil sich Harsomtus noch im Mutterleib befindet, deutet das nach Waitkus daraufhin, dass er in der Unterwelt ist und erst daraus geboren werden muss. So zeigt eine andere Darstellung Harsomtus als Kind in einer Barke auf der Lotusblüte stehend ohne "Blase", er wurde also offenbar bereits geboren.

In der Bildfolge an den Wänden in Richtung von Norden nach Süden gibt es jeweils eine "Nacht-" und eine "Tages-Barke", wobei die "Nacht-Barke" ohne Djed-Pfeiler dargestellt wird. Die Schlange hatte bei den Völkern – wie schon bemerkt – auch eine himmlische, eine astronomische Bedeutung. Sie windet sich als Mondsichel symbolisch um den himmlischen Lebensbaum, die Milchstraße. Morgens verschwindet diese Schlange und macht der Sonne Platz, weshalb im ägyptischen Buch der Unterwelt *Amduat* zu lesen ist, dass sich die Sonne direkt vor ihrem morgendlichen Aufgang im Leib einer Schlange verjüngt. Die "Blase" wird nach Waitkus in den Begleittexten zu den Wandreliefs mit *hn* (Hen) beschrieben; als "ein Wort mit der Alltagsbedeutung 'Kasten, Truhe, Behälter".[497] Es ist in den Mythen der Behälter, der den jungen Horus schützt. In den Hieroglyphen aus ptolemäischer Zeit werden mitunter die Namen von Herrschern in sogenannte "Kartuschen" oder Seilschlingen eingerahmt, was vielleicht die gleiche Bedeutung hat. Es drängt sich hier auch der Vergleich mit der himmlischen Bundeslade, dem "Kasten" auf, den die Israeliten anfertigen mussten.

Wenn sich nachts die Sonne in der "Unterwelt" befindet, befindet sich auch Harsomtus noch im "Mutterleib", in einem "Behälter", in der "Nachtbarke", denn die Sonne wandert weiter bis sie wieder am Himmel erscheint und dann Harsomtus geboren wird und in der "Tagesbarke" weiterwandert bis er abends wieder am Horizont verschwindet, bereit zu einer neuerlichen Geburt. Die Milchstraße galt bei vielen Völkern als ein Ort der himmlischen Geburt, weil sie tatsächlich als ein Milchfluss aus den Brüsten einer Muttergöttin angesehen wurde. Bei den Ägyptern galt die Milchstraße als ein Becken voller Kuhmilch[498] und wurde mit der Kuh-Göttin Hathor, der der Tempel in Dendera geweiht ist, in Verbindung gebracht.

Der pavianköpfige Thot (ägypt. *Juf*), wird im Text als *Upu* (Affe) "mit dem Gesicht einer Kröte" bezeichnet und das ist auch deutlich zu sehen, was auf den Mond hinweist, wo einige Krater dem Bild einer Kröte ähneln. Thot gilt auch als Mondgott und Gott der Zeitläufe, da diese sich nach dem Mond richteten. Thot war auch Gott der Weisheit, der Erfinder der Schrift und der Rede; er war auch Magier, Erfinder der Astronomie, des Zodiaks und Schreiber der Götter und er spielte beim Jüngsten Gericht eine wichtige Rolle.

Er soll in den Reliefs "Messer" in den Händen halten, die laut dem Text zeigen sollen, wie Harsomtus seine Feinde "mit dem Messer niedergemetzelt" hat. Thot soll durch die Messer seine Gefährlichkeit zeigen, weil die abnehmende und zunehmende Mondsichel als Messer angesehen wurde, die "die Köpfe abhackt und die Herzen herausschneidet"[499] und er so gegen seine Feinde vorgeht. Andere Reliefs in einer anderen Kammer (Krypta 2 nach Mariette) zeigen den Sonnengott ebenfalls mit "Messern" in den Händen.

Es gibt auch einen "Messersee", der in späteren Texten zum "Flammensee" oder zum "gewundenen Wasserlauf" *Mr/s* oder zum "See des Vernichtens" *Mr/s(n)* wird. Der "Messersee" ist der Geburtsort des Sonnengottes und allgemein das Totenreich. In seinem kosmischen Bereich gilt er, "als ein am Himmel lokalisiertes Gewässer, das die Sonnenbarke während ihrer Tagfahrt passiert".[500] Und das ist die Milchstraße, wenngleich sie tagsüber nicht zu sehen ist, jedoch astronomisch erfasst werden kann. Gegen Nacht zu liegt sie im Westen zu bestimmten Zeiten waagrecht, wie ein See voller Sterne ("Flammensee"), über dem Horizont und verschwindet unter der Erde im "Totenreich" – wie auch die Sonne.

Die Szenen mit den "Glühlampen" zeigen offenbar Priester, die auf der Sonnenbarke stehen, an deren einem Ende die Lotusblume und am anderen Ende der Djed-Pfeiler oder der Luftgott auf einem Serech sitzt. Die aus der Lotusblume emporragende Schlange symbolisiert die aufgehende Sonne, weil auch die Lotusblume sich nachts schließt und morgens aufgeht. So wird auch der Sonnengott Re-Harsomtus manchmal auf einer aufgehenden Lotusblume dargestellt, weshalb die Reliefs dem Re-Harsomtus geweiht sind.

Der Djed-Pfeiler stellt den himmlischen Lebensbaum, also die Milchstraße dar, die sich wie ein Baum, wie eine gewaltige Säule über den Nachthimmel erhebt. Er ist mitunter auch ein Pfeiler, der das Himmelsgewölbe trägt. Er steht auch für die Ewigkeit und er ist auf ägyptischen Darstellungen stets mit vier Unterteilungen zu sehen, was auf die vier Himmelsrichtungen oder Himmelsgegenden hinweisen könnte. Es handelt sich also nicht um "Kühlrippen" moderner Hochspannungsisolatoren, die meistens mehr als nur vier Rippen haben. Die abgewinkelten Arme weisen auf den stützenden Himmelsbaum, die Himmelssäule, unsere Milchstraße hin (siehe Grabplatte von Palenque, Kandelaber von Pisco, etc.). Auch das "Ka-Symbol", das Symbol der menschlichen Lebensenergie, von dem die Ägypter glaubten, dass sie auch nach dem Tod weiter existiere, wird derart dargestellt. So breitet auch der Luftgott *Schu* oder *Heh* seine Arme entsprechend aus (siehe Abb. S. 46). Zu sehen auch auf dem berühmten Zodiak-Relief, das sich an einer Decke des Tempels von Dendera befand und jetzt im Louvre ausgestellt ist.

Insgesamt zeigen die zahlreichen Wandreliefs im Hathor-Tempel von Dendera nur sechs "Lampendarstellungen",[501] in nur zwei Räumen: in der Krypta Süd 1C und im Raum G. Auch sonst zeigen die unzähligen Wandbilder an und in den ägyptischen Tempeln nirgends derartige Darstellungen. Würden die "Lampenreliefs" in Dendera auf eine "Hochtechnologie" im alten Ägypten hinweisen, müssten sie wesentlich mehr verbreitet sein, oder es müssten andere Darstellungen oder Aufzeichnungen existieren, die genauer darauf hinweisen.

Aus den Texten im Hathor-Tempel von Dendera geht nach Waitkus eindeutig hervor, "daß die Anlagen zur Aufbewahrung von Kultstatuen dienten. Nur in Zusammenhang mit bestimmten Festen wurden diese nach oben gebracht und in den Räumen, die das Hauptsanktuar umgeben, aufgestellt. Die Krypten wurden als Teil der Unterwelt aufgefaßt, in dem die Statuen als unbelebte Körper der Götter ruhten. Nach dem Verlassen dieser Sphäre wurden sie beim Mundöffnungsritual regeneriert und anschließend aufs Tempeldach getragen, um dort durch das Sonnenlicht mit neuer Lebensenergie versorgt zu werden".[502]

Elektromotoren bei den Tolteken

In meinem Buch *Irrwege der Geschichte* habe ich bereits erklärt, dass die Verzierungen auf einem bestimmter Tonteller der Tolteken (siehe Dona/Habeck, *Im Labyrinth des Unerklärlichen*, S. 300), aus dem 10. bis 12. Jahrh. n. Chr., nicht einen Elektromotor darstellen. Erich von Däniken schrieb dazu 1973: "Man decke den inneren Kreis mit dem Indianergesicht ab; was übrig bleibt im äußeren Kreis, vermittelt den Eindruck einer elektrischen Apparatur. Alle Details zum Betrieb sind zu erkennen: die Kupferwicklungen, die Kohlen, die Ankerschuhe, die Eingänge und Ausgänge der Leitungen."[503]

Erst "im Jahre 1820 entwickelte der dänische Professor Hans Oersted durch Zufall, dass ein durch ein Stück Eisendraht geleiteter Strom eine in der Nähe befindliche Kompassnadel veranlasste, sich im rechten Winkel zum Draht einzustellen."[504] Dieses heute als Motorprinzip bekannte Phänomen soll den Tolteken schon 600 Jahre zuvor bekannt gewesen sein? Rekonstruiert man unvoreingenommen aus den Verzierungen am Teller einen elektrischen Motor, dann ist die Sache nicht so eindeutig, wie Däniken meinte.

Die Zeichnung würde nämlich, bei genauerer Betrachtung, einem Motor mit Außen- UND Innenpolen entsprechen, was technisch eher ein Kuriosum wäre. Auch ein 1975 vom damaligen Studenten der Atomphysik Friedrich Egger, zusammen mit anderen Kollegen, im Rahmen des Projekts ATARPA entwickelter Rotationskolbenmotor nach einem Maya-Schriftzeichen, das ein doppeltes Rechteck darstellt, entspricht derselben phantasievollen Betrachtungsweise, "mit moderner Brille", wie bei den Reliefs im Hathor-Tempel in

Dendera, die sich letztendlich nicht als Darstellungen prähistorischer oder frühgeschichtlicher technischer Relikte herausstellen. Friedrich Egger präsentierte sein Modell auf dem 2. Weltkongress der AAS im Mai 1975 in Zürich.[505]

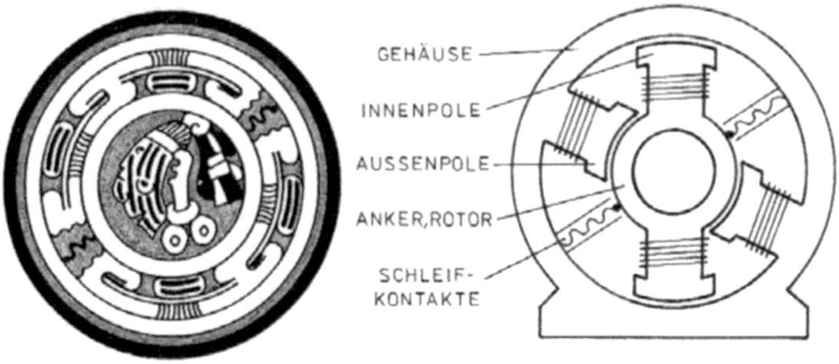

Abb. 78: Ein Tonteller der Tolteken (10. bis 12. Jahrh. n. Chr.)
im Vergleich mit einem Innen- und Außenpol-Elektromotor.

Auf der Suche nach Artefakten von außerirdischen Intelligenzen oder von einer vor vielen Jahrtausenden vielleicht existierenden technischen Hochkultur, stellt sich beim ersten Betrachten oftmals die Frage: "Sieht das nicht aus wie...?". Will man einigermaßen wissenschaftlich vorgehen, dann muss man im Weiteren auch fragen: "Kann es das auch sein?". Man muss dann auch Prämissen berücksichtigen, die gegen die zuvor gefasste Meinung sprechen. Wenn sich nach einer gründlichen Analyse aller Fakten herausstellt, dass die beim ersten Eindruck entstandene Meinung nicht richtig sein kann, dann muss man diese ad acta legen.

Viele der vorgefassten Meinungen und Ansichten in der Paläo-SETI-Forschung haben sich längst als Fehlinterpretationen herausgestellt, dennoch werden sie weiterhin aufrecht gehalten. Das wirkt jedoch unseriös und es entspricht nicht einer ernsthaften Erforschung unserer Vergangenheit. Die alten Ägypter hatten – so wie es aussieht – keine elektrischen Glühlampen und die Parther keine galvanischen Batterien zur Stromerzeugung, und die Mayas oder die Tolteken keine Elektromotoren. Elektrizität im Altertum in diesem Sinne gab es ganz offensichtlich nicht.

Als die gelben Götter kamen

Spuren außerirdischer Intelligenzen in China?

Die "Steinteller" von Bayan-Kara-Ula

Im Jahre 1938 machte angeblich der chinesische Archäologe Chi Pu Tei mit einigen Kollegen eine rätselhafte Entdeckung. Das Archäologen-Team fand seltsame Steinteller mit einer unbekannten Rillenschrift. "Bei Ausgrabungen in den Felshöhlen des Bayan-Kara-Ula-Gebirgsmassivs – es trennt China von Tibet – stieß die Gruppe beim Öffnen von Gräbern auf seltsame Relikte: 716 Steinteller, zwei Zentimeter dick, mit je einem Loch in der Mitte, von dem eine doppelspurige Rillenschrift spiralförmig bis zum Rand des Tellers führte", schrieb der österreichische Schriftsteller und Chinaexperte (was rätselhafte Phänomene betrifft) Peter Krassa in seinem 1973 erschienen Buch *Als die gelben Götter kamen.* [506]

Die Bayan-Kara-Ula-Region (auch Bayan Kara Shan oder Bayan Har Shan) liegt auf etwa 34 Grad Nord und 97 Grad Ost in der Nähe von Qinghai (Tsinghai) und der Provinz Sichuan. Es ist eine sehr einsame und isolierte Gegend. In der fraglichen Höhle wurden angeblich Skelette von menschenähnlichen Wesen gefunden, die nicht mehr als einen Meter groß sind, mit abnormen Schädeln. Die Steinteller sollen etwas mehr als 30 Zentimeter groß sein. Die Story wurde im Jahre 1968 in der Zeitschrift *Sputnik*, in der ehemaligen Sowjetunion, veröffentlicht. Der Bericht lief unter dem Titel "Wissenschaft oder Phantasie", geschrieben von Wjatscheslaw Saizew, einem Philologen und Altertumsforscher.

Demnach sollte sich schon 1962 ein Mitglied der Archäologischen Akademie in Peking mit diesen "Steintellern" näher befasst haben. Es soll ein gewisser Professor Namens Tsum Um Nui gewesen sein, der die "Granitscheiben" genauestens untersucht hat. Er fuhr zur angeblichen Fundstelle und fand dort in Höhlengräbern "zahlreiche Skelette kleingewachsener Wesen", die angeblich von zwei Volksstämmen, den Dropa oder Dzopa und den Chams oder Khams stammen, die aber längst ausgestorben sein sollen. Der Archäologie-Professor Tsum Um Nui soll sich "mit wahrem Wissenshunger" an die Entzifferung der "doppelspurigen Rillenschrift" gemacht haben. Das Ergebnis "wagte Tsum Um Nui kaum zu fassen", denn die Scheiben berichteten, dass die Dropa "mit ihren Luftfahrzeugen aus den Wolken herabglitten".[507] Unbekannte prähistorische und außerirdische Techniken wurden sofort ins Spiel gebracht.

Im Mai 1968 meinte der Schriftsteller und Philologe, Alexander Kasanzew, aus der ehemaligen Sowjetunion, in einem Gespräch mit Erich von Däniken – nachdem er ihm seine berühmten Dogu-Figuren aus Japan gezeigt hat –, dass Tsum Um Nui eindeutig beweisen konnte, "dass es sich bei den Rillenschriften keineswegs um einen perfiden Scherz irgendeines prähistorischen Schriftstellers handelt… Im Zusammenhang mit Geologen wies er nach, dass die Steinteller einen hohen Gehalt an Kobalt und Metall haben. Physiker ermittelten, dass alle 716 Steinplatten einen hohen Vibrationsrhythmus besaßen, was darauf schließen lässt, dass sie irgendwann sehr hohen elektrischen Spannungen ausgesetzt gewesen sind…"[508] Kasanzew blieb aber die Beweise schuldig und auch er konnte keinen dieser Steinteller präsentieren. Es war also angebracht, diesen Tsum Um Nui ausfindig zu machen, der noch dazu behauptet haben soll, dass diese Steinscheiben mindestens 12.000

Jahre alt sind. Im Jahre 1940 soll er angeblich einen Fachartikel veröffentlicht haben, wofür er von der wissenschaftlichen Gesellschaft nur Hohn und Spott geerntet habe. Seiner Meinung nach waren die kleinwüchsigen Dropas und Chams eine ausgestorbene Gebirgsaffenart und das erheiterte die Fachwelt.

Im Jahre 1972 machte sich Peter Krassa auf die Suche nach diesen rätselhaften Steintellern. Er reiste nach Peking zur Archäologischen Akademie. Im Mai stand er jedoch enttäuscht vor den geschlossenen Toren der Akademie. Niemand konnte ihm weiterhelfen, doch er hatte seine Fäden auch nach der damaligen Sowjetunion ausgestreckt. Dort stand er in Moskau, am 27. März 1973, ebenfalls Alexander Kasanzew gegenüber, der ihm folgendes berichtete: "Der Inhalt der Steinteller-Story, den Wjatscheslaw Saizew 1968 in der sowjetischen Zeitschrift *Sputnik*[509] veröffentlicht habe… beruhe im Wesentlichen auf Angaben einer ominösen Zeitschrift, an deren Titel er sich im Augenblick nicht erinnern könne. Das Blatt habe außerdem auch ein Foto eines solchen Steintellers veröffentlicht, doch sei das Bild selbst leider nicht in seinem Besitz, bedauerte der Philologe. Die zitierte Gazette habe ihrerseits lediglich einen japanischen Artikel gleichen Inhalts wiedergeben. Auch meine Freunde in Japan… konnten mir bisher für die Wahrheit der Steinteller-Fabel keine schlüssigen Beweise liefern', bedauerte Kasanzew".[510] Die "ominöse Zeitschrift" war das belgische Magazin *BUFOI*, ein Blatt über unbekannte Flugobjekte.

Ist die ganze Steinteller-Geschichte ein Schwindel einiger unseriöser Forscher aus dem grenzwissenschaftlichen Bereich? Sind diese Steinteller tatsächlich Relikte einer bisher unbekannten chinesischen Kultur? Die Geschichte kursierte in den siebziger Jahren und auch noch später durch die Medien und sie erregte einiges Aufsehen in den Fachkreisen, die sich mit den Rätseln der Vergangenheit beschäftigen. Auch mich hatte die Story seinerzeit sehr interessiert und ich hatte entsprechende Nachforschungen angestellt. Vorerst hatte ich mich jedoch auf die Angaben anderer Forscher und Buchautoren verlassen.

Schon im Oktober 1972 schrieb Peter Krassa an das Institut für Archäologie in Peking und bekam im März 1973 folgende Antwort: "Soviel uns bekannt ist, wurden in China niemals ‚Steinteller' gefunden, die Sie in Ihrem Brief erwähnt hatten. Der Bericht über den Fund der sogenannten ‚Steinteller' in China im Jahre 1938 entbehrt jeder Grundlage. Wir wissen auch nichts von einem Professor Tsum Um Nui. Mit herzlichen Grüßen, Ihr Wang Chung-su, Sekretär des Institutes für Archäologie."[511]

Am 25. April 1980 begann ich dann doch mit meinen Nachforschungen und schrieb an das Institut in Peking und relativ schnell, am 10. Mai 1980, erhielt ich die Antwort: "Nach unseren Ermittlungen wurden in China nie ‚Steinteller', wie sie in Ihrem Brief erwähnt haben gefunden. Natürlich ist unser Institut nicht imstande, diese Art von Gegenständen zu sammeln. Außerdem befindet sich in China weder ein Prähistorisches Institut, noch eine Person namens ‚Tsum Um Nui'. Somit entbehrt der Bericht, nach dem 1938 im Berggebiet von Bayan-Kara-Ula, China, zahlreiche ‚Steinteller' mit eingravierten Piktogrammen gefunden wurden, der Grundlage. Soweit uns bekannt ist, hat sich Hr. Wang Zhongshu unseres Instituts 1973 in Beantwortung der oben erwähnten Frage gegenüber einem Freund Ihres Landes auch dahingehend geäußert. Mit den besten Grüßen, Wissenschaftlicher Sekretär des Institutes für Archäologie, Wu En."

Die Übersetzung des Briefes besorgte mir ein freundlicher Assistent vom Institut für Sinologie (chinesische Sprachforschung) der Universität Wien und dadurch kam ich dann auf die Spur der von Peter Krassa und später auch von anderen veröffentlichten Abbildung der "Steinteller". Aber hier soll vorerst nochmals Peter Krassa zitiert werden: Auf der Suche nach einem Foto von diesen angeblichen Steintellern stöberte er frei nach dem Motto "wozu in die Ferne schweifen...", im Archiv des Völkerkundemuseums in Wien, und fand dort "ein 1957 in Peking erschienenes Werk über Ausgrabungen chinesischer Archäologen". Dort "leuchtete es ihm förmlich entgegen: ein kleines Schwarz-Weiß-Foto mit einem der 716 Steinteller von Bayan-Kara-Ula".[512]

Dies tat ich dann auch, da ich ebenfalls in Wien wohne und mir diese Nachforschung nicht besonders viel Mühe machte. Ich stöberte in der Kartei des Museums für Völkerkunde nach dem besagten Werk – und natürlich nach der Abbildung dieser "Steinteller", die inzwischen in der Fachliteratur die Runde machte. Von einem ebenfalls freundlichen Herrn namens Mandl, ließ ich mir Kopien von dem Bericht in der genannten Publikation machen und ich begab mich zur Übersetzung des Textes abermals ins Institut für Sinologie, in die Rathausstraße. Nachdem ich die Kopien vorgelegt hatte, schüttelte man dort, über meine kurzen Erklärungen zur bisher bekannten Geschichte über die "Steinteller", ungläubig die Köpfe.

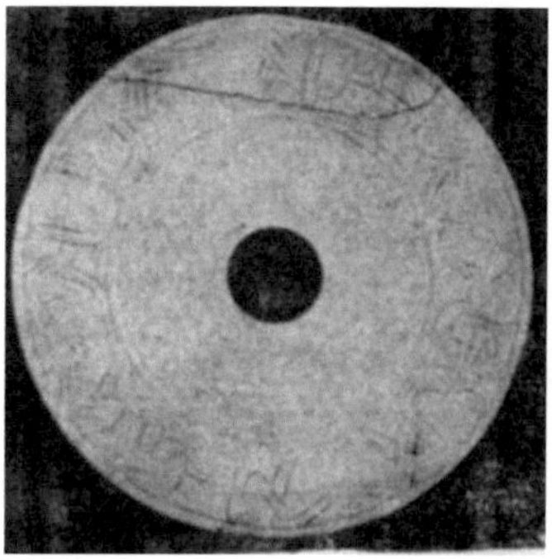

Abb. 79: Der "Steinteller", der sich als Jadescheibe herausgestellt hat.

Einige Tage später erhielt ich die Übersetzung und ich hatte es schwarz auf weiß: Das genannte Werk aus dem Jahre 1957 nennt sich *Kaogu Tongxun* (Informationen der Altertumsforschung)[513] und es enthält keine Fotos von Steintellern, sondern mehrheitlich die verzierten Rückseiten von in China ausgegrabenen Bronzespiegel und Jadescheiben. Die bis dahin in der Fachliteratur veröffentlichte Abbildung eines "Steintellers" befand sich ebenfalls darunter, es ist die Vorder- und Rückseite einer Jadescheibe mit einem Loch in der Mitte, und Verzierungen darauf.

Die abgebildeten Objekte stammen aus einem hanzeitlichen Grab (206 v. Chr. bis 222 n. Chr.), das außerhalb des Osttores von Lingling, in Hunan, gefunden wurde. In meinem Buch *Irrwege der Geschichte* habe ich das 1981 veröffentlicht und auch Peter Krassa darüber informiert. In seinem 1984 erschienenen Buch *...und kamen auf feurigen Drachen* hat er dann diesen "bedauerlichen Irrtum"[514] korrigiert. Die "Steintellern" blieben also weiterhin rätselhaft.

Auch Erich von Däniken suchte Anfang der 1970er Jahre nach diesen "Steintellern", er fand aber ebenfalls nur Jadescheiben. Im National Palace Museum von Taipeh sah er welche, die jedoch keine "spiralartigen Rillen" aufweisen. Sie haben ein großes Loch in der Mitte und angeblich einen Durchmesser von 16,5 Zentimetern. An den Rändern dieser Scheiben befinden sich viermal sechs Zacken und die Scheibe ist an einem obeliskförmigen Ständer montiert.[515]

Es gibt aber angeblich noch einen anderen Beweis für diese "Steinteller", denn Wjatscheslaw Saizew, soll bei Fergana in Usbekistan, nahe der chinesischen Grenze, auch eine Felszeichnung entdeckt haben, die eigenartige Gestalten, ein merkwürdiges Flugobjekt und einen dieser Steinteller zeigen soll. Diese "Felszeichnung", auch inzwischen als

"Felszeichnung von Fergana" bekannt und vielfach publiziert, wurde im Zusammenhang mit der "Steinteller-Story" in der Zeitschrift *Sputnik*, im Jahre 1968, veröffentlicht. Signiert ist die Zeichnung mit "A. Brinslow" oder "A. Brussnlow".

Abb. 80: Künstlerische Darstellung einer angeblichen Felszeichnung aus Fergana, Usbekistan.

Diese künstlerische Darstellung soll natürlich eine Abzeichnung von einer angeblichen Felszeichnung in Usbekistan sein, doch meldete der Forscherkollege von Saizew, Alexander Kasanzew, schon früher erhebliche Zweifel an der Echtheit an. Bereits im September 1977 machte mich Peter Krassa in dieser Hinsicht darauf aufmerksam und erwähnte, dass die Zeichnung möglicherweise eine Fälschung ist. Die Zeichnung wird aber weiterhin als "Felszeichnung" – allerdings mit Vorbehalt – publiziert.[516]

Peter Krassa legte die ganze "Steinteller-Story" jedoch nicht beiseite. Vielleicht war doch irgendetwas dran an der Geschichte. Im Jahre 1975 hatte ihm der österreichische Ingenieur Ernst Wegerer mitgeteilt, er wäre 1974 in China gewesen, und dort habe er im Panpo-Museum in Xi´an, zwei seltsame Steinteller gesehen; er habe davon auch Fotos gemacht; diese wolle er dem österreichischen Schriftsteller irgendwann bei Gelegenheit zeigen, aber jetzt noch nicht. Daraufhin vergingen mehr als sieben Jahre. Nach einem Vortrag, während einer Konferenz der AAS, der Ancient Astronaut Society, am 12. November 1982, in Wien, traf Peter Krassa den österreichischen Ingenieur abermals und jetzt war er bereit, ihm die Fotos zu zeigen. Dann dauerte es allerdings wieder bis Januar 1983, bis Ernst Wegerer dem österreichischen Schriftsteller endlich die Fotos präsentierte. Das Gespräch bei diesem Treffen wurde von Peter Krassa aufgezeichnet, der mehr über diese anscheinend nun doch vorhandenen Steinteller wissen wollte, nachdem sich die vorhin publizierten als Jade-Scheiben herausgestellt hatten.

Peter Krassa wollte wissen, ob auf den Scheiben im Panpo-Museum (es heißt eigentlich "Banpo"-Museum) irgendeine Schrift oder irgendwelche Rillen zu sehen waren, und wie groß die Scheiben waren und aus welchem Material sie bestanden. Der Ingenieur teilte ihm sinngemäß mit, dass die Scheiben einen Durchmesser von 28 bis 30 Zentimeter gehabt haben dürften, und dass sie etwa zehn Millimeter dick waren, und dass sie aussahen wie ein graugrün getönter Stein, und jede der Scheiben war vielleicht ein Kilo schwer. Auf den Scheiben waren angeblich rillenförmige Vertiefungen zu sehen.

Ernst Wegerer war, nach dem Gespräch mit Krassa, schon 1974 gemeinsam mit seiner Gattin und einer Reisegruppe und zwei chinesischen Dolmetschern im Banpo-Museum in Xi´an. Das Museum zeigt hauptsächlich Artefakte aus Banpo, einem Dorf, das in der Zeit von 4800 bis 3600 v. Chr., etwa 500 km nordöstlich von Xi´an, besiedelt war. Es gehört zur jungsteinzeitlichen Yangshao-Kultur, die etwa 5000 bis 3000 v. Chr. entlang dem Gelben Fluss beheimatet war. In dem Museum befinden sich diverse Textilien aus Pflanzenfasern und Tierhaaren, Keramikgegenstände mit geometrischen Verzierungen und Bildern von Menschen, Fischen und Hirschen, sowie Waffen und Werkzeuge. Die Dolmetscher der Reisegruppe reagierten auf die mit den Scheiben in Verbindung gebrachte seltsame Geschichte über Höhlenfunde von Überresten von kleinen Menschen, die merkwürdige Fähigkeiten gehabt haben sollen, sehr merkwürdig – wie der Ingenieur später berichtete. Auch die Museumsdirektorin, die die Reisegruppe durch das Museum führte, konnte keine Auskunft über die Herkunft der Scheiben geben.

Jedenfalls hat Peter Krassa die Fotos, die Wegerer gemacht hat, gemeinsam mit der früher publizierten Jadescheibe, 1984 in seinem Buch *...und kamen auf feurigen Drachen"* abgebildet.[517] Die Scheiben von Wegerer zeigen ringförmige Segmente bzw. Flächen. Sie haben in der Mitte ein Loch und sie sind an den Rändern stark beschädigt bzw. abgebrochen. Eine der Scheiben ist offenbar in drei Teile zerbrochen und hat drei Bruchstellen. Die Scheiben sehen aus wie aus Stein, es könnte aber auch ein anderes Material, wie Marmor sein, was auch Ernst Wegerer vermutet hat. Es muss jedenfalls ein Material sein, das relativ leicht zerbrechlich ist.

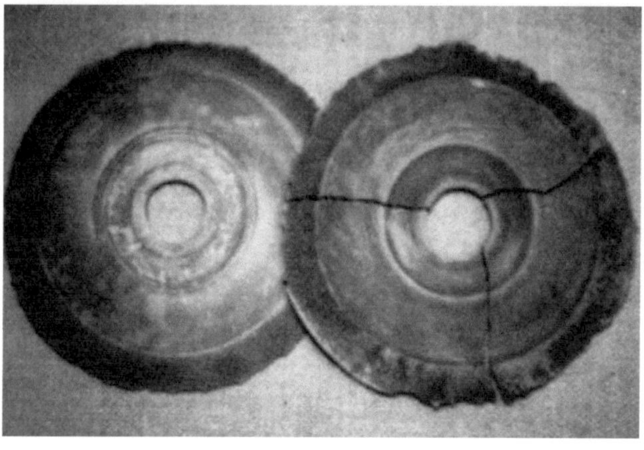

Abb. 81: Die angeblichen Steinscheiben im Banpo-Museum (Foto: E. Wegerer).

Leider sind die Scheiben aber offenbar nicht mehr zu besichtigen und zu untersuchen, denn sie wurden nach Angaben von Reisenden aus den Schauräumen des Banpo-Museums entfernt. Es gibt auch Spekulationen, dass diese Scheiben – und vielleicht auch andere, die man in so manchem chinesischen Museum findet –, von Steinmetzen aus dem 20. Jahrhundert angefertigt wurden und einfach Schleifsteine sein könnten. Vielleicht sind sie deshalb im Banpo-Museum nicht mehr zu besichtigen.

Die ganze Steinteller-Story entbehrt sowieso jeder Grundlage, denn die Hauptakteure dieser Geschichte, der angebliche Professor und chinesische Archäologe Chi Pu Tei und der vermeintliche Professor Tsum Um Nui sind in der wissenschaftlichen Fachliteratur schlicht nicht auffindbar. Man braucht daher auch nicht viel herumspekulieren, ob die "Steinteller" einen starken Kobaltgehalt hatten oder einmal irgendwelchen starken Vibrationen ausgesetzt waren. Es ist in Wahrheit eine erfundene Geschichte über fremdartige außerirdische Wesen, die von den ehemaligen sowjetischen Autoren, die dem grenzwissenschaftlichen Bereich nicht abgeneigt waren weiter verbreitet wurde.

Die Story erschien auch etwas abgewandelt im Französischen von Daniel Piret unter dem Titel *Les disques de Biem-Kara* ("Die Scheiben von Biem-Kara"), veröffentlicht im Jahre 1973. Besonders populär wurde sie dann durch David A. Gamon, der die Story unter dem Pseudonym David Agamon unter dem Titel *Sungods in Exile* 1978 veröffentlichte. Das Buch tauchte vom selben Autor auch unter dem Pseudonym Karyl Robin-Evans auf. Die Geschichte erzählt von einem britischen Ethnologen namens Dr. Robin-Evans, der 1947 nach Tibet gereist ist und sich das Vertrauen des Stammes der "Dzopa" erworben hat, die sich im Grenzgebiet der chinesischen Provinzen Qinhai und Sichuan, in der Bayan-Har Region, angesiedelt haben. Es sind kleinwüchsige Menschen, nicht größer als 130 Zentimeter. Robin-Evans lernte deren Sprache und schließlich erzählten sie ihm, dass ihre Vorfahren vor 20.000 Jahren vom Himmel gekommen waren. Der Grund der Reise ist eine Entdeckung des Sekretärs von Robin-Evans, ein polnischer Professor Namens Sergei Lolladoff, schon zwei Jahre zuvor.

Abb. 82: Die Lolladoff-Scheibe (Illustration aus *Sungods in Exile*, D. A. Gamon)

Er hat im Jahre 1945 eine merkwürdige runde Scheibe im Gebiet der Dzopa entdeckt, mit einer spiralförmigen Gravur und diversen Bildern darauf. Seit dieser Erzählung kursiert sie als "Lolladoff-Scheibe" durch die grenzwissenschaftliche Literatur. Im britischen Magazin *Fortean Times*, Nr. 75, von 1995, erklärte David Gamon, dass seine Geschichte lediglich eine Satire und eigentlich sein "favourite hoax", sein "bester Schwindel" gewesen sei.[518]

Es war hier wichtig, die Steinteller-Story aufzuzeigen und zu ergründen, weil sie ein bedeutender Bestandteil der populärwissenschaftlichen Literatur ist. Die ganze Geschichte zeigt aber, wie sich Wissenschaftlichkeit mit Phantasie vermischen lässt und wie man damit die entsprechende Aufmerksamkeit erreichen kann. Denn grundsätzlich ist es nicht unrichtig, dass in der Vergangenheit immer wieder rätselhafte Funde ausgegraben und rätselhafte Kulturen entdeckt wurden, die man zunächst nicht entsprechend einordnen konnte und man vorerst auf Spekulationen angewiesen war. Daraus entstehen Hypothesen, die auf bestimmte Tatsachen aufbauen, die aber dann letztendlich ein ganz anderes Bild ergeben, als das vorher angenommene.

So gibt es den Nomadenstamm der Dropka, der im westlichen Tibet und Nepal lebt. Der Name klingt ähnlich wie Dropa oder Dzopa. Sie ziehen seit mehr als 8000 Jahren mit ihren Habseligkeiten und ihren Ziegenherden durchs Land. Ihre Zelte transportieren sie, eingerollt in Bündel auf den Rücken von Yaks, auf denen sie auch reiten. Es sind keine kleinwüchsigen Menschen, sondern typische mongolische Einheimische, mit lederner, brauner Hautfarbe. Ihr Leben ist heute durch politische und wirtschaftliche Veränderungen bedroht. Manche von ihnen sind deshalb auch in Dörfern zu finden, wo sie versuchen die besseren Lebensbedingungen dort zu nutzen, um zu überleben.

Von seltsamen Geschichten, vermischt aus Phantasie und Wirklichkeit, kommt man oft zu Entdeckungen mit realem Hintergrund. Es ist unbestritten, dass es in China zeremonielle Scheiben gibt – allerdings meist aus Jade. Sie sind dort zahlreich zu finden. China hat eine lange traditionelle Jade-Kultur und es wird auch als das "Königreich der Jade" bezeichnet.

Es gibt auch hundert Arten von Steinen, die als Jade bezeichnet werden. In dem frühesten chinesischen Wörterbuch, dem *Shou Wen Jie Zi* (Erklärung der Schriften und Analyse der Zeichen), das von Xu Shen in der Östlichen Han-Dynastie (25 v. Chr. bis 221 n. Chr.) verfasst wurde, heißt es: "Jade, der schönste aller Steine, verkörpert die fünf Tugenden." Mit anderen Worten: Nur jene Steine, die die fünf Tugenden besitzen, können als Jade bezeichnet werden. Die Kriterien, ob ein Stein schön ist oder nicht, hängen auch von der gesellschaftlichen Entwicklung und den ästhetischen Vorstellungen jeder Epoche ab. Dabei kann es auch vorkommen, dass Steine für den Straßenbau oder für besondere Gebäude als "Jade" betrachtet werden.[519]

Jadescheiben mit einem Loch in der Mitte, bezeichnet man in der chinesischen Kultur als "Bi-Scheiben". Im Altertum hatten sie zeremonielle Funktionen und auch bestimmte symbolische Bedeutungen. Sie symbolisieren den Himmel, das Loch in der Mitte ist das Tor zum Jenseits. Chinesische Schamanen benutzen Bi-Scheiben, um mit anderen Welten in Verbindung zu treten. Durch diese Scheiben werden kulturelle Gegensätze verbunden und unüberbrückbare Grenzen überwunden. Besitzer von Bi-Scheiben erhoffen sich Glück, Schutz vor Unheil und Gefahren und ein harmonisches, ausgeglichenes Leben.

Eine prähistorische Satellitenkarte in China?

In der grenzwissenschaftlichen Literatur findet man auch Berichte über Landkarten aus dem alten China, die nach Satellitenaufnahmen angefertigte worden sein sollen. Man vermutet, dass die Chinesen wesentlich fortgeschrittener waren, als man allgemein denkt. Das bezieht sich nicht nur auf die Erfindung des Raketenprinzips, des Seismographen und des Kompasses. Man schreibt ihnen Techniken zu, die Beobachtungen aus großer Höhe möglich gemacht haben, um Landkarten zu erstellen. "In einem unscheinbaren Gebäude des Hunan-Museums in Changsha, der Hauptstadt der chinesischen Provinz Hunan, werden unglaubliche Artefakte aus dem 2100 Jahre alten Grab von Ma Wang Dui aufbewahrt", schreibt z. B. Reinhard Habeck. "Unter den sagenhaften Schätzen befindet sich eine topographische Karte im Maßstab 1 : 180 000. Auf Seide ist das Gebiet von Daoxian in der Provinz Hunan über das Tal des Xiao-Flusses bis zur Gegend um die Stadt Nanhai in der Provinz Guangdong exakt und maßstabgetreu wiedergegeben", so Habeck. Die topographischen Gegebenheiten sollen so präzise sein, dass man den Eindruck hat, die Karte ist aufgrund von fotografischen Aufnahmen aus großer Höhe angefertigt worden. Professor Wang Shiping vom Historischen Museum von Xi´an soll dazu gesagt haben: "Wenn es nicht so phantastisch klingen würde, müsste man sagen, das Vorbild für diese Karte ist eine Aufnahme, die vor Jahrtausenden von einem fremden Satelliten aus dem Erdorbit gemacht worden ist."[520]

Abb. 83: Die Karte aus dem Familiengrab des Li Cang in Mawangdui, China.

Nun, so phantastisch und rätselhaft ist die Karte nicht; es sei denn, man meint die hervorragenden Fähigkeiten der chinesischen Kartographen. Die Karte stammt nämlich aus einem Grab der frühen Westlichen Han-Zeit, datiert mit 183 bis 168 v. Chr. Es ist das Familiengrab des Li Cang, dem "Marquis von Dai". Beerdigt wurde dort auch eine edle

Dame Namens Xin Zhui. Es sind eigentlich drei Gräber, die zwischen 1972 und 1974 in Mawangdui (Ma Wang Dui), im Osten der Stadt Changsha, in der Provinz Hunan ausgegraben wurden. Jedes der beiden Gräber ist im Erdboden in der Form einer auf den Kopf gestellten Stufenpyramide angelegt. Darin stand ein reich verzierter Sarg. In den drei Gräbern wurden bemalte Seidentücher, ein Seidenmantel, Musikinstrumente, Lackwaren, Bambustäfelchen und Seidenbücher gefunden; darunter das *Buch der Wandlungen* vom Begründer des Daoismus. Ebenso wurde ein "Inventarbuch" gefunden, in dem die Grabbeigaben verzeichnet sind, und ein Buch über die Behandlung von Pferden, über Medizin und Bücher über Astronomie. Darunter ein Buch mit 250 farbigen Zeichnungen auf Seide von astronomischen Phänomenen, wie Wolkenbewegungen, Luftströmungen, Regenbogen, Fixsterne und Kometen. Auf einer Zeichnung sind 29 Kometen, samt ihrem Schweif, angeordnet in ihrer natürlichen Ausrichtung gegen die Sonne, dargestellt.

Die "Satellitenkarte" ist 96 mal 96 cm groß und zeigt oben nach Süden und unten nach Norden – sie muss also richtigerweise um 180 Grad gedreht werden (siehe Abb. S. 192) Sie zeigt offenbar den Fluss Xiang, der sich von Süden nach Norden durch die Landschaft der Provinz Hunan schlängelt und in den Dongting-See mündet. Der Fluss Xiao, auch Xiaojiang, ist nicht auf der Karte eingezeichnet; er liegt etwa tausend Kilometer östlich in der Provinz Yunnan. Er ist ein Nebenfluss des Jinshajiang und nur etwa 40 km lang. Er verläuft etwa von Yeniupingxiang nach Tangdanzhen. Auf der Karte oben, bei der ersten Biegung, ist mit einem kleinen Quadrat vermutlich die Stadt Changsha eingezeichnet. Die große Biegung darunter führt durch die Städte Xiangtan und Zhuzhou. Nach Süden zu sind mehrere Nebenflüsse des Xiang eingezeichnet. Ganz unten ist ein Teil der Küste zum Südchinesischen Meer zu sehen. Die Karte ist zwar gut gemacht, doch sieht man sich die Gegend über Google Earth an, dann sind die Flussläufe keineswegs so exakt eingezeichnet wie man vermuten möchte.

Aluminium im alten China?

Zu den Merkwürdigkeiten, die in China gefunden wurden, zählt auch eine Gürtelschnalle aus Metall, die von Archäologen im Jahre 1952, in der Gruft des Feldherrn Zhou Ch´u, (242 bis 297 n. Chr.), in Yixing, in der Provinz Jiangsu, in der Nähe der Stadt Shanghai, gefunden wurde. Das Objekt "war mit 17 Ornamenten geschmückt und wurde später mit dem Spektroskop untersucht, um die Zusammensetzung seiner Legierung zu bestimmen".[521] Dabei soll sich zweifelsfrei ergeben haben: "Die Legierung bestand zu zehn Prozent aus Kupfer, zu fünf Prozent aus Magnesium, jedoch zu 85 Prozent aus Aluminium." Den Gegenstand konnte man angeblich im Historischen Museum von Nanking (Nanjing) besichtigen und auch im Historischen Museum von Peking soll er ausgestellt gewesen sein.

Angeblich soll es ein Fund sein, der nicht in das archäologische Schema der chinesischen Kultur passt. Um Aluminium-Legierungen dieser Art (5 % Magnesium, 10 % Kupfer, 85 % Aluminium) herstellen zu können, sind Techniken erforderlich, die nach der herkömmlichen Lehrmeinung den Chinesen im Altertum nicht bekannt waren. Der chinesische Archäologe und ehemalige Direktor des Archäologischen Institutes der Chinesischen Akademie der Wissenschaften, von 1962 bis 1982, in Peking, Xia Nai (1910 - 1985), erhob deshalb schon den Verdacht, dass die fraglichen Metallteile Grabräuber kurz nach der Graböffnung hinterlassen haben. Er konnte sich die Kontaminierung der Metallteile mit Aluminium nicht anders erklären. Es ist nicht ungewöhnlich, wenn Grabräuber irgendwelche Gegenstände aus ihrem Besitz zurücklassen. Von

Kleidungsstücken bis zu Werkzeugresten ist schon alles gefunden worden – und sogar Leichen von Grabräubern.

Abb. 84: Die Gürtelschnalle aus der Gruft des Feldherrn Zhou Ch´u (242 - 297 n. Chr.).

Eine Untersuchung am Polytechnischen Institut in Dongbei, im Jahre 1958, hat ergeben, dass die Metallteile vorwiegend aus einer Silberlegierung bestehen. Ein anderer Test an der Qinghua-Universität in den Jahren 1958 bis 1959, konnte Spuren von Aluminium an den Metallteilen feststellen. Eine weitere Untersuchung an der Chinesischen Akademie der Wissenschaften, in Peking, im Jahre 1964, hat wiederum ergeben, dass die Metallteile mehrheitlich aus einer Silberlegierung bestehen. Die chinesischen Metallurgen im Altertum konnten zwar Eisen (Gusseisen) Silber und Bronze herstellen, doch von einer Herstellung von Aluminium ist nichts bekannt.[522]

In China wurden jedoch wertvolle Gürtelhaken mit versilberten und vergoldeten Bronze-Intarsien und Jade in Gräbern aus der Östlichen Zhou-Periode (770 - 256 v. Chr.) und der Han-Periode (206 v. Chr. - 220 n. Chr.) gefunden. In der Zhou-Periode kam der Gebrauch von Gürteln, durch den Kontakt mit Nomaden auf, die damit ihre Hosen beim Reiten befestigten. Die "lange Robe", (shenyi), die zu dieser Zeit sehr beliebt war, wurde durch einen Gurt gesichert und dazu war ein Haken erforderlich, der je nach Rand und Stand des Besitzers einen entsprechenden Wert hatte und vielfach sehr kunstvoll gestaltet war.[523]

Aluminium ist das dritthäufigste Element und häufigste Metall in der Erdkruste. Zur Aluminiumherstellung wird Bauxit benötigt. Dieses Sedimentgestein besteht zu 40 bis 60 Prozent aus Aluminiumoxid. Es wird hauptsächlich in Brasilien, Australien, Neu-Guinea und auch in China abgebaut. Die Fundorte in China liegen in Guangdong und Guizhou. In Europa gelang dem dänischen Chemiker Hans Christian Oersted im Jahre 1825 erstmals die Isolierung von – allerdings noch unreinem – Aluminium. Zwei Jahre später, 1827, gelang Friedrich Wöhler, durch Verbesserung der Oersted-Methode, die Isolierung von reinem Aluminium. Im Jahre 1886 konnten der Amerikaner Charles M. Hall und der Franzose

Paul-Louis Toussaint Héroult, ein elektrolytisches Verfahren entwickeln, das zur industriellen Herstellung von Aluminium führte. Aluminiumlegierungen werden unter anderem mit Kupfer, Nickel und Zink hergestellt. Es ist also sehr zweifelhaft, ob das in China im Altertum auch nur ansatzweise möglich war. Zumal für dieses Verfahren viel elektrische Energie benötigt wird.[524]

Wenn es in China im Altertum gelungen sein sollte, einfache Gegenstände aus Aluminium herzustellen, dann wahrscheinlich eher durch das Verfahren des sogenannten "trockenen Aufschlusses", wo feingemahlene Bauxitteile ungereinigt zusammen mit Koks in Rennöfen bis zu 1200 Grad Celsius erhitzt werden können und dann die Teile mit einer Lauge gelöscht werden. Der Schmelzpunkt von Aluminium liegt bei 660 Grad Celsius, weshalb höhere Temperaturen nicht erreicht werden müssen.[525]

Es hat sich allerdings herausgestellt, dass jene Metallteile aus dem Grab von Zhou Ch´u, die zum Gürtel gehören, Silberlegierungen sind, während jene Teile, die mit Aluminium kontaminiert sind, nicht als Teile des Gürtels identifiziert werden konnten. Deshalb klingt die Version von Xia Nai, dass Grabräuber diese Teile hinterlassen haben könnten, durchaus glaubwürdig, obwohl es wahrscheinlich 1952 in China sehr schwer gewesen sein muss, an solche Teile heranzukommen.

Es gibt bisher keine Beweise, dass die Chinesen schon im Altertum imstande waren Aluminium herzustellen. Es gibt kein vergleichbares Stück und auch kein Ideogramm, kein Schriftzeichen dafür. Sollte das möglich gewesen sein, dann hätte sich der erste Kaiser Chinas, Qin Shihuangdi (259 - 210 v. Chr.) solcher Gegenstände bedient und es wären bestimmt welche in seinem Mausoleum gefunden worden. Stattdessen wurden metallische Gegenstände und Waffen nur aus Bronze, mit Verzierungen aus Silber und Gold gefunden.

Es ist schon verwunderlich, dass sich in einem Grab eines eher weniger bedeutenden Generals ein Gegenstand findet, der für die damalige Zeit absolut ungewöhnlich und äußerst wertvoll gewesen sein muss, während in den Mausoleen und Gräbern der Kaiser und Könige keine derartigen Gegenstände gefunden wurden. Den chinesischen Metallurgen im Altertum ist es durchaus zuzutrauen, dass sie durch verschiedene Experimente zu verschiedenen Legierungen gekommen sind – Aluminium ist allerdings nicht nachgewiesen worden. Eine Nutzung von Aluminium für Schmuckstücke oder Gebrauchsgegenstände im alten China ist daher sehr unwahrscheinlich. Nach Informationen von Peter Krassa aus dem Jahre 2001 sind die Metallteile im Historischen Museum (heute Naturhistorisches Museum) von Peking irgendwann vor dem Jahr 2001 aus den Vitrinen entfernt worden.[526]

Rundpyramiden am Dongting-See

Rätselhaftes wird auch vom Dongting-See, aus der Region Hunan, gemeldet. Dort sollen im Oktober 1959, nach einem Seebeben, auf der Felsinsel "Jotuo", am Südufer des Sees, Reste von drei Rundpyramiden aufgetaucht sein, wie Archäologen aus Peking mitgeteilt haben. "Im Juli 1961 begab sich der Dozent für Altertumsforschung, Professor Chi Pen-lao, mit seinen beiden Assistenten Hui Chu-ting und Dr. Wu To-Wai an den ´Tatort´. Vermessungen ergaben, dass jedes einzelne dieser Bauwerke ursprünglich bis zu 300 Meter hoch gewesen sein muss. Das Alter der Pyramiden wurde von den drei Archäologen auf rund 45.000 Jahre geschätzt", berichtete Peter Krassa 1984 in seinem Buch *...und kamen auf feurigen Drachen.* Doch das soll nicht alles gewesen sein: "Während die Wissenschaftler einen vor etwa 3000 Jahren im Dongting-See versunkenen Mauerwall untersuchten, stießen sie auf unbekannte Höhlen im inneren der Insel. Zwei Taucher entdeckten in 30 Meter Tiefe den Zugang zu einem unterirdischen Labyrinth, das künstlich in den Granitfelsen hineingebohrt worden war. Es handelt sich dabei um Teile eines Gebirgszuges, der nach einem gewaltigen prähistorischen Erdbeben im Dongting-See versunken war."

Nach Betreten der Höhlen entdeckten die Archäologen unzählige Ritzzeichnungen, die offensichtlich mit scharfkantigen Gegenständen gemacht wurden. Die Bilder zeigen Umrisse von kleinwüchsigen, stämmigen Menschen, die offensichtlich einer Jagd nachgehen. Sie verfolgen mit Waffen, die an Blasrohre erinnern, flüchtende Rentiere oder Hirsche. "Auch an den glatten Zugängen zu den Rundbauten entdeckten die Wissenschaftler Ritzzeichnungen, die mit sehr spitzen und harten Werkzeugen eingraviert worden waren. Die künstlerische Gestaltung der einzelnen Motive beeindruckte die Archäologen zutiefst." Die Archäologen und besonders Professor Chi Pen-lao konnten sich angeblich nicht erklären, von welcher Kultur die Bauwerke und die Zeichnungen in den Höhlen stammen.[527]

Dem österreichischen Schriftsteller wurde damals, trotz mehrmaligem Briefwechsel mit der österreichischen Botschaft in China, Anfang der 1980er Jahre, der Zugang zu der Fundstätte verweigert. Er könne gerne die Ausgrabungsstätte Mawangdui (das Familiengrab des Li Cang, dem "Marquis von Dai", wo die "Satellitenkarte" gefunden wurde) und auch das Mausoleum des Qin Shihuangdi besichtigen, doch die Fundorte beim Dongting-See seien für Touristen noch nicht freigegeben. Peter Krassa vermutete eine Geheimhaltung von den chinesischen Behörden, was bei archäologischen Funden durchaus nicht ungewöhnlich ist und auch von westlichen Instituten oftmals so gehandhabt wird. Jedenfalls konnte der österreichische Schriftsteller keine weiteren Informationen über diese merkwürdigen Entdeckungen im Dongting-See einholen. Im Jahre 1994 reiste Peter Krassa abermals nach China, in die dortige Region, in die nahe liegende Stadt Yueyang. Er stand damals allerdings, wie er später berichtete "vor dem damals unlösbaren Problem, bei den nahezu unzähligen Inseln ausgerechnet jenes Eiland in der uns zur Verfügung stehenden knapp bemessenen Zeit ausfindig zu machen, das in den uns bekannten Texten als Insel ´Jotuo´ bezeichnet wird. Keinem, den wir befragten, war dieser Name geläufig. Und die chinesische Bezeichnung für jene Insel vermochten wir leider ebenfalls nicht zu eruieren".[528]

Der Dongting-See ist der zweitgrößte Binnensee Chinas. Er hat eine Fläche von 2820 Quadratkilometer und kann sich bei Hochwasser, des in den See mündenden Jangtsekiang, bis 20.000 Quadratkilometer ausdehnen. Besonders betroffen ist das Gebiet im Norden bei der Mündung des Jangtse-Flusses, bei der Stadt Yueyang. Dort finden immer wieder Überflutungen statt und es sind deshalb auch Unterwasserstraßen zu finden. Dort liegt auch die größte und bekannteste Insel im Dongting-See, die der Stadt vorgelagerte Insel Junshan. Sie hat eine Ausdehnung von etwa 1,5 mal 1 km. Auf ihr befinden sich mehrere historische Tempel, Denkmäler und Statuen sowie Grabstätten von zwei legendären Kaiserinnen aus dem 17. Jahrh. v. Chr. Mit der fraglichen Insel "Jotuo" hat sie jedoch nichts gemein. Der Name klingt, wie Peter Krassa angedeutet hat, eher japanisch als chinesisch. Dieses Geheimnis zu lüften steht also noch aus.[529]

Die "Weiße Pyramide"

Schon seit dem Jahre 1912 gibt es Berichte von Handelsreisenden über Pyramiden in China. Immer wieder wurden diese von Wissenschaftlern geleugnet. Es gebe keine Pyramiden in China. Im Jahre 1947 tauchte jedoch ein Foto von einer rätselhaften Pyramide auf. Es soll eine gigantische "Weiße Pyramide" sein. Sie soll südwestlich von Xi´an liegen, in der Provinz Shaanxi. Im Jahre 1994 machte sich der Reisemanager Hartwig Hausdorf auf die Suche nach diesem ominösen Bauwerk. Er kehrte mit zahlreichen Fotos von chinesischen Pyramiden zurück, doch die "Weiße Pyramide" war nicht darunter. Er konnte aber beweisen, dass es Pyramiden in China gibt.[530]

Auch nach einer zweiten Reise nach China "im Oktober 1994", gemeinsam mit Peter Krassa, kehrte Hausdorf aber ohne eine Spur der "Weißen Pyramide" gefunden zu haben zurück – jedenfalls wie er meinte.[531] Denn es haben schon andere Reisende die Meinung vertreten, die "Weiße Pyramide", sei das den Touristen gut bekannte Maoling-Mausoleum, in der Nähe von Hsien-yang, nordwestlich von Xi´an. "Es ist uns auf unseren Expeditionen *noch* nicht gelungen, die sagenumwobene 'Weiße Pyramide' zu Gesicht zu bekommen, obgleich an ihrer Existenz keine Zweifel mehr bestehen können. Wir denken da zum Beispiel an die vielsagende Reaktion der aufgeschreckten Archäologen in der Akademie der Wissenschaften in Beijing. Nach zwei Reisen ins Ungewisse sind wir aber keinesfalls mehr verwundert darüber, (noch) nicht an das Ziel unserer Wünsche gekommen zu sein", schrieb Hausdorf 1994.[532] Eine Übereinstimmung mit dem Maoling-Mausoleum schloss er damals "mit großer Sicherheit"[533] aus.

Nun, aus den bis dahin bekannten Quellen geht hervor, dass diese Pyramide eine Höhe von gut 300 m und eine Seitenlänge an der Basis von 450 m haben soll. Im Jahre 1912 berichteten nämlich zwei Handelsreisende, Fred Meyer Schroder und Oscar Maman, von einem gewaltigen Bauwerk, das sie in China gesehen hatten: "Es war viel unheimlicher, als wenn wir es in der Wildnis gefunden hätten. Dieses hier lag unter der Nase der Welt, aber den westlichen Ländern völlig unbekannt". Die beiden Reisenden schätzten die Größe auf 1500 Fuß (etwa 450 m) an der Basis und etwa 1000 Fuß (etwa 300 m) in der Höhe. Es soll sich um eine gigantische Pyramide gehandelt haben.

Während des Zweiten Weltkriegs überflog angeblich der Pilot der amerikanischen Luftwaffe, James Gaussman, mit einem Copiloten, durch einen technischen Defekt an seiner Maschine, notgedrungen mehrmals ein bestimmtes Gebiet in China. Was er später berichtete klang völlig unglaubwürdig: "Ich flog um einen Berg, und wir kamen über ein ebenes Tal. Direkt unter uns lag eine gigantische weiße Pyramide. Es sah aus wie in einem Märchen. Die Pyramide war umhüllt von schimmerndem Weiß. Es hätte auch Metall sein können oder irgendeine Art von Stein. Sie war reinweiß an allen Seiten." An der Spitze der Pyramide soll sogar ein Stück edelsteinartiges Material zu sehen gewesen sein. Die Piloten konnten nicht landen, doch sie waren von diesem Bauwerk äußerst beeindruckt. Seither kursiert die "Weiße Pyramide" durch die populärwissenschaftliche Literatur.

Am 28. März 1947 berichtete die *New York Times* über die Beobachtung der Piloten. In einem Interview mit der Zeitschrift behauptete der damalige Fernostdirektor der Transworld Airlines, TWA, Maurice Sheahan, er habe 40 Meilen südwestlich von Xian (Xi´an), bei einem Flug über den Qin-Ling-Bergen, eine riesige Pyramide gesehen. Am 30. März 1947 übernahm die *New York Sunday News* diesen Bericht und veröffentlichte erstmals ein Foto von dieser mysteriösen "Weißen Pyramide".[534]

Im Jahre 1978 bemühte sich der neuseeländische Forscher Bruce L. Cathie um eine Klärung des Rätsels. Nach Korrespondenz mit der chinesischen Botschaft und der US-Luftwaffe, konnte er die Aufnahme von damals ausfindig machen. Eine (allerdings schlechte) Kopie des Fotos veröffentlichte er schon 1983 in der Erstausgabe seines Buches *The Bridge to Infinity*.[535] Er gibt die Größe der Pyramide mit 450 m (1500 Fuß) an der Basis und 300 m (1000 Fuß) in der Höhe wieder. Es handelt sich um eine Pyramide mit vier ebenen trapezförmigen Seitenflächen, einem quadratischen Plateau an der Spitze, und einer quadratischen Grundfläche – ähnlich wie die Pyramiden in Ägypten und in Mexiko. Es ist also eine Stumpfpyramide. Derartige Pyramiden waren den Fachleuten im Westen lange unbekannt und deren Existenz wurde stets bestritten: "Es gibt keine Pyramiden in China! Nur Pagoden", turmartige Bauwerke, so die Jahrzehnte lange Meinung der Fachwelt.

Abb. 85: Die "Weiße Pyramide" (Foto: US Air Force / New York Sunday News 1947).

Ich kam zu der "Weißen Pyramide", als ich zuvor schon Berichte in Fachbüchern las und ich dann 1989 eine etwas bessere Kopie von dem Foto aus den amerikanischen Zeitungsberichten von 1947 in dem Buch *The Face on Mars* [536] von den beiden australischen Autoren Brian Crowley und James J. Hurtak von 1986 sah. Brian Crowley schickte mir eine Kopie von dem Bild in seinem Buch, das ich dann an Peter Krassa weitergegeben hatte. Im Juni 1991 wurde ein kurzer Bericht von mir über *Pyramiden in China* (ohne dem Bild von der "Weißen Pyramide") im *Ancient Skies*, Nr. 6, veröffentlicht. Gene Phillips, der Gründer der Ancient Astronaut Society, lehnte einen Bericht von mir in der amerikanischen Ausgabe von *Ancient Skies* ab, mit der Begründung das Foto sei "something doctored", irgendwie verfälscht. Er hielt das Foto für eine Fälschung. Später, 1995, veröffentlichte ich es in meinem Buch *Das Marsgesicht*.[538]

Ich hatte zwar Peter Krassa das Foto überlassen, ich wollte aber auch selbst darauf aufmerksam machen und damit beweisen, dass es tatsächlich Pyramiden in China gibt. Dann war ich aber doch einigermaßen erstaunt, als ich 1994 in einer Buchhandlung in Hamburg – während einer Vortragsreise – das Buch *Die weiße Pyramide* von Hartwig Hausdorf, der mir bis dahin völlig unbekannt war, sah. Ich erfuhr dann später, dass ihm das Foto Peter Krassa zur Verfügung gestellt hatte – ohne mein Wissen. Hartwig Hausdorf hat mich jedoch in seinem Buch als Quelle erwähnt, womit die Sache in Ordnung ist. Er hat sich jedenfalls – und das war ja auch mein Bestreben – sehr um die Sache bemüht, die "Weiße Pyramide" konnte er (wie schon erwähnt) seiner Meinung nach jedoch nicht finden.

Bruce L. Cathie gibt in seinem Buch *The Bridge to Infinity* viele Details über Pyramiden in China und besonders über die "Weiße Pyramide" bekannt – so auch genaue Koordinatenangaben. Sie sollen nördlich der heutigen Stadt Sian (Xi´an), am Fuße des Flusses Wei-ho zu finden sein – exakt auf 34,26 Grad nördlicher Breite und 108,52 Grad östlicher Länge. Diese Angaben waren mir sehr hilfreich, als ich im September 2006 über Google Earth nach den Pyramiden in China suchte. Dieses Programm wurde erstmals 2005 von Google ins Internet gestellt und immer wieder erweitert, und man kann damit phantastische Details der Erdoberfläche, anhand von Satellitenaufnahmen, erkennen – so z. B. auch die rätselhaften Linien in der Ebene von Nazca und die Pyramidengruppe von Giseh, in Ägypten. Die Auflösung ist nicht in allen Bereichen optimal, doch meist recht gut.

Nach einiger Mühe konnte ich dann tatsächlich mit den Koordinatenangaben von Bruce L. Cathie zwei Pyramiden ausmachen. In der Folge fand ich weitere, mehr als zwanzig kleinere und größere Pyramiden. Es sind ganz offensichtlich quadratische Erdpyramiden, von chinesischen Handwerkern vor langer Zeit errichtet. Die Fachwelt hatte also Unrecht. Es gibt Pyramiden in China! Mit Hilfe von Google Earth sind sie nun klar und deutlich als quadratische Pyramiden, mehrheitlich als Pyramiden-Stümpfe, oben abgeflacht, zu erkennen. Die größte in dieser Region hat eine Seitenlänge an der Basis von etwa 220 mal 230 m und eine Höhe von etwa 43 m. Sie liegt auf 34,23 Grad Nord und 108,42 Grad Ost. Mit ihrer Grundfläche kommt sie der Cheops-Pyramide in Ägypten durchaus nahe. Über das Alter der Pyramiden gingen zunächst die Meinungen auseinander. Einige sprechen sogar von 2500 bis 3500 Jahren. Zu dieser Zeit sollen die legendären "Kaiser der Urzeit" geherrscht haben.

Die Pyramiden befinden sich in der Provinz Shaanxi (Shensi), nordöstlich der Stadt Sian (Xi´an). Auf den Satellitenbildern von Google Earth war zunächst keine "Weiße Pyramide" zu erkennen. Unter den Koordinaten 34,26 Grad Nord und 108,52 Grad Ost (East) waren zwei Pyramiden zu sehen, die jedoch nicht mit der Aufnahme aus dem Jahre 1947 identisch sind. Im weiteren Verlauf der Suche fand ich mehrere pyramidenartige Gebilde, von denen einige dem Bild von 1947 in etwa entsprachen. Sie haben ein quadratisches Plateau, Abschürfungen (Ausgrabungen) an den Seitenwänden, ähnliche Gehwege (Strassen) entlang der Pyramide, und im Hintergrund soetwas wie Siedlungen oder Dörfer.

In einigen Internetseiten[539] und in Wikipedia wurde in den Jahren 2001 und 2003 vermutet, dass das bekannte Maoling-Mausoleum die "Weiße Pyramide" sein könnte. Bruce L. Cathie gibt die Ortschaft pai-mioa-ts´un an, in deren Nähe sich die Pyramiden befinden sollen. Diese Ortschaft konnte ich zunächst nicht finden, doch dann entdeckte ich eine Pyramide in einem Bereich mit schlechter Auflösung. Die Details, die erkennbar waren, korrespondierten aber eindeutig mit der Fotografie von 1947. Die Angaben bei Google Earth und Bilder von Internet-Usern, identifizierten diese Pyramide als das Maoling-Mausoleum. Die "Weiße Pyramide" ist also ganz offensichtlich identisch mit diesem Mausoleum. Sie liegt westlich von Hsien-yang, nahe der Stadt Xianyang, auf 30,20 Grad Nord und 108,34 Grad Ost.

Im Jahre 2009 gab es neue hochauflösende Bilder vom Maoling-Mausoleum bei Google Earth und da bestand kein Zweifel mehr: Die vielzitierte "Weiße Pyramide" ist ganz eindeutig das Maoling-Mausoleum! Es ist die Grabstätte des chinesischen Kaisers Wudi (156 - 87. v. Chr.). Die Pyramiden in Shaanxi, in China, wurden großteils in der Zeit von 202 v. Chr. bis 5 n. Chr. errichtet und gehören zur Westlichen Han-Dynastie (206 v. Chr. bis 24 n. Chr.) Sie können Kaisern, Kaiserinnen und höheren Beamten aus dieser Zeit zugeschrieben werden.[540]

Abb. 86: Das Maoling-Mausoleum (Bild: Google Earth, 2009).

Bei der "Weißen Pyramide" handelt es sich also nicht um ein gewaltiges mysteriöses Bauwerk irgendwo in den Qin-Ling-Bergen, wie manche vermuten, sondern um eine der nicht so großen, aber doch eindrucksvollen, chinesischen Pyramiden aus der Han-Zeit. Es ist das Maoling-Mausoleum. Den Piloten und den Handelsreisenden kann das Mausoleum, das eine über Google Earth ermittelte Größe von ungefähr 222 mal 217 m an der Basis und eine Höhe von etwa 46 m hat, unter dem gleißenden Sonnenlicht durchaus schimmernd ("weiß") und recht groß erschienen sein.

"Fliegende Wagen" in China

In den chinesischen Aufzeichnungen finden wir zahlreiche Schilderungen von "fliegenden Wagen", die als "prähistorische Flugmaschinen"[541] interpretiert werden. Peter Krassa meinte, dass den "alten Chinesen" die "Weltraumfahrt" nicht fremd war. "Sollte es im vorgeschichtlichen China bereits Raumflüge gegeben haben?", fragte er sich schon 1973 und schreibt z. B.: "Der Dichter Cho Yüan (er lebte von 340 bis 278 v. Chr.) beschreibt in seinem Werk 'Li Sao' eine Flugreise, die er selbst erlebt haben will. So sei er eines Tages vor dem Grabmal des Kaisers Chuen gekniet, als plötzlich ein Jagdwagen durch die Luft geflogen kam, der von vier Drachen gezogen wurde. Er sei eingestiegen und mit dem Luftfahrzeug hoch über China in die Richtung des K'un-lun-Gebirges geflogen. 'bei diesem Flug sah ich unter mir das Land', beschreibt der Dichter sein seltsames Erlebnis, 'und ich sah die Wüste Gobi, doch kein Wind und kein Staub belästigten mich". Nun, es gab wohl auch damals in China dichterische Freiheiten, die man nicht wörtlich nehmen muss. Drachen flogen schon immer durch die Lüfte und es gab auch in China phantasievolle Himmelsreisen.

Hartwig Hausdorfs Buch *Die Weiße Pyramide* erschien im englischsprachigen Raum unter dem Titel *The Chinese Roswell*, in Anspielung an den angeblichen UFO-Absturz in Roswell 1947. In dieser Richtung ging Hausdorf weiter und suchte in China, oder in chinesischen Berichterstattungen nach Spuren von unbekannten Sichtungen oder Ereignissen, die mit Außerirdischen zu tun haben könnten. Doch in China werden himmlische Ereignisse schon seit mehr als 2000 Jahren aufgezeichnet und sie unterscheiden sich im Wesentlichen nicht von den westlichen Schilderungen von Kometensichtungen, Sternbewegungen, Sonnen- und Mondfinsternissen. Dass die Götter in ihren Fahrzeugen über den Himmel fahren war auch ihnen nicht fremd. Die historischen Darstellungen zeigen phantasievolle fliegende Fahrzeuge, die den ganz gewöhnlichen Fahrzeugen (Wagen) am Boden entsprechen, wie sie von Königen, Kaisern und hochrangigen Persönlichkeiten benutzt wurden, mit Rädern und Baldachinen. Es sind keine Darstellungen von Raumschiffen. Chinas Vergangenheit wurde ganz offensichtlich nicht von Außerirdischen beeinflusst.

Der Mechanismus von Antikythera

Ein astronomisches Räderwerk aus der Antike

Auch der Mechanismus, den im Jahre 1900, kurz vor Ostern, Schatztaucher vor der griechischen Insel Antikythera aus einer Tiefe von etwa 40 Metern aus dem Meer fischten, wird mit Außerirdischen oder mit einer früheren prähistorischen Kultur in Verbindung gebracht. Es ist eine etwa 30 cm große vermoderte Holzschachtel, die einige stark erodierte Metallklumpen enthielt. Sie lag unter zahlreichen anderen Gegenständen, wie Münzen, Statuen und Gefäßen in einem alten Schiffswrack. Die Gegenstände gelangten ins Archäologische Nationalmuseum von Athen, wo sie im Jahre 1902 dem griechischen Archäologen Spyridon Stais in die Hände fielen. Er sah sich den Fund genauer an und kam zu dem Schluss, dass die Metallstücke aus Bronze sind und Teile eines komplizierten Mechanismus aus mehreren Zahnrädern darstellen. Er entdeckte eine Art Zifferblatt mit einer runden Skala und Schriftzeichen in griechischer Sprache. Sie gaben Hinweise auf den in der Antike gültigen Kalender, mit Sonne, Mond und den damals bekannten fünf Planeten Merkur, Venus, Mars, Jupiter und Saturn.[542]

Abb. 87: Der Mechanismus von Antikythera.

Im Jahre 1958 entdeckte der Historiker Derek de Solla Price, von der amerikanischen Yale-Universität, den seltsamen Gegenstand im Athener Museum. Er stellte ebenfalls fest, dass es sich um eine astronomische Apparatur handelt. In einem Artikel im *Scientific American* aus dem Jahre 1959 beschreibt der Historiker den Gegenstand erstmals ausführlicher. Der Gegenstand ist eine Art astronomische Uhr mit mehreren Zahnrädern unterschiedlicher Größe.[543]

Die auf dem Schiffswrack gefundenen Münzen und die Beschriftungen auf dem Mechanismus und dem Holzkasten deuten auf die Zeit etwa 80 v. Chr. hin. Im Jahre 1971 konnte de Solla Price mit Hilfe von Röntgen- und Gammastrahlen den Gegenstand erstmals komplett untersuchen. Es stellte sich heraus, dass er ein Differentialgetriebe enthält, das als Ausgleich der Laufgeschwindigkeit der Zahnräder dient. Ein derartiges Getriebe wurde erstmals von Leonardo da Vinci entwickelt, es wurde 1832 wieder entdeckt und zum Patent angemeldet und erst 1896 erstmals in Kraftfahrzeugen eingebaut.

Bei dem Mechanismus von Antikythera handelt es sich genauer um eine Art Astrolabium, das vermutlich erstmals vom griechischen Mathematiker Eratosthenes um 250 v. Chr. entwickelt wurde. In Europa war es erstmals 986 n. Chr. in Katalonien in Gebrauch. Ein Astrolabium ist ein System aus drehbaren Scheiben, die den Stand der Himmelskörper wiedergeben. Es wurde früher besonders in der Schifffahrt verwendet. Astrolabien waren aber nicht aus Zahnrädern aufgebaut. Sie funktionierten wie eine moderne handliche Himmelskarte für Amateur-Astronomen. Erst die wesentlich später entwickelten astronomischen Uhren verwendeten Zahnräder, um den Stand von Sonne, Mond und der Planeten anzuzeigen.

Astronomische Uhren entstanden erst ab dem 14. Jahrhundert. Eine der ersten Uhren dieser Art baute der italienische Astronom Giovanni de′ Dondi in der Zeit zwischen 1348 und 1364. Leonardo da Vinci hatte davon ebenfalls Zeichnungen angefertigt. Diese Zeichnungen und die Beschreibungen von Dondi zeigen, dass diese Uhr aus 107 Teilen und aus Messing angefertigt war. Im Jahre 1630 ist die Uhr jedoch zerstört worden.

Astronomische Uhren sind meistens relativ groß und wurden in Gebäuden, Kirchen und Türmen eingebaut. Vorerst zeigten sie nur den Sonnenstand und die Mondphasen an, später auch die Positionen von Fixsternen und den Planeten. In den Jahren 1838 bis 1843 baute Jean Baptiste Schwilgué für den Straßburger Münster eine 18 m hohe astronomische Uhr, die Tagundnachtgleiche, Sonnenaufgang, Sonnenuntergang, Finsternisse, Planetenstandorte, Sternzeit und auch Schaltjahre wiedergeben kann. Sie war eine der ersten komplexen Rechenmaschinen und nicht mehr bloß eine Uhr als Zeitmesser.

Astronomische Taschenuhren gab es erst ab 1504, als der Nürnberger Peter Henlein den dafür nötigen Federantrieb entwickelte und diesen in eine tragbare Uhr einbaute. Chronometer für die Schifffahrt entwickelten erstmals der Brite John Harrison 1735 und der Schweizer Uhrmacher Ferdinand Berthoud ab 1745. Harrisons erstes Modell war ein futuristisch aussehendes Monstrum, 84 cm hoch und 33 kg schwer und wurde nie eingesetzt. Erst ein weiteres wesentlich kleineres Modell mit 13 cm Durchmesser bewährte sich 1759 auf einer Schiffsreise.[544]

Wie kann ein derart kompliziertes, relativ kleines Räderwerk für astronomische Zwecke wie jenes das im Jahre 1900 vor der Küste von Antikythera gefunden wurde schon 80 v. Chr. existiert haben? Wo derartige Geräte doch nachweislich erst 1500 Jahre später von Uhrmachern mit präziser feinmechanischer Technik entwickelt wurden. De Solla Price hatte vorerst an dem Gerät 27 Zahnräder gezählt, die aus einem Stück Bronzeblech von 2 mm Stärke angefertigt wurden. Die Räder haben Durchmesser von etwa 6 bis 130 mm. Um die entsprechenden astronomischen Ergebnisse zu erzielen, müssen die Zacken der Räder präzise angeordnet sein. Die Anzahl der Zähne und die Größe der Räder müssen genau bestimmt werden. So muss das Verhältnis des Rades für die Sonne zum Rad für den Mond 19 : 254 sein, denn wenn sich die Sonne 19-mal um die Scheibe gedreht hat, dann muss das der Mond 254-mal getan haben. Das erreicht man durch die entsprechende Anzahl der Zähne und die Größe der Räder.

Die Datierung wurde aufgrund der im Schiffswrack aufgefundenen Münzen, die aus der Zeit um 80 v. Chr. stammen, und aufgrund von Besonderheiten am Mechanismus selbst vorgenommen. Das Zifferblatt an der Vorderseite hat einen beweglichen Ring, der verstellt werden kann. Dies deutet darauf hin, dass der Mechanismus nach dem alten ägyptischen Kalender funktioniert, der auf die Schaltjahre keine Rücksicht nimmt und dadurch die Monatsskala jedes Jahr nachjustiert werden muss. Die zwei Skalen der Zifferblätter an der Frontseite sind um 13,5 Grad phasenverschoben. Aus astronomischen Tabellen geht hervor, dass diese Zahl nur im Jahre 80 v. Chr. vorkommen konnte. Auf der Mondskala befindet sich eine Markierung, die wahrscheinlich dazu diente, eine bestimmte Einstellung festzuhalten. Diese Markierung ist exakt um einen halben Grad entfernt von der derzeitigen Einstellung. Sie entspricht dem Zeitraum von zwei Jahren. Das kann bedeuten, dass die Markierung den Zeitpunkt bestimmt, als das Instrument erstmals benutzt wurde – und zwar 82 v. Chr.

Im Herbst 2005 starteten mehrere Experten und Astronomen an mehreren Universitäten in Großbritannien, Griechenland und den USA, in einem Projekt unter der Leitung von Mike Edmunds von der Cardiff-Universität in Wales, mit dem Titel "Antikythera Mechanism Research Project", einen erneuten Versuch dem Geheimnis des Räderwerk auf den Grund zu gehen. Im Nationalmuseum in Athen wurde von Experten der britischen Firma X-Tek eigens dafür ein 7,5 Tonnen schwerer Computertomograph aufgestellt, mit dem der Mechanismus vor Ort mit hochenergetischer Röntgenstrahlung durchleuchtet wurde. Experten der Firma Hewlett Packard machten dreidimensionale Aufnahmen von den Fragmenten des Geräts. Mehrere Modelle wurden daraufhin von dem Mechanismus samt Gehäuse angefertigt.[545]

Im Sommer 2006 wurde das Untersuchungsergebnis der Öffentlichkeit präsentiert. Die Zeitschrift *Nature* berichtete im November 2006 ausführlich darüber. Xenophon Moussas, ein Mitglied des Projekts, von der Nationaluniversität in Athen, gab bekannt, dass "große Teile der Geschichte der Mathematik und der Astronomie umgeschrieben werden müssten". Der Mechanismus ist weit komplizierter, als bisher angenommen wurde. Es wurde bestätigt, dass damit auch ungefähre Vorraussagen von Mond- und Sonnenfinsternissen gemacht werden konnten. Sogar Anomalien der Mondbewegung konnten bestimmt werden. Das Werk bestand ursprünglich nicht aus 27, sondern aus 37 Rädern. Die Menge der auf dem Gerät gefundenen Zeichen konnte auf 2000 verdoppelt werden. Sie sind eine Art Gebrauchsanweisung für das Gerät in griechischer Sprache.

Aufgrund der Komplexität des Gerätes können berechtigte Zweifel aufkommen, dass dieses aus der Zeit um 80 v. Chr. stammt – es müsste wesentlich jünger sein. Es sind bisher keine vergleichbaren Instrumente aus dieser Zeit gefunden worden.

Allein einige Beschreibungen von griechischen Ingenieuren sind erhalten geblieben. Heron von Alexandria beschreibt z.B. in seinen Lehrbüchern Hebekräne, die mit Zahnrädern ausgestattet sind und Instrumente zur Winkel und Entfernungsmessung. Man weiß auch, dass die Griechen exzellente Mechaniker waren und mit Metallwerkzeugen wie Feilen gut umgehen konnten. Daher setzte sich die Meinung durch, dass der Mechanismus vom griechischen Mathematiker, Physiker und Ingenieur Archimedes von Syrakus (um 287 bis um 212 v. Chr.) stammen könnte - oder von ihm in Auftrag gegeben wurde. Doch dann müsste der Mechanismus gut 150 Jahre älter sein.

Andere Forscher haben schon früher festgestellt, dass es auf der Insel Rhodos im Altertum entsprechende Instrumentenbauer gab. Xenophon Moussas meint, der Mechanismus sei wohl vom Astronom Poseidonius auf Rhodos konstruiert worden. Man schreibt den Mechanismus von Antikythera aber auch dem griechischen Astronom und Mathematiker Geminos von Rhodos zu, der im 1. Jahrhundert v. Chr. auf der Insel geboren wurde und um 70 v. Chr. in Rom lebte.

Die Bronzeteile des Mechanismus sind radiochemisch auf das Alter um 80 v. Chr. datiert worden. Von einer Datierung des Holzkastens ist nichts bekannt. Die Datierung beschränkt sich sonst auf die aufgefundenen Gegenstände im Schiffswrack und auf bestimmte Hinweise im Mechanismus. Schon aus der Veröffentlichung von de Solla Price im *Scientific American* 1959 geht hervor, dass die Form der griechischen Buchstaben auf dem Gerät erkennen lässt, das dieses nicht älter als 100 v. Chr. und nicht jünger als kurz nach Christus sein kann. Die Wörter die benutzt werden und ihr astronomischer Sinn, sind alle aus diesem Zeitraum. Sie sind in dem Terminus verfasst, den auch Geminos von Rhodos in seinen Schriften benutzt. "Wir können damit billigerweise sicher sein, dass der Mechanismus seinen Weg in das Wrack nicht bei irgendeinem späteren Zeitraum fand", heißt es in dem Bericht. Auf dem Mechanismus sind die Schriftzüge "Olympia" und "Nemea" eingraviert worden, was auf die Olympischen und die Nemeischen Spiele hinweisen könnte, die etwa zwischen 700 und 400 v. Chr. stattfanden. Auch dadurch wäre aber der Mechanismus um einiges älter als aus der Datierung hervorgeht. Es bleiben also viele Fragen offen.

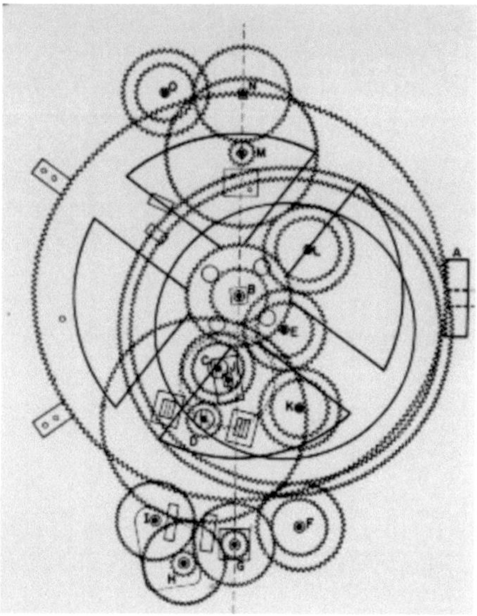

Abb. 88: Der Mechanismus von Antikythera enthielt bis zu 37 Zahnräder.

Das Gerät ist offensichtlich nicht für die Schifffahrt, sondern höchstwahrscheinlich für astronomische Zwecke eingesetzt worden. Das Gerät muss vor der Entdeckung der Planeten Uranus (1781), Neptun (1846) und Pluto (1930) gebaut worden sein. Es sagt nichts darüber aus, ob die Benutzer das geozentrische oder das heliozentrische System kannten, da das Gerät lediglich die Positionen der Himmelskörper am Nachthimmel von der Erde aus bestimmt und nicht deren Umlaufbahnen. Die Umlaufbahnen von Planeten wurden mit sogenannten Armillarsphären bestimmt bzw. simuliert, die aus mehreren Metallringen bestehen, die insgesamt eine Kugel bilden.

Der Antikythera-Mechanismus hat damit nichts zu tun. Armillarsphären mit der gedachten Erde im Zentrum (geozentrisch) benutzten bereits die Babylonier. Aristoteles und Aristarch von Samos hielten bereits ein heliozentrisches Weltbild für möglich und schon im 9. bis 8. Jahrh. v. Chr. deuten vedische Sanskrit-Texte darauf hin, doch erst Mitte des 16. Jahrhunderts waren, durch die Arbeiten von Nikolaus Kopernikus und Johannes Kepler, Armillarsphären mit der Sonne im Zentrum in Gebrauch.

Der Mechanismus von Antikythera wird auch als Analogcomputer angesehen, der mechanische Teile benutzt um Berechnungen zu speichern. "Es handelt sich um den ersten Rechner der Welt", meint Wolfram Lippe,[546] Professor am Informatik-Institut der Universität Münster. So läuft das Gerät auch unter der Bezeichnung "Computer von

Antikythera". Die mit den Untersuchungen betrauten Experten und Wissenschaftler sind sich weitgehend einig, dass mit dem Mechanismus von Antikythera zumindest die Geschichte der astronomischen Instrumente umgeschrieben werden muss. Weitere Untersuchungsergebnisse wurden angekündigt. Wir können darauf gespannt sein. So wie es aussieht, kommt aber wohl kein prähistorischer oder außerirdischer Ursprung in Frage.

Ein moderner Erdmythos

Die Hopi und die Außerirdischen

Der ehemalige NASA-Ingenieur Josef F. Blumrich befasste sich auch mit den Mythen der Hopi, die zum Stamm der Schoschonen gehören. In seinem Buch *Kasskara und die sieben Welten*, erschienen 1979, schildert er, was ihm der Häuptling der Hopi "Weißer Bär" über seinen Stamm erzählte. Schon vor mehr als 80.000 Jahren gab es einen Kontinent im heutigen pazifischen Ozean, welcher der Geburtsort der Hopi war. Diese große Insel nennen die Hopi "Kásskara"; sie ist mit dem legendären "Lemuria" oder auch "Mu" identisch. Gleichzeitig existierte damals, eine Insel im Osten, die wieder mit Atlantis zu identifizieren ist, welche die Hopi "Taláwaitichqua" nennen. Merkwürdigerweise soll es damals weder Nord- noch Südamerika gegeben haben.[547]

Weißer Bär berichtete auch, dass in Kásskara einst die "Katchinas" regierten, die aus dem Weltall kamen. "Katchina" bedeutet "hohe, geachtete Wissende" und sie hatten Flugköper, die wie Kürbisse aussahen. "Wenn man einen Flaschenkürbis durchschneidet, erhält man eine Form, die wie eine Schale oder Untertasse aussieht. Und wenn man zwei solche Teile zusammensetzt, erhält man die Form des Flugköpers, mit dem man damals zu den Planeten fuhr. Wenn man in einem Gebilde wie diesem sitzt, kann es sich nach allen Richtungen bewegen, und man fällt nicht heraus, ganz gleich, wie schnell es fliegt. Deshalb hat es diese Form und wir (die Hopi) nennen es Inioma."[548]

Weiter heißt es über diesen Flugkörper: "...die beiden Hälften werden durch einen Zügel zusammengehalten. Derjenige, der das Raumschiff lenkt, braucht nur diesen Zügel zu betätigen. Dreht er ihn nach rechts, steigt das Raumschiff, und dreht er ihn nach links, geht es abwärts. Das Fahrzeug hat keinen Motor wie unsere Flugzeuge und braucht keinen Kraftstoff. Es fliegt im magnetischen Feld. Man muss nur die richtige Höhe kennen. Will man nach Osten fliegen, wählt man eine gewisse Höhe, will man nach Norden, eine andere Höhe, und so weiter. Man muss nur in die der Richtung entsprechende Höhe aufsteigen, dann fliegt das Schiff in der gewünschten Strömung. Auf diese Weise kann man jeden Ort innerhalb unserer Atmosphäre erreichen und auch die Erde verlassen. So einfach ist das."

Erich von Däniken zeigte sich 1977 verständnisvoll diesem Bericht gegenüber. Für ihn sind die Katchinas, die "mit Weltraumattributen versehen" sind ein weiteres Indiz für die Astronautengötter-Theorie. Schließlich weist ihre Kleidung und ihr Verhalten eindeutig auf Raumfahrer hin. Die Katchinas konnten sich nämlich unsichtbar machen, über den Erdboden schweben, "infolge einer Art mystischen Verbindung" Kinder zeugen und sie waren "muschelbekleidet".[549]

Vor etwa 80.000 Jahren hat dann – berichtet Weißer Bär – "jemand auf den falschen Knopf gedrückt, und beide Kontinente versanken. Es war keine große Flut, nicht die ganze Erde wurde zerstört und nicht alle Menschen getötet. Atlantis versank sehr schnell im Ozean. Unsere Dritte Welt (Kásskara) ging sehr langsam unter".[550]

Der Völkerkundler Dr. Hans Biedermann meinte dazu, "dass der – in seinem Werdegang nirgends exakt geschilderte – Gewährsmann angelesenes Wissen mit alten Mythen vermengt hat, ist offensichtlich, doch Blumrich glaubt ihm aufs Wort ... Der zweifellos belesene, wenn auch mit Quellenkritik nicht vertraute, Autor scheint sich nie die Frage nach der Authentizität dessen gestellt zu haben, was im 'Weißer Bär' in das Tonband diktiert hat..."[551]

Tatsächlich berichteten schon 1976 Dr. Helmut Gipper und Ekkehard Malotki, dass es einen Stammeshäuptling namens "Weißer Bär" bei den Hopi nicht gibt. Sie "kennen nur Dorfälteste und wenige Dorfvorsteher in autonomen Dorfgemeinschaften. White Bear ist ein einfacher Hopi, der mit einer weißen Frau verheiratet ist und sich dadurch außerhalb der Stammesgesellschaft gestellt hat. Unter Fachleuten gilt White Bear als unsicherer Informant".[552]

Die Katchinas stellen in Wirklichkeit Ahnengeister dar und dass sie den Hopi "höhere" Kenntnisse in Astronomie und Waffentechnik vermittelten ist mehr als fraglich. Die Schilderungen von "Weißer Bär" sind ein Sammelsurium aus alten Legenden und modernen Erzählungen über Atlantis und Außerirdische. Er hat "Jahre seines Lebens in unserer westlichen Gesellschaft verbracht"[553] und hat unter dem Namen "White Bear Fredericks" im Jahre 1978 auf der 5. Weltkonferenz der Ancient Astronaut Society seine Geschichte vorgetragen.

Die rätselhaften Kristallschädel

Abbilder von Aliens?

In der populärwissenschaftlichen Literatur tauchen auch immer wieder die rätselhaften Totenschädel aus Quarzkristall auf, deren Herkunft und Herstellung mysteriös und ungeklärt sein soll. Allen möglichen und unmöglichen Kulturen wurden sie schon zugeschrieben, bis hin zum sagenhaften Atlantis und auch mit Außerirdischen wurden sie in Verbindung gebracht. Seit 1898 liegt im Britischen Museum, im Museum of Mankind, jedenfalls ein Kristallschädel, den schon unzählige Besucher bestaunt haben. Damals ist der Schädel in Mexiko aufgetaucht und er soll von den Azteken stammen. Er ist schon mehrmals untersucht worden und es ist stets seine Echtheit bestätigt worden – bis zum Jahre 2005, als britische und amerikanische Wissenschaftler verkündeten: "Er ist eine Fälschung!".

Ethnologen vom Britischen Museum haben bis dahin die Meinung vertreten, dass der Schädel zwischen 1300 und 1500 n. Chr. angefertigt worden sein könnte. Er hat eine Größe von 210 mal 136 mal 148 mm und er wiegt etwa 5 kg. Im 15. Jahrh. n. Chr. soll es unter der Herrschaft von Moctezuma I. eine Blütezeit der aztekischen Handwerker gegeben haben, die angeblich imstande waren einen derartigen Schädel herzustellen. "Die Goldschmiede gehörten, wie die Edelsteinschneider und Steinmetzen, der privilegierten Klasse an und bildeten eine eigene Zunft", schreibt Viktor von Hagen in seinem 1962 erschienenen Buch *Sonnenkönigreiche.*[554]

Bei der Verarbeitung von Edelsteinen, beschäftigte Moctezuma I. z. B. geschickte Steinschneider und aus der mixtekischen Periode von Monte Alban (ab 1125 n. Chr.), stammt eine Goldkette, die unseren modernen um nichts nachsteht. Sie wurde mit den dazupassenden Ohrgehängen, in einem Grabmal eines mexikanischen Häuptlings, im Jahre 1831, von Dr. Alfonso Gaso entdeckt.

Angeblich im Jahre 1927 (andere Quellen meinen 1924) findet ein junges Mädchen, inmitten von Mayaruinen, in Britisch-Honduras (heute Belize), in Lubaantún, einen Kristallschädel, der wohl in den vergangenen Jahrzehnten die meiste Aufmerksamkeit erregte. Der inzwischen als "Kristallschädel von Lubaantún" durch die mystische und mysteriöse Literatur gehende Totenschädel hat eine ähnliche Größe wie jener im Britischen Museum: nämlich 203 mal 139,7 mal 152,4 mm und er wiegt genau 5,75 kg. Seither werden besonders diese beiden Schädel aus Quarzkristall miteinander verglichen. Das Mädchen, das den Lubaantún-Schädel angeblich gefunden hat, war Anna, die Adoptivtochter von Frederick A. Mitchell-Hedges (1882 - 1959), der 1931 den Fund publik machte und damit eine Welle von Spekulationen auslöste.

Im Jahre 1936 erfolgte eine Untersuchung der beiden Schädel am Anthropologischen Institut von Großbritannien. Damals stellte Dr. G. M. Morant fest, dass beide Schädel voneinander kopiert wurden und offenbar weibliche Merkmale aufweisen. Beide Schädel wurden aber von verschiedenen Handwerkern angefertigt, wobei der Bearbeiter des Lubaantún-Schädels bessere Kenntnisse in Anatomie gehabt haben muss.[555]

Im Jahre 1964 bat Anna Mitchell-Hedges den amerikanischen Restaurator und Konservator Frank Dorland, ihren Fund zu untersuchen und ihn nach Alter und Herkunft prüfen zu lassen. Dorland wusste, dass es im Britischen Museum einen ähnlichen Schädel gab und er bezog auch die Untersuchung von 1936 mit ein. Er übergab den Schädel den

Laboratorien von Hewlett-Packard. Der Leiter des Kristalllabors, Jim Pruett, stellte schließlich fest, dass Kopf und Unterkiefer ursprünglich aus einem Stück gefertigt und erst später getrennt worden waren. Er kam zu dem Ergebnis, dass der Schädel durch Schlageinwirkung modelliert worden war, er fand jedoch keinerlei Spuren einer maschinellen Bearbeitung. Dorland, der in mühevoller Kleinarbeit die ganze Oberfläche mikroskopisch untersuchte, kam zum gleichen Ergebnis.[556]

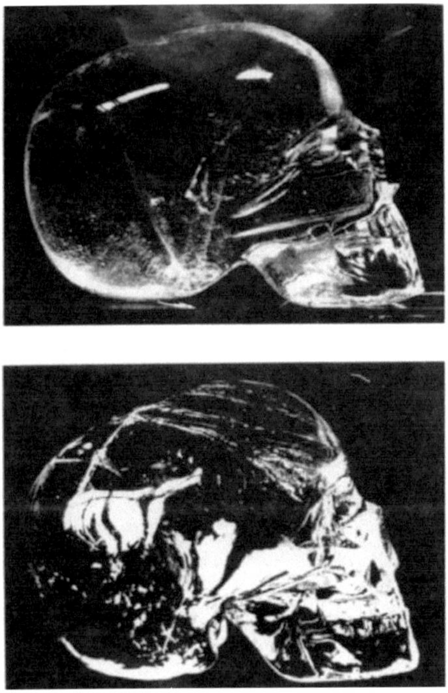

Abb. 89: Die beiden Kristallschädel im Vergleich (oben der im Britischen Museum, unten der Mitchel-Hedges-Schädel).

Adrian Digby, der gemeinsam mit Dr. Morant die beiden Schädel 1936 untersucht hat, kam auch zu der Ansicht, dass beide Schädel nicht vom gleichen Handwerker stammen können und dass es aufgrund der Bearbeitung nicht möglich ist festzustellen, ob die beiden Schädel mit primitiven oder modernen Werkzeugen hergestellt wurden. An den Zähnen erkennt man keine Spuren eines Diamantenschleifers moderner Bauart, jedoch sind alle bisher gefundenen Schädel im aztekischen Bereich, in den Augenhöhlen, eher mit dem Aztekenschädel als mit dem Lubaantún-Schädel identisch. Digby stellte auch fest, dass eher der Schädel aus dem Britischen Museum als der Schädel aus Lubaantún von den Azteken gemacht werden konnte. Beide Schädel sind jedoch aus reinem Quarzkristall.

Die Schädel unterscheiden sich aber im Bereich der Augenhöhlen, der Nasenhöhle, des Jochbeins, der Stirn, der Zähne und des Kiefers, wobei der Kiefer des Lubaantún-Schädels lose und abnehmbar ist. Der Aztekenschädel hat auch einen Nasenstachel, während der Lubaantún-Schädel diesen nicht hat.

Frank Dorland stellte schon 1964 fest, falls der Lubaantún-Schädel poliert worden sein soll, dann müsste das unter großer Hitzeeinwirkung von 1500 bis 1600 Grad Celsius geschehen sein. Ob das die Mayas bereits imstande waren, muss bezweifelt werden, so Dorland. Den Azteken wäre das eher zuzutrauen. Sie begannen etwa ab dem 11. Jahrh. n. Chr. mit der Metallverarbeitung und konnten Gold und Kupfer in einem mit Holzkohle geheizten Ofen, den ein Mann mit einem Blasrohr anfachte, schmelzen, wobei sie

Temperaturen um 1000 Grad Celsius erreichten. Auf diese Weise könnten die Azteken einen Klumpen Quarzkristall hergestellt haben, den sie dann später bearbeiteten, so die Meinung von Frank Dorland.[557]

Dorland schätzte das Alter des Lubaantún-Schädels auf zwischen 1000 bis 12.000 Jahren, er vertrat jedoch gemeinsam mit Richard Gavin die Meinung: "Ich kann nicht beweisen, dass der Schädel nicht in den letzten fünfhundert Jahren hergestellt wurde, um irgendeinem Potentaten eine Freude zu machen, einem königlichen Diktator, der einen Hang zum Okkulten hatte." Der Schädel hat nämlich "zwei raffiniert ausgeklügelte Balancepunkte" am Unterkiefer und es "ist an der Basis ein Prisma erkennbar, das wenn man von oben durch die Mitte des Schädels hindurchsieht, als Vergrößerungsglas wirkt... Wenn man ihn von unten beleuchtet, sieht es aus, 'als stünde er in Flammen".[558] Das Letztere dürfte aber auch beim Aztekenschädel der Fall sein.

Im Jahre 1982 untersuchte der Edelsteinexperte Dr. Rudolf Distelberger, von der Wiener Schatzkammer, den Kristallschädel von Lubaantún. Er konnte Schleifspuren an der Oberfläche erkennen, die mit einem modernen Werkzeug entstanden sein müssen. Er schätzte, dass der Schädel in Deutschland, in Idar-Oberstein, wo es schon Mitte des 19. Jahrhunderts eine Edelsteinschleifer-Industrie gab, angefertigt wurde.

Experten des Smithsonian Instituts am National Museum of Natural History in New York, entdeckten 1992, dass einige der Kristallschädel. die angeblich aus Mittelamerika stammen sollen, vermutlich von dem Franzosen Eugéne Boban stammen, der zwischen 1860 und 1880 in Mexico City mit Antiquitäten handelte.

Im Jahre 2005 verkündete Prof. Ian Freestone von der Universität Cardiff, dass der Schädel aus dem Britischen Museum offenbar eine gute Fälschung ist. Die Oberfläche wurde mit einem rotierenden Werkzeug bearbeitet und poliert. Derartige Werkzeuge kannten die Azteken nicht. "Die Form des Schädels erhält man nur mit einem modernen Gerät", so Prof. Freestone. Auch die Anthropologin Jane M. Walsh vom Smithsonian Institut ist dieser Ansicht.[559]

Schon im 17. Jahrhundert gab es eine Glasschleiferfamilie, die auch mit Bergkristallen arbeitete und so hervorragende Objekte geschaffen hatte, die in ganz Europa verbreitet wurden. Es war die Familie des Dionisio Miseroni (1607 - 1661), die in Mailand und Prag jeweils eine Werkstatt hatte. Mit riesigen Rädern wurden durch Übersetzungen auf kleinere Räder hohe Rotationsgeschwindigkeiten an den Werkzeugen erreicht, um die harten Kristalle bearbeiten zu können. Damals hätte man auch durchaus hochwertige Kristallschädel herstellen können.

Vermutlich ist aber der vermeintliche Aztekenschädel im 19. Jahrhundert angefertigt worden, möglicherweise von einer deutschen Juwelierwerkstatt. Später könnte er an einen Sammler in Mittelamerika verkauft worden sein, wo er schließlich durch einen anderen Juwelier 1898 ins britische Museum gelangte. Damals war der französische Antiquitätenhändler Eugéne Boban bekannt für die Verbreitung von antiken Gegenständen in Mesoamerika. Für Prof. Ian Freestone ist der Schädel im Britischen Museum aber durchaus "ein phantastisches Objekt, selbst wenn es in Deutschland angefertigt worden sein könnte".

Auch der Schädel von Mitchell-Hedges scheint aus dieser Zeit und ebenfalls aus Europa zu stammen, wenngleich bisher keine Beweise dafür vorliegen. Wenn man sich den Fundort ansieht, dann muss man sich wundern, dass der Schädel völlig unbeschädigt ist. Er besteht auch aus zwei Teilen, die von Anna Mitchell-Hedges angeblich getrennt aufgefunden wurden. Frederick A. Mitchell-Hedges verstarb 1959 und hat offensichtlich sein Geheimnis ins Grab mitgenommen. Der Schädel ist derzeit im Privatbesitz von Bill Homann in Indiana, in den USA.[560]

Abb. 90: Die Glasschleiferfamilie Miseroni (Gemälde von Karel Škréta, 1610 - 1674).

Im Jahre 2001, anlässlich der Ausstellung *Unsolved Mysteries* in Wien, untersuchte der Edelsteinexperte Dr. Distelberger auch einen 160 mal 120 mm großen Schädel aus Rauchkristall, der angeblich 1908 in Mexiko gefunden wurde und der in grenzwissenschaftlichen Kreisen als "E.T.-Schädel" bekannt ist. Nach kurzer Begutachtung kam Dr. Distelberger zu dem Schluss, dass dieser "zumindest 500 Jahre alt"[561] sein muss und er zeige "keine Bearbeitungsspuren mit den in Europa üblichen rotierenden Instrumenten". Dennoch hat er eine starke Ähnlichkeit mit dem Lubaantún-Schädel und jenem im Britischen Museum. Mit dem Alter von 500 Jahren kommt man aber in die Zeit der Edelsteinschleiferfamilie Miseroni.

Die amerikanische Anthropologin Jane MacLaren Walsh, vom National Museum of Natural History in New York, ist der Meinung, dass mehrere von den Kristallschädeln in den Museen, zwischen 1867 und 1886 hergestellt wurden. In einer neuen Veröffentlichung in der Zeitschrift *Archaeology*, vom 27. Mai 2010, vertritt sie die Ansicht, dass die beiden Schädel, der Lubaantún-Schädel und der aus dem Britischen Museum, mit modernen diamantenbeschichteten Hochgeschwindigkeitswerkzeugen bearbeitet wurden und nicht präkolumbischen Ursprungs sind. Vermutlich wurden sie noch im 20. Jahrh. hergestellt. Sie hatte zweimal die Gelegenheit den Mitchel-Hedges-Schädel unter einem Elektronenraster-Mikroskop zu untersuchen und fand eindeutig Spuren, die durch eine Bearbeitung mit modernen Werkzeugen hervorgerufen wurden. Jane MacLaren Walsh vermutet auch, dass der Mitchel-Hedges-Schädel von jenem im Britischen Museum kopiert wurde.[562]

Es ist so wie bei den Reliquien; es blühte wohl auch mit den Kristallschädeln ein umfangreicher Handel und in okkulten Kreisen waren diese sehr beliebt und man zahlte auch hohe Preise dafür. Neuerdings sind die Kristallschädel auch der Inhalt in dem Hollywoodfilm "Indiana Jones und das Königreich des Kristallschädels", mit Harrison Ford, der 2008 in die Kinos kam und der sie mit Außerirdischen in Verbindung bringt.

Tatsache ist jedenfalls, dass es zahlreiche kleinere und größere Schädel aus Quarzkristall und Lapislazuli aus verschiedenen Kulturen gibt, die vielfach für kultische Zwecke benutzt wurden. Sie scheinen aber nicht viel mehr als 500 Jahre alt zu sein, wenngleich sie schwer zu datieren sind. Relikte von einer Jahrtausende alten unbekannten Kultur oder Abbilder von Außerirdischen sind sie jedenfalls nicht.

Die Gleisspuren auf Malta

Prähistorische Rätsel auf einer Mittelmeerinsel

In der populärwissenschaftlichen Literatur wird immer wieder von den rätselhaften "Gleisspuren", auch "Schleifspuren" oder "Karrenspuren", auf der Mittelmeerinsel Malta und der benachbarten Insel Gozo berichtet. Über den Ursprung und Zweck dieser Gebilde im Kalksteinboden der Inseln gibt es die unglaublichsten Theorien – bis hin zu einem Werk von außerirdischen Intelligenzen. Mit Hilfe von Google Earth kann man seit einigen Jahren auch diese seltsamen Bodenstrukturen, aufgrund von Satellitenaufnahmen, genauestens lokalisieren und vielleicht dem Rätsel auf die Spur kommen.

Die Insel Malta wurde wahrscheinlich schon vor 8000 Jahren von Sizilien aus besiedelt. Bis 11.000 v. Chr. war sie noch mit der süditalienischen Insel verbunden. Aus der Zeit um 5200 bis 4600 v. Chr. gibt es die ersten Spuren von menschlicher Besiedelung durch Höhlenfunde. Ab 4600 v. Chr. sind erste Behausungen wie Hütten zu finden und ab etwa 3800 v. Chr. begann die steinzeitliche Phase auf Malta, die bis heute eindrucksvolle Zeugnisse hinterlassen hat, und die jährlich tausende Touristen anlocken. Die Megalithtempel Mnjadra und Hagar Qim, sowie das sogenannte "Hypogäum" in der Stadt Paola sind die Hauptattraktionen der Insel aus dieser Zeit. Keramikfunde, kunstvolle Reliefs und Malerei, sowie die berühmte "Schlafende Dame" zeigen das erstaunliche künstlerische Schaffen der Bewohner dieser Zeit. Ab etwa 2500 v. Chr. endete diese Phase und die Einwohner verließen die Insel.[563]

Kurt Benesch schreibt: "Wer diese Leute waren, die diesen Stein zum ersten Mal bearbeiteten und dadurch ihre mächtigen Megalithtempel bauten, wissen wir nicht." Auch woher sie kamen ist umstritten; fest steht: "Vom Neolithikum (Jungsteinzeit um 4000 bis um 1800 v. Chr.) bis in die frühe Bronzezeit haben sie ihre Spuren hinterlassen, die sich dann plötzlich verlieren – wie die Gleise auf dem weißgrauen Felsplateau." Die Steinzeitmenschen dort "bauten Tempel... mit wahrhaft monumentaler Phantasie. Gewaltige Kultstätten, deren Grundrisse aus tonnenschweren, bis zu sechs und acht Meter hohen, teils grob, teils fast fugenlos aneinandergefügten Blöcken kleeblattförmig gezeichnet sind".[564]

Auf Malta fand man angeblich 7000 Skelette von Menschen, und die Insel scheint "so etwas wie ein Wallfahrtsort gewesen zu sein, ein prähistorisches Mekka oder Lourdes, zu dem die Steinzeitmenschen in ihren hölzernen Booten von allen Gestaden des Mittelmeeres herbeigesegelt kamen, um zu der großen Muttergottheit zu beten, ihr zu opfern und ihr Wohlwollen mit heimzunehmen". Tatsächlich fand man im "Hypogäum", das eine Art unterirdische Kapelle ist, die Terrakottafigur "Schlafende Dame". Sie ist nämlich in liegender Stellung dargestellt und ziemlich beleibt, was ihre Fruchtbarkeit symbolisieren soll.

Ab etwa 2000 v. Chr., in der Bronzezeit, begann jedoch eine Neubesiedelung, wahrscheinlich wieder von Sizilien aus, die wieder erstaunliche Werke zutage brachte – unter anderem diese seltsamen geleiseartigen, wie Schienen anmutenden Strukturen.

Schon 1647 glaubte der Spanier Gian Francesco Abela, die Gleisspuren seien gedacht, um Steine nach Afrika zu transportieren. Als der englische Archäologe David Trump 1954 diese Gebilde sah, erinnerten sie ihn an den Bahnhof Clapham Junction in London. Seither trägt dieses Gebiet bei Misrah Ghar il-kbir, wo viele der Spuren zu finden sind, den Namen

"Clapham Junction". Auch bei Bugibba und Naxxar gibt es ähnliche Gleisspuren, tatsächlich sind sie aber über die ganze Insel verstreut und auch auf der Nachbarinsel Gozo zu finden. Auf Malta sind sie häufig auch im Südwesten an der Küste, bei Dingli zu sehen. Das zeigen besonders deutlich die Satellitenaufnahmen. Die Gebilde beginnen nördlich, am Strand von Is-Sikka, bei Tal-Mehrla, auf 35°53'31.10" Nord und 14°20'10.87" Ost und enden im Süden bei Il-Mara, beim Fort Benghisa, bei Benghisa. Sie erstrecken sich über eine Länge von 20 Kilometern.

Abb. 91: Die "Gleisspuren" ("cart ruts") auf Malta bei Clapham Junction.

Über den Sinn und Zweck dieser Gebilde wurde schon viel diskutiert und neuerdings werden die sogenannten "cart ruts" auf Malta auch in einem von der Europäischen Union geförderten Projekt zur Bestimmung von kulturellen Zeugnissen in Europa untersucht. Auf den bisherigen Bildern in Büchern und von Touristen sind diese Gebilde tatsächlich als eine Art Geleise oder auch Schienen zu erkennen. Sie laufen mehrheitlich parallel und sie verzweigen sich auch in Weichen – wie eben Schienen auf einem Bahnhof, nur dass sie Furchen sind und keine erhabenen Geleise. Den Berichten zufolge sind die einzelnen Furchen bis zu 70 cm tief und sie haben einen Abstand von etwa 140 cm. Nach Erich von Däniken haben die "Wagenspuren"[565] Weiten "zwischen 65 und 123 cm". Man kann sich wirklich nicht dem Eindruck entziehen, dass da irgendwann einmal Fahrzeuge, Wagen oder Karren gefahren sind.

Die Satellitenaufnahmen zeigen jedoch noch andere Gebilde. Viele sehen nicht wie Geleise aus; es sind rechteckige Gebilde, die nicht einmal besonders lang sind. Nach Messungen mit Google Earth sind sie etwa 10 bis 40 m lang und 8 bis 15 m breit. Wohl etwas zu kurz aber auch zu breit für Geleise oder Schienen auf denen irgendwelche Fahrzeuge fahren sollen. Die "Transport-Theorie" trifft zumindest für diese rechteckigen Gebilde nicht zu und auch die "Bewässerungs-Theorie" als Erklärung für die Entstehung der "cart ruts" ist problematisch. Die "Geleise" führen zu keinem der Tempel oder der anderen Bauwerke und mehrheitlich auch nicht in den Ozean. Besonders zahlreich zu finden sind sie am Hügel von Misrah Ghar il-kbir (Clapham Junction), wo sie Längen bis zu 180 Metern erreichen.

Diverse Versuche und Gedankenmodelle, heute irgendwelche Wagen auf Rädern in den Spuren fahren zu lassen, scheitern schon aufgrund der Tiefe der Furchen. Die Räder würden in den Kurven stecken bleiben. So hatte ich schon früher vermutet, dass vielleicht die Steine zum Bau der Tempel mit einer Art Pflug mit zwei Stangen, sogenannten Stangenschleifen, die an einem Ochsen links und rechts befestigt waren, gezogen bzw. getragen wurden.[566] Auf diesen Stangen könnten die Steinblöcke zum Transport angebunden gewesen sein. Solche Karren würden, durch das Schleifen der Holzstangen am Boden, parallele Furchen hinterlassen. Mit der Zeit würden die Furchen immer tiefer werden, bis sie den Kalksteinboden aufkratzen. Man wird immer wieder die Stangen erneuern und das geht Jahre, vielleicht auch Jahrzehnte lang so, bis die Tätigkeit beendet ist. Dann wird die Gegend verlassen und die Spuren bleiben von menschlicher Hand unberührt zurück. Dann setzt die Witterung ein.

Wenn es über Jahrhunderte hinweg immer wieder regnet, sammelt sich das Wasser in den Furchen und es wird alkalisch. Das zersetzt über die Jahre den Kalkstein, weshalb heute die Spuren relativ tief sind und HEUTE natürlich keine Karren oder Wagen darin fahren können. Das Ganze nennt sich in der Geologie Erosion (Abnagung) und ist häufig auf steinigen Böden, auf Bergen und in Flüssen zu finden. Der dafür verwendete Begriff "Karren" hat nichts mit Wagen zu tun, sondern bezeichnet Stellen im Gestein (z.B. Kalkstein, Gips und Dolomit), die durch Auswaschung von Wasser (auch Regenwasser) entstanden sind und manchmal auch linienartig auftreten können. An Stellen wo Regenwasser ständig eingebracht wird, kann es im Laufe der Zeit zu Kohlensäurebildung kommen, wodurch eine Verwitterung eintritt. So entstehen die bekannten Karstlandschaften. Aufgrund des kalkhaltigen Bodens auf Malta, kann es zur Reduzierung der Vegetation gekommen sein und auch zur Vertiefung der Bodenstrukturen. Das ist eine Erklärung zumindest für einige der Gleisspuren auf Malta – restlos befriedigt sie nicht. Einige Furchen wirken wie herausgemeißelt und aufgrund der Kürze vieler Spuren sind auch deshalb darin wohl niemals Fahrzeuge gefahren. Die Gebilde sind mehrheitlich langgezogen, laufen oft parallel zueinander und sind eindeutig Menschenwerk.

Viele der vorhin erwähnten kurzen rechteckigen Gebilde (siehe Abb. S. 217) liegen verstreut auf der Insel, angeordnet in verschiedenen Richtungen, manchmal auch strahlenförmig auseinander laufend, wie Teilstücke von Schienen einer Modelleisenbahn oder einer Modellautobahn in einem Kinderzimmer. Sie wirken auch wie Teile von alten Römerstrassen. Wehranlagen der Karthager, die die Insel von 900 bis 218 v. Chr. besiedelten, sind es offenbar nicht; sie müssten dafür wesentlich länger sein. Nach Informationen von Touristen, die mir kürzlich zugekommen sind, sind das Vogelfangplätze. Das Fangen von Singvögeln ist allerdings nach Beitritt Maltas zur Europäischen Union verboten. Die langen Spuren allerdings, die "cart ruts" – auch jene, die ins Meer führen – können durchaus auf Transportmittel zurückgeführt werden. Denn auch eine astronomische Erklärung kann ausgeschlossen werden.

Abb. 92: Die recheckigen Gebilde auf Malta, hauptsächlich in Meeresnähe und in unterschiedlichen Richtungen angeordnet, sind Vogelfangplätze (Bild: Google Earth, 2006).

Gleisartige Spuren wie auf Malta und auf Gozo gibt es rund um den Globus: in Sardinien, Sizilien, Italien, Spanien, Griechenland, Frankreich, Deutschland, Österreich – und sogar mehr als 3000 km entfernt auf der Halbinsel Apsheron, bei der Stadt Mardakyan, in Aserbaidschan. Nicht alle sind vielleicht gleichen Ursprungs und nicht alle hatten den gleichen Zweck zu erfüllen. Manche sind mit Steinziegeln errichtete Rinnen, manche sind tatsächlich verwitterte Wagenspuren und manche durch natürliche Erosion entstandene Rinnen. Bekannt sind auch die gepflasterten Römerstraßen. Die Gleisspuren auf Malta jedenfalls sind einzigartig und besonders eindrucksvoll und rätselhaft.

Die Tunguska-Katastrophe

Ein Raumschiff-Absturz im Jahre 1908?

Am 30. Juni 1908, um 7.14 Uhr Früh Ortszeit, ereignete sich in Zentralsibirien etwas, dass als die "Tunguska-Katastrophe" in die Geschichte eingegangen ist. Der etwa 40 Kilometer vom Kraterrand entfernte Augenzeuge, der Tunguse S. B. Semenow berichtete: "Plötzlich loderte im Nordosten eine riesige Feuerflamme auf, die eine solche Hitze ausstrahlte, dass mein Hemd beinahe Feuer fing. Ich hatte das Gefühl, als wäre ich von Flammen umgeben. Ich hatte den Eindruck, dass sich diese Erscheinung über ungefähr eine Meile erstreckte... Ich hatte gerade Zeit, das Ausmaß zu erfassen, als das Flammenmeer wieder verschwand. Wenige Sekunden später gab es eine Explosion, die mich einige Meter durch die Luft schleuderte... Das Glas und das Gebälk meines Hauses brachen entzwei, und auf dem Platz vor meiner Hütte wurden Erdklumpen hoch geschleudert."[567]

Man hielt das Objekt zunächst für einen Meteoriten, doch dieses Ereignis war außergewöhnlich. Das Objekt muss riesig gewesen sein, denn es legte im Umkreis von 30 Kilometern, auf einer Fläche von 2150 Quadratkilometer, fast alle Bäume um. Das Epizentrum der Explosion lag auf 60 Grad 53 Minuten Nord und 101 Grad 53 Minuten Ost. Noch in 500 Kilometer Entfernung wurde der Feuerschein von Reisenden der Transsibirischen Eisenbahn beobachtet. Auch in der Stadt Kirensk, in 450 Kilometer Entfernung wurde eine Feuersäule gesichtet. Noch in 700 Kilometer Entfernung war der Knall der Schallwelle zu hören. In dem 65 Kilometer entfernten Ort Wanawara wurden sogar die Fensterscheiben der Häuser eingedrückt. Das Erstaunlich war jedoch, dass nach der Katastrophe kein Krater zu sehen war, was eigentlich der Fall sein müsste, wenn ein größerer Meteorit auf der Erde aufschlägt.

Weiteren Augenzeugen zufolge soll "der Meteorit fast völlig im Erdboden stecken und nur die Oberkante herausragen", wie die beiden Autoren J. Baxter und Th. Atkins in ihrem Buch *Wie eine zweite Sonne* von 1977 berichten.[568] Der Forstwissenschaftler Leonid A. Kulik wollte es genau wissen und reiste deshalb im Jahre 1927 in die Tunguska, nach Wanawara, um zum Zentrum der Katastrophe vorzudringen. Kulik, der sich später der Meteoritenforschung widmete, fand jedoch keinen Meteoriten und keinen Einschlagkrater, lediglich "aufrecht stehende Bäume hier und da zwischen den umgestürzten Stämmen des Waldes" und – wie man anhand von Bodenproben später festgestellt hat – "Zusammenballungen winziger Kügelchen von wenigen Millimeter Durchmesser".[569]

Da man also keinen Meteoritenkrater fand, konnte man zunächst über den nicht aufgefundenen Himmelskörper nur Vermutungen anstellen. Diese reichten von einem Asteroiden, einem Stück Antimaterie, einem schwarzen Loch, bis hin zur phantastischen Theorie eines abgestürzten Raumschiffes, das sich zur Erde verirrt hat und beim Landemanöver durch einen Defekt explodierte. Der Sciencefiction-Autor Alexander Kasanzew kam in den sechziger Jahren des 20. Jahrhunderts zu dieser Ansicht, und dass es über der sibirischen Taiga im Jahre 1908 eine Atomexplosion gegeben haben muss. Anschaulich erinnerte er sich noch an den Atombombenabwurf der Amerikaner über Hiroshima im August 1945. Was lag also näher, als dass sich so etwas auch über der sibirischen Tunguska ereignet haben könnte. Ausschlaggebend für die Ansicht von Kasanzew war eine Expedition in das Katastrophengebiet in Sibirien im Jahre 1959, die eine Forschergruppe aus Tomsk, unter der Leitung von G. Plechanow vornahm, und die eine eineinhalb mal höhere Radioaktivität im Zentrum der Katastrophe als in 30 bis 40 Kilometer Entfernung festgestellt hat. Für Kasanzew stand daher fest: "Eine Atomexplosion hatte in Sibirien stattgefunden!"[570] Und "für Kasanzew gab es bei seiner Begeisterung für den Mars nur eine glaubhafte Erklärung: Ein außerirdisches Raumschiff hatte Sibirien für seine Erdlandung erwählt, oder – was wahrscheinlicher erscheint – es war dort außer Kontrolle geraten und vor der Landung in der Luft explodiert". Die Marsbewohner "seien auf der Suche nach Wasser für ihren sterbenden Planeten gewesen, und sie wollten dem Baikal-See entgegensteuern, dem größten Süßwasserbecken der Erde". Die späteren Marssonden haben zwar ungewöhnliche Oberflächenstrukturen auf dem Mars entdeckt, doch keine Spuren von Marsbewohnern, die dort noch Anfang des 20. Jahrhunderts gelebt haben sollen.

Abb. 93: Die Druckwelle in der Tunguska im Jahre 1908
hatte zahlreiche Bäume umgelegt.

Der Mathematiker und Geophysiker Dr. Alexej Solotov unternahm mehrere Expeditionen in das Katastrophengebiet und wollte 1976 sogar beweisen, dass die Katastrophe ein außerirdisches Raumschiff hervorgerufen hat.[571] Dann hat er sich kurzfristig für die Kometentheorie ausgesprochen, doch 1978 wieder für die Raumschifftheorie entschieden: "Die ungeheure Energieladung wurde von einer biophysikalischen Kraft außerirdischer Intelligenzen verursacht." Dies berichtete Peter Krassa, der ebenfalls der Raumschifftheorie zugeneigt war. Auch die beiden Autoren Baxter und Atkins meinten, die Raumschifftheorie wird "zu einer glaubhaften – vielleicht der glaubhaftesten – Erklärung…"[572]

Am 22. Oktober 1978 veröffentlichte die Vereinigte Presse, AP (Associated Press) ein Interview, das der Astronomielehrer an der Moskauer Mittelschule Felix Zigel der sowjetischen Nachrichtenagentur TASS gab.[573] Darin heißt es, "dass das Objekt in einer riesigen Schleife, zuerst nordwärts dann westwärts flog, bevor es explodierte. Eine solche Erklärung kann offenbar nicht durch ein natürliches Phänomen erklärt werden". Diese Erklärung stützt sich auf zwei Aussagen von K. P. Florensky, der anhand der Sturzrichtung der Bäume im Zentrum der Zerstörung "die Flugbahn von Ostsüdost nach Westnordwest" berechnete und A. Solotov, der anhand der stehen gebliebenen Bäume meinte, dass das Objekt "unbedingt aus Südwest gekommen sein müsse".[574] Aus diesem Widerspruch der Aussagen von Florensky und Solotov postulierte Zigel quasi eine Schleifenbahn, die das Objekt zuerst von Süden nach Norden und dann, nach einem Schwenk, in Richtung Westen gezogen hat, und das sei ein unnatürliches Manöver.

Andere Berichte ergeben aber ein anderes Bild. Noch im Jahre 1908 wurden Aussagen von Augenzeugen in einer in Krasnojarsk veröffentlichten Zeitung abgedruckt, die das Objekt von Süd nach Nord kommen sahen. Um 1925 stellte A. W. Wosnesensky anhand von seismischen Aufzeichnungen fest, dass das Objekt von Südwesten kam und nach einer Expedition in das Gebiet in den Jahren 1929 und 1930 meinte E. L. Krinow, die Flugbahn geht von Südost nach Nordwest.[575] Offensichtlich sind sich die Augenzeugen und auch die Forscher, die das Gebiet untersuchten in der Meinung über die Flugbahn des Objekts nicht ganz einig. Es ergibt sich daraus aber mehrheitlich eine Flugrichtung zwischen West und Nord – also von Südost nach Nordwest.

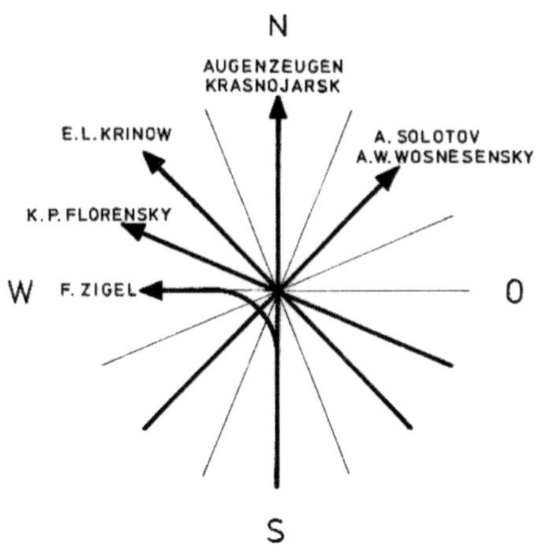

Abb. 94: Die Flugrichtung des Objekts aufgrund der Zeugenaussagen.

Dies wird gestützt durch andere Aussagen, wie die von Semenow, sowie durch Augenzeugen von England und Holland aus, und durch die Forschungsergebnisse von Kulik. An diesem Tag, im Jahre 1908, wurden in England und Holland seltsame "Lichterscheinungen",[576] ein "orange-gelbes Licht", ein "rötliches Glühen", eine "wogende Masse" und "Flammen" am Himmel beobachtet, sowie "Luftdruckwellen". Es wurden auch "Schwankungen des atmosphärischen Drucks" im Nordwesten bzw. im Norden gemeldet.

Wie bereits erwähnt, fand der Forstwissenschaftler und spätere Meteoritenforscher Leonid. A. Kulik schon im Jahre 1927 "kleine Partikel außerirdischer Materie… hauptsächlich aus Silikat und Magnetit, einem magnetisierten Eisenoxyd",[577] wie Baxter und Atkins berichten. Diese "Magnetitkügelchen ähnelten kleinen Tropfen oder Blasen und waren manchmal traubenartig miteinander verbunden". Florensky fand 1962 "Tausende

‚winziger schimmernder Kügelchen', häufig miteinander verschmolzen..." In den Kügelchen sollen sich "geringe Mengen von Kobalt und Nickel sowie Spuren von Kupfer und Germanium" befunden haben. Doch woher kommen diese Kügelchen?

Der amerikanische Chemiker Loring Coes jr. (1915 - 1978) stellte schon in den fünfziger Jahren des vergangenen Jahrhunderts Untersuchungen darüber an, was mit Mineralien geschieht, wenn sie höchsten Drucken und Temperaturen ausgesetzt sind. Dabei gelang es ihm 1953, aus Quarz ein neues Mineral herzustellen, das nach ihm den Namen COESIT erhielt. Warum sollte dieses Mineral nicht auch in der Natur vorkommen, meinte der Wissenschaftler.

Im Jahre 1960 studierte der amerikanische Geologe Dr. Eugene M. Shoemaker (= Gene Shoemaker, 1928 - 1997) vom Geologischen Bundesamt in Washington bekanntlich den Meteoritenkrater in Arizona, aus dem die Farmer der Umgebung "zahlreiche Metallbrocken" herausholten und daraus schlossen, es müsse hier ein Meteorit abgestürzt sein. "In diesem Meteoritenkrater fand Shoemaker nun ein Mineral, das sich als identisch mit dem künstlichen Coesit erwies. Es muss ein Meteoriteneinschlag gewesen sein, der in mancher Hinsicht die Wirkung einer Atombombe übertraf. Bei Atomwaffenversuchen wurde bisher kein Coesit erhalten... Wo immer Coesit an der Erdoberfläche vorkommt, dürfte es durch einen einschlagenden Meteor entstanden sein", schreibt Friedrich L. Boschke.[578] Auch bei den Kügelchen, die in der Tunguska gefunden wurden, dürfte es sich um solche Coesit-Teilchen handeln – jedenfalls scheinen sie sie mit den sogenannten Tektiten identisch zu sein.

Der amerikanische Astrophysiker und Chemiker Harold Clayton Urey (1893 - 1981) befasste sich bereits mit diesen glasartigen Teilchen. "Die im Alter unterschiedlichen Tektite sind bis zu fünf Zentimeter große, flaschengrüne bis schwärzliche, glasartige Körper. Sie sind kieselsäurereich (70 bis 97 Prozent) und ähneln in ihrer Zusammensetzung tonigen Sandsteinen oder fast reinen Quarzsanden... Unter den Geologen überwiegt die Ansicht, dass die Entstehung der Tektite auf Ereignisse zurückzuführen ist, bei denen ganze Erdkrustenteile eingeschmolzen wurden."[579]

Solche "Einschmelzungsvorgänge" treten auch bei Meteoriten auf, wenn sie in der Erdatmosphäre verglühen oder auf die Erdoberfläche treffen, wie auch Urey meint. Dass sich in diesen Teilchen Eisenverbindungen befinden ist nicht überraschend, besteht doch der Kern eines Meteoriten zum Großteil aus Eisen, Nickel, Spuren von Phosphor, Kohlenstoff und Silizium.

Die Apollo-Missionen 11 und 12 brachten bekanntlich Proben von Mondgestein zur Erde. Schon von Hand aus konnte der englische Physiker Prof. Samuel Tolansky (1907 - 1973),[580] "etwa zweihundert Glaskügelchen und andere Gebilde auslesen, deren größtes nur deshalb einen Millimeter Durchmesser nicht übertraf, weil der Boden vorher gesiebt worden war. Die meisten dieser merkwürdigen Gebilde haben einen glasig-durchscheinenden Spiegelglanz und sind bernsteinfarbig; ein Viertel von ihnen zeigt aber einen dunkelgrauen metallischen Schimmer. Alle verbergen sich unter einer zäh haftenden Schicht von ‚Mutterstaub', der sich leicht elektrostatisch auflädt und dann noch fester haftet... Sofern man den fest anhaftenden Staub von den Kügelchen lösen konnte, zeigten sie sich spiegelblank in einem ursprünglichen, frischen Glasglanz... In grober Näherung dürften sich in jedem Kilogramm Mondstaub etwa 40.000 dieser Gebilde befinden – in einer Größe, die das Aussortieren von Hand erlaubt.

Es ist so gut wie sicher, dass diese Teilchen bei Prozessen entstanden sind, bei denen Gestein zu Glas zerschmolzen wurde. Und es ist recht naheliegend, den Aufprall von

Meteoriten als Ursache dieser Prozesse anzusehen. Dafür spricht nicht zuletzt die Tatsache, dass viele Teilchen wie Hochgeschwindigkeitsprojektile aussehen... NASA-Fotografien von der Mondoberfläche lassen sogar Glaskügelchen erkennen, die ungefähr zwei Zentimeter Durchmesser haben.

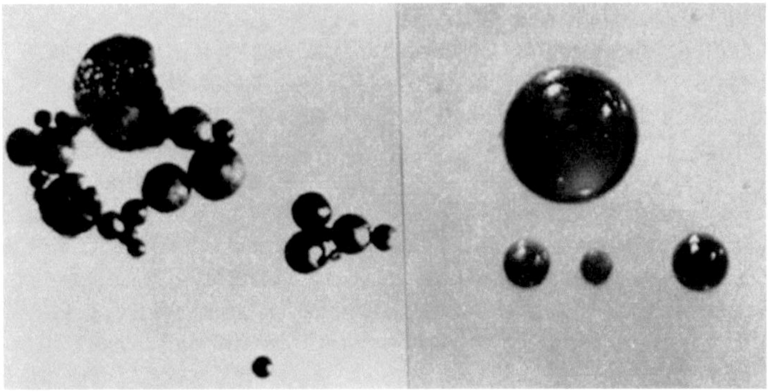

Abb. 95: Die Glaskügelchen aus der Tunguska (links) und vom Mond (rechts).

Für diese Erklärung muss man lediglich den Aufprall eines größeren Meteoriten auf Mondgestein vom Silikattyp (oder eines Meteoriten des Silikattyps) annehmen, da so ohne weiters Temperaturen entstehen können, bei denen Gestein zu Glas zerschmolzen wird. Dieses Glas kann dann sowohl in unzähligen Tröpfchen als auch in Form von Glasfäden zerblasen worden sein..." Die Kügelchen von der Tunguska-Katastrophe entstanden zwar anscheinend nicht durch den Aufprall des Objekts, doch fanden sich darunter ebenfalls Silikat-Teilchen.

Silikate entstehen aber aus dem Halbmetall Silizium, das bei Schmelzvorgängen bei etwa 1400 Grad Celsius schwarzgraue bis glänzende Kristalle bildet. Metalle wie Kupfer, Nickel und Eisenoxyd schmelzen bei Temperaturen um 1570 Grad Celsius; auch Gestein schmilzt zum Teil schon bei diesen Temperaturen. Es ist daher durchaus annehmbar, dass während der Explosion des Tunguska-Meteoriten Temperaturen um 1600 Grad Celsius aufgetreten sind.

Auch der "glühende Nachthimmel", den Zeugen beobachtet haben, lässt sich mit einem Meteoriteneinschlag erklären. Dieses hauptsächlich im Nordwesten und im Norden von Europa beobachtete Phänomen entstand nämlich durch den Meteoritenstaub in der oberen Atmosphäre. Ein Astronom machte bereits ein Spektogramm und zeigte, dass das "unheimliche Glühen" reines reflektiertes Sonnenlicht war.[581]

Die Explosion in der Tunguska soll sich etwa 5 Kilometer über der Erdoberfläche ereignet haben und dies erklärt auch warum eine Reihe von Baumstämmen stehen geblieben sind, während jedoch deren Äste abgebrochen waren. Diese im Zentrum stehenden Bäume lagen nämlich unmittelbar unter dem Explosionsherd und so wurde es auch verständlich, dass hier eine Reihe von Baumstämmen stehen blieben, weil die Druckwelle von oben auf sie einstürzte und nur ihre Zweige und Kronen zerbrach, die Bäume auf den umliegenden Hügeln dagegen niederwalzte als wären sie Streichhölzer.

Im Jahre 1980 stellten Wissenschaftler des Kiewer Instituts für Geochemie und Physik fest, dass sich in der Asche von Torf aus dem Tunguska-Katastrophengebiet radioaktive Spuren vom Kohlenstoff C-14 und Korund befindet. Korund ist ein Tonerdemineral und entsteht wenn man Kohlenstoff einem hohen Druck aussetzt. Danach hat sich also in der Tunguska im Jahre 1908 mit ziemlicher Sicherheit eine Explosion ereignet, die radioaktives Material freisetzte, hervorgerufen durch den Einfall eines Meteoriten in die Erdatmosphäre. Schon damals haben Forscher festgestellt, dass dieses Objekt aus etwa 4000 Tonnen außerirdischer Materie bestand und bis zu 40 Meter im Durchmesser gehabt haben muss.[582]

Schon Anfang der dreißiger Jahre des 20. Jahrhunderts kamen die zwei Astronomen Francis J. W. Whipple (1876 - 1943) und I. S. Astapowitsch vom Kew-Observatorium in London zu der Ansicht, dass dieses aus dem Weltraum kommende Objekt, das in der sibirischen Taiga explodierte, ein gasförmiger Komet gewesen sein muss, der nach dem Absturz keine Spur von sich hinterlassen hat.[583] Kometen sind zum Großteil gasförmig und ihr Kern besteht mitunter aus reinem Eis und so können sie sich durchaus beim Einfall auf die Erde "in Luft auflösen" und auch explodieren. Im Jahre 1930 schon hat der bekannte Astronom Harlow Shapley erwähnt, dass es sich bei diesem Ereignis um den Einfall eines Kometen gehandelt hat. Kulik und Fesenkow sprachen auch von einem "Eisenmeteoriten" von zumindest geringer Dichte. Der italienische Prof. für Astronomie und Astrophysik Paolo Farinella (1953 - 2000) hielt einen "Stein-Asteroiden" für am wahrscheinlichsten als Ursache der Katastrophe.[584]

Schon im Jahre 1977 zeigten die beiden Astronomen John C. Brown und David W. Hughes,[584] dass die radioaktiven Spuren in den Baumrinden auch von einem Kometen verursacht werden können: "In der Tat entsteht bei seinem Fall durch die Atmosphäre ein heißes Plasma (Temperatur etwa 1 Million Grad Kelvin = 999.727 Grad Celsius), noch nicht heiß genug, als dass Kernreaktionen ablaufen können, aber doch stark angereichert an Gammastrahlung und schnellen Elektronen und Protonen. Diese Strahlung entsteht entlang der Bahn des Kometen durch die Atmosphäre, und kann sich sehr wohl in den Bäumen niedergeschlagen haben",[585] meinten die beiden Wissenschaftler. Diese Strahlung wurde sogar an Bäumen aus Kalifornien und auch in Tucson, in Arizona festgestellt, wo sich der bekannte Einschlagkrater befindet.

Am 14. Juni 1999 unternahmen italienische Forscher der Universität Bologna eine ausgedehnte Expedition in das Katastrophengebiet in der Tunguska, um mehr Klarheit über dieses Ereignis herauszufinden. Bis zum 30. Juli 1999 waren sie vor Ort und haben dabei die Überreste der Explosion ausführlich untersucht. Die Wissenschaftler konzentrierten sich vor allem auf den größten See in der Nähe des Ereignisses, dem Tscheko-See. Dieser See ist das größte Wasservorkommen in dieser Gegend und er ist trichterförmig und etwa 55 Meter tief. Mit einem Echolot stellten sie fest, dass der Seeboden zum Großteil mit umgeknickten Bäumen bedeckt ist. Die Wissenschaftler machten auch ein Radar-Bild vom See und entnahmen durch mehrere Bohrungen Bodenproben, die später in den Labors untersucht wurden. Die Ergebnisse dieser Expedition unterstützen die Meteoriten-Theorie. Die Befürworter dieser Theorie halten schon seit langer Zeit den sogenannten "Jankowski-Stein", den schon ein Mitarbeiter von Kulik 1927 fand, für den Beweis, dass damals ein Meteorit abgestürzt ist. Dieser Stein wiegt 8 Tonnen und besteht hauptsächlich aus gewöhnlichem Sedimentgestein, soll aber ein Stück des Meteoriten sein.[586]

Schon wenige Stunden nach dem Ereignis am 30. Juni 1908 wurde in dem ukrainischen Dorf Kagarlyk, in der Nähe von Kiew, ein weiterer Meteoriteneinschlag gemeldet, der mit dem in der Tunguska in Zusammenhang gebracht wird. Dort wurde ein Stein gefunden, der zu den sogenannten L6-Chondriten zählt. Der Stein hat ein Gewicht von 1,9 kg und wird seither auch Kagarlyk-Chondrit genannt. Sein Alter wurde aber, entsprechend dem Alter typischer Chondrite auf 16,2 Mio. Jahre datiert, weshalb es unwahrscheinlich ist, dass dieses Stück von dem Objekt aus Sibirien stammt.

Der russische Wissenschaftler Andrei Olchowatow vertrat im Jahre 1980 eine geophysikalische Theorie des Ereignisses in der Tunguska, wie auch der deutsche Astrophysiker Wolfgang Kundt.[587] Demnach sollen durch vulkanische Kräfte im Erdinnern Gase ausgeströmt sein, die die von mehreren Augenzeugen beobachtete Feuerflamme hervorgerufen haben. Diese Theorie erklärt jedoch nicht die gemessenen Schallwellen und es ist fraglich ob ausströmende Erdgase eine hunderte Kilometer weit sichtbare Feuerflamme entstehen lassen können. Außerdem sind die Bäume ganz offensichtlich durch eine Druckwelle von oben geknickt worden.

Messungen und Berechnungen des Ereignisses in der Tunguska schon im Jahre 1908 haben ergeben, dass es sich um eine Explosion der Sprengkraft von 10 bis 15 Megatonnen TNT gehandelt haben muss. Das entspricht dem über 1000-fachen der Bombe die Hiroshima verwüstete und die eine Schlagkraft von 13 Kilotonnen TNT gehabt hat. Wäre das Objekt nur 4 Stunden und 48 Minuten früher niedergegangen, hätte es die Stadt Petersburg getroffen und wir können nur ahnen, was das bedeutet hätte. Wie sich später herausgestellt hat, fand man Aufzeichnungen der Schallwelle nicht nur in meteorologischen Stationen in Sibirien, sondern auch in Leningrad, in Zagreb, in Berlin und sogar in Washington. Der Luftdruckwelle folgte auch eine seismische Welle, die in Erdbebenstationen in der Umgebung des Katastrophenortes gemessen wurde, wobei sich die Luftdruckwelle mit 319 m/s ausgebreitet hat und die seismische Welle mit 3000 m/s.[588]

Der Meteorit kam plötzlich und unerwartet aus dem Südosten um 7.17 Früh aus der Richtung der aufgehenden Sonne und wurde deshalb nicht gesehen. Er explodierte dann fünf Kilometer über der tungusischen Taiga in einem gewaltigen Feuerknall, der bis Holland und Dänemark zu sehen und zu hören war und der radioaktive Spuren, umgeknickte Bäume und glasartige Kügelchen hinterlassen hat, als ein kosmisches Ereignis, das die Menschheit nicht so oft erlebt hat, das uns aber zur Wachsamkeit gegenüber solchen Eindringlingen aus dem All auffordert. Hinweise auf menschenähnliche Eindringlinge aus dem Kosmos oder eines unkontrolliert abgestürzten Raumschiffes haben sich nicht so wie es aussieht nicht ergeben.

Das UFO-Phänomen

SAETI in der Neuzeit

Erste Sichtungen

Nicht nur in prähistorischer Zeit, sondern auch heute noch, wollen zahlreiche Personen Begegnungen mit Außerirdischen gehabt haben und fremde Wesen von fremden Sternen oder deren Fluggeräte gesehen haben. Auch dieses Phänomen fällt unter dem Begriff SAETI (Search for Artifacts of Extraterrestrial Intelligences), weil man auch in diesem Bereich mit greifbaren Fakten konfrontiert wird, die geprüft werden können.

Ab dem Jahre 1947 ist der Begriff UFO (Unidentifiziertes Fliegendes Objekt, engl. Unidentified Flying Object) aufgekommen. Zuerst wurden solche Flugkörper als "Fliegende Untertassen" bezeichnet, nachdem der amerikanische Flugpilot Kenneth Arnold, am 14. Juni 1947, mit seiner eigenen Maschine "um 14 Uhr vom Flugplatz Chahalis, Washington, in Richtung Yakima, Washington, aufgestiegen"[589] war. Er sah wenig später "eine Reihe sonderbarer Flugobjekte zu seiner Linken, nördlich des Mount Rainier… die sich in einer Flughöhe von gut 3000 Meter in südlicher Richtung fortbewegten. Da sie sehr schnell auf den Mt. Rainier zukamen, glaubte Arnold, es seien Düsenjäger". Später jedoch gab er zu Protokoll, dass die Objekte "in fast diagonaler Linie ausgerichtet flogen – wie Wildgänse – und den Eindruck erweckten, untereinander verbunden zu sein", und "dass er sonderbarerweise kein Schwanzende an den Flugobjekten feststellen konnte". Er berichtete den Reportern: "Sie segelten durch die kristallklare Luft wie Untertassen, die man übers Wasser springen lässt." Daraufhin wurden solche unidentifizierbaren fliegenden Objekte "Fliegende Untertassen" genannt, später hat sich jedoch der Begriff UFO durchgesetzt.

Tatsächlich berichteten schon während des Zweiten Weltkriegs einige Piloten von solchen Objekte, die sie nicht erklären konnten, und die sie "hin und wieder während ihrer Einsätze" gesichtet haben. Sie sprachen von "eigenartigen, scheibenförmigen Flugobjekten", die sie mitunter während des Fluges begleiteten. "Die alliierten Bomberpiloten titulierten die über ihren Tragflächen 'tanzenden', ihnen voraus- oder nachfliegenden Objekte 'foo fighters." Doch unbekannte Flugobjekte gab es schon viel früher.

UFOs im Mittelalter

Schon im Mittelalter gab es merkwürdige Himmelserscheinungen. So sah man z. B. am 24. Juli 1554, "gegen 22 Uhr auf Schloss Waldeck (bei Kemnath) in der Pfalz" ein "Himmelsgesicht", das "von vielen Leuten bemerkt wurde und das mehrere kämpfende Ritter gezeigt haben soll".[590]

Im Jahre 1344 gab es einen Bericht über ein "merkwürdiges feuriges Objekt",[591] das "in Feldkirch aus den Wolken auf den Marktplatz gefallen sein soll." "Ziemlich lang' soll es dort gelegen haben und 'vom zulaufenden Volk' bestaunt worden sein. Bis hierher sieht alles wie der Bericht über einen Meteoritenfall aus – aber dann heißt es weiter in der 'Pruggerschen Chronik', Feldkirch, Österreich 1685, wäre der feurige Klotz wieder aufgestiegen und am Himmel verschwunden".

Im 16. Jahrhundert sah man eigenartige "Luftwesen",[592] und die auf ihren Besen durch die Luft fliegenden Hexen, sind ja in unseren Märchen überliefert. So berichtet z. B. ein Text im Jahre 1751 von "gewissen vom Teufel verführten Weibern, die bei Nacht mit der Göttin Diana und unzahlbaren anderen Weibern auf allerhand Tieren durch die Luft fahren".[593] Damals sah man in der Luft diverse "Marsgeister", bräunlich-rote, hässliche Gestalten mit Hörnern und Greifklauen. Sie brüllten wie Stiere, donnerten und blitzten, verwandelten sich auch in Böcke, Hirsche, rote Tücher, in Weiber mit großen Schildern und in Gewappnete auf Wölfen.[594]

Überhaupt waren im Mittelalter "magisch-religiöse Wahnvorstellungen, Visionen und Halluzinationen nichts Ungewöhnliches. Es gibt für gewisse Zeitepochen in der europäischen Geschichte ganz typische Halluzinationen bzw. Projektionen und Visionen, die bei religiösen Ekstasen und Massenpsychosen auftraten. Magier, welche die Kunst der Hypnose und Massensuggestion beherrschten, wussten bereits damals schon, wie man den Leuten allerlei Bilder vorgaukeln kann. Der geistige Boden war aber auch besonders fruchtbar im Hervorbringen paranormaler Phänomene und abergläubischer Vorstellungen. Erscheinungen von Sylven, Elfen, Nixen, Zwergen, Feen, Teufel u.a.m. wurden nicht nur im Rausch, im Delirium oder von Schizophrenen halluziniert, sondern konnten auch durch magische Evokationen von hellseherisch begabten Magiern und Medien bis zur allen sichtbaren Form verdichtet werden oder sie tauchten als Archetypen in Träumen und seelischen Ausnahmezuständen auf".[595]

Kann man aber die neuzeitlichen UFO-Erscheinungen bzw. UFO-Sichtungen als religiöse oder spiritistische Wahnvorstellungen betrachten und sie damit aus dem Bereich der SAETI-Forschung ausklammern? Grundsätzlich darf es nicht undenkbar sein, dass uns außerirdische Intelligenzen auch in neuerer Zeit besucht haben könnten. Schließlich ist das "Zeitfenster" ihrer Ankunft nicht so leicht festzulegen, wenn man bedenkt, dass sie mitunter große kosmische Distanzen zurückgelegt und eine lange Reise hinter sich haben. Die Ablehnung in der Prä-Astronautik-Forschung gegenüber UFO-Sichtungen ist rational nicht begründet. Es sei denn, man will sich bewusst abgrenzen, um die Forschungen nicht ausufern zu lassen. Im Sinne der Suche nach "greifbaren" Beweisen für die Existenz außerirdischer Intelligenzen müssen aber auch die uns zeitlich näher liegenden Ereignisse entsprechend untersucht und kritisch betrachtet werden.

Zu den UFO-Sichtungen meinte schon früher der Raumfahrttechniker und mehrmalige Referent bei Weltkonferenzen der Ancient Astronaut Society Prof. Dr. Harry O. Ruppe, in Verbindung mit der Ancient-Astronaut-Hypothese, "dass natürlich ein paar Millionen Jahre hin oder her in der Evolution des Universums keine Rolle spielen. Es ist also durchaus denkbar, dass die Erde vor einigen Millionen Jahren oder auch früher oder später von Vertretern einer extraterrestrischen Zivilisation besucht und dass bei diesen Besuchen hier in der Entwicklung eingegriffen wurde".[596]

Wenn man die "religiösen Wunder" im Mittelalter noch ins Reich der Fabel verweisen kann, dann scheinen die Sichtungen im 20. Jahrhundert doch einen anderen Kern zu haben. Die unidentifizierbaren fliegenden Objekte dieser Zeit verhalten sich großteils wie Objekte, die einer fortgeschrittenen technischen Zivilisation entsprechen könnten und das ist etwas anderes als "geisterhafte Wesen" die auf Besen oder sonstigen Gegenständen durch die Luft fliegen. Die Existenz von außerirdischen Intelligenzen ist wissenschaftlich möglich und es ist auch wissenschaftlich möglich – zumindest vorstellbar –, dass sie mit irgendwelchen Raumfahrzeugen zu uns kommen können oder bereits zu uns gekommen sind – auch wenn wir noch vielfach auf Spekulationen angewiesen sind.

UFOs im 20. Jahrhundert

Seit der Sichtung von Kenneth Arnold, im Jahre 1947, werden unidentifizierbare, fliegende Objekt zunehmend mit außerirdischen Raumschiffen in Verbindung gebracht, die vom Mars, von der Venus oder auch von einem fernen Sonnensystem kommen. Einer, der in dieser Beziehung berühmt wurde war George Adamski (1891 - 1956), der zunächst einen Zeitungsstand bei der Sternwarte am Mount Palomar hatte, doch bald die ersten Fotos von "Raumschiffen" machte. Man konnte man ihm aber auch bald Irrtümer nachweisen. "Zum Beispiel entstanden "unter dem Erfolgszwang fanatischer Anhänger auch Trickfotos, wie Adamskis vierteilige Serie des schwarzen 'Raumschiffes', das nacheinander sechs Satelliten entlässt; ferner dürften die Mondaufnahmen und das 'Unterwasser-Raumschiff' durch Tricks entstanden sein. Auch was Adamski uns an Text in seinem zweiten Buch *Im Innern der Raumschiffe* (von 1958, Anm. v. Autor)[597] angeboten hatte, vermögen kritische Leser kaum zu akzeptieren", meinten 1976 die beiden UFO-Forscher Hubert Malthaner und Adolf Schneider, von der europäischen Sektion des MUFON (Mutual UFO Network).[598]

Im Jahre 1952, am 20. November – und auch noch danach – will Adamski persönliche Kontakte mit Mars-, Saturn- und Venusbewohnern und deren Raumschiffen gehabt haben. Sie berichteten ihm von Vegetation und Städten auf diesen Planeten und auch auf dem Mond. Adamski war aber nicht der erste, der damals behauptete, Begegnungen mit fremden Weltraumfahrzeugen und deren Insassen zu haben. Schon im Juni 1952 soll der Mechaniker Truman Bethurum (1898 - 1969) erstmals eine solche Begegnung gehabt haben. Der Co-Autor von Adamski, Desmond Leslie, will 1954 gemeinsam mit Adamski mehrere Raumschiffe gesehen haben, und auch ein angeblich britischer Ornithologe namens Cedric Allingham will damals Kontakt mit einem Insassen einer "fliegende Untertasse vom Mars" gehabt haben.

Jedenfalls sollen am 13. Dezember 1952 "seltsame Schriftzeichen"[599] aus einem UFO "herabgefallen" sein – vielmehr soll es eine eigenartige Kassette mit einem Film gewesen sein. Adamski hatte diesen Filmstreifen veröffentlicht, doch dieser schien manipuliert gewesen zu sein. "Die Außerirdischen hatten, wohl zu Analysezwecken, ein Stück des Filmes herausgeschnitten. Durch das entstandene Loch drang beim Versuch, die abgeworfene fremde Schrift zu kopieren, eine derartige Lichtfülle, dass nur verschwommene Papierbilder entstanden. Schließlich hat man (war es der Fotograf Adamski?) die Ränder des Loches im Film geradegeschnitten..."[600] Das klang wirklich recht merkwürdig und man konnte schließlich nicht feststellen ob Adamski lediglich einen Lampenschirm oder einen Mülltonnendeckel als Raumschiff publizierte. Jedenfalls ist dieser UFO-Typ in die allgemeine Literatur über unidentifizierte fliegende Objekte eingegangen.

Im Jahre 1968 sollen sogar "beim Absturz einer 'Untertasse' zwölf außerirdische Zwergwesen... in der Mojawe-Wüste in Kalifornien... tödlich verunglückt sein", berichtete Peter Krassa 1976.[601] Sechs Jahre später bestätigte der "langjährige wissenschaftliche Berater bei der Walt-Disney-Filmproduktion und Lehrbeauftragte für Publizistik an der Universität Miami", Prof. Dr. Robert Carr, diese Meldung und meinte, diese "Zwergwesen" seien "unter strengster Geheimhaltung zu dem Luftwaffenstützpunkt Wright-Patterson (Ohio) überführt worden". Später wurden sie "in ein militärisches Sperrgebiet in Alabama" gebracht, wo sie "zwecks Konservierung für weitere Untersuchungen – in Tiefkühlfächer eingefroren worden sind". Auch der Direktor einer "öffentlichen wissenschaftlichen Organisation" und Mitglied des MUFON, soll später diese Meldung bestätigt und gemeint haben, dass in Wright-Patterson "mindestens zwei Wracks abgestürzter Raumfahrzeuge aufbewahrt sein sollen".

Für Erich von Däniken, der zwar kein UFO-Gegner ist, aber "auch kein UFO-Gläubiger" und "der Sache freundlich kritisch" gegenübersteht, ist Prof. Carr allerdings ein "Spinner",[602] denn er "und Guido Bangerter hatten während einer USA-Reise Gelegenheit, Prof. Carr in Miami kennenzulernen", schreibt Peter Krassa. Der Professor für Raumfahrttechnik an der Universität München, Dr. Harry O. Ruppe, gab allerdings am 16. Juni 1979, anlässlich der 6. Weltkonferenz der Ancient Astronaut Society in München, bekannt, dass er öfters in Wright-Patterson war, jedoch von derartigen Lebewesen nichts gehört habe.

Der Roswell-Zwischenfall

Ein international bekannter Fall, der viel Staub aufgewirbelt und viele Kontroversen hervorgerufen hat und der von Hollywood sogar verfilmt wurde, ist der sogenannte "Roswell-Zwischenfall" von 1947 (gleichzeitig mit der Arnold-Sichtung). Ebenfalls am 14. Juni 1947 fand der Farmer Mac Brazel, auf einer von ihm verwalteten Farm, "mattsilbrige, aluminiumfolienähnliche Gegenstände" aus einem "dünnen Material", sowie "kleine, bräunliche Stöcke, wie Balsaholz". Auch "Klebebänder mit rötlichen, pastellfarbenen Markierungen" und "Ballon- und Gummiteile", und verständigte daraufhin die örtliche Wetterstation, weil er meinte, er habe Teile von einem Wetterballon gefunden. Am 7. Juli informierte er den Sheriff von Roswell und noch am gleichen Tag fuhr er mit einem Nachrichtenoffizier der Luftwaffe, sowie mit einem Major und einem Stabsfeldwebel zur Fundstelle. Die Teile wurden danach von Personen vom Militär eingesammelt und zum Armeeflugplatz Roswell gebracht. Der ganze Fall kam als UFO-Absturz ins Rollen, weil der Pressesprecher des Militärstützpunkts, Walter Haut, telefonisch Rundfunkstationen und Zeitungen über das Ereignis informierte und dabei – vielleicht nur scherzhaft – erwähnte, dass die "vielen Gerüchte über die fliegenden Scheiben ... gestern Wirklichkeit geworden sind". Schon einige Stunden später hat er aber diese Aussage richtiggestellt und eigentlich die Teile nur als "einen Haufen Müll" bezeichnet. Auch für einen Reporter der Zeitschrift *Fort Worth Star-Telegram* waren die Teile "einfach nur ein Haufen Müll". Trotzdem berichtete die Presse am 8. Juli von einem "abgestürzten unbekannten Flugobjekt". Am Tag darauf gab aber der übergeordnete Luftwaffenstützpunkt Fort Worth bekannt, es sei ein Wetterballon gewesen.[603]

Merkwürdigerweise kümmerte sich in den darauffolgenden Jahren nach dem angeblich so "geschichtsträchtigen" Vorfall kaum jemand darum. Erst als der kanadische UFO-Forscher Stanton T. Friedman im amerikanischen Fernsehen, am 21. Februar 1978, in einer Talk-Show über UFOs, über den Vorfall in Roswell berichtete, flammte das Interesse an dem Ereignis wieder auf. Ausschlaggebend dazu war auch das Buch *Der Roswell-Zwischenfall* [604] von Charles Berlitz und William Moore, das in der amerikanischen Ausgabe unter dem Titel *The Roswell Incident* 1980 erschienen ist, und wo die Autoren mit einem Raumschiffabsturz spekulieren. Daraufhin machten sich zunehmend Gerüchte von einem angeblichen Absturz eines außerirdischen Flugkörpers samt Insassen breit.

Bei einem Jahrestreffen der damaligen Bomberstaffel 509, die in Roswell stationiert war, im September 1996, stellten die Piloten jedoch fest, dass keiner der ehemaligen Soldaten je etwas über die Bergung eines außerirdischen Raumschiffs gehört hat. Es bestand auch "keine Möglichkeit, dass ein solch spektakuläres Ereignis, wie die Bergung eines abgestürzten Alien-Raumschiffes von einer anderen Welt, hätte stattfinden können, ohne dass man es auf dem Stützpunkt erfahren hätte."[605]

Auch die Frage, ob es außerirdische Leichen in Roswell gab, "muss mit einem klaren Nein beantwortet werden, da keiner der historisch belegbaren Zeugen jemals Außerirdische oder Leichen Außerirdischer gesehen, oder diese erwähnt hat. Diese Märchen erschienen erst ab 1980, bzw. 1991 auf dem Büchermarkt oder im TV. Die 'Außerirdischen von Roswell' sind eindeutig eine Erfindung und haben mit der Realität und den Ereignissen vom Juli 1947 nichts zu tun".[606]

Die aufgefundenen Artefakte "aus einer sehr dünnen, jedoch äußerst starken, metallfolienähnlichen Substanz"[607] passen präzise zu Ballonteilen, die bei dem 1947 getesteten geheimen Projekt MOGUL verwendet wurden. "Mit dem Projekt MOGUL sollten in der Tropo- und Stratosphäre die Schockwellen von Raketen, die die Schallmauer durchbrachen, gemessen und registriert werden", und auch weit entfernte Atomexplosionen, um den Erstschlag von sowjetischer Seite frühzeitig erkennen zu können.[608] Mehr steckt nicht hinter diesem immer wieder aufgewärmten angeblichen UFO-Absturz.

UFOs sind keine Raumschiffe!

Es gibt viele Gründe warum die bisher gesichteten UFOs keine außerirdischen Raumschiffe sein können. Vor allem ist es ihre geringe Größe, die im Allgemeinen nicht über 40 Meter hinausreicht. Ich habe schon an anderer Stelle (siehe Ezechiel-Raumschiff) erwähnt, warum ein Fluggerät für einen Pendelverkehr zwischen der Erdoberfläche und einer Raumstation eine bestimmte Größe haben muss. Die beobachteten, zunächst unidentifizierbaren, Flugkörper sind dafür zu klein.

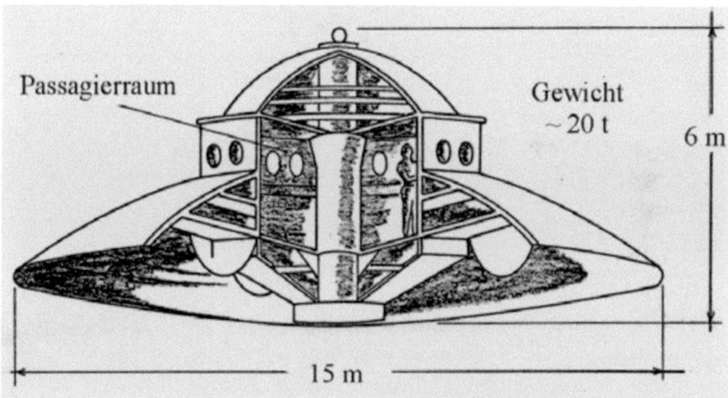

Abb. 96: Typisches UFO vom Adamski-Typ.

Sieht man sich die Fotos von UFOs unvoreingenommen an, dann sind sie meistens unscharf und verschwommen und scheinen eher Spielzeugmodelle zu sein oder Autoradkappen, Holzteller und Ballone. Tatsächlich findet sich ein derartiger Formenreichtum, dass man meinen könnte, es wären unzählige verschiedenartige Intelligenzen am Werk. Es findet sich die: Saturn-, Teller-, Kuppel-, Helm-, Kugel-,

Scheiben-, Glocken-, Schüssel-, Hut-, Kasten-, Doppelteller-, Ring-, Ellipsoid-, Doppelkegel-, Zigarrren-, und Zylinder-Form[609] – und das sind nur die häufigsten der Formen.

Damals, 1968, meinten jedenfalls nach einer Umfrage 15 Millionen Amerikaner ein UFO gesehen zu haben. Viele davon wurden fotografisch festgehalten und viele davon sind einfach Trickaufnahmen. So auch die Aufnahmen des brasilianischen Berufsfotografen Almiro Barauna, die er am 16. Januar 1958 von Bord des Schiffes Almirante Saldanha machte.[610] Er hatte ein Objekt fotografiert, das "sich vom offenen Meer her der Insel Trindade näherte" und wieder wegflog. Nach einer Absprache mit einem auf der Insel zurückgelassen Kollegen, könnte dieser dann ein Modell-UFO "abgeschossen" haben. Anschließend wurde die Aussage gemacht, dass das Objekt vom offenen Meer herkam. Das entsprechende Foto ist seitenverkehrt abgebildet.[611]

Schlechte Fotos, Fälschungen und plumpe Trickaufnahmen

Das UFO-Foto Nr. 5554, von der Amtlichen Küstenwache, in Salem, Massachusetts, USA, vom 16. Juli 1952, das immer wieder in Büchern, Zeitschriften und TV-Dokus auftaucht, ist tatsächlich längst als "Aufnahme einer Innenbeleuchtung, die sich in der Fensterscheibe spiegelt"[612] entlarvt worden. Es handelt sich um vier Objekte im "Formationsflug". So etwas kann man immer wieder selbst beobachten, wenn man von innen durch eine Fensterscheibe nach außen blickt. Das Foto sollte daher schon längst nicht mehr als möglicher Beweis, dass UFOs Raumschiffe sind, publiziert werden.

Abb. 97: "UFOs" als Spiegelbild einer Innenbeleuchtung in einer Fensterscheibe (Amtliche Küstenwache, Salem, Massachusetts, USA, 16. Juli 1952).

Als plumpe Fälschungen haben sich auch – trotz angeblicher Echtheitsbezeugungen – die sogenannten "Monguzzi-Fotos"[613] herausgestellt. Giampiera Monguzzi, ein italienischer Ingenieur, fotografierte am 31. Juni 1952, im Bernina-Gebiet der Schweizer Alpen, ein gelandetes UFO mit Astronauten. Das Foto ist im Vordergrund verhältnismäßig unscharf und um das UFO sieht man einen feinen hellen Rand, was auf eine Fotomontage hinweist. Außerdem sieht man das UFO vom selben Blickwinkel aus, auf verschiedenen Aufnahmen, in unterschiedlicher Position, während sich die umgebende Landschaft nicht verändert. Es zeigte sich, dass die Aufnahmen "mit einem geeigneten Plastikteller und einer passenden Perry-Rhodan-Figur"[614] gemacht wurden.

Der bekannte deutsche UFO-Forscher Adolf Schneider kam zu dem Schluss, dass bei der Aufnahme der Blendenwert, die Verschlusszeit, die Größenschätzung und der "Schattenazimut" richtig waren, jedoch in der Entfernungsschätzung des UFOs und der Schattenlänge "Unstimmigkeiten" vorhanden sind.

Auch das UFO, das "auf einer Farm bei McMinnville, Oregon, am 11. Mai 1950"[615] von der Familie Trent beobachtet und fotografiert wurde, ist in Wahrheit ein UFO-Modell. Ein Mitarbeiter des "Condon-Reports", Dr. Hartmann, der den Fall, registriert unter Nr. 46, eingehend untersucht hatte, kam zu dem Schluss, dass der Flugkörper unsymmetrisch gebaut ist und einen schiefen Turm hat, der exzentrisch aufgesetzt ist.

Solche "plumpen Trickaufnahmen"[616] soll auch der Schweizer Eduard A. Meier, aus Hinwil, auch unter "Billy Meier" bekannt, gemacht haben. Er will in den 1960er und 1970er Jahren regelmäßig Kontakte mit Außerirdischen von den Plejaden, 380 Lichtjahre von der Erde entfernt, gehabt haben. Eine Kontaktperson heißt Semjase, was ähnlich klingt wie der Engel "Semjasa" im Buch Henoch. Eduard Meier sieht sich als Inkarnation des Propheten und auch anderer biblischer Propheten. Seine Fotos zeigen die typischen, viel zu kleinen Flugkörper vom Adamski-Typ. Ein Foto von der angeblichen Kontaktperson Semjase konnte als Tänzerin in einem Filmausschnitt einer Dean-Martin-Show identifiziert werden. Selbst die beiden UFO-Befürworter Stanton Friedman und Jacques Vallée halten die ganze Geschichte des Schweizers für einen Schwindel.

Belgien-UFO-Dreieck war nur ein Scherz

Das in TV-Dokus und Büchern oft gezeigte Bild eines UFOs in Dreieckform mit vier Lichtern über Belgien hat sich als Scherz herausgestellt.

Der ganze Fall ereignete sich in der Nacht vom 30. auf den 31. März 1990, als angeblich mehrere tausend Personen ein unbekanntes Flugobjekte im Luftraum über Belgien sahen und dieses auch per Radar vom Boden aus und von zwei Kampfjets der Type F-16 erfasst werden konnte. Das Objekt befand sich in 10.500 m Höhe und bewegte sich zunächst kaum von der Stelle, doch in 3000 m Höhe soll es sich mit 40 km/h fortbewegt haben. Die Verfolgung mittels Radar durch die Flugpiloten erwies sich als sehr schwierig. Das Radarecho wich ihnen zunächst blitzartig nach unten aus, dann war es in zwei bis drei Sekunden unter Wasser verschwunden, angeblich mit etwa 12.000 km/h. Daraufhin wurden einige deutliche Impulse eines Sonar-Gerätes aus der Richtung empfangen, in die das UFO verschwunden war. Es setzte seinen Kurs mit einigen hundert Knoten unter Wasser fort. Der Sonarkontakt brach dann aber ab, als sich das vermeintliche Objekt hinter einem Bodenhindernis in knapp 650 m Tiefe versteckte. Dann war das Echo verschwunden. Ein Aufschlag eines Objekts konnte nicht festgestellt werden.

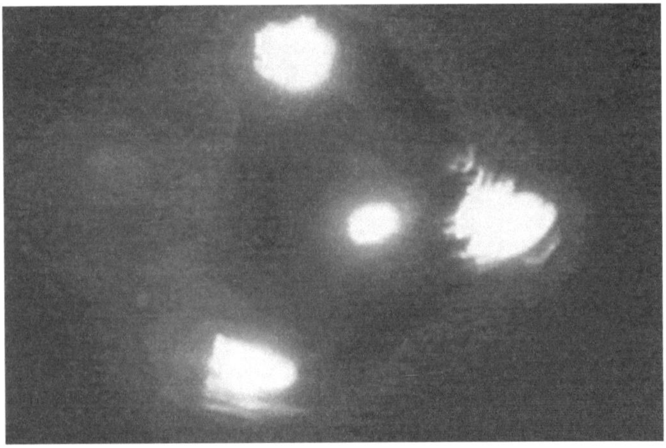

Abb. 98: Das Dreieck-"UFO" von Belgien, vom März 1990.

Schließlich stellte sich heraus, dass die Geschwindigkeits- und Höhenänderungen auf Instrumentenfehler in den F-16 zurückzuführen waren. Der Physiker an der Katholischen Universität in Louvrain, Belgien und Mitglied der Gruppe SOBEBS (Belgische Gesellschaft zur Untersuchung von Raumphänomenen) August Meessen teilte später mit: "Da ich alle Radarechos, die nicht als Flugzeuge zu identifizieren waren, sorgfältig untersuchen musste, bin ich auf meteorologische Effekte gestoßen, auf die man normalerweise nicht achtet. Sie sind verschiedenartig und hängen vom Radartyp ab, aber sie entstehen vor allem durch starke lokale Veränderungen der Luftfeuchtigkeit." Und weiter: "Ich hatte schon Anfang 1991 bewiesen, dass die Radarsignale, die zum Aufstieg der F-16-Jets führten, einen meteorologischen Ursprung hatten." Dass dennoch ein Bild von einem UFO publiziert wurde, ist einem cleveren Mann namens Patrick M. zu verdanken, der am 26. Juli 2011 dem belgischen Fernsehsender RTL-TVI zeigte wie er die Fotos gemacht hatte. Im April 1990 hatte er mit einigen Freunden ein UFO aus Styropor angefertigt, aufgehängt und fotografiert. Das Bild gelangte über Freunde, Pressefotografen und Presseagenturen in die Medien und auch zur Forschergruppe SOBEBS.

"UFO-Scheiben" waren nichts weiter als Steine

Am 26. Juni 1977 konnte man in Österreich, in der *Kronen Zeitung* von einem "Fund des Jahrhunderts" folgendes lesen: "Port Augusta. – Drei geheimnisvolle Scheiben geben australischen Wissenschaftlern Rätsel auf. Sie sind rostfarben, offenbar aus Metall, 45 Zentimeter hoch und haben einen Durchmesser von anderthalb Metern. Gefunden wurden sie in einem verlassenen Kohlenbergwerk im Süden des Kontinents. Offenbar sind sie Millionen Jahr alt. Der Marinebiologe Mac Lawrie, der die Scheiben flüchtig untersucht hatte, war fassungslos: 'Nie in meinem Leben habe ich etwas ähnliches gesehen. Aus welchem Material sie sind, werden wir erst im Labor feststellen können.' Seine Kollegin Shirley Kemp pflichtet bei; 'Die Scheiben könnten sich als der größte Fund des Jahrhunderts erweisen. Möglicherweise sind es kleine wissenschaftliche Sonden, die vor Tausenden von Jahren von einem Mutterschiff fremder Lebewesen auf die Erde geschickt wurden."[617] Auch andere Zeitschriften berichteten darüber.

Daraufhin schrieb ich an zwei australische Zeitungen, dem *Advertiser* und den *News*, bei Adelaide. Eine leitete meinen Leserbrief an die AFSRS (Australian Flying Saucer Research Society)[618] weiter und ich erhielt wenig später ein Foto von diesen "Scheiben". Einen Abzug schickte ich an Erich von Däniken. Weitere Anfragen an die Monash Universität von Clayton, in Victoria und an das Südaustralische Museum und an weitere industrielle Forschungsstätten erbrachten kein Ergebnis. Auch die AFSRS konnte oder wollte mir nicht weiterhelfen. Anlässlich eines Australien-Aufenthalts im Sommer 1978 ging Erich von Däniken dieser Sache nach. Er musste allerdings feststellen. "dass die gesamte Meldung, welche von UFO-Kreisen lanciert worden war, ein Schwindel ist. Es gibt jede Menge dieser 'scheibenförmigen' Steine und sie sind nichts anderes als Steine".[619] An diesem Beispiel erkennt man, als was sich zuvor interessant erscheinende UFO-Meldungen später herausstellen können, selbst wenn sie durch offizielle Stellen und wissenschaftlich klingende Namen und Quellen verbreitet werden.

So ist auch eine Meldung zu verstehen, die von der österreichischen Tageszeitung *Kurier*, am 20. November 1976, verbreitet wurde. Dort heißt es: "Die deutschen Messerschmitt-Bölkow-Blohm-Werke etwa beschäftigen ein Team von Spezialisten, das dem mutmaßlichen Gravitationstricks der UFOs auf die Schliche kommen will."[620] Der Physiker und UFO-Forscher Illobrand von Ludwiger, der bei den Messerschmitt-Werken beschäftigt war, dementierte diese Meldung.[621]

Abb. 99: Die australischen "UFO-Scheiben" aus einem verlassenen Kohlenbergwerk.

UFOs über der ehemaligen Sowjetunion

Am 20. September 1977 sollen sowjetische Astronauten berichtet haben, dass "über Petrosawodsk, in der Nähe der sowjetisch-finnischen Grenze, ein 'großes quallenförmiges Lichtgebilde' beobachtet wurde. Die 'Qualle" sandte Licht in feinen Strahlen zur Erde, bis schließlich 'nach 10 bis 12 Minuten das Licht verglomm und das Objekt sich zum Onega-See hin bewegte. Die sowjetische Nachrichtenagentur TASS, die ungewöhnlich ausführlich das Phänomen schilderte, berichtete überdies von 'grauen Wolken', die in der Umgebung des Objekts aufgetreten sind".[622]

Der UFO-Spezialist aus der damaligen Sowjetunion und – wie wir gesehen haben – auch ähnlichen Theorien nicht abgeneigte Forscher Alexej Solotov meinte damals: "Meiner Meinung nach, war das Objekt eine typische fliegende Untertasse. Der vorhandene Bericht lässt keinen Zweifel darüber aufkommen, was ich immer dachte. Ich selbst weiß, es war ein UFO." Sein Kollege Felix Ziegel pflichtete ihm bei und meinte: "Ohne Zweifel das Quallen-UFO war authentisch!"[623]

Der ehemalige amerikanische Raumfahrttechniker in Houston, Spezialist für die damalige sowjetische Raumfahrt und Mitglied des CSICOP (Committee for the Scientific Investigation of Claims of the Paranormal) James Oberg, setzte sich mit einem Freund, der die Daten über russische Satelliten sammelte, in Verbindung. Ebenso mit dem NASA Goddard Space Flight Center in Greenbelt, Maryland. Das "Quallen-UFO" stellte sich schließlich als ein militärischer Geheimsatellit von der Serie COSMOS 955 heraus, der von der streng geheimen Satelliten-Basis Plesetsk, nördlich von Moskau, abgeschossen wurde. Petrosawodsk liegt nur 200 Meilen südwestlich von Plesetsk und der Satellit wurde gegen Nordost abgeschossen, und zwar einige Minuten vor 4 Uhr morgens lokaler Zeit, innerhalb der Zeit, als der erste Bericht von Petrosawodsk kam. Die Identifikation ist hundertprozentig richtig.[624]

Die mysteriösen "Fangarme" oder "Lichtstrahlen" waren in Wirklichkeit die Kondensstreifen von den parallelen Schutzschildern der inneren Raketenstufe die abgetrennt wurde, wie man dies auch im Oktober 1969 beim Abschuss des Wettersatelliten METEOR 2 am selben Ort in Finnland beobachten konnte. Es ist also nicht verwunderlich, wenn diesmal die sowjetische Presse die UFO-Meldung unterstützte, wo die Sowjets damals sonst eher kritisch zu solchen Meldungen eingestellt waren.

So glaubten im Jahre 1977 sowjetische Wissenschaftler "eine mögliche Erklärung für die rätselhaften UFOs gefunden zu haben: Ihrer Ansicht nach sind dies Staubteilchen in der Atmosphäre, die die Form von Scheiben annehmen. In einem Labor der 'Akademie der Wissenschaften' hatten Geophysiker die entsprechenden Bedingungen geschaffen und 'fliegende Untertassen' künstlich hergestellt. Es bestätigt sich damit die Hypothese, dass die scheibenförmigen Gebilde entstehen, wenn Staubteilchen in kompliziert aufgebaute, turbulente Luftmassen geraten. Die zunehmende Verschmutzung der Atmosphäre wird von den Moskauer Forschern dafür verantwortlich gemacht, dass heute mehr 'unbekannte Flugobjekte' beobachtet werden als früher".[625]

UFOs über Australien

Zum Jahreswechsel 1978/1979 taumelte die Welt erneut im UFO-Fieber, als ein australisches Fernsehteam einen leuchtend hellen Feuerball filmte, der direkt auf das Team zuraste, nach links flog, kehrt machte, nach rechts flog, stoppte, und nach einer Weile wieder auf das Fernsehteam zuraste. Ein Kameramann soll kurze Zeit später in Australien ein ähnliches Objekt fotografiert haben.[626]

Der Film des Teams, gedreht von Mike Grant, wurde am 31. Dezember 1978 im australischen Fernsehen gezeigt. Später soll ein anderes Fernsehteam von einem Flugzeug aus sogar "25 UFOs in Form heller Objekte, eines davon glockenförmig", gefilmt haben. Sie waren "dem Flugzeug gefolgt, als es sich in der Cook-Straße zwischen den größten neuseeländischen Inseln befand". Offenbar gab es damals in Australien eine wahre UFO-Invasion, die ein amerikanisches Magazin sogar dazu veranlasste, das Jahr 1979 "das Jahr der Weltrauminvasion"[627] zu nennen.

Selbstverständlich meldeten sich daraufhin sofort offizielle Stellen um das Phänomen zu erklären. Der Leiter des neuseeländischen Mount-John-Observatoriums, David Mabin, erklärte: "Der Film beziehe sich fast sicher auf den Planeten Venus, der zur Zeit besonders hell strahlte. Von einem Auto oder Flugzeug aus gesehen, schaue es so aus, als bewege sich der Stern mit derselben Geschwindigkeit." Sieht man sich den Film von Mike Grant an, dann kann man nur zu dem Schluss des Astronomen David Mabin kommen. Die Venus, die der Kameramann stark vergrößert zufällig in die Linse bekam, taumelte hin und her, je nachdem wie der Auto-Zoom sich durch die Bewegung des Fahrzeugs eingestellt hatte. Diverse UFO-Klubs neigen dazu, solche Aufnahmen ungeprüft in der Öffentlichkeit zu verbreiten.

UFOs über Spanien

Anhand des UFO-Falles von Valencia, in Spanien, der sich in der Nacht vom 11. bis 12. November 1979 ereignete, kann man die manchmal irreführende Berichterstattung von Sichtungen erkennen. Da sollen einmal "drei", dann "vier" oder – wie der Flugkapitän Francisco Lerdo de Tejada (auch Francisco Lerno) berichtete – "zwei" parallele "rote" oder "tiefrote", auch "verschiedenfärbige" Lichter, sowie "leuchtende Striche", eine Super-Caravelle mit 106 (oder auch 109) Passagieren an Bord, zum Landen gezwungen haben.[628]

Der Flugkapitän berichtete einmal: "Es war Sonntag knapp vor Mitternacht, als ich von 7000 auf 10.000 m Flughöhe ging. Als ich auf 29.000 Fuß (= 9700 m) war sah ich zwei parallele rote Lichter vor mir… genau auf Kollisionskurs… Mit einer Geschwindigkeit, wie sie kein konventionelles Flugzeug erreicht. Plötzlich hielten sie ganz dicht vor der Caravelle an… vom Kontrollturm in Valencia hörten wir, auf dem Radarschirm sei nichts anderes zu sehen als unsere Caravelle… ich musste von 9700 auf 5500 m runter."

Ein anderes Mal berichtete der Flugkapitän: "Wir flogen in 11.000 m Höhe… Geschwindigkeit 900 km/h… plötzlich… hell leuchtende Objekte… kamen auf unsere Maschine zu… ich ging in den Sturzflug… und sah die Objekte über uns wegziehen und verschwinden" und "wir wurden von drei Seiten von unbekannten Flugkörpern attackiert".

Was stimmt also? Hielten die Objekte vor der Caravelle an, zogen sie über sie hinweg oder attackierten sie die Maschine? Flog die Caravelle in 7000, in 10.000 oder in 11.000 m Höhe? Bemerkenswert ist auch, wie ein Passagier der Maschine, erst als er als UFO-Ungläubiger in der Zeitung stand, zum UFO-Gläubigen wurde. Hatte man ihn "überzeugt"? Und durch wen? War sein erster Eindruck nicht richtig? Es scheint gar nicht so unwahrscheinlich, dass die Lichter, Landelichter eines Flugzeugs gewesen sind, denn die "vier UFOs" wurden in der Nähe eines Militärflughafens gesichtet.

Stromausfälle und Erklärungen für UFOs

Auch Stromausfälle werden gelegentlich mit UFOs in Verbindung gebracht, wie jener vom 13. Juli 1977, der zwölf Stunden lang die Stadt New York lahmgelegt hatte. Für den Blackout war allerdings ein "Blitzschlag in das Hauptumspannwerk Buchanan, 75 km nördlich von New York, verantwortlich".[629] Auch den Kernreaktorunfall in Harrisburg, am 28, März 1979, sollen UFOs ausgelöst haben. Mitarbeiter der UFO-Forschungsgruppe MUFON bemerkten zu dieser Zeit eine ungewöhnliche Häufung von UFO-Sichtungen in der Nachbarschaft. Tatsächlich entstand der Unfall hauptsächlich durch menschliches Versagen, als Ventile im Notkühlsystem geschlossen statt geöffnet wurden, ein Techniker das Hauptkühlsystem des Reaktorkerns zum falschen Zeitpunkt öffnete und vier Pumpen für die Kühlwasserzufuhr ohne Grund stillgelegt wurden.[630]

Am 16. Juli 1978 wurde in Teheran ein UFO gesichtet, dass mit dem von J. F. Blumrich publizierten "Ezechiel-Raumschiff" in Verbindung gebracht wurde.[631] In einer Veröffentlichung[632] vom 11. August 1978 lässt jedoch der Fotograf des UFOs, Dieter Geuß aus Stuttgart, keinen Zweifel darüber offen, dass es sich um eine Trickaufnahme handelt, wie mir der Direktor der deutschen UFO-Forschungsgruppe CENAP (Centrales Erforschungsnetz außergewöhnlicher Phänomene) Werner Walter, am 28. August 1980, mitgeteilt hatte.[633]

Am 6. Mai 1971 hatte der damals 25jährige Lastwagenfahrer Lars Thörn aus Skandinavien (Schweden), "fünf Kilometer nordöstlich von Skillinggaryds Schießstätte",[634] ein Objekt fotografiert, das er "auf 10 Meter" groß schätzte. Die Stockholmer Forschungsgruppe GICOFF (Göteborgs Informations-Center für unidentifizierte fliegende Flugkörper) schätzte das Objekt allerdings "auf 6 Meter". Nachdem der Fall nach einer ersten Untersuchung als echt angesehen wurde, hat sich nach einer weiteren Untersuchung vor Ort des Geschehens herausgestellt, dass Thörn eine Radkappe der Automarke Chevrolet von 1950 bis 1960 fotografiert hatte. Er hatte die Radkappe, sowie eine andere derselben Automarke, jedoch von einem anderen Jahrgang, zusammengeklappt und diese mit zwei Drähten jeweils an einem Türscharnier und einem hohen Strauch befestigt.[635] Derartige Manipulationen findet man häufig in der UFO-Szene.

Ein weiterer klassischer UFO-Fall ereignete sich am 27. Januar 1948 in Louisville, Kentucky. Gesichtet wurde "ein scheibenförmiges, silbriges Objekt, von dem ein rötliches Leuchten ausging". Und "es hatte einen Durchmesser von etwa 80 bis 100 Meter und flog in südlicher Richtung", schreibt der deutsche UFO- und Phänomene-Autor Johannes von Buttlar.[636] Von der Staatspolizei wurde sofort der in der Nähe liegende Flugplatz Godman Field alarmiert und drei F-51-Jagdmaschinen, mit dem Flugkapitän Thomas Mantell und den beiden Leutnants Hendricks und Clements, auf die Verfolgung des UFOs geschickt. Hendricks kehrte später erfolglos zum Stützpunkt zurück und ebenfalls Clements, nachdem Mantell außer Sichtweite geriet. Um 15.18 Uhr funkte Mantell zur Bodenstation: "Das Ding ist riesig – fliegt unwahrscheinlich schnell – jetzt – …" Anschließend hörte man nichts mehr von ihm. Ein Suchtrupp fand schließlich "gegen 4.00 Uhr nachmittags die Trümmer der abgestürzten Maschine im Umkreis von anderthalb Kilometern verstreut. Mantells Uhr war um 15.18 Uhr stehengeblieben".

Nun gibt es jedoch noch andere Versionen von Mantells letzter Meldung, wie z. B.: "Es ist über mir und ich komme an es heran. Ich gehe auf 20.000 Fuß." Oder: "Ich sichte das Ding. Es sieht metallisch aus und ist von gewaltiger Größe. Jetzt steigt es auf." Einige Sekunden später kündigt Mantell an, dass er auf 20.000 Fuß Höhe geht. Da die F-51-

Maschinen aber nur für geringe Höhen gedacht sind, und eigentlich schon in 15.000 Fuß Höhe Sauerstoffgeräte benutzt werden mussten und dies Mantell nicht tat, ist es sehr wahrscheinlich, dass der Pilot den Absturz durch Sauerstoffmangel verursachte. Dies umso mehr, da die beiden anderen Maschinen schon vorher abgedreht hatten und zurückgeflogen sind.

Das UFO stellte sich schließlich als ein großer Stratosphärenballon heraus, der am 7. Januar 1948 von der Clinton County Air Force-Basis in Ohio abgelassen wurde. Der Ballon war mit automatischen Kameras ausgerüstet, die über der damaligen UDSSR fotografische Aufnahmen machen sollten und daher war das ein geheimer Missions-Plan, sodass man auch von Seiten der amerikanischen Luftwaffe keine eindeutige Erklärung abgeben konnte und man so den Vorfall als UFO-Sichtung publiziert belassen hatte. So ähnlich sind viele UFO-Sichtung während des Kalten Krieges zu bewerten. Zur Klärung des Mantell-Vorfalls haben James Oberg, Gene und Clare Gurney und die Mitarbeiter des CENAP beigetragen.[637]

Vom CENAP wurde ich auch darauf aufmerksam gemacht, dass das "alte Felsbild aus Hokkaido in Japan" in dem Buch *Waren die Götter Astronauten?*, herausgegeben von Ernst von Khuon, von einer "gutgläubigen UFO-Anhängerin" namens Anni Baguhn stammt, die sich als recht zweifelhafte Quelle herausgestellt hat und meinte: "Ich recherchiere nicht... meine Hauptarbeit ist Ufologie." Das Felsbild zeigt kreisrunde Objekte, die "fliegende Scheiben" sein sollen und merkwürdige Gestalten mit erhobenen Händen. Die Szene wird "als eine Begrüßung von Raummenschen gedeutet".[638]

Eine weitere Erklärung für UFOs lieferten im Jahre 1978 die zwei amerikanischen Insekten-Verhaltensforscher und Biologen Philip S. Callahan und R. W. Mankin. Sie wiesen nach, dass zwischen den UFO-Sichtungen von 1965 bis 1968 im US-Bundesstaat Utah riesige Schwärme von Epicea-Schmetterlingen beobachtet wurden. Diese "Fichtenschädlinge" senden in einem elektrischen Feld – also auch in der Atmosphäre – für den Menschen sichtbares Licht aus, das bis zu sechs Meter lang sein kann und in Schwärmen hunderte Kilometer umfasst. Die beiden Forscher fordern daher, das UFO-Phänomen endlich als zoologisches Problem zu betrachten und daher Insektenforschung zu betreiben.[639] Wohl eine gute Werbung für die Insektenforschung, aber immerhin eine Erklärung für so manche ungewöhnliche Sichtung.

Robert Charroux meinte 1979, dass sich manche Ufologen nicht scheuen, "die 'Hexenringe' auf unseren Wiesen zu Landeplätzen außerirdischer Wesen zu erklären, obwohl heute doch kein Zweifel mehr besteht, dass sie durch unterirdische Kryptogamengeflechte verursacht werden, die der Umgebung die Nahrung entziehen".[640]

Die UFO-Sichtungen der Astronauten

Der Spezialist für russische Raumfahrt James Oberg, ging auch den UFO-Sichtungen amerikanischer Astronauten auf den Grund. Der bekannte UFO-Forscher Dr. J. Allen Hynek (1910 - 1986) ebenfalls. Hynek besuchte aus diesem Grund im Juli 1976 das Johnson-Raumfahrt-Zentrum der NASA in Houston und kam schließlich zu der Ansicht, dass die in seinem Buch *Edge of Reality* (Am Rande der Wirklichkeit) angeführten UFO-Sichtungen amerikanischer und sowjetischer Astronauten unzuverlässig sind. Die Idee dazu stammte von seinem Co-Autor Jacques Vallée und die Liste der Sichtungen von George Fawcett von der NASA. Die Liste ist von Hynek nur teilweise veröffentlicht worden. Oberg hat sie später vollständig wiedergegeben.[641] Demnach sind die merkwürdigen Sichtungen der Astronauten während ihrer Flüge zwischen 1962 und 1969 auf Objekte zurückzuführen, die von ihren eigenen Raumschiffen stammten, wie Eiskristalle von den kalten Treibstoffbehältern, die gegen die Raumkapsel flogen; Stücke von der Schutzhülle der Raumkapsel oder Teile von einem Satelliten; oder Abfallbehälter, die nach einer Stunde wieder auftauchten (wie bei Gemini 12) oder einfach eine Reflektion des Mondlichts im indischen Ozean (wie bei Apollo 12).

Besonders die UFO-Sichtungen während der Apollo-Mondmissionen werden immer wieder als unerklärlich publiziert. Eine Serie von UFOs, die angeblich Edwin Aldrin in der Umlaufbahn gemacht haben soll, erwies sich als Fälschung eines japanischen UFO-Magazins. Eine angebliche "Radio-Unterhaltung" der Astronauten, die ein UFO-Versteck beschreibt, ist eine Falschmeldung. Ein UFO, das die Astronauten Pete Conrad, Alan Bean und Dick Gordon während der Mission Apollo 12 begleitet haben soll, ist in Wahrheit ein kleiner Scherz, den sich die drei über ein taumelndes Stück ihrer Schutzhülle mit der Bodenstation machten.

Mehrere Astronautenberichte enthalten auch Fotos von der Raumstation Skylab aus, von einem vorüberziehenden Satelliten, die durch Staubteilchen an der Kamera entstellt wurden, sowie von Apollo-Mondflügen, wo in der Kapsel Gegenstände herumfliegen. Nichts, wenn man mit dem nötigen Verständnis für Raumflüge und deren Umgebung nachforscht, erscheint "außerordentlich" oder "ungewöhnlich", wenn auch viele Sichtungen von vorüberziehenden Satelliten nicht identifiziert werden konnten, meinte James Oberg. Astronauten sind oft mit UFOs zitiert worden. Nur einer behauptete wirklich ein UFO gesehen zu haben: Jim McDivitt. Er berichtete allerdings, dass sein UFO ein von Menschen gemachter Satellit war, den er nicht identifizieren konnte. Er meinte nicht, dass es ein außerirdisches Raumschiff oder ein "echtes UFO" war.

Prominente sichteten UFOs

Auch prominente Personen wollen ein UFO gesehen haben. Einer davon ist der ehemalige US-Präsident Jimmy Carter, der wollte, dass sich die USA während seiner Regierungszeit verstärkt dem UFO-Phänomen annimmt. Jedoch ist es dann nicht zur Behandlung des Themas auf einer UNO-Sitzung gekommen, allerdings gibt es seit dem 18. Dezember 1978 eine Mitteilung des Komitees zur friedlichen Nutzung des Weltraums an alle Staaten etwaige UFO-Sichtungen bei der UNO zu melden. Ausschlaggebend dazu war eine Anfrage des ehemaligen Premierministers von Grenada am 7. Oktober 1977 an die UNO während der 32. Vollversammlung, man möge sich verstärkt für die UFO-Sache einzusetzen.[642]

Das Projekt Bluebook

Immer wieder haben sich offizielle Stellen mit den Sichtungen von UFOs beschäftigt. Im Jahre 1948 begann die US Air Force mit der ersten Untersuchung unter der Bezeichnung SIGN, später folgte des Projekt GRUDGE und 1953 das Projekt BLUE BOOK. Anhand einer offiziellen Mitteilung der US Air Force geht hervor, dass in der Zeit von 1947 bis 1969 insgesamt 12.618 Fälle untersucht wurden und davon 701 Fälle unidentifiziert geblieben sind: was etwa 5,6 % entspricht.[643]

Der Condon-Report

Vom Oktober 1966 bis November 1968 untersuchten 37 Wissenschaftler unter der Leitung des Physikers Dr. Edward U. Condon von der Colorado-Universität in Boulder die UFO-Fälle. In dem anschließenden Report, dem CONDON-Report, benannt nach Dr. Condon, auch Colorado-Project genannt, vom Januar 1969 heißt es, dass von 14.000 Fällen 2,5 % nicht identifiziert werden konnten. Der Ausschuss kam zu dem Ergebnis: "Es gibt keine Beweise, die die Annahme rechtfertigen, dass außerirdische Besucher in die Erdatmosphäre eingedrungen sind, und nicht genügend Beweise, um weitere Forschungsarbeiten auf diesem Gebiet zu rechtfertigen."[644]

Dieses Ergebnis wird von vielen nicht zur Kenntnis genommen und sogar als manipuliert betrachtet. Federführend dabei war der ehemalige UFO-Skeptiker J. Allen Hynek, der Mitglied der CONDON-Gruppe war, der aber dann meinte: "Manchmal ging ich dabei zu weit... Ich glaubte damals eben auch, dass UFOs nichts als Unsinn seien."[645] Es war jedoch so, das Hynek "bald selbst ins Zwielicht geriet, weil er" – während des Condon-Ausschusses – "seine Kritik immer stärker auf die nüchternen Offiziere lenkte, statt die anschwellende Flut von UFO-Phantasten genauer unter die Lupe zu nehmen. In seiner Frustration distanzierte er sich vom abschließenden" Ergebnis. "Stattdessen schrieb er ein Buch, das" selbst "viel Schaden anrichtete... Da Hynek immerhin Astronomieprofessor an der Northwestern University bei Chicago war, weckten seine Ansichten bei vielen UFO-Gläubigen verzweifelte Hoffnungen. Er hat damit niemandem einen guten Dienst erwiesen", schreibt der Schweizer Mathematiker und Raumfahrtexperte Bruno Stanek.[646]

Man sieht mit recht den sorglosen Umgang mit der Wahrheit als ein Grundübel in den UFO-Reportagen. Natürlich sind Reporter oft überfordert und geben lediglich das wieder was ihnen mitgeteilt wird. Man kommt allerdings der Sache viel näher, "wenn es gelingt, die Gründe zu beleuchten, warum mehr oder weniger bewusst gemogelt wird... als durch Bestaunen tausender phantastischer Erlebnisberichte... Seit Menschengedenken beobachtet man ein reibungsloses Funktionieren der Naturgesetze auf der einen Seite, während es andererseits unzählige Beispiele gibt, wie die Wahrheit mit Füßen getreten wird. Soll es bei den UFOs anders sein? Kaum!", so Stanek.

Die UFOs und die Jupiter-Monde

Der Anblick der Jupiter-Monde in Volkssternwarten ruft bei Laien kaum noch UFO-Gedanken hervor, doch: "Es gibt ein Sprichwort, das besagt, ein Bild sagt mehr als tausend Worte. Leider trifft dies ausgerechnet bei UFO-Fotos nicht zu." Nachdem gute Aufnahmen bald als Manipulationen und Fälschungen entlarvt werden, bleiben schlechte und unscharfe Aufnahmen als unerklärlich, weil unüberprüfbar übrig. "Es ist beispielsweise einfach unglaubwürdig, wenn jemand von zu Hause aus 45 Minuten lang ein fremdartiges Flugobjekt aus der Nähe beobachtet, ohne ein Foto aufzunehmen oder eine widerspruchslose Beschreibung geben zu können. Entweder passiert nicht viel, und dann blieb Zeit, die Kamera zu holen, oder dann war ständig etwas Aufregendes los, aber dann gibt es vieles zu berichten! In einem Einzelfall mag man ja die Nervosität des Beobachters glauben, aber bei der Häufung solcher Versäumnisse wird man skeptisch."[647]

Begegnungen der 1., 2., 3. und 4. Art

J. Allen Hynek, der die Begriffe "Begegnungen der ersten Art" (UFO aus der Nähe), "Begegnungen der zweiten Art" (UFO hinterlässt Spuren), "Begegnungen der dritten Art" (Kontakt mit den Insassen eines UFOs) geprägt hat – mittlerweile gibt es auch die "vierte Art" (Mitnahme in einem UFO) – war bis zuletzt jedenfalls überzeugt, dass "irgendeine Art von 'Intelligenz' am Werk ist".[648] Natürlich! Das kann aber auch eine irdische Intelligenz sein. Es muss sich nicht um eine außerirdische Intelligenz handeln, die im irdischen Luftraum operiert. Im Gegenteil! Es hat sich gezeigt, dass die Sichtungen durchaus von recht irdischer Art sind.

Offizielle Stellen nehmen Stellung

Offizielle Stellen haben sich, wie wir gesehen haben, schon seit Jahrzehnten um die Aufklärung von UFO-Sichtungen bemüht. Militärische Stellen stellten fest: UFOs sind keine feindlichen Objekte! Raumfahrtbehörden erklärten: UFOs sind keine fremden Raumschiffe! Behauptungen, die meinen, offizielle Stellen würden Hinweise auf fremde Intelligenzen absichtlich vertuschen, muss man entschieden zurückweisen. Manches wird natürlich aus Spionagegründen zurückgehalten, doch ein eindeutiger Beweis für die Präsenz einer außerirdischen Intelligenz oder eines außerirdischen Gegenstandes, würde heute niemandem mehr schaden – auch nicht religiösen Gruppen. Speziell die NASA gibt nicht hunderte Millionen von Dollars aus, um nach Leben außerhalb der Erde zu suchen – auch mit automatischen Raumsonden – und soll dann gleichzeitig Hinweise auf Außerirdische vertuschen. Soetwas behaupten nur Leichtgläubige. Ich selbst habe erfahren, dass solche Vertuschungs- und Verschwörungsgerüchte nicht zutreffen und dass die NASA durchaus bereit ist, Fotomaterial – meist unentgeltlich – der Öffentlichkeit zur Verfügung zu stellen. Das bei der Fülle des Materials manches untergeht und unbeachtet bleibt ist nur natürlich.

So hat die NASA am 7. August 1996 in einer groß angelegten und international beachteten Pressekonferenz verkündet: "Meteorit liefert Beweis für primitives Leben auf dem frühen Mars!" ("Meteorit yields evidence of primitive life on early Mars!"). In einem Meteoriten, mit der Bezeichnung ALH84001, der 1984 in der Antarktis gefunden wurde, und der vor rund 13.000 Jahren vom Mars zur Erde kam, haben Mikrobiologen Nanobakterien nachgewiesen. Der Meteorit ist 1,1 bis 1,3 Mrd. Jahre alt und ist wahrscheinlich durch einen Meteoriteneinschlag von der Marsoberfläche herausgeschleudert worden und dann nach einer langen Reise auf der Erde gelandet. Da diese Nanobakterien ein sehr frühes Stadium der Lebensentwicklung sind, aber nicht unbedingt zur Entfaltung von Leben führen müssen, ist es nach wie vor ungeklärt, ob es auf dem Mars tatsächlich noch Leben gibt oder früher gegeben hat.

Was spricht denn dagegen, wenn die NASA oder andere offizielle Stellen nicht auch verkünden würden: "Wir fanden Leben außerhalb der Erde!" Oder: "Wir fanden einen Artefakt von außerirdischen Intelligenzen!" Die NASA ist angewiesen auf öffentliche Gelder und bei so einer Meldung hätte sie bestimmt einige gute Dollars mehr zu erwarten. Nicht nur das, es wäre auch ein wissenschaftliches Renommee – auch für die verantwortlichen Wissenschaftler. Eine Vertuschung oder ständige Geheimhaltung macht also auch so keinen Sinn. Schließlich investiert die NASA, und andere offizielle und private Stellen, auch viele Millionen Dollars in die Suche nach Signalen von außerirdischen Intelligenzen oder nach einer zweiten Erde.

Nach der Initiative von Jimmy Carter hat sich sein wissenschaftlicher Berater Dr. Frank Press in der UFO-Angelegenheit am 14. September 1977 an den NASA-Verwaltungsbeamten Dr. Robert Frosch gewendet. Dieser schrieb ihm im Dezember – obwohl nicht die NASA, sondern die US Air Force zuständig wäre – desselben Jahres folgendes zurück: "Wenn irgendein neues Element von einem echten Beweis an uns herangetragen wird und in Zukunft unsere Aufmerksamkeit hervorruft, würden selbstverständlich einige NASA-Laboratorien zur Analyse herangezogen werden und darüber berichten – auch wenn es sich um unerklärliche organische oder anorganische Proben handelt. Wir sind bereit irgendeinen GLAUBHAFTEN physikalischen Beweis aus zuverlässiger Quelle zu beantworten. Wir beabsichtigen unsere Tür für eine derartige Möglichkeit weit offen zu halten."[650]

Auch General McArthur, der im Koreakrieg Befehlshaber der US-Truppen war, hat sich 1955 zu den UFOs geäußert: "...Ein neuer Weltkrieg wäre ein doppelter Selbstmord. Angesichts der Fortschritte der Wissenschaft sollen die Nationen der Erde sich vereinen, um das Weiterexistieren der Menschheit zu sichern und eine gemeinsame Front gegen einen Angriff von Bewohnern anderer Planeten zu bilden..."[651] Ein Jahr später, 1956, meinte Dwight D. Eisenhower, US-Präsident von 1953 bis 1961: "Ich glaube nicht, dass die Untertassen von einem einzigen Planeten kommen..." Und der ehemalige US-Präsident John F. Kennedy soll 1961 gesagt haben: "Ich bin zu der Überzeugung gekommen, dass es tatsächlich Raumschiffe geben muss, die aus anderen Welten kommen!" Ex-US-Präsident Lyndon B. Johnson meinte noch als Senator zu Major Donald E. Keyhoe, der einige Bücher über UFOs geschrieben hat: "Ich habe ihr interessantes UFO-Material dem Stab des P.I.S. übergeben, das, wie sie wissen, auf meine Weisung hin die neuen Entwicklungen auf diesem Gebiet genau beobachtet mit der Daueranweisung, mir über jegliche neuen bedeutsamen Sichtungen von UFOs zu berichten..."

Der ehemalige Generaldirektor der Internationalen Lufttransport-Vereinigung IATA Knut Hammarskjöld, erklärte im Jahre 1966: "Wir müssen schon heute ernsthaft Überlegungen unseren Weltraumnachbarn widmen, die einer außerirdischen Zivilisation entstammen, ehe sie ein rechtliches, politisches und technisches Chaos unter unseren Nationen bewirken können!"

Der ehemalige UNO-Generalsekretär und gebürtige Österreicher Dr. Kurt Waldheim (1918 - 2007) hat noch vor seiner Amtszeit, dem Direktor der "Internationalen UFO-Meldestelle", Dr. D. William Hauck, nachdem er befragt wurde "ob die Behörden seines Landes UFO-Berichte unterdrücken würden", erklärt, "die österreichische Regierung würde wichtige Informationen jederzeit sofort freigeben, wenn sie davon Kenntnis erhielte".[652] Nach einer brieflichen Anfrage beim Generalsekretär erhielt ich am 5. April 1979 eine Antwort die besagt, dass der UNO-Generalsekretär leider keine persönliche Stellungnahme zu den UFOs abgeben kann – was verständlich ist. Der Chefpilot des Flughafens Wien-Schwechat meinte dazu Anfang 1979: "Seit 20 Jahren wird der Himmel über Österreich mittels Radar überwacht. Ein UFO haben wir noch nie geortet."[653]

Auch der bekannte Raumfahrtexperte und Konstrukteur der Saturn-V-Rakete, die mehrere US-Astronauten zum Mond brachte, Wernher von Braun (1912 - 1977) äußerte sich naturgemäß über UFOs und meinte: "Mir ist jedenfalls kein konkreter Beweis bekannt, dass fliegende Untertassen oder UFOs zu Besuch kommende Raumschiffe von einem anderen Planeten sind. Genau gesagt, war die einzige fliegende Untertasse, die ich je gesehen habe, eine, die meine Frau bei uns daheim in der Küche bei einer kleinen Auseinandersetzung nach mir warf."[654]

Der bekannte Wissenschaftspublizist und Sciencefiction-Autor Arthur C. Clarke, dessen Roman *2001 - Odyssee im Weltraum* Hollywood veranlasst hat das Thema Prä-Astronautik zu verfilmen, und der wirklich unverdächtig war, die Meinungen über außerirdische Intelligenzen von vornherein ins Reich der Fabel verweisen zu wollen, meinte schon 1969: "Meinem eigenen Gefühl nach – und nichts gebärdet sich entschiedener als emotionale Einstellungen – dürfte die Raumschiff-Erklärung ein wenig zu vordergründig und zu simpel sein. Ebensogut ist möglich, dass sich UFOs als eine WIRKLICHE Überraschung herausstellen, und nicht nur als armselige Besucher von anderen Planeten". Und weiter meinte er: "Nach zwanzig Jahren Beschäftigung mit diesem Thema langweilen mich UFOs zu Tode, irgendwelche diesbezüglichen Briefe werden von meinem Verleger nicht weitergeleitet. Schickt man sie nach, dann werden sie nicht gelesen. Lese ich sie doch, dann werden sie nicht beantwortet."[655]

Der Experimentalphysiker und Mediziner Prof. Dr. Ernest Taves aus New York, hält ebenfalls die UFO-Landungen für glatten Unsinn.[656] Der Astrophysiker vom Max-Planck-Institut in München Reinhard Breuer war 1979 der Ansicht, man könne 99 % aller UFO-Sichtungen als natürliche Phänomene erklären, und die UFO-Forschergruppe CENAP hat bis 1980, sieben Jahre lang, fast 200 UFO-Meldungen ausgewertet und recherchiert von denen sich nur 4 % als unidentifiziert herausgestellt haben. Unidentifiziert deshalb, weil einfach nicht genügend Fakten zu einer Untersuchung zur Verfügung standen und nicht weil die Fälle doch außerirdische Raumschiffe gewesen sein könnten – wie von UFO-Gläubigen allgemein suggeriert wird. Das trifft auch auf andere Untersuchungen, wie dem Condon-Report zu, wo ein kleiner Rest der Fälle unidentifiziert bleiben musste.

Interview mit Philip J. Klass

Am 10. Januar 1983 besuchte mich überraschend Philip J. Klass,[657] der amerikanische UFO-Skeptiker, Buchautor und Mitarbeiter des renommierten Wissenschaftsmagazins *Aviation Week & Space Technology*, Mitglied der "American Association for the Advancement of Science", AAAS, und der UFO-Sektion des CSICOP. Ich befragte ihn über UFOs und ob er schon eines gesehen habe. Er habe noch nie ein UFO gesehen, meinte er. Das was er oder seine Bekannten sahen konnte er jedes Mal identifizieren. Sein wichtigster Fall, den er viele Monate lang untersucht hatte, war der Travis Walton-Fall aus dem Jahre 1975. Er konnte ihn als Schwindel entlarven.

Auf meine Frage, ob im Stützpunkt der US Air Force, in Wright Patterson, in Ohio, außerirdische Wesen aufbewahrt werden antwortete er mir: "Das ist kompletter Unsinn. Ich bin Mitarbeiter beim Magazin *Aviation Week & Space Technology*, das bisweilen Informationen von der amerikanischen Regierung veröffentlicht. Viele wichtige Persönlichkeiten berichten uns geheime Dinge, die sie aber nicht veröffentlicht haben wollen. In den dreißig Jahren, in denen ich dort Mitarbeiter bin, habe ich nichts von einem Gerücht gehört, dass die US Air Force eine Fliegende Untertasse versteckt oder gekapert hat. Kein bekannter Offizier der Air Force nimmt diese Behauptungen ernst. Wenn dies so wäre, würden sie so handeln, wie das beim berühmten Watergate-Skandal der Fall war. Das sind so wilde unsinnige Gerüchte, dass ich eher glauben kann, dass der Weihnachtsmann den kleinen Kindern die Spielsachen bringt".

Philip J. Klass ist auch wie James Oberg der Meinung, dass die amerikanischen Astronauten keine UFOs gesehen haben. "Ich erinnere mich da an einen Fall, ich denke es war Gemini 4, wo die Astronauten aus größerer Entfernung ein Objekt sichteten. Sie wussten nicht welcher Satellit das sein könnte, ein russischer oder ein amerikanischer. Ein UFO in Untertassenform war absolut nicht darunter. Das sind Erfindungen von Autoren, die mit solchem Unsinn Geld verdienen wollen. Manche Leute sind sehr leichtgläubig und glauben daran", meinte er. Philip J. Klass hat schon 1966 jedem der ihm eine echte UFO-Landung nachweisen kann 10.000 Dollar geboten, bisher konnte sich noch niemand das Geld abholen.

Die "Männer in Schwarz"

Die Fälle wo nach einer Sichtung seltsame "Männer in Schwarz" (engl.: Men in Black, MIB) auftauchen, haben einen besonderen Stellenwert in der UFO-Bewegung. Peter Krassa schrieb über diese Männer in seinem Buch *Phantome des Schreckens*, erschienen 1980: "Es existiert, nicht nur in den USA, ein mächtiger Apparat, der konsequent ein Ziel anstrebt: die Unterdrückung der ernsthaften UFO-Forschung… Man operiert ausschließlich aus der Anonymität heraus, doch die Verbindungen der geheimen Organisation reichen bis in die höchsten Regierungskreise. Man scheut sich nicht, die CIA oder das FBI für eigene Vorhaben zu missbrauchen, und man schreckt vor nichts zurück, auch nicht vor Staatsstreichen oder Mordanschlägen".[658] Ich hatte ihn damals scharf kritisiert, weil sein Buch unter Umständen Angstpsychosen bei den Betroffenen auslösen könnte. Inzwischen wurde auch dieses Thema von Hollywood, allerdings humorvoll, inszeniert.

Die "Männer in Schwarz" waren in Wirklichkeit wohl durchaus Männer in schwarzen Anzügen und in schwarzen Limousinen von bestimmten Behörden, die nach Bekanntwerden von Sichtungen die Zeugen aufsuchten, um eventuell für die Öffentlichkeit unerlaubtes Material sicherzustellen – was in Zeiten des Kalten Krieges und auch noch kurz danach durchaus verständlich war. Zum anderen ist es wohl (wie mir Werner Walter vom CENAP am 28. August 1980 mitgeteilt hat), "typischer Ufologen-Unsinn und ein Gegenpart zu den guten, engelsgleichen Ufonauten. Das Gut- und Böse-Klischee findet auch in der Vorstellungswelt der fliegenden Untertassen einen tragbaren Abnehmer aus der Gerüchteküche". Teilweise wird dieses UFO-Märchen von UFO-Zeugen selbst in die Welt gesetzt, um Erklärungen für nicht vorhandenes Beweismaterial und eigene Angstpsychosen zu finden. Natürlich hat es Fälle gegeben, wo Militärs oder Regierungsbeamte Zeugen aufgesucht haben, um an Informationen heranzukommen, die vielleicht mit geheimen Operationen des Gegners oder anderer Regierungen zu tun haben, und dabei wurden selbstverständlich auch aufgefundene Gegenstände herausgefordert und sichergestellt. Das alles in Zeiten des Kalten Krieges aus einer Unsicherheit heraus und keineswegs vordergründig zur Vertuschung von Hinweisen auf außerirdische Intelligenzen.

Der Antigravitationsantrieb und die UFOs

Auch über den möglichen Antrieb von UFOs – falls diese irgendwelche Maschinen sind – wurde schon viel spekuliert. Am häufigsten wird die Meinung vertreten, dass diese Flugobjekte durch Aufhebung der Schwerkraft angetrieben werden. Dies ist jedoch sehr unwahrscheinlich, weil das irdische Gravitationsfeld örtlich und zeitlich unterschiedlich und daher schwer beeinflussbar ist. Selbst die Messung von Gravitationswellen stößt auf erhebliche Probleme: "Da Gravitationswellen nennenswerter Intensität nur von Systemen ausgesandt werden, die nahe an ihren Schwarzschildradien sind (also wie Neutronensterne und Schwarze Löcher), ist es nicht möglich, eine Sende-Empfänger-Anordnung im Labor aufzubauen. Der Versuch, Gravitationswellen zu entdecken, muss sich darauf beschränken, die von astronomischen Objekten emittierte Strahlung im Labor zu registrieren."[659] Das heißt, wir können Gravitationswellen nur von Himmelskörpern registrieren, jedoch keine im Labor herstellen.

Im Jahre 1960 begann der amerikanische Physiker Joseph Weber (1919 - 2000) an der Universität Maryland "mit der Konstruktion eines Gravitationswellenempfängers, der auf eine Frequenz von 1660 Hertz anspricht", jedoch wird "die Schranke der Empfindlichkeit dabei durch das thermische Rauschen gebildet". Man bemerkt also auf dem Registrierstreifen manchmal einen sogenannten "Koinzidenzausschlag" innerhalb der Rauschkurve, der auf Gravitationswellen aus dem Kosmos hindeuten kann aber nicht muss. Auch die vom amerikanischen Physiker und Erfinder Thomas Townsend Brown[660] in den 1930er Jahren gemachten "Gravitationsversuche" waren letztendlich nicht erfolgreich. Er baute einen simplen kleinen Bakelitkasten von 30 mal 10 mal 10 cm, und wenn man ihn auf eine Waage legte und an eine Energiequelle von 100 Kilovolt anschloss, nahm der Apparat ungefähr 1 % seines Gewichtes ab. Das ganze geschah mit einer externen Energiequelle, die das bewirkte; es war nicht der Apparat selbst, der die Gewichtsreduzierung hervorrief. Brown hatte schließlich wenig Erfolg bei seinen Bemühungen nur die kleinste Anerkennung für seine Ideen über Elektrogravitation zu finden. Ähnlich erging es dem Engländer John R. R. Searl, der 1963 behauptete, er habe ein Fluggerät entwickelt, das "mit Hilfe künstlich erzeugter Schwerkraftfelder" fliegen kann.[661] Die Beschreibung dazu soll er sogar zum Patent angemeldet haben, doch Anfragen danach beim Britischen Patentamt erbrachten nur einen Patentantrag "von einer bestimmten Art von Kunststoff, welche härter als Stahl sein soll".[662] Näheren technischen Fragen zu seinem "Fluggerät" wich er ständig aus. Nach einem Besuch bei ihm stellte der Präsident der ehemaligen österreichischen UFO-Forschergruppe INTERKOSMOS, Ing. Wilhelm Meduna fest, dass Searl ein Schwindler war.[663] Er war nicht bereit, bei der Demonstration seines Gerätes die Haussicherungen abzuschalten, weil dadurch die externe Energiequelle ausgefallen wäre. Ich selbst hatte am 25. Februar 1980 an Searl geschrieben, mir Unterlagen zu seiner Erfindung zu schicken, um diese an der Technischen Universität in Wien untersuchen zu können, jedoch keine Antwort erhalten.

Auf eine Anfrage an Dr. Robert Beig, vom Institut für theoretische Physik der Universität Wien, bezüglich der Versuche von Weber, antwortete mir dieser am 11. April 1979: "Die Ergebnisse von Weber werden heute von praktisch keinem Experten als Empfang von Schwerewellen interpretiert. Neuere und verbesserte Experimente ergaben keine positiven Resultate." Es kann auch heute im Jahre 2012 nicht möglich sein, dass jemand Gravitationswellen erzeugen kann, um damit irgendwelche Flugkörper in Bewegung zu bringen. Auch in Zukunft scheint das nicht realisierbar zu sein.

Die Anziehungskraft der Erde ist massebedingt. Um diese aufzuheben – auch nur ansatzweise – muss man eine Gegenmasse aufbauen, etwa von der Größe des Mondes, der ja die Gezeitenkräfte bewirkt. Wie so etwas in einem verhältnismäßig kleinen Flugkörper, was das die UFOs gewöhnlich sind, gelingen soll, bleibt wohl den Phantasien der Sciencefiction-Autoren überlassen.

Das Philadelphia-Experiment

So gesehen steht auch das immer wieder zitierte "Philadelphia-Experiment" in einem besonderen Licht. Man wird wohl auch im Jahre 1943 nicht soweit gewesen sein, mittels

Gravitationskräften ein Schiff zum Verschwinden zu bringen oder zu "teleportieren" damit es an anderer Stelle wieder auftaucht. Besonders die beiden Bermuda-Dreieck-Autoren Charles Berlitz und Willam L. Moore spekulierten im Jahre 1979 in ihrem Buch *Das Philadelphia-Experiment* mit dieser Ansicht[664] und geben einige Pseudonyme als Beweismaterial an: Personen, die angeblich manches wissen, doch ungenannt bleiben wollen. Johannes von Buttlar schrieb 1978 in seinem Buch *Das UFO-Phänomen*: "Das Ganze ist eine bewusste Irreführung, eine Auswirkung der Beschlüsse des Robertson-Ausschusses, geheimdienstlich inszeniert, um Jessup auf raffinierte Weise unschädlich zu machen. Denn es passt einfach nicht in das damalige Konzept, dass eine angesehener Wissenschaftler in der Lage war, Fakten über das UFO-Phänomen publik zu machen, die geheim bleiben sollen."[665]

Seither geistert die Geschichte durch die grenzwissenschaftliche Literatur und auch Hollywood hat sie entsprechend phantasievoll inszeniert. Folgt man den Quellen kommt man der ganzen Sache schon etwas näher und es zeigt sich ein ganz anderes Bild als allgemein angenommen wird.

Larry Kusche, Berlitz- und Bermuda-Dreieck-Kritiker und Mitglied der Gruppe CSICOP, ging der Geschichte schon in den 1970er Jahren auf den Grund.[666] Er fand die gleichen Leute und Quellen wie Berlitz und Moore, jedoch kam er zu etwas anderen Schlussfolgerungen. Das ONR (Office of Naval Research) befasste sich nicht deshalb mit dem Philadelphia-Experiment, weil es ein geheimes Unternehmen tatsächlicher Art war, sondern, weil jemand unter dem Namen Carlos Miguel Allen das Buch *The Case for the UFO* von Morris K. Jessup,[667] aus dem Jahre 1955, mit eigenartigen Randbemerkungen auf den Buchseiten über UFOs, an das ONR schickte. Vor 1955 wusste das ONR nichts von dem angeblichen Philadelphia-Experiment.

Später bekam auch eine private Forschungsgesellschaft, die VARO CORPORATION in Garland, Texas, Wind von der ganzen Sache und druckte zur Verteilung an Wissenschaftler und Ingenieure, einige Exemplare von Jessups Buch mit den Randbemerkungen. So bekam das angebliche Experiment einen wissenschaftlichen Hauch und wurde sogar von einigen Übereifrigen ernst genommen.

Kusche sprach mit dem damals verantwortlichen Offizier George W. Hoover, der seit 1975 nicht mehr gerne über den Fall spricht, da er ihm viel Mühe gekostet hat und nichts konkretes erbrachte. Hoover meinte schließlich: "Die ganze Geschichte ist mir über den Kopf gewachsen und es steckt absolut nichts dahinter." Der damalige Vizepräsident der VARO CORPORATION Jack G. Smith meinte zu Kusche: "Wir machten den Fehler, dass wir unseren Namen auf die Titelseite des Buches brachten. Schließlich bekamen auch Laien einige Kopien in die Hände, und weil VARO eine anerkannte Gesellschaft war, dachte man die Anerkennungen hätten einiges Gewicht." Letztendlich kam Kusche zu dem Schluss: "Das ganze Unsichtbarkeitsunternehmen besteht zum Teil aus Fehlinterpretationen, Falschmeldungen und Showbusiness!"

Das ONR schickt seither jedem an dieser Sache Interessierten ein Schreiben aus dem folgendes hervorgeht: "Das ONR hat niemals eine offizielle Studie des Manuskripts (von Jessup, Anm. v. Autor) angeordnet. Was das Philadelphia-Experiment selbst betrifft, hat das ONR weder 1943 noch zu irgendeiner anderen Zeit irgendwelche Untersuchungen über Unsichtbarkeit angestellt. (Das ONR wurde 1946 gegründet!) Unter Berücksichtigung des derzeitigen Standes der Wissenschaft glauben unsere Wissenschaftler nicht, dass ein solches Experiment möglich sein könnte, außer im Bereich der Sciencefiction. Eine wissenschaft-

DEPARTMENT OF THE NAVY
OFFICE OF NAVAL RESEARCH
ARLINGTON, VIRGINIA 22217

Information Sheet: Philadelphia Experiment

Over the years, the Navy has received innumerable queries about the so-called "Philadelphia Experiment" or "Project" and the alleged role of the Office of Naval Research (ONR) in it. The majority of these inquiries are directed to the Office of Naval Research or to the Fourth Naval District in Philadelphia. The frequency of these queries predictably intensifies each time the experiment is mentioned by the popular press, often in a science fiction book.
The genesis of the Philadelphia Experiment myth dates back to 1955 with the publication of *The Case for UFO's* by the late Morris K. Jessup.
Some time after the publication of the book, Jessup received correspondence from a Carlos Miquel Allende, who gave his address as R.D. #1, Box 223, New Kensington, Pa. In his correspondence, Allende commented on Jessup's book and gave details of an alleged secret naval experiment conducted by the Navy in Philadelphia in 1943. During the experiment, according to Allende, a ship was rendered invisible and teleported to and from Norfolk in a few minutes, with some terrible after-effects for crew members. Supposedly, this incredible feat was accomplished by applying Einstein's "unified field" theory. Allende claimed that he had witnessed the experiment from another ship and that the incident was reported in a Philadelphia newspaper. The identity of the newspaper has never been established. Similarly, the identity of Allende is unknown, and no information exists on his present address.
In 1956 a copy of Jessup's book was mailed anonymously to ONR. The pages of the book were interspersed with hand-written comments which alleged a knowledge of UFO's, their means of motion, the culture and ethos of the beings occupying these UFO's, described in pseudo-scientific and incoherent terms.
Two officers, then assigned to ONR, took a personal interest in the book and showed it to Jessup. Jessup concluded that the writer of those comments on his book was the same person who had written him about the Philadelphia Experiment. These two officers personally had the book retyped and arranged for the reprint, in typewritten form, of 25 copies. The officers and their personal belongings have left ONR many years ago, and ONR does not have a file copy of the annotated book.
Personnel at the Fourth Naval District believe that the questions surrounding the so-called "Philadelphia Experiment" arise from quite routine research which occurred during World War II at the Philadelphia Naval Shipyard. Until recently, it was believed that the foundation for the apocryphal stories arose from degaussing experiments which have the effect of making a ship undetectable or "invisible" to magnetic mines. Another likely genesis of the bizarre stories about levitation, teleportation and effects on human crew members might be attributed to experiments with the generating plant of a destroyer, the *USS Timmerman*. In the 1950's this ship was part of an experiment to test the effects of a small, high-frequency generator providing 1,000 hz instead of the standard 400hz. The higher frequency generator produced corona discharges, and other well known phenomena associated with high frequency generators. None of the crew suffered effects from the experiment.
ONR has never conducted any investigations on invisibility, either in 1943 or at any other time (ONR was established in 1946.) In view of present scientific knowledge, ONR scientists do not believe that such an experiment could be possible except in the realm of science fiction.

08 September 1996

Abb. 100: Offizielle Stellungnahme des ONR zum Philadelphia-Experiment.

liche Entdeckung von solcher Tragweite könnte, falls sie sich tatsächlich ereignet hätte, wohl kaum für so lange Zeit Geheimnis bleiben" (siehe Abb. S. 246).

Was den UFO-Forscher Dr. Morris J. Jessup betrifft, so hat sich dieser immer mehr in das UFO-Phänomen und seine Auswirkungen verstrickt. Nachdem ihn seine Frau verlassen hatte, seine Verleger nichts mehr von ihm wissen wollten und er sich immer mehr für übersinnliche Phänomene interessierte, hatte er sich in einem derart depressiven Zustand, am 20. April 1959, selbst das Leben genommen. Er war also nicht das Opfer einer "geheimen Macht" wie manche meinen.

Das UFO-Phänomen ein psychologisches Problem?

Sergius Golowin sah 1967 in seinem Buch *Götter der Atomzeit* in dem UFO-Spektakel "kosmische Paradiese" der modernen "Sternenfreunde", die "in einer fanatisch religiösen Gemeinschaft… ihren Lebensinhalt verbissen verteidigen", mit "rasch wachsenden Misstrauen gegenüber der Undurchsichtigkeit der gewaltigen wirtschaftlichen und politischen Vorgänge".[668] In Zeiten der Depression und wirtschaftlicher Unsicherheit waren die Menschen schon immer empfänglich für Übersinnliches und Übernatürliches.

Der bekannte Psychologe C. G. Jung (1875 - 1961) sah in den UFO-Berichten eine Herausforderung, die ein derartiges Objekt an die "bewusste und unbewusste Phantasie" stellt, "wobei erstere spekulative Vermutungen und Lügenerzählungen produziert und letztere den mythologischen Hintergrund liefert, der zu diesen aufreizenden Beobachtungen gehört".[669] Dabei wird der unbewusste mythologische Hintergrund wahrgenommen als ein runder Gegenstand – "gleichgültig ob Scheibe oder Kugel".

Daraus "ergibt sich ohne weiteres die Analogie zu dem, dem Kenner der Tiefenpsychologie wohlbekannten Ganzheitssymbol – dem MANDALA (sanskr. Kreis). Letzteres stellt keineswegs eine neue Erfindung dar, sondern war schon immer sozusagen ubiquitär und zu allen Zeiten in entsprechendem Sinne vorhanden und entsteht auch immer wieder ohne äußere Tradition bei modernen Menschen als begrenzender, 'hegender' oder apotropäischer (Anm. v. Autor, Unheil abwehrender) Kreis, ob als prähistorisches sogenanntes 'Sonnenrad' oder als Zauberkreis, oder als alchemistischer Mikrokosmos, oder als ein modernes, die seelische Ganzheit umschließendes und ordnendes Symbol", so C. G. Jung.

Atmosphärische Phänomene

"Wenn UFO-Buchautoren aus alten Chroniken zitieren und dabei Berichte über Beobachtungen von 6 Sonnen am Himmel als unerklärliche Phänomene behandeln, sind ihnen die Nebensonneneffekte oder zumindest das Lowitzsche Phänomen, d. h. die Figur einer vollständigen ausgebildeten Nebensonnenerscheinung, unbekannt."[670] Bereits am 16. März 1768, klärte die *Vosische Zeitung*, Berlin, Nr. 37, ihre Leser darüber auf: "In München hat man eine ziemlich seltene Lufterscheinung, nämlich ein Halo oder Sonnenhof, nebst einem Parhelion, oder mehrere Sonnen zugleich, wahrgenommen; jedoch hat dieses Phänomen keine moralische Bedeutung by sich, sondern kommt nur von der Refraction und Reflection der Sonnenstrahlen her, welche in dem Luftkreyse auf die Ausdünstungen der Erde anstossen, und zu uns zurückgeschickt werden."

"Manche Wissenschaftler vermuten, weil sie nur wenige Fälle kennen, dass UFOs nichts anderes als Kugelblitze sind. Viele Kugelblitze zeigen in der Tat seltsame Strukturen."[671] So könnte auch folgendes Ereignis ein Kugelblitz gewesen sein: "Ein rötlich-weißes, undeutliches, großes, grelles Leuchten tauchte vor uns auf Kollisionskurs und 150 Meter unter der Maschine auf. Es behielt seine Höhe bei, bog aber nach rechts ab, als der Kommandant ein Ausweichmanöver vornahm..."[672] Kugelblitze sind heute "keine Frage mehr. Es gibt schließlich seit Jahrtausenden verlässliche und glaubhafte Beschreibungen von Kugelblitzen: helle, bläuliche oder rötliche Feuerkugeln bis zur Größe eines Fußballs, die sich langsam und lautlos, fast fließend, bewegen, um endlich mehr oder minder lautlos zu verschwinden".[673] Tatsächlich sind Kugelblitze "zwar bisher noch unerklärlich, aber als Naturphänomen erkannt und identifiziert. Berichte über Kugelblitze können wir daher bei der Suche nach unidentifizierbaren Phänomenen ausscheiden".

Die UFOs und die Marien-Erscheinungen

Nicht nur die von Kenneth Arnold gesehenen fliegenden Objekte machten im Jahre 1947 Schlagzeilen. Im Frühjahr desselben Jahres sah Pierina Gilli, eine junge Krankenpflegerin, in der Kapelle Montichiari, "10 Kilometer südlich von Brescia, Italien... eine schöne Dame in violettem Kleid schweben. Die fremde Dame weinte; aus ihrer Brust ragten, ohne dass ein Tropfen Blut floss, drei Schwerter. Traurig sagte die Unbekannte: 'Gebet-Opfer-Buße".[674]

Zu diesen Marien-Erscheinungen zählt der klassische Fall in Fatima, in der Provinz Estremadura, in Portugal. Dort sahen drei Hirtenkinder zwischen Mai und Oktober des Jahres 1917 die "Muttergottes vom Rosenkranz". Sie forderte die Kinder immer wieder zur Errichtung einer Kapelle auf.

In etwas jüngerer Zeit, am Sonntag, den 18. Juni 1961, sahen vier kleine Mädchen nahe dem Dorf Carabandal, in Spanien, eine "sehr schöne Gestalt in hellem Licht" am Himmel. Die Mädchen glaubten, es sei ein Engel.[675] Selbst geistlichen Würdenträgern fällt es manchmal schwer solche Erscheinungen ins richtige Licht zu rücken. Wenn viele der Erscheinungen von der Gottesmutter in der christlichen Glaubenslehre nicht in das religiöse Bild passen, so glauben andere, es könnten vielleicht außerirdische Intelligenzen dahinterstecken.

Der Prä-Astronautik-Forscher und Geologe Dr. Johannes Fiebag, stellte erstmals 1990 in *Ancient Skies*, Nr. 22, die Hypothese auf, dass die Marien-Erscheinungen und auch andere UFO-Erscheinungen vielleicht eine Art Mimikry sein könnten. Sie sind "nichts anderes als Offenbarungen einer außerirdischen Intelligenz, angepasst dem Verständnis der kontaktierten Personen". Außerirdische Intelligenzen könnten sich "unter verschiedenen Masken in unserer Welt manifestieren", meinte Johannes Fiebag. Sie "maskieren sich, sie tarnen sich, sie spielen uns etwas vor. Sie narren uns mit genau den Bildern, die wir gerne sehen möchten. Dies ist eine Art Mimikry-Verhalten", so Fiebag.[676]

Der Begriff "Mimikry" (engl. *mimicry* = nachahmen, imitieren, mimen) wird vorwiegend in der Biologie verwendet und bezeichnet die Fähigkeit von Tieren sich der Umgebung oder dem Erscheinungsbild eines anderen Tieres anzupassen. Das geschieht zur Nachahmung, zur Tarnung aber auch aus einem bestimmten Jagdverhalten heraus. Dabei geht es vorwiegend darum, die Farbe oder die Form des eigenen Körpers zu wechseln.

Soetwas werden außerirdische Intelligenzen nicht notwendig haben und es entspricht wahrscheinlich auch nicht ihrer Entwicklung. Ein Mimikry-Verhalten gibt es nur bei niederen Lebensformen, nicht bei höheren. Die UFO-Wesen werden sehr vielfältig dargestellt, bis hin zu roboterhaften Erscheinungen und scheinen daher eher der menschlichen Psyche entsprungen zu sein. Das gleiche gilt für die Marien-Erscheinungen und für viele andere wundersame Beobachtungen religiöser Menschen. Dass sie trotzdem einen persönlichen Eindruck hinterlassen und damit ein bestimmtes Verhalten hervorrufen lässt sich nicht ausschließen.

Die Area-51

Einen zentralen Stellenwert in der UFO-Forschung hat die sogenannte "Area 51" eingenommen; ein seit 1954 existierendes militärisches Sperrgebiet von etwa 100 km^2 Fläche, im Süden von Nevada, in den USA. Es ist im Besitz der US Air Force und dem amerikanischen Verteidigungsministerium. Der Name kommt von alten Gebietsaufteilungen des Testgeländes in Nevada, wo zahlreiche Tests an Raketentriebwerken und an Prototypen von Kampfflugzeugen durchgeführt wurden und schon deshalb über das Gelände eine hohe Geheimhaltungsstufe verhängt wurde. Man darf sich dann nicht wundern, wenn versucht wurde irgendwelche verlorengegangene Bauteile mit allem Nachdruck und strengster Sicherheitsstufe wiederzubeschaffen. Die Öffentlichkeit durfte nichts davon erfahren und man war durchaus bereit, die öffentliche Meinung in dem Glauben zu lassen, irgendwelche UFO-Zwerge seien mit ihren Raumschiffen abgestürzt, als das eine geheime Erfindung dem militärischen Gegner zu Ohren kommt. Natürlich glauben einige UFO-Forscher und viele in der allgemeinen UFO-Gemeinde, dass in Wahrheit außerirdische Technologien gefunden wurden und diese geheim gehalten werden, um sie für militärische Zwecke zu nutzen.[677]

Im Jahre 1989 behauptete der angebliche Physiker Robert Lazar auf einem zweiten Testgelände, das als "Area S-4" bezeichnet wird, selbst gearbeitet zu haben, und er will in verborgenen Hangars insgesamt neun Flugscheiben nichtirdischer Herkunft gesehen haben.[678] Die Flugscheibe nach Lazar ist eine moderne Version vom Adamski-Typ aus den 1950er Jahren. Nach Lazar sollen die Außerirdischen aus dem Sternsystem Zeta Reticuli, das 39,5 Lichtjahre von uns entfernt ist, kommen, und sie sollen die Erde in den vergangenen 10.000 Jahren schon 65-mal aufgesucht haben. Die Außerirdischen sehen wie die "kleinen Grauen" (die "Greys") aus der UFO-Literatur aus, mit großen Augen, kleiner Nase und kleinem Mund. Viele bezweifeln mit Recht diese Geschichte.

Es ist wie bei Roswell und Wright Patterson; vieles wird behauptet, doch es fehlen die Beweise. Fragt man jene, die dort tatsächlich tätig waren und mit den Fällen offiziell betraut waren, erhält man nur negative Aussagen was außerirdische Technologien betrifft. Oft haben diese Personen nur ein mildes Lächeln oder ein Kopfschütteln als Antwort. Es gilt auch hier die Tatsache, dass offizielle Stellen außerirdische Artefakte nicht grundsätzlich geheimhalten werden, weil solche Funde von großer wissenschaftlicher Bedeutung wären und man damit viel Geld machen könnte, und man auch auf zusätzliche Forschungsgelder von der Regierung hoffen darf. Es gibt also in dieser Beziehung seitens der Behörden keinen Grund wissenschaftliche Fakten von großer Tragweite von der Öffentlichkeit fern zu halten.

Der Alien-Autopsy-Schwindel

Am 5. Mai 1995 machte der Filmproduzent Ray Santilli einiges Aufsehen in der Presse und in UFO-Kreisen mit seinem Film von einer "Alien Autopsy", der auch im Fernsehen gezeigt wurde. Die Meinungen gingen zunächst auseinander, ob der Film echt sei oder nicht. Der angebliche Außerirdische, der bei dem vermeintlichen UFO-Absturz in Roswell

1947 aufgefunden worden sein soll, wurde angeblich in ein Labor in Fort Worth, in Texas gebracht und dort soll er obduziert und untersucht worden sein. Er zeigt Merkmale eines an Progerie, dem Hutchinson-Gilford-Syndrom (HGPS), erkrankten Menschen, wo schon im Kindesalter ein ungewöhnlich schnelles Altern auftritt. Skeptiker erkannten aber bald in dem Film gewisse Details, die auf eine Fälschung hindeuten. Am 4. April 2006 bekannte sich Santilli im englischen Fernsehsender "Sky One" dazu, den Film in allen Details selbst hergestellt zu haben. Der "Außerirdische " wurde vom Experten für Spezialeffekte John Humphreys aus Latex angefertigt. Er wirkte auch als Darsteller und spielte im Film einen Pathologen. Santilli rechtfertigte sich damit, dass er eine Nachstellung eines tatsächlichen Vorgangs im Jahre 1947 filmisch festgehalten habe, weil ein angeblicher Originalfilm zu stark beschädigt war. Diesen Originalfilmstreifen konnte er jedoch der Öffentlichkeit nie präsentieren. Für die meisten seriösen UFO-Forscher ist der Film eine Fälschung. In Roswell sind schon aus anderen Gründen keine Außerirdischen gelandet.[679]

Entführt von Außerirdischen

In den vergangenen Jahren haben sich zahlreiche Personen gemeldet, die behaupteten von Außerirdischen entführt worden zu sein. Sie sollen sogar medizinisch untersucht worden sein und manche von ihnen weiblichen Geschlechts geschwängert worden sein. Das lesen wir schon in den alten Mythen, doch eine scheinbare Seriosität erlangten diese Vorfälle durch die Untersuchungen des amerikanischen Psychiaters und Professor für Psychiatrie an der Harvard Medical School, der Harvard-Universität, John E. Mack (1929 - 2004). Er erhielt sogar 1977 den Pulitzer-Preis für ein Buch über Lawrence von Arabien.[680] In seinem Buch *Entführt von Außerirdischen* von 1997 (englischer Titel *Abduction: Human Encounters with Aliens*, erschienen 1994)[681] beschreibt er einige der hundert von ihm seit 1990 persönlich untersuchten Fälle von angeblich Entführten. Diese Fälle gehören in der UFO-Literatur zur "Begegnung der vierten Art".

Der erste Fall in der Neuzeit trat im Jahre 1961 auf, als das amerikanische Ehepaar Betty und Barney Hill ein UFO gesichtet hat und dann erklärt hat, von fremden Wesen in einem Labor mit unbekannten Instrumenten untersucht worden zu sein. Ein weiterer Fall ereignete sich im Jahre 1970, als der Farmer Travis Walton von Außerirdischen entführt worden sein will. 1985 will Whitley Strieber ein solches Erlebnis gehabt haben, das er 1987 in seinem Buch *Communion* (deutscher Titel *Die Besucher*, erschienen 1988) ausführlich beschreibt.[682]

Es gibt verschiedene Erklärungsversuche auch von UFO-Forschern. Jacques Vallée sieht Ähnlichkeiten mit den Schilderungen in Mythen und Legenden, und vergleicht sie mit den Geistern, Feen und Zwergen in den Märchen.[683] Ulrich Magin sieht das ähnlich und zählt sie zu "einer Erzähltradition, die sich lediglich äußerlich dem Zeitwandel angepasst hat".[684] Auch Johannes Fiebag meinte, dass das Phänomen schon seit Jahrtausenden existiert und in Volkserzählungen aufscheint.[685] Tatsächlich berichteten Menschen zu allen Zeiten von Göttern, Geistern, Dämonen oder auch vom Teufel entführt, verschleppt oder auch geschwängert worden zu sein. Ein modernes Phänomen scheinen die Entführungen also nicht zu sein. Sie haben sich nur einen anderen Mantel umgehängt – jenen von außerirdischen Wesen mit ihren technischen Vehikeln. Nimmt man die Entführungen durch Außerirdische ernst, dann muss man sich schon fragen, was das Ganze soll. Außerirdische Intelligenzen haben so ein heimliches Spiel mit uns wohl nicht nötig; sie würden für alle sichtbar hier landen und selbstverständlich auch versuchen uns medizinisch zu untersuchen.

Das würde man dann auch öffentlich wahrnehmen. Die geschilderten Entführungsfälle entsprechen diesen Tatsachen nicht. Nirgends sind "greifbare" Spuren zu finden. Wenn die Verletzungen "von Menschen verursacht sein können, dann können sie keine zwingenden körperlichen Beweise für einen Mißbrauch durch Außerirdische darstellen. Schließlich wissen wir von psychischen Störungen, bei denen sich Menschen selbst Schürf-, Kratz-, Riß- und Schnittwunden beibringen und sich (und andere) verstümmeln", meinte Carl Sagan.[686] "Eine von John Macks Patientinnen behauptete, überall am Körper Narben zu haben, die ihren Ärzten völlig schleierhaft seien", doch sie könne sie nicht zeigen, weil sie sich "an intimen Stellen" befinden. Beweise dafür gibt es nicht; Mack konnte die Narben auch nicht dokumentieren.

Eine andere Patientin behauptete man habe ihr seit ihrer Geschlechtsreife Eizellen entnommen und ihr Fortpflanzungssystem sei seither den Gynäkologen ein Rätsel, doch der Psychiater John Mack trug nichts dazu bei dieses Rätsel zu lüften und Mediziner zu Rate zu ziehen, und dieses Rätsel zur Klärung in Fachzeitschriften zu publizieren. Einer seiner Patienten hatte einen Vorfall vorgetäuscht und Mack hatte nichts davon bemerkt.

Es ist auch seltsam, dass bei den Routineuntersuchungen an angeblich durch Außerirdische geschwängerte Frauen, denen die Föten entnommen worden sein sollen, keine Anzeichen von ungewöhnlichen Manipulationen entdeckt wurden. Weder mittels Ultraschall noch durch Fruchtwasserpunktion sind Anomalien entdeckt worden und es ist "bei einer Fehlgeburt noch nie eine außerirdische Hybride zum Vorschein gekommen", so Carl Sagan.[687] Eine Epidemie von fehlenden Föten hätte bei Hebammen, Gynäkologen und Geburtshelfen sicher für helle Aufregung gesorgt und die Fachzeitschriften hätten darüber überschwänglich berichtet. "Aber kein einziger Arztbericht liegt vor, der derartige Behauptungen" von ungewollter Entnahme von Föten "erhärten würde."

"Der beste Fall in den Augen von UFO-Fans ist der von Richard Price, der behauptet hat, Außerirdische hätten ihn im Alter von acht Jahren entführt und ein kleines Objekt in seinen Penis implantiert. Ein Vierteljahrhundert später bestätigte ein Arzt, dass darin ein 'Fremdkörper' eingebettet sei. Nach weiteren acht Jahren ist er herausgefallen. Er hatte einen Durchmesser von knapp einem Millimeter und war vier Millimeter lang und wurde von Wissenschaftlern am MIT (Massachusetts Institute of Technology, Anm. v. Autor) und am Massachusetts General Hospital sorgfältig untersucht. Ihr Befund? Kollagen, das vom Körper an Entzündungsherden gebildet worden war, plus Baumwollfasern von Price´ Unterhosen."[688]

Angebliche Implantate sind den Entführungsopfern "bis auf wenige Fälle" einfach "herausgefallen" und wurden dann von ihnen einfach "weggeworfen". Ein paar dieser "Implantate" wurden von Experten untersucht. "Bei keinem konnte bestätigt werden, dass es nicht auf der Erde hergestellt worden war." Bei den angeblichen Entführungsfällen hat sich kein einziger Hinweis ergeben, dass dabei außerirdische Intelligenzen im Spiel waren. Sie konnten alle auf natürliche, irdische Weise erklärt werden.

Das Montauk-Projekt

Die unter der Bezeichnung "Montauk-Projekt" bekanntgewordenen angeblichen Geheimversuche der amerikanischen Regierung, wonach in den 1970er und 1980er Jahren im inzwischen geschlossenen Camp Hero der US-Luftwaffe, in Montauk, mittels einer Radaranlage versuchte worden sein soll, die Gedanken von Millionen Amerikanern zu beeinflussen, beweisen sich als nicht belegbar. Das Ganze ins Rollen brachten Preston

Nichols und Peter Moon mit ihrem 1992 veröffentlichten Buch *The Montauk Project: Experiments in Time*".[689] Es ist nichts weiter als der Versuch, die Verschwörungs- und Geheimhaltungstheorien um das sogenannte Philadelphia-Experiment aus dem Jahre 1943 weiter aufrecht zu halten.

Geheimcode Majestic-12

Unter der Bezeichnung "Majestic-12", kurz MJ-12, geht es um einem UFO-Absturz, den angeblich ein Außerirdischer überlebt haben soll. Im Jahre 1947 soll ein Geheimkomitee gegründet worden sein, dem angeblich namhafte Personen wie Robert Oppenheimer (der "Vater der Atombombe"), Edward Teller (Kollege von Oppenheimer und Mitentwickler der Atombombe) und Albert Einstein angehörten, um den UFO-Fall zu untersuchen. Es sollen bei dem UFO-Absturz auch außerirdische Geräte gefunden worden sein, die einer höheren Technologie entsprechen. Diese sollen in geheimer Mission von verschiedenen Personen in verschiedenen Ländern angewendet worden sein, so auch in Russland und in China. Das Komitee soll auch eine wichtige Rolle bei anderen UFO-Fällen und Verschwörungstheorien gespielt haben. Geheime Dokumente wurden ausgetauscht unter anderem auch vom FBI und der amerikanischen Regierung. Angeblich soll noch heute MJ-12 unter der Bezeichnung "Komitee der Mehrheit" eine freimaurerische Organisation existieren und außerirdische Kontakte mit der Erde koordinieren, um eine neue Weltordnung herzustellen.[690]

Alles um das angebliche Geheimprojekt MJ-12 entpuppt sich auch hier wieder als eine erfundene Geschichte, um den Glauben an geheimgehaltene Kenntnisse über Kontakte mit Außerirdischen zwischen den Regierungen oder hochgestellten, ausgesuchten Persönlichkeiten aufrecht zu halten. Für seriöse UFO-Experten wie Werner Walter von der Gruppe CENAP ist das Ganze "allen Anzeichen nach" eine "Legende" und "ein Flop".[691]

Der Fall Mister-X

Charles Berlitz und William L. Moore veröffentlichten in ihrem 1980 erschienenen Buch *Der Roswell-Zwischenfall* (englischer Titel *The Roswell Incident*) eine Fotografie und eine Zeichnung von "einem Fremden aus einer anderen Welt".[692] Sie meinten aber auch, dass es eine "sorgfältig ausgeführte Täuschung" sein kann. Jedenfalls soll am 22. Mai 1950 "ein unbekannter Informant das Original dieser Fotografie John Quinn vom New Orleans FBI Field Office" übergeben und behauptet haben, "dass er diese Fotografie von einer anderen Person um einen Dollar gekauft habe". Und "sie in die Hand der Regierung lege", weil sie "einen Marsmenschen in den Vereinigten Staaten" zeige.

"Das Bild, das angeblich einen fremdartigen Überlebenden eines UFO-Absturzes in der Obhut von zwei U. S. - Militärpolizisten zeigt, tauchte Berichten zufolge in den späten 1940er Jahren in Wiesbaden, Deutschland, auf und wurde dem Besitz eines damals dort stationierten U. S. - GI´s zugeschrieben. Wie er in den Besitz des Bildes kam, bleibt ebenso unklar wie die Identität der abgebildeten beiden Soldaten, der Standort des Militärstützpunktes, wo das Foto angeblich aufgenommen wurde, und die genaue Beschaffenheit des tragbaren Atemgeräts, das offenbar zur Unterstützung des Atemvorgangs bei dem fremdartigen Geschöpf diente", liest man bei Berlitz und Moore. Als Quelle der Bilder wird angegeben: "Zeichnung von Lawrence Blazey, UFO Information

Network, UFIN, P. O. Box 5012, Rom, OH 44085". Die Zeichnung soll Blazey 1979 angefertigt haben.

Der deutsche UFO-Forscher Klaus Webner, aus Wiesbaden, ging der Sache 1981 auf den Grund und berichtete: "Großartigerweise war es mir nach 31 Jahren noch möglich, sowohl mit dem damaligen Verfasser, als auch mit dem Fotografen, der die 'Beweisfotos' machte, zu sprechen. Mein Gespräch fand am 15. April 1981 im Archiv des WIESBADENER TAGBLATTES statt. Dabei lüftete sich das 'Geheimnis".[693] Im Archiv des Blattes zeigte man Klaus Webner einen vergilbten Zeitungsband mit einem Artikel unter dem Titel FLIEGENDE UNTERTASSE ÜBER WIESBADEN – EINE RIESIGE FLUGSCHEIBE ZERSCHELLTE AM BLEIDENSTADTER KOPF – BESATZUNGSMITGLIED IN SICHEREM GEWAHRSAM: KEIN GRUND ZUR BEUNRUHIGUNG. Dem Bericht beigefügt war das besagte Foto im Buch von Berlitz und Moore.

Der Bericht schildert eine abenteuerliche Geschichte von der Aufspürung einer in der Nähe von Wiesbaden abgestürzten Fliegenden Untertasse während der Nacht. Dabei soll sogar ein Mitglied der Raumschiffbesatzung aufgegriffen worden sein. Das seltsame, einbeinige Wesen soll sich auf einer rotierenden Scheibe durch Dahingleiten fortbewegt haben. Laut dem Artikel endeten seine Arme in vierfingrigen Greifhänden. Der Kopf sei unförmig gewesen, mit großen, runden, glotzenden Augen. Einer der amerikanischen Polizisten habe einen Luftdruckregler mit Schlauch getragen. Der geheimnisvolle "Mister X" aus der Fliegenden Untertasse sei im Wiesbadener Neroberghotel untergebracht worden. Die Amerikaner würden sich in kein Gespräch einlassen.

Um "Mister X" an unseren Luftdruck zu gewöhnen, werde er täglich zwischen 14 und 15 Uhr in der Umgebung des Neroberghotels spazieren geführt. Die Stadtwerke hätten sich entschlossen, sogar Sonderfahrten mit der Nerobergbahn in Wiesbaden durchzuführen. Für die Bevölkerung bestehe keine Gefahr, da mit "Telesuchgeräten" alles getan sei, um weiterer Besatzungsmitglieder habhaft zu werden. Spezialkommandos mit Apparaten, ähnlich Minensuchgeräten, würden die Wälder durchstreifen. Die Anzahl der Radargeräte sei erhöht worden. Zuletzt erging der Aufruf an die Bevölkerung: "Wer irgendwelche Beobachtungen machen kann, der benachrichtige die Pressestelle der Stadt im Rathaus. Die Nachforschungen über die geheimnisvollen Vorgänge werden fortgesetzt und wir selbst werden alles tun, um die Bevölkerung auf dem Laufenden zu halten." Diese phantastische Geschichte wurde abgedruckt am 1. April 1950.

Ein Gespräch mit dem damaligen Fotografen, Hans Scheffler, brachte Licht ins Dunkel: es war ein Aprilscherz! "Der Untertassenabsturz war in Wirklichkeit ein minutiös ausgetüftelter APRILSCHERZ, FREI ERFUNDEN von dem damaligen Redakteur Wilhelm Sprunkel." Dieser erzählte Klaus Webner den tatsächlichen Hergang der Geschichte. Man wollte die Sache so realistisch wie möglich gestalten. Zwei Offiziere der US-Streitkräfte wurden angeheuert. Diese machten, nach Rücksprache mit dem Hauptquartier in Heidelberg, bei dem Spaß mit. Fotos einer Glasscheibe, die eine Wasserfontäne abdichtete, wurden in UFO-Form zurechtgeschnitten und in den Bericht eingefügt. Mit einem Armee-Jeep fuhr man auf den Neroberg und machte vor der Aussichtskuppel das später berühmt gewordene Foto. Als "Mister X", als "geheimnisvoller Außerirdischer", fungierte der damals fünfjährige Sohn von Hans Scheffler. Entsprechende "Atemgeräte" und "Schläuche" wurden nachträglich eingezeichnet. Als Fotoquelle wurde "3 TRANSLAG/USA-FOTOS" angegeben. Der Artikel erregte damals großes Aufsehen und wurde für bare Münze genommen.

Abb. 101: "Mister X" als "Marsmensch" im "Wiesbadener Tagblatt" (links) vom 1. April 1950 und "entlarvt" als kleiner Junge (rechts).

Ein Schlaumeier schickte den Zeitungsausschnitt an das FBI, später landete dieser bei einem gewissen Barry Greenwood, der mit der Organisation UFOIN in Verbindung stand. Zwei Tage nach dem Bericht im WIESBADENER TAGBLATT, am 3. April 1950, wurde die Sache unter dem Titel TÜCHTIG REINGEFALLEN! von der Redaktion bereits aufgeklärt. Dennoch landete "Mister X" 1980 in dem Buch von Berlitz und Moore und erhielt so eine weitere unfreiwillige Popularität.

Die Ezechiel-Visionen eine Paranoia?

Die Visionen Ezechiels erfahren auch eine psychologische Erklärung. "Der Philosoph Karl Jasper, der von Haus aus Psychiater war, veröffentlichte 1947 eine 'pathographische Studie' über den Propheten und versuchte, dessen Berichte als Halluzinationen eines schizophren veranlagten Paranoiker zu verstehen."[694]

Othmar Keel-Leu sieht darin "ein aus der altorientalischen Vorstellungswelt restlos erklärbares, kompliziertes ideogrammatisches Gebilde..."[695] Andere Psychologen "sehen dagegen in der Erwähnung von 'Augen' ein Krankheitssymptom: Viele paranoische Patienten fühlen sich ständig beäugt". Der bekannte Psychiater C. G. Jung war der Meinung, dass "die Räder Ezechiels und scheibenartigen Rundungen, bzw. regenbogenartigen Gestalten", offenbar "die himmlischen Sphären" darstellen. "In diesen

Symbolen tritt uns ein Urbild der Ufovision entgegen, welches den 'Erleuchteten" zuteil wird", so C. G. Jung.[696]

Luftgesichte

Mag man solche "Visionen" noch schwer in das richtige wissenschaftliche Bild zu rücken, so gibt es doch einige plausible Erklärungen für unbekannte Erscheinungen. Die zuvor schon zitierten "kämpfenden Ritter", sollen nichts weiter als das Nordlicht gewesen sein, das sich geisterhaft über den Nachthimmel bewegte.[697] Schon 1736 schrieb der Gelehrte Christian Wolf in seinen *Gesammelten kleinen philosophischen Schriften* über einen Vorfall in Braunschweig, Deutschland, sinngemäß: Kurz vor 8 Uhr Abends zog eine dicke Wolke auf. Darin erschien ein Licht, welches viele Strahlen mit wunderbarer Geschwindigkeit, gleich wie Pfeile von sich schoss, die kreuzweise durcheinandergingen und die sich in der Länge und quer über die ganze Stadt ausbreiteten, und eine gelbe, grüne und blaue Farbe hatten, welche die Nacht erhellten, als ob der Mond schiene, aber nach einer halben Stunde war alles vorbei.

Früher wurden Kometen und Sternschnuppen allgemein als "Luftgesichte" betrachtet, denen man alle möglichen Bezeichnungen gab wie: "feurige Spieße", "fliegende Balken", "Wunder-Sterne", "Haar-Sterne", "Bart-Sterne" und "Kriegs-Ruten", "Kreuz-Ruten" "Feuer-Ruten". Es gab auch "feurige Drachen", "feurige Besen" oder einfach "Schweifsterne", was man ebenfalls mit Erscheinungen von Kometen gleichsetzen kann.[698]

Das Thutmosis-UFO

Auch das vielzitierte Thutmosis-UFO dürfte in Wahrheit eine Fälschung sein. Im Jahre 1953 veröffentlichte die amerikanische Zeitschrift *Doubt* einen Bericht über die Entdeckung eines gewissen Boris de Rachewiltz, der einen Text wiedergibt, der ihm zugesandt wurde und der von einem Papyrus berichtet, der im Besitz von einem gewissen Prof. Alberto Tulli, angeblich ein ehemaliger Direktor des Ägyptischen Museums im Vatikans, war. Der Papyrus soll aus dem Neuen Reich Ägyptens stammen, aus der Zeit des Pharaos Thutmosis III. (etwa 1486 - 1425 v. Chr.). In dem Text heißt es, dass ein "Feuerkreis" am Himmel erschienen ist, und obwohl er keinen Kopf hatte "verströmte der Atem seines Mundes einen faulen Geruch" Sein Körper war "eine Rute lang und eine Rute breit" (ca. 52,5 mal 52,5 m). Nach drei Tagen tauchten mehrere Objekte auf, "zahlreicher als je zuvor" und sie "leuchteten am Himmel wie die Sonne! Sie reisten bis an die Grenzen der vier Ecken des Himmels".[699]

Nach Ulrich Magin, der mehrere Artikel und Bücher über UFOs und Außerirische veröffentlicht hat, könnte es sich – wenn der Text echt wäre – um die Schilderung eines Nebensonneneffekts handeln, wobei ein "Regenbogen-Kreis um die Sonne" entsteht, "Mit Regenbogenhörnern an der Spitze und darunter, sowie vier “zusätzliche Sonnen” auf dem Ring". Der Physiker Markus Pössel ist jedoch der Meinung, dass der Papyrus eine Fälschung sein muss, weil in dem Text schwerwiegende Fehler zu finden sind. Die Schilderungen haben auch eine Ähnlichkeit mit den Texten von Immanuel Velikovsky (1897 - 1979), der im Jahre 1950 in seinem Werk *World in Collision* (deutscher Titel *Welten im Zusammenstoß*)[700] recht seltsame Thesen aufgestellt hat, wonach im 15. Jahrh. v. Chr. die Venus zweimal mit der Erde zusammengestoßen sei und im 8. Jahrh. v. Chr. mit dem Mars.

St.-Elms-Feuer, Irrlichter und Gelatine-Meteore

Interessant sind auch Beobachtungen von elektrischen Störungen im Zusammenhang mit Meteor-Erscheinungen. "So schilderten die Augenzeugen des Feuerballes über Madrid vom 10. Februar 1896, dass die elektrischen Lichter der Stadt während des Vorbeiflugs aufleuchteten und ausgingen. Dies ereignete sich noch vor dem Aufschlag des Himmelskörpers."[701]

Eine weitere natürliche Erscheinung, die manchmal als unidentifiziertes Ereignis angesehen wird, ist das St.-Elms-Feuer, welches in gewittriger Atmosphäre auftritt, "besonders an solchen Stellen, wo die elektrische Feldstärke sehr groß wird, also an Spitzen und scharfwinkeligen Kanten und Marten; es wurde mit dem Irrlicht, das aus entzündenden Sumpfgasen entsteht, in Entstehung und Bedeutung gleichgesetzt".[702]

Vermutlich war auch ein Objekt, das am 12. August 1958 "12 Meilen NW von Las Vegas"[703] gesichtet wurde ein solches Irrlicht. Der Bericht lautete: "Rundes, orange-rotes Objekt; diffuses Licht an Stelle, wo nie zuvor Licht in 'Baumwipfelhöhe' sichtbar gewesen ist. Licht bewegt sich abwärts und nach links bis Baumwipfelhöhe und kehrt dann zur früheren Position zurück. Wiederholte Manöver der gleichen Art, dann verschwunden." Verschiedene Berichte, die von "Scheiben" sprechen, die sich den Bodenkonturen anpassen, diese überfliegen und oft über kleinen Wasserflächen zu stehen kommen,[704] dürften ebenfalls solche Irrlichter gewesen sein.

"Wir glauben heute, dass Irrlichter, oder wie man sie auch nannte: 'Irrwische', 'Erdlichter', 'Tückebote', und 'Spocklechter', chemoluminiszente Leuchterscheinungen sind, die hauptsächlich aus dem selbstentzündlichen Phosphorwasserstoffgas entstehen. Die dicht über dem Boden schwebenden Flämmchen werden vom Wind leicht hin- und herbewegt, gehen aus, um an anderer Stelle wieder zu erscheinen. Sie wurden als gelb, rot und blaugrün beschrieben, sind geruchlos und fühlen sich bei Berührung nicht warm an",[705] schreibt der Dipl. Physiker Illobrand von Ludwiger.

Abb. 102: UFOs über Basel am 7. August 1566.

Es gibt auch kugelförmige Irrlichter. Sie sind "feine feuchtklebrige Gespinste, welche wie Seifenblasen durch die Oberflächenspannung zusammengehalten werden und von welchen phosphoreszierendes Licht ausgeht. Gelegentlich werden diese Bälle auch bei Tage beobachtet... Man hat sie Gelatine-Bälle, -Blasen oder -Meteore genannt".[706]

Solche Gebilde können durchaus den Eindruck erwecken wie "ein Objekt, etwas röter als der Mars (orangerot), das in der Luft riesige Kreise beschrieb. Dann kam es plötzlich wieder zum Stillstand und schwebte auf der Stelle. Durch den Feldstecher betrachtet, glich es auffällig einem Planeten, aber es besaß etwas, worüber ein Planet nicht verfügt". Es sah aus "wie eine Wunderkerze, die, an der Seite des Objekts befestigt, aufzuleuchten und zu erlöschen schien".[707]

"Gelatine-Meteore scheinen es auch gewesen zu sein, welche am 7.8.1566 über dem Münsterplatz zu Basel gesehen worden sind."[708] Ein illustriertes Flugblatt berichtete damals von vielen großen, schwarzen aber auch roten Kugeln, die in der Luft gesichtet wurden (siehe Abb. S. 256). Andere Quellen meinen, es war eine Sonnenfinsternis.

Ein klebrig feuchtes Gespinst solcher Art könnte auch das Objekt gewesen sein, das "mindestens 20 Minuten lang" zu sehen war "bis es in südöstlicher Richtung davonflog, und das nach 10 Sekunden oder vielleicht auch 15 Sekunden verschwunden war",[709] wie das im Jahre 1959 berichtet wurde.

Ebenso ein anderes Gebilde, das ein Objekt war, "das einen Durchmesser von etwa 1 Meter (?) hatte und von orangeroter Farbe war", und das von zwei Feldwebeln am 22. Juni 1952 beobachtet wurde.[710] Das Objekt könnte sogar in drei Kilometer Höhe geflogen sein, wie berichtet. Immer wieder wurden solche orangeroten Gebilde von Piloten gesichtet, die über den Horizont zu fliegen scheinen und fallweise zum Stillstand kommen und andere kleinere Gebilde abzuwerfen scheinen.[711]

Offensichtlich sind es solche Irrlichter oder Gelatine-Meteore. Jedenfalls gibt es genügend natürliche Erklärungen für solche, den Beobachtern unbekannte atmosphärische Objekte.

Und wieder ein Alien-Irrtum

Abb. 103: Wandrelief im Grab des Ptahhotep

Wie man sich irren kann zeigt ein Bild von einem angeblichen Alien aus dem Grab des Ptahhotep (ca. 2388 - 2355 v. Chr.), das einige Zeit lang im Internet kursierte und auch in Druckwerken auftauchte. Es ist nichts weiter als eine Vase mit Pflanzenstängel und Blütenknospen, wobei letztere eingefärbt, wie die großen ovalen Augen der "Greys" (die "Grauen") in der UFO-Literatur aussehen. Es ist eine klassische Fehlinterpretation von bildhaften Darstellungen auf historischen Gebäuden oder Gemälden.

Angesichts der Darstellungen in diesem Kapitel und auch der sonstigen Ergebnisse der seriösen UFO-Forschung ist es zweifelhaft, ob wir es überhaupt mit einem realen Phänomen zu tun haben, das noch weiter untersuchungswürdig ist. Das eigentliche Phänomen, das keineswegs nur in der heutigen Zeit in Erscheinung tritt, liegt wohl darin, dass viele gerne etwas real wahrnehmen wollen, was nur in ihrer Phantasie existiert. Anstatt immer wieder neue Trugbilder herbeizuführen, sollten wir vielleicht lieber warten bis außerirdische Intelligenzen WIRKLICH auf der Erde landen, denn dies würden wir mit Sicherheit NICHT verhindern können.

Ein außerirdisches Raumschiff, das sich der Erde nähert, würde uns nicht entgehen. Astronomen blicken seit der Entwicklung des Fernrohrs vor 400 Jahren ins Weltall und entdeckten dabei unzählige Himmelskörper. Moderne Teleskope erfassen tausende Lichtjahre entfernte Sterne und auch Planeten. Die NASA sucht seit zehn Jahren nach möglichen Objekten in unserem Sonnensystem, die uns gefährlich nahe kommen könnten, nach sogenannten PHA's (potentially hazardous asteroids). Mehr als 4700 wurden bereits registriert. Mehr als 13.000 Objekte größer als 10 cm umkreisen derzeit die Erde, darunter 8000 Satelliten in Funktion oder nicht mehr in Funktion. Alle sind optisch oder radioastronomisch erfasst worden. Dazu gibt es noch Millionen Objekte kleiner als einen Zentimeter. Daher kann man durchaus sagen: Keine Chance für UFOs! Sie würden entdeckt werden oder wären von uns längst entdeckt worden.

Abb. 104: Schon unzählige Objekte in unserem Sonnensystem hat die NASA als möglicherweise für die Erde gefährliche Objekte registriert. Die Ellipse in der Mitte ist die Bahn der Erde.

Es ist auch sehr merkwürdig, dass die angeblichen Außerirdischen so kleine scheue Wesen sind und eher unbedeutende Personen aufsuchen oder von solchen gesichtet werden. Einige Kritiker fragten sich daher schon: Warum landen sie nicht vor dem Kapitol in

Washington? Oder vor dem Weißen Haus? Oder am Roten Platz in Moskau? Für alle sichtbar! Warum sind es vorwiegend kleine, kahlköpfige Wesen mit viel zu großen Augen und zerbrechlichem Körperbau? Das Ganze gründet sich wahrscheinlich aus dem Kindchenschema des niedlichen kleinen Geschöpfes (vor allem bei weiblichen Personen), das in vielen Gehirnen der Menschen verankert ist. Es sind Geschöpfe, die uns zwar vertraut sind, die aber recht hilflos wirken, wie auch der kleine "E.T" der Hollywood-Regisseure mit Schildkrötenhals und tollpatschigem Wesen. Kleine Wesen mit großen Köpfen und großen Augen, die uns belauschen und beobachten, sind wahrscheinlich nichts anders als embryonale Projektionen aus dem Unterbewussten. In der modernen technisierten Welt werden sie auf besondere Weise neu zum Leben erweckt. Ein tatsächliches Eingreifen von Außerirdischen konnte in der UFO-Forschung bisher nirgends nachgewiesen werden.

Das Kornkreis-Phänomen

Botschaften außerirdischer Intelligenzen?

In den vergangenen zwanzig Jahren hat sich verstärkt die Idee entwickelt, dass die Kornkreise, die seltsamen Zeichen in Getreidefeldern, Botschaften von außerirdischen Intelligenzen sind. Schon im Jahre 1678 allerdings berichtete ein britisches Flugblatt unter dem Titel "The Mowing Devil" von Kreisen in Kornfeldern, die das Werk des Teufels sind. Abgebildet wurde ein mit einer Sense hantierender Teufel, der einen Kreis in ein Kornfeld zieht. Im Jahre 1880 berichtete das naturwissenschaftliche Magazin *Nature* über Kornkreise, die in einem Feld der Grafschaft Surrey aufgetreten sind. In Deutschland sind Kornkreise seit dem 19. Jahrhundert bekannt. Das vermutlich erste Foto von einem Kornkreis stammt aus dem Jahre 1932. Im Jahre 1937 wurde es einem Artikel der Zeitschrift *Sussex Notes and Querries* unter dem Titel "Crop-Marks on Stoughton Down" von Cecil Curwen beigefügt. Der Kreis soll bei Chichester, einer Stadt im Süden Englands, in der Grafschaft Sussex, aufgetreten sein. Angeblich sollen es vier Kreise gewesen sein.[712]

Abb. 105: "The Moving Devil" (britisches Flugblatt aus dem Jahre 1678).

Im Januar 1966 will ein Farmer der australischen Kleinstadt Tully über einem Sumpfgebiet ein UFO gesehen haben. Kurz darauf wurde an dieser Stelle in einem Schilf eine kreisrunde Fläche, mit einem Durchmesser von etwa 9 Metern, entdeckt. Das Schilf lag in der Kreisfläche im Uhrzeigersinn flach am Boden. Der Fall löste ein großes Medieninteresse aus und man rätselte über die Ursache der Entstehung des "Tully Saucer Nest", des Tully-UFO-Nests.

Anfang der 1990er Jahre wurden zunehmend Kornkreise gemeldet. Zwischen 150 und 300 wurden in der Folge jährlich gesichtet, die meisten aus Südengland. Dort traten im Jahre 2004 ein Drittel aller bekannt gewordenen Fälle auf.

Aber auch in Deutschland gab es im Jahre 2003 ein Viertel aller damals registrierten Fälle. Vor allem in Norddeutschland, in Nordvorpommern, in Nordhessen, in der Region von Sinsheim und in Schleswig-Holstein. Auch in anderen Ländern treten immer wieder Kornkreise auf, doch eher selten. Bis zum Jahre 2001 wurden über 6000 unterschiedliche Kornkreise in über 50 Ländern rund um den Globus gemeldet.

Die Figuren in den Kornfeldern sind immer komplexer geworden. Von einfachen Kreisen bis zu komplizierte Muster ist fast alles vertreten. Der Formenreichtum entwickelte sich derart, dass eine Entstehung durch Menschenhand fast unmöglich scheint. Nur in wenigen Stunden und meist bei Nacht, entstehen unglaublich schöne Gebilde, die die Phantasie anregen. Meist sind es Bilder aus der Mythologie und der allgemeinen Zeichensprache. Sie haben gewöhnlich Durchmesser zwischen 10 und 100 Metern und zeigen polygonale, elliptische, verflochtene, spiralförmige und fraktale Formenelemente. Manchmal sind es bestimmte Piktogramme und auch menschliche Gesichter. Es zeigen sich eigentümliche Zahlenverhältnisse wie der Goldene Schnitt, Bilder wie von Höhlenmalereien, wie indianische Symbole und mystisch-magische Zeichen.

Die ersten Erklärungsversuche unternahm der englische Naturforscher und Professor für Chemie an der Universität Oxford Robert Plot im 17. Jahrhundert und meinte, die Kreise entstehen durch "herabstürzende Luftwirbel". Auch der Meteorologe Terence Meaden vertrat diese Theorie und meinte, die Ursache seien Wirbelwinde, doch das erklärt nicht die vielen komplizierten Muster. Es wurden auch bestimmte Pilzgeflechte im Boden als Erklärung der Entstehung von kreisförmigen Gebilden vorgeschlagen. Seit jeher bekannt sind die sogenannten "Hexenringe" oder "Feenkreise". Schon 1974 meinte Robert Charroux, dass sich manche Ufologen nicht scheuen "die 'Hexenringe' auf unseren Wiesen zu Landeplätzen außerirdischer Wesen zu erklären, obwohl heute doch kein Zweifel mehr besteht, dass sie durch unterirdische Kryptogamengeflechte verursacht werden, die der Umgebung die Nahrung entziehen".[713]

Erstmals der breiten Öffentlichkeit bekannt geworden sind die Kornkreise durch Pat Delgado und Colin Andrews. In ihrem 1989 veröffentlichten Buch *Circular Evidence* (deutscher Titel *Kreisrunde Zeichen*, erschienen 1990) kommen die beiden Ingenieure zu dem Schluss, dass die "echten" Kreise nicht von Menschen gemacht werden konnten.[714]

Der Vize-Direktor des Weltraumforschungsinstituts der Bulgarischen Akademie der Wissenschaften Lachezar Filipov, bestätigte im Jahre 2009 gegenüber Medien, "dass man damit beschäftigt sei 150 Kornkreise auf der ganzen Welt zu analysieren, um daraus die Antworten auf 30 Fragen zu erhalten, die man den Aliens gestellt habe". Nach Filipov seien "Außerirdische überall um uns und beobachten uns die ganze Zeit".[715]

Von seriösen Wissenschaftlern werden jedoch "Botschaften" bzw. "Warnungen" übernatürlicher, unbekannter oder außerirdischer Kräfte, wie auch von außerirdischen "Göttern" als Erklärungen der Kornkreise abgelehnt. Auch Ausdrucksformen einer kollektiven pflanzlichen Intelligenz, was immer das sein mag, sowie magnetische Anomalien und sogenannte "morphogenetische Felder", die wissenschaftlich nicht belegt sind, werden nicht anerkannt. Auch die Entstehung durch gentechnisch veränderte Getreidesorten wird nicht ernsthaft in Erwägung gezogen. Es spricht vielmehr alles dafür, dass die Kornkreise simples aber durchaus künstlerisch wertvolles Menschenwerk sind.

Im Jahre 1991 erklärten die beiden Engländer Dough Bower und Dave Chorley, die Urheber aller Kornkreise in England zu sein. Schon im Juli 1978 sollen sie bei launigen Gesprächen in einer Kneipe, durch die Zeitungsberichte über den australischen UFO-Kornkreisfall von 1966 angeregt, auf die Idee gekommen sein, zum Spaß Muster in Kornkreise zu machen. Sie demonstrierten auch ihre Herstellungsmethode mit einfachen Brettern und Seilen, mit denen sie die Halme knickten. Mit Händen und Füßen werden die

Getreidehalme in Kreisform, mit Hilfe der Bretter, niedergedrückt bis sie flach am Boden liegen. Ein einfacher Kreis war so in einer Viertelstunde fertig. Aus einer Frustration heraus, dass ihre Kreise nicht entsprechend gewürdigt werden, weil man sie als natürliche Entstehung erklärte, gingen die beiden Engländer angeblich an die Öffentlichkeit.[716]

Dass man Kornkreise durchaus mit einfachen Mitteln herstellen kann – auch sehr komplizierte – haben seit 1978 immer wieder Künstler der Gruppe "Circle Makers" aus England bewiesen. Im Sommer 1978 machte Doug Bower mit einem Kumpel den ersten Kreis in einem Weizenfeld in Hampshire. Später folgten zahlreiche weitere, darunter auch Logos von Firmen wie von "Weetabix". Fast jede Form können die Circle Makers gestalten und man kann sich sogar eine zum Geburtstag bestellen. Sein Lieblingsbild mit der Freundin oder einen netten Gruß. Die Bilder werden im Computer entworfen und dann in die Tat umgesetzt. Die Herstellung vor Ort ist dann relativ einfach und in wenigen Stunden erledigt, sie erfordert aber doch einiges Geschick.[717]

Anfang März 1998 produzierten die Circle Makers um John Lundberg, Rod Dickinson und Will Russel eine Figur für die TV-Dokumentation "Unmasked: The Secrets of Deception" für den Fernsehsender NBC. Sie setzte sich aus zahlreichen Kreisen zusammen und war etwa dreieckförmig Mit propellerartig ausholenden Ecken und mit einem Durchmesser von 300 Fuß (91,44 m).[718]

Im Jahre 1998 machten die drei Kornkreis-Künstler, gemeinsam mit Doug Bower, eine Figur für die BBC-Doku "Country File", die im Januar 1999 ausgestrahlt wurde. Im Jahre 2007 wurden die damals neu produzierten Figuren der Circle Makers von der BBC in der TV-Serie "The Culture Show" im Rahmen der besten Werke der Kunst im öffentlichen Raum vorgestellt. Bei den Kornkreisen finden auch immer wieder von Anhängern der New-Age-Bewegung Rockkonzerte statt.

In einer TV-Dokumentation vom Februar 2010, produziert von Tom Barry für den National Geographic Channel, mit dem Titel "The truth behind the crop circles", konnte das Team um John Lundberg einen komplexen Kornkreis im Laufe einer Nacht produzieren. In der Doku erklärt der Filmemacher John Wabe, dass der Film aus dem Jahre 1996, wonach Lichtkugeln über einen Kornkreis bei Olivers Castle, in Wiltshire, in England, zu schweben scheinen, wodurch der Eindruck erweckt wird, diese hätten den Kornkreis geschaffen, von ihm stamme. Am 11. August 1996 präsentierte Wabe den Film in einer Kneipe. "Ich war bei Olivers Castle und habe dort einen brandneuen Kreis gesehen. Ich wollte, dass die Leute glauben, ich hätte die Kreisbildung tatsächlich gefilmt", so Wabe. "Es sollte ein kleiner Spaß sein", erklärte er.

Die Agrarwissenschaftlerin Debbie Sparks erklärte die nach der Entstehung eines Kornkreises in ihrem Wuchs veränderten Weizenhalme durch Phototropismus (Ausrichtung zum Licht). Die geknickten Halme richten sich nach der Sonne und wachsen dann an den Wachstumsknoten in einem bestimmten Winkel nach oben. Diese Eigenschaft der Pflanzen ist auch als Heliotropismus (Ausrichtung zur Sonne) bekannt. Mark Hudson, Ökologe und Professor für Umweltgeochemie an der Reading University, in England, konnte in Proben aus dem Erdreich in und um einige Kornkreise, keine abnormalen Nitrat- und Strahlungswerte feststellen und es besteht auch keinerlei Unterschied zwischen den Böden.

Die optischen Probleme beim Fotografieren oder Filmen der Kornkreise entstehen nicht durch irgendwelche geheimnisvolle "Felder" oder Energien, sondern mitunter durch das Nichterkennen eines hervorstechenden Motivs durch den Autofokus, wie das bei Getreidefeldern typisch ist.[720]

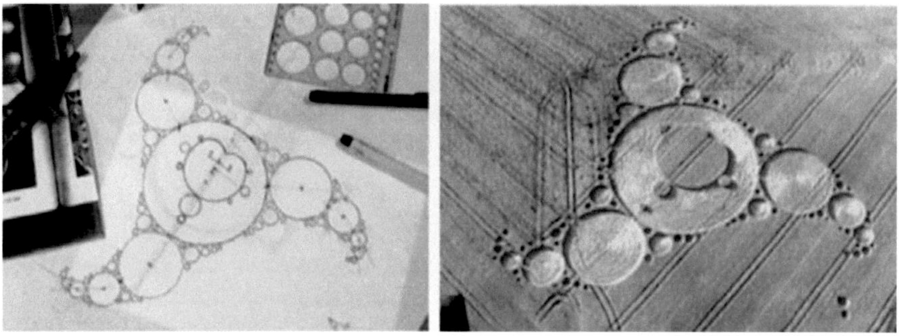

Abb. 106: Ein von den Circle Makers entworfenes Muster, das anschließend in einem Kornfeld angefertigt wurde.

Es ist auch auffallend, dass sich im Zentrum aller Kornkreise immer eine Traktorspur befindet, wo die Kornkreismacher ohne Spuren zu hinterlassen in das Kornfeld eindringen und dann mit ihrer Arbeit beginnen können. Auch das spricht eindeutig für eine menschliche Anfertigung der Kornkreise.[721] Durch die Komplexität der geometrischen Muster wurde die früher angenommene Theorie, wonach es sich bei den Kornkreisen um Landespuren irgendwelcher Fluggeräte handelt, bald fallengelassen. Solche Abdrücke würden nämlich nicht wie die Muster in den Kornfeldern aussehen. Hubschrauber, die knapp über einer Wasseroberfläche in der Luft stehen bleiben, verursachen z. B. Wellen, die gleichmäßig auseinandergedrückt werden und nicht exakt begrenzte Kreisflächen. Das ist auch so bei einem Einsatz knapp über Sandflächen und Wiesen. Auch Fluggeräte mit einem etwaigen magnetischen Feldantrieb würden solche Landespuren hinterlassen und keine exakt kreisförmigen Flächen und schon gar keine komplizierten Muster. Landebeine könnten zwar Abdrücke hinterlassen, doch auch das trifft auf die Kornkreise nicht zu.

In den Jahren 2000 und 2001 tauchten ein Gesicht wie das "Marsgesicht" und eine angebliche Antwort auf die Botschaft an Außerirdische, die 1974 vom Radioteleskop in Arecibo ins All geschickt wurde, auf. Dieses entspricht jedoch den Phantasien der durchaus menschlichen Produzenten dieses Kornkreises, denn die Figur, die in der Arecibo-Botschaft einen Menschen darstellt, wird durch ein typisches UFO-Zwergwesen ersetzt und aus dem Symbol für die Antennenschüssel von Arecibo wird ein zuvor in der Nähe aufgetretener Kornkreis. Das Symbol für die Doppelhelix wird zur Dreifachhelix und die Population der Erdbevölkerung von damals 4,29 Milliarden wird zur Population der Aliens von 12,74 Milliarden. Die beiden Muster entstanden eigenartigerweise in unmittelbarer Nähe des Radioteleskops in Chilbolton, in England. Dort wurden keine Signale empfangen, aber die Muster im nahen Kornfeld tauchten auf.

Man kann wirklich nicht ernsthaft annehmen, dass außerirdische Intelligenzen solche Zeichen in Getreidefelder machen. Das verhält sich etwa so, wie die Wandmalereien der Graffiti-Künstler, die heimlich Mauern und Gebäude mit phantasievollen Bildern bemalen und nicht entdeckt werden wollen. Das zeigt sich auch im Verhalten der kleinen grauen und scheuen Wesen in der Vorstellung von Ufologen. Solche Spielchen mit den Erdlingen haben hochentwickelte, außerirdische Lebewesen nicht nötig. Sie würden sich wohl anders verhalten und ganz einfach für alle deutlich sichtbare Zeichen hier auf der Erde hinterlassen.

Wenn die meisten, vielleicht 99 Prozent der Kornkreise, nachweislich von Menschen gemacht worden sind, dann sind auch die restlichen – die angeblich nicht menschlichen Ursprungs sein sollen – mit größter Wahrscheinlichkeit ebenfalls Menschenwerk. Einfach deshalb, weil sie sich nicht wesentlich von den anderen unterscheiden.

SAETI am Beispiel Marsgesicht

Die Entdeckung eines möglichen Beweises

Was wäre, wenn ein Artefakt von außerirdischen Intelligenzen auf einem unserer Nachbarplaneten gefunden wird? Wie würden wir uns verhalten? Klar ist, dass ein künstliches Objekt, ein Gebilde, ein Gebäude oder eine Felszeichnung auf einem anderen Himmelskörper in unserem Sonnensystem als der Erde, eindeutig nicht von Menschenhand stammen kann, weil noch keine Menschen (außer dem Erdmond) einen solchen betreten haben. Verfälschungen und Manipulationen durch die menschliche Hand wären ausgeschlossen. Ein solcher Fund würde eindeutig außerirdischen Intelligenzen zugeschrieben werden können. Doch was würde mit so einem Fund geschehen? Würden wir ihn auch wahrnehmen? Würden wir ihn erkennen?

Ein Beispiel ist das Verhalten nach der Entdeckung des "Marsgesichts". Es hat sich als wahre "Weltraum-Odyssee", frei nach Arthur C. Clarke, herausgestellt. Dieser schildert in seinem Roman *2001 - Odyssee im Weltraum*, erschienen 1968, eine derartige Entdeckung: "Das Objekt, dem der Vermessungsingenieur gegenüberstand, war ein kohlschwarzer Quader, etwa drei Meter hoch und eineinhalb Meter breit… Er war scharfkantig und symmetrisch und vollkommen glatt – wie poliert. Er war so schwarz, dass er das auf ihn fallende Licht zu absorbieren schien. Man konnte nicht sagen, ob er aus Stein, Metall oder Kunststoff oder aus irgendeinem unbekannten Material bestand."[722]

Irdische Astronauten haben dieses außerirdische Artefakt auf dem Erdmond gefunden, nachdem schon zuvor ein gleicher Quader auf der Erde entdeckt wurde, der schon vor Jahrtausenden von den ersten Hominiden bestaunt wurde. Es beginnt dann ein langes Abenteuer mit dem Aufbruch eines Raumschiffes zum Jupiter im Jahre 2001, wo die Astronauten sich in außerirdischen Sphären wieder finden und ihrem eigenen Ursprung begegnen.

Die Geschichte war von Arthur C. Clarke genial durchdacht. Sie lehnt sich an, an die allgemeine Stimmung auf der Welt durch Raketen, Sputniks und Satelliten, die damals um die Erde kreisten. Kann das aber Wirklichkeit werden? Was geschieht wenn tatsächlich ein Objekt von Außerirdischen auf einem anderen Himmelskörper in unserem Sonnensystem entdeckt wird?

Das Jahr 1968 war auch der erste Aufbruch der Menschheit zu einem dieser Himmelskörper: dem Erdmond. Amerikanische Astronauten bereiteten sich auf die erste Landung von Menschen auf dem Erdtrabanten vor. Es war eine unglaubliche Aufbruchstimmung auf der ganzen Welt. Am 24. Juli 1969, ein Jahre später, glückte dann auch die erfolgreiche Landung im "Meer der Ruhe", Mare Tranquilitatis.[723] Ein Menschheitstraum wurde Wirklichkeit. Es folgten noch weitere fünf Landungen auf dem Mond bis zum Jahre 1972. Der Mensch ist nun zum Raumfahrer geworden. Im Jahre 1968 entstanden dann auch verstärkt Meinungen und Theorien von mehreren Forschern und Buchautoren, die davon ausgehen, dass die Erde schon vor Jahrtausenden von Außerirdischen besucht wurde. Was der Mensch nun konnte, mussten erst recht höher entwickelte Lebewesen können.

Im Jahre 1975 begann dann eine neue "Weltraum-Odyssee". Die NASA startete zwei Raumsonden, Viking 1 und Viking 2, zum Planeten Mars, die jeweils ein Landegerät an Bord hatten, das erstmals nach Leben auf dem Mars suchen sollte. Eines landete am 20.

Juli 1976 im "Land des Goldes", Chryse Planitia, eines am 4. September 1976 in "Utopia". Beide Landeeinheiten hatten ein automatisches Biolabor an Bord, das chemische Analysen durchführen sollte.[724] Leben auf dem Mars konnte damals nicht nachgewiesen werden, doch etwas anderes erregte die Gemüter der NASA-Leute im Jet Propulsion Laboratory in Pasadena, JPL, in Kalifornien. Als die Raumsonde Viking 1 über die Cydonia-Region flog, blickte ihr plötzlich von der Marsoberfläche etwas entgegen, das wie ein menschliches Gesicht aussah. Die NASA-Leute hatten das Bild nicht sofort gesehen, doch die Raumsonde machte Bilder davon, die sich zwei Mitarbeiter des JPL später betrachteten. Tobias Owen war der Erste, der das Bild von diesem "Gesicht" in den Händen hielt. Er zeigte es Gerry Soffen, der damals die Marsbilder der Presse präsentierte mit den Worten: " Oh, mein Gott, sie dir das an! Ist das nicht sonderbar!"[725]

In einem Nebenraum des JPL waren zahlreiche Journalisten versammelt, die gespannt auf die ersten "Lebensdaten" vom Mars warteten. Das Bild von dem so menschlich wirkenden Gesicht, hatte Viking 1 am 25. Juli 1976 gemacht. Gerry Soffen trat vor die Presseleute mit den Worten: "Ist es nicht sonderbar, was das Spiel von Licht und Schatten hervorbringt? Wenn wir einige Stunden später eine weitere Aufnahme machen werden, ist es bestimmt weg – es ist bloß der besondere Lichteinfall." Irgendjemand scherzte: "Der Kopf sagt uns wo wir landen sollen!". Die anwesenden Presseleute glaubten den Worten von Gerry Soffen. Er war ein anerkannter Wissenschaftler und so zog niemand seine Worte in Zweifel. Es wurden auch keine weiteren Fragen gestellt. Ein anderer anerkannter Wissenschaftler, Dr. Harold Masursky, vom US Geological Survey Center in Flagstaff, Arizona, meinte später ebenfalls scherzhaft in einem Bericht der Zeitschrift *Science News* vom 7. August 1976: "Das ist der Kerl, der Lowells Marskanäle baute!"[726] Die NASA hatte inzwischen das Bild mit der Nummer P-17384 (35A72) am 31. Juli 1976 zu den Akten gelegt und niemand kümmerte sich mehr darum.

Am 15. Dezember 1976 sah ich mir die Spätnachrichten im österreichischen Fernsehen, ORF, an und da wurde über dieses "Gesicht" berichtet und auch ein Kurzfilm gezeigt, der angeblich von der NASA gemacht worden war. Ich war sofort davon beeindruckt. Ein menschliches Gesicht auf der Marsoberfläche? Wie kann das möglich sein? Ich hatte den Eindruck, es müsste riesige Ausmaße haben, etwa zwanzig Kilometer im Durchmesser. Bis heute konnte ich nichts über diesen Film in Erfahrung bringen. Er konnte auch, anhand des NASA-Bildes, von einer Presseagentur gemacht worden sein. Jedenfalls hatte ich damals schon die ersten Bücher von Erich von Däniken mit Interesse gelesen und mich sogleich für dieses "Marsgesicht" interessiert.

Ich stellte also Nachforschungen an und versuchte Näheres darüber in Erfahrung zu bringen. Vom ORF erhielt ich zunächst einen Fotoausschnitt von dem gezeigten Film der im 35-Millimeter-Schwarz-Weiß-Format war, der aber nicht sehr aufschlussreich war. Es war ein recht dunkles Schwarz-Weiß-Bild ohne besondere Graustufen. Ich war jedenfalls soweit davon überzeugt, dass auf einem besseren Original-Bild der NASA, mehr zu sehen sein müsste, und so schrieb ich an verschiedene offizielle Stellen, die damals in Verbindung mit der Viking-Mission standen. Auch weil mir vom ORF keine weitere Information zu diesem angeblichen NASA-Film gegeben werden konnte.

Erst zehn Monate später, am 31. Oktober 1977, erhielt ich einen Brief vom JPL mit einigen Fotos von den Viking-Sonden, doch von einem "Gesicht" auf dem Mars, das ich in meinen Briefen "Mars Face" genannt hatte, wusste man offenbar nichts. Don Bane vom Public Information Office des JPL schrieb mir: "Diese Kosenamen, die du den Marsfotos gibst, wie "Mars Face", sagen mir gar nichts – das sind deine Kosenamen, nicht meine."

Und weiter: "Ich versende jeden Monat tausende Fotos zu hunderten von Leuten, ich kann mir nicht merken, wem ich was geschickt habe."[727] Don meinte, ich müsste ihm unbedingt die Archivnummern der Bilder geben, die ich damals jedoch nicht hatte. Damals war es nicht üblich, in Publikationen die Archivnummern der NASA-Bilder bekanntzugeben. Von diesem "Gesicht" auf dem Mars wurde aber zu dieser Zeit – außer im ORF und in der Zeitschrift *Science News* – sowieso nichts berichtet.

Ich ließ aber nicht locker. Wenn es schon einen NASA-Film von diesem Gesicht auf dem Mars geben sollte, dann müsste doch auch ein Bild davon zu bekommen sein. Fünf Monate später, vierzehn Monate nach dem ich das Bild erstmals im Fernsehen gesehen hatte, am 2. März 1978, kam dann wieder ein Brief von Don Bane in dem er mir schrieb: "Nun weiß ich, was du meinst, wenn du auf ein ‚Mars Face'-Foto hinweist!" Ein Teil meiner persönlichen Weltraum-Odyssee war damit beendet. Ich hielt nun dieses "Marsgesicht" in den Händen. Es war, wie ich richtig vermutet hatte, ein sehr gutes Bild, das mehr Details zeigte. Dem Bild beigefügt war eine Pressemitteilung vom 31. Juli 1976 mit genaueren Angaben zu der Aufnahme von Viking 1 mit folgendem Text:

"The picture shows eroded mesa-like landforms. The huge rock Formation in the center, which resembles a human head, is formed by shadows giving the illusion of eyes, nose and mouth. The feature is 1.5 kilometers (one mile) across, with the sun angle at approximately 20 degrees. The speckled appearance of the image is due to bit errors, emphasized by enlargement of the photo. The picture was taken on July 25 from a range of 1873 kilometers (1162 miles). Viking 2 will arrive in Mars orbit next Saturday (August 7) with a landing scheduled for early September."

Das Bild zeigt also eine erodierte Landform. Die große Felsformation in der Bildmitte, die wie ein menschlicher Kopf aussieht, wird durch Schatten geformt, die eine Illusion von Augen, Nase und Mund vermitteln. Das Objekt ist 1,5 Kilometer (eine Meile) im Durchmesser groß und der Winkel des einfallenden Sonnenlichts beträgt ungefähr 20 Grad. Die gefleckten Erscheinungen (die schwarzen Punkte) auf dem Bild sind durch Datenfehler entstanden, die bei der Vergrößerung des Fotos sichtbar wurden. Das Bild wurde am 25 Juli aus einer Höhe von 1873 Kilometer (1162 Meilen) gemacht. Viking 2 wird nächsten Samstag (7. August) in einen Marsorbit einschwenken und eine Landung für Anfang September vorbereiten.

Don Bane teilte mir in diesem Schreiben von 1978 die genauen Koordinaten, 40,89 Nord und 9,55 West, mit, wodurch ich das Gebilde in die Cydonia-Region auf dem Mars lokalisieren konnte. Entgegen der Pressemitteilung schrieb mir Don Bane, dass das Sonnenlicht, zum Zeitpunkt der Aufnahme, unter einem Winkel von 10 Grad über dieser Bodenerhebung eingefallen ist. Er schrieb mir auch, auf meine Anfrage, ob es noch andere Bilder davon gibt: "no we have no other picture of that feature". Es soll also keine weiteren Bilder von dieser Besonderheit geben.

Jedenfalls hatte ich nun ein gutes Bild von dem "Mars Face", dem "Marsgesicht", erhalten und ich machte einige Untersuchungen, um herauszufinden, ob man in der östlichen Schattenseite des Gebildes mehr sichtbar machen kann, um zu sehen, ob es sich tatsächlich um ein symmetrisches, menschliches Gesicht handelt. Ich fertigte eine hypothetische Zeichnung an, mit den angegebenen Koordinaten und der Größe, und stellte es der Größe der Cheopspyramide entgegen. Durch ein Missverständnis mit "one mile across" hatte ich die Größe vom "Kinn" bis zum "Scheitel" mit 1,5 Kilometer angegeben. Erst Jahre später habe ich festgestellt, dass es sich um die Breite des Gebildes handelt. Anhand eines Modells mit einer Formmasse konnte ich aber schon 1978 erkennen, dass man bei entsprechender Bildbearbeitung auch auf der Schattenseite mehr erkennen müsste. Damals standen mir aber keine entsprechenden Computer-Grafikprogramme zur Verfügung, um mehr Details aus dem Foto herausholen zu können.

Zu dieser Zeit, 1978, hatte ich überhaupt erhebliche Schwierigkeiten die Öffentlichkeit, die Presse und Fachleute auf dieses "Marsgesicht" aufmerksam zu machen. Ich entschloss mich ein Buch darüber und über andere Hypothesen über den Roten Planeten zu schreiben. Es ging Ende 1978 in Druck und wurde im Februar 1979 veröffentlicht. Es war mein erstes Buch mit dem Titel *Wir, vom Mars*,[728] das ich in Deutschland, in einem kleinen Kölner Verlag, mit einem erheblichen Druckkostenzuschuss von mir veröffentlichte. Im Oktober 1979 präsentierte ich mein Buch auf der Frankfurter Buchmesse, mit einem Großfoto vom Marsgesicht, am Bücherstand des Verlages. Das Interesse war jedoch sehr gering, obwohl einige Besucher durchaus erstaunt waren über das Bild, aber es glaubte wohl niemand so recht, dass es auf dem Mars ein derartiges Gebilde geben könnte.

Man muss dazu wissen, dass ich damals schon Mitglied der Ancient Astronaut Society, AAS, war und natürlich hatte ich auch Erich von Däniken über das Marsgesicht informiert. Noch vor Erscheinen meines Buches schrieb mir am 22. Oktober 1978 Gene Phillips, dass das Marsgesicht zwar interessant ist, doch nicht ausgeprägt genug für eine Veröffentlichung in der Zeitschrift *Ancient Skies* der AAS.

Don Bane schrieb mir am 12. September 1978 schon etwas ungehalten auf mein Drängen nach weiteren Bildern noch vor der Veröffentlichung meines Buches *Wir, vom Mars*: "Du hast bereits Fotos von diesem ‚Gesicht'. Ich sehe keinen Grund dir noch weitere zu senden Wir haben kein Foto, das diese Region aus einer näheren Umlaufbahn zeigt." ("Since you already have a picture of the face, I see no need to load you down with another, and we have no picture that shows that region at a closer range").

Nach Erscheinen meines Buches veröffentlichte ich mehrere Zeitungsartikel in Österreich und in Deutschland und auch Erich von Däniken zeigte sich schließlich interessiert und ich konnte auf einem One-Day-Meeting der AAS in Fulda, Deutschland, am 25. Oktober 1980 auch einen Vortrag halten. Schon zuvor, im Juli/August 1980, erschien ein Bericht von mir in der deutschen Ausgabe der Zeitschrift *Ancient Skies* mit dem Titel "Kamen die Götter doch vom Mars?".[729] Darin veröffentlicht wurden ein Bild vom Marsgesicht und meine hypothetische Zeichnung von 1978. Das Interesse war auch nach meinem Vortrag nicht besonders groß, doch der schon damals gut bekannte Raumfahrtexperte an der Technischen Universität in München, Prof. Dr. Harry O. Ruppe, ebenfalls Referent bei diesem Meeting, meinte, man könnte in der Sache Marsgesicht intervenieren. Leider ist das aber dann nicht der Fall gewesen. Man hätte schon damals durchaus nähere wissenschaftliche Untersuchungen mit dem ersten Marsbild vornehmen können. Doch es war damals kein Institut und keine Universität in Europa daran interessiert.

Am 23. Oktober 1980 las ich eine kurze Notiz in der deutschen Zeitschrift *Stern*, wonach zwei Amerikaner, Vincent DiPietro und Gregory Molenaar, Posters und Dias vom Marsgesicht angefertigt hatten und damit Verbindungen zu den alten Ägyptern herstellten. Es war nur eine sehr kleine Notiz mit dem Bild, das ich sowieso schon kannte und ohne nähere Angaben, sodass ich diese Meldung ignorierte. Auch deshalb, weil mir von der

NASA mehrmals mitgeteilt wurde, dass nur ein Bild von diesem Marsgesicht existiert und ich der Meinung war, dass die beiden Amerikaner wohl nicht mehr Informationen haben werden als ich – was sich allerdings später als Irrtum herausgestellt hat. Im Januar 1981 wurde noch ein Leserbrief von mir in der bekannten Zeitschrift *Bild der Wissenschaft* veröffentlicht,[730] wo ich auf das Marsgesicht aufmerksam machte, doch es hat sich weiter nichts ergeben. Auch Philip J. Klass, zeigte, während seinem Besuch bei mir am 10. Januar 1983, kein Interesse an dem Marsgesicht. Prof. Dr. Harry O. Ruppe veröffentlichte im August 1985, in der deutschen Ausgabe der Zeitschrift *Penthouse* unter dem Titel "Monument auf dem Mars"[731] einen Bericht über das Marsgesicht und andere ruinen- und pyramidenartig anmutende Gebilde in dessen Nähe, doch mir war dieser Bericht damals nicht bekannt. So legte ich meine Bemühungen ad acta, doch 1987 sollte ich eine Überraschung erleben.

In der Sendung "Unglaubliche Geschichten", im deutschen Fernsehkanal RTL, des Luxemburger Senders, präsentierte am 4. April 1987 Johannes von Buttlar sein Buch *Leben auf dem Mars*[723] und auf dem Umschlag war das mir schon seit langem bekannte Marsgesicht zu sehen. Johannes v. Buttlar hat sich mit mir nie in Verbindung gesetzt und ich hatte auch keine Ahnung von seinen Recherchen. Abgesehen davon wurde in dieser Sendung ein schlechtes Bild von meinem Marsgesicht-Modell aus meinem ersten Buch präsentiert und als mögliche Fälschung bezeichnet. Eine Richtigstellung nach meiner Intervention beim Sender erfolgte nicht, doch in dem Buch von Buttlar werden Forschungs- und Untersuchungsergebnisse der beiden Amerikaner Vincent DiPietro und Gregory Molenaar erwähnt, die durchaus von wissenschaftlichem Charakter sind und mir einige Überraschungen brachten. Die beiden Amerikaner hatten nämlich tatsächlich eine weitere Aufnahme vom Marsgesicht von 1976 im Archiv des Goddard Space Flight Center in Washington D.C. entdeckt und damit herausgefunden, dass der Eindruck eines gesichtsförmigen Gebildes auf dem Mars nicht bloß durch einen bestimmten Lichteinfall zustande kam.

Ich erfuhr dann durch weitere eigene Nachforschungen, dass es bereits 1984 umfangreiche Untersuchungen der betreffenden Marsbilder gab, die der amerikanische Wissenschaftsautor und Publizist Richard C. Hoagland organisiert hatte. Ein "Independent Mars Investigation Team", bestehend aus mehreren Fachleuten, darunter auch Vincent DiPietro und Gregory Molenaar, stellte fest, dass das Marsgesicht und weitere seltsame Marsstrukturen möglicherweise das Werk von außerirdischen Intelligenzen sein könnte. In dem Buch *The Face on Mars*[733] von Randolfo R. Pozos, erschienen 1986 in Chicago, konnte ich das alles 1987 nachlesen, nachdem ich es aus den USA erhalten hatte. Der offizielle Bericht des Teams trägt den Titeltext:

```
PRELIMINARY REPORT OF THE INDEPENDENT MARS INVESTIGATION
                          TEAM:
            NEW EVIDENCE OF PRIOR HABITATION?
         (C) 1984 by Richard C. Hoagland, Organizer
           Independent Mars Investigation Team
         August, 1984 (Revised December 12, 1984)
```

Natürlich schrieb ich sofort an einige der betreffenden Personen, doch lediglich von Vincent DiPietro erhielt ich eine Antwort und seine entsprechenden Publikationen – eine Veröffentlichung durch das Goddard Space Flight Center, dessen Mitarbeiter er ist, vom 8.

Juni 1987 unter dem Titel *Unusual Martian Surface Features*[734] und eine gleichnamige Broschüre von 1988. Im Jahre 1989 hatte ich dann in Chicago, während einer Weltkonferenz der AAS, vom 25. bis 27. August 1989, die Gelegenheit, Vincent DiPietro und Gregory Molenaar persönlich zu treffen und ich besuchte Vincent später an seinem Arbeitsplatz im Goddard Space Flight Center in Washington D.C. Es war ein freundliches und für mich angenehmes Treffen.

Im Jahre 1987 veröffentlichte Richard C. Hoagland ein Buch mit dem Titel *The Monuments of Mars.*[735] Darin beschreibt er seine Bemühungen zu den Untersuchungen der Marsgebilde und er zeigt sich erstaunt über eine Publikation der Zeitschrift *Soviet Life* vom August 1984, die mitten in die amerikanischen Aktivitäten hineinplatzte. Ein Bericht unter dem Titel "Pyramids on Mars?", in der erwähnten Zeitschrift, erweckte den Eindruck, die Russen hätten bereits 1983 diese Marsstrukturen sowie auch das Marsgesicht untersucht. Nach Durchsicht des Buches von Hoagland fand ich ein Bild von einer Fotokopie des betreffenden Berichtes, der meine hypothetische Zeichnung vom Marsgesicht von 1978, aus meinem Bericht im *Ancient Skies* von Juli/August 1980, zeigt. Der Bericht wurde von Vladimir Avinsky geschrieben, der die Zeichnung aus meinem Bericht entnommen hatte und den ich namentlich schon als Mitglied der Ancient Astronaut Society kannte. Er hatte mich allerdings nicht darüber informiert. Das war für mich aber eine weitere Überraschung, denn meine Zeichnung wanderte ohne mein Wissen rund um die Welt unter dem Eindruck, andere hätten die Bilder von den merkwürdigen Marsstrukturen und dem Marsgesicht schon untersucht. Während der Konferenz in Chicago, im Jahre 1986, hatte ich allerdings dann ein klärendes Gespräch mit Avinsky. Er habe ein Buch veröffentlicht, wo er meine Zeichnung mit meinem Namen erwähnt, doch die Zeitschrift *Soviet Life* hatte das leider unterlassen.

Jedenfalls hatten Vincent und Gregory schon im Herbst 1979 ein weiteres Bild von diesem Gesicht auf dem Mars im NASA-Archiv des Goddard Space Flight Centers entdeckt. Bereits 1977 ist Vincent DiPietro, in einem obskuren präastronautischen Magazin, ein Bild vom Marsgesicht aufgefallen, doch er hatte dieses für einen Scherz gehalten. Diese neue Aufnahme, registriert unter der Nummer 70A13, aufgenommen einen Monat nach der ersten Aufnahme 35A72, ebenfalls von Viking 1, am 29. August 1976, hatte ihn jedoch überzeugt. Die Sonne lag zu diesem Zeitpunkt 27 Grad über dem Horizont im Westen – das Gebilde lag also unter einem anderen, kürzeren Schatten. Es zeigt eher noch deutlicher ein menschliches Gesicht. Durch verschiedene Bilduntersuchungen per Computer, auch mit Hilfe einer Falschfarbenanalyse, konnten die beiden Amerikaner nähere Details, wie eine "Träne" und eine "Pupille" in einem Auge des Marsgesichts, feststellen.

Vincent DiPietro und Gregory Molenaar präsentierten ihre Untersuchungsergebnisse erstmals öffentlich anhand von Druckschriften und Bildern am 1. Mai 1980 in einem Hotel in Lanham, in Maryland. Das Interesse war jedoch gering. Lediglich eine Hand voll Interessenten, einige Astronomen der NASA und einige Reporter von Magazinen und Radiostationen waren anwesend. Ein NASA-Sprecher scherzte: "Ich hoffe ihr habt mehr Glück als wir!". Er war eher amüsiert über die geringe Beteiligung der Presse und der Öffentlichkeit, berichtete Vincent DiPietro später.[737]

Am 16. Juni 1980 hielten die beiden einen Vortrag während der jährlichen Konferenz der American Astronomical Society, AAS, in College Park in Maryland. Auch da waren mehrere Radioreporter und Presseleute anwesend, die auch Fotos von den Computeranalysen der beiden Amerikaner erhielten. Schon zuvor, am 26 Mai 1980, erschien ein erster Bericht über die Forschungsergebnisse der beiden Amerikaner in der Zeitschrift *Sunpapers* in Baltimore. Bis 1985 gab es mehrere Veröffentlichungen von den

Ergebnissen der beiden Amerikaner und sie hielten auch Vorträge. Darunter ein Bericht in der weltweit bekannten und anerkannt seriösen *Washington Post* am 28. Mai 1980, dann in der *Los Angeles Times* vom 1. Juni 1980; im Wissenschaftsmagazin *OMNI* im Oktober 1980 und im April 1982; im *London Daily Telegraph* vom 19. November 1984 und während der Marskonferenzen "The Case for Mars" der Universität in Boulder, Colorado, im April und Mai 1981 und vom 10. bis 14. Juli 1984.[738] Durch diese Aktivitäten von 1980 dürfte auch der *Stern* aufmerksam geworden sein. In Boulder war 1981 auch Richard C. Hoagland anwesend und traf dort erstmals DiPietro and Molenaar. Nach seinen eigenen Worten machte es jedoch nicht "klick" in seinem Kopf und er vergaß die Marsbilder für einige Zeit.[739]

Noch im Jahre 1976 suchte Carl Sagan, mit Hilfe von Studenten, anhand von zahlreichen Marsaufnahmen, nach merkwürdigen und auffälligen Objekten, doch sie fanden nichts – auch nicht das Marsgesicht. Allerdings hatte Carl Sagan schon früher pyramidenartige Strukturen in der Elysium-Region auf dem Mars, aufgenommen von Mariner 9 im Jahre 1972, als merkwürdige Bodenerhebungen angesehen. Später, als ihm die Computerbilder vom Marsgesicht von DiPietro und Molenaar bekannt waren, schrieb er im Juni 1985 im *Parade Magazine*, er "unterstütze nicht die Theorie, dass das Gesicht in Cydonia künstlich errichtet wurde, er habe jedoch nicht genug Beweise dagegen".[740]

Tobias Owen veröffentlichte gemeinsam mit Donald Goldsmith im Jahre 1980 ein Buch mit dem Titel *The Search for Life in the Universe*,[741] doch er erwähnt mit keinem Wort das Marsgesicht, obwohl er über UFO's und Erich von Däniken schreibt. Jedoch in der dritten Ausgabe des Buches von 2001 ist den Autoren das Gesicht dann doch interessant genug zur Veröffentlichung mit einem Bild.

Auch ein anderer amerikanischer Autor, David L. Chandler, gibt in seinem 1979 erschienenen Buch *Life on Mars*[742] die Meinung der Pressesprecher der NASA von 1976 wieder wenn er schreibt: "Einige Stunden später, als sich der Sonnenwinkel und auch das Schattenspiel änderte, zeigte diese Region eine ganz gewöhnliche Struktur, eine flüchtige Illusion."

Im Jahre 1986 formierte sich eine neue "Mars Investigation Group", MIG, an der Universität von Kalifornien in Berkeley. Darunter waren auch der ehemalige amerikanische Astronaut Dr. Brian O'Leary und der vormalige Raumfahrtberater des amerikanischen Präsidenten Dr. David Webb. Das Team kam erneut zu dem Schluss, dass dieses Marsgesicht und die anderen auffälligen Marsstrukturen mit weiteren Raumsonden näher erforscht werden sollen. Von da an war das Marsgesicht der Öffentlichkeit relativ gut bekannt und es ist auch in Hollywood-Filme wie 1986 in "Invasion vom Mars" (eine Neuauflage des alten Films von 1953) und vor allem im Jahre 2000 in "Mission to Mars", eingeflossen.[743]

Nach vielen Anfragen beim JPL, unter anderem durch Protestkundgebungen von Hoagland-Anhängern, hatte sich die NASA 1987 entschlossen – wenn es geht – mit neuen Marssonden das Gesicht näher in Augenschein zu nehmen und das ist auch dann am 5. April 1998 mit der Raumsonde Mars Global Surveyor der Fall gewesen. Das Objekt, das nun unter *popular landform* in den NASA-Webseiten zu finden ist, zeigt wieder die Ähnlichkeit mit einem menschlichen Gesicht, wie das bereits aus den Computeranalysen der Viking-Bilder hervorgegangen ist. Am deutlichsten ist das dann der Raumsonde am 8. April 2001 gelungen, wo mit einer Auflösung von nur 1,86 Metern pro Pixel die Details genauestens zu sehen sind. Später gab es weitere Bilder durch die gleiche Raumsonde und auch von anderen Raumsonden wie dem Orbiter 2001 Mars Odyssey in den Jahren 2002 und 2004, und dem europäischen Mars Express im Jahre 2006, sowie dem NASA Mars Reconnaissance Orbiter im Jahre 2007. Alle Bilder lassen nach wie vor eine verblüffende Ähnlichkeit mit einem menschlichen Gesicht erkennen – auch wenn sich nun herausstellt, dass es doch nur ein merkwürdiger natürlicher Felsen ist. Es ist aber keineswegs nur eine "flüchtige Illusion" und auch kein Bild wie ein "Wolkenspiel", wie das noch immer gelegentlich behauptet wird.

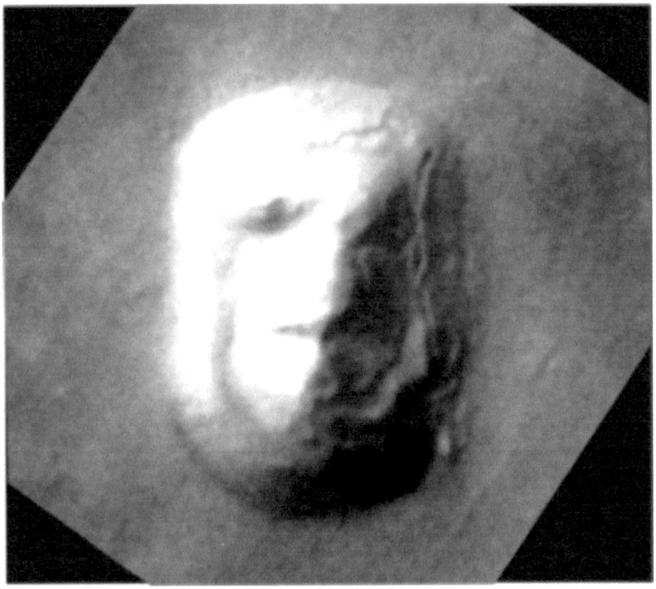

Abb. 107: Das Marsgesicht (Aufnahme vom NASA Orbiter 2001 Mars Odyssey aus dem Jahre 2004).

Donald Goldsmith und Tobias Owen schreiben in ihren Buch aus dem Jahre 2001 über das Marsgesicht: "Das erhaltene Bild zeigt deutlich, dass wir uns mit einem ganz natürlichen Merkmal der Marslandschaft befassen, welches einem menschlichen Gesicht nur ähnlich ist, wenn die Beleuchtungszustände und der Kamerabeobachtungswinkel gerade richtig sind."[744] Und das im Vergleich mit den zunächst schlechten und unbearbeiteten Bildern der Raumsonde Mars Global Surveyor von 1998. Tatsache ist jedoch, dass dieser Berg auf dem Mars in jedem Fall und auch durch künftige Raumsonden eine verblüffende Ähnlichkeit mit einem menschlichen Gesicht unter verschiedenen Sonnenwinkeln von 10 bis 27 Grad (wahrscheinlich auch etwas weniger oder mehr) zeigt.

Der deutsche Geologe Dr. Johannes Fiebag, erklärte zum ersten hochauflösenden Bild von 1998 vom Marsgesicht: "Die im April vom Mars Global Surveyor zur Erde gesandten Fotos der Cydonia-Region auf dem Mars zeigen erstmals seit 1977 wieder das sogenannte 'Gesicht' und die 'Pyramiden'. Auch wenn Detailanalysen noch ausstehen, ergibt sich anhand des neuen Bildmaterials, dass es sich um völlig natürliche Formationen handelt.

Dennoch sollte vermerkt werden, dass hier erstmals überhaupt SETI (Search for Extraterrestrial Intelligences) bzw. sogar SETA (Search for Extraterrestrial Artifacts) von der NASA auf einem anderen Planeten betrieben wurde, wenn auch mit einem negativen Ergebnis."[745]

Im Jahre 1996, kurz vor seinem Tod, schrieb Carl Sagan über das Marsgesicht: "Selbst wenn diese Dinge extrem unwahrscheinlich sind – was, wie ich glaube der Fall ist –, lohnt es sich doch, diese Phänomene zu untersuchen. Im Unterschied zum UFO-Phänomen haben wir hier die Gelegenheit zu einem definitiven Experiment. Diese Art von Hypothese lässt sich falsifizieren, eine Eigenschaft, die sie in die wissenschaftliche Arena bringt. Ich hoffe, dass künftige amerikanische und russische Mars-Missionen, insbesondere Orbitalsonden mit hochauflösenden Fernsehkameras, sich – neben Hunderten anderer wissenschaftlicher Fragen – speziell auch der Aufgabe widmen werden, sich die Pyramiden und das, was manche Menschen das Gesicht und die Stadt nennen, viel genauer anzuschauen."[746] Auch von den pyramidenartigen Strukturen in der Elysium-Region gibt es inzwischen hochauflösende Aufnahmen von den neuen Raumsonden. Auch sie sind mit hoher Wahrscheinlichkeit natürliche geologische Bodenerhebungen.

Es ist nicht richtig, wenn manche Wissenschaftler und Skeptiker sagen, dass Menschen Gesichter sehen wo gar keine sind. Die Natur selbst lässt Strukturen wie menschliche Gesichter entstehen. Oder Menschen schlagen Gesichter in Steine, Felsen und Gebäude. So kann ein menschliches Gesicht auf einer Felswand oder als Berg auf einem anderen Planeten tatsächlich künstlich entstanden sein, ähnlich wie die Gesichter der amerikanischen Präsidenten am Mount Rushmore, in South Dakota, in den USA.

In den Anfängen der Entdeckung hatte die NASA, wie viele bekannte Astronomen, Geologen und andere Wissenschaftler, sowie Presseleute und Fachbuchautoren dieses Gesicht auf dem Mars völlig ignoriert oder nicht ernst genommen – mit Ausnahme von Vincent DiPietro und Gregory Molenaar, die aber in Amerika das gleich Schicksal hatten wie ich in Europa. Für mich war das jedenfalls eine wahre Mars-Odyssee, die über viele Wege rund um die Welt führte und für alle anderen insgesamt damit befassten Personen entsprechend der Vorstellung von Arthur C. Clarke. Das Marsgesicht ist nun ein Beispiel dafür, wie mit einer äußerst merkwürdigen Entdeckung, die auf eine künstliche Herkunft von fremden Intelligenzen hinzuweisen scheint, umgegangen wird: mit Ignoranz, Desinteresse und teilweise auch mit Spott – auch in Kreisen, die der Sache positiv gegenüber stehen sollten. Die NASA fliegt zum Mars, auf der Suche nach Spuren von außerirdischem Leben, und findet es nicht notwendig einer äußerst auffälligen Mars-Oberflächenstruktur mehr Aufmerksamkeit zu schenken. Das war für viele unverständlich. In der Zukunft sollten wir bei solchen oder ähnlichen Entdeckungen vorsichtiger sein und vielleicht doch genauer hinsehen – auch wenn der erste Eindruck ein völlig natürlicher ist.

Das Marsgesicht in der Cydonia-Region ist jedenfalls das erste Objekt außerhalb unserer Erde, das auf wissenschaftliche Weise – fast weltweit – auf ein mögliches Werk von außerirdischen Intelligenzen untersucht wurde. Es gehört damit zur Suche nach Artefakten von außerirdischen Intelligenten, SAETI (Search for Artifacts of Extraterrestrial Intelligences). Ein Begriff, der von mir – in Anlehnung an die bekannte SETI-Forschung – im Jahre 1992 geprägt wurde und der in diesem Bereich künftig einen Stellenwert einnehmen könnte. Die Suche wird jedenfalls weitergehen, auch wenn die Wahrscheinlichkeit einer Entdeckung in dieser Richtung sehr gering sein mag.

Eine prähistorische Superzivilisation?

Ein Stützpunkt von Außerirdischen in der Vorzeit?

Der Mythos Atlantis

Vom griechischen Philosophen Platon (lat. Plato, 427 - 347 v. Chr.) glauben wir zu wissen, dass bereits Jahrtausende vor unserer Zeitrechung eine technische Hochkultur existierte, die Atlantis hieß. Seit fast zweieinhalb Jahrtausenden rätseln Gelehrte, Forscher und Schriftsteller daran herum. Die einen sehen die Erzählung Platons als bloße Allegorie (als ein Gleichnis) an, während die anderen überzeugt sind, dass Atlantis tatsächlich existiert hat. Sie lassen Atlantis immer wieder neu auftauchen, an verschiedenen Orten und zu verschiedenen Zeiten. Tausende Publikationen sind schon in verschiedenen Sprachen veröffentlicht worden – die meisten in den vergangenen hundertsiebzig Jahren. Auch die ursprünglichen Ziele der 1973 gegründeten Ancient Astronaut Society, beinhalteten eine Suche nach einer früheren technischen Hochkultur. Vorwiegend wird dabei die sagenhafte Insel Atlantis ins Spiel gebracht. Teilweise werden auch Hypothesen in Verbindung mit Außerirdischen aufgestellt, die davon ausgehen, dass fremde Besucher aus dem All auf dem vermeintlichen Inselkontinent einen Stützpunkt gehabt haben könnten. Wir müssen aber Platon folgen, um auf den Kern der Überlieferungen zu kommen.

Platon war ein Schüler des Sokrates (470 - 399 v. Chr.) und stammte aus einer vornehmen adeligen Familie. Er widmete sich ganz der Philosophie. Schon in Jugendjahren schrieb er Tragödien und er studierte auch die Lehren des Pythagoras (Pythagoras von Samos 570 - 510 v. Chr.), der Zahl und Maß als das Wesen aller Dinge ansah und der den berühmten pythagoreischen Lehrsatz prägte. Nach mehreren abenteuerlichen Reisen nach Ägypten, Italien und Sizilien, widmete er sich der philosophischen Lehrtätigkeit. Der Kern seiner Lehre sind die "Ideen", die er als die ewigen Urbilder alles Seienden begreift. Seine Anhänger nannten sich "Platoniker" und seine Lehre ist in Gesprächen, in Dialogen dargestellt, von denen 35 erhalten sind. Die für uns wichtige Erzählung von Atlantis schrieb er wahrscheinlich in den Jahren 365 bis 354 v. Chr., im Alter von 62 bis 73 Jahren, in den Dialogen "Timaios" und "Kritias", in seiner "Politeia", nieder.[747]

In der "Politeia" beschreibt Platon einen idealen Staat, und er lässt in einem der Dialoge Kritias den Jüngeren auftreten, der zu Sokrates spricht: "So höre denn, Sokrates, eine gar seltsame, aber durchaus wahre Geschichte, wie sie einst Solon, der weiseste unter den Sieben, erzählt hat. Er war nämlich, wie bekannt, ein Verwandter und Vertrauter Freund meines Urgroßvaters Dropides, wie er auch selber wiederholt in seinen Gedichten sagt; meinem Großvater Kritias aber erzählte er bei irgendeiner Gelegenheit, wie es dieser als Greis wiederum mir mitteilte, dass es viele vor alters von unserem Staat vollbrachte bewundernswürdige Taten gebe, welche durch die Länge der Zeit und den Untergang der Menschheit in Vergessenheit geraten waren;.." (Tim. 20e).

Kritias der Jüngere verweist darauf, dass es "im ganzen neuntausend Jahre her sind", als "vor der Mündung", die ihr (die Griechen) "Säulen des Herakles" nennt (die heutige Strasse von Gibraltar), eine Insel lag, die "größer als Libyen und Kleinasien zusammen" war. Damals sei eine atlantische Streitmacht in Griechenland eingefallen, die erfolgreich abgewendet werden konnte. Das sei eine grandiose Tat der Griechen gewesen, weil Atlantis ein mächtiges Reich war und eine große Streitmacht hatte. Später, vor 9000 Jahren, soll die

Insel Atlantis durch "gewaltige Erdbeben und Überschwemmungen... während eines schlimmen Tages und einer schlimmen Nacht... im Meere" untergegangen sein (Tim. 25d). Libyen und Kleinasien zusammen, in der damals bekannten Welt der Griechen, entsprechen dem heutigen Nordafrika.

Angeblich soll die Überlieferung auf Solon zurückgehen, der von 639 bis 559 v. Chr. gelebt hat und der angeblich von der Atlantis-Erzählung in Ägypten, in der Stadt Sais, gehört hat, wie Kritias im Timaios (21e) berichtet. Solon besuchte dort und später in Heliopolis vermutlich im Jahre 571 v. Chr. die ägyptischen Priester. Anschließend fuhr er nach Zypern, zur Stadt Sardis in Kleinasien und kam wahrscheinlich im Jahre 561 v. Chr., im Alter von 78 Jahren, nach Athen zurück. Er müsste dann in seinen letzten zwei Lebensjahren, die er in Zurückgezogenheit verbracht haben soll, die Geschichte über Atlantis seinem nicht viel jüngeren "Verwandten und vertrauten Freund" Dropides weitererzählt haben. Dropides seinerseits müsste in seinen letzten Lebensjahren die Geschichte an Kritias dem Älteren, der noch in den Knabenjahren war (etwa 559 - 539 v. Chr.), weitergegeben haben. Kritias der Ältere wiederum, behielt die Geschichte etwa 80 Jahre lang für sich, bis er sie (um 459 v. Chr.) seinem "ungefähr zehn Jahre alten" (Tim. 21b) Enkel Kritias dem Jüngeren weitererzählte. Darauf folgte ein weiteres Schweigen von ungefähr 94 Jahren, bis Platon zwischen 365 und 354 v. Chr. die Atlantis-Erzählung endgültig schriftlich niederlegte. So jedenfalls die Meinung der meisten Atlantisforscher.

Mit Recht weisen daher Skeptiker auf die Unwahrscheinlichkeit dieser Überlieferung von betagten Greisen auf Kinder hin und schenken der ganzen Geschichte um Solon keinen Glauben. "Wer wird ernstlich glauben, dass Platon wirklich Aufzeichnungen vorlagen, die Solon mehr als 200 Jahre vor der Niederschrift des Kritias aus Ägypten mitgebracht hat?", meinte schon 1973 Prof. Dr. E. Otto. "Der Besuch Solons in Ägypten ist von ägyptischer Seite nicht nachweisbar. Ein Bericht wie der Platos in seiner Mischung historischer und mythischer Züge widerspricht der wohlbekannten ägyptischen Geschichtsschreibung".[748]

Solon selbst soll die Atlantis-Erzählung von einem alten Priester aus der Stadt Sais (Tim. 21cd, 22b) haben, den der griechische Geschichtsschreiber Plutarch (um 50 bis um 125 n. Chr.) Sonchis nennt. Plutarch selbst, der angibt Solon habe ein großes Werk über Atlantis begonnen jedoch später dieses wieder aufgegeben, bezeichnet die Atlantis-Erzählung als Geschichte oder Fabel.[749] Die Glaubwürdigkeit dieser Mitteilung kann schon deshalb angezweifelt werden, weil Plutarch mehr als 400 Jahre nach der Niederschrift der Timaios-Kritias-Dialoge und mehr als 600 Jahre nach der Ägyptenreise Solons lebte. Die Geschichte von den Erzählungen der Sais-Priester scheint von Platon selbst erfunden worden zu sein. Er war 20 Jahre vor der Niederschrift des Timaios-Kritias (etwa um 355 v. Chr.) selbst in Ägypten und wusste von den dortigen Priestern. Andererseits "existieren die Beweise für einen ägyptischen, solonischen oder einen anderen unabhängigen Ursprung für Platons Geschichte praktisch nicht".[750]

Der griechische Geschichtsschreiber Herodot (um 490 bis um 425 v. Chr.) war auf seinen Reisen schon lange vor Platon in Ägypten und sprach auch mit den Sais-Priestern. Er berichtet in seinen Aufzeichnungen jedoch nichts über Atlantis. Ebenso weiß der griechische Geschichtsschreiber Thukydides (um 460 bis nach 400 v. Chr.) nichts von irgendwelchen Erzählungen über Atlantis. Auch der griechische Redner Isokrates (436 - 338 v. Chr.) berichtet in seinem "Panathenaikos" und auch sonst nichts über Atlantis, obwohl er wiederholt von den früheren Feinden der Athener schreibt. "Kurz gesagt", meinte der amerikanische Historiker Prof. J. Rufus Fears (1945 - 2012), "Isokrates zeigt, dass Platons Zeitgenossen von keiner Atlantis-Tradition wussten und dass sie des Weiteren seine

Atlantis-Geschichte als die poetische Erfindung erkannten, die sie war".[751] So wusste auch schon Platons Schüler Aristoteles (384 - 322 v. Chr.). der fast 20 Jahre der Akademie Platons angehörte, zu berichten, dass Platon die Insel Atlantis selbst aus dem Meer gehoben habe, um sie anschließend darin wieder versinken zu lassen. Beleg dafür sind die exakten Schilderungen Platons selbst über das Inselreich Atlantis.

Als die Götter die ganze Erde durch das Los in Besitz nahmen, fiel dem griechischen Meeresgott Poseidon – wie Kritias der Jüngere berichtet – die Insel Atlantis zu. Dort siedelte der Gott seine Nachkommen an, die er mit einem sterblichen Weib zeugte. Die Insel beschreibt Platon folgendermaßen: "Am Meere, etwa in der Mitte der ganzen Insel, lag eine Ebene; man sagt sie sei die schönste aller Ebenen gewesen und von reichlicher Fruchtbarkeit. Am Rande dieser Ebene, etwa fünfzig Stadien gegen das Innere der Insel zu, erhob sich ein durchweg niedriges Gebirge" (Krit. 113c). Die Ebene bildete "im großen und ganzen ein lang gestrecktes Rechteck; wo die Seiten nicht gerade verliefen, waren sie durch einen Graben, den man ringsum ausgehoben hatte, gerade gerichtet. Ein Phletron tief wurde der Graben ausgehoben; seine Breite betrug überall ein Stadion, und da er rings um die Ebene herumgezogen war, ergab sich eine Länge von zehntausend Stadien". Die ganze Ebene hatte also einen Umfang von zehntausend Stadien und sie enthielt Kanäle, in denen das Wasser von den Bergen aufgefangen und ins Meer geleitet wurde. Diese Kanäle waren "in gerader Richtung von etwa hundert Fuß Breite in die Ebene geschnitten, die in der Gegend des Meeres wieder in den (großen) Graben mündeten und voneinander hundert Stadien entfernt waren" (Krit. 118cde).

Aus diesen Angaben können wir ganz genau die Größe der Ebene von Atlantis rekonstruieren. Die Stadie (Stadium) ist ein altes griechisches Wegmaß und war früher 160 Meter und später (z.B. bei den olympischen Spielen) 192 Meter lang – also im Durchschnitt 176 Meter: allgemein wird sie jedoch mit 184 Metern angegeben. Demnach war die Ebene mit einer Länge von 3000 Stadien, einer Breite von 2000 Stadien und einem Umfang von 10.000 Stadien, ungefähr 552 Kilometer lang und 368 Kilometer breit.

Im Süden, am Ende in der Mitte der Ebene, zum Meer zu, lag die Mutterstadt von Atlantis, die Kritias der Jüngere folgendermaßen beschreibt: "Zunächst überbrückten sie die Wasserringe um die alte Mutterstadt herum und bahnten damit einen Weg nach außen und zurück zum Königspalast. Sie gruben vom Meer aus einen Durchstich von drei Phletren in der Breite, hundert Fuß in der Tiefe und fünfzig Stadien (50) in der Länge bis zum äußersten Ring und bahnten auf diesem Wege aus dem Meer zu ihm eine Einfahrt wie zu einem Hafen, wobei sie die Einmündung weit genug öffneten, dass auch die größten Schiffe einlaufen konnten." Die anderen Ringe durchbrachen sie, "und zwar so weit, dass eine einzelne Triere von einem Wasserring in den anderen hindurch fahren konnte, und überdachten den Durchgang." Vom Meer aus zugängig war der größte Gürtel; "er maß drei Stadien (3) in der Breite, und der anschließende Erdgürtel war ebenso breit (3) und von den beiden nächsten war der Wasserring zwei Stadien (2) breit und der trockene wiederum gleich wie der flüssige davor (2); ein Stadion (1) schließlich maß der Ring, der in der Mitte unmittelbar um die Insel herumlief. Die Insel, auf der sich der Königspalast befand, hatte einen Durchmesser von fünf Stadien (5). Diese Insel und die Ringe um die Brücke, deren Breite eine Phletre betrug, umgaben sie von beiden Seiten mit einer steinernen Mauer und errichteten auf den Brücken Türme und Tore, überall dort, wo vom Meer her die Durchgänge waren" (Krit.115c - 116a;). Zum besseren Verständnis habe ich die Zahlen eingefügt. Eine Triere (Trireme, Dreiruderer) war ein Schiff mit drei Reihen von Rudern an beiden Seiten. Eine Phletre (Phletron) entsprach dem sechsten Teil einer Stadie (Stadium), also ungefähr 30 Metern.

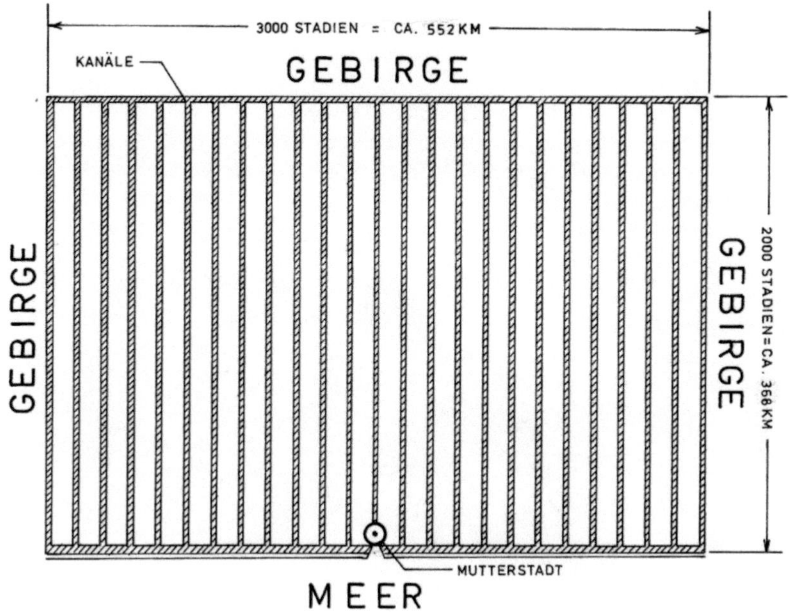

Abb. 108: Die Ebene von Atlantis nach Platon.

Daraus können wir genau die Größe der Mutterstadt von Atlantis errechnen, die einen Durchmesser von 127 Stadien hat (50 + 3 + 3 + 2 + 2 + 1 + 2,5 x 2 = 127) also umgerechnet etwa 23,3 Kilometer. Platon lässt Kritias den Jüngeren berichten, dass die Bauten der mittleren Insel zum Teil farbig und zum anderen mit verschiedenen Steinsorten "in bunten Farben, aus lauter Spielereien" gestaltet waren. Die Mauer, die um den äußeren Ring herumlief, war "in ihrem ganzen Umkreis" mit Erz umkleidet, die innere Mauer mit Zinn und diejenige um die Burg in der Mitte mit Goldkupfererz überzogen. Der Tempel des Poseidon, im Innern der Burg, der ein Stadion lang und drei Phletren breit war, hatte ein etwas barbarisches Aussehen und darin waren goldene Bildsäulen aufgestellt und der Gott als Wagenlenker mit sechs geflügelten Rossen. Das Standbild war so groß, dass es die Decke berührte und es war umgeben von hundert Nereiden, auf Delphinen reitend (Krit. 116e).

Dieses phantastische Reich, diese wundersame Insel, hat als einer der ersten in der Neuzeit der amerikanische Zeitungsverleger und Politiker Ignatius Donelly[752] zu entdecken versucht. Er hatte im Jahre 1882 eine Welle von Atlantisforschungen ausgelöst und war der Meinung, dass "es einst im Atlantischen Ozean gegenüber der Mittelmeermündung eine große Insel gab, die der Überrest eines atlantischen Kontinents im Altertum" war. Donelly interpretierte die Ähnlichkeiten der Bauten diesseits und jenseits des Atlantiks als Hinweis auf einen gemeinsamen Ursprung auf Atlantis. Schon der neugriechische Schriftsteller I. Kampanakis zeichnete die Insel Atlantis als versunkenen "Brückenkontinent" zwischen der Alten und der Neuen Welt. Der Enkel des Troja-Entdeckers Heinrich Schliemann, Paul Schliemann, veröffentlichte im Jahre 1912 eine Karte, worauf Atlantis auf dem Delphin-Rücken, der mittelatlantischen Schwelle am Ozeanboden, zu sehen ist. Der Jesuitenpater Athanasius Kircher (1602 - 1680), entwarf in seiner *Mundus subterraneus*, im Jahre 1665, eine Skizze mit der "Insula Atlantis", die etwa dort liegt, wo sich die heutigen Azoren-Inseln befinden. Auch der Wiener Techniker Otto Muck[753] (1882 - 1956) war einer der bedeutendsten Atlantisforscher, der in den fünfziger Jahren des 20. Jahrhunderts ebenfalls die Azoren-Hypothese befürwortet hat. Tatsächlich kommt dieser Ort der Schilderung Platons am nächsten.

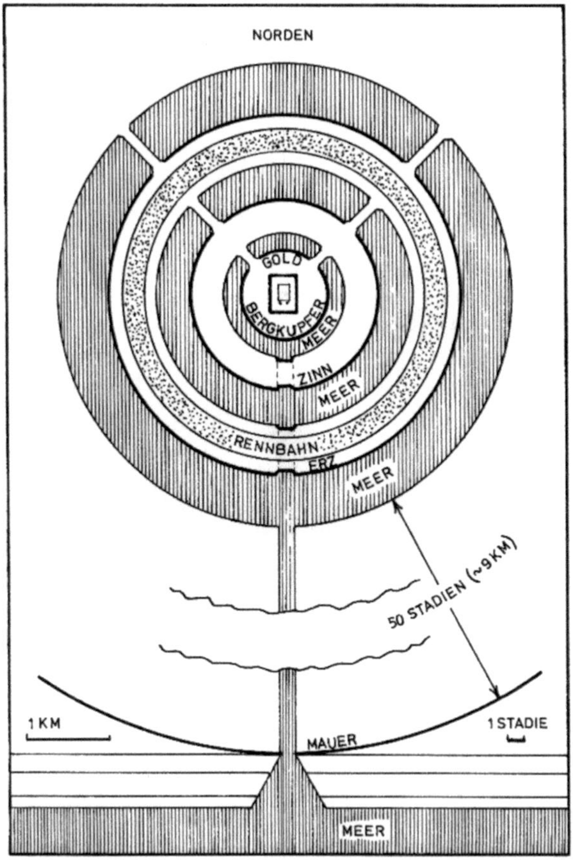

Abb. 109: Die Mutterstadt von Atlantis nach Platon.

Der schottische Journalist, Dichter und Okkultismus-Forscher Lewis Spence (1874 - 1955) vertrat 1925 in seinem Buch *Atlantis in America*[754] die Meinung, dass der sagenhafte Kontinent aus mehreren Inseln bestand, wobei die größte nahe bei Amerika, im heutigen Gebiet der Antillen lag. Der Spanier Francisco López de Gómara[755] (1511 - 1566) sah schon im Jahre 1553, bald nach der Entdeckung Amerikas durch Kolumbus im Jahre 1492, den Kontinent als "das ganze gegenüberliegende Festland" (Tim. 24e) an, auf das man laut Platon von Atlantis aus "hinübersetzen" konnte. Auch andere wie Charles Berlitz folgten dieser Ansicht, der dort auch das mysteriöse "Bermuda-Dreieck" sieht, wo seiner Meinung nach immer wieder Schiffe und Flugzeuge auf rätselhafte Weise verschwunden sind. Berlitz kam 1974 in seinem Buch *The Mystery of Atlantis* (deutscher Titel *Das Atlantis-Rätsel*)[756] zur Ansicht, dass "die Bahamas, Kuba und Florida vor dem Ende der letzten Eiszeit, ehe die Ozeane nach dem Schmelzen des Polareises anstiegen, eine Landmasse waren". Angeblich sollen bei den Bimini-Inseln untermeerische Ruinen existieren, die auf Atlantis hinweisen. Diese sind jedoch ganz offensichtlich natürlichen Ursprungs. Es sind klassische, kissenförmige Gesteinsbildungen aus Strandablagerungen.

Fast überall wo in den vergangenen hundert Jahren Ruinen auf einer Insel oder in Meeresnähe gefunden wurden, wurde sofort auf Atlantis getippt.[757] Der deutsche Archäologe Adolf Schulten[758] (1870 - 1960) identifizierte Spanien mit Atlantis, wobei die heutige Stadt Gadiz, in Portugal, das frühere Tarschisch oder Tartessos, die Mutterstadt von Atlantis, "die wahre Poseidonis", gewesen sein soll. Die frühere Direktorin der Anglo-Ibero-Amerikanischen Schule für Archäologie, Elena Maria Wishaw (1857 - 1937), meinte 1928 in ihrem Buch *Atlantis in Andalusia*,[759] dass unter den Strassen von Sevilla möglicherweise das alte Tartessos begraben liegt. Dort hat sie in neun Meter Tiefe, Ruinen eines alten Tempels ausgegraben. Frau Wishaw sah Tartessos aber lediglich als Kolonie von Atlantis an.[760]

In den fünfziger Jahren des vergangen Jahrhunderts hatte der norddeutsche Pastor Jürgen Spanuth (1907 - 1998) einigen Staub aufgewirbelt, als er 1953 in seinem Buch *Das enträtselte Atlantis*[761] die Meinung vertrat, die Mutterstadt von Atlantis lag auf der Nordseeinsel Helgoland, nahe der Küste von Schleswig-Holstein. Die "Basileia die einen Halbmesser von 50 Stadien (= 9,2 km), also einen Durchmesser von 100 Stadien (18,4 km) hatte, passt genau in das Gebiet zwischen dem Felsmassiv von Helgoland und dem alten Flusslauf der Hever", so Spanuth. Mit Basileia ist die Mutterstadt von Atlantis gemeint.

Während einige glaubten Atlantis lag in Italien, in Südafrika, Nordafrika und sogar auf Ceylon, suchten andere nach möglichen Vorbildern der Atlantis-Erzählung im Raum der Ägäis. Dort hat sich zwischen 1450 und 1500 v. Chr. eine gewaltige Naturkatastrophe ereignet, die fast eine ganze Insel untergehen ließ – es betraf die Insel Thera bzw. Santorin. Ein gewaltiger Vulkanausbruch hatte damals die Insel fast komplett zerstört, sodass heute nur noch ein Fragment der früheren Insel zu sehen ist. Die Vertreter dieser Theorie, wie der griechische Seismologe A. G. Galanopoulos und der britische Archäologe Edward Bacon[762] (1906 - 1981), sowie der griechische Archäologe Spyridon Marinatos (1901 - 1974), und der amerikanische Professor für Klassische Studien an der Universität Indiana, Edwin S. Ramage,[763], und der irische Historiker John V. Luce,[764] (1920 - 2011), gingen davon aus, dass sich Platon bei seiner Zahlenangabe geirrt habe, und sich die Atlantiskatastrophe in Wirklichkeit 900 und nicht 9000 Jahre vor der Niederschrift seiner Dialoge Kritias und Timaios ereignet habe. Der griechische Philosoph habe die ägyptischen Quellen, worauf die Atlantis-Erzählung angeblich zurückgehen soll, falsch interpretiert. Die Insel Thera bzw. Santorin sei mit Atlantis gleichzusetzen, so die Anhänger dieser Theorie.

Alle diese Theorien haben sich aber auf die eine oder andere Weise in Luft aufgelöst. Eine Insel bzw. ein Kontinent der den Angaben Platons entsprechen würde ist bis heute nicht gefunden worden und es gibt starke Indizien dafür, dass dieser auch niemals gefunden wird. Man kann dem griechischen Philosophen, der sich mit der Mathematik eines Pythagoras auseinandergesetzt hat, nicht unterstellen er habe falsche Zahlen angegeben. Er hat genau gewusst warum und wie er seine Daten anwendet. Platon schöpfte aus der iranischen Weltlehre wonach "sich die Welt vor 9000 Jahren materialisierte und dann ein paradiesischer Zustand herrschte. Nach iranischer Vorstellung vergingen 3000 Jahre bis zur Katastrophe und zur Vernichtung der ersten Welt. Platon hingegen drückt sich nicht so präzise aus. Er spricht von vielen Menschenaltern eines paradiesischen Zustandes, dem eine allmähliche Verschlechterung folgte, die schließlich den Untergang herbeiführte".[765]

Paradiesische Zustände und längst vergangene Zeiträume spielen sich bei Platon in einigen Jahrtausenden und nicht in wenigen Jahrhunderten ab. Das zeigt auch seine Bemerkung im Timaios (22d), wonach "die veränderte Bewegung der die Erde umkreisenden Himmelskörper" die lange zurückliegenden Ereignisse um Atlantis belegen soll. Er meint also eindeutig 9000 Jahre, genau 9354 bis 9365 v. Chr., ausgehend von der Niederschrift seiner beiden Dialoge.

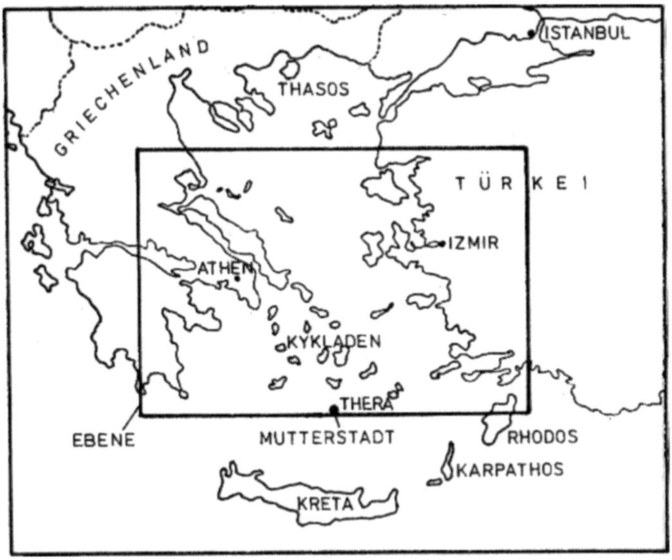

Abb. 110: Die Ebene von Atlantis nach Platon mit Thera als Mutterstadt.

Bei Platon ergibt sich auch die Unstimmigkeit, dass Athen vor 9000 Jahren entstand, hingegen Ägypten erst vor 8000 Jahren (vgl. Tim. 23e und Krit. 108e), jedoch der Krieg zwischen Athen und Atlantis vor 9000 Jahren ausgebrochen sei. "Mit dieser letzten Angabe würde sich der langandauernde paradiesische Urzustand beider Staaten fast auf Null reduzieren; außerdem aber hätte ein Untergang von Atlantis vor 9000 Jahren kaum zur

Kenntnis der Ägypter kommen können, weil sich diese – nach Platon – erst tausend Jahr später konstituiert haben!"

Atlantis ist also ganz offensichtlich eine reine Erfindung Platons; davon gehen heute die meisten Historiker und Archäologen aus. Der Name "Atlantis" stammt von Platon selbst. Es gibt ein altes vorgriechisches Wort "antlos", was das "spritzende, bewegte (Meer-) Wasser" bedeutet und das vorhellenisch sein dürfte. Wenn man daraus die Wortform "antl-ant" macht, kann das bald zu "atlant" werden, weil sich die beiden "n" gegenseitig stören, wie das Wort "lanterna", das zu "laterna" wurde. Daraus ergibt sich dann zwangsläufig, dass Atlantis die Insel ist, die "im spritzenden Meerwasser steht". Das "spritzende Meerwasser", der "Okeanos", war das damals die gesamte Welt umspannende Meer: das "atlantische Meer", wie Karten aus dieser Zeit um 500 v. Chr. (z.B. des Hekataios) zeigen. In diesen Karten sind auch eindeutig die "Säulen des Herakles" an der Stelle der heutigen Strasse von Gibraltar eingezeichnet.

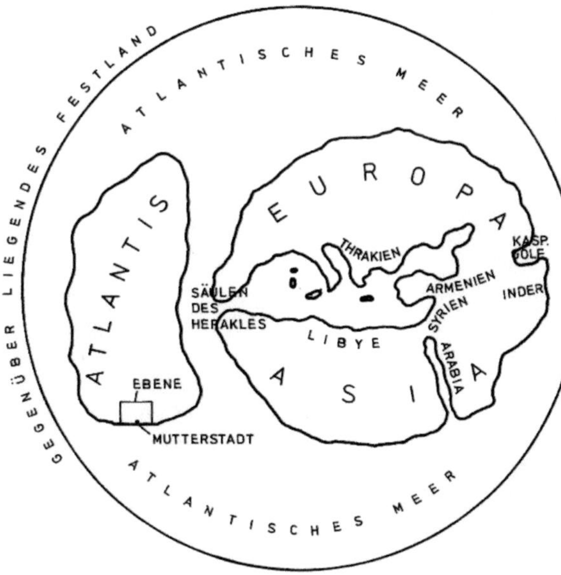

Abb. 111: Atlantis und die griechische Welt um 500 v. Chr. nach Hekataios.

Die Lage hat Platon ganz deutlich angegeben mit "vor den Säulen des Herakles", der heutigen Straße von Gibraltar. Also im "Okeanos" etwa dort, wo sich heute die Azoren befinden. Atlantis lag also nicht gegenüber und auch nicht "jenseits der Säulen des Herakles"[766] und auch nicht an den anderen von den Atlantis-Forschern angegebenen Orten außerhalb des Atlantiks. Im Griechischen (Altgriechischen), in der Sprache in der die beiden Dialoge Kritias und Timaios verfasst worden sind, heißt es nämlich deutlich *pro toi stomatoz*, was übersetzt "VOR der Mündung" heißt, die ihr (die Griechen) "Säulen des Herakles" nennt.[767] Platons Atlantis lag also eindeutig im heutigen atlantischen Ozean: VOR den Säulen des Herakles.

Im Jahre 2003 machte der Geoarchäologe Eberhard Zangger[768] erneut einiges Aufsehen mit seiner Theorie, wonach Troja das sagenhafte Atlantis gewesen sein soll. "Wenn man sich einfach nur auf die Idee einlässt, dass Troja Atlantis sein könnte, dann bedeutet das, dass Platons Beschreibung der Stadt uns jede Menge Anregungen liefert, wie Troja ausgesehen haben könnte. Und demnach muss Troja ganz anders ausgesehen haben, als man sich das bisher vorgestellt hat. Es muss eine größere Stadt gewesen sein, die sich ausdehnte weit in die Ebene hinein. Und dort in der Ebene von Troja unter dem Auelehm (fein körnige, sandig-lehmige, teils geschichtete Boden-Ablagerung von Lockermaterial, Anm. v. Autor) liegt ein größerer Teil dieser Stadt noch verborgen, einschließlich der Hafenanlagen, der technischen Einrichtungen, der Pferderennbahn und so weiter", meint Zangger.

Die Stadt, die in der Ilias von Homer (etwa 800 v. Chr.) deutlich beschrieben wird, war bereits 3000 v. Chr. besiedelt. Ausgrabungen haben verschiedene Besiedelungsphasen ergeben. Die erste etwa 2950 bis 2250 v. Chr., die zweite von 2550 bis 2200 v. Chr., die dritte bis fünfte von 2200 bis 1700 v. Chr. und weitere bis 1000 v. Chr., wobei diese in die späte Bronzezeit und die Eisenzeit fallen. Auch später wurde Troja bis in die römische Zeit und ins frühe Mittelalter teilweise besiedelt. Die Ausgrabungen haben ergeben, dass die Stadt um 1700 bis 1200 v. Chr. ihre größte Ausdehnung von ca. 50.000 Quadratmetern erreichte, bis sie um die Wende vom 13. zum 12. Jahrhundert v. Chr. unterging – entweder durch Erdbeben oder durch Eroberung. Die Verfechter der Atlantis-Troja-Theorie verdrehen auch hier die Tatsachen und meinen, die Ägypter hätten in Mondjahren zu je 30 Tagen gerechnet und so kommt man auf die Blütezeit von Troja um 1200 v. Chr. (9000 x 30 = 270.000 : 365 = 739,7 + 365 oder 354 (Zeit der Niederschrift durch Platon) = 1104 bis 1093 v. Chr. Obwohl die Rechnung nicht ganz aufgeht und sie schon deshalb unwahrscheinlich ist, kann auch Troja nicht mit den Schilderungen Platons über Atlantis gleichgesetzt werden. Platon meinte ganz deutlich 9000 JAHRE und nicht Monate, und dies aus gutem Grund, wie wir schon gesehen haben.

Im Frühjahr 2011 gingen einige Meldungen durch die internationale Presse, wonach amerikanische Forscher der Universität von Hartfort in Connecticut glauben, das legendäre Atlantis gefunden zu haben. Auf Satellitenaufnahmen haben die Forscher eine vermutlich überspülte Stadt nördlich von Cadiz in Spanien, im Sumpfgebiet des Dona Ana Parks, gefunden. Vermutlich ist die Stadt vor tausenden von Jahren von einem Tsunami überspült worden. Das Gebiet hatten die Forscher zwei Jahre lang mit Tiefenradar, digitaler Kartierung und Unterwassertechnologie untersucht. Prof. Richard Freund erklärte der Presse gegenüber, warum er glaubt, dort das Herrschaftsgebiet von Atlantis gefunden zu haben. Es gebe eine Reihe von "Gedenkstätten" in Zentralspanien, die dem Bild von Atlantis entsprächen und die von den Flüchtlingen nach der wahrscheinlichen Zerstörung von Atlantis durch den Tsunami erbaut worden seien. Sie passen angeblich zu den Beschreibungen Platons. Tsunamis seien in dieser Region seit Jahrhunderten dokumentiert. Prof. Freund und sein Team gaben auch bekannt, dass erst kürzlich 2800 Jahre alte Ruinen in der Gegend entdeckt worden sind und ein in Stein gemeißeltes Bild eines angeblichen atlantischen Kriegers. Am 13. März 2011 brachte auch der Fernsehkanal National Geographic einen Bericht über diese Entdeckungen.[769]

Schon am 6. Juni 2004 veröffentlichte BBC-Online einen Bericht über diese Satellitenbilder, die Atlantis zeigen sollen.[770] Dr. Rainer Kühne, Physiker an der Technischen Universität Dortmund, meinte dazu, dass diese Region an der spanischen

Küste durch eine Flut 800 und 500 v. Chr. zerstört wurde. Auf den Satellitenaufnahmen sollen konzentrische Ringe zu sehen sein wie sie Platon beschrieben hat. Es ist aber wieder wie bei allen angeblichen Atlantis-Entdeckungen: sie passen nicht zu den Schilderungen Platons. Eine Suche mit Google Earth zeigt eine ganz gewöhnliche geologische Struktur an der angegebenen Stelle bei Marisma de Hinojos auf 36°57'59.99"N 6°26'58.98"W. Legt man die von Platon angegebene rechteckige Ebene von Atlantis mit ihrer Ausdehnung von 552 mal 368 Kilometer über eine Landkarte die Spanien zeigt, mit Cadiz als der Mutterstadt, dann sind die Widersprüche offensichtlich: dort kann Atlantis nicht gelegen haben!

Abb. 112: Die Größe der Ebene von Atlantis mit Cadiz als Mutterstadt.

Im Jahre 2009 tauchten Bilder vom angeblichen Meeresboden im Atlantik, etwa 700 Kilometer südwestlich von Madeira, im Internet auf, die seltsame Linien in Rechteckform zeigen, und die entfernt wie Reste von alten Ruinen aussehen. Der britische Luftfahrtingenieur Bernie Bramford hatte sie über Google Earth entdeckt und gemeint, das könnten vielleicht die versunkenen Bauwerke von Atlantis sein. Ein angeblicher Experte für Archäologie und Atlantis, Dr. Charles Orser, bezeichnete die Bilder gegenüber der Boulevardzeitung *The Sun* als "faszinierend" und meinte, der Ort "verdient eine nähere Betrachtung".[771] Die genauen Koordinaten sind 31°21'16.75"N und 24°23'25.15"W.

Diverse Nachforschungen von Internet-Usern haben jedoch ergeben, dass es sich um Spuren von Sonarschreibern auf Schiffen handelt, die in den digitalisierten Bildern von Google Earth aufgetaucht sind. Die Spuren hat das Schiff hinterlassen, das im Atlantik hin und her gekreuzt ist. Google selbst spricht von Datenfehlern. Der Atlantik ist dort etwa 3000 Meter tief und der Meeresboden in diesem Bereich seit mindestens einer Million

Jahren weitgehend unverändert.[772] Der Atlantik-Rücken erstreckt sich in S-Form von Norden nach Süden entlang dem mittleren atlantischen Ozean. Er ist die Folge der Kontinentaldrift seit 200 Millionen Jahren. Im Atlantik hat es niemals eine größere Landmasse gegeben. Die Azoren sind kleine Vulkaninseln, die vor 20 bis 150 Millionen Jahren entstanden sind. Sie haben zusammen eine Landmasse von 2330 Quadratkilometern und sind überhaupt nicht mit Atlantis vergleichbar. Auch hier zeigt eine Überlagerung der Atlantis-Ebene, die nach Platon eine Fläche von 203.136 Quadratkilometern hat, deutlich die Widersprüche. Dabei handelt es sich nur um die Ebene, insgesamt war Atlantis nach Platon so groß wie Kleinasien und Lybien zusammen, was – wie schon erwähnt – dem heutigen Nordafrika entspricht.

Man könnte auch den antiken Hafen von Karthago, in Nordafrika, nahe der heutigen Stadt Tunis, mit dem Hafen der Mutterstadt von Atlantis nach Platon vergleichen. Dieser hatte eine lange, rechteckige Einfahrt, als Handelshafen und einen kreisrunden Innenhafen, als Kriegshafen mit Trockendocks für ca. 350 Schiffe im Süden der Stadt. Es waren Trieren (Triremen), "Dreiruderer", wie sie auch in Platons Atlantis-Erzählung erwähnt werden. Karthago entwickelte sich im 4. und 3. Jahrhundert v. Chr. zur reichsten Stadt im Mittelmeerraum mit bis zu 400.000 Einwohnern. Es gab einen Apollo-Tempel, einen Äskulap-Tempel, einen Juno-Tempel und einen Saturn-Tempel.

Abb. 113: Der Hafen von Karthago hatte eine Ähnlichkeit mit Platons Mutterstadt von Atlantis.

Die Stadt wurde um 814 v. Chr. gegründet und durch mehrere "punische" Kriege von den Römern zerstört. Letztendlich unterwarfen sich im Jahre 146 v. Chr. die Bewohner den Römern und dienten ihnen als Sklaven. Obwohl ein Vergleich mit Atlantis verlockend wäre, gibt es auch hier keine nennenswerten Übereinstimmungen mit den Angaben Platons.[773]

Man kann es drehen und wenden wie man will: Atlantis hat es nie gegeben – außer in der Phantasie Platons. Jeder Versuch der Atlantislegende einen historischen Hintergrund zu geben ist zum Scheitern verurteilt. Die Fakten sprechen für sich. Dennoch wird das in Berichten, Artikeln und auch in TV-Dokumentationen über Atlantis nicht deutlich ausgesprochen. Die Leser und Zuseher sollen "bei der Stange gehalten werden" – und natürlich auch die Bücher kaufen. Es sind die "Geschäfte mit der Phantasie" nach Pieter Coll.[774] Das ist auch legitim in Romanen, in der Belletristik; in der Sachbuchliteratur aber und allgemein in wissenschaftlichen Publikationen sollte es dafür keinen Platz geben.

Die Geschichte von Atlantis nach Platon ist so phantastisch und faszinierend, dass sie wahrscheinlich auch weiterhin immer wieder als Stoff für Bücher und Filme aufgegriffen wird. Es ist wie bei den Romanen "Utopia" verfasst im Jahre 1516 von Thomas Morus und "Nova Atlantis" von Francis Bacon aus dem Jahre 1627,[775] die ebenfalls einen glückseligen Zustand eines Staates beschreiben und die Platon als Vorbild genommen haben.

Der französische Schriftsteller Voltaire (1694 - 1778) bemerkte später, dass man Atlantis hätte erfinden müssen, wenn es nicht Platon schon getan hätte. Es wird wohl auch weiterhin immer wieder einige geben, die glauben, dass in Platons Atlantis doch noch ein Körnchen Wahrheit steckt – historisch werden sie aber enttäuscht werden. Atlantis ist eine Erzählung mit Gleichnissen und Erfahrungen aus der damals bekannten Welt der Griechen. Platon hatte einen Idealstaat erdacht an dem er aber letztlich scheiterte. Er hat seine Erzählung im Jahre 354 v. Chr. plötzlich abgebrochen und nicht mehr fortgesetzt – vermutlich nach dem gewaltsamen Tod seines geistigen Ziehsohnes Dion.

Andere Spuren einer prähistorischen Hochkultur?

Wenn Atlantis nicht als Ort einer prähistorischen Superzivilisation oder eines Stützpunkts von Außerirdischen in Frage kommt, kann es irgendwo anderes auf der Erde Spuren einer vor Jahrtausenden existierenden höheren technischen Kultur geben? Grundsätzlich ist das nicht unmöglich. Doch wo sind die Indizien, wo die Beweise? Die bisher von den Archäologen gefundenen Spuren von prähistorischen Siedlungen reichen bis in die Zeit vor 30.000 Jahren zurück. Im Jahre 1962 stieß Alexander Marshack, Forschungsbeauftragter am Peabody-Museum von Havard, auf "eine ovale Platte aus Geweih, die man in der Dordogne, in Frankreich gefunden hatte", und auf der "eine Schlangenlinie aus 69 sich deutlich voneinander unterscheidenden Zeichen zu sehen"[776] ist. Durch mikroskopische Untersuchungen der Zeichen (Punkte) kam Marshack zu dem Schluss, dass sie den Verlauf der Mondphasen darstellen, also einen 34.000 Jahre alten Mondkalender. Das zeigt, wie die Menschen schon vor Jahrtausenden mit den Himmelskörpern verbunden waren.

Die frühen Menschen der Gattung Homo sapiens hatten auch schon feste Hütten gebaut. In Dolni Véstonice (Unter-Wisternitz), in der ehemaligen Tschechoslowakei, heute getrennt in Tschechien und Slowakei, fanden Archäologen Reste eines 27.000 Jahre alten Dorfes: "Auf einem Grashügel mit ein paar vereinzelten Bäumen befand sich eine Siedlung, die aus fünf Hütten bestand."[777] Die größte dieser Hütten war "etwa 15 Meter lang und 6 Meter breit", und darin befanden sich "fünf flache Feuerstellen". Auch in Sibirien konnten Archäologen der ehemaligen Sowjetunion "bis zu 30.000 Jahre alte Wohnstätten von Menschen nachweisen". Mehr als menschliche Siedlungen mit einfachen Holzhütten sind aus dieser Zeit auf unserer Erde nicht gefunden worden. Die Menschen damals benutzten natürlich schon das Feuer und waren in der Handhabung sehr fortgeschritten. Sie stellten auch Waffen und Werkzeuge aus Tierknochen und Steinen her. In Dolni Véstonice machten die Bewohner vor 27.000 Jahren schon die "ersten kleinen Schritte in Richtung auf die Hochöfen moderner Stahlwerke"[778] Sie benutzten die Öfen zum Brennen von Ton. Auch in anderen Teilen der Welt – z. B. in Japan vor 12.000 Jahren – wurde Ton gebrannt.

Der frühe Homo sapiens "kleidete sich wahrscheinlich in Felle, wie es die Eskimos noch bis vor kurzem taten".[779] Aus den Fellen wurden Jacken, Hosen und Stiefel genäht. Zur Jagd benutzten diese Menschen vor 10.000 Jahren die Speerschleuder, die auch die Indianer in Nordamerika verwendeten, und die noch bei den Azteken "Atlatl" hieß. Schon vor 30.000 Jahren wanderten Menschen über die damals noch vorhandene Landbrücke bei der Beringstraße nach Nordamerika. Vor 38.000 Jahren müssen "fremde Kulturelemente von Einwanderern"[780] auch nach Australien gebracht worden sein.

Aus diesen Hinweisen von Wanderungen entwickelte sich ein Gelehrtenstreit zwischen den Isolationisten und den Diffusionisten, wobei die Isolationisten meinen, es habe bis zum Jahre 1492 n. Chr., als Kolumbus Amerika entdeckte, keinen Kulturaustausch zwischen der Alten und der Neuen Welt gegeben. Hingegen meinen die Diffusionisten, es habe sehr wohl solche transozeanische Kontakte gegeben und die Kulturmerkmale entstammen einer einzigen gemeinsamen Quelle. Geht man davon aus, dann müssten schon die frühen Techniken der Steinzeitmenschen, die sich überall gleich entwickelt haben, einen gemeinsamen Ursprung gehabt haben, als Überquerungen von Ozeanen noch nicht möglich waren. Das ist jedoch nicht der Fall. Genetisch gleiche Menschen entwickeln unabhängig voneinander gleiche Techniken, wie das auch der Pyramidenbau zeigt. Auch andere Grabbauten und Tempel entwickelten sich unabhängig auf sehr ähnliche Weise. So auch die Idee von Steinsetzungen in Kreisform oder als Richtlinien für astronomische und kultische Zwecke.

Zu den Besonderheiten der Bauten diesseits und jenseits des Atlantiks, gehören neben den Stufenpyramiden und den Steinsetzungen auch das "Kragsteingewölbe", eine Bauform, die sich nicht nur in der "Großen Galerie" der Cheops-Pyramide (erbaut um 2600 v. Chr.) wiederfindet, sondern auch in einem Maya-Tempel in Uxmal in Mexiko (um 987 n. Chr.) und im "Triumphbogen" von Kabah bei Uxmal; in einer Tornische in Labná (Mexiko); im Eingang zum Tempel von Cacha (Südamerika); im Eingang zum Schatzhaus des Atreus in Mykene (1600 - 1200 v. Chr.) in Griechenland; und im Grabmal des Königs Schulgi von Ur (2000 - 2100 v. Chr.) im heutigen Irak.

Mythen und Legenden sowie christliches Gedankengut wurden später in die Welt hinausgetragen und konnten sich so mit alten Legenden vermischen. Das trifft auch auf die Sintflut zu, die es im globalen Ausmaß nicht gab. Es war wahrscheinlich eine – vielleicht nicht alltägliche – lokale Überflutung der Flüsse Euphrat und Tigris in mesopotamischer Zeit um 2600 v. Chr., die von den Sumerern in ihrer Übertreibungslust hochgespielt wurde und die später im Alten Testament der Bibel und in diversen Sagen rund um den Globus weitergesponnen wurde. Christliche Missionare haben den Sintflutmythos weiterverbreitet, wo er in den Überlieferungen mancher Völker freudigen Einzug gefunden hat.[781]

Schon vor 12.000 Jahren gab es im Gebiet des "Fruchtbaren Halbmondes", im nördlichen Teil der arabischen Halbinsel Sinai, nördlich des Zweistromlandes des Euphrat und Tigris, monumentale Tempelanlagen, wie Göbekli Tepe und Nevali Cori in der Südosttürkei. Bei Göbekli Tepe handelt es sich um ein steinzeitliches Hügelheiligtum, das vielleicht schon vor 12.500 Jahren errichtet wurde und das derzeit als die weltweit älteste Tempelanlage gilt. Die Anlage befindet sich auf dem höchsten Punkt eines langgestreckten Bergzuges, etwa 15 Kilometer nordöstlich von Urfa, im Südosten der heutigen Türkei. Die

Anlage besteht aus mit zahllosen Ziegeln errichteten Mauern, aus großen Pfeilern und Monolithen, die teilweise mit Tierbildern und abstrakten Piktogrammen versehen sind. Sie stehen jüngeren steinzeitlichen Anlagen um nichts nach. Seit 1994 werden dort vom Deutschen Archäologischen Institut unter der Leitung von Klaus Schmidt Ausgrabungen vorgenommen.[782]

Erste Datierungen mit der Radiokarbonmethode weisen auf die Zeit von 11.000 bis 8000 v. Chr. hin. Die Menschen, die diese Anlage wahrscheinlich zu Kultzwecken errichtet haben, waren vorwiegend Sammler und Jäger, aber es gab schon Ansätze zum Ackerbau. Der Bau der Anlage "erforderte bereits eine komplexe Organisation. Die Archäologen schätzen, dass bis zu 500 Menschen nötig waren, um die 10 bis 20 Tonnen (im Einzelfall auch 50 Tonnen) schweren und 10 bis 30 Meter dicken Pfeiler in den Steinbrüchen der Umgebung zu brechen und 100 bis 500 Meter weit zu transportieren. Für die Ernährung wurde vermutlich Wildgetreide intensiver genutzt als bisher, vielleicht auch schon gezielt angebaut. Wohngebäude wurden bislang keine gefunden, wohl aber „Sondergebäude", die wahrscheinlich für rituelle Zusammenkünfte genutzt wurden. Zu Anfang des 8. Jahrtausends v. Chr. verlor der Hügel seine Bedeutung. Ackerbau und Viehzucht stellten das Leben auf eine neue Grundlage. Die Anlage ist aber nicht einfach in Vergessenheit geraten und im Laufe der Zeit durch die Kräfte der Natur verschüttet worden. Sie wurde vielmehr planmäßig mit 300 bis 500 Kubikmeter Erde zugeschüttet. Warum dies geschah, ist noch unklar, aber es hat die monumentale Anlage der Nachwelt erhalten."[783]

Nevali Cori ist eine frühneolithische Siedlung am mittleren Euphrat, in der Provinz Sanliurfa, an der türkischen Grenze zu Syrien. Die Siedlung ist inzwischen durch den Atatürk-Staudamm überschwemmt worden, doch zuvor wurde sie umfangreich archäologisch untersucht. Sie bestand aus langgestreckten rechteckigen Häusern und Mauern und einem Kultzentrum. Wie in Göbekli Tepe sind auch monolithische Pfeiler zu finden. Datiert wurde die Siedlung ins 9. bis 10. vorchristliche Jahrtausend.

Eine Siedlung aus der Jungsteinzeit, vor etwa 8000 bis 9000 Jahren, ist auch Catal Hüyük, in der heutigen Türkei, 40 Kilometer südöstlich der Stadt Konya, in Anatolien. Entdeckt wurde die Siedlung schon in den späten 1950er Jahren und in den 1960er Jahren wurden dort umfangreiche Ausgrabungen vorgenommen. Es wurden Reste von mehreren hundert rechteckigen aus Lehmziegeln errichteten Häusern freigelegt. Es gab Strassen, Gassen und andere Durchgänge zwischen den Häusern. An den inneren Wänden der Häuser sind Wandmalereien, die verschiedene Tiere zeigen, angebracht worden. Auch verschiedene Gefäße aus Holz, Stein und Keramik wurden in Catal Hüyük gefunden; wie auch Werkzeuge und Waffen aus Obsidian. In der Siedlung wohnten bis zu 2500 Menschen. Datierungen der geologischen Schichten weisen auf die Zeit von 7400 bis 6200 v. Chr. hin.[784]

In der jungsteinzeitlichen Siedlung Jericho stammen die ältesten datierbaren Funde in den oberen Schichten aus der Zeit zwischen 6250 und 5850 v. Chr.[785] Die unteren (naturwissenschaftlich nicht datierbaren) Schichten reichen nach Meinung der Archäologen bis ins 9./8. Jahrtausend v. Chr. zurück. "Die erste Jericho-Siedlung dürfte also um 8000 v. Chr. – vor zehntausend Jahren – entstanden sein." Die Menschen in Jericho "wohnten in Höhlen oder unter überhängenden Felsvorsprüngen, kannten aber auch kegeldachige Rundhäuser, deren Trockenmauerwände verraten, dass sie für längere Zeit errichtet wurden". Um 7000 v. Chr. errichteten die Bewohner von Jericho "jene imposante, sechs Meter hohe und mit Türmen bewehrte Steinmauer, deren freigelegte, bis zu drei Meter hohe Reste inzwischen eine touristische Attraktion geworden sind". Die Behausungen wurden innen "mit geglättetem und poliertem Gipsmörtel verputzt. Die Böden zeigten gelegentlich noch die Muster der Schilfmatten, die auf diesem Estrich gelegen hatten". Tongefäße kannten die Bewohner von Jericho nicht, sie modellierten jedoch aus diesem Material lebensgroße menschliche Figuren, wobei sie dazu künstliche Skelette aus Schilf und Rohr benutzten.

Die moderne menschliche Zivilisation entwickelte sich mit all ihren Facetten von Sprache, Schrift, Amtsgeschäften, Marktwirtschaft, sowie Wohnbau und Sakralbau in Mesopotamien, am persischen Golf, im Zweistromland des Euphrat und Tigris, im heutigen Irak, in den Städten Kisch, Nippur, Uruk und Ur etwa 4000 v. Chr. Dort entstanden auch die ersten pyramidenförmigen Monumentalbauten, die "Zikkurats", die zum Vorbild des biblischen "Turms zu Babel" wurden, als Auswuchs der menschlichen Überheblichkeit gegenüber der göttlichen Schöpfung.[786] In Ur fand man Königsgräber aus der Zeit 2600 bis 2500 v. Chr., einen Friedhof mit ca. 2000 Gräbern und dort steht auch die berühmte Zikkurat des Ur-Nammu, erbaut um 2200 v. Chr., die dem Mondgott Nanna geweiht ist. Die Stadt war exakt geplant mit Gassen und Häusern mit Innenhöfen.[787] Das etwas nordwestlich gelegene Uruk ist der Fundort der ersten Schrift und war namensgebend für die Uruk-Zeit von ca. 3500 bis 2800 v. Chr. Auch diese Stadt hatte eine Zikkurat, die dem Gott An geweiht war und ebenfalls von Ur-Nammu errichtet wurde. Die Stadt erreichte am Höhepunkt ihrer Entwicklung eine Ausdehnung von 5,5 Quadratkilometern. In der Stadt Nippur, die bis ins 5. Jahrtausend v. Chr. zurückreicht, befand sich der Haupttempel des Schöpfungs- und Himmelsgottes Enlil und der Tempel des Ninurta, dem Fruchtbarkeits- und Kriegsgott. Die Stadt Kisch bestand seit etwa 3000 v. Chr. und auch dort befand sich eine Zikkurat, die zu Ehren des Staatsgottes Zabade um 2500 v. Chr. errichtet wurde und ein der Göttin Inanna geweihter Tempel, der aber aus dem 6. Jahrhundert v. Chr. stammt.[788] Bei Uruk und Ur lag auch Larsa (um 2600 v. Chr.), wo die berühmte Liste mit den in Keilschrift eingravierten Namen der Könige vor der Sintflut gefunden wurde.

Eine der frühen prähistorischen Siedlungen war auch Mohenjo-Daro, im heutigen Pakistan, die zur Induskultur aus der Zeit 2600 bis 1800 v. Chr. gehört. Sie bestand aus zahlreichen aus gebrannten Ziegeln errichteten Gebäuden mit einigen hundert Metern Ausdehnung, einem Getreidespeicher, einem "Bad" und einer buddhistischen Halle als Zeremonialzentrum. Zu dieser Kultur gehörte auch der etwas nördlicher liegende "Amtsbezirk" Harappa, der aus einer Zitadelle einem Kornspeicher und Quartieren für Arbeiter bestand und der das eigentliche Zentrum dieser Kultur war. Auch dort wurden, wie in Mohenjo-Daro, Schmuckstücke und kleine Tonfiguren gefunden. In dieser Gegend lebten damals 30.000 bis 40.000 Menschen. Die Induskultur entwickelte auch eine Art Schrift, die bis heute nicht entziffert werden konnte.[789]

Bei all diesen frühen menschlichen Besiedelungen handelt es sich um einfache steinzeitliche Behausungen und Kultstätten, die keiner höheren technischen Entwicklung – wie wir sie von unserer modernen Zivilisation kennen – entsprechen. Eine prähistorische Superzivilisation gab es offensichtlich nicht. Hätte es eine gegeben, wäre uns das nicht verborgen geblieben. Zu einer fortgeschrittenen Kultur, die schon höhere Techniken entwickelt hat, die auch schon Fortbewegungsmittel wie Autos oder Flugzeuge möglich macht, die auch einfache elektrische Geräte benutzt, bedarf es einer größeren menschlichen Population von zumindest einigen hundert Millionen Menschen. Eine derartige Kultur hätte in der Erdgeschichte ihre Spuren hinterlassen. Wenngleich viele Orte auf der Erde noch gänzlich unerforscht sind, so dürfte es ziemlich ausgeschlossen sein, dass jemals eine menschliche Superzivilisation – auch als Rest einer Gruppe von außerirdischen Eindringlingen – vor der unseren auf diesem Planeten existiert hat.

Gibt es sonst wo Beweise?

Andere Hinweise auf Kontakte mit Außerirdischen?

In den vorangegangenen Kapiteln habe ich deutlich gemacht, dass sich die in der Prä-Astronautik-Literatur vielzitierten Hinweise auf vorzeitliche Kontakte mit außerirdischen Intelligenzen nicht als solche erweisen. Es fehlen einfach die Beweise. Doch es gibt noch andere angebliche "Indizien", die sich vielleicht im Sinne der Paläo-SETI-Hypothese, bzw. von SAETI, als solche erweisen könnten.

Die Strohgewänder der Kayapo-Indianer

Die brasilianischen Kayapo-Indianer tragen – wie schon oft gezeigt – zu bestimmten rituellen Anlässen eigenartige Strohgewänder, die als Nachahmungen von "Astronautenkostümen"[790] angesehen werden. Bemerkenswert ist, dass an diesen Strohgewändern die Sehschlitze oder irgendwelche Ausschnitte wie Gesichtsfenster fehlen, und dass die Füße und Hände nicht bedeckt sind. Nach der Legende soll "eines Tages BEP-KORОROTI, vom Gebirge PUKATOTI" ins Dorf der Kayapo gekommen sein. "Er war mit einem BO (das ist der Strohanzug), der ihn vom Kopf bis zu den Füßen bedeckte, gekleidet. In der Hand trug er ein KOP, eine Donnerwaffe."

Abb. 114: Bep Kororoti in seinem Strohgewand.

Die veröffentlichten Fotos von diesem Ritual stammen aus dem Jahre 1952 und es ist viel eher wahrscheinlich, dass die Kayapo einen modernen Menschen – vielleicht einen Soldaten – gesehen haben und diesen in ihren Kulthandlungen nachahmen. Die "Donnerwaffe" ist nämlich ein simpler Stock und diesen trägt der Tänzer wie ein Soldat sein Gewehr in lockerer Haltung am Lauf. Ähnliche Kulthandlungen wurden schon im 19. Jahrhundert bei anderen Volksstämmen beobachtet.

Gott "John Frum"

Die Bewohner der Melaneiden-Inseln im Südpazifik tragen merkwürdige Tätowierungen, die sie selbst nicht lesen können nämlich: USA. "Sie behaupten, vor langer Zeit habe sie der König von Amerika besucht. Er war ein Gottkönig namens John Frum. Die Insulaner sind überzeugt, dass von diesem Gott ihr armseliges Leben bald verändert wird. Sie sagen, John Frum werde mit 50.000 Begleitern aus dem Yasur-Vulkan hervorkommen, und ihnen Glückseligkeit bringen."[791] Die Eingeborenen meinen, ihr "Gott John Frum und seine himmlische Begleitung wird nur wieder auftauchen sofern die alten Bräuche weiter zelebriert, und die Götter verehrt werden. So marschieren die Insulaner mit geschulterten Stäben umher, murmeln Ritualgebete in primitive Holzkästen mit langen Stäben daran, und imitieren in Wirklichkeit nichts anderes als US-Soldaten, die 1942 auf ihren Inseln weilten". Angeblich sollen die Insulaner noch ein Foto von "John Frum" haben. Der Name scheint aber eher eine Abwandlung aus dem Englischen zu sein. Auf die Frage der Eingeborenen an einen US-Soldaten woher er kommt und wie er heißt, sagte dieser wahrscheinlich "John from Amerika". Die Eingeborenen merkten sich nur die beiden ersten Wörter "John from..." und daraus wurde schließlich "John Frum".

Abb. 115: Zwei Flugzeugpiloten wurden von Eingeborenen im Jahre 1920 als leibhaftige "Götter" empfangen.

Solche Begegnungen sind als "Cargo-Kult" bekannt. "Cargo" ist die englische Bezeichnung für die Ladung eines Transportmittels. Alles was die Weißen den Eingeborenen brachten, war von diesen meist willkommen und wurde mitunter auch kultisch verehrt. So erging es auch zwei Piloten, die im Jahre 1920, während einer Zwischenlandung in Afrika, auf einem Flug von England nach Kapstadt (in 109 Stunden), von den Eingeborenen als leibhaftige Götter angesehen wurden. "Sie brachten uns Opfergaben an Früchten und andere Nahrung und wollten uns anbeten", berichteten später die beiden Piloten der Presse.[792]

Dies zeigt, dass unberührte Völker bei Begegnungen mit Fremden auf ihre eigene Art reagieren und dies in ihre Kulthandlungen und in ihre Mythen nach ihren Vorstellungen aufnehmen. In dem vorliegenden Fall waren es Menschen unseres Zeitalters. Die Eingeborenen hatten solche Menschen noch nie gesehen. So war das auch der Fall als die ersten spanischen Eroberer nach Mittel- und Südamerika kamen. Der Quetzalcoatl-Kult scheint eine derartige Folge zu sein. Viele einfache Völker sahen schon in andersartigen Menschen einen Gott, was viele Forscher und Missionare bestätigen können. Mit irgendwelchen vagen Erinnerungen an Kontakte mit prähistorischen Astronauten aus dem Weltall haben diese Begegnungen nichts zu tun.

Auch ein Kult der Ureinwohner von Papua-Neuguinea beweist, dass solche Völker recht irdische Menschen und deren Gerätschaften nachahmen. Sie basteln Kokosnüsse und Radios aus Stroh, legen Landebahnen an und bauen aus Stroh und Holz sogar Flugzeuge nach, die mit Propeller und Tragflächen ziemlich genau so aussahen wie die in den 1930er Jahren dort gelandeten Flugzeuge der Amerikaner.

Die Bienengötter

Eigenartige "Bienengötter"[793] auf Mayareliefs sind in der Tat solche und keine "fliegenden Astronauten". Bei den Mayas war nämlich "ein Teil des fünften Monats, Tzec, dem Bienengott geweiht. Alle Bienenzüchter nahmen an dem Fest teil, um sich den Bienengott geneigt zu machen und eine gute Honigernte zu sichern".[794] Andere ähnliche Darstellungen, wie auf der Stele von Santa Lucia Cotzmalhuapa, stellen allerdings Sonnengötter dar.

Prähistorische "Flugzeugmodelle"

Verschiedene kleine "Flugzeugmodelle",[795] wie die diversen "Goldflieger" aus einer Privatsammlung in Kolumbien und in der State Bank in Bogota und das 14 mal 18 cm große Vogelmodell im Ägyptischen Museum in Kairo, das 1898 in einem Grab bei Sakkara, aus der Zeit 200 v. Chr., gefunden wurde, erweisen sich in Wahrheit nicht als flugtauglich. Einerseits sind sie zu plump gestaltet und anderseits fehlen die hinteren Tragflächen oder diese sind schlecht platziert.

Für eine Sendung des deutschen Fernsehsenders PRO7 am 8. August 2011 wurde ein Modell von einem "Goldflieger", von denen einige im Überseemuseum in Bremen aufbewahrt werden, in der 3D-Werkstatt an der Hochschule für Künste in Bremen im Maßstab 5:1 angefertigt und im Windkanal getestet. Es verhielt sich schließlich bei einem flachen Winkel von 0° wie ein Stein. Es wäre also nicht flugfähig wie ein Flugzeug. Erich von Däniken meinte daraufhin: "Da muss ich mich geschlagen geben. Es ist durchaus möglich, dass sie ganz einfach Vögel gemacht haben." Und: "Da hat die Natur recht, aerodynamisch sind auch Vögel". Eine Expertin vom Bremer Überseemuseum erklärte in der Sendung, dass die Artefakte Mischwesen darstellen – Mischungen aus Reptilien, Insekten, Fischen und Vögel, die wegen ihrer besonderen Eigenschaften verehrt wurden.

Abb. 116: Einer der "Goldflieger", die Mischwesen darstellen.

Später, nach der Sendung, argumentierte Däniken, dass es sich nur um Cargokult-Gegenstände handelt und diese müssen nicht unbedingt fliegen können. Das kann man aber nur bedingt akzeptieren. In *Meine Welt in Bildern* weist er doch deutlich deutlich darauf hin, dass sich nach Tests vom Aeronautical Institute in New York die "Flugtauglichkeit" des Objekts aus Bogota erwiesen hat.

Aber Cargo-Kult hin oder her, irgendwo MUSS es einen Gegenstand geben, der eindeutig und unzweifelhaft einer prähistorischen Technologie zugeschrieben werden kann, will man die Präsenz von Außerirdischen in der Vorzeit beweisen.

Ein Eisenpfeiler, der doch rostet

Ebenso unastronautisch ist die Lösung des Rätsels um einen indischen Pfeiler in Delhi, "der seit fast 2000 Jahren der Witterung ausgesetzt ist, ohne dass er eine Spur von Rost zeigt; er ist nämlich schwefel- und phosphorfrei. Wir haben hier eine unbekannte Eisenlegierung aus dem Altertum vor uns", meinte Erich von Däniken 1968.[796] Gerhard Gadow hatte 1969 und 1971 darauf hingewiesen, dass dieser Pfeiler wahrscheinlich aus Meteoreisen besteht, dass "gelegentlich ideales reines (und damit nicht rostendes) Eisen, das sich zur Herstellung von Säulen ganz vortrefflich eignet"[797] darstellt. Inzwischen hat sich herausgestellt, dass der Pfeiler sehr wohl vor sich hinrostet und das hat auch Däniken inzwischen erkannt.

Der "Eiserne Mann" von Kottenfrost

Ähnliches ist zum "Eisernen Mann"[798] von Kottenfrost zu sagen. Dieser "Eisenpfahl" steht exakt seit 253 Jahren (seit Anfang des 18. Jahrhunderts und nicht seit dem 14. Jahrhundert) auf seinem Platz, er ragt gut 150 Zentimeter (und nicht 28 Meter) in den Boden und er besteht aus Holzkohlen-Gußeisen und rostet sehr wohl.[799]

Assyrische "Schallkanonen"

Die Stadt Jericho wurde – wie wir inzwischen wissen – weder von Josuas Leuten noch von Schallkanonen zerstört. Die vielfach publizierten Reliefs stammen aus dem 8.

Jahrhundert v. Chr. und zeigen sogenannte Kampfwagen, die mit einem Schild und einem Rammbock bestückt waren und die die Assyrer vor sich herschoben und gegen ihre Feinde einsetzten. Die Rammpfähle sind hier natürlich in Ruhestellung abgebildet.

Abb. 117: Ein assyrischer Kampfwagen mit Rammpfählen auf einem Relief aus dem 8. Jahrh. v. Chr.

Die Insel "Elephantine"

Die fälschliche Behauptung, dass die Insel Elephantine bei Assuan "wie ein Elefant"[800] aussieht, wurde bereits aus der präastronautischen Literatur entfernt. "Der altägyptische Name *Jeb* (= griech. Elephantine) dürfte darauf beruhen, dass sich hier ein bedeutender Umschlagplatz für Elfenbein befand", wie R. Story und K. H. Bernhardt schon 1976 und 1978 festgestellt haben. Für Erich von Däniken waren das 1985 "Beispiele für meine Irrtümer". Und "von dieser Art standen noch mehr in meinem Erstling, ich habe sie eingestanden, aber es ist kein Eckpfeiler meines Denkgebäudes zum Einsturz gebracht worden", wie er meint.[801]

Die Menhire als "Radiowellenempfänger"

Die Menhire in der Bretagne, in Frankreich, sollen Empfänger für Radiosignale oder andere kosmische Signale sein. Der deutsche Ingenieur Rudolf Kutzer[803] stellte im Jahre 1978 diese Theorie auf und meinte: "Der einfachste Radio-Empfänger ('Detektor') lässt sich recht simpel aus einem Quarzkristall mit einer Spule bilden." Und so könnten auch die Steinmonumente in Frankreich, die zum Teil aus Quarz (Granit besteht aus Feldspat, Quarz und Glimmer) bestehen, Empfänger von Radiowellen oder "Verstärker für kosmische

Energien" gewesen sein. Erich von Däniken hatte 1979 diese Idee aufgegriffen und gemeint: "Quarz nimmt wie eine Antenne Schwingungen auf,"[804] wie die frühen "Detektoren", die ersten Radioempfänger, und ähnliches soll auch in unseren modernen Quarzuhren geschehen.

Früher, als es noch keine Radios gab, hat man einfache Empfänger für Radionachrichten mit Hilfe eines Kupferdrahtes, den man zu einer Spule wickelte, einem einfachen Kopfhörer und einem Stück Quarzkristall hergestellt. Der Quarzkristall diente aber nicht zum Empfang, sondern zum Abtasten der Frequenzen des Senders. Zum Empfang war eine Antenne oder der Anschluss an eine Erdung (etwa eine Verbindung mit einem Heizungsrohr) erforderlich. Später hat man statt des Quarzkristalls eine Diode verwendet. Ebenso verhält es sich bei den Quarzuhren, die nur so funktionieren, indem ein Schwingquarz von einer Batterie elektrisch angetrieben wird und das Uhrwerk entsprechend vorantreibt. Wie die riesigen Steinsäulen in der Bretagne, die zehn bis zwölf Meter groß und bis zu 350 Tonnen schwer sind, derart funktioniert haben sollen, bleibt dahingestellt.

Ein künstlicher Satellit in unserem Sonnensystem?

Angeblich soll seit 13.000 Jahren ein künstlicher Satellit in unserem Sonnensystem kreisen;[805] jedenfalls glaubten das einige, seit man im März 1928 eigentümliche Signale in Oslo, in Schweden und in Eindhoven, in den Niederlanden empfangen hatte. Damals sendeten "Prof. Störmer in Oslo und B. van der Pol in Eindhoven mit dem Kurzwellensender PCJJ (Wellenlänge 31,4 m) diverse Signale in die Atmosphäre. Einige Monate lang wurden die Experimente immer wiederholt, jedoch keine Echos empfangen. Erst am 11. Oktober registrierte Prof. Störmer einige sehr feine Echos und noch in derselben Nacht sendete van der Pol seinerseits drei kurze Signale alle 30 Sekunden in der Zeit zwischen 20 und 21 Uhr Ortszeit.[806]

Von den ausgesandten Signalen kamen merkwürdigerweise 13 Echos wieder zurück, in Abständen von; 8, 11, 15, 8, 13, 3, 8, 8, 8, 12, 15, 13, 8 und 8 Sekunden. Die Radio-Frequenz für ein Echo war immer gleich. Entweder waren nun die Originalsignale wieder empfangen worden oder die Echos von diesen. Veränderte man nämlich die Frequenz der Sender, so wurden auch die Echos entsprechend verändert empfangen.

Bis zum 24. Oktober wurden keine Echos empfangen, doch an diesem Datum zwischen 16 und 17 Uhr GMT waren die Echos wieder da: in Oslo und an zwei verschiedenen Orten (3 Kilometer entfernt) in Eindhoven. Prof. Störmer konnte 48 Echos empfangen und es gab keinen Zweifel daran, dass die Echos existierten, da sie von verschiedenen Stellen beobachtet wurden. Prof. Störmer meinte, dass die Echos von den atmosphärischen Schichten, in Verbindung mit dem Nordlicht, reflektiert wurden. Aus den Verzögerungen der Echos ging schließlich hervor, dass sie anscheinend aus einer Entfernung von der der Erde zum Mond (384.000 Kilometer) zurückgesendet wurden.

Der schottische Astronom Duncan Lunan machte sich die Mühe die Signale in ein "Sekundengitter"[807] einzutragen und kam zu dem Ergebnis, dass "die am 11. Oktober 1928 empfangenen Zeichen die Sternkarte des Sternbildes Epsilon Bootes, 103 Lichtjahre von der Erde entfernt" ergaben. "In *Spaceflight* 1973 veröffentlichte Lunan unter dem Titel 'Spaceprobe from Epsilon Bootes' die… Resultate seiner Berechnungen. Er kam zu dem Schluss, dass seit 12.600 Jahren in unserem Sonnensystem ein künstlicher Satellit kreist, der ein vollständiges informatives Programm für die Menschheit gespeichert hat".

Epsilon Bootes ist allerdings kein "Sternbild", sondern ein Doppelstern und dieser ist nicht 103, sondern 210 Lichtjahre von uns entfernt. Die Arbeiten von Störmer und van der Pol haben schlussendlich gezeigt, dass die empfangenen Signale tatsächlich Echos von Signalen waren, die sie zuvor ausgesandt hatten.

Das Aiud-Objekt

Im Jahre 1973 wurde in Rumänien, in Aiud, ein oxydierter, metallischer Gegenstand gefunden, zusammen mit Knochen eines urzeitlichen Rüsseltieres, eines Mastodons (vor 11.000 bis 24 Mio. Jahren). Angeblich soll das 20 mal 12,5 mal 7 cm große und 2,5 kg schwere Metallstück, das keilförmig ist, bis zu 93 % aus reinem Aluminium und weiteren zwölf Metallelementen bestehen. Aluminium konnte erst im 19. Jahrhundert hergestellt werden, weshalb der Fund im Zusammenhang mit prähistorischen Knochen als rätselhaft angesehen wird.

Bis 1995 soll sich das Fundstück, mit der Bezeichnung "extraterrestrisches Objekt", in Rumänien, im Historischen Museum von Cluj-Napoca (Klausenburg), befunden haben. Dann war es für einige Zeit unauffindbar. Auch die prähistorischen Knochenteile sind verschwunden. Der rumänische Forscher Florian Gheorghita veröffentlichte im Jahre 1992 in *Ancient Skies* eine Skizze von dem Objekt, die allerdings von anderen Experten als unkorrekt angesehen wird. Der Buchautor und Phänomene-Forscher Lars A. Fischinger konnte das Objekt im Jahre 2010 wieder ausfindig machen. Es befindet sich in Rumänien, im Muzeul National de Istorie a Transilvaniei, in Cluj-Napoca. Man habe das Objekt vor 15 Jahren aus der Ausstellung des Museums entfernt, weil der Rummel um den Gegenstand zu groß war und sich "das Museum nicht mit grünen Männchen beschäftigt", so der damalige Leiter des Museums Ioan Piso. Wahrscheinlich auch, weil sich das Objekt in keine historische Epoche einordnen lässt. Bis heute hält sich hartnäckig das Gerücht, das es sich um einen seltsamen prähistorischen Gegenstand handelt – manche meinen sogar, es sei ein Landefuß eines außerirdischen Flugobjekts. Rätselhaft ist der hohe Aluminiumanteil des Objekts und das Fehlen der Elemente Magnesium, Eisen und Mangan. Es ist jedoch nicht ausgeschlossen, dass zur Zeit der Auffindung ein derartiger Gegenstand angefertigt worden sein könnte.

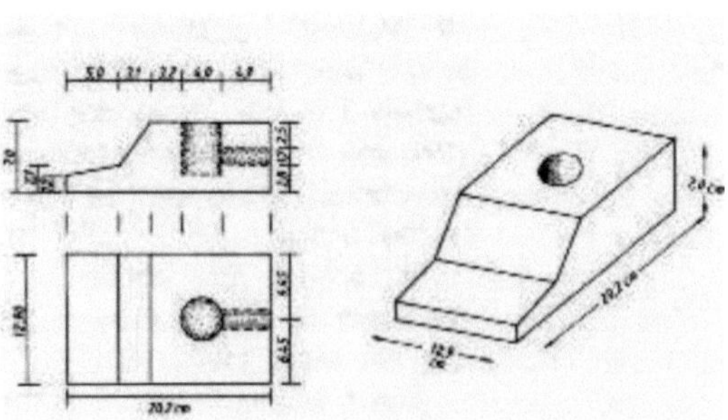

Abb. 118: Das Aiud-Objekt.

Schon in den 1930er Jahren verwendete ein amerikanisches Unternehmen Aluminium um ein militärisches Amphibienfahrzeug leichter zu machen. Legierungen mit Magnesium, Silizium und anderen Metallen erreichen mitunter Festigkeiten, die jenen von Stahl gleichkommen. Zumindest Silizium wurde in dem Objekt nachgewiesen. Auch komplizierte Gussteile ließen sich schon damals aus Aluminium herstellen.

Der von Fischinger befragte Experte Dr. Jürgen Hirsch, von der deutschen Hydro-Aluminium-Gesellschaft, meinte, dass die Skizze von Gheorghita vielleicht nicht mit der nötigen Sorgfalt durchgeführt wurde. Auch die chemische Analyse könnte fehlerhaft sein. Deshalb und aus verschiedenen anderen Gründen wird das Objekt von einigen Forschern als modernes Artefakt angesehen. Der Fund wurde nämlich nicht bei einer regulären archäologischen Ausgrabung gemacht, sondern während Baggerarbeiten. Es besteht daher der dringende Verdacht, dass das Objekt einfach ein abgebrochener Baggerzahn ist. "Das bis heute mehr als rätselhafte 'Objekt von Aiud' hingegen war, auch wenn es zusammen mit den Saurierknochen in zehn Metern Tiefe gefunden wurde, eindeutig als künstlich zu identifizieren – es stammte von Menschenhand! Das Objekt mit einer Länge von etwas über 20 Zentimetern ist von zwei Seiten her mit runden Bohrungen versehen, die sich im 'Zentrum' des Körpers treffen. Außerdem hat es am Ende eine Art 'Aufhängung', die an die Schaufel eines modernen Baggers erinnert", so Fischinger. Tatsächlich zeigen die Fotos davon eine starke Ähnlichkeit mit Baggerzähnen.[808]

Das Wandrelief von Abydos

Im Totentempel von Sethos I., in Abydos, in Ägypten, ist ein seltsames Wandrelief zu sehen, das Bildsymbole zeigt, die an moderne militärische Gerätschaften, wie einen Helikopter, ein Düsenflugzeug, einen Panzer und ein U-Boot erinnern.

Abb. 119: Das Wandrelief von Abydos, in Ägypten, aus der Zeit um 1300 v. Chr.

Der Tempel stammt aus der Zeit um 1300 v. Chr. Sethos I. regierte von 1290 bis 1279 v. Chr. und hatte wahrscheinlich den von seinem Vorgänger begonnen Bau des Tempels fertiggestellt. Peter Krassa und Reinhard Habeck schreiben in ihrem Buch *Das Licht der Pharaonen* von 1992 im Bildtext, dass diese Reliefabbildung "nicht nur bei technisch versierten Touristen Verwirrung ausgelöst hat", sondern dass sich auch die Ägyptologen über die tatsächliche Bedeutung "uneins" sind.[809] Die Bildsymbole sind aber nur ein kleiner Teil anderer Hieroglyphen im Tempel, die diese Merkmale nicht zeigen. Die fraglichen Bildsymbole bestehen aus früheren und neueren Hieroglyphen, die überdeckt wurden, sodass diese an moderne Militärgeräte erinnern. Zum Beispiel setzt sich ein Bild wie ein Helikopter aus zwei Hieroglyphen für "Unterarm"  und vermutlich einem für "Türriegel"  zusammen. Ein Bild wie ein U-Boot setzt sich aus den Hieroglyphen für "Unterarm mit Rundbrot" , für "Korb mit Henkel"  und vermutlich für "Mund" , zusammen. Ein Bildsymbol, das wie ein Panzer aussieht, ist eigentlich die Hieroglyphe für "Hand"  mit einem geraden Wasserausfluss. Weiters sind eine Hieroglyphe für "Brotleib" , eine vielleicht für "Zehe"  in Verbindung mit "Unterarm mit Spitzbrot"  und eine große Hieroglyphe für "Biene"  auf dem Relief zu finden. Ebenso ist ein Wachtelküken auf einem Brotleib zu sehen. Wahrscheinlich hat das Ganze etwas mit der Bereitstellung oder Aufnahme von Nahrung – vielleicht für das Jenseits – zu tun.[810] Auf vergessene prähistorische Techniken weisen die Reliefs jedenfalls nicht hin.

"Fußspuren" von Mensch und Saurier

Auch seltsame "Fußspuren" am Flussbett des Paluxy River, bei Glen Rose, in Texas, USA, werden immer wieder als unerklärliche Phänomene angesehen und auch präastronautisch gedeutet. Es sollen "sauber erhaltene Tritte von Dinosaurierfüßen"[811] in Verbindung mit Fußabdrücken von menschlichen Wesen sein. Man hält das für einen Beweis für die gemeinsame Existenz von Saurier und Mensch. Auch in verschiedenen Zeitschriften im deutschsprachigen Raum und in Amerika wurden diese Fußspuren immer wieder als Sensationsstorys publiziert.

Schon Ende der 1940er Jahre ging Dr. Roland T. Bird, vom Amerikanischen Museum für Naturgeschichte diesen Meldungen auf den Grund. In einem Kuriositätenladen in Gallup, in New Mexico, fand er zuerst solche Abdrücke und ging anschließend zum Paluxy River. Er fand zahlreiche Dinosaurier-Fußspuren (man kann sie sehen im Rasen vom Central Park West und bei der 79sten Strasse), jedoch keine menschlichen. Er entdeckte dort, dass die Bevölkerung an Touristen gefälschte Fußabdrücke verkauft. Später hatten Wissenschaftler von vier Forschungsinstituten dort dasselbe festgestellt.

Ein Leser eines Artikels über die Fußspuren in den Zeitungen, Henry P. Zuidema, aus Homestead, berichtete, dass ein gewisser "Dr." Clifford Burdick, ein religiöser Fanatiker, der mitunter auch Touristen für die Suche nach der Arche Noah angeheuert hat, auch einen Fußabdruck von einem Chicagoer Filmmonster, am Flussbett des Paluxy River, angefertigt hat. Ich hatte mich 1980, auf Anraten von Henry P. Zuidema, mit dem Texas Memorial Museum der Universität von Texas, in Austin, in Verbindung gesetzt und am 15. April 1980 teilte man mir ebenfalls mit, dass die "Riesen-Fußspuren" und die "Dinosaurier-Fußspuren" am Paluxy River Fälschungen sind. Der Direktor des Museums, Wann Langston, begründete dies dahingehend, dass ein dreizehiger Dinosaurier in einem weichen Schlammboden ziemlich tief einsinken würde, sodass der Fuß völlig verschwinden würde. Wenn nun der Fuß wieder zurückgezogen wird, würde die Spur der Zehen verschwinden und lediglich eine schlitzähnliche Senkung im Schlamm zurückbleiben. Wenn nun der Schlamm zurückfällt in die Senkung, wäre das Resultat eine längliche Spur.[812]

Ein Dinosaurier würde also am Flussbett des Paluxy River keine derart exakten Fußspuren hinterlassen. Andererseits haben einige dieser "Riesen-Fußspuren" die Fußhöhle außen, also verkehrt abgebildet, wie Direktor Langston mir berichtete und kein angesehener Paläontologe schenkt den angeblichen Fußspuren nur den geringsten Glauben.

In Antelope Springs, im Bundesstaat Utah, in den USA, sollen ebenfalls Millionen Jahre alte Fußspuren oder Fußabdrücke von Menschen gefunden worden sein. Der Freizeitforscher William J. Meister hat sie 1968 dort entdeckt. In dem angeblichen Fußabdruck soll sich ein "zertretener Trilobit" befinden, was auf das hohe Alter hinweisen soll. Es sollen, nach Däniken, "500 Millionen Jahre alte" Abdrücke von "beschuhten Fußspuren" sein.[813]

Abb. 120: Die "Schuhabdrücke" von Antelope Springs.

Die "Spuren rühren aber nur von einem 'Fuß' her; durch Spaltung der Schicht wurden beide Abdrücke (positiv und negativ) sichtbar. Den Paläontologen sind viele solche 'Spuren' bekannt, die mit verschiedenen Dingen Ähnlichkeit haben. Es sei nur an handähnliche Abdrücke erinnert" wo es sich "um die Fährten des Chirotheriums (Handtier) aus dem Mesozoikum" vor 205 bis 250 Millionen Jahren handelt.[814] Es sind also nicht Abdrücke von Schuhen, sondern nur Gebilde aus Stein, die wie Schuhabdrücke aussehen.

Die Ruinen von Nan Madol

Zu den Karolinen-Inseln in Mikronesien zählt eine Insel Namens Temuen, die jedoch "der gewaltigen Ruinen von Nan Madol wegen Nan Madol heißt",[815] schrieb Erich von Däniken 1973. Diese Ruinen wurden aus Basaltsäulen errichtet und sollen aus "rund 400.000" solcher Säulen bestehen und "14 Meter hoch und bis zu 860 Meter lang" sein. Herstellung sowie Aufschichtung ist rätselhaft. Die gesamte Arbeitszeit dafür soll 296 Jahre lang gedauert haben, wobei "je Tag vier mehrere Tonnen schwere Basaltklötze gebrochen, bearbeitet und transportiert" worden sein sollen. Bei entsprechender Anzahl von Arbeitern ist dies jedoch sicher in wesentlich kürzerer Zeit zu schaffen gewesen, zumal die Basaltsäulen relativ leicht sind und aus dem Erdreich herausgegraben werden konnten. "Bei der Abkühlung von Basalt-Lava bilden sich nämlich ganz typische Klüfte, die sich unter Winkeln von etwa 120 Grad schneiden. Sie zerteilen das Gestein in sechsflächige Säulen, die zusammen im Querschnitt eine Wabenstruktur aufweisen."[816] Die Bewohner der Temuen-Inseln brauchten nur für den Transport – der wahrscheinlich hauptsächlich über Wasser führte – und die Aufschichtung zu sorgen, die Säulen selbst hat ihnen die Natur geliefert.

Die Ruinen von Baalbek

Auch die Ruinen von Baalbek im Libanon sind präastronautisch gedeutet worden und für manche rätselhaft. Schon Anfang der sechziger Jahre vermutete Prof. Modest. M. Agrest, "dass die Baalbek-Terrasse möglicherweise ein Denkmal für die beispiellose Stärke der Ankömmlinge von anderen Sternen sein könnte",[817] wie Alexander Kasanzew berichtete und Prof. Agrest beipflichtet. Kasanzew meinte damals, dass die "Platten von Baalbek" 1000 Tonnen schwer sind, Erich von Däniken meinte, dass "einige über 20 Meter" lang sind und ein Gewicht von "fast 2000 Tonnen" haben.[818]

Tatsächlich handelt es sich besonders um einen Stein, "den die Einwohner Hadschar el-Hubla, 'Stein der Schwangeren' nennen"[819] – auch Hadschar al-Hibla, "Stein der schwangeren Frau". Schon "Karl May… nennt in seinem Roman 'Von Baghdad nach Stanbul' im Jahre 1882 die Maße dieses Steines mit 30 x 7 x 7 Ellen, wobei es sich nur um die sächsische Elle von 56,64 cm handeln kann: man kommt also auf 16,99 x 3,96 x 3,96 m. Im alten Baedeker misst der Stein bereits 21,35 x 4,33 x 4 m und das moderne Reisehandbuch von R. Boulanger in der Reihe der 'Guides Bleus' kann noch einiges zulegen: 21,50 x 4,80 x 4,20 m. Der in Baalbek ansässige Michel Harriz[820] kommt ungefähr zu den gleichen Maßen… Nun allein die Maße des alten Baedeker treffen den Sachverhalt".

Das Gewicht des genannten Steines gibt Karl May mit 30.000 Zentnern (= 1500 Tonnen) an, der alte Baedeker mit 1000 Tonnen und Boulanger mit 2000 Tonnen. Tatsächlich ergibt sich aus den Maßen und da der "libanesische Kalkstein in der Oberen Kreideformation aus dem der Hadschar el-Hubla gehauen ist, über 2,4 g/cm^3 nicht hinausgeht", ein Gewicht von "rund 890 Tonnen". Andere Angaben sprechen von 2,6 bis 2,8 g/cm^3 Dichte und einem Gewicht von ca. 1000 Tonnen. Von solchen riesigen Steinquadern gibt es "in der westlichen Umfassungsmauer der Terrasse lediglich drei… Sie weisen eine Länge zwischen 19,21 und 19,52 Metern auf und wiegen etwa 725 Tonnen pro Stück".

Solche Gewichte konnte man im Altertum durchaus mit relativ einfachen Mitteln transportieren, wie dies im Jahre 1586 an dem "vatikanischen Obelisken" mit 378 Tonnen Gewicht, der mit "40 Flaschenzügen und 40 Winden, die von 140 Pferden und 800 Arbeitern" in Bewegung gesetzt wurde, eindrucksvoll demonstriert werden konnte. "Bock- oder Einmannkrane, durch Seilzug, Göpel oder Tretrad angetrieben, gab es bereits im 8. Jahrhundert v. Chr." und "die 850 Meter lange Strecke zwischen Steinbruch und Jupitertempel hatte ein leichtes Gefälle". Der Hadschar el-Hubla ist allerdings nie aus dem Steinbruch entfernt worden.

Das "Heiligtum Baalbek" ist keineswegs "uralt", sondern "es liegt nahe, in der Großquaderbauweise, die Herodes in Jerusalem, in Caesarea und… in Hebron anwandte, das Vorbild für die Baumeister von Baalbek zu sehen. Hier nicht zu erörternde Gründe sprechen dafür, dass sowohl Herodes d. Gr. als auch sein Enkel Agrippa I. und sein Urenkel Agrippa II. an den Bauten von Baalbek zumindest finanziell beteiligt waren. Wenn Däniken meint, dass Kaiser Augustus 'im 1. und 2. Jahrhundert n. Chr.' die Tempel von Baalbek errichten ließ, so ist das natürlich ohnehin nicht möglich; denn Augustus starb 14 n. Chr.

Erst unter Caracalla (211 - 217) war der heilige Bezirk von Baalbek insgesamt vollendet – bis auf die Terrasse um den heutigen Jupitertempel", schreibt K. H. Bernhardt. Die Terrasse ist also der jüngste Teil des Gebäudes und das "zweifellos sehr alte Heiligtum des Baal Biqa' befand sich auf einem kleinen Felsmassiv, das die Ebene um ca. 14 Meter überragte".

Zum Baal Biqa', dem Gott von Baalbek, wäre noch zu sagen, dass dieser zwar "mit den Baalsgestalten – wie dem Baal von Ugarit – verwandt, aber keineswegs identisch ist. Überhaupt hat "keiner der Baale die Funktion eines Schöpfergottes"[821] und der Baal von Ugarit "wird niemals als 'Herr des Himmels' bezeichnet". Der "Herr des Himmels" war Baal Schamim. "Baal hat im Altsemitischen ganz allgemein die Bedeutung 'Besitzer" und "auch mesopotamische Götter tragen den Titel Baal, in der akkadischen Form Bel". Es handelt sich also bei der Bezeichnung Baal lediglich um einen Titel wie etwa "Herr (Besitzer) von…" "Es kann also keine Rede sein von einer Identität zwischen dem Bel Marduk von Babylon und dem Baal Biqa' vom Libanon".

Das Steinfeld von Puma Punku

Auch die Bearbeitung der Steinblöcke in Puma Punku,[822] bei Tiahuanaco, kann man durchaus den indianischen Vorfahren um 600 bis 1000 n. Chr. zumuten. Gibt es doch zahlreiche Parallelen in den Monolithen und im Sonnentor von Tiahuanaco, sowie in Sacsayhuaman. "Puma Punku" ist ein Teil des großen Tempelkomplexes von Tiahuanaco. Es hat eine Ausdehung von etwa 177 mal 117 Metern. Der Name bedeutet "das Tor des Puma". Der ganze Komplex besteht aus Plattformen und Mauerwerken sowie zahlreichen bearbeiteten, megalithischen Steinblöcken. Mitte des 19. Jahrhunderts wurde die Anlage zunehmend zerstört. Rätselhaft erscheint vor allem die Bearbeitung der Steinblöcke, die sehr präzise gewesen sein muss. Sie bestehen aus einer Mischung von Andesit und rotem Sandstein. Ausnehmungen wie Scheinfenster und Scheintüren wurden in die Steine gehauen. Ähnliches findet man auch auf ägyptischen Tempeln und Gebäuden im Nahen Osten. Die Steine waren mit Metallklammern (einer Kupfer-Nickel-Legierung) zusammengefügt. Teilweise finden sich scharfkantige, feine Rillen in den Steinblöcken, sodass sie wie Hightechgegenstände anmuten. In dem Komplex Puma Punku sind auch merkwürdige, steinerne "Wasserleitungen", runde Rinnen, zu finden.

Wie bei den anderen steinernen Bauwerken der Frühgeschichte gilt auch hier die Devise: die Menschen konnten das machen. Wir unterschätzen vielfach die bautechnischen Leistungen der Völker in der blühenden auch noch ausgehenden Steinzeit. Über Jahrtausende hinweg haben sie sich Techniken angeeignet, über die wir heute nur staunen können. Für die Erbauung von Puma Punku "verwendeten die Menschen das Material, welches in der Umgebung vorhanden war. Insbesondere Sandstein. Nur ein sehr kleiner Anteil ist aus dem wesentlich härteren Andesit gebaut. Viele Prä-Astronautiker reiten auf der Härte von Diorit und Andesit herum und es geistern immer wieder Mohssche Härtegrade durch die Internetforen. Doch diese lassen sich nur auf Minerale anwenden nicht jedoch auf Gesteine. So gehört Andesit zu den foidischen Vulkaniten. Andesit enthält damit fast gar kein Quarz, dafür aber Pyroxen, Amphibol und Biotit, die dieses Material im Vergleich zum Granit geradezu 'weich' machen. Die Verwendung von Doirit ist in Puma Punku überhaupt nicht nachgewiesen. Die experimentelle Archäologie hat bereits mehrfach gezeigt, dass derartige Gesteine, aber auch Granit hervorragend mit Kupfer, Bronze und Quarzsand bearbeitet werden können."[823]

"Lebende" Hautzellen einer ägyptischen Mumie

Schon 1968 meinte Erich von Däniken: "Biologen der Universität Oklahoma stellten im März 1963 fest, dass die Hautzellen der ägyptischen Prinzessin Mene lebensfähig waren! Und die Prinzessin Mene ist seit mehreren tausend Jahren tot!"[824] Scott J. Klemm aus Rialto, in Kalifornien, schrieb an die Universität von Oklahoma und bekam einige Monate später einen Brief von Dr. med. West A. Clabaugh, der die Mumie der Prinzessin 1963 untersucht hatte. Er schrieb, es war ein Missverständnis über seine Arbeit und meinte: "Wir sahen sehr viele erhaltene Reste von normalem Zellgewebe, dennoch waren die Hautzellen eigentlich nicht fähig zu irgendeinem Stoffwechselprozess. Es hatten einige lediglich normale Bauart."[825]

Raumfahrer auf Maya-Stelen?

Auf der 6. Weltkonferenz der Ancient Astronaut Society, die vom 14. bis 16. Juni 1979 in München stattfand, präsentierte Erich von Däniken einen vermeintlichen Beweis für die Präastronauten-Theorie: Eine Steinplastik aus den Mayaruinen von Copán (Honduras, gegr. 460 n. Chr.), die eine Art von Rädern darstellt, mit teilweise gezackten Umrandungen, die als "technologische Räder"[826] interpretiert werden könnten. Es handelt sich allerdings um sogenannte "Sonnenräder", die nichts mit "technologischen Rädern" oder irgendwelchen "Zahnrädern " zu tun haben.

Ein weiterer Beweis soll eine Maya-Stele aus El Baul, Guatemala sein. "Sie ist 254 cm hoch und 147 cm breit"[827] und zeigt eine menschliche Gestalt, die eine "helmartige Kopfbedeckung" mit einem "Behälter" am Rücken trägt und aus einem "Filter" am Mund "verbrauchte Luft ausstößt". "Wer immer auf Erden, wie auf dieser Maya-Stele, die Atemluft filtrieren musste, kann nicht irdischen Ursprungs gewesen sein", meint Erich von Däniken.

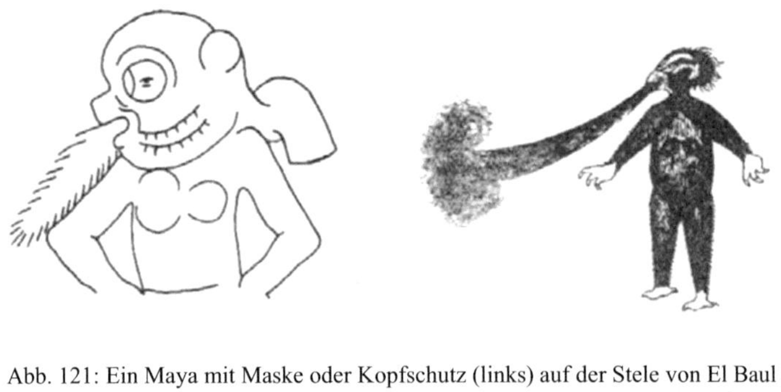

Abb. 121: Ein Maya mit Maske oder Kopfschutz (links) auf der Stele von El Baul und ein britischer Matrose nach der Vorstellung eines Chinesen im Jahre 1839.

Der "Behälter" hätte jedenfalls – nach den Proportionen der Figur auf der Stele – ein Volumen von etwa 7850 cm^3, von dem anscheinend ein "Schlauch" mit einem Durchmesser von etwa 10 cm um den Kopf herum zum Mund führt; was bedeuten würde, dass irgendein gasförmiges Gemisch in dem "Behälter" in etwa 10 Sekunden verbraucht sein dürfte. Es kann sich also nicht um ein Atemgerät handeln! Dies auch deshalb, da bei einem derartigen Gerät die verbrauchte Luft nicht wie eine Stichflamme aus dem Mund ausgestoßen wird.

Die Erklärungen der Maya-Experten zu dieser Steinstele sind wesentlich einleuchtender. Es handelt sich um einen Ballspieler oder einen Maisbauern mit Maisbierkrug. Die Ballspieler der Mayas hatten tatsächlich einen Kopf- und Körperschutz während des Spiels an; bei rituellen Festen dagegen trug man Masken, die oft mit Tierköpfen identisch waren – wie die Maya-Stele zeigt – und man trank fleißig Maisbier. Andererseits sollte man beim interpretieren solcher Darstellungen vorsichtig sein, denn im Jahre 1839 sah ein Chinese einen gewöhnlichen Britischen Matrosen auf ähnliche Weise wie auf der Maya-Stele (siehe Abb. S. 302).[828]

Eine Marduk-Statue aus purem Gold?

Dem sumerischen Gott Marduk, dem "höchsten der Götter", soll in Babylon eine Statue "von achthundert Talenten Gewicht aus purem Gold" gewidmet gewesen sein und "das entspräche, wenn man Herodot glaubt, einem Bildnis aus 24.000 kg reinem Gold", schrieb Däniken 1972.[829] Tatsächlich erwähnt Herodot "ein großes Sitzbild des 'Zeus' (= Marduk) in Babylon und fährt fort: 'Daneben steht ein großer goldener Tisch, und auch der Stuhl und die Fußbank sind von Gold, und wie die Chaldäer sagen, sind dazu achtzig Talente Gold verwandt worden… (I, 183)".[830] Das Talent war eine Gewichtseinheit von umgerechnet etwa 27 kg. Bei achthundert Talenten hätte die Marduk-Statue ein Gewicht von 21.600 kg gehabt. Tatsächlich wurden aber, lt. Herodot, für den Tisch, den Stuhl und die Fußbank "achtzig Talente Gold" verwendet, was einem Gewicht von 2160 kg entspricht.

Ein "Meilenstein des Königs Melichkhon mit Sonne, Mond und einen erhaben gearbeiteten Rundkörper" zeigt keine "Raumkugel".[831] Es handelt sich um einen "Kudurru" (Grenzstein) des kassitischen Königs Melischpak (ca. 1191 - 1177 v. Chr.)"[832] und er stellt "Sonne, Mond und den Venus (Ischtar-) Stern" dar. Ebenso stellt die Stele des Naramsin[833] (2260 - 2223 v. Chr.) die Sonne und den Ischtar-Stern, die Venus dar.

Auch war Marduk nicht mit Enlil identisch, "denn im genealogischen System der mesopotamischen Götterlehre ist Marduk der Neffe Enlils" und "ein Keilschrifttext, der von einem Liebesverhältnis Enlils zu einer irdischen Frau erzählt, ist bislang noch nicht gefunden worden".[834] Es kann also Enlil nicht "seinen Samen in den Schoß des Erdenmädchens Meslamtaea"[835] ergossen haben; dies auch deshalb nicht, weil Meslamtaea der Unterwelt- und Kriegsgott war. Auch Ninlil ist kein "hübsches Erdenkind", sondern Göttin und Geliebte von Enlil.

Urtexte und menschenähnliche Götter

"Gänzlich gegenstandslos ist die weitere Behauptung", in Urtexten seien "Texte auf Goldplatten" gefunden worden, die "von 'menschenähnlichen Göttern' berichten, 'die vom Himmel kamen und die den Priestern die Goldplatten zum Geschenk machten'. Goldplatten und Texte sind freie Erfindung!", schreibt Karl-Heinz Bernhardt.[836] Auf sumerischen "Münzen" sind auch nicht die Regierungsjahre der Urkönige verewigt. Die Münzprägung ist erst im 7. Jahrhundert v. Chr. im kleinasiatischen Libyen erfunden worden. Der Urgott Ptah ist keineswegs "in einem glänzenden Himmelswagen" von "Elektron und Aton"[837] erschienen. "Elektron" ist nämlich die Bezeichnung für ein elektrisch negativ geladenes

Teilchen und ein nicht mehr gebräuchlicher Name für eine Magnesiumlegierung und "Aton" ist ein Name für den ägyptischen Sonnengott.

"Eine auch erst vor geraumer Zeit entdeckte Inschrift an einem Bau in Edfu meldet, dass dieser Bau überirdischen Ursprungs sei", schrieb Erich von Däniken schon 1968.[838] Der Grundriss soll "von dem vergötterten Wesen Im-Hotep gezeichnet worden sein". "In dem von Däniken als 'Bau' bezeichneten Werk des Imhotep ist" hingegen "leicht der Horus-Tempel von Edfu zu erkennen". Die "Bauinschriften braucht man nicht erst entdecken. Sie sind groß und breit, für jedermann sichtbar, in die Umfassungsmauer des Tempels eingemeißelt… Vollendet wurde der Tempel erst 180 Jahre nach Baubeginn im Jahre 57 v. Chr.", so Karl-Heinz Bernhardt. Er ist also keineswegs "überirdischen Ursprungs".

Die Himmelsreise des Enkidu

Eine beliebte Geschichte in der präastronautischen Literatur ist die angebliche Himmelsreise[839] von Enkidu im Gilgamesch-Epos, die jedoch "in den Texten des großen Epos schlechterdings unauffindbar bleibt… Soweit der Inhalt dieser sehr zerstörten Stelle der siebenten Tafel zu erhellen ist, träumt Enkidu, dass irgendein 'Mächtiger' ihn packt und dass seine Arme 'wie Vogelflügel' werden. Die Reise geht aber nicht gen Himmel, sondern in die unterirdische Welt der Toten, in den Herrschaftsbereich der Unterweltgöttin Erischkigal". Erich von Däniken stützt sich auf G. Burckhardt, der aber im Nachwort deutlich "auf die freie Nachgestaltung und Ergänzung der Texte"[840] aufmerksam macht. Ähnlich verhält es sich bei E. Stucken und O. Ebermann.[841]

Australische Urgötter in Raumanzügen?

Abb. 122: Eine Darstellung, die angeblich australische Urgöttern zeigen soll.

Bei der nebenstehenden Zeichnung, die "Australische Urgötter, die 'Zwei Schöpferwesen"[842] darstellen soll und die in der präastronautischen Literatur publiziert wird, handelt es sich um eine Fälschung. Die Darstellung zeigt eigentlich tanzende Zulu-Priester, die mit Weltraumattributen versehen wurden. "Aus dem ursprünglichen einfachen Lendenschurz der Tänzer wurde durch geschickte Hinzufügung entsprechender Träger und einem Oberteil mit Taschen eine Art Raumanzug und mit weiteren kräftigen Strichen aus den Köpfen ein Helm."[843]

Götter mit Strahlenkronen

Überhaupt werden prähistorische Zeichnungen von Gestalten mit Strahlenkronen (siehe Abb.) gerne als Astronauten angesehen. Der Anthropologe Dr. Hans Biedermann sieht darin allerdings "Gestirns- oder Astralgeister,"[844] die daraus entstanden, dass man annahm "die ganze Natur müsse von Wesenheiten bewohnt und belebt sein". So hielt man "die Sterne ebenfalls für beseelt und ihre Wesenheiten für eine Art von Engeln..."

Dabei wurde den Gestirngeistern höheres Wissen zugebilligt und es entstand der "Wunsch des Magiers, mit ihnen zu sprechen, sie auszufragen und von ihnen Dinge zu erfahren, die den Menschen verborgen sind". Der Unterschied "zwischen der Glaubenswelt der Astralgeister-Beschwörer von einst und der Astronautengötter-Gläubigen unserer Zeit" liegt darin, dass "nun nicht mehr von der reinen Macht der Geistmagie die Rede ist, die für den Brückenschlag zwischen den Gestirnwesen und den Erdenmenschen nötig war, sondern die hochweisen kosmischen Wesenheiten bedürfen – dem technologischen Weltbild unserer Zeit entsprechend – verschiedene Raumschiff-Vehikel, um sich uns nähern zu können", so Dr. Biedermann.

Das Gleiche gilt auch für die Felszeichnungen in Valcamonica, in Italien; in Kasachstan, bei Alma Ata; im Tassili, in der Sahara und in australischen Höhlen und auch an anderen Orten rund um die Welt.

Abb. 123: Gestirns- oder Astralgeister auf Felszeichnungen.

Es sind Personifizierungen von Sonne, Mond und manchmal auch von Sternen. Auch die Felszeichnungen aus Britisch-Kolumbien und Kalifornien werden, wie viele andere Gestalten mit "Strahlenkronen" oder "Strahlenköpfen" auf Felszeichnungen rund um den Globus "mit modernen Augen"[845] gesehen und mit modernen Piktogrammen verglichen, doch ernsthaft kann man das nicht als Beweis im Sinne der Prä-Astronautik vertreten.

Man bedient sich in der Prä-Astronautik-Forschung mitunter auch der Schilderungen in den Sagen und Märchen neuerer Zeit und so wird "Aladins Wunderlampe" zum technischen Gerät, das "Superwesen materialisieren"[846] konnte und der "fliegende Teppich", aus den orientalischen Märchen, wird zum "Raketensatellit".[847] Auch wenn Elemente aus Sagen und Märchen mitunter einen älteren Ursprung haben, muss man diese kritischer betrachten und manches wohl in den Bereich der Phantasie einordnen.

Die Vimanas – Flugmaschinen der Götter?

Im indischen Epos Mahabharata wird von göttlichen Fahrzeugen berichtet, die in die präastronautische Literatur eingegangen sind, weil sie anscheinend so detailgetreu wiedergegeben werden, dass man sie nur als technische Flugmaschinen deuten kann. Die Schriften des Epos gehen auf die Zeit um 300 bis 400 v. Chr. zurück, doch könnten Teile davon auch bis in die Zeit um 1000 v. Chr. zurückreichen.

Einige Texte aus dem Mahabharata, in denen diese Fluggeräte erwähnt werden, wurden schon im 19. Jahrhundert ins Deutsche übersetzt. In einer Erzählung, genannt "Indralokâgamanam", bringt der Gott Indra den Helden Arjuna mit einem Wagen in den Himmel.

In einer Übersetzung von Franz Bopp heißt es: "Und mit Matali kam plötzlich im Lichtglanze der Wagen an, Finsternis aus der Luft scheuchend, und erleuchtend die Wolken all, die Weltgegenden anfüllend mit Getöse, dem Donner gleich". Und weiter: "Auf dem Wagen sodann stieg er, glänzend so wie des Tages Herr. Mit dem Zaubergebild fuhr er, dem Sonn'-ähnlichen Wagen nun, dem Himmlischen, empor freudig, der weise Spross aus Kuru's Stamm. Als er nun dem Bezirk nahte, der unsichtbar den Sterblichen, Erdewandelnden, sah Wagen, wunderschön' er zu Tausenden. Dort scheint Sonne nicht, Mond nicht, dorten glänzet das Feuer nicht, sondern in eigenem Glanz leuchtet allda, durch edler Taten Kraft, was in Sternengestalt unten auf der Erde gesehen wird, ob großer Ferne gleich Lampen, obwohl es große Körper sind." [848]

In diesem etwas schwierigen Text kommt ein offenbar leuchtender Wagen mit Getöse und Donner aus den Wolken. Mit diesem "Zaubergebild", dem offenbar sonnenähnlichen Wagen, fährt Arjuna anscheinend in eine den Sterblichen unsichtbare Gegend. Dort scheinen die Sonne und der Mond nicht und er sieht tausende wunderschöne Wagen. Alles scheint (leuchtet) aus eigener Kraft. Er sieht dort, was in Sternengestalt auf Erden gesehen wird, in großer Ferne, gleich Lampen, und es sind große Körper. Hier scheint es sich um eine Weltraum- oder zumindest um eine Himmelsreise zu handeln.

Auch an anderer Stelle, im Vana Parva, wird ähnliches geschildert: "Und als Gudakeca, begabt mit großer Intelligenz, darüber nachdachte, kam das Vehikel, mit großem Glanz strahlend, gelenkt von Matali, die Wolken teilend und das Firmament erleuchtend und das Himmelsgewölbe erfüllend mit seinem Geknatter, tief wie das Getöse von mächtigen Wolkenmassen."[849]

Und weiter heißt es: "Schwerter, und abscheuliche Dinge von furchtbarer Form, und Streitkolben von schrecklicher Art, und geflügelte Speere von himmlischer Pracht, und Tutagudas, ausgestattet mit Rädern und funktionierend durch atmosphärische Ausdehnung und laute Geräusche verursachend, wie das Geknatter von großen Wolkenmassen, waren auf dem Vehikel." Diese Schilderungen werden mit technischen Fluggeräten in Verbindung gebracht (siehe Abb. S. 307).

Dazu noch einige Textstellen: "Und dort waren außerdem auf dem Vehikel grimmige riesenhafte Nagas mit feurigen Mündern, und Unmengen von Steinen, weiß wie Cumuluswolken."

"Und das Vehikel wurde gezogen von zehntausenden Pferden goldenen Farbtons, verfügend über die Geschwindigkeit des Windes."

"Und ausgestattet mit der Fähigkeit zur Täuschung (Blendwerk), wurde das Vehikel mit solcher Geschwindigkeit gezogen, dass das Auge kaum noch sein Vorankommen mitverfolgen konnte."

"Und Arjuna sah auf dem Vehikel die Flagge, genannt Vaijayanta, in leuchtendem Glanz, dem Farbton des Edelsteins (Smaragd) ähnelnd oder dem des dunkelblauen Lotus, und ausstaffiert mit goldenen Ornamenten, und gerade wie der Bambus."

"Und er, der mächtig bewaffnete Sohn des Pritha, erblickte einen Wagenlenker, ausgeschmückt in Gold, auf dem Vehikel sitzend, das er als zu den Himmelsbewohnern gehörend ansah."

"Matali, der Wagenlenker des Cakra, Arjunas Worte hörend, bestieg dann sein Vehikel und kontrollierte die Pferde."

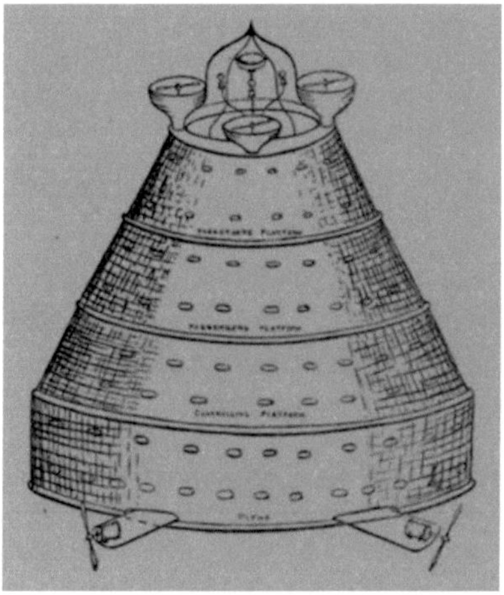

Abb. 124: Die technische Interpretation eines Vimanas ("Rukma"-Vimana).

Arjuna, leuchtend wie die Sonne selbst, stieg empor auf das himmlische Vehikel."

"Und der Kuru Prinz, begabt mit hoher Intelligenz, kreuzte mit frohem Herzen, auf dem himmlischen, wie die Sonne strahlenden Vehikel mit außergewöhnlicher Leistung, durch das Firmament. Und nachdem er unsichtbar für die Sterblichen der Erde geworden war, erblickte er tausende von Vehikeln außergewöhnlicher Schönheit." Offensichtlich wird hier von einem "Vehikel" berichtet, das wie die Sonne strahlte. Andererseits von tausenden solcher Vehikeln, die Sterne sein könnten.

"Und in dieser Region war weder Sonne noch Mond noch Feuer, um Licht zu geben, aber es strahlte in einem eigenen Licht von selbst, erzeugt aufgrund lebensloser (asketischer) Leistung."

"Und diese brillanten Regionen, die von der Erde aus in Form von Sternen gesehen werden, wie Lampen (im Himmel) – so klein in Konsequenz ihrer Entfernung, obgleich sehr groß – wurden von dem Sohn des Pandu erblickt, stationiert in ihren jeweiligen Plätzen, voll von Schönheit und Glanz und selbststrahlend mit Pracht."

"Diese, Oh Sohn des Pritha, sind Kardinalseiende (Hauptsterne), stationiert in ihren jeweiligen Plätzen. Es sind diese, die du gesehen hast, oh Erhöhter, als Sterne von der Erde!" Mit den "brillanten Regionen", "in Form von Sternen", könnte die Milchstraße oder zumindest eine Ansammlung von Sternen gemeint sein.

Mit "Vimana" werden in den alten indischen Schriften (Veda, Mahabharata. Ramayana) unter anderem Fahrzeuge der Götter bezeichnet, mit denen sie über den Himmel oder zu den Sternen reisen. Doch nicht immer ist das der Fall. Je nach Textauslegung kann mit "Vimana" auch ein Tempel oder ein Thron gemeint sein. Mitunter wird diese Bezeichnung sogar für ein Maß oder eine Proportion verwendet, oder für eine bestimmte Person, die alles

Irdische aufgegeben hat und zum Himmel reist.

Im Ramayana wird von einem Fahrzeug namens "Pushpaka" berichtet, das sich in der Luft bewegen und in den Himmel aufsteigen kann: "Der Pushpaka-Streitwagen, der der Sonne entspricht und meinem Bruder gehört, wurde von dem mächtigen Ravana gebracht; dieses in der Luft befindliche und ausgezeichnete Fahrzeug, das nach Belieben überall hingeht... dieses Fahrzeug, das einer hellen Wolke am Himmel ähnlich ist... und der König (Rama) stieg ein, und dieses ausgezeichnete Fahrzeug, das Raghira beherrschte, erhob sich in die höhere Atmosphäre", heißt es.[850] Hier wird wieder von einem Gefährt, das der Sonne entspricht berichtet. Kann das aber ein technisches Fluggerät sein?

Das Pushpaka ist das erste fliegende Vimana, das in der hinduistischen Mythologie erwähnt wird. Es wurde ursprünglich von Maya gemacht (einem großen König der Asuras, der niederen Gottheiten) für Kubera, dem Gott des Reichtums. Später wurde das Fahrzeug vom Dämonen-König Ravana gestohlen.

Abb. 125: Der Konark-Tempel in Orissa, Ostindien (erbaut 1278).

Im Rigveda werden keine Vimanas erwähnt. Dort (RV 1. 164.47-48) heißt es nur: "Dunkel das Herabsteigen: die Vögel sind goldfarben; bis zum Himmel fliegen sie, feierlich angekleidet zu den Wassern. Wieder herabsteigen sie von dem Sitz der Ordnung; und die ganze Erde ist befeuchtet mit ihrer Fettigkeit. Zwölf sind die felsigen Berge, und das Rad ist einzeln, drei sind die Hauptschiffe. Welcher Mann hat das verstanden?

Darin sind fest zusammen dreihundert und sechzig Speichen, welche in keiner Weise gelöst werden können.“[851] Sollen damit mechanische Fahrzeuge gemeint sein? Offenbar ist von Vögeln die Rede. "Rad", "Speichen" und "Hauptschiff" erinnern an den "Thronwagen" Ezechiels.

Im Mahabharata wird erwähnt, dass König Maya ein Vimana hatte, das vier große Räder besaß, und einen Durchmesser von zwölf Ellen. Die Elle ist eine alte Maßeinheit, die in der Vergangenheit (in den ägyptischen Hieroglyphen, im Mittelalter, in der Antike und in der Neuzeit) eine unterschiedliche Länge hatte. Sie schwankt zwischen 0,450 und 0,675 m. Nimmt man diese Maße zugrunde, dann hat dieses Vimana einen Durchmesser von 12 x 0,450 bzw. 12 x 0,675 m, also eine Größe von 5,4 bis 8,1 m. Ein offensichtlich sehr kleines Gefährt.

Der in einigen Publikationen zu findende Text "Gurkha fliegt in seinem schnellen und leistungsfähigen Vimana..." ist eine Fehlinterpretation der Texte. Die Quelle findet sich bei Pauwels und Bergier in *Aufbruch ins dritte Jahrtausend.* Dort heißt es: "Cukra, der an Bord eines mächtigen Vimana flog, schleuderte auf die dreifache Stadt ein einziges Geschoß, das mit der Kraft des Universums geladen war. Ein weißglühender Rauch, zehntausend Sonnen gleich, erhob sich in seinem Glanze... Als das Vimana auf der Erde aufsetzte, erschien es wie ein leuchtender Block aus Antimon..." "Gurkha" oder auch "Cukra" ist eine falsche Übersetzung von Sakra, ein anderer Name für Indra. Der Name Sakra (= mächtig) findet sich in mehreren Versen der Rigveda. "Cukra" wird zu "Gurkha" bei David Hatcher Childress in *Lost Cities of Ancient Lemuria and the Pacific*. Er setzt den Text so als wäre er ein Originaltext aus dem Sanskrit. Pauwels und Bergier berufen sich auf den "Mausola Purva" der eigentlich Mausala Parva heißt. Tatsächlich steht die betreffende Textstelle im Karna Parva, dem achten Buch des Mahabharata, wo kein Gurkha oder Cukra erwähnt wird. Dort ist von einem "ordnungsgemäß ausgestatteten Fahrzeug" die Rede, das von den Göttern "mit Wundern gefüllt war". Man sah die gesamte Energie des Universums zusammen an einem Ort. Der Lenker dieses Fahrzeugs ist nicht Gurkha oder Cukra, sondern Maheshwara (= Shiva), der "Gott der unerträglichen Energie", wie es heißt. Der Name Gurkha ist in den genannten Texten eine reine Erfindung und eigentlich der Name für einen nepalesischen Volksstamm, später für nepalesische Söldner, für ein militärisches Fahrzeug und für ein Messer eines Elitesoldaten.[852]

Der indische Professor und Sanskrit-Experte Dr. Dileep Kumar Kanjilal befasste sich jahrzehntelang und eingehend mit den Texten im Rigveda und referierte auch an mehreren Weltkonferenzen der Ancient Astronaut Society. Seiner Meinung nach tauchte das Wort „Vimana’ im Sinne eines fliegenden Fahrzeuges zuerst im Yajurveda 17.59 auf. Vorher wurde das Wort verschiedenartig verwendet, etwa als ‚Luftfeuer’, ‚Berechner des Tages’ oder als ‚Erschaffer des Himmels’. In all diesen Ableitungen wird das Wort mit der Ausdehnung des Firmaments und seinen Abmessungen in Verbindung gebracht. Doch im Yajurveda 17.59 und in den folgenden Textpassagen wird ‚Vimana’ eindeutig als fliegendes Fahrzeug dargestellt“, meint Erich von Däniken.[853]

Der Flug der „Maruts“ z.B. soll wirklichkeitsnah geschildert sein; „Gebäude wackeln kleinere Bäume und Pflanzen wurden umgerissen, das Echo des Startlärms wurde von Höhlen und Hügeln zurückgeworfen, der Himmel scheint ob dem lauten Getöse des fliegenden Fahrzeuges aufgewühlt und in Stücke gerissen“, so Prof. Kanjilal.

Die Maruts können mit den "Marsgeistern" in den mittelalterlichen Vorstellungen von "Luftgeistern" in Verbindung gebracht werden. In den Veden heißt es: "Euer Zug, o Ihr Maruts, erscheint strahlend… Wie die Morgenröte decken sie die dunklen Nächte auf… Mit roten Strahlen die Kraftvollen… Mit ihrem strahlenden Licht… Gleich einem Meer von Licht… Bei Eurem Herannahen ducken sich die Menschenkinder… Diese starken, männlichen, schwerbewaffneten Maruts… fest sind die Hörner, die Waffen an Euren Wagen, und auf Euren Gesichtern ist Leuchten"[854] Die roten Strahlen deuten vielleicht auf den Mars, den Roten Planeten hin. Die Bezeichnung "Maruts" könnte denselben Ursprung haben wie der Genitiv "Martis" oder "Marti" für den Mars.[855] Im Umbrischen, einem Zweig der indogermanischen Sprache, gibt es, nach Velikovsky, den Namen "cerfo martio", der genau dem Ausdruck "sardah-s maruta-s", Schar des Mars entspricht.[856]

Die Veden und auch spätere Texte der indischen Literatur beschreiben Vimanas in unterschiedlichen Formen und Funktionen: Das Wort „Vimana“ stammt aus dem Sanskrit in der Form „vi-mana“, was so viel wie „voneinander getrennt“ oder "gemessen wird" bedeutet. Die Bedeutung des Wortes veränderte sich aber im Laufe der Zeit. Das Wort meint auch einen Teil eines Hindu-Tempels (die Spitze), wie am Konark-Tempel, in Orissa zu sehen. Der Tempel gilt als Sonnentempel und die am Tempel angebrachten "Sonnenräder" weisen deutlich darauf hin. In den Veden werden fliegende, mit Rädern ausgestattete, Streitwagen erwähnt, die von Tieren – üblicherweise von Pferden aber auch von Ziegen – gezogen werden. Das "agnihotra-Vimana" wird mit Feuer (agni) angetrieben; das "gaja-Vimana" wird von einem Elephanten (gaja) gezogen. Andere Typen werden in Verbindung mit einem Eisvogel, einem Ibis oder anderen Tieren genannt.[857] Mit dem Wort "Vimana" ist also offensichtlich, wie auch andere "himmlische Fahrzeuge" in anderen Kulturen, die Sonne, die "fliegende Sonne", in all ihren Darstellungen gemeint.

So gesehen löst sich das Ganze in durchaus menschliche, mythologische Vorstellungen auf, die wie die üblichen "Fluggeräte" der Götter, ganz offensichtlich keine technische Grundlage haben.

Die "genetische Scheibe"

Eine merkwürdige Scheibe mit eigenartigen Darstellungen, sorgt schon seit langem für Spekulationen in Verbindung mit vergessenen prähistorischen Kenntnissen über Biologie. Schon 1982 war ein gewisser "Professor Jaime Gutierrez" im Besitz dieser seltsamen Scheibe. Erich von Däniken hatte ihn damals interviewt und er zeigte ihm das rätselhafte Objekt. Der Professor meinte, die Scheibe ist Jahrtausende alt.[858] Auch Reinhard Habeck und Klaus Dona konnten den Professor in Bogota, in Südamerika, im Februar 2000 besuchen. Er heißt mit vollem Namen Jaime Gutierrez Lega. Er arbeitete damals als Industriezeichner und -designer und als Hobbyarchäologe, und unterrichtete an der Universität Jorge Tadea Lozano. Er zeigte den beiden die Scheibe, die angeblich "aus einem schwarzen Stein" besteht" und "22 Zentimeter im Durchmesser" misst, und "ungefähr zwei Kilogramm schwer" ist. "Vorder- und Rückseite sind mit Gravuren versehen und mit einzelnen Ornamenten, die durch lotrechte Striche getrennt sind. Am Scheibenrand befindet sich ein Schlangensymbol eingraviert. In ihrer Mitte hat die Scheibe ein Loch." Gutierrez vermutete, "dass die Scheibe ursprünglich auf einem Stock befestigt war und gedreht werden konnte". Das seltsame sind jedoch Motive, die wie Embryos, Eizellen oder Spermien aussehen – entweder von Tieren oder von Menschen. "Ein Element zeigt zwei Wesen, offenbar männlich und weiblich. Die andere Seite enthält Szenen, die sich vielleicht als Abbilder von Zellteilung und Froschwesen in verschiedenen Stadien der Entwicklung interpretieren lassen", schreiben Habeck und Dona. Das Ganze erinnert an den "Eierladen" von Dr. Cabrera mit den skurrilen Steingravuren und irgendwie auch an die Bilder auf den Messingplatten aus der Sammlung von Pater Crespi.

Abb. 126: Die "genetische Scheibe" (Vorderseite).

Eine genaue Datierung konnte Gutierrez nicht vorweisen, er vermutete aber, dass die Scheibe aus der Zeit der Muisca-Kultur um 500 v. Chr. stammt. "Vor Jahren" soll ein Schatzsucher bei ihm aufgetaucht sein und ihm die Scheibe überbracht haben. Er fand sie angeblich "bei Bauarbeiten am Rande von Bogota". Zu Däniken sagte er aber "auf seiner Finca" nach Grabungsarbeiten für eine Wasserleitung. Die Scheibe wurde Museen angeboten, doch die Direktoren konnten damit nichts anfangen, da das Ding "keiner bisher bekannten Epoche zugeordnet werden konnte". Durch das Gewicht des Erdreichs in dem die Scheibe lag, ist sie "mit der Zeit eingedrückt worden, und an manchen Stellen lassen sich erodierte Spuren feststellen, die durch fließendes Wasser entstanden sind", so Gutierrez zu Habeck. "Befreundete Geologen der Technischen Universität" bestätigten dem Professor, "dass die Scheibe präkolumbischen Ursprungs ist". Dr. Distelberger von der Wiener Schatzkammer war nach flüchtiger Begutachtung der Scheibe jedoch der Meinung, dass sich der Gegenstand nicht in das bekannte südamerikanische Kultursystem, das wir derzeit kennen, einordnen lässt und er deshalb auch keine Fälschung zu gewerblichen Zwecken sein kann. Fälschungen können aber auch andere Gründe haben.

Die von Dona und Habeck befragte Mineral- und Edelsteinexpertin vom Naturhistorischen Museum in Wien, Dr. Vera M. F. Hammer, konnte bei einer Begutachtung der Scheibe nicht feststellen wie alt diese ist. "Wenn wir bei dem Objekt selbst eine Altersbestimmung durchführen, würden wir zwar das Bildungsalter des Steines herausfinden, nicht aber das Entstehungsalter der darauf befindlichen Gravuren", meinte die

Expertin. Sie bedauerte auch das Fehlen eines Teils des Erdreichs, in dem die Scheibe angeblich gefunden wurde. Damit hätte man zumindest die Erdschicht datieren können. So bleibt das Alter der Scheibe ungewiss.[859]

Irgendwie sieht die Scheibe wie ein Gussabdruck aus, doch sie soll nicht aus einem Material wie Zement geformt sein, wie Untersuchungen am Naturhistorischen Museum in Wien im Jahre 2001 angeblich gezeigt haben. Die Scheibe soll aus Kieselschiefer mit kohlehaltigen Pigmenten, Lydit, bestehen. Lydit, auch Radiolarit oder Kieselschiefer, ist ein Quarzgestein, das sehr spröde ist und sich nicht leicht spalten lässt. Es kann hell-weißlich, bis rötlich, bräunlich und auch schwarz sein. Es bricht scharfkantig und muschelartig und es lässt sich nur schwer in eine runde Form bringen. So wie jedes Gestein kann es allerdings zerrieben und mit Bindemittel vermischt, gegossen und in eine bestimmte Form gebracht werden. Diese Methode wird seit mehreren tausend Jahren zur Herstellung von Amuletten und Skulpturen angewendet. Das war auch mit Lydit möglich.

Der Biologe Christian Zuppinger fragte sich, ob die Scheibe wirklich brauchbare genetische Informationen enthält. Er wollte klären, ob sie tatsächlich einzelne Stadien der Entwicklung von Lebewesen zeigt und ob die Abbildungen mit technischen Hilfsmitteln entstanden sind, die nach der herkömmlichen Meinung in präkolumbischer Zeit nicht zur Verfügung standen. Dem Biologen fiel es recht schwer, "in den Figuren auf der Scheibe eine zeitliche Abfolge zu erkennen." Es gibt "kaum eine Abfolge von Figuren, in denen Körperteile und Extremitäten an Länge oder Volumen zunehmen. Man sieht keine sexuellen Handlungen, kein offensichtliches Schlüpfen aus einem Ei und auch keine Geburt. Auf der anderen Seite sind die Geschlechtsmerkmale einiger Figuren sehr deutlich dargestellt. Große, erwachsene und kleine menschenähnliche Figuren stehen nebeneinander".[860]

Zuppinger ist "nach dem Vergleich von Stadien der Entwicklung von Amphibien mit den Symbolen der Scheibe eher geneigt, einige Darstellungen als Abbildung der Froschentwicklung anzusehen. Vor allem die große Ähnlichkeit von Kaulquappen mit den Symbolen, die von anderen Autoren als Spermien gedeutet werden, ergibt mit dem danach folgenden Ablauf Sinn. Eine mythologische Verfremdung der Entwicklungsvorgänge, bei der eine symbolische Durchmischung von Amphibien- und Menschenstadien stattfindet (Abstammung von Wasserlebewesen, Vermehrung eines amphibischen Lebewesens) ist nicht von vornherein auszuschließen". Er kommt schließlich zu dem Schluss, "dass die abstrakten Vorgänge der frühen Embryonalentwicklung und Geschlechtsdifferenzierung, deren Aufklärung nicht nur das reine Beschreiben von äußerlichen Veränderungen, sondern auch Experimente erfordert, wie z.B. die Rolle der Chromosomen in der Reifeteilung und in der Bestimmung des Geschlechts oder die Existenz verschiedener Keimblätter offensichtlich nicht in den Symbolen der Scheibe enthalten sind. Daraus folgt, dass die präkolumbischen Künstler nicht notwendigerweise über ein Wissen verfügten, dass sie nicht durch eigene Naturbeobachtungen hätten erlangen können". Die Scheibe ist, so wie es aussieht, ein Artefakt, der wahrscheinlich in den Bereich "Kuriositäten" einzureihen ist.

Prähistorische High-Tech-Werkzeuge

Reinhard Habeck präsentiert in seinen Büchern zahlreiche rätselhafte Gegenstände, wie z. B. "prähistorische High-Tech-Werkzeuge aus Lydit", dem gleichen Material wie die "genetische Scheibe". Es sind kleine, etwa 20 cm große, merkwürdig gedrillte, spachtel- oder löffelartige Objekte, die von den Archäologen als Kultobjekte oder Fruchtbarkeitssymbole gedeutet werden. Andere wie Prof. Jaime Gutierrez sagen es sind medizinische Werkzeuge, vielleicht zur Geburtshilfe. Es sind jedenfalls keine scharfkantigen Gegenstände.

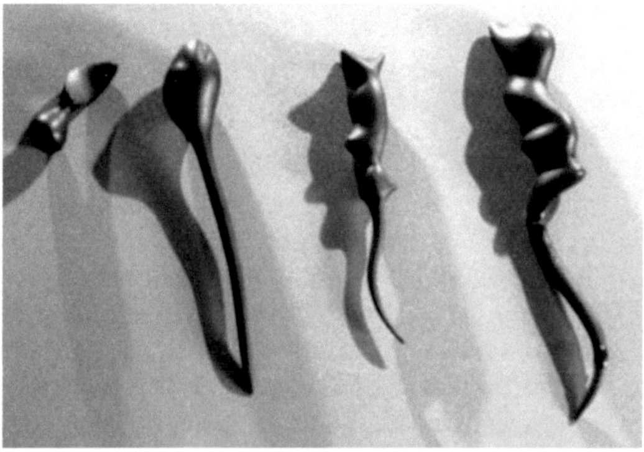

Abb.127: Seltsame Gegenstände aus Lydit.

Sie scheinen mit Hilfe einer Gussform oder plastisch hergestellt worden zu sein. Solche Techniken zur Herstellung von Münzen, Amuletten und Skulpturen aus Metall und auch Stein gibt es seit 4000 Jahren. Die fraglichen Objekte sind jedoch besonders gut ausgeführt. Auch wenn es hier noch einer genauen Klärung über die Herkunft bedarf, so sind die Gegenstände ganz offensichtlich keine High-Tech-Werkzeuge.

Im Jahre 1936 wurde bei Ausgrabungen in Sakkara neben einem Skelett in einer 5000 Jahre alten Grabkammer ein merkwürdiger Gegenstand gefunden. Er erinnert "wegen seiner radialsymmetrisch angeordneten flügelartigen Einbuchtungen an eine Schiffs- oder Luftschraube". Das Objekt soll aus Schist bestehen, ein ziemlich weiches Gestein, ähnlich wie Alabaster. Deshalb wäre es als technisches Bauteil ungeeignet. Es wurde einige Zeit lang im Ägyptischen Nationalmuseum ausgestellt, doch dann aus den Vitrinen entfernt. Ähnlich wie das Aiud-Objekt, die Gürtelschnalle aus der Gruft des Feldherrn Zhou Ch´u, und der chinesische "Steinteller", den Wegerer im Banpo-Museum entdeckt hat. Wie in der Gruft des Zhou Ch'u waren auch in der Grabkammer in Sakkara Grabräuber am Werk und so könnten auch hier diese den seltsamen Gegenstand hinterlassen haben.

Anfang der 1990er Jahre sollen Goldsucher östlich des Ural-Gebirges in Russland "winzige, technisch anmutenden Artefakte" gefunden haben. Es sind unter anderem, spiralförmige Gegenstände, die aus verschiedenen Elementen wie Kupfer, Wolfram und Molybdän bestehen sollen. Die Größe der Objekte "variiert von maximal drei Zentimeter bis 0,003 Millimeter". Sie sollen an "hypermoderne Steuerelemente denken, die in mikro-miniaturisierten Apparaturen ihren Dienst versehen", so Habeck. Geologen sollen "den aufgefundenen mysteriösen Objekten ein Alter zwischen 20.000 und maximal 300.000 Jahren" zugestehen. Wolfram wie Molybdän sind Metalle, die wegen ihrer hohen Schmelzpunkte (3422° C und 2623° C) in elektronischen Bauteilen für die Luft- und Raumfahrt, die hohen Temperaturen ausgesetzt sind, verwendet werden. Auch für hohe Ansprüche in der Metallurgie- und Halbleitertechnik und in medizinischen Geräten finden diese Metalle Anwendung. Am bekanntesten ist Wolfram als Glühfaden in Beleuchtungskörpern. Schon während des Ersten Weltkriegs wurde Molybdän zur Herstellung von hochfesten Werkstoffen anstatt Wolfram verwendet. Es ist daher nicht auszuschließen, dass die aufgefundenen Objekte aus Raketenbauteilen der russischen Raumfahrt stammen. Etwa 1000 Kilometer östlich von der Fundstelle befindet sich die Raketenbasis Plesetsk.

Der im Jahre 1934 in London, Kimball County, Texas, USA gefundene Hammer, eingeschlossen in einer Gesteinsschicht, sorgt ebenfalls seit Jahren für Spekulationen. Die Gesteinsschicht soll 140 Millionen, vielleicht sogar 400 Millionen Jahre alt sein und folglich soll auch der Hammer aus dieser Zeit stammen. Zudem soll der Kopf des Hammers zu 96,6 % aus Eisen, 2,6 % aus Chlor und 0,74 % aus Schwefel zusammengesetzt sein, was eine metallurgische Analyse von den Batelle Memorial Laboratories in Columbus, Ohio, USA im Jahre 1989 ergeben hat. Angeblich soll der Hammerkopf, der ungefähr 15 cm lang ist, nicht rosten und der Stiel zum Teil verkohlt sein.

Die Verwendung von Chlor und Schwefel bei der Eisenverarbeitung ist nicht ungewöhnlich. Wenn der Hammer in trockenem Gestein gelegen ist, musste er nicht unbedingt rosten. Eine Röntgen-Analyse des Hammers von der Texas Utilities Company im Jahre 1992 erbrachte keine Einschlüsse oder Unregelmäßigkeiten. Der Hammer ist auch von eher moderner Bauart. Der Einschluss in Gestein kann durch Erosion (Gesteinsabtragung) auch in jüngerer Zeit erfolgt sein. Die historischen Bilder zeigen den Hammer allerdings in eine Art Mörtelklumpen eingeschlossen (siehe Habeck, *Labyrinth*, S. 157). Der Hammer soll andererseits gar nicht in Gestein befestigt gewesen sein, sondern er lag lose auf einem Felsvorsprung in einem Bachbett nahe einem Wasserfall. Von einem höheren technologischen Artefakt aus prähistorischer Zeit kann sowieso keine Rede sein.[861]

Abb. 128: Der in Kimball County, Texas, USA gefundene Hammer.

In der präastronautischen Literatur finden sich zahlreiche seltsame Gegenstände, die rätselhaft erscheinen. Es sind interessanterweise immer steinerne, mineralische oder metallische Gegenstände und keine Kunststoffe. Schon deshalb scheidet ein hochtechnologischer, prähistorischer Ursprung aus.

Schusswaffen in der Vorzeit?

Der im Jahre 1921 von einem Schweizer Bergmann in einem Bleibergwerk, in Broken Hill, in Rhodesien gefundene Schädel eines Vorzeitmenschen soll ebenfalls rätselhaft sein, denn er soll "ein glattes, rundes Loch" aufweisen, das "scharf und sauber abgegrenzt", ist und den "Eindruck einer Schusswunde" erweckt. Der auch als "Broken Hill Skull" bekannte Schädel befindet sich im British Museum of Natural History und wurde als *Homo rhodesiensis* eingestuft und auf ein Alter zwischen 125.000 und 300.000 Jahren datiert. "Wer hatte damals Schusswaffen?", fragten sich naturgemäß viele Forscher und Buchautoren im grenzwissenschaftlichen Bereich. Nun, der Schädel hat etliche runde Löcher und diese sind bei genauer Betrachtung keineswegs so exakt kreisrund. Sie können alle möglichen Ursachen haben, nur Einschusslöcher sind sie wahrscheinlich nicht. Mediziner sagen, die Löcher seien typisch für das Krankheitsbild der Akromelagie, ein hormonell bedingter Riesenwuchs. Zu der "Zertrümmerung" auf der rechten Seite des Schädels, angeblich durch ein Projektil, meinte der von Reinhard Habeck dazu befragte Gerichtsmediziner und DNA-Spurenanalytiker Jan Kiesslich aus Salzburg, dass eher ein „postmortales Artefakt" die Zerstörung des Schädels verursacht haben könnte.

Ähnlich ist es auch bei einem "Einschussloch" am Schädel eines prähistorischen Bisons, der aus der Zeit 8000 bis 2700 v. Chr. stammt. Der Schädel soll sich im Museum für Paläontologie in Moskau befinden. Das Loch kann alles andere als einen Einschuss durch ein Projektil als Ursache haben. Durch einen Speer, eine Veränderung der Knochensubstanz oder eine Verletzung bei Ausgrabungen des Schädels. Auch an diesem Schädel finden sich weitere Löcher.[862]

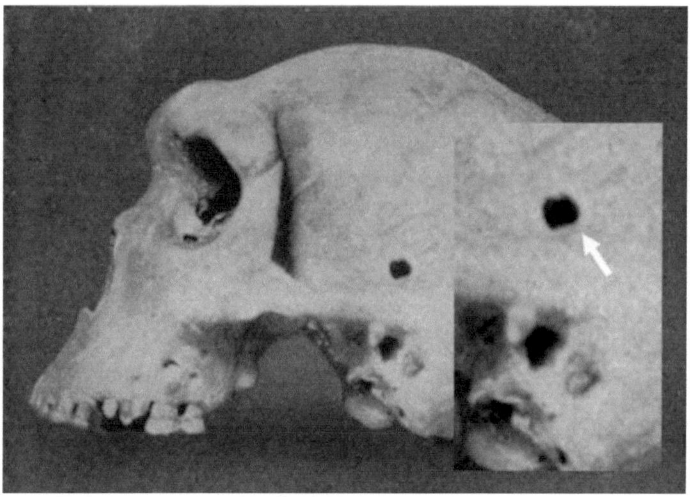

Abb. 129: Der Schädel des Homo rhodesiensis
(Bild: Britisches Museum, Ausschnitt eingefügt vom Autor).

Da es keine Hinweise auf Schusswaffen in der Vorzeit gibt und dazu wohl eine größerer Produktionsstätte notwendig wäre, die ebenfalls aus dieser Zeit nicht bekannt ist, ist es eher wahrscheinlich, dass die Löcher in den Schädeln entweder durch primitive Gegenstände oder durch hormonelle oder postmortale Veränderungen zustande gekommen sind – wie auch immer. Jedenfalls ergibt sich auch hier wieder kein Hinweis auf eine höhere technologische Kultur oder auf außerirdische Besucher.

Raumschiffe in einem Fresko im Kloster Desani?

In einem Fresko im Kloster Desani, im ehemaligen Jugoslawien, im heutigen Kosovo Metohija, sind fliegende Objekte zu sehen, in denen menschliche Gestalten sitzen. Die Zeitschrift *Svijet* schrieb überschwänglich von "Raumschiffen an der Passion von Desani" und von "Sputniks" auf den Fresken, wie Wjatscheslaw Saizew im *Sputnik (*Nr. 1/1968) berichtete. Saizew meinte: Auf den Fresken sieht man zwei raumschiffähnliche Gebilde, die hintereinander von West nach Ost fliegen. Im ersteren sitzt ein Wesen ohne Heiligenschein. Seine Hand ruht auf einem unsichtbaren Schalthebel; sein Blick ist nach unten gerichtet, als achte es auf den Raumflieger hinter ihm."

Abb. 130: Fresko im Kloster Desani, in Kosovo Metohija (Bildbearbeitung vom Autor).

Die Fresken stammen aus dem 14. Jahrhundert n. Chr. und die Objekte stellen in Wirklichkeit Personifizierungen von Sonne und Mond dar, deutlich zu sehen als sichelförmige und kreisförmige Objekte, die Lichtstrahlen aussenden. Die Objekte fliegen – wenn schon – tatsächlich von Ost nach West und nicht von West nach Ost. Andere Fresken in dem Kloster zeigen im oberen Teil Heilige und Engel und diese sind wohl keine "Raumflieger". Sonne und Mond werden in religiösen, mittelalterlichen Darstellungen oft mit menschlichen Gesichtern versehen; das hat nichts mit tatsächlich fliegenden Gestalten in irgendwelchen Fluggeräten zu tun – es sieht genau genommen auch nicht so aus.

Astronauten an der Fassade einer Kathedrale

Zwei Reliefdarstellungen von Astronauten an der Fassade einer spanischen Kathedrale in Salamanca, aus dem 16. Jahrhundert, sind nichts weiter als ein schlechter Studentenscherz. Die Fassade wurde im Jahre 1992 renoviert und dabei hatten die Studenten zwei Astronauten mit Helmen, Schläuchen und "Moonboots" kunstvoll eingefügt. Erst im Jahre 2007 hatte das der UFO-Forscher Luis R. González von der Euro-UFO-Liste, The Virtual Community of Scientifically Oriented European UFO Researchers, verlautbaren lassen. Bis dahin haben die Darstellungen sowieso nur wenige ernst genommen. Damit es aber in Zukunft bei späteren Generationen nicht zu Verwirrungen kommt, sollten die Reliefs entfernt werden.

Unangenehme Druckfehler

In Erich von Dänikens Buch *Beweise* von 1977, gibt es ganz simple Fehler und Irrtümer, die ich hier nochmals anführen möchte, auch wenn es sich vielleicht bloß um Druckfehler handelt. Fremde Planeten sollen "um Billionen Jahre älter als die Erde" sein, obwohl das gesamte Universum nur 13,7 Milliarden Jahre alt ist. In dem Buch ließt man statt "Pionier 10", "Pionier F"; statt "Desoxyribonukleinsäure" ließt man "Desoxyribononukleinsäure"; statt "$3{,}0857.10^{13}$ km" (= 1 Parsec, etwa 3,26 Lichtjahre), "$3{,}0857.10^{12}$ km", statt 1/6 (Mondanziehungskraft) "1/20"; statt m/sec (Geschwindigkeit) "m/sec^2" (Beschleunigung); statt Gravitonen "Gravitationen". Die Härteskala nach Mohs findet man als "Mohn-Skala".[863] Die Hyaden sind "ein Sternhaufen im Kopf des Sternbildes Stier. Die genau gemessenen Bewegungen seiner Mitglieder bilden die Grundlage für die Entfernungsskala im Weltall",[864] heiß es. Tatsächlich ist es so, "dass es bei Sterngruppen mit paralleler Translationsbewegung, wie bei den Hyaden, möglich ist, deren Entfernung zu berechnen, wenn die Radialgeschwindigkeit und die Eigenbewegung gemessen wird". Photonen sind "bei sehr kurzen Wellenlängen" keine "masselose Elementar-Teilchen."[865] Im Gegenteil, "je kürzer die Wellenlänge desto größer ist das Masseäquivalent" und überhaupt könnte man sonst nicht mit einem Photonenantrieb für Raumschiffe spekulieren.[866] Millionen Leser konnten 1969 lesen, dass Erich von Däniken als 19jähriger in Ägypten nach Keilschriften suchte, wo diese Schrift doch in Mesopotamien üblich war und dort auch entstanden ist. Nachdem Othmar Keel-Leu 1970 auf diesen Umstand aufmerksam machte,[867] wurde der Fehler später auf "hieroglyphische Texte" korrigiert.

Ancient Astronauts wenig glaubwürdig

Im Wintersemester 1975/1976 führte ein Forscherteam der Universität Göttingen eine Umfrage unter Studienanfängern im Fachbereich Theologie durch. Die Frage lautete: Glauben Sie, dass in vorgeschichtlichen Zeiten Astronauten auf der Erde landeten? [868] Die Antworten waren:

davon bin ich überzeugt.........................1,4 %
halte ich für ziemlich sicher....................0,4 %
halte ich für wahrscheinlich....................5,6 %
halte ich für möglich...........................22,9 %

Dabei haben sich 30,3 % der Befragten positiv geäußert, 69,7 % sprachen sich eher gegen die Wahrscheinlichkeit eines prähistorischen Kontaktes mit Außerirdischen aus. Also eine Mehrheit, die nicht daran glaubte, dass außerirdische Intelligenzen die Erde aufgesucht haben.

Nach Erscheinen des Buches *Beweise* im Jahre 1977 besprach eine Klasse des Nürnberger Gymnasiums das Buch, und der Lehrer stellte anschließend an seine dreißig Schüler die folgenden Fragen, mit folgendem Ergebnis:

Wer hält die Thesen für unmöglich?..........63 %
Wer für bedingt möglich?..........................23 %
Wer für wahr?..10 %
Wer hat keine Meinung?.............................4 %

Nur 10 % der Befragten hielten die Thesen für wahr, andere waren skeptisch bis ablehnend. 63 % hielten sie überhaupt für unmöglich.[869]

Schon 1976 meinte Dänikens damaliger Sekretär Willi Dünnenberger, dass Däniken "künftig mehr zu bieten haben muss, als indizienhältige Bücher" und dass er in den nächsten drei Jahren gezwungen sein wird, den "verdammten Beweis zu finden".[870] Das Buch *Beweise* konnte diesen nicht erbringen und noch heute, nach 35 Jahren, ist ein eindeutiger Beweis nicht in Sicht. Dennoch, die Idee von den Astronautengöttern geht weiter und Erich von Däniken verkauft weiterhin Bücher mit guten Auflagen – freilich nicht mehr so zahlreich wie früher. Auch sein langjähriger Freund, der Sciencefiction-Autor Walter Ernsting, meinte schon 1976: "Fände EvD diese(n) Beweis(e) zu Lebzeiten nicht mehr, dann dürfte er den Höhepunkt seiner schriftstellerischen Karriere heute bereits überschritten haben, gäbe es doch... nichts gravierend Neues mehr zu entdecken."[871] Peter Krassa, langjähriger Freund von Erich von Däniken, meinte zu den "guten und weniger guten Indizien"[872] schon 1979: "Schließlich geht es ja auch mehrheitlich um Hypothesen – und die könnten sich eines Tages durchaus als überholt erweisen."

Kann ein Beweis noch erbracht werden?

Ich war schon 1979 kritisch zu Erich von Dänikens Thesen eingestellt und ich hatte mich auch entsprechend dazu geäußert, was einige verwundert hat. Auch Erich von Däniken war nicht gerade erfreut darüber. Nach einigen Recherchen erkannte ich schon damals, dass nicht alles so ist wie es dargestellt wird und ich zeigte mich überzeugt, dass Däniken zu Lebzeiten den Beweis nicht finden wird, "einen Beweis wohlgemerkt, den die Wissenschaft anerkennt..." und nicht einen "den sich Däniken selbst einredet."[873] Nach dem damaligen Stand der Erkenntnisse über das Marsgesicht schrieb ich: So "...kann auch ich die Spekulationen in Verbindung mit dem Planeten Mars nicht mehr aufrecht halten".[874] Die amerikanischen Forschungsergebnisse in dieser Beziehung haben mich jedoch 1986 überrascht und mich veranlasst nochmals über das Marsgesicht und die weiteren Mars-Phänomene nachzudenken und ein neues Buch darüber zu schreiben.[875] Meine frühere Meinung muss ich aber heute wieder vertreten, denn die Strukturen auf dem Mars sind, so wie es nun aussieht, doch mit großer Wahrscheinlichkeit natürlichen Ursprungs. Für mich bestand aber immer auch die Möglichkeit, dass sich die Menschen die Götter aus Naturereignissen geschaffen haben, und "dass die Überlieferungen durch die Phantasie der

Autoren derartige Ausmaße erreicht haben, dass wir heute zu diesen Vermutungen kommen".[876] Mit den Vermutungen meinte ich die präastronautischen Interpretationen der Überlieferungen.

Auf der 5. Weltkonferenz der Ancient Astronaut Society 1978 in Chicago verkündete Erich von Däniken: "Ich werde mein Leben und alle meine bescheidenen Mittel dafür einsetzen, immer bessere Indizien und wenn möglich auch einen außerirdischen Gegenstand als objektiven Beweis der Öffentlichkeit zu präsentieren."[877] Es ist fraglich, ob ihm das zu Lebzeiten noch gelingen wird – obwohl dies vom wissenschaftlichen Standpunkt aus nicht völlig ausgeschlossen ist. Zu viele Dinge sprechen aber gegen die Auffindung eines Beweises, doch die Suche wird weitergehen.

Die Ancient-Astronaut-Hypothese geht, wie auch andere Kritiker meinen, von zwei fraglichen Voraussetzungen aus: Erstens: dass Astronautengötter gezielt in die Erbmasse der Menschen eingegriffen haben und wesentlich zur Entfaltung der Intelligenz beigetragen haben. Damit verschiebt man aber das Problem der Entwicklung der Intelligenz nur auf eine andere Ebene. Wie sind die Astronautengötter intelligent geworden? Auch durch das Eingreifen fremder Intelligenzen? Irgendwo muss sich die Intelligenz doch selbstständig entwickelt haben. Warum nicht gleich auf der Erde? Zweitens: durch die durch nichts bewiesene Annahme, dass irgendwo im Universum fremde Intelligenzen interstellare Raumfahrt betreiben. Noch dazu eine Raumfahrt, die technisch weit über das hinausgeht, was wir heute wissen. Selbst wir haben dieses Niveau noch nicht erreicht und es ist fraglich, ob wir das jemals erreichen werden, weil wir unsere menschliche Zivilisation, durch die extreme Überbevölkerung und durch viele andere daraus resultierenden Probleme, wahrscheinlich bald selbst zugrunde richten werden.

Intelligenz muss nicht in kosmisches Sightseeing ausarten. Höchstwahrscheinlich liegt die Zukunft der Intelligenz ganz woanders. Wahrscheinlich werden wir die mäßige Raumfahrt, die wir derzeit betreiben, bald wieder aufgeben müssen, weil andere Probleme auf der Erde dringender gelöst werden müssen. So erlebten das die Sumerer, die Ägypter, die Griechen, die Römer, die Inkas, die Mayas und andere frühere Zivilisationen. Der technologische Fortschritt erbrachte gewaltig Zeugnisse in der Kunst und in der Wissenschaft und doch wurde das alles wieder aufgegeben und der Niedergang war nicht aufzuhalten.

Auch der berühmte Raumfahrttechniker Wernher von Braun (1912 - 1977) äußerte sich schon 1968 skeptisch zu frühen Kontakten mit Außerirdischen, weil "bisher keine archäologischen Studien irgendeine Basis für derartige Spekulationen geliefert haben".[878] Noch heute gibt es keinen Beweis für die Ancient-Astronaut-Hypothese, doch wir werden nicht aufhören zu suchen. Der einmal gezündete Funke kann nicht mehr so leicht aus den Gehirnen der Menschen entfernt werden. Die Suche muss aber auf eine wissenschaftliche Basis gestellt werden; unter dem Begriff SAETI (Search for Artifacts of Extraterrestrial Intelligences), in Verbindung mit der SETI-Forschung, könnte das gelingen.

Warum muss es Außerirdische geben?

Die Wahrscheinlichkeit von intelligentem Leben im All

Unser Sonnensystem bestand noch vor einigen Jahren aus neun Planeten, zahlreichen Monden und anderen Himmelskörpern und es hat als Zentralstern eine Sonne mittlerer Größe in unserer Galaxie. Unsere Galaxie besteht aus etwa 200 Mrd. Sternen unterschiedlicher Größe. Sie ist eine von wahrscheinlich 100 Mrd. im ganzen Universum, die durchschnittlich 200 Mrd. Sterne besitzen. Wenn nur 0,1 Prozent der Sterne einer durchschnittlichen Galaxie einen Planeten besitzen, mit höher entwickelten Lebensformen, dann gibt es 200 Mio. Planeten mit außerirdischen Lebewesen in so einer Galaxie. Wenn nur 0,1 Prozent der Planeten mit außerirdischen Lebensformen in dieser Galaxie eine technisch höher entwickelte Zivilisation hervorgebracht haben, dann gibt es 200.000 technisch fortgeschrittene Intelligenzen in so einer Galaxie und im gesamten Universum hundertmilliardenmal so viele technische Zivilisationen. Eine unglaubliche Zahl von 20.000.000.000.000.000 oder 20 Billiarden Planeten mit technisch fortgeschrittenen Lebensformen. Das ist zwar eine sehr optimistische Auslegung, doch statistisch gesehen, ist es sehr unwahrscheinlich, dass wir im Universum alleine sind.

In den 1960er Jahren begann unter Frank D. Drake eine verstärkte Suche nach Signalen von einer fernen Zivilisation im Weltall. Er richtete 1960 das 28-Meter-Teleskop in Green Bank auf die Sterne Epsilon Eridani und Tau Ceti. Damals entwickelten Astronomen in Green Bank auch eine Formel zur Berechnung der Wahrscheinlichkeit einer technischen Zivilisation im Universum, die inzwischen als Green-Bank-Formel, Green-Bank-Gleichung oder Drake-Gleichung bekannt geworden ist.[879] Führende Wissenschaftler, darunter Frank D. Drake, Dana W. Atchley, Melvin Calvin, Giuseppe Cocconi, Su-Shu Huang, John C. Lilly, Philip M. Morrison, Bernhard M. Oliver, J. P. T. Pearman und Carl Sagan haben im November 1961 auf einer Konferenz eine Gleichung mit sieben Parametern entwickelt, die ihrer Meinung nach ausschlaggebend dafür sind, dass eine zweite technische Zivilisation im Weltall existiert, mit der wir unter Umständen Kontakt aufnehmen können. Die Formel sieht vereinfacht so aus:

$$N = R * Fp * Nö * Fl * Fi * Fk * L$$

Die einzelnen Parameter bedeuten:

R = die Wahrscheinlichkeit der Entstehung von sonnenähnlichen Sternen.
Fp = die Wahrscheinlichkeit der Entstehung eines Planetensystems mit einem sonnenähnlichen Stern.
Nö = die Wahrscheinlichkeit eines Planeten solcher Systeme in einer Ökosphäre, einer sogenannten Lebenstoleranzzone.
Fl = die Wahrscheinlichkeit der Entwicklung von niederen Lebensformen auf einem solchen Planeten.
Fi = die Wahrscheinlichkeit der Entwicklung von intelligentem, höheren Leben auf einem solchen Planeten.
Fk = die Wahrscheinlichkeit der Entstehung einer technischen Zivilisation auf einem solchen Planeten.

L = die Wahrscheinlichkeit einer längeren Lebensdauer einer technischen Zivilisation.
N = das Ergebnis.

Trotz gewisser Meinungsverschiedenheiten kam die Gruppe zu dem Ergebnis, dass rund 0,001 % aller Sterne in unserer Milchstraße, das sind etwa eine Million Sterne, einen Planeten mit einer technischen Zivilisation besitzen, wobei diese Zivilisation zehn Mio. Jahre lang existieren müsste. Von der Erde aus wäre dann bei einer Gleichverteilung der nächste Planet mit einer höheren Zivilisation einige hundert Lichtjahre von uns entfernt.[880]

Höchstwahrscheinlich ist dieses Ergebnis aber ebenfalls noch zu optimistisch ausgelegt. Wer sagt denn, dass eine technische Zivilisation eine Million Jahre existieren würde. Zu viele Probleme und Ereignisse könnten die Lebensdauer wesentlich verkürzen, was sich bei unserer Zivilisation bereits bemerkbar macht. Überbevölkerung, Ressourcenknappheit, Hungersnöte und wirtschaftliche Probleme könnten schon in wenigen Jahrzehnten das Ende unserer technischen Zivilisation bedeuten – und wir sind noch lange nicht so weit interstellare Raumfahrt zu betreiben, vielleicht wird das nie der Fall sein. So muss man die Dauer einer primitiveren technischen Zivilisation, von der man wenigstens Radiosignale empfangen könnte, wesentlich kürzer ansetzen.

Wenn die Voraussetzungen R * Fp * Nö * Fl * Fi * Fk aus der Formel gegeben sind und eine technische (nicht raumfahrttechnische) Zivilisation (L) eine Million Jahre existiert, dann gebe es in unserer Galaxie nur etwa 45.000 solche Zivilisationen; wenn die Dauer nur 10.000 Jahre ausmacht, dann würde in unserer Galaxie nur eine technische Zivilisation existieren – und das wären wir. Sollte eine technische Zivilisation gar nur 100 Jahre lang existieren, gebe es überhaupt keine solche Zivilisation in unserer Galaxie. Da wir mit unserer technischen Entwicklung – seit der Erfindung des Radios – auf diesem Planeten existieren, wäre die vorige Überlegung wahrscheinlicher. Es gibt in unserer Galaxie nur eine technische Zivilisation und das sind wir. Damit dies – nach der Formel – der Fall ist, müsste unsere gegenwärtige Zivilisation aber noch 8000 Jahre lang andauern. Ob das so sein wird muss bezweifelt werden. Bei entsprechender optimistischer oder pessimistischer Auslegung ergibt sich eine Lebensdauer einer technischen Zivilisation von hundert bis einer Million Jahren.[881]

Entsprechend ergibt sich eine Zahl der kommunikationsfähigen Zivilisationen in unserer Galaxie von 0 bis 45.000 wie folgt:

Lebensdauer einer technischen Zivilisation (Jahre)
optimistisch 1 Million
vorsichtig 10.000
pessimistisch 100
N =
Zahl der vorhandenen kommunikationsfähigen Zivilisationen in unserer Galaxie
optimistisch 45.000
vorsichtig 1
pessimistisch 0

Unsere Existenz auf dieser Erde ist durch viele Glücksfälle im Laufe der Evolution des Lebens ermöglicht worden. Wenn vor 200 Mio. Jahren die Landwirbeltiere ausgestorben wären – tatsächlich starben 50 bis 80 Prozent aller Arten aus – würde es keine Menschen geben. Auch wenn die Dinosaurier vor etwa 65 Mio. Jahren nicht ausgestorben wären, würden wir wahrscheinlich nicht existieren. Auch die nachfolgenden Säugetiere, von denen wir abstammen, waren laufend bedroht. Selbst zur Zeit der Primaten (der ersten Menschenaffen) war es nicht sicher, dass daraus einmal der Homo sapiens (der einsichtsfähige, weise Mensch) entstehen würde. Wenn sich unter den Primaten nicht das Stammhirn zum Großhirn, dem Neocortex ausgebildet hätte, würde unsere Erde nur mit relativ primitiven menschenähnlichen Lebewesen bevölkert sein. Und selbst mit diesem komplexen Gehirn ausgestattet, hatte es lange gedauert, bis der Mensch höhere Techniken entwickeln konnte, die es ermöglichten, Signale ins Weltall zu senden. Erst seit der Erfindung der elektromagnetischen Kommunikation, vor etwa 125 Jahren, machen wir im Weltall auf uns aufmerksam. Das ist bezogen auf das Alter des Universums eine fast vernachlässigbare kurze Zeitspanne. Erst seit ungefähr 50 Jahren suchen wir gezielt nach Signalen einer außerirdischen Zivilisation. Es müsste gerade zu dieser Zeit eine solche Zivilisation zumindest auf dem Stand wie wir vor etwa 100 Jahren sein, um von uns entdeckt zu werden – abgesehen von der Zeitverzögerung durch die Lichtgeschwindigkeit der Signale.

Wenn es pro Galaxie nur eine technische Zivilisation gibt, dann würde es immerhin 100 Mrd. solcher Zivilisationen im gesamten Universum geben. Die nächste Galaxie, Andromeda, ist von uns 2,4 bis 2,7 Mio. Lichtjahre entfernt. Ein elektromagnetisches Signal dorthin würde also entsprechend lange dauern. Auf die Antwort müssten wir zumindest 4,8 Mio. Jahre warten. Selbst wenn wir hoffen dürfen, dass es innerhalb unserer Galaxie mehrere technische Zivilisationen gibt, würde ein ausgesendetes Signal mehrere hundert bis tausend Jahre zu dieser Zivilisation benötigen und entsprechend doppelt so lange würde es dauern, bis eine Antwort zu uns käme. Eine galaktische Nachbarschaftspflege ist also nicht zu erwarten, geschweige denn nachbarschaftliche Besuche zu einem Kaffeetratsch oder einer Bierrunde. Wir sind also angewiesen auf den Empfang eines Signals einer Zivilisation irgendwo im Weltall, was immerhin auch von Bedeutung wäre, wenn wir eines empfangen würden.

In den Jahren 1972 und 1973 startete die NASA die beiden Raumsonden Pioneer 10 und Pioneer 11, mit der berühmten Plakette über unser Aussehen und unsere Herkunft, ins Weltall, um Außerirdische auf uns aufmerksam zu machen. Ob das eine gute Idee war bleibt dahingestellt. Jedenfalls gibt es schon planetare Programme zur eventuellen Verteidigung, falls uns feindlich gesinnte außerirdische Invasoren entdecken. Diesbezügliche Warnungen vor einem solchen Szenario kamen in den Jahren 2010 und 2011 von diversen Wissenschaftlern, darunter auch vom Astrophysiker Stephen Hawking. Vorläufig haben sich die beiden Pioneer-Sonden in Richtung zum 67 Lichtjahre entfernten Sonnensystem Aldebaran, im Sternbild Stier, das Pioneer 10 in zwei Mio. Jahren erreichen wird, aus unserem Sonnensystem verabschiedet.

Auch eine der beiden Voyager-Sonden, die 1977 gestartet wurden, mit ähnlichen Hinweisen auf unsere Herkunft auf einer Goldplakette, mit phonetischen "herzlichen Grüßen an alle" und "hello from the children of planet Earth", und die im Jahre 2025 ihre wissenschaftlichen Aktivitäten einstellen werden, hat noch keine außerirdische Intelligenz abgefangen. Auch wenn während eines technischen Defekts im Jahre 2010 mit Manipulationen durch Aliens spekuliert wurde. Bis zum Jahre 2025 werden die beiden Raumsonden etwa 23 Mrd. km zurückgelegt haben. Voyager 1 wird in etwa 40.000 Jahren, eine Distanz von ungefähr 1,6 Lichtjahren zurückgelegt haben und den Stern AC+79 3888, im Sternbild Giraffe, erreichen. Voyager 2 wird vielleicht in etwa 296.000 Jahren den 4,3

Lichtjahre entfernten Sirius passieren. Wir sehen hier, mit welchen langen Zeiträumen wir rechnen müssen, um wenigstens die nahesten Sterne erreichen zu können. Ob diese Raumsonden jemals auf außerirdische Intelligenzen stoßen werden ist daher sehr fraglich.[882]

Wir müssen bei der Suche nach außerirdischen Intelligenzen auf mögliche Zivilisationen hoffen, die nicht all zu weit von der Erde entfernt sind. In den vergangenen Jahren haben Astronomen verstärkt nach Planeten außerhalb unseres Sonnensystems gesucht und es ist ihnen auch gelungen zahlreiche zu entdecken. Die ersten Hinweise auf Exoplaneten gab es bereits in den 1980er Jahren. Die erste Entdeckung eines fernen Planeten außerhalb unseres Sonnensystems gelang dem Schweizer Astronomieprofessor Michel Mayor, am Departement für Astronomie in Genf, im Jahre 1995. Um den Stern 51-Pegasi, der 40 Lichtjahre von uns entfernt ist, kreist ein Planet mit 0,46 % der Jupitermasse in 4,2 Tagen, in einem Abstand von nur 0,05 AE (Astronomische Einheit = Entfernung Erde zur Sonne) von seinem Stern. Dadurch hat der Planet eine Oberflächentemperatur von 1255° Kelvin (= 982° Celsius); dort ist es somit zu heiß für höheres Leben. Später, ab 1996, entdeckten die US-Astronomen Geoffrey Marcy von der Universität von Kalifornien, in Berkeley, und Paul Butler, vom Carnegie Institute in Washington, bis zu hundert extrasolare Planeten.[883]

Im Jahre 2000 entdeckten Astronomen, dass den Stern Epsilon Eridani, der nur 10,5 Lichtjahre von uns entfernt, ein jupiterähnlicher Planet umkreist. Ein Team von britischen, australischen und amerikanischen Astronomen hat im Jahre 2003 mit dem Anglo Australian Telescope, im Südosten Australiens, in 90 Lichtjahren Entfernung ein Planetensystem entdeckt, das dem unseren gleicht. Ein Planet von etwa der Größe des Jupiters umkreist den Stern HD 70642 und weitere Planeten wären dort möglich.

Auch um den Stern Wega, der 25 Lichtjahre von uns entfernt ist, soll ein Planet in einer ähnlichen Umlaufbahn kreisen wie unser Neptun. In den vergangenen 17 Jahren, seit der ersten Entdeckung eines Planeten beim Stern 51-Pegasi, haben Astronomen zahlreiche Planeten außerhalb unseres Sonnensystems entdeckt. Es sind aber größere, gasförmige Planeten, die nur beim Vorbeiziehen an ihrem Zentralstern, oder durch ein schwaches Zittern des Sterns, beobachtet werden können. Kleinere, erdähnliche, sind dadurch nur schwer nachweisbar. Im Jahre 2005 ist es Astronomen aus Jena und Hamburg gelungen, ein Foto von einem extrasolaren Planeten zu schießen, der sich in rund 400 Lichtjahren Entfernung befindet. Auch dieser hat aber die zweifache Masse des Jupiters.

Ein Team von Astronomen des Observatoriums Genf, unter der Leitung von Michel Mayor, hat im Jahre 2009 den bis dahin leichtesten Planeten außerhalb unseres Sonnensystem entdeckt. Der Planet beim Sternsystem Gliese 581, im Sternbild Wega, 20,4 Lichtjahre von uns entfernt, hat nur etwa die zweifache Masse unserer Erde. Es ist wahrscheinlich ein Gesteinsplanet, auf dem es flüssiges Wasser geben könnte, meinte Stephane Udry, ein Mitglied des Teams. Für Leben wie wir es kennen, ist es aber dort viel zu heiß. "Der Heilige Gral bei der Suche nach Exoplaneten ist, einen Planeten zu finden, der ungefähr so schwer ist wie die Erde und gleichzeitig Bedingungen für Wasser hat", erklärte der französische Wissenschaftler Thierry Forveille telefonisch der Nachrichtenagentur AFP. Mit dieser Entdeckung "kommen wir der Sache schon näher", meinte Forveille. Der Bekanntgabe gingen vier Jahre Beobachtung mit dem 3,6-Meter-Teleskop der ESO, in La Silla, in Chile voraus. Bis zu dieser Meldung sind insgesamt 350 Exoplaneten entdeckt worden.[884]

Ein Team von internationalen Astronomen, in Zusammenarbeit mit dem NASA Exoplanet Science Institute, hat anhand einer statistischen Studie, veröffentlicht am 12.

Januar 2012 in der Zeitschrift *Nature*, ausgehend von den neuesten Entdeckungen von Exoplaneten, festgestellt, dass es in unserer Milchstraße, die aus mindestens 100 Mrd. Sternen besteht, als Minimum einen Planeten pro Stern geben muss. Das bedeutet, dass es im Umkreis von 50 Lichtjahren Entfernung von unserem Sonnensystem, mindestens 1500 Planeten geben muss. Bis zu dieser Zeit sind 2326 mögliche Kandidaten für ferne Planeten entdeckt und 709 nachgewiesen worden – in Entfernungen von 10 bis 520 Lichtjahren.[885]

Das NASA-Kepler-Weltraumteleskop, hat nach einer Meldung vom 11. Januar 2012, durch das NASA Exoplanet Science Institute, die drei bisher kleinsten Planeten außerhalb unseres Sonnensystems entdeckt. Sie umkreisen den Stern KOI-961, der etwa 130 Lichtjahre von der Erde entfernt ist, und haben 0,57, 0,73 und 0,78 % der Größe der Erde; der kleinste hat etwa Marsgröße. Die Planeten sind jedoch zu nahe beim Stern und es ist dort zu heiß für höheres Leben – allerdings könnte es dort flüssiges Wasser geben. Der Stern selbst hat nur einen Durchmesser von einem Sechstel unserer Sonne und ist ein Roter Zwerg. Das ganze System ähnelt eher dem Jupitersystem. "Dies ist das winzigste Sonnensystem, das bislang gefunden wurde", sagte John Johnson vom Exoplanet Science Institut der NASA am California Institute of Technology, Caltech. Das Weltraumteleskop, das am 7. März 2009 gestartet wurde, ist speziell für die Suche nach kleinen, erdähnlichen Planeten konzipiert worden und untersucht für einige Jahre hindurch einen Bereich von etwa 150.000 Sternen im Sternbild Schwan.[886]

Am 16. Oktober 2012 meldeten Wissenschaftler erneut die Entdeckung eines Exoplaneten. Er soll die Masse der Erde haben. Entdeckt wurde er mit dem Spektrographen HARPS an einem Teleskop der Europäischen Südsternwarte (ESO) in Chile, im Sternsystem Alpha Centauri, 4,3 Lichtjahre von uns entfernt. "Die Entdeckung ist ein großer Schritt auf dem Weg zur Entdeckung einer zweiten Erde in unmittelbarer Nähe der Sonne. Wir leben in aufregenden Zeiten", jubelte der führende Forscher Xavier Dumusque vom Observatorium Genf. Leben ist allerdings auf dem Planeten, der in nur etwa 5,9 Mio. km seinen Stern umkreist, nicht möglich, denn dort ist es viel zu heiß (vgl. Merkur in 57,9 Mio. km von der Sonne). Die Entdeckungen gehen jedenfalls laufend weiter.

Vor etwa dreißig Jahren haben zwar Astronomen vermutet, dass es im Universum viele Planeten geben muss und in unserer Galaxie bis zu mehrere Millionen, doch die Entwicklung heute hat die Erwartungen übertroffen. Es muss unzählige Planeten im Universum geben und manche von ihnen könnten, bei optimistischer Auslegung, von menschenähnlichen Lebewesen bewohnt sein. Deshalb hat man schon sehr früh nach Hinweisen auf außerirdische Intelligenzen im Weltall gesucht. Federführend dabei war das Projekt SETI (Search for Extraterrestrial Intelligences), wobei man sich auf den Empfang von Radiosignalen konzentriert hat.

Im Jahre 1960 startete Frank Drake, der die bekannte Green-Bank-Gleichung geschaffen hat, die ersten Versuche nach Signalen von außerirdischen Intelligenzen im Rahmen des Projekts OZMA zu suchen, indem er das 28-Meter-Teleskop in Green Bank auf die Sterne Epsilon Eridani und Tau Ceti, 10,5 und 11,9 Lichtjahre von uns entfernt, richtete.[887] Die Suche war aber nicht erfolgreich. Im November 1991 fand am Green-Bank-Observatorium die erste Zusammenkunft von namhaften Astronomen und anderen Wissenschaftlern wie Carl Sagan, Philip Morrison, Melvin Calvin, Bernhard M. Oliver, Otto von Struve, John Lilly und Frank Drake statt, um das Projekt SETI ins Leben zu rufen. Damals liefen ähnliche Aktivitäten auch in der ehemaligen Sowjetunion. Am Byurakan-Observatorium organisierten 1964 und 1971 Nikolai Kardaschow und Josef Schklowski SETI-Konferenzen. Mit Carl Sagan veröffentlichte dann 1966 Josef Schklowski das Buch

Intelligent Life in the Universe.[888] Im Jahre 1971 wollte die NASA ein Projekt unter dem Namen "Zyklop" mit 1500 Teleskopen, die zusammengeschaltet werden sollten, starten, doch das erwies sich als zu kostspielig. 1974 wurde dann die berühmte Arecibo-Botschaft in Richtung des Kugelsternhaufens M13, im Sternbild Herkules, der etwa 25.000 Lichtjahre von uns entfernt ist, ins All gesendet.[889]

Im Jahre 1979 startete die Universität von Kalifornien, in Berkeley, mit dem Projekt SERENDIP ((Search for Extraterrestrial Radio Emissions from Nearby Developed Intelligent Populations) eine neue Suche mit verschiedenen Radioteleskopen. Im Jahre 1980 gründeten Carl Sagan, Bruce Murray und Louis Friedman die Planetary Society und finanzierten damit weitere Aktivitäten im Rahmen von SETI. Von 1982 bis 1985 wurden an der Harvard-Universität mit einem Frequenzanalysator, mit 131.000 Kanälen, an einem 25-Meter-Radioteleskop, weitere Versuche unternommen, irgendwelche Radiosignale aus dem Weltall zu empfangen. Im Jahre 1985 startete die Ohio State University ebenfalls ein Suchprogramm unter dem Namen "Big Ear", im Rahmen von SETI, mit Unterstützung der Planetary Society. 1986 startete die Universität von Kalifornien ihr Programm SERENDIP II und später auch SERENDIP III und SERENDIP IV, mit finanzieller Unterstützung der Planetary Society.[890]

Im Jahre 1992 entschied sich die NASA, in Verbindung mit der amerikanischen Regierung, das Programm MOP (Microwave Observing Program) zu finanzieren, das eine gezielte Suche bei 800 bis 1000 sonnenähnlichen Sternen, innerhalb einer Entfernung von 100 Lichtjahren beinhaltete. Dazu wurden das Deep Space Network, ein Radioteleskop mit einem 43-Meter-Spiegel in West Virginia und das Teleskop von Arecibo verwendet. Schon nach einem Jahr wurde das Projekt aber von der US-Regierung eingestellt. Im Jahre 1995 finanzierte eine private Initiative gemeinsam mit dem SETI-Institut in Mountain View, in Kalifornien, das Projekt "Phoenix". Von 1996 bis 1998 wurden die Teleskope von Green Bank und Arecibo für dieses Projekt benutzt. Es wurden innerhalb einem Radius von 800 Lichtjahren, ausgehend von der Erde, 800 Sterne abgesucht. 1994 wurde das Projekt ohne einen Sucherfolg eingestellt.[891]

Im Mai 1999 stellte die Universität von Kalifornien, in Berkeley, ihr Programm SETI@home für private Interessenten rund um den Erdball zur Verfügung. Das Programm kann man sich vom Server in Berkeley herunterladen und es läuft dann im Hintergrund im Rechner während man sich anderen Computertätigkeiten widmet. So wird versucht, die Bandbreite der Suche nach extraterrestrischen Signalen zu erweitern. Im Jahre 2005 baute das SETI-Institut mit der Universität von Kalifornien, mit Unterstützung des Microsoft-Gründers Paul Allen, ein neues Radioteleskop, mit dem Namen "Allen Telescope Array".[892] Es soll insgesamt 25 Mio. US-Dollar gekostet haben. Im April 2011 war das SETI-Institut jedoch gezwungen aus finanziellen Gründen die Tätigkeit an dem Teleskop einzustellen. Auch in Europa gibt es partielle Anstrengungen nach Signalen zu suchen, mit dem 32-Meter-Teleskop in Medicina, in Italien.

Alles in allem hat die Suche nach Signalen (gewollte oder ungewollte) von außerirdischen Intelligenzen im Weltall bisher keinen Erfolg gebracht. Vielleicht sind wir doch allein? Oder es gibt derzeit keine höhere, technisch entwickelte Intelligenz im Weltall – zumindest nicht in unserer Galaxie.

Können uns Außerirdische überhaupt besuchen?

Die Möglichkeit oder Unmöglichkeit von Weltraumreisen

Wie wir gesehen haben, sind die kosmischen Distanzen zwischen den Sternen und Galaxien nicht so leicht zu überbrücken. Es stellt sich daher die Frage: Können uns Außerirdische überhaupt besuchen? Sind sie imstande mit irgendwelchen Raumschiffen von Stern zu Stern zu reisen?

Wollen wir zum nächsten Sternsystem Alpha Centauri (4,3 Lichtjahre entfernt) reisen, dann sind unsere derzeitigen Weltraumfahrzeuge hoffnungslos unzulänglich. Geht man von der Saturn-V-Mondrakete aus, die eine maximale Geschwindigkeit von 30 km/s erreichen konnte, dann würden wir bis zum Alpha Centauri etwa 43.000 Jahre benötigen. Spätere Raketen mögen einmal vielleicht 1500 km/s erreichen, doch dann würde eine Reise bis zu diesem Sternsystem immer noch etwa 860 Jahre dauern. Bei der – allerdings etwas utopischen – Vorstellung, dass wir mit Raumschiffen eines Tages 10 % der Lichtgeschwindigkeit, also 30.000 km/s, erreichen werden – würden wir noch immer ungefähr 43 Jahre bis zum Alpha-Centauri-System benötigen.

Sollten wir eines Tages die bisher denkbar größte Geschwindigkeit im Universum, nämlich die der des Lichts mit rund 300.000 km/s, mit irgendwelchen Raumschiffen erreichen können, dann würden wir dennoch Jahrhunderte bis Jahrtausende benötigen, um zu einem anderen Stern mit möglicherweise einem Planeten wie die Erde zu gelangen.

Im Jahre 1967 versuchte der Professor für theoretische Physik an der New Yorker Columbia-Universität Gerald Feinberg[893] eine Lösung zu finden. Er ging davon aus, dass die Lichtgeschwindigkeit wohl als Grenze feststeht, doch jede Grenze zwei Seiten hat. So postulierte er Teilchen, welche die Lichtgeschwindigkeit als untere Grenze haben und nannte sie "Tachyonen". Seit 1967 geistern diese Teilchen durch die populärwissenschaftliche Literatur, doch nachgewiesen werden konnten sie bis heute nicht.

Schon 1977 schrieb mir Prof. Dr. W. Thirring vom Institut für theoretische Physik an der Universität Wien: "Während die Lichtgeschwindigkeit als Grenzgeschwindigkeit für die Bewegung von Teilchen und der Massezuwachs der Teilchen mit der Geschwindigkeit experimentell erhärtete Tatsachen sind, sind die Tachyonen… eine reine Spekulation, aber nicht einmal eine sehr gute. Es gibt zurzeit weder einen direkten Nachweis von Tachyonen noch irgendeinen Grund, warum dieselben existieren sollten."[894]

Im Jahre 1957 startete ein Projekt unter der Leitung von Theodore B. Taylor und Freeman Dyson mit einem nuklearen Pulstriebwerk unter der Bezeichnung "Orion". Es sollte ein Raumschiff entwickelt werden, das eine Masse von mindestens 300 Tonnen hat und eine Geschwindigkeit von 20 km/s erreichen kann. Als Antrieb waren regelmäßige Zündungen von Atombomben gedacht. Nach einigen kleinen Tests mit herkömmlichem Sprengstoff wurde das Projekt im Jahre 1965 allerdings eingestellt.[895]

Zwischen 1973 und 1978 wurde eine Studie von der Britischen Interplanetarischen Gesellschaft entwickelt, die als Ergebnis eine machbare interstellare Reise mit einem Raumschiff hatte. Das ganze lief unter dem Namen "Daedalus". Namhafte Wissenschaftler und Ingenieure haben sich daran beteiligt. Entwickelt wurde ein Raumschiff mit einer Masse von 54.000 Tonnen, das 16 Prozent der Lichtgeschwindigkeit erreichen soll. Der Antrieb sollte mittels Kernfusion erfolgen. Es war eine unbemannte Mission vorgesehen, die in 50 Jahren beim Barnards Stern, 5,98 Lichtjahre von uns entfernt, ankommen sollte.

Zwischenzeitlich sollten Beobachtungen des Sterns mittels eines Weltraumteleskops durchgeführt werden. Das Raumschiff sollte dann beim Stern vorbeifliegen und Messdaten und Bilder zur Erde senden. Da man damals dachte, dort könnte sich ein Planet befinden, waren auch Kleinsonden vorgesehen, die vom Raumschiff aus auf diesem landen sollten.[896]

Abb. 131: Das Raumschiff Daedalus, entwickelt 1973 bis 1978 von der Britischen Interplanetaren Gesellschaft für einen Flug zum Barnards Stern.

Kernfusionsantriebe hat man immer wieder als mögliche Antriebe für interstellare Raumschiffe in Erwägung gezogen. Bill Emrich, vom Marshall Space Flight Center der NASA, forschte in den 1970er Jahren an einer entsprechenden Triebwerkstechnik. Sein Konzept sah eine 100 m lange Magnetröhre vor, in der mit Mikrowellen erhitztes Plasma fusioniert. Das schwierig zu kontrollierende 600 Mio. Grad Celsius heiße Gas, neigt zum Ausbruch aus seiner magnetischen Flasche, aber genau das wird für den Rückstoß gebraucht. Mit einer konstanten Beschleunigung von 9,81 m/s^2 wäre ein Raumschiff schon in 42 Stunden beim Mars. Auf halbem Weg würde es eine Geschwindigkeit von 750 km/s erreicht haben, bei maximaler Distanz von 400 Mio. km würde die Geschwindigkeit auf 2000 km/s angewachsen sein. Den 6 Mrd. km entfernten Pluto hätte dieses Raumschiff mit einer Maximalgeschwindigkeit von 7700 km/s in 18 Tagen erreicht. Dazu wäre aber eine ungeheure Energie erforderlich.

Die Geschwindigkeit eines Raumschiffes, die auch der Ausstoßgeschwindigkeit der Triebwerke entsprechen würde, hängt wesentlich vom Treibstoff ab. Bei einem Treibstoffanteil von 20 Prozent würde ein 100 t schweres Raumschiff, das eine Beschleunigung von 9,81 m/s^2 vier Tage lang aufrecht halten kann, letztendlich eine Ausstoßgeschwindigkeit von 15.000 km/s erreichen.[897]

Schon früher habe ich dargestellt wie schwierig Weltraumreisen praktisch durchführbar sind, selbst wenn wir nur einen Bruchteil der Lichtgeschwindigkeit erreichen wollten.

Heutige Raketen, die Menschen ins Weltall bringen, beschleunigen mit 9,81 m/s^2, weil so die Astronauten ihr normales Körpergewicht verspüren (= 1 G) und halten dieses für zirka 20 Sekunden aufrecht, und erreichen dann eine Geschwindigkeit von etwa 4,5 km/s.

Bei einer unbegrenzt konstanten Beschleunigung von 1 G ist man rein rechnerisch sehr rasch beim 20-, 30-, 40- und 50-fachen der Lichtgeschwindigkeit angelangt. Ein Raumschiff hätte nämlich bei einer konstanten Beschleunigung von 9,81 m/s^2 bereits nach 11 Monaten und 2 Wochen Bordzeit die Lichtgeschwindigkeit erreicht. Die folgende Tabelle soll das verdeutlichen:

	Geschw.	Distanz
1 Stunde	35,3 km/s	64.000 km
1 Tag	848,4 km/s	39.800.000 km
1 Woche	5.939,1 km/s	1.700.000.000 km
1 Monat	25.460,5 km/s	35.200.000.000 km
1 Jahr	305.441,2 km/s	4.800.000.000.000 km

Bei knapper Annäherung an die Lichtgeschwindigkeit (bei etwa 99 %, das sind 296.794 km/s) tritt der bekannte Zeitverschiebungseffekt auf. Was über der Lichtgeschwindigkeit (300.000 km/s, im Vakuum 299.792 km/s) geschieht, bleibt reine Spekulation. Interstellare Reisen mit einer konstanten Beschleunigung von 1 G (= 9,81 m/s^2), die eine Zeitdehnung bis zum hundert- oder tausendfachen der Zeit an Bord eines Raumschiffes gegenüber der Zeit auf der Erde ergeben würden (Bordzeit 30 Jahre = Erdzeit 3100 Jahre, Bordzeit 50 Jahre = Erdzeit 420.000 Jahre, Bordzeit 60 Jahre = Erdzeit 5.000.000 Jahre), halten die meisten Wissenschaftler für absurd und einen "potenzierten Wahnsinn".[898] Wobei nach 30 Jahren Bordzeit eine Entfernung von 1560 Lichtjahren, nach 50 Jahren Bordzeit 208.000 Lichtjahre und nach 60 Jahren Bordzeit 2.470.000 Lichtjahre zurückgelegt worden wären. Das alles ist nur als Gedankenspielerei, praktisch ist das nicht durchführbar, weil (wie aus der vorigen Tabelle ersichtlich) nach 11 Monaten und 2 Wochen bereits die Lichtgeschwindigkeit erreicht worden wäre – und diese kann nach Einsteins Formel $E = mc^2$ nicht überschritten werden.

Ein wichtiger Faktor in dieser Formel ist "m". Er steht für Masse, die bei zunehmender Geschwindigkeit anwächst. Dies wird aber erst bei großer Annäherung an die Lichtgeschwindigkeit relevant – etwa ab 90 %. Ab dann wird sich die zugeführte Energie immer mehr als Anwachsen der Masse äußern. Bei Lichtgeschwindigkeit wird diese unendlich und es müsste auch unendlich viel Energie aufgebracht werden, um diese Geschwindigkeit mit einem Raumschiff halten zu können. Es ist der Grund, warum ein massereicher Körper niemals mit Lichtgeschwindigkeit fliegen kann, und sei er noch so klein – das gilt auch für ein einzelnes Elektron.

Um die Machbarkeit von interstellaren Reisen zu erklären, müssen wir erst einmal von unseren technischen Möglichkeiten ausgehen. Die Saturn-V-Rakete, die amerikanische Astronauten zum Mond gebracht hat, hatte ein Startgewicht von 3000 Tonnen. Sie konnte eine Geschwindigkeit von 4,5 km/s erreichen. Dazu war eine Energie von 16.900 MWh (Megawattstunden), das entspricht 22.977.605,33 PS, erforderlich. Um diese Rakete auf eine Geschwindigkeit von 20,4 km/s zu bringen ist eine Energie von 346.800 MWh erforderlich. Zum Vergleich: Ein modernes Atomkraftwerk liefert eine Energie von etwa 1000 MWh. Die Saturn-Rakete benötigte also die Energie von fast 16 Atomkraftwerken.

Diese Energie musste sie allerdings nur für eine sehr kurze Zeit, zur Überwindung der irdischen Schwerkraft, aufbringen.

Die internationale Raumstation ISS, die ab 1998 errichtet wurde und wo sich laufend bis zu sechs Astronauten und Astronautinnen aufgehalten haben, erreichte im Jahre 2011 eine Größe von 110 x 100 x 30 m und eine Masse von 450 t. Sie kann hier gut als Beispiel dienen. Um diese Masse auf eine Geschwindigkeit von 20,4 km/s zu bringen ist eine Energie von 52.020 MWh erforderlich. Soll so ein Raumschiff eine Geschwindigkeit von 1500 km/s erreichen, müssten 281.250.000 MWh aufgebracht werden, und bei 3000 km/s (1% der Lichtgeschwindigkeit) müssten es schon 1.125.000.000 MWh sein. Eine Reise zum Alpha-Centauri-System würde mit dieser Geschwindigkeit 434 Jahre dauern.

Nach dieser Rechnung, entsprechend der Einstein-Formel $E = mc^2$, würde ein Raumschiff mit 3000 t Masse (wie die Saturn-V-Rakete) für eine Geschwindigkeit von 20,4 km/s eine Energie von 346.800 MWh benötigen. Das "Blumrich-Raumschiff" (siehe Ezechiel) mit 100 t Masse würde für diese Geschwindigkeit 62.500.000 MWh (= 85 Milliarden PS) benötigen – falls diese Energie aus einer Masse von 100 t überhaupt herausgeholt werden kann, was bezweifelt werden muss.[899]

Im Weltall gelten andere Gesetze als auf der Erde, weil kein festes Bezugssystem da ist, an dem man sich abstoßen kann, daher muss jede Bewegung mit einer Gegenbewegung ausgeglichen werden. Man kann im Weltall nicht herumfliegen wie in den "Sternenkriegen" der Hollywoodfilme. Ein Raumschiff muss Schub- und Bremsdüsen, sowie auch Steuerdüsen haben, die jede Bewegung ausgleichen. Dennoch muss es eine der Masse des Raumschiffs entsprechende Antriebskraft und die nötige Energie dazu geben. Mitunter wäre eine riesige Anlage zur Energiegewinnung nötig, die einen erheblichen Teil der Masse eines Raumschiffs ausmachen würde. Da die Energiequelle in einem Raumschiff immer mitgeschleppt werden muss, ergibt sich in der Praxis eine schwierige Situation beim Verhältnis Masse zu Energie und zur Geschwindigkeit.

Der deutsche Raketenexperte Eugen Sänger hatte schon in den 1950er Jahren ein Gedankenmodell zu lichtschnellen Reisen entwickelt. Er schlug eine "Photonenrakete" vor, die durch Photonen (Lichtteilchen) angetrieben wird. So soll die Lichtgeschwindigkeit erreicht werden. "Der Energievorrat mit dem höchsten denkbaren Energieinhalt ist ein 'Zweikomponententreibstoff' aus Materie und der entsprechenden Antimaterie", meinte Sänger. In diesem Fall kann nach Einsteins Formel $E=mc^2$ der gesamte Treibstoff vollständig in Energie, in Lichtquanten, zerstrahlen. Sängers Photonenrakete stellt also, vereinfacht ausgedrückt, eine Taschenlampe dar, deren Lichtstrahl sie vorantreibt. Eugen Sänger schlug aber ein gewaltiges Raumschiff mit einer Gesamtmasse von 100.000 t vor, wobei allein der Treibstoff 99.900 t ausmacht. Für die restliche Masse, einschließlich Fracht und die Räume für die Besatzung etc., bleiben nur 100 t übrig. Das Raumschiff soll auch den Zeitverschiebungs-Effekt ermöglichen. Für viele Wissenschaftler ist dieses Modell zu phantastisch.

Die Massezunahme würde bei diesem Raumschiff, laut der Einstein-Formel, ins Gigantische steigen. Eine Masse von 600 t würde bei einer Geschwindigkeit von 10 % der des Lichts (also 30.000 km/s) um 3,02 t zunehmen; bei 3000 t wären das 15,11 t. Ein Raumschiff mit 20.000 t Masse würde schon um 100,76 t an Masse zunehmen. Bei 99 % der Lichtgeschwindigkeit würde die Masse eines Raumschiffs von 3000 t auf über 140.000 t, genau 141.776,24 t anwachsen.[900]

Eine Massezunahme laut Einstein bedeutet aber nicht eine Zunahme des Gesamtvolumens eines Körpers oder eines Raumschiffs, sondern eine Zunahme der kinetischen Energie. Diese wird mit der zunehmenden Geschwindigkeit auch zunehmend in der Masse gespeichert und führt letztendlich zu einer kritischen Situation. Ein Raumschiff, das sich mit annähender Lichtgeschwindigkeit bewegt, wird somit zur kritischen Masse und instabil, und das führt zur Selbstzerstörung. Und weil dieser Effekt schon bei unter zehn Prozent der Lichtgeschwindigkeit auftritt, ist die Erreichung höherer Geschwindigkeiten bis zu der des Lichts mit Raumschiffen nur sehr schwer möglich bis überhaupt unmöglich.

Was ein Flug mit Lichtgeschwindigkeit bedeutet, kann man beim Anklicken irgendeiner Homepage am Computer erkennen, die von einem Ort am anderen Ende der Erdkugel, tausende Kilometer entfernt, in wenigen Sekunden am Bildschirm erscheint. So schnell kann sich kein Raumschiff bewegen!

Die derzeit noch immer beste durchschaubare Energie, die für ein Raumschiff in Frage kommen könnte, ist die Kernenergie, bei der nur 3 Promille der Masse in Energie umgewandelt werden. Selbst bei optimalem Wirkungsgrad könnte dies niemals zur Lichtgeschwindigkeit führen, sondern höchstens zu etwa 6,67 Prozent derselben –nämlich etwa 20.000 km/s.[901] Selbst wenn die gesamte Materie des Universums in Energie verwandelt und einem einzigen Elektron mitgeteilt würde, bewegte sich dieses nicht mit Lichtgeschwindigkeit, sondern "nur" mit 99,999999999… (bis ungefähr zur 160. Kommastelle) Prozent derselben.[902]

Da sich solche Überlegungen mit der Lichtgeschwindigkeit als relativ hoffnungslos für halbwegs brauchbare Reisen durch das Weltall erwiesen haben, stellten manche noch spekulativere Theorien auf, wie man die riesigen Distanzen des Universums überwinden könnte. Man könnte sogenannte "Wurmlöcher"[903] benutzen oder gar durch Schwarze Löcher "in andere Dimensionen" oder in ein anderes Universum reisen. Nur sind das noch wildere Spekulationen als jene mit der Lichtgeschwindigkeit und nicht einmal gute Sciencefiction (im Sinne von fiktive Wissenschaft), denn bei derartigen Weltraumphänomenen treten so gewaltige Gravitationskräfte auf, die schon bei geringer Annäherung ein Raumschiff völlig zerstören würden – geschweige denn, dass man gemütlich durchfliegen könnte. Da würde auch der Aufbau eines Energiefeldes um das Raumschiff nichts nützen.

Schwarze Löcher sind ehemalige Sterne oder Galaxien, die in sich derart zusammengefallen sind, dass sogar Licht absorbiert wird, und dadurch von Astronomen ein scheinbares "schwarzes Loch" nachgewiesen werden kann. Bei einem Schwarzen Loch treten gewaltige Gravitationskräfte auf, ähnlich wie bei Neutronensternen oder Weißen Zwergen. Die Gravitationskraft, auch Anziehungskraft oder Schwerkraft, hängt von der Masse ab, die eine Anziehung bewirkt. Die Masse unserer Erde bewirkt, dass wir uns auf ihr bewegen können. Auf dem wesentlich kleineren Erdmond, der eine wesentlich kleinere Masse hat, entspricht die Anziehungskraft nur einem Sechstel der der Erde; auf dem Mars beträgt sie rund ein Drittel. Wir haben dort also ein wesentlich geringeres Körpergewicht. Anders ist es beim Jupiter, wo wir fast das 2,4-fache Köpergewicht haben würden. Um der Masse eines Planeten zu entkommen, bedarf es einer bestimmten Fluchtgeschwindigkeit. Auf der Erde sind das 11,2 km/s, auf dem Mars 5,1 km/s und auf dem Planeten mit der größten Anziehungskraft in unserem Sonnensystem, dem Jupiter, müssten 61 km/s aufgebracht werden.[904] Dies zeigt auch, dass man sich einem Himmelskörper nur auf eine bestimmte Entfernung nähern darf, um nicht von seinem Gravitationsfeld erfasst zu werden und auf ihn zu stürzen. Himmelskörpern wie Sterne oder Schwarze Löcher, darf man sich schon gar nicht so sehr nähern wie Planeten, weil diese eine wesentlich größere Anziehungskraft haben.

Ein Flug in ein Schwarzes Loch wäre also mit ziemlicher Sicherheit tödlich. Das verhält sich etwa so, wie wenn man direkt in die Sonne fliegen würde. Abgesehen davon, dass ein Raumschiff in der Sonne verglühen würde, müsste man gewaltige Kräfte aufbringen, um dem Gravitationsfeld der Sonne entgegen zu wirken. So ist das auch bei Schwarzen Löchern. Man müsste Fluchtgeschwindigkeiten aufbringen, die nahe an die Lichtgeschwindigkeit gehen. Zum anderen sind Schwarze Löcher nicht Objekte, mit denen man in andere Dimensionen des Universums gelangen kann, denn sie sind in sich zusammengefallene Objekte und in ihrem Innern gibt es keinen Ausweg für Körper, die einmal dorthin gelangt sind.

Anders soll es bei den "Wurmlöchern" sein. Hier meinen phantasievolle Autoren und spekulative Astrophysiker einen Weg in andere Dimensionen oder Universen gefunden zu haben. Zwar sind derartige Objekte nach der Relativitätstheorie durchaus rechnerisch möglich, doch zur Verwirklichung müsste eine extrem hohe Energiedichte aufgewendet werden, die bis zum Milliardenfachen der Dichte eines Neutronensterns reicht. Das wären bei einer durchschnittlichen Dichte von 10^{13} kg/m^3 (Sirius B, Weißer Zwerg, $3 \cdot 10^9$ kg/m^3) mal 1.000.000.000 = 10^{22} kg/m^3 = 10^{16} kg/cm^3 = 10^{13} t/cm^3! Also 10.000.000.000.000 t/cm^3, gleich 10 Billionen t/cm^3. Zum Vergleich dazu hat die Erde eine Dichte von 5,52 t/m^3. Wurmlöcher sind also für Raumschiffe keine guten Verbindungswege zwischen irgendwelchen kosmischen Distanzen oder Universen. Außerdem würde ein Flug durch solche fiktiven Weltraumobjekte nicht eine Verkürzung der Flugzeit bewirken, weil trotzdem die Lichtgeschwindigkeit als Grenze gilt. Ein Flug durch ein Wurmloch verhält sich etwa so wie ein Flug in ein Schwarzes Loch.

Ein Verbindungsweg durch ein Wurmloch, wird auch, nach Albert Einstein und Nathan Rosen, als "Einstein-Rosen-Brücke" bezeichnet. Doch "man hat erst später herausgefunden, dass es ein Irrtum ist, in dieser Tunnelstruktur eine (überquerbare) Brücke von einem der Universen zum anderen zu sehen. Lediglich die ganz spezielle Wahl eines Koordinatensystems lässt das suggestive Bild einer Brück entstehen; schaut man genauer hin, dann zeigt sich, dass die Einstein-Rosen-Brücke prinzipiell nicht überquert werden kann Ein Objekt müsste sich schon, in der Relativitätstheorie unmöglich, mit Überlichtgeschwindigkeit bewegen, um von einem Universum ins andere zu gelangen. Jedes wirkliche Objekt, das sich höchsten so schnell wie das Licht bewegen kann, landet beim Durchquerungsversuch unweigerlich in der Singularität und wird zerstört", so der Physiker Markus Pössel.[905]

Schwarze Löcher sind in der Regel nur wenige Kilometer bis zu 1000 Kilometer groß und haben zwischen einer und mehreren Sonnenmassen. Im Zentrum des Universums könnte allerdings ein Schwarzes Loch in der Größe bis zu zehn astronomischen Einheiten (= 10 x 149,57 Mio. km), also annähernd 1,5 Mrd. km, existieren. Es könnte eine Masse vom tausend bis zum millionenfachen der Masse der Sonne haben. Im Zentrum von Galaxien sind jedoch schon Schwarze Löcher mit Massen vom 24-fachen bis zum 6,6-milliardenfachen der Sonnenmasse nachgewiesen worden.[906]

Auch die Nutzung von Antimaterie oder der Kernfusion für interstellare Reisen bringt nicht wesentlich höhere Geschwindigkeiten. Auch hier gilt die Lichtgeschwindigkeit als Grenze und es bleibt bei der extrem hohen Energiemenge, die für solche Antriebe nötig wäre. Für die künstliche Erzeugung von Antimaterie wird immer mindestens soviel Energie benötigt als freigesetzt wird und sie eignet sich daher nicht besonders als brauchbare und effiziente Energiequelle.[907] Bei der Kernfusion ist es ähnlich. Sie würde sich zwar besser als die Kernspaltung für Antriebssysteme von Raumschiffen eignen, doch das Verhältnis von Masse und Energie würde bestenfalls Geschwindigkeiten von 10 % der des Lichts zulassen.

Alles in allem bleiben daher nur Reisen durchs Weltall mit relativ gemächlichen Geschwindigkeiten als machbare Überbrückung der Entfernungen zwischen den Sternen übrig. Die physikalischen Gesetze gelten überall im Weltall, auch für andere Intelligenzen und diese Gesetze können nicht umgangen werden. Unsere Kenntnisse der Technik, der Mathematik und der Physik sind schon so weit fortgeschritten, dass man durchaus annehmen kann, dass diese auch in Zukunft weitgehend gelten werden – und dass diese auch für andere technische Kulturen irgendwo im Universum gelten. Reisen durchs Weltall werden nur mit Raumschiffen möglich sein, die in relativ langen Zeiträumen die Distanzen durchqueren können. Auch das wäre schon ein extrem weiter Fortschritt in der Entwicklung von technischen Kulturen.

Abb. 132: Weltraumhabitat oder Generationenraumschiff.

Verschiedene Forscher und Wissenschaftler haben daher schon sogenannte "Generationenraumschiffe" für interstellare Reisen vorgeschlagen. Möglichst große völlig autonome Raumschiffe, die Kleinplaneten gleichkommen, mit denen Menschen mehrere hundert bis mehrere tausend Jahre durchs Weltall reisen könnten – und natürlich könnten das ebenso auch anderen Intelligenzen. So könnten in der Vergangenheit außerirdische "Götter" auf eine Weise zur Erde gekommen sein, die den bekannten physikalischen Gesetzen entsprechen würden.

Der Princeton-Professor und Physiker Gerard K. O'Neill entwickelte schon Ende der 1960er Jahre die Idee von Weltraumkolonien. Erste Veröffentlichungen erschienen schon

1974, und 1976 sein Buch *The High Frontier – Human Colonies in Space* (dt. *Unsere Zukunft im Raum,* 1978).[908] Seiner damaligen Vorstellung nach, könnten schon Ende des 20. Jahrhunderts "einige zehntausend Menschen auf halber Distanz zwischen Erde und Mond in Raumkolonien leben und arbeiten". Dazu ist es nicht gekommen, doch solche Weltraum-Habitate könnten zylinderförmig sein, mit einem Durchmesser von 6,6 km und einer Länge von 32 km. Darin könnten hunderte bis einige zehntausend Menschen ständig leben. Felder, Wiesen und Häuser könnte es geben. Ein künstliches Schwerefeld könnte, durch eine Rotation des Habitats um die eigene Achse, an der Außenwand aufgebaut werden. Schon 1970 entwickelte der Architekt und Philosoph Paolo Soleri einen derartigen künstlichen Erdsatelliten mit einem Durchmesser von 1,4 km und einer Länge von 2,6 km für 70.000 Bewohner. Er nannte ihn "Asteromo". Mit solchen künstlichen Habitaten könnte man auch durchs Weltall reisen. Sie müssten aber nicht so extrem groß sein, wenn einige hundert Menschen als Insassen genügen würden. Mit einigen hundert Metern Durchmesser für ein solches Raumfahrzeug müsste man aber schon rechnen.

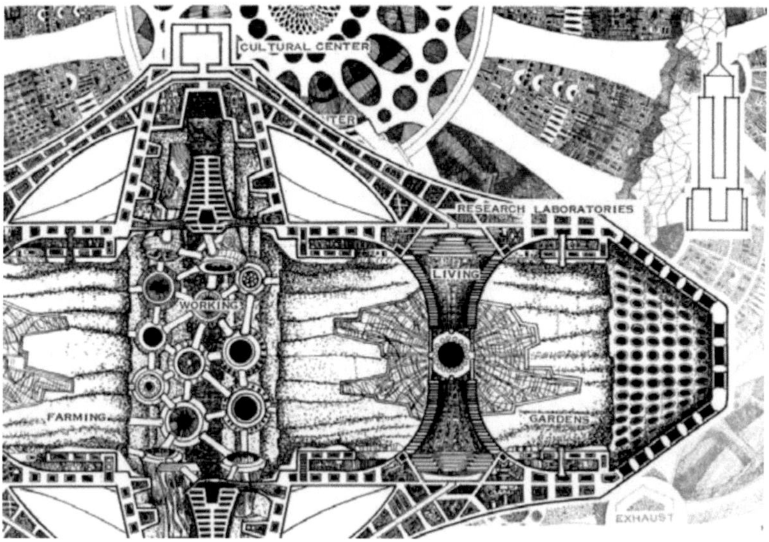

Abb. 133: Weltraumhabitat "Asteromo" nach P. Soleri.

Selbst bei noch weiterer technischer Entwicklung und der Erreichbarkeit von zehn Prozent der Lichtgeschwindigkeit (= 30.000 km/s) wären interstellare Raumreisen eine sehr langwierige Angelegenheit. Dennoch könnte das bei sehr optimistischer Auslegung irgendwo im Weltall außerirdischen Intelligenzen gelungen sein. Sollten sie zu uns gekommen sein, dann wäre das im Laufe der Erdgeschichte aber wohl nur ein einziges Mal der Fall gewesen. Mehrere Besuche wären so nicht möglich gewesen.

Das Aussehen der Außerirdischen

Müssen außerirdische Intelligenzen menschenähnlich sein?

Wie sehen Außerirdische wirklich aus? Sind sie menschenähnlich? Sehen sie aus wie wir? Sind es kleine, zwergenhafte, scheue Wesen mit großen Augen und großen Köpfen; die "kleinen Grauen", aus der UFO-Literatur? Oder sind es Kreaturen, Horrorwesen, entsprungen kühnster Phantasien aus Mythen und Märchen? Sind es die Außerirdischen aus den Sciencefiction-Romanen und Sciencefiction-Filmen? Oder sind es die biomechanischen Alien-Wesen des Schweizer Künstlers Hans Rudolf Giger?

Seit Jahrtausenden gibt es viele Vorstellungen in den Köpfen der Menschen von Wesen aus dem Weltraum oder einfach aus himmlischen Sphären. Es gibt aber auch durchaus ernstzunehmende Vorstellungen aus der uns bekannten Evolutionsgeschichte der Lebewesen auf unserer Erde. Biologen, Ethnologen, Anthropologen, Verhaltensforscher und Psychologen haben sich schon Gedanken gemacht, wie Außerirdische aussehen könnten.

Schon in den 1970er Jahren machten sich der Psychiater David Jonas und seine Frau Doris, die Anthropologin ist, Gedanken darüber, wie außerirdische Wesen auf fernen Planeten aussehen könnten. In ihrem 1977 veröffentlichten Buch mit dem schlichten Titel *Die Außerirdischen*,[910] versuchten sie, aufgrund bestimmter Bedingungen auf anderen Planeten, das Aussehen von höher entwickelten Lebewesen zu ergründen.

"Eines ist sicher" meinten die beiden Forscher, "kein Grund spricht dafür, dass die Evolution auf anderen Planeten Lebensformen oder Intelligenzen hervorbringt, die den unsrigen gleichen, obwohl das Grundmaterial dem unseren ähneln muss. Wie auch immer die Zufälle bei der Bildung irgendeiner Lebensform spielen mögen, für die Herausbildung fortgeschrittener Formen muss noch unendlich viel mehr ins Spiel kommen.

Genetische Vererbung, Partnerwahl, natürliche und sexuelle Auslese unter den Nachkommen – all diese Umstände bewirken, dass Lebewesen der gleichen Spezies (der gleichen biologischen Art) so verschieden voneinander sind wie ein Pygmäe, ein Watusi, ein Schwede, ein Chinese oder ein Melanesier, um schließlich zu ganz neuen Arten zu führen, wie wir es bei Mensch und Affen kennen, die getrennte Entwicklungslinien vom gleichen Stammbaum darstellen."[911]

Und weiter meinten David und Doris Jonas: "Auf einem warmen feuchten, von dichten Wolkendecken umhüllten düsteren Planeten, könnten die 'Olfaktoren' leben, das sind Lebewesen, die ihren Geruchssinn extrem ausgebildet haben. Sie stellen sich als ungefährlich heraus und zumindest äußerlich sind sie nicht sehr verschieden von uns. Als erstes fallen uns ihre sehr langen Nasen auf. Ansonsten haben sie wie wir vier Gliedmaßen, zwei zum Stehen und Fortbewegen und zwei zum Halten und Hantieren."[912]

Auf einem grünlichen Planeten, der eine besonders üppige Vegetation hervorgebracht hat und der um ein Doppelsternsystem kreist, auf dem daher fortdauernd Tageslicht herrscht, leben – nach D. und D. Jonas – die "Apistarianer". Sie "sind von gleicher Größe wie wir, doch ihre Gesichtszüge erinnern an Nagetiere, an ihre verwandten Vorfahren im Tierreich wie bei uns die Affen. Auffallend sind ihre merkwürdigen Augen, es sind Facettenaugen mit Tausenden von kleinen Linsen. Jede empfängt Licht aus einer anderen Richtung und es ähnelt dem Anblick eines hundertfach vergrößerten Fliegenauges in einem

Biologiebuch. Sie besitzen auch noch einen Schwanz, der ihnen in ihrer Entwicklung sehr nützlich war und nicht degenerierte."[913]

Auf einem sehr dunklen Planeten, weit entfernt von der Zentralsonne, der die für etwaige Lebewesen nötige Wärme aus sich selbst entwickelt, könnten – entsprechend unserem Zwergplaneten Pluto – vielleicht die "Plutonianer" leben. Diese Lebewesen "bedienen sich hauptsächlich elektrischer Sinnesorgane, die in kanalähnlichen Vertiefungen um ihren Körper herum enthalten sind. Sie haben kleine und unbedeutende Gesichter und die Nase ist für die Wahrnehmung von Wärme ausgebildet und nur in rudimentärer Form vorhanden und für Gerüche weniger empfindlich. Die Augen werden sicher klein sein. Der Kopf andererseits dürfte gewölbt und groß sein. Damit die elektrische Information sinnvoll verarbeitet werden kann, muss das Gehirn mindestens so groß sein wie unser eigenes. Hohe Intelligenzen ist das Produkt eines komplexen Gehirns, und in einem sehr kleinen Gehirn lassen sich nicht genügend viele Neutronenverbindungen unterbringen, die allein erst unsere Art von Intelligenz bewirken".[914]

Auf einem Planeten, der vorwiegend mit Wasser bedeckt ist und der nur die höchsten Bergspitzen aus dem Wasser ragen, könnten die "Hydronianer" beheimatet sein. Diese Lebewesen "könnten sehr wohl Körper haben, die denen unserer Meerjungfrauen ähneln, Mit einem Rumpf, dessen hinterer Teil fürs Schwimmen stromlinienförmig ausgebildet ist, jedoch vorne mit einem Kopf mit Armen und Händen. Solche Wesen existieren in der Vorstellung unserer Seeleute seit uralten Tagen, und vielleicht gibt es sie tatsächlich irgendwo im Kosmos, auf einem anderen Planeten. Unser eigener Planet hat viele Arten von Meeressäugetieren hervorgebracht – die Wale und Delphine, die Walrosse und die Seehunde, die Seelöwen und die Ottern –, und es ist durchaus möglich, dass sich ähnliche Wesen auch anderswo entwickelt haben".[915]

Weiters schreiben D. und D. Jonas: "Die meisten Autoren achten bei der Beschreibung fremder Welten nur darauf, dass diese Welten im Rahmen des technologisch Möglichen liegen. Wenn sie über fremde intelligente Lebensformen spekulieren, dann sind das entweder mechanische Superroboter oder Lebensformen, die reiner Kindheitsphantasie entspringen. In allen uns bekannten Sciencefiction-Werken haben wir niemals eine erdachte Form intelligenten Lebens finden können, die unter Beachtung der für das Leben wesentlichen Prozesse auch nur entfernt möglich wäre."[916]

Im Jahre 2005 hat sich eine Gruppe von Wissenschaftlern aus England und Amerika mit der Frage beschäftigt: "Wie sehen außerirdische Wesen aus?". Sie postulierten unter anderem einen hypothetischen Planeten den sie "Aurelia" nennen und der um einen Stern der M-Klasse kreist, der zu etwa drei Viertel aller Sterne in unserer Milchstraße zählt. Im Gegensatz zu unserer Sonne, die zur G-Klasse gehört und zu etwa achtzig Prozent der Sterne in unserer Milchstraße zählt und deren Oberflächentemperatur bei 5770 Grad Celsius beträgt, hat der Stern von Aurelia eine Oberflächentemperatur von nur etwa 3000 Grad Celsius. Trotzdem meinen die Wissenschaftler kann es auf diesem Planeten Leben geben. Wenn er in einer habitablen Zone (Lebenstoleranzzone) um seine Sonne kreist könnte er auf einer Seite fast völlig von Eis bedeckt sein, während es auf seiner anderen Seite sehr heiß sein kann. Dazwischen – in der gemäßigten Zone – könnte durchaus auch Leben existieren, auch wenn der Planet eine Seite ständig seinem Stern zuwendet. Solange der Planet geologisch aktiv ist und seine Luft Treibhausgase produziert gibt es keinen Grund, dass sich dort nicht eine Atmosphäre gebildet haben könnte, die lange genug bestehen kann, sodass dort Lebewesen existieren können, meinen die Wissenschaftler.[917]

Aus dieser Vorstellung heraus entwickelten Grafiker und Computerexperten Animationen von der Welt und den Lebewesen dieses Planeten, die in einer Dokumentation auch im deutschen Fernsehen, im November 2005, gezeigt wurde. Dazu gab es auch eine Ausstellung im Science Museum in London. Die Wissenschaftler entwickelten ganz exotische Lebewesen, um auch von den Formen der irdischen Lebewesen etwas wegzukommen – um einfach etwas weiter zu denken. Und so entwickelten sie die "Mudpods" (übersetzt "Schlammbohrer").

Die Mudpods sind Lebewesen, die in enger ökologischer Beziehung mit anderen Lebewesen leben. Es sind possierliche Tierchen, die an Baumstämmen nagen, Dämme errichten, in unterirdischen Räumen hausen und sechs Beine haben, also entfernt ähnlich unseren Bibern. Die "Mudpods schieben Erdreich umher", erklärte Jim Usherwood, Biomechaniker vom Royal Veterinary College in London und Mitglied der Forschergruppe, "und sechsbeinige Tiere können beim Schieben vier Gliedmaßen am Boden lassen, schieben also viel effektiver als vierbeinige."

Auf Aurelia leben auch die "Stinger fans" ("Stachelfächer"). Das sind baumartige Wesen mit einer Höhe von zehn Metern. "Sie leben vom Licht", erklärte Usherwood, "doch wenn etwas ihnen das Licht blockiert, dann wachsen sie nicht wie unsere Bäume, sondern sie kriechen etwas zur Seite". So etwa verhalten sich auch unsere Seelilien am Meeresboden.

Die Mudpods wiederum haben Feinde, die sogenannten "Gulphogs" ("Schluckschweine"). Diese haben wie die Mudpods zwei Augen. "Augen haben sich auf der Erde mindestens siebenmal unabhängig voneinander entwickelt" sagte Simon Conway Morris von der Cambridge University, "und ich wäre doch äußerst erstaunt, wenn sie sich auf Aurelia nicht entwickeln würden." Diesem Phänomen der "konvergenten Evolution" verdankt auch der Gulphog seine Ähnlichkeit mit einem großen Laufvogel oder einem räuberischen Dinosaurier. "Sein langer Hals erlaubt es ihm, die Augen mit nur einem Teil seines Körpers zu bewegen", erklärte Jim Usherwood. "Ein großer Magen hingegen ist nahe am Schwerpunkt am besten aufgehoben, in der Nähe der Beine. Die wiederum sollten bei Tieren, die sich schnell bewegen, lang und leicht sein." Hier kann man nicht von Phantasielosigkeit sprechen, denn die Natur selbst lässt nicht so viele Möglichkeiten zu. "Wie viele Möglichkeiten gibt es, zu laufen, wie viele, zu schwimmen? Überraschend wenige", sagte Conway Morris. "Das ist der Grund, warum die Tiere auf unserem Planeten immer wieder auf dieselben Lösungen verfielen. Und wenn es hier so ist, dann auch anderswo."

Die Wissenschaftler entwickelten in diesem Projekt auch einen "blauen Mond". Dieser dreht sich einmal in zehn Tagen um einen saturnähnlichen Gasplaneten und er hat eine Atmosphäre, deren Druck dreimal so hoch ist wie auf der Erde und die wesentlich mehr Sauerstoff und Kohlendioxyd enthält. Dieser Umstand sorgte für tropische Verhältnisse auf diesem Planeten. Der "blaue Mond" umkreist mit mehreren Planeten in weitem Abstand zwei Zwillingssterne. Der hohe Sauerstoffanteil und der hohe Luftdruck auf diesem "Mond" ermöglichen unglaubliche Bedingungen für Lebewesen. "Hier gibt es wundervolle Möglichkeiten zum Fliegen", schwärmte Robert McNeill Alexander, Zoologieprofessor an der Universität Leeds. "In der schweren, dichten Luft können auch große Tiere fliegen, erstaunlich große Tiere."

Und so entwickelten die Wissenschaftler den "fliegenden Wal". Er wiegt etwa so viel wie ein Nashorn (Rhinozeros) und er hat eine Flügelspannweite von zehn Metern. Er ist damit größer als der größte Flugsaurier Quetzalcoathus, der jemals auf der Erde gelebt hat.

So wie sich die Wale vom Plankton der Meere ernähren, so lebt der fliegende Wal von einzelligen Algen, Samen und Sprossen, die in die Atmosphäre aufsteigen.

Auf dem "blauen Mond" wären auch "Ballonpflanzen" vorstellbar, die von wasserstoffgefüllten Blasen emporgehalten werden und die bei den angesichts des hohen Gehalts an Sauerstoff häufigen Waldbränden wie Bomben explodieren und dabei Samen ausstoßen und verteilen. Dort leben auch die "Stalker". Das komplexeste Sozialgefüge auf der Modellwelt des "blauen Mondes" haben die Forscher nach dem Vorbild sozialer Insekten entworfen: Die "Stalker", adlergroße Flugwesen, die von der gemeinschaftlichen Jagd auf Luftwale leben, haben wie Ameisen oder Bienen eine Königin sowie Kasten von Arbeiter- oder Kundschaftertieren. "Jedes dieser Tiere hat nur ein kleines Gehirn" sagte Nigel R. Franks von der University of Bristol, "daher lösen die Stalker Probleme nicht dadurch, dass sie darüber nachdenken, sondern indem viele Individuen alles Mögliche ausprobieren. Auf anderen Planeten haben sich die dominanten Organismen vielleicht vollkommen in diese Richtung entwickelt – und damit die Entwicklung einer eher individualistischen Form der Intelligenz geradezu unterdrückt."

Das alles jedoch unter der Vorraussetzung, dass ein Planet in einer Zone um einen Stern kreist die Leben ermöglicht und dass es auf diesem Planeten genügend Wasser gibt und dass dieses Leben auf Kohlenstoffbasis aufbaut. Tatsächlich ist das die einzige aber wahrscheinlich auch universelle Möglichkeit die Leben entstehen lässt. "Auch wenn das Sciencefiction-Fans zuweilen bezweifeln: Eine andere Basis kann es nicht geben", meinte schon früher Seth Shostak vom SETI-Institut in Kalifornien. "Das ist kein Mangel an Vorstellungskraft, das ist eine Anwendung der physikalischen und chemischen Gesetze, die wir kennen, auf Welten, die wir nicht kennen."

Wenn sich Wissenschaftler Gedanken machen über außerirdisches Leben, kommen sie meistens zu solchen Schlussfolgerungen oder sie denken lediglich an einfache mehrzellige Lebensformen, ob diese Sauerstoff atmen oder nicht, ob diese im Wasser leben oder nicht, oder in einer gasförmigen Atmosphäre um eine Planeten. Natürlich, auch das ist spannend und der Überlegung wert. Wenn wir eine Mikrobe auf dem Mars entdecken würden, wäre das natürlich auch eine Sensation. Wenn wir aber nach Außerirdischen suchen, die eine technische Hochkultur entwickelt haben und die vielleicht Raumfahrt betreiben, dann müssen wir nach anderen Lebensformen suchen. Vor allem müssen wir uns fragen, wie sich das Leben auf der Erde entwickelt hat. Denn hier gibt es Lebewesen, die zumindest einfache Raumfahrt betreiben – uns Menschen.

Der französische Zoologe Chevalier de Lamarck schrieb bereits während der französischen Revolution 1789 an seine Mitmenschen: "Bürger beginnt bei dem Einfachsten und fahrt fort bis zum Vielfältigsten, dann werdet Ihr den richtigen Faden finden, der alles verbindet, was die Natur hervorgebracht hat. Ihr werdet eine genaue Vorstellung ihrer Entwicklung erhalten. Ihr werdet überzeugt sein, dass die einfachsten Lebewesen alle anderen hervorgebracht haben."[918]

Und so ist es auch! Die ersten Einzeller bildeten Gruppen und schlossen sich zu Mehrzellern zusammen, daraus entstanden erste Sauerstoff atmende Lebewesen, wirbellose Tiere und später die Wirbeltiere. Kleine Amphibien eroberten das Land und entwickelten sich zu Insekten und Reptilien. Darauf folgten die Dinosaurier und die Vögel. Als die Riesenechsen ausstarben entwickelten sich die Säugetiere weiter bis hin zu den frühesten Primaten. Affen und Menschenaffen tauchten auf und die ersten Hominiden. Das alles in einem Zeitraum von etwa vier Milliarden Jahren.

In Indien und Afrika tauchte vor etwa 10 Mio. Jahren Ramapithecus auf, der erste Primat mit menschenähnlichen Zügen. Vor 2 bis 5 Millionen Jahren kam in Afrika Australopithecus ans Tageslicht der beginnenden Menschwerdung. Vor etwa 2 Millionen Jahren trat Homo erectus in Ostindien und Afrika in Erscheinung, später folgten vor etwa 100.000 Jahren der Neandertaler und vor ungefähr 30.000 Jahren der Cro-Magnon-Mensch, der dem heutigen Menschen weitgehend entspricht, der sich aber in seiner Entwicklung noch verbessern konnte bis hin zum Homo sapiens, dem mit einem komplexen Verstand ausgerüsteten Menschen von heute. Homo erectus war der direkte Nachkomme von Australopithecus, der als Bindeglied zwischen Menschenaffen und Menschen angesehen wird.[919]

"Homo erectus stand mit geradem Rücken und ging mit federnden Schritten. Er war ungefähr 1,60 Meter groß und verdankte seine stattliche Statur und seinen Gang mehreren Entwicklungsschritten in der Anatomie von Becken und Füße. Diese Veränderungen waren bei Australopithecus zwar schon angelegt, aber beim Homo erectus kamen sie der letzten Ausformung bereits recht nahe. Das Becken von Homo erectus war runder geformt, so dass die Gelenkpfanne, die den Oberschenkelknochen mit dem Hüftbein verbindet, weiter innen lag als bei Australopithecus. Durch diese Verlagerung hatte Homo erectus eine geradere Haltung als Australopithecus, der leicht gebeugt ging und stand. Außerdem hatte der Fuß von Homo erectus, der nun gewölbt war, um das ganze Körpergewicht tragen zu können, ganz und gar die Fähigkeit verloren, so zuzupacken, wie Affenfüße es können. Als Folge dieser Veränderungen war Homo erectus der erste Primat, der ohne Anstrengung lange Zeit aufrecht gehen konnte."[920] Daher auch sein Name Homo erectus, aufrecht gehender Mensch.

Wenn sich die Primaten in ihrer Fortbewegung nicht aufgerichtet hätten, wenn sie weiterhin wie etwa die Schimpansen mehr oder weniger auf allen vier Gliedmaßen gelaufen wären, wäre es zu keiner menschlichen Zivilisation gekommen. Der aufrechte Gang führte zu einer besseren Wahrnehmung der Umgebung, des unmittelbaren Lebensraumes und damit zu einer Verbesserung der Nahrungsbeschaffung und der Verbesserung des gesamten Lebensbereiches. Das führte zu Gruppenbildungen, zu sozialen Strukturen, zur Entwicklung von Dorfgemeinschaften und zu größeren Lebenschancen für den Einzelnen. Außerirdische Intelligenzen müssten auch diese Entwicklung durchgemacht haben, weil das ein wichtiger Schritt ist zu einer Zivilisation, und weil erst dadurch technologische Fortschritte gemacht werden können.

Ein weiteres bedeutendes Merkmal am Körperbau von raumfahrenden Lebewesen müssten zwei Arme mit Händen sein, wobei die Hände jeweils vier Finger und einen Daumen haben müssten. Ein Arm wäre zu wenig, vier und mehr Arme zu viel. Drei Finger (mit Daumen) wären zu wenig, sechs und mehr Finger zu viel. Die Entwicklung der menschlichen Arme und der Hände reicht bis in die Zeit der Reptilien zurück, vor 400 Mio. Jahren.

"Die Hand von Homo erectus war offensichtlich dem komplizierteren 'Feingriff' angepasst, bei dem Daumen und übrige Finger von gegenüberliegenden Seiten Druck ausüben und so eine Nadel halten oder einen Speer werfen können. Zweifellos konnte auch Australopithecus schon eine Version dieses Griffs ausführen, aber weil seine Finger dick waren und sein Daumen relativ kurz, konnte er ihn nicht so erfolgreich wie Homo erectus anwenden, der dünnere und geradere Finger und einen beweglichen, dem des Menschen ähnlichen Daumen besessen haben muss. Es ist anzunehmen, dass die Geschicklichkeit seiner Hand beträchtlich war."[921] Wer sich einmal den Daumen verletzt hat, und diesen dann nicht ausreichend bewegen konnte, weiß wie wichtig dieser zum Greifen von Gegenständen ist.

Auch die Füße des Menschen haben eine lange Entwicklung durchgemacht wobei sich fünf Zehen als optimal herausgestellt haben. Die Füße befinden sich an zwei Beinen, die ausreichend sind zum schnellern aufrechten Gehen. Zwei Beine haben sich daher ebenfalls als optimal im Laufe der Evolution herausgestellt. Ein Bein wäre zu wenig, mehrere Beine hinderlich. Raumreisende, höher entwickelte Außerirdische müssten demnach ebenfalls zwei Arme mit Händen und zwei Beine mit Füßen haben – genau wie wir Menschen.

Zur Entwicklung einer höheren technischen Zivilisation sind komplizierte optische Sinnesorgane, wie das menschliche Auge, erforderlich. Die Entwicklung unserer Augen war wahrscheinlich der wichtigste Schritt den die menschliche Evolution gemacht hat. Ohne unsere Augen wären wir in unserer Entwicklung nicht weit gekommen. Wir würden nicht Tag und Nacht erkennen und auch nicht die Gefahren und Vorzüge unserer Umgebung. Wir würden uns herumtasten und wären eine leichte Beute für andere Lebewesen gewesen. Doch selbst ein geringes Sehvermögen würde uns in unserer Entwicklung nicht viel weitergeholfen haben. Die meisten Tierarten haben eher rudimentäre Sehorgane entwickelt mit denen sie auch ganz gut zurechtkommen. Für die Entwicklung einer höheren Spezies sind solche Sehorgane aber unzureichend. Sie sind meist so angeordnet, dass nur eindimensionales Sehen oder Sehen nur im Hell-Dunkel-Bereich möglich ist. Erst die Anordnung der Augen im vorderen Bereich des Kopfes machte dreidimensionales Sehen möglich. Erst dadurch konnten höhere Lebewesen ihre Umgebung deutlich wahrnehmen. Und was dabei ganz wichtig ist, sie konnten die Sonne, den Mond und die Sterne sehen. Für Lebewesen die Raumfahrt betreiben, ist diese Entwicklung unerlässlich, denn sie würden sonst diese Lichter am Himmel in späterer Folge nicht als mögliche Zielpunkte für ihre Unternehmungen erkennen. Raumreisende Außerirdische müssten daher praktisch die gleichen Augen an der gleichen Stelle haben wie wir Menschen.

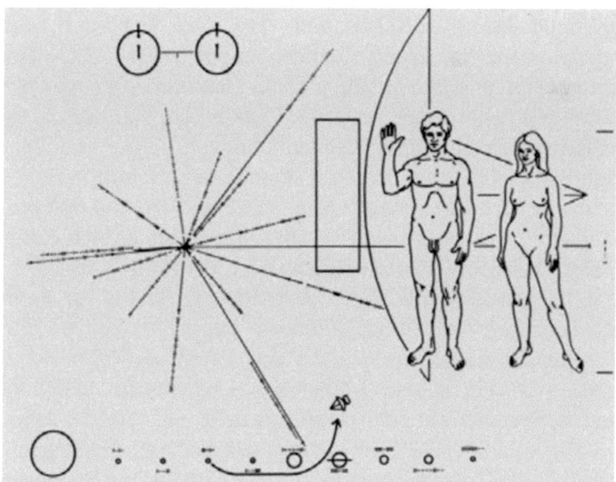

Abb. 134: Die Plakette auf den Raumsonden Pioneer 10 und Pioneer 11 mit Hinweisen an Außerirdische über unsere menschliche Herkunft.

Ein weiterer bedeutender Schritt in der Anatomie von Lebewesen die Raumfahrt betreiben, ist die Entwicklung hin zu einer Sprache. Ohne eine komplexe phonetische Verständigungsmöglichkeit unter den Lebewesen gibt es keine technischen Fortschritte. Die Erbauer von Stonehenge, der Pyramiden, der Tempel, der Burgen, der Schlösser, der Hochhäuser, der Hängebrücken, der Kraftwerke, der Flugzeuge und der Raketen mussten alle eine komplexe Sprache beherrschen, sonst wäre dies alles nicht möglich gewesen. Dazu mussten das menschliche Sprachzentrum, der Rachen und der Kehlkopf einen evolutionären Schritt machen. Eine gleiche Entwicklungsphase müssten auch die Köpfe außerirdischer Lebewesen, die Raumfahrt betreiben, durchgemacht haben. Die Köpfe solcher Lebewesen müssten demnach weitgehend so aussehen wie unsere.

"Der Rachen dient als gemeinsame Öffnung für die Luftröhre, die zu den Lungen führt, und für die Speiseröhre, die in den Magen geht. Er ist aber auch der Ansatzpunkt für den untersten Teil der Zunge und spielt darüber hinaus eine wesentliche Rolle beim Hervorbringen der Sprache. Er modifiziert die von den Stimmbändern hervorgebrachten Geräusche und gibt ihnen die Form, die ein Zuhörer als Sprache erkennt. Um diese Kontrolle ausüben zu können, bewegen sich die Muskeln der Rachenwände um die Basis der Zunge während des Sprechens ständig und verändern den Umfang des Rachens – dessen größte Weite mindestens zehnmal so groß ist wie die kleinste – fortwährend und präzise. Diese Veränderungen des Umfangs erzeugen eine ähnliche Wirkung auf den Schall wie die Dutzende von Pfeifen einer Orgel mit ihren verschiedenen Längen und Durchmessern, die jede einen bestimmten Ton hervorbringen. Man kann die Bedeutung des Rachens für die Sprache daran erkennen, dass es durchaus möglich ist, auch ohne den Kehlkopf und die Zungenspitze verständlich zu sprechen."[921]

"Es gibt eine Vorraussetzung, sowohl körperlicher als auch geistiger Art, die zur gesprochenen Rede notwendig ist und über die Menschenaffen und Affen nicht verfügen. So ist zum Beispiel die Zunge des erwachsenen Menschen dicker als die der Affen und Menschenaffen und biegt sich im rechten Winkel nach hinten in den Hals. Außerdem liegt der menschliche Kehlkopf weiter unten im Hals als der Affenkehlkopf. Das bedeutet, dass der Rachen genannte Teil des Halses, der über dem Kehlkopf liegt, beim Menschen vergleichsweise viel größer ist als bei allen anderen Primaten." Beim Homo erectus lag der Kehlkopf höher im Hals als beim heutigen Menschen und so konnte er wahrscheinlich nur langsam und schwerfällig sprechen, aber die Vorrausetzungen für die spätere Entwicklung der Sprache des Homo sapiens waren gegeben.[922]

All das möglich macht aber erst ein komplexes Gehirn. Das Gehirnvolumen des Menschen vergrößerte sich über etwa 5 Mio. Jahre hinweg von 400 auf 1000 cm^3. Erst in relativ kurzer Zeit, in den vergangenen 100.000 Jahren, hat es sich nahezu verdoppelt – bis auf 2000 cm^3. Der Homo erectus mit seinem Gehirnvolumen von 775 bis 975 cm^3 lebte über einen Zeitraum von etwa 1,9 Mio. Jahren hinweg, und er hat es trotz seiner höheren Intelligenz und seiner besseren Geschicklichkeit gegenüber seinen Vorgängern zu keiner technischen Zivilisation gebracht.

"Die Fähigkeit, sich mittels eines breiteren Rufsystems zu verständigen, bedeutete eine ausgesprochene Überlegenheit bei der Nahrungssuche oder auf der Jagd. Und dann, als die Vokalisation wuchs, erlaubte die Entwicklung des Gehirns deutlichere Differenzierungen der Rufe, und primitive Wörter nahmen Gestalt an. Gehirn und Sprechapparat beeinflussten sich dabei ständig gegenseitig, wobei Veränderungen des einen Faktors zur Fortentwicklung des anderen führten. Der Erfolg des Gehirns bei der Bildung eines rudimentären Lautcods beeinflusste den Sprechapparat, der seinerseits wiederum zur Vergrößerung der

Sprachzentren im Gehirn beitrug und so weiter, bis sich zur Zeit von Homo erectus die Anfangsgründe der Sprache zeigten. An diesem Punkt waren die ersten Menschen so weit, aus ein paar einzelnen Lauten oder Wörtern, die bestimmte Einzelheiten über das Gelände, die Jagd, die Familie und den Wechsel der Jahreszeiten aussagten, einfache Kombinationen zusammenzustellen, die dennoch eine ganze Menge Information enthielten."[923]

"Die Gehirne von Affen und Menschenaffen sind dem des Menschen ähnlich, aber in einigen Bezirken sind sie weniger entwickelt, und das ist von großer Bedeutung. Der *Gyrus angularis* (Windung der Großhirnrinde, sprachdominante Gehirnhälfte) ist so viel kleiner, dass kaum Assoziationen zwischen Signalen, die von den Sinnen kommen, hergestellt werden können. Offenbar werden ankommende Signale größtenteils zu einem ganz anderen Teil des Gehirns, dem limbischen System weitergeleitet. Alle Wirbeltiere, auch der Mensch, haben diese evolutiv alte Subregion im Innersten des Gehirns, eine Art Unterwelt neurologischer Tätigkeiten. Sie aktiviert unter anderem die physischen Reaktionen, die mit Hunger, Furcht, Wut und Sexualität zu tun haben, und löst außerdem die Gefühle aus, die diese Reaktionen begleiten."[924]

"Die Vergrößerung des Gehirns hatte freilich eine paradoxe Folgeerscheinung, die eine wesentliche Rolle in der gesellschaftlichen Entwicklung des Menschen spielte: Je größer und komplizierter sein Gehirn wurde, desto hilfloser war er bei der Geburt. Im Vergleich mit anderen Säugetieren, die den Mutterleib fast völlig entwickelt verlassen und gleich auf eigenen Füßen stehen oder sich an ihre Mutter klammern, wirkt der Mensch wie ein viel zu früh geborenes Geschöpf"[925] Was sich so negativ anhört war aber eine wichtige Entwicklung bis hin zum heutigen Menschen, weil dadurch Familienverbände gegründet wurden, die dem Nachwuchs Sicherheit boten. Die Mütter waren versorgt und die Väter konnten sich um die Nahrungsbeschaffung kümmern. So entstanden die ersten Dörfer, die ersten Städte und später die ersten Kulturen.

Unser Körperbau, unsere physische Erscheinung, ist – wie wir gesehen haben – die Folge einer Entwicklung über Jahrmillionen hinweg. Wenn wir nun, mit unserem bestimmten Aussehen, begrenzte Raumfahrt betreiben, was spricht dagegen, dass Außerirdische, die gleiches tun, nicht ebenso aussehen? Eigentlich nichts, denn unser Tun und Handeln in dieser Beziehung, ist die Folge von bestimmten evolutionären Entwicklungen – und bei raumfahrenden Außerirdischen müsste es ebenso sein. Außerirdische, die eine technische Kultur entwickelt haben, sehen nicht aus wie Biester, Monster oder merkwürdige Kreaturen. Sie sehen auch nicht aus wie Reptilien oder Insekten. Ebenso sind sie nicht kleine graue Zwerge mit dürrem Körperbau und übergroßen Augen. Die UFO-Wesen aus der phantastischen Literatur sind reine Phantasieprodukte – mitunter Projektionen aus dem Unterbewussten.

Wenn wir uns die heutigen Menschen ansehen, dann haben sie weitgehend gleichen Körperbau, Sie unterscheiden sich eher nur in ihrer Größe und ihrer Hautfarbe. Menschen können etwa zwischen 1,20 bis 2,80 Meter groß werden – immer haben sie jedoch einen proportional gleichen Körperbau. Es gibt keine Menschen mit langen Armen bis zu den Zehen und keine mit sehr kurzen Beinen im Verhältnis zum Oberkörper, sowie es auch keine vier- oder vielarmige und vier- oder vielbeinige Menschen gibt. Die heutige anatomische Gestalt der Menschen hat sich im Laufe von mehren Jahrmillionen als zweckmäßigste Form von höher entwickelten Lebewesen herausgebildet – das muss zwangsläufig auch für höher entwickelte außerirdische Lebewesen gelten.

Zugegeben, eine Fülle von Zufälligkeiten hat das Leben hier auf der Erde möglich gemacht und erst recht die Entwicklung bis hin zum Menschen, doch WENN die

Bedingungen da sind, dann MUSS sich das gleiche Szenario auch auf anderen Planeten abgespielt haben. Gerade die neuesten Entdeckungen von fernen Planeten außerhalb unseres Sonnensystems zeigen, dass die Wahrscheinlichkeit zu einer Entwicklung von höheren Lebensformen größer sein könnte als bisher angenommen. Außerirdische Lebewesen jedoch, die eine technische Kultur entwickelt haben, die eine begrenzte, vielleicht sogar eine interstellare Raumfahrt betreiben, müssen aussehen wie wir Menschen.

Schlussbetrachtung

In den vorangegangenen Kapiteln dieses Buches habe ich deutlich gemacht, dass es bisher keinen Beweis für einen oder mehrere Kontakte mit außerirdischen Intelligenzen in der Vergangenheit aber auch in der Neuzeit gibt – so wie es aussieht nicht einmal Indizien. Es gibt auch keine Beweise für eine frühere Superzivilisation hier auf der Erde oder sonst wo in unserem Sonnensystem.

Ein Indiz (lat. *indicare* = anzeigen) ist ein Hinweis, der für sich alleine oder mit mehreren Indizien zusammen Rückschlüsse auf eine Tat zulässt. Ein Indiz ist allgemein mehr wert als bloß eine Behauptung, aber weniger als ein Beweis. Soetwas liegt derzeit in der Prä-Astronautik- und in der UFO-Forschung, in der Suche nach Artefakten von außerirdischen Intelligenzen, nicht vor. Ein Indiz im juristischen Sinn ist eine Tatsache, aus der durch bestimmte Schlussfolgerungen ein Beweis für einen Tatbestand abgeleitet werden kann. Dies führt dann zu einem Indizienprozess, wo es darum geht, durch mehrere weitere Indizien den Tatbestand festzustellen. Dazu bedarf es eines Tatgegenstandes, der eine Urkunde, eine Zeugenaussage aber auch eine bestimmte Spur am Tatort sein kann. Dieser Gegenstand dient dann als Beweis.

Ein Beweis im kriminalistischen Sinn heißt, "einen Sachverhalt dem Gericht durch jedermann überzeugende und beliebig oft reproduzierbare Fakten so darzustellen, dass ein vernünftiger Zweifel an dem von den Strafverfolgungsorganen bei vorläufiger Tatbewertung angenommenem Tatgeschehen nicht möglich ist".[926] "Ergibt sich eine zu beweisende Tatsache unmittelbar aus einer anderen Tatsache, so spricht man von einem direkten Beweis. Ergibt sich eine entscheidungserhebliche Tatsache nur mittelbar aus einer anderen Tatsache, so spricht man von einem indirekten Beweis. Der indirekte Beweis wird auch als Indizienbeweis bzw. Anzeichensbeweis oder Hilfstatsache bezeichnet." Bei einem Personalbeweis "ist das Beweismittel der Mensch (z.B. Sachverständiger, Zeuge, Beschuldigter). Er ist abhängig von der menschlichen Wahrnehmungsfähigkeit, der Reproduzierbarkeit der beweiserheblichen Wahrnehmungsinhalte, sowie der Wahrhaftigkeit der Aussage". Unter einem Sachbeweis versteht man alle auf materielle Spuren oder auf Gegenstände gestützte Beweisführungen (z. B. Urkunden, Spuren am Tatort etc.)

In einem Indizienprozess versucht der Staatsanwalt den Richter von der Schuld des Angeklagten mittelbar durch Indizien zu überzeugen. Ein Indiz alleine reicht jedoch nicht aus, eine ganze Indizienkette kann jedoch zur Verurteilung des Beschuldigten führen. Wenn es zum Beispiel keinen Zeugen gibt, jedoch die Tatwaffe gefunden wurde, die zweifelsfrei dem Angeklagten gehört, kann es zu einer Verurteilung kommen.

Wird ein Gegenstand unmittelbar am Tatort gefunden und dieser zweifelsfrei dem Tatverdächtigen zugeordnet, dann gibt es starke Indizien, dass dieser auch die Tat begangen hat. Letztendlich muss man aber nachweisen, dass der Verdächtige die Tatwaffe tatsächlich benutzt hat. Das geschieht unter anderem durch die Abnahme von Fingerabdrücken und DNA-Spuren. Erfolgt auch das zu Lasten des Verdächtigen, dann kommt dieser mit größter Wahrscheinlichkeit als Täter in Frage. Im Sinne eines Tatbestandes für das Eingreifen außerirdischer Intelligenzen muss also ein "Tatgegenstand" vorgelegt werden, der zweifelsfrei als ein Artefakt von Außerirdischen identifiziert werden kann. Alles was bisher vorgelegt wurde sind bestenfalls Hypothesen (griech. *hypothesis* = Unterstellung, Voraussetzung, Annahme) für Aussagen, die nicht bewiesen sind.

Verfolgt man die Erdgeschichte und betrachtet man sie im Sinne der Prä-Astronautik, dann gebe es viele Ereignisse und mehrere Gelegenheiten, wo man mit Besuchen von außerirdischer Intelligenzen spekulieren könnte:

- Vor 3,5 Mrd. Jahren, als die Blaualgen die Lebensbedingungen für höhere Lebewesen verbessert haben, indem sie durch ihre Vermehrung das Kohlendioxyd in der Atmosphäre reduzierten.
- Vor 490 Mio. Jahren, als etwa 80 % aller Tier- und Pflanzenarten ausstarben.
- Vor 444 Mio. Jahren, als etwa 50 % aller Kleintierarten ausstarben.
- Vor 360 Mio. Jahren, als erneut 50 % aller Tierarten, darunter auch Korallen, ausstarben.
- Vor 252 Mio. Jahren, als innerhalb einer Zeitspanne von 200.000 Jahren 95 % aller Meerestiere ausstarben.
- Vor 200 Mio. Jahren, als 50 bis 80 % aller Tierarten, darunter fast alle Landwirbeltiere, ausstarben.
- Vor 65 Mio. Jahren, als wieder rund 50 % aller Tierarten, darunter auch die Dinosaurier, ausstarben. Angeblich sollen die Fußspuren am Paluxy River und andere menschliche Spuren ein fremdes Eingreifen von außerhalb der Erde zu dieser Zeit beweisen.
- Vor 450.000 Jahren, als angeblich die Nefilim zur Erde kamen.
- Vor 11.700 Jahren, als ein Großteil der Pflanzenwelt in Amerika, Eurasien und Australien ausgestorben ist.[927]
- Vor 8000 bis 1800 Jahren, als die ersten menschlichen Zivilisationen in Mesopotamien (im heutigen Irak), in Catal Hüyük (in der heutigen Türkei), in Jericho (heute Westjordanland), und in Mohenjo-Daro und Harrapa (im heutigen Pakistan) entstanden sind.
- Vor etwa 4500 bis 4000 Jahren, als die Menschen ihre Megalithbauten in Stonehenge, in Carnac und die Pyramiden in Ägypten errichteten.
- Vor etwa 3500 Jahren, als Pharao Thutmosis III. ein "UFO" sichtete und Moses mit den Israeliten aus Ägypten ausgezogen ist.
- Vor etwa 2600 Jahren, als Ezechiel seine "Begegnungen" hatte.
- Vor 2017 bis 2016 Jahren, als Jesus angeblich auftrat, bei dem man vermuten könnte, dass er ein Abkömmling von Außerirdischen gewesen ist.
- Vor 66 Jahren, als Kenneth Arnold und andere eine Reihe von unbekannten Flugobjekten gesichtet haben und auch noch die Jahre danach.

Das sind schon fünfzehn verschiedene Zeitpunkte, wo man ein Eingreifen von außerirdischen Intelligenzen in der Prä-Astronautik-Forschung und in der allgemeinen UFO-Bewegung angenommen könnte und das teilweise auch angenommen wird. Wenn man mehr ins Detail gehen würde, könnten es noch mehr sein. Es ist nicht anzunehmen, dass sich das so abgespielt hat. Eher wird es nur ein einziges Mal in der Erdgeschichte gewesen sein, doch wie ich gezeigt habe, ist auch das sehr unwahrscheinlich und es gibt dafür auch keine Indizien.

Die Prä-Astronautik, besonders die Art wie die Suche nach Artefakten von außerirdischen Intelligenzen in der Vergangenheit gehandhabt wurde, wird oft als pseudowissenschaftlich hingestellt. Meistens von akademisch geschulten Wissenschaftlern, die in den Darstellungen Vorgangsweisen sehen, die nicht den wissenschaftlichen Kriterien entsprechen. Pseudowissenschaft (griech. *pseudo*) heißt "ich täusche vor". Es handelt sich also nach Meinung der akademischen Wissenschaft um eine vorgetäuschte Wissenschaft, eine Scheinwissenschaft. Es ist eine Aktivität, "die zwar einzelne Merkmale der wissenschaftlichen Methode übernimmt, aber von einer konsequenten Orientierung an der wissenschaftlichen Methode sich dadurch unterscheidet, dass von vorgegebenen Postulaten ausgegangen wird, die grundsätzlich nicht in Frage gestellt werden".[928]

"Im Einzelfall ist es freilich nicht leicht, den Charakter einer Pseudowissenschaft zu erkennen, da ja Eigentümlichkeiten der korrekten wissenschaftlichen Arbeit imitiert werden, wie Materialsammlung, Beobachtung, Experiment, Dokumentation, Zitieren von Quellen, Begriffsbildung, Aufbau einer Fachterminologie, Theoriebildung usw. Es gibt einige Symptome, die häufig bei pseudowissenschaftlichen Gruppierungen anzutreffen sind (aber nicht als notwendige Bedingungen verstanden werden sollen) nämlich:

1. Die zugrunde liegenden Postulate sind in vielen Fällen weltanschaulicher Art.
2. Die Gruppierung schließt sich bewusst selbst ab und sucht keinen Kontakt mit der von ihr negativ apostrophierten 'offiziellen Wissenschaft'.
3. Einige Gruppierungen sind deutlich 'personenorientiert', sie werden von der Person des Gründers oder Leiters maßgeblich geprägt (manchmal hatte ein solcher Gründer zuvor in einer anderen Vereinigung aktiv mitgearbeitet, hat dann aber seine eigene Organisation geschaffen, weil er in der früheren Vereinigung nicht genug Einfluss erlangen konnte.)
4. Während die Wissenschaft im allgemeinen Gefahr läuft, unzulässige Reduktionen vorzunehmen, neigen Pseudowissenschaften eher dazu, vernünftige Reduktionsmöglichkeiten, d. h. nahe liegende konventionelle Erklärungen, zu übersehen, wenn die unkonventionellen Erklärungen ihrem Vorverständnis gerecht werden."[929]

Postulate, vorgefasste Meinungen, die dann nicht mehr in Frage gestellt werden, finden sich viele in der Prä-Astronautik- und in der UFO-Forschung. Die einzelnen Gruppierungen schließen sich aber nicht unbedingt bewusst ab, sie gehen in universitäre Einrichtungen und stellen sich den Diskussionen. Allerdings meist in Auditorien, die von weniger ausgebildeten Personen, wie Studenten und Laien besucht werden. Wissenschaftlich geschulte Fachkräfte werden zwar auch gelegentlich eingeladen und zu Rate gezogen, doch deren Urteil wird dann nicht wirklich in die Forschungen einbezogen, es sei denn, es korrespondiert mit den vorgefassten Meinungen. So ist auch innerhalb der Ancient Astronaut Society der Versuch einer wissenschaftlichen Anerkennung mit einer Zeitschrift "Scientific Ancient Skies" gescheitert, weil wieder nur Protagonisten zu Wort gekommen sind, die der Ancient-Astronaut-Hypothese positiv gegenüberstehen. Wirklich wissenschaftliche Meinungen haben zahlreiche Personen aus verschiedenen Disziplinen längst abgegeben; sie sind aber für die Prä-Astronautik- und UFO-Forschung negativ ausgefallen und wurden daher nicht berücksichtigt und nur in wenigen Fällen erwähnt.

Oft sind bestimmte Vorstellungen aus Forschungsergebnissen heraus nicht so leicht zu beweisen. Das findet sich auch in der Wissenschaft, wo man den letzten Beweis für eine Theorie schuldig bleiben muss. Da gilt aber dann das Prinzip des Wägens und Messens und es muss sich eine möglichst große Wahrscheinlichkeit in der einen oder anderen Richtung ergeben. Viele kleine Hinweise sprechen dann dafür, dass etwas wirklich ist, was zuvor nur scheinbar so war oder nicht war. Dabei gibt es aber auch ganz klare Messergebnisse, die für das Eine oder Andere sprechen.

Im Mittelalter entwickelte der Philosoph und Theologe Wilhelm von Ockham (um 1288) ein Prinzip, wonach man bei der Entscheidung für ein bestimmtes Phänomen, wenn es mehrere mögliche Erklärungen gibt, jene auswählen soll, die mit der geringsten Anzahl an Hypothesen auskommt. Dieses, als "Ockhams Rasiermesser" bekannte Prinzip, das in der Scholastik begründet ist, wird noch heute in der Wissenschaft angewendet. Von mehreren möglichen Erklärungen für einen Sachverhalt, ist jene vorzuziehen, die am einfachsten und am naheliegendsten ist. "Wenn wir es mit zwei Hypothesen zu tun haben, die die Daten gleich gut erklären, müssen wir nach dieser praktischen Faustregel die einfachere wählen".[930] Die Ancient-Astronaut-Hypothese erklärt nicht gleich gut die Rätsel der Vorgeschichte wie die herkömmliche Wissenschaft. Die akademische Wissenschaft findet allgemein bessere und naheliegendere Erklärungen für prähistorische Rätsel. Vielfach hat sie dafür auch gute Gründe und handfeste Beweise. Das schließt aber nicht aus, dass sie dennoch in einzelnen Fällen falsch liegen kann. Sieht man sich aber das Gesamtbild der Phänomene an, dann können sie alle nahe liegender erklärt werden. Bei vielen "himmlischen Phänomenen" und "göttlichen Gesichten" liegt es am nächsten, das sie irdischen Ursprungs sind, dass sie der menschlichen Phantasie entsprungen sind. Ich habe schon früher erwähnt, dass es durchaus sein kann, dass sich unsere Vorfahren "die Götter selbst geschaffen haben, aus Naturereignissen und zur psychologischen Erklärung der Welt".[931] Und wie es aussieht ist das auch tatsächlich der Fall.

Laut Umfragen glauben 50 Prozent der Amerikaner an eine außerirdische Präsenz hier auf der Erde und 80 Prozent glauben, die US-Regierung würde über dieses Phänomen nicht die Wahrheit sagen. Nach einer Petition, einer Anfrage an das Weiße Haus, unterzeichnet von 5387 Personen, ob die amerikanische Regierung im Besitz von Beweisen für außerirdische Intelligenzen ist und solche geheim halten würde, kam am 22. September 2011 die offizielle Meldung: "we have no credible evidence of extraterrestrial presence here on Earth" ("wir haben keinen glaubwürdigen Beweis einer außerirdischen Präsenz hier auf der Erde").[932] Siehe Abb. S. 347.

Die US-Regierung hat keine Beweise, dass irgendein Leben außerhalb unseres Planeten existiert, oder dass eine außerirdische Präsenz uns kontaktiert oder ein Mitglied der menschlichen Zivilisation damit beschäftigt ist. Darüber hinaus gibt es keine glaubwürdigen Hinweise, dass derartige Beweise vor der Öffentlichkeit verborgen werden. Weder mit dem Projekt SETI, dass nach Signalen von außerirdischen Intelligenzen sucht, noch mit der Raumsonde Kepler, die erdähnliche extrasolare Planeten aufspüren soll, noch auf dem Mars wurden Beweise für außerirdische Lebensformen gefunden. Einige wird das dennoch nicht davon abhalten, weiter an Verschwörungstheorien zu glauben. Ähnliche Dementis gab es ja schon in der Vergangenheit immer wieder. Dennoch, die derzeit vorliegenden Tatsachen sprechen eindeutig für die Aussage der US-Regierung.

Wenn wir aber von der weit entfernt möglichen Situation ausgehen, dass es irgendwo in unserem Sonnensystem doch einen Artefakt, einen greifbaren Hinweis, auf außerirdischen Intelligenzen geben könnte, dann fragt man sich wie dieser aussehen soll. Man kann sich alles Mögliche vorstellen; von einem Gegenstand aus uns noch unbekanntem oder für uns noch nicht herstellbarem Material oder einen Computerchip, der Daten zur effizienteren Nutzbarmachung der Kernenergie oder zur Erklärung der Dunklen Materie im Universum

Official White House Response to formally acknowledge an extraterrestrial presence engaging the human race

Searching for ET, But No Evidence Yet

By Phil Larson

Thank you for signing the petition asking the Obama Administration to acknowledge an extraterrestrial presence here on Earth.

The U.S. government has no evidence that any life exists outside our planet, or that an extraterrestrial presence has contacted or engaged any member of the human race. In addition, there is no credible information to suggest that any evidence is being hidden from the public's eye.

However, that doesn't mean the subject of life outside our planet isn't being discussed or explored. In fact, there are a number of projects working toward the goal of understanding if life can or does exist off Earth. Here are a few examples:

- SETI—the Search for ExtraTerrestrial Intelligence—was originally stood up with help from NASA, but has since been moved to other sources of private funding. SETI's main purpose is to act as a giant ear on behalf of the human race, pointing an array of ground-based telescopes towards space to listen for any signal from another world.
- Kepler is a NASA spacecraft in orbit that's main goal is to search for Earth-like planets. Such a planet would be located in the "Goldilocks" zone of a distant solar system—not too hot and not too cold—and could potentially be habitable by life as we know it. The Kepler mission is specifically designed to survey our region of the Milky Way galaxy to discover Earth-sized, rocky planets in or near the habitable zone of the star (sun) they orbit.
- The Mars Science Laboratory, Curiosity, is an automobile-sized rover that NASA is launching soon. The rover's onboard laboratory will study rocks, soils, and other geology in an effort to detect the chemical building blocks of life (e.g., forms of carbon) on Mars and will assess what the Martian environment was like in the past to see if it could have harbored life.

A last point: Many scientists and mathematicians have looked with a statistical mindset at the question of whether life likely exists beyond Earth and have come to the conclusion that the odds are pretty high that somewhere among the trillions and trillions of stars in the universe there is a planet other than ours that is home to life.

Many have also noted, however, that the odds of us making contact with any of them—especially any intelligent ones—are extremely small, given the distances involved.

But that's all statistics and speculation. The fact **is we have no credible evidence of extraterrestrial presence here on Earth.**

Phil Larson works on space policy and communications at the White House Office of Science & Technology Policy

Abb. 135: Offizielle Antwort der US-Regierung vom 22. Juni 2011
auf die Frage nach einer außerirdischen Präsenz hier auf der Erde
oder ob eine solche von den Behörden geheimgehalten wird.

beinhaltet. Es kann aber auch ein ganz simpler Gegenstand sein, der zwar aus einem uns bekanntem Material besteht, der aber auf einem Planeten oder einem Mond in unserem Sonnensystem gefunden wird, der noch von keinem menschlichen Produkt oder von keinem menschlichen Wesen aufgesucht oder betreten wurde.

"Wenn wir den Mond und die Planeten erreichen, bieten diese vielleicht noch bessere Möglichkeiten" einen Artefakt von Außerirdischen zu finden, schrieb Arthur C. Clarke schon 1969. "Atmosphärelose Satelliten, insbesondere Höhlen, die gegen das Bombardement der Meteoriten schützen, bewahrten auch den zerbrechlichsten Gegenstand über Millionen Jahre hinweg unverändert. Aufgegebener Schrott interstellarer Expeditionen, ja, unter Umständen absichtlich zurückgelassene wissenschaftliche Instrumente, die den Fortgang der Ereignisse im Sonnensystem überwachen und melden, können einige der Gegenstände sein, auf die wir treffen, wenn wir unsere eigenen Forschungsreisen beginnen", meinte Arthur C. Clarke.[933]

Inzwischen haben zahlreiche Raumsonden die Planeten erforscht, mit teilweise hochauflösenden Bildern, die zu tausenden zur Erde übermittelt wurden und die gründlichst – mit den modernsten Computerprogrammen – untersucht und analysiert wurden. Nirgends war ein Gegenstand oder ein Zeichen von außerirdischen Intelligenzen zu finden, obwohl vieles den Anschein hatte.

Im Jahre 2007 sendete z. B. die Raumsonde Cassini mehrere Fotos zur Erde, die ein seltsames hexagonales Gebilde am Nordpol des Planeten Saturn zeigen. Das Phänomen wurde zwar schon von den Raumsonden Voyager 1 und Voyager 2 entdeckt, doch Cassini lieferte neue und bessere Bilder davon. Die Spekulationen über einen künstlichen Ursprung machten schon zuvor und nun erneut die Runde bei einigen Forschern, die nach Artefakten von außerirdischen Intelligenzen suchen. Das Gebilde hat eine Ausdehnung von 25.000 km und es ist nicht leicht zu glauben, dass ein derartiges Phänomen natürlichen Ursprungs sein soll.

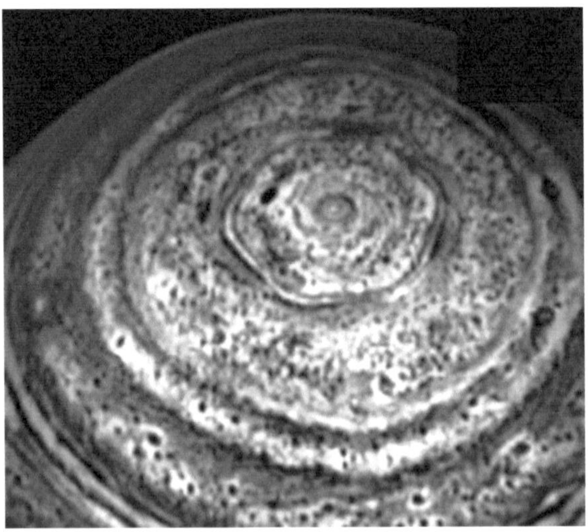

Abb. 136: Die hexagonale Struktur auf dem Saturn.

"Dies ist eine sehr fremdartige Erscheinung, welche in einer präzisen geometrischen Art und Weise, mit sechs fast gleichmäßigen Seiten, auftritt", meinte Kevin Baines, Atmosphärenexperte und Mitglied des Cassini-Teams vom Jet Propulsion Laboratory, JPL, der NASA. "Wir haben noch nie etwas ähnliches auf einem anderen Planeten gesehen", so der Experte. Die Wissenschaftler meinen die Entstehung des Gebildes habe nichts mit der Radiostrahlung oder mit Aktivitäten des Polarlichts zu tun. Es ist ein Gebilde aus Amoniakwolken und ein Beispiel für "hyperdimensionale Physik".[934] Mit außerirdischen Intelligenzen hat es anscheinend nichts zu tun. Geometrische Formen können auch auf natürliche Weise entstehen.

Am 15. August 1977 zeichnete der Astrophysiker Jerry R. Ehmann, im Rahmen eines SETI-Projekts am "Big Ear"-Radioteleskop, ein Radiosignal aus der Richtung des Sternbildes Schütze auf. Das Signal war erheblich stärker als das gewöhnliche Hintergrundrauschen. Verblüfft über die Intensität des Signals markierte Ehmann mit einem Stift den vom Rechner des Teleskops ausgewiesenen Zahlencode "6EQUJ5" und dazu das Wort "Wow!" So bekam das Signal seinen Namen: "Wow!-Signal".

Da das "Big Ear"-Teleskop auf den Himmel fixiert war und sich dadurch mit der Erdrotation bewegte, wurde es nach einigen Sekunden schwächer, was auf einen interstellaren Ursprung schließen ließ. Das Signal war nur 72 Sekunden lang und alle Versuche es nochmals zu empfangen blieben erfolglos. Auch mit dem wesentlich empfindlicheren Very Large-Teleskop (Very Large Array) konnte es nicht mehr empfangen werden. Es wurde vermutet, ob das Signal nicht bloß eine interstellare Oszillation, ähnlich dem Funkeln der Sterne war oder nur ein kurzer Ausbruch eines Pulsars.[935] Es war so, als würde jemand "Hallo!" rufen, doch es war nur "Ha...." zu hören.

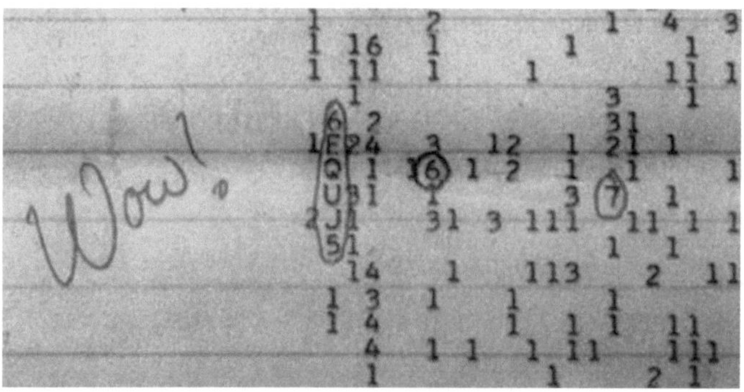

Abb. 137: Das "WOW!"-Signal.

Man kann sich in der heutigen Zeit schwer vorstellen, wie die Menschen früher die Sonne und den Mond als fliegende Fahrzeuge oder fliegende Schiffe sehen konnten. Noch im Mittelalter wurden natürliche himmlische Phänomene mit kämpfenden Rittern oder merkwürdigen Fabelwesen in Verbindung gebracht. Die Menschen im Zeitalter der Raumfahrt neigen dazu die Vorgänge am Himmel mit den entsprechenden technischen Vehikeln in Einklang zu bringen. Wenn die früheren Vorstellungen eindeutig in den

Bereich der Phantasie eingeordnet werden können, beruhen die neuzeitlichen Denkweisen im Grunde auf entfernt wissenschaftlichen Möglichkeiten. Denn es kann nicht grundsätzlich ausgeschlossen werden, dass es fremde Lebewesen gibt, die Raumfahrt betreiben – und die uns aus diesem Grunde schon besucht haben oder uns noch besuchen können. Der Grad der Wahrscheinlichkeit ist lediglich zu prüfen.

In der Vergangenheit wurden behelmte oder eigenartig gekleidete Schamanen mit Raumfahrern verglichen, Keramikfiguren mit seltsamen Kopfbedeckungen als behelmte Wesen angesehen, scheinbar fliegende Gestalten auf Felszeichnungen als Astronauten gedeutet oder andere merkwürdige Objekte in den bildhaften Darstellungen der Völker mit Außerirdischen oder einer unbekannten versunkenen Kultur in Verbindung gebracht. Das alles hat sich letztendlich nicht als stichhaltig erwiesen. Die Götter waren, so wie es aussieht, keine Astronauten und eine frühere menschliche, technisch hochstehende Kultur hat es auf dieser Erde oder sonstwo in unserem Sonnensystem offenbar nicht gegeben. Die Suche wird aber weitergehen, weil der Mensch nicht ruhen will, bis er Gewissheit hat über die wahre Bedeutung seiner Existenz und seiner Herkunft. Es muss aber ein selbstkritischer und sachlich objektiver Weg beschritten werden bei der Erforschung der menschlichen Entwicklungsgeschichte. Ein Weg ist die Suche nach Artefakten von außerirdischen Intelligenzen, SAETI, die ihren Aufstieg im "Zeitalter der Raumfahrt", im 20. Jahrhundert genommen hat.

Literaturverzeichnis

Quellen und Anmerkungen

1 Carus, Lucretius T.: *Von der Natur der Dinge* (Reclam, Leipzig, I-942-967, II-1021-1058).

2 *Plutarch's moralische philosophische Werke,* übersetzt von J. F. S. Kaltwasser, Wien 1797, S. 178–266; Graf, Otto (Hrsg.): *Die Epoche des überfließenden Sehvermögens. Der Mensch im Weltraum* (Österr. Bundesverlag 1970), S. 67.

3 *Lukian's Werke,* Deutsch von Dr. Theodor Fischer, Langenscheidt II, S. 27 ff, Ikaromenippus oder die Luftreise, S. 88 ff, *Der wahren Geschichte erstes Buch.*

4 *Herrn Bernhard von Fontanelles Auserlesene Schriften:* (Leipzig 1760), ed. Johann Christoph Gottsched. (Ursprünglich: *Entretiens sur la Pluralité des Mondes, M. de Fontanelle de l'Academie Francoise,* Paris 1686, viele Auflagen.) Zweyter Abend: *Daß der Mond ein bewohntes Land sey*. Dritter Abend: *Daß die andern Planeten auch bewohnt sind.* Vierter Abend: *Besondere Eigenschaften so vieler Welten.* Fünfter Abend*: Daß die Fixsterne lauter Sonnen sind.*

5 Leibnitz, Gottfried Wilhelm: Auswahl und Einleitung von Friedrich Heer, Fischer Bücherei 1958. Theodizee, *Den Alten...* S. 154.

6 Kant, Immanuel: Werke I, herausgegeben von Hartenstein. Allgemeine Naturgeschichte und Theorie des Himmels. I. Theil. *Von der Systematischen Verfassung unter den Fixsternen,* S. 241ff. II. Theil, Hauptstück. *Von der Schöpfung im ganzen Umfange ihrer Unendlichkeit, sowohl dem Raume, als der Zeit nach*, S. 289ff. III. Theil, Anhang, *Von den Bewohnern der Gestirne*, S. 329ff.

7 Lasswitz, Kurd: *Auf zwei Planeten* (Scheffler-Societäts-Verlag 1969).

8 Wells, Herbert Georg: *Der Krieg der Welten* (Diogenes tb, Zürich 1974);

9 Chardin, Teilhard de: *Die Zukunft des Menschen* (Freiburg 1963), *Leben und Planeten*, S. 149.

10 Paul, Günter: *Unsere Nachbarn im All* (Heyne tb, München 1978), S. 17, 18.

11 Sänger, Eugen: *Raumfahrt - technische Überwindung des Krieges*, Hamburg 1958.

12 Bergier, Jacques u. Pauwels, Louis: *Aufbruch ins dritte Jahrtausend* (Goldmann tb, München 1979), S . 225, 231.

13 Kasanzew, Alexeij: *Die Abkömmlinge aus dem Kosmos*, in: *Die Sowjetunion heute*, 1962.

14 Charroux, Robert (= Pseud.: Grugeau, Robert): *Verratene Geheimnisse* (Goldmann tb, München 1979), S. 127.

15 Pahl, Jochim: *Sternenmenschen sind unter uns* (Desch, München-Wien.Basel 1971), S. 233; Steinhäuser, Gerhard R.: *Jesus Christus - Erbe der Astronauten* (Kremayr & Scheriau, Wien 1973); derselbe: *Die Zukunft die gestern war* (Herbig, München 1977).

16 Krassa, Peter: *Gott kam von den Sternen* (Hermann Bauer, Freib. i. Br. 1974), S. 175.

17 Blumrich, Josef F.: *Da tat sich der Himmel auf* (Econ, Düsseldorf -Wien 1973).

18 Sassoon, George; Dale, Rodney: *Die Manna-Maschine* (Moewig, Rastatt 1979).

19 Schklowski, Josef u. Sagan, Karl: *Intelligent Life in the Universe* (San Francisco 1966).

20 Temple, Robert K. G.: *Das Sirius-Rätsel* (Umschau, Frankf. a. M. 1977; englische Originalausgabe. *The Sirius-Mystery*, Sidgwick and Jackson, London 1976), dt. Ausg. S. 18.

21 a.a.O. 10, S. 172, 173.

22 Schmitz, Emil Heinz: *Beweisnot* (Ariston, Genf 1978), S. 208, 210; Keel-Leu, Othmar: *Zurück von den Sternen* (Schweiz. Kath. Bibelwerk, Fribourg 1970), S. 12.

23 Däniken, Erich v.: *Erinnerungen an die Zukunft* (Droemer-Knaur tb, München - Zürich 1972), S. 8, 9,: Original (Econ, Düsseldorf -Wien 1968), 12, 13.

24 Clarke, Arthur C.: *2001 - Odyssee im Weltraum* (Wilhelm Heyne, tb, München 1990; Econ, Düsseldorf – Wien 1969); Titel der Originalausgabe *2001 - A Space Odyssey*, 1968. Das Thema „die Götter waren Astronauten“ oder "Atlantis" wurde schon im Jahre 1951 in dem Sciencefiction-Roman *Reich im Mond* von Manfred Langrenus (= Pseud.: Friedrich Hecht) einem Geochemiker aus Wien, ausführlich beschrieben; Wikipedia/Erich_von_Däniken

25 Kohlenberg, Karl F. (= Pseud.: Benno Frank): *Enträtselte Vorzeit* (Langen/Müller, München 1970), S. 146, 35.

26 Dopatka, Ulrich (Hrsg. Erich v. Däniken): *Lexikon der Prä-Astronautik* (Econ, Düsseldorf -Wien 1979); derselbe: *Die große Erich von Däniken Enzyklopädie* (Zytglogge, Oberhofen am Thunersee 2004).

27 Langbein, Walter J.: *Astronautengötter* (John Fisch Verlag, Luxemburg 1980); derselbe: *Die Sache mit den Urtexten*, in: *Ancient Skies* Jan./Feb. 1979.
28 Harry O. Ruppe sprach, unter anderem, am 3. Weltkongress der Ancient Astronaut Society 1976 in Crikvenica, ehem. Jugoslawien, über das technologische Niveau der irdischen und außerirdischer Zivilisationen; Josip Kotnik, Elektrotechniker aus dem ehem. Jugoslawien, war Referent beim 2. Weltkongress der A.A.S. in Zürich 1975; Stuart William Greenwood, aus England, Ingenieur für Luftfahrt, war ebenfalls Referent bei div. AAS-Weltkongressen; Frank Donald Drake, meistgelesener Autor zur Thematik im englischen Sprachraum, referierte auf mehreren AAS-Weltkongressen; Pasqual S. Schievella aus New Jersey, USA, Prof. f. Philosophie, versuchte philosophische Konzepte für die AAS-Hypothese anzubieten und war bei mehreren AAS-Weltkonferenzen anwesend; Dileep Kumar Kanjilal, indischer Sanskritforscher an der Univ. v. Kalkutta präsentierte seine Überlegungen zu den "Vimanas" bei Tagungen der AAS; Zecharia Sitchin, Altertumsforscher und Referent beim 5. Weltkongress der AAS in Chicago, USA 1975; Javier Cabrera, Arzt und Privatgelehrter aus Ica, Peru, referierte am 8. AAS-Weltkongress 1981 in Wien, Österreich (*Lex. d. Prä-Astronautik*, u. *Die gr. E.v.D. Enzyklopädie*).
29 Gadow, Gerhard: *Erinnerungen an die Wirklichkeit*, in: SLAN-Nachrichten, Sonderdruck, Nr. 2 (Berlin 1969); derselbe: *Erinnerungen an die Wirklichkeit* (Fischer tb, Frankf. a. M. 1971).
30 Ditfurth, Hoimar v.: *Am Anfang war der Wasserstoff* (Hofmann & Campe, Hamburg 1972); derselbe: *Der Geist fiel nicht vom Himmel* (Hofmann & Campe, Hamburg 1976); derselbe mit Arzt, Volker: *Dimensionen des Lebens* (dtv, Stuttgart 1977).
31 a.a.O. 22.
32 Selhus, Wilhelm (= Pseud.: Wilhelm Sandermann): *Und sie waren doch da* (C. Bertelsmann, München-Gütersloh-Wien 1975).
33 Khuon, Ernst v.: *Waren die Götter Astronauten?* (Econ, Düsseldorf-Wien 1970); Droemer-Knaur tb, München-Zürich 1972); befragt wurden: Wolfgang Brieglieb, Hermann Dobbelstein, Herbert Franke, Wolfgang Gutmann, Joachim Illies, Herbert Kühn, Helmut Müller-Feldmann, Jürgen Nienhaus, Peter v. d. Osten-Sacken, Winfried Petrie, Maria Reiche, Siefried Ruff, Harry O. Ruppe, Irene Sänger-Bredt, Gunnar v. Schlippe und Ernst Stuhlinger.
34 Story, Ronald: *The Space-Gods revealed* (NEL-Books, London 1976).
35 Hain, Walter: *Wir, vom Mars* (Ellenberg, Köln 1979); *Das Marsgesicht* (Herbig, München 1995).
36 Hain, Walter: *Irrwege der Geschichte* (Selbstverlag, Wien 1981).
37 Pössel, Markus: *Phantastische Wissenschaft* (Rowohlt tb, Reinbek b. Hamburg 2000).
38 DiPietro, Vincent; Molenaar, Gregory; Brandenburg, John: *Unusual Mars Surface Features* (Glenn Dale, Maryland 1982); Mitglieder des SPSR: Vincent DiPietro, Gregory Molenaar, John E. Brandenburg, Randolfo Pozos, Mark J. Carlotto, Daniel Drasin, Erol Torun, Stanley V. McDaniel (Founder of the SPSR), Horace Crater (President), David Webb (Vice-President), James F. Strange (Secretary), Tom Van Flandern, Michael Zimmermann, Conley Powell, James Erjavec, Ananda Sirisena, Brian O'Leary (former Astronaut), Michael Swartz, Lan Fleming, Alexey Arhipov, Ken Wheaton, Harry Moore, Cesar Sirvent, Monica Paxson, Steve Corrick, Charles Walker, Peter P. Nerbun, Robert A. Johnston, David J. Eccott, J. P. Levasseur, Malcom Smith, Greg Orme, Peter Ness, Francis Ridge, Mac Tonnies, George Haas. The Society for Planetary SETI Research (SPSR) is an organization of scientists and scholars from a variety of disciplines formed around their common interest in anomalies on planets and their satellites whose origins may be the result of intelligent activity. The focus of SPSR research is primarily the surfaces of Mars and the Moon as revealed by orbiter and lander investigation; spsr.utsi.edu/
39 Habeck, Reinhard; Dona, Klaus: *Im Labyrinth des Unerklärlichen* (Kopp-Verlag, Rottenburg 2004). Begleitbuch zur Mystery-Ausstellung "Unsolved Mysteries", 22.6.- 23.9.2001, im Vienna Art Center.
40 a.a.O. 20.
41 a.a.O. 20, S. 18.
42 a.a.O. 20, S. 7.
43 Griaule, Marcel u. Dieterlen, Germaine: *Un Systéme Soudanais de Sirius*, in *Journal de la Société des Africanistes*, 20, 1 (Paris 1950), S. 273-294; dieselben: *Le Renard pâle* 1, 1 (Paris 1965); dieselben in: Forde, Daryll (Hrsg.): *African Worlds* (Oxf. Univ. Press 1954), S. 83 -110.
44 Sexl, R. u. H.: *Weiße Zwerge - Schwarze Löcher* (Rowohlt tb, Hamburg 1975), S. 52; *Kosmos*, period. Astronomieführer (Franckh'sche Verlagshandlung, Stuttgart), Nr. 2/1979, S. 94; Hermann, J.: *Neue Daten vom Sirius*. Nach G. D. und C. V. Gatewood vom Alegheny-Observatorium, Pittsburgh

(Pennsylvania/USA). Entfernung 8,63 Lichtjahre -plus/minus 1 %, Sirius A 2,14 und Sirius B 1,05 Sonnenmassen - plus/minus 3 %. Scheibendurchmesser von Sirius A nach R. H. Brown u. R. Q. Twiss 0,00589 Bogensekunden -Durchmesser 1,68-mal dem der Sonne = 2,339 Mio. km -plus/minus 3 %. Mittlere Dichte Sirius A 0,63 g/ccm = das 0,45-fache der Sonnendichte. Sirius B Durchmesser 10.200 km -plus/minus 16 %. Mittlere Dichte 3,8 Mio. g/ccm -plus/minus 50 %.

45 a.a.O. 20, dt. Ausg. S. 275; a.a.O. 43, *Journal de la Société des Africanistes.*

46 a.a.O. 20, S. 275, 276.

47 a.a.O. 20, 281, 279.

48 Bastide, R.: *Die Mythologie der Afrikaner*, in: Grimal, Pierre (Hrsg.): *Mythen der Völker*, Band 3 (Fischer tb, Frankf. a. M. 1977), S. 272.

49 a.a.O. 20, S. 281.

50 a.a.O. 20, S. 284.

51 Baize, P.: *Le Compagnon de Sirius*, in: *l'Astronomie*, Sept. 1931, S. 385.

52 Göbel, Ernst Dr., vom Institut für Astronomie der Universität Wien, brieflich an mich am 25. Januar 1979.

53 a.a.O. 20, S. 285.

54 a.a.O. 20, S. 287.

55 a.a.O. 20, S. 287, 288.

56 a.a.O. 20, S. 288.

57 a.a.O. 20, S. 268; Brief von Dr. Lindenblad an Temple am 14. Juni 1974.

58 a.a.O. 20, S. 272.

59 a.a.O. 20, S. 252, 258.

60 a.a.O. 48, S. 262.

61 a.a.O. 20, S. 250.

62 Kaplan, Reinhard W., Prof. Dr., brieflich an mich am 23. Juni 1977; siehe auch a.a.O. 256; Hain. W.: *Das Sirius-Rätsel*, web.utanet.at/mahain/sirius, Dezember 2005.

63 Jonas, Doris u. David: *Die Außerirdischen* (Schweizer Verlagshaus, Zürich 1977), S. 156.

64 Wikipedia, *Internetlexikon*, Berossos; Gmirkin, Russell E.: *Berossus and Genesis, Manetho and Exodus: Hellenistic Histories and the Date of the Pentateuch* (New York-London 2006); Kurth, Amélie: *Berossus' Babyloniaka and Seleucid Rule in Babylonia*, in: Kuhrt, A.; White, S. Sherwin (Hrsg.), *Hellenism in the East. The interaction of Greek and non-Greek civilizations from Syria to Central Asia after Alexander* (Berkeley, Los Angeles 1987) S. 32-56; Meister, Klaus: *Die griechische Geschichtsschreibung* (Stuttgart 1990) S. 140f.; Schwartz, Eduard: *Berossos* 4, in: *Paulys Realencyclopädie der classischen Altertumswissenschaft* (RE), Band III, 1 (Stuttgart 1897), Sp. 309 – 316; siehe auch a.a.O. 20, S. 323.

65 a.a.O. 20, S. 57.

66 *Anno - Menschen, Mächte und Kulturen, Enzyklopädie der Geschichte*, Sammelhefte (Lektüre Verlag, München 1978, Copyright by Elsevier Publishing Projects S.A., Lausanne), *Ägypten*, S. 73.

67 Bernatzik, Hugo A. (Hrsg.): *Die große Völkerkunde* (Leipzig 1939), Band 1, S. 228, 338.

68 Richter, Klaus: *Was wissen die Dogon über Sirius A und B?* in: MegaLith 03/2001; derselbe unter gleichem Titel, in: gwup.org, 6. Juli 2003; die GWUP, Gesellschaft zur wissenschaftlichen Untersuchung von Parawissenschaften e. V., Roßdorf, gegr. 1987, gibt viermal im Jahr die Zeitschrift *Skeptiker* heraus.

69 a.a.O. 20, S. 17.

70 Navia, Louis E.: *Unsere Wiege steht im Kosmos* (Econ, Düsseldorf-Wien 1976), S. 172, 173.

71 a.a.O. 20, S. 271.

72 *Disrupted Habitable Zone around Star A?,* in: solstation.com/stars/sirius2; Sol Company 1998-2010.

73 a.a.O. 20, S. 46; Ridpath, Ian: *Investigating the Sirius 'Mystery'*, in: *The Sceptical Inquirer*, Fall 1978, S. 56 ff; Lindenblad, I. W.: in: *Astronomical Journal*, 78/1973, S. 205; Shipman, H. L.: in: *Astronomical Journal*, 206/1976, S. 67; Harrington, R. S.: in: *Astronomical Journal*, 82/1977, S. 753.

74 Lindenblad, Irving W. brieflich an mich am 6. Mai 1979.

75 a.a.O. 20, S. 35, Zeichnung links.

76 a.a.O. 20, S. 268.

77 a.a.O. 20, S. 267.

78 a.a.O. 20, S. 288.

79 Sitchin, Zecharia: *Der zwölfte Planet* (Sven Erik Bergh, Unterägeri-Zug 1979), S. 151.

80 a.a.O. 79, S. 8.
81 a.a.O. 79, S. 207.
82 a.a.O. 79, S. 192.
83 a.a.O. 79, S. 155.
84 a.a.O. 79, S. 171, 202, 170.
85 Harrison, Erica: *Planet Xena no longer Xena, nor planet*, in: *Cosmos online*, 14. September 2006; *'Zehnter Planet' Xena ist nicht größer als Pluto*, in: science.news.orf, 1.2.2006; *The trans-neptunian object UB313 is larger than Pluto, in: Nature (Bd. 436, S. 563, 2.2.2006); Astronomers Measure Mass of Largest Dwarf Planet*, nasa.gov, 14.7.2006; *Eris-2003 UB313*; Wikipedia.org/wiki/136199_Eris
86 a.a.O. 79, S. 231, 148; zu Nefilim (Nephilim) siehe: Fronts, Buhl: *Handwörterbuch Altes Testament* (Leipzig 1910); Koehler-Baumgarten: *Lexikon Altes Testament* (Leiden 1958).
87 a.a.O. 79, 146.
88 a.a.O. 86. siehe: Fronts, Buhl; und: *Die Bibel. Einführung und Anmerkung - Altes Testament*, S. 12 (Herder, Freiburg im Breisgau 1965).
89 Nibiru Orbit von mv.lycaeum.org/nibiru; michaelsheiser.com/nibirupage.
90 a.a.O. 35, S. 50ff; siehe auch a.a.O. 20, S. 135.
91 *What is Planet Nibiru/Eris? Is it going to flyby Earth in 2012? Are we going to survive the flyby?*, in: astrobiology.nasa.gov, 22. January 2008, *Nibiru does not exist: it is a hoax, and certainly it has nothing to do with Eris.*
92 Ceram, C. W. (= Pseud.: Kurt Marek): *Ruhmestaten der Archäologie* (Rowohlt tb, Hamburg 1975), S. 354f.
93 a.a.O. 92, S. 356.
94 Lhuillier, Alberto Ruz: *Archeologia*, Nr. 1, November 1964; Rivet, Paul: *Cités Mayas* (Edition Albert Guillot, Paris 1954).
95 a.a.O. 22, Keel-Leu, S. 12.
96 a.a.O. tb S. 99, 100: Original S. 149, 150.
97 Kolosimo, Peter: *Sie kamen von einem anderen Stern* (Limes, München 1969), S. 40f.
98 Charroux, Robert: *Die Meister der Welt* (Econ, Düsseldorf -Wien 1972), S. 142f.
99 *Die Weltwoche*, period. Zeitschrift, 11. April 1968.
100 Däniken Erich v.: *Meine Welt in Bildern* (Droemer-Knaur tb, München-Zürich 1975), S. 92ff.; im Original (Econ, Düsseldorf -Wien 1973), S. 92 ff.
101 a.a.O. 33, Text im Bildteil; Ruff, Siegfried; Briegleb Wolfgang, S. 84, 85.
102 Ziolkovsky, K. E.: *Space Investigations by Means of Propulsion Space Ships*, 1914.
103 Brion, Marcel: *Die frühen Kulturen der Welt*, 1964, S. 116.
104 Krickenberg, Walter: *Altamerikanische Kulturen* (1956), S. 291; Bushnell, G. H. S.: *Tempel im Urwald*, in: *Die Welt aus der wir kommen* (Zürich 1961), S. 382.
105 Métraux, A.: *Die Mythologie der Südamerikaner*, in: Grimal, Pierre (Hrsg.): *Mythen der Völker*, Band 3 (Fischer tb, Frankf. a. M. 1977), S. 196.
106 a.a.O. 22, Schmitz, S. 209.
107 Pantel, Hans-Henning: *Die Fürsten des alten Mexiko*, in *Bild der Wissenschaft*, Nr. 10/1973, S. 158ff.
108 *Anno - Die neue Welt*, S. 86.
109 a.a.O. 92, S. 361.
110 a.a.O. 22, Keel-Leu, S. 35, 36.
111 Krassa, Peter: *Als die gelben Götter kamen* (Bardtenschlager, München 1973), S. 169, 170.
112 Hagen, Victor W. v.: *Sonnenkönigreiche* (Droemer-Knaur, München-Zürich 1962), S. 173.
113 a.a.O. 92, S. 318.
114 a.a.O. 15, Pahl, S. 118;
115 Coll, Pieter: *Geschäfte mit der Phantasie* (Arena, Würzburg 1970), S. 24.
116 a.a.O. 112, S. 186.
117 Stierling, Henri: *Maya* (München 1964), S. 20; Thompson, J. Eric S.: *Die Maya* (München 1968), S. 162; Coe, Michael D.: *Die Maya* (Bergisch Gladbach 1968), S. 125; Anton, Ferdinand: *Das alte Amerika* (Baden-Baden 1967), S. 106; a.a.O. 112, S. 187.
118 a.a.O. 34, Story S. 83; Mathews, Peter u. Schele, Linda: *Lords of Palenque -The Glyphic Evidence, Primera Mesa Redonda de Palenque: A Conference on the Art Iconography, and Dynastic History of Palenque*, Part 1, Merle Greene Robertson, ed. (Pebble Beach, Calif.: Rober Louis Stevenson Scholl, 1974), pp. 63ff; Schele, Linda; Freidel, David: *Die unbekannte Welt der Maya* (Knaus Albrecht,

München 1994), S. 240 ff; Stuart, David & George Stuart: *Palenque – Eternal City of the Maya*, (Thames & Hudson, London 2008, S.172 ff; Den "Quetzalvogel" interpretieren Stuart und Stuart als "übernatürlichen Vogel." Nach Jens Rohark und Mario Krygier (*Don Eric und die Maya*, docupoint, 2006. S. 247) zeigt die Symbolik auf der Grabplatte, das Pacal am 31. August 683 gestorben ist; nach Rohark und Krygier tritt Pacal in die Unterwelt Xibalba ein, wo er "von einem großen Krokodil verschluckt wird, das dem Krokodilkopf entspricht, welches die Milchstraße am Nachthimmel formt." *Pro Sieben Spezial: Leben Aliens längst unter uns?*, Sendung vom 8. August 2011, hergestellt für *Galileo Mystery* von Storyhouse Productions, Berlin 2009; Stellungnahme dazu von Klaus Richter, www.klaus-richter.eu, 8. Oktober 2011.

119 a.a.O. 23, tb 1971, S. 100; geb. Aufl. März 1979, S. 150.

120 Däniken, Erich v.: *Der Tag an dem die Götter kamen* (Goldmann tb, 2. Aufl., München 3/88; Original C. Bertelsmann, München 1984), tb S. 297.

121 Däniken Erich v.: *Habe ich mich geirrt?* (C. Bertelsmann, München 1985); siehe auch: *Was ist falsch im Mayaland?* (Kopp, Rottenburg 2011), S. 253 ff.

122 Reiche, Maria: *Geheimnis der Wüste* (Selbstverlag, 2. Aufl., Stuttgart 1976), S. 8.

123 Pauwels, Louis; Bergier, Jacques: *Aufbruch ins dritte Jahrtausend* (Goldmann tb, München. 1. Aufl. 6/79; Original, Scherz Verlag, Bern-München 1962), tb S. 218; Mason, J. A.: *Das alte Peru* (Kindler 1965; *The Ancient Civilizations of Peru* (Penguin Books 1957).

124 a.a.O. 112, S. 246.

125 a.a.O. 23, tb 1971, S. 25, 26; geb. Aufl. März 1979, S. 38, 39.

126 a.a.O 25, S. 192ff.

127 a.a.O. 122, S. 18.

128 a.a.O. 122, S. 31.

129 a.a.O. 122, S. 29, 74.

130 Däniken, Erich v.: *Zurück zu den Sternen* (Droemer-Knaur tb, München - Zürich 1972), S. 118: im Original (Econ, Düsseldorf -Wien 1969), S. 186 (auch Aufl. Sept. 1977).

131 *Neue Beweise der Prä-Astronautik,* Vorträge bei der 6. Weltkonferenz der AAS in München 1979 (Moewig tb, Rastatt 1979), S. 192.

132 Woodman, Jim: *Nazca. Mit dem Inca-Ballon zur Sonne* (C. Bertelsmann, München 1977).

133 a.a.O. Reiche 122, S. 67.

134 a.a.O. 122, S. 86.

135 a.a.O. 23 , tb 1971, S. 26; geb. Aufl. März 1979, S. 39, 40.

136 a.a.O. 132, S. 22, 23.

137 Blumrich, Josef F.: *Der Dreizack von Paracas*, in *Ancient Skies*, Juli/August 1978.

138 Randi, James: in *The Sceptical Inquirer*, period. Journal, published by The Committee for the Scientific Investigation of Claims of the Paranormal, CSICOP, Spring/Summer 1978, S. 134.

139 Däniken, Erich v.: *Beweise* (Econ, Düsseldorf -Wien 1977), S. 425.

140 Reiche, Maria in: *Hat Däniken recht?,* am 5. April 1979 im deutschen Fernsehen (WDR III), Produzent Graham Massey. Eine Tonbandaufnahme wurde mir freundlicherweise von Carsten Hagemeier aus Rheda zur Verfügung gestellt. Original aus der Fernsehserie *Horizon* der BBC-London 1978; auch folgende Zitate; auch a.a.O. 122, S. 74.

141 Aveni, Anthony F.: *Das Rätsel von Nasca* (Econ Ullstein List, München 2000).

142 a.a.O. 141, S. 208.

143 a.a.O. 141, S. 209.

144 a.a.O. 141, S. 139.

145 a.a.O. 141, S. 149.

146 a.a.O. 141, S. 210.

147 a.a.O. 141, S. 281.

148 Breunig, Georg v.: *A Pre Columbian Olympic Site?*, in: *Interciencia*, Jul./Aug. 1980, S. 209 – 219; siehe auch: Ditfurth, Hoimar, v.: *Warum der Mensch zum Renner wurde*, in: *GEO, das neue Bild der Erde*, Dez. 1981, S. 118 - 134; ; a.a.O. 141, S. 156f., 281; Forschungsprojekt Nasca, des Vereins "Dr. Maria Reiche - Linien und Figuren der Nasca-Kultur in Peru" e. V., www2.htw-dresden.de/~nazca; siehe auch: Ströer, Gunnar: Diplomarbeit, *Forschungsprojekt Nasca*, Dresden, September 2008; Hartsch, Kerstin; Weller, Andreas; Rosas, Silvia; Reppchen, Gunter: *The Nasca and Palpa geoglyphs: geological and geochemical data*, in: *Naturwissenschaften*, Vol. 96, Iss. 10, pp 1213-1220, Springer-Verlag 2009; a.a.O. 434, S. 224ff.

149 a.a.O. 123, Pauwels, Bergier, S. 222f.
150 a.a.O. 23, 1. Auflage 1968, S. 35; tb 1972, S. 23f.. In der Auflage von 1979 steht ein etwas anderer Text. Er beginnt mit: "Im Jahre 1929 fand man im Topkapi-Palast in Istanbul Jahrhunderte alte Weltkarten, die einst Admiral Piri Reis, einem Offizier der türkischen Marine, gehört haben.", S. 35.
151 Charroux, Robert: *Phantastische Vergangenheit* (Fischer tb, Frankf. a. M. 1972), S. 15f.
152 a.a.O. 15, Pahl, S. 13, 147.
153 a.a.O. 100, tb 1975, S. 137; Orig. 2. Aufl. 1973, S. 135.
154 Afetinan, A.: *Life and Works of Piri Reis, the oldest map of America,* Turkish Historical Association, Ankara 1975, S. 30, VIII.
155 a.a.O. 100, tb 1975, S. 139, Orig. 2. Aufl. 1973, S. 137.
156 Hapgood, Charles H.: *Maps of the ancient seakings* (Chilton Books Philadelphia & New York 1966); *Maps of the ancient seakings* (Elsevier-Dutton, New York 1979), S. 225; a.a.O. 100, tb 1975 u. Orig. 2. Aufl. 1973, S. 137
157 a.a.O. 29, S. 59.
158 Däniken, Erich v.: *Die Piri Reis-Weltkarte bleibt ein Rätsel*, in *Ancient Skies*, März/April, 1980; *Piri Reis bleibt ungeklärt*, in *Perry-Rhodan-Magazin,* Nr. 6/1980, Rastatt 1980.
159 a.a.O. 154, *Florida Shown on 1528 Turkish Map*, in: *Journal of the friends of the University of Miami library*, 1964, S. 2. Die Karte von S. Münster wurde einer Karte von 1540 (Ptolemaeus Basilae Map 1540, bei Hapgood S. 39) nachempfunden.
160 a.a.O. 156, Tabelle 2, S. 240-243; Piri Reis Map Errors, Tabelle 1, S. 238-241.
161 a.a.O. 130, tb 1972, S.133; geb. Aufl. Sept. 1977, S. 208.
162 a.a.O. 12, S. 213.
163 a.a.O. 23, 1. Auflage 1968, S. 135ff; tb 1971, S. 91ff.: geb. Aufl. März 1979, S. 135ff.
164 *Brockhaus*, 15. Auflage (Wiesbaden 1977); a.a.O. 100, tb 1975 u. Orig. 2. Aufl. 1973, S. 117.
165 Heyerdahl, Thor: *Zwischen den Kontinenten* (Heyne tb, München 1978), S. 282, 277, 283.
166 Noble Veach, Joseph: *Easter Islands Heads Had Inlaid Eyes*, in *Archaeology*, Sept./Oct. 1978. Eine Untersuchung von William Mulloy und Sergio Rapu von der Universität von Wyoming.
167 Métraux, Alfred: *Die Osterinsel* (W. Kohlhammer, Stuttgart 1957) S. 24.
168 a.a.O. 167, S. 52.
169 a.a.O. 167, S. 50ff.
170 a.a.O. 165, S. 264.
171 a.a.O. 165, S. 265.
172 a.a.O. 165, S. 266.
173 a.a.O. 167, S. 102; a.a.O. 23, 1. Auflage 1968, S. 135f; tb 1971, S. 91f.: geb. Aufl. März 1979, S. 135f.
174 Börner, Rudolf: *Welcher Stein ist das?* (Franckh'sche Verlagsbuchhandlung, Stuttgart 1961), S. 154f.
175 a.a.O. 167, S. 143 u. Tafel 22, 23; an anderer Stelle (S. 133) nennt Métraux die Statue im Britischen Museum "Hoa-haka-hana-ia".
176 a.a.O. 167, S. 133.
177 a.a.O. 165, S. 285f.
178 a.a.O. 167, S. 133.
179 a.a.O. 167, S. 142.
180 a.a.O. 167, S. 142.
181 Routledge, Katherine Scoresby: *The Mystery of Easter Islands - The story of an expedition* (Sifton, Pread and Co., London 1919). *Survey of the village and carred rocks of Orongo, Easter Island, by the Mana Expedition*, in *Journal of the Royal Antropological Institute*, Bd. 50, London 1920, S. 425-451).
182 Heyerdahl, Thor: *Aku Aku* (Ullstein, Berlin-Frankf. a. M.-Wien 1959), S. 141; amerik Ausg. *Aku-Aku: The Secret of Easter Island* (Rand McNally, Illionois, USA 1958).
183 a.a.O. 167, S. 145.
184 a.a.O. 165, S. 283; in: *Aku Aku*, a.a.O. 182, schreibt Heyerdahl, die Statue wurde in 18 Tagen aufgerichtet. Das war 1955.
185 a.a.O. 167, S. 143.
186 a.a.O. 167, S. 113ff.
187 a.a.O. 23, tb 1971, S. 92; geb.. Aufl. März 1979, S. 136, 137.
188 a.a.O. 167, S. 196, 198, 199, 175.
189 Heine-Geldern, Robert v.: *Die Osterinsel*, in: *Anthropos*, Bd. 33, St. Gabriel, Wien-Mödling 1938, S. 815 – 909.

190 a.a.O. 165, S. 266.
191 Thomson, William Judah: *Te Pito te Henua, or Easter Island*, in: *Smithsonian Institution, Annual Report of the National Museum for 1889*, Washington 1891, S. 447- 552.
192 a.a.O. 167, S. 200, 201.
193 Geiseler, Kapitänleutnant: *Die Oster-Insel. Eine Stätte prähistorischer Kultur in der Südsee* (E. S. Mittler und Sohn, Berlin 1883).
194 Englert, P. Sebastián: *Tradiciones de la Isla de Pascua en idioma rapanui y castellano*. Padre Las Casas: (Impr. y edit., San Francisco 1948).
195 a.a.O. 167, S. 211, 204, 202, 203.
196 Steward, Basil: *The Great Pyramid*, 1925; *Weltuntergang am 20. August 1955*; Schutt, Bill, Petit, Ed: *Die geheimnisvollen Kräfte der Pyramide* (Heyne tb, München 1978).
197 a.a.O. 15, Pahl, S. 150.
198 a.a.O. 23, tb 1971, 80ff; geb. Aufl. März 1979, S. 120ff.
199 Däniken, Erich v.: *Im Kreuzverhör* (Econ, Düsseldorf-Wien 1978), S. 72, 73.
200 Tompkins, Peter: *Cheops* (Scherz, Bern-München 1973, 6. Aufl. 1978), S. 42, 56.
201 a.a.O. 200, S. 77, 79, 104.
202 Petrie, William Matthew Flinders: *Seventy Years in Archaeology* (Henry Holt and Company, London 1932), S. 36.
203 a.a.O. 200, S. 141, 142 (Seitenlänge 760 Fuß mal 0,3048 = 231,648; Höhe 484 Fuß mal 0,3048 = 147,5232).
204 Grinsell, Leslie V.: *Egyptian Pyramids* (John Bellows Limited, Gloucester 1947), S. 57.
205 Beöczy, Emmerich: *Die Pyramiden Ägyptens* (Sebastian Lux, Basel 1959).
206 Mendelssohn, Kurt: *Das Rätsel der Pyramiden* (Gustav Lübbe, Bergisch Gladbach 1974), S. 58.
207 a.a.O. 200, S. 120.
208 a.a.O. 202, S. 36.
209 a.a.O. 200, S. 54.
210 a.a.O. 200, S. 245.
211 a.a.O. 200, S. 219; Taylor, J.: *The Great Pyramid* (1859).
212 a.a.O. 200, S. 103 Abb.
213 a.a.O. 200, S. 142.
214 a.a.O. 200, S. 240;
215 a.a.O. 200, S. 251.
216 Klemm, Dietrich und Rosemarie: *Die Steine der Pharaonen* (Staatliche Sammlung Ägyptischer Kunst, München 1981), S. 20.
217 a.a.O. 200, 237.
218 a.a.O. 34 Story, R., S. 76, 77.
219 a.a.O. 141, S. 27; Lehner, Mark: *The Complete Pyramids* (Thames & Hudson, London 1997); deutsche Ausgabe: *Das erste Weltwunder. Die Geheimnisse der ägyptischen Pyramiden* (Econ, Düsseldorf -Wien 1997); derselbe: *Geheimnis der Pyramiden* (Orbis, München 1999; Bassermann, München 2004).
220 a.a.O. 200, S. 240; Straub-Roessler, Hermann: *Vom Kraftwesen der Pyramiden*, in: *Technische Rundschau* 42/43 (17./24.10.1952).
221 a.a.O. 200, S. 249.
222 Riedl, Oskar M.: *Das Transportproblem beim Bau der Cheopspyramide*, in: *Universum*, Nr. 1, Wien 1980; derselbe: *Das Transportproblem beim Bau der Großen Pyramiden*, in: GM 52 (1981).
223 *Anno - Ägypten,* S. 120, 122.
224 a.a.O. 200, S. 245.
225 *Cheops-Pyramide: Architekt will uraltes Bau-Rätsel gelöst haben*, in: spiegel.de, 2. April 2007; www.cheops-pyramide.ch/pyramidenbau-theorien.html.
226 Löhner, Franz; Illig, Heribert: *Der Bau der Cheops-Pyramide. Nach der Rampenzeit* (Mantis tb, Gräfelfing 1998); Löhner schlägt einen Pyramidenbau mit kleinen "Seilrollen" (20 mal 25 mal 40 cm) je Stein, gezogen auf Schienen, vor, was jedoch mit Skepsis betrachtet werden muss; zum Rampenbau siehe auch Müller-Römer, Frank: *Pyramidenbau im Alten Ägypten* (Dissertation, München 2007, rev. 2008); die Neigung der Rampe in der Darstellung im Rechmire-Grab beträgt nach Müller-Römer 26,5 Grad.
227 *Mysteries of the Nil*, *NOVA online*, PBS (Public Broadcasting Service), Arlington, USA 1997; Lehner, Mark: *The Complete Pyramids* (Thames & Hudson, London 1997); deutsche Ausgabe: *Das erste*

Weltwunder. Die Geheimnisse der ägyptischen Pyramiden (Econ, Düsseldorf 1997); derselbe: *Geheimnis der Pyramiden* (Orbis, München 1999)**;** Der Pyramidenbau mit "Messleeren", wie in *Sagenhafte Zeiten* Nr. 1/2003 postuliert, wird als pseudowissenschaftlich angesehen: Richter, Klaus: *Pyramidenbau und Pseudoarchäologie*, in: gwup.org, 16. Februar 2003.

228 a.a.O. 206, S. 244.

229 a.a.O. 23, tb 1971, S. 79; geb. Aufl. März 1979, S. 118.

230 Bernhardt, Karl-Heinz: *Sind wir Astronautenkinder?* (Union, Berlin 1978), S. 62.

231 Kross, Willy: *Versuch einer Deutung der mathematisch-astronomischen Rätsel der Cheops-Pyramide in Giseh* (Münden 1977); a.a.O. 35, S. 90.

232 a.a.O. 200, S. 211; zu den Pyramidenmaßen und der Kreiszahl Pi siehe a.a.O. 200, S. 148, 149 u. a.a.O. 204, S. 57.

233 a.a.O. 200, S. 221.

234 a.a.O. 92, S. 203, 202.

235 a.a.O. 200, S. 290ff; a.a.O.199, S. 74; a.a.O. 223, S. 107.

236 a.a.O. 23, tb 1971, S. 81; geb. Aufl. März 1979, S. 122.

237 a.a.O. 230, S. 63.

238 Bauval, Robert; Gilbert, Adrian: *Das Geheimnis des Orion* (List, München 1995); englischsprachige Ausg. *The Orion Mystery* (Arrow, London 1994).

239 Dörnenburg, Frank: *Die Orion-Theorie* (Internet-Artikel, doernenburg.alien.de, Essen, gesichtet am 15. 10. 2008); derselbe: *Pyramidengeheimnisse? Enträtselte Mysterien* (Brose, Haar 2008).

240 a.a.O. 231, Hain S. 90.

241 a.a.O. 206, S. 185.

242 a.a.O. 206, S. 187f.

243 a.a.O. 100, tb 1975 u. Orig. 2. Aufl. 1973, S. 32.

244 a.a.O. 100, tb 1975 u. Orig. 2. Aufl. 1973, S. 25.

245 a.a.O. 230, S. 40ff.

246 a.a.O. 20, S, 323, 324.

247 Sagan, Carl: *Unser Kosmos* (Droemer-Knaur tb, München 1989); S. 32; Orig. (Droemer-Knaur 1982; amerik. Ausg. Random House, New York 1980).

248 a.a.O. 130, tb 1972, S. 158, 159f; geb. Aufl. Sept. 1977, S. 248f.

249 a.a.O. 230, S. 40ff.

250 a.a.O. 130, tb 1972, S. 159; geb. Aufl. Sept. 1977, S. 251.

251 a.a.O. 230, S. 40ff.

252 a.a.O 23, tb S. 51; geb. Aufl. März 1979, S. 76.

253 a.a.O. 139, S. 277.

254 Campbell, K. H. S; McWhir, J; Ritchie, W. A; Wilmut, I.: *Sheep cloned by nuclear transfer from a cultured cell line*, in: *Nature*. 380, 1996, S. 64–66.

255 Eric J. Lyman: *Italy`s Antonori says he´s cloned three people,* in: *United Press International*, May 9, 2002; *Der Wahn des Doktor Antinori*, in: *Die Zeit*, Nr. 12, 15. März 2001, S. 41-42, Zitat: "Von 100 menschlichen Klonen werden die meisten bei einer spontanen Fehlgeburt infolge schwerer genetischer oder körperlicher Defekte sterben".

256 Kaplan, Reinhard W.: *Der Ursprung des Lebens* (dtv tb, Stuttgart 1972), S. 98ff.

257 Prof. Kaplan brieflich an mich am 23. Juni 1977.

258 a.a.O. 30, Ditfurth, S. 50f.

259 Wikipedia/Mutation

260 Zehren, Erich: *Der gehenkte Gott* (Herbig, München 1959), S. 103ff.

261 a.a.O. 260, S. 115.

262 a.a.O. 48, Grimal, Bd. 3, S. 54, 145.

263 a.a.O. 260, S. 122.

264 a.a.O. 260, S. 220.

265 Hain, Walter: *Sein Reich war nicht von dieser Welt* (Ullstein tb, Berlin 1997), S. 101.

266 *Die Bibel. Deutsche Ausgabe mit den Erläuterungen der Jerusalemer Bibel* (Herder, Freib. i. Br. 1965).

267 Uccusic, Paul: *Ezechiel-Raumschiff eine Wiener Domäne*, in: *Kurier*, vom 17. Juni 1973.

268 a.a.O. 14, S. 261ff.

269 a.a.O. 130, tb 1972, S. 142f.; geb. Aufl. Sept. 1977, S. 220ff.

270 a.a.O. 23, tb 1971, S. 44, 45; geb. Aufl. März 1979, S. 65ff.

271 a.a.O. 15, Pahl , S. 224, 223.
272 a.a.O. 17, Umschlagtext.
273 a.a.O. 17, S. 259, 260.
274 a.a.O. 17, S. 40.
275 a.a.O. 17, S. 40, 41; Anderson, Roger A.: *Structures Technology,* in *Astronautics and Aeronautics*, Dec. 1964.
276 a.a.O. 17, S. 233, 62, 63; (US-Patent 3,789.947, February 5, 1974).
277 a.a.O. 17, S. 235.
278 a.a.O. 16, S. 198, 273.
279 a.a.O. 16, S. 273.
280 a.a.O. 266, Anhang: *Einführungen und Anmerkungen - Altes Testament*, S. 17, 13.
281 Fritz Rienecker, Gerhard Maier, R.: *Lexikon der Bibel* (Brockhaus, Gütersloh-München 1998); Hanning, Rainer: *Großes Handwörterbuch Ägyptisch-Deutsch, 2800-950 v. Chr.* (Philipp von Zabbern, Mainz 2006).
282 a.a.O. 139, S. 383, 384; Beier, Hans-Herbert: *Kronzeuge Ezechiel* (Ronacher-Verlag München 1985). H. H. Beier glaubt der Tempel liegt irgendwo "im Norden von Südamerika". Auch er lässt das Blumrich-Raumschiff IM Tempel landen.
283 a.a.O. 139, S. 385.
284 Datierung Salomon und Jojachin nach J. Bright, *A History of Israel*, 2nd Edn, London 1972.
285 a.a.O. 139, S. 384, 385.
286 *Anno - Die biblischen Länder*, S. 96; Nach der Zerstörung des Salomontempels 587 v. Chr. gab es weitere jüdische Tempel in Silo (heute Chirbet Selun), Sichem (in der heutigen Stadt Nablus), in Dan (an der libanesischen Grenze), in Bethel (Bet-El, nördlich von Jerusalem), auf der Insel Elephantine um 487 v. Chr., und in Heliopolis, in der Zeit des Antiochos Eupator (164-162 v.Chr.), nördlich von Kairo, die aber dem ursprünglichen Tempel nicht nahekamen. Dendl, Jörg: *Die Tempel des JHWH. Jüdische Heiligtümer außerhalb Jerusalems*, www.dendlon.de, 24. September 2012; Wikipedia/Silo_(biblischer Ort); Wikipedia/Sichem; Wikipedia/Dan_(Kibbuz); Wikipedia/Bet-El; Wikipedia/Elephantine; Wikipedia/Heliopolis
287 a.a.O. 17, S. 162.
288 a.a.O. 286, S. 79.
289 a.a.O. 15, Pahl, S. 231.
290 a.a.O. 17, S. 70.
291 Stanek, Bruno; Pesek, Ludek: *Space Shuttles. Die Brücke ins All* (Hallwag, Bern-Stuttgart 1976), S. 43.
292 a.a.O. 17, S. 64.
293 a.a.O. 17, S. 228.
294 *Bizarres Fluggerät. Helikopter-Jet im Look von 'Enterprise'*, spiegel.de, 1. Februar 2002; Disc-shaped spyplane could hunt for for terrorists, in: www.newscientist.com, 4 February 2002; "The SRC feasibility study and concept development project was funded by the Norwegian MoD. The objective was to design a hybrid air vehicle", simicon.no
295 a.a.O. 266, Anhang: *Einführungen und Anmerkungen. Altes Testament*, S. 31.
296 a.a.O. 16, S. 72.
297 Keller, Werner: *Und die Bibel hat doch recht* (Econ, Düsseldorf -Wien 1955); Aufl. 1978, S. 143, 144; Moldenke, H. N. u. A. L.: *Plants of the Bible* (1952); Smith, Georg Adam: *Die historische Geographie des heiligen Landes* (Hodder and Stoughton, London 1894).
298 a.a.O. 260, S. 127ff.
299 a.a.O. 297, S. 117, 118; Aufl. 1978, S. 128.
300 a.a.O. 16, S. 86.
301 a.a.O. 15, Pahl, S. 192.
302 a.a.O. 260, S. 150.
303 a.a.O. 260, S. 146.
304 Velikovsky, Immanuel: *Welten im Zusammenstoß* (Umschau, Frankf. a. M. 1978; amerik. Ausg. *World in Collision*, Macmillan Inc., New York 1950), deutsch. Ausg.,S. 85, 86; Hinweise auf Calvisius in: Hevelius, J.: *Cometographia* (1668), S. 794ff. Velikovskys Katastrophentheorie gilt als pseudowissenschaftlich; siehe: Goldsmith, Donald: *Scientists Confront Velikovsky* (Cornell Univesity Press, Ithaka 1977). Quellen scheinen aber richtig zitiert zu sein.

305 a.a.O. 14, S. 190.
306 a.a.O. 297, Aufl. 1978, S. 126.
307 a.a.O. 284, S. Bright.
308 a.a.O. 16, S. 96.
309 a.a.O. 260, S. 128.
310 a.a.O. 16, S. 100.
311 Boschke, F. L.: *Das Unerforschte* (Heyne tb, München 1977), S. 86, 108.
312 a.a.O. 230, S. 47.
313 Sassoon, George; Dale, Rodney: *Die Manna-Maschine* (Moewig, Rastatt 1979).
314 a.a.O. 313, S. 76.
315 a.a.O. 313, S. 290.
316 a.a.O. 313, S. 123.
317 a.a.O. 313, S. 134.
318 Däniken, Erich v.: *Prophet der Vergangenheit* (Econ, Düsseldorf-Wien 1979), S. 24.
319 a.a.O. 313, S. 316.
320 a.a.O. 313, S. 121, 122.
321 a.a.O. 313, S. 162.
322 a.a.O. 313, S. 319.
323 a.a.O. 14, S. 274, 275.
324 a.a.O. 130, tb 1972, S. 150; geb. Aufl. Sept. 1977, S. 236.
325 Scholem, Gershom: *Ursprünge und Anfänge der Kabbala* (Walter de Gruyter & Co., Berlin 1962), S. 5.
326 Müller, Ernst: *Der Sohar und seine Lehre* (Origo Verlag, Zürich 1959), S. 19, 48, 50, 51.
327 a.a.O. 139, S. 399; Johannes und Peter Fiebag meinen ebenfalls, dass das Manna von einer Maschine produziert wurde. In einigen Veröffentlichungen kommen sie zu der Ansicht, dass diese Maschine auf Oak Island, bei Canada vergraben worden sein könnte. Sie meinen auch, dass sie mit dem Heiligen Gral gleichgesetzt werden kann und stützen sich auf die Parzivallegende nach Eschenbach (13. Jahrh.), wo von einem "Napf", "Brot" und einem "Stein" die Rede ist; siehe auch: Fiebag, Johannes u. Peter: *Die Entdeckung des Grals* (John Fisch-Verlag, Luxemburg 1983; Goldmann tb, München 1989); dieselben: *Die Ewigkeitsmaschine* (Langen/Müller, München 1998); und: *Das Grals-Geheimnis. Die Entschlüsselung eines uralten Mysteriums* (Herbig, München 2006). Tatsächlich ist der Gral kein technisches Gerät, sondern in seinem Ursprung die Sonne und vor allem der Mond. Beide gelten als Spender des "Soma", dem Rauschtrank der Götter. Bisweilen wurden diverse Gefäße (Kelche) als Kultobjekte zur rituellen Darstellung des Trinkens des Rauschtrankes benutzt; siehe: *Der wirklich wahre Heilige Gral*, web.utanet.at/mahain/Der_Heilige_Gral, 3.6.2007; zum Ursprung des Grals: Schroeder, Leopold von: *Die Wurzeln der Sage vom heiligen Gral* (Sitzungsbericht der Kaiserlichen Akademie der Wissenschaften in Wien, Wien 1911); Kritik zur Manna-Maschine auch von Magin, Ulrich: *Manna-Maschine und Gral - Neue Entdeckungen*, in: mysteria3000.de, Online-Publikation (Hrsg. Markus Pezold, Kempten) 2004; und: Dörnenburg, Frank: *Die Manna-Maschine*, Internet-Artikel, Essen 2003.
328 a.a.O. 23, tb 1971, S. 46; geb. Aufl. März 1979, S. 68f.
329 a.a.O. 151, S. 75.
330 Zischka, Anton: *Pioniere der Elektrizität* (C. Bertelsmann, Gütersloh 1958).
331 a.a.O. 15, S. 196.
332 Wikipedia/Manna
333 a.a.O. 15, S. 204.
334 a.a.O. 15, S. 195f.
335 a.a.O. 16, S. 129.
336 a.a.O. 230, S. 27.
337 a.a.O. 260, S. 214.
338 a.a.O. 304, Velikovsky, S. 145; zitiert nach: Ginzberg, *Legends* V, 152, 170, 293. "Nach einer anderen Legende ist der gefallene Engel Usa an die Berge der Finsternis, den Kaukasus, gekettet", schreibt Velikovsky. Er verweist auf: "al-Uzza", *Enzyklopädie des Islam* (1913-1934), Bd. IV; auch auf: Wellhausen, J.: *Reste arabischen Heidentums* (2. Ausg. 1897), S. 40-44.
339 *Anno - Die biblischen Länder*, S. 83, 85.
340 a.a.O. 318, S. 51ff; *Neue Züricher Zeitung* vom 24. Oktober 1970.
341 a.a.O. 297, Keller, Aufl. 1978, S. 124, 125.

342 *Urania Pflanzenwelt* (Urania Verlag, Leipzig-Jena-Berlin 1971), S. 437.
343 a.a.O. 342, S. 438, 451, 155;
344 a.a.O. 297, Keller, Aufl. 1978, S. 133; a.a.O. 304, Velikovsky, S. 129; Roscher, W. H.: *Nektar und Ambrosia*, 1883; Homer, Ilias XIV, 170ff; Wikipedia/Ambrosia; Wikipedia/Nektar_(Mythologie); Wikipedia/Met; siehe auch a.a.O. 327 zum Heiligen Gral und dem "Soma", dem Rauschtrank der Götter; Wikipedia/Soma_(Getränk)
345 a.a.O. 16, S. 160.
346 a.a.O. 130, tb 1972, S. 40; geb. Aufl. Sept. 1977, S. 63.
347 a.a.O. 230, S. 25f.
348 a.a.O. 297, Keller, Aufl. 1955, S. 157.
349 a.a.O. 297, Keller, Aufl. 1978, S. 171f.
350 a.a.O. 16, S. 170.
351 a.a.O. 230, S. 23f.
352 a.a.O. 297, Aufl. 1955, S. 87; Aufl. 1978, S. 94f.
353 a.a.O. 23, tb 1971, S. 43; geb. Aufl. März 1979, S. 65.
354 a.a.O. 230, S. 24, 23.
355 a.a.O. 23, tb 1971, S. 43; geb. Aufl. März 1979, S. 65.
356 a.a.O. 22, Keel-Leu, S. 57.
357 a.a.O. 100, tb 1975 u. Orig. 2. Aufl. 1973, S. 47.
358 a.a.O. 139, S. 234, 243; a.a.O. 100, tb 1975 u. Orig. 2. Aufl. 1973, S. 50f.
359 a.a.O. 139, S. 251, 237.
360 a.a.O. 139, S. 235.
361 a.a.O. 14, S. 129.
362 a.a.O. 230, S. 66.
363 a.a.O. 14, S. 131.
364 a.a.O. 25, S. 335.
365 a.a.O. 139, S. 233, 251.
366 a.a.O. 230, S. 65.
367 a.a.O. 100, tb 1975 u. Orig. 2. Aufl. 1973, S. 46.
368 a.a.O. 230, S. 65.
369 a.a.O. 100, tb 1975, S. 51; Orig. 2. Aufl. 1973, S. 53.
370 a.a.O. 16, S. 305.
371 a.a.O. 230, S. 66f.
372 a.a.O. 139, S. 253f; a.a.O. 16, S. 313f.
373 a.a.O. 230, S. 67.
374 a.a.O. 100, tb 1975 u. Orig. 2. Aufl. 1973, S. 46; a.a.O. 130, tb S. 172; geb. Aufl. Sept. 1977, S. 273; a.a.O. 16, S. 295f.
375 a.a.O. 230, S. 31.
376 a.a.O. 139, S. 257f.
377 a.a.O. 230, S. 100.
378 a.a.O. 100, tb 1975 u. Orig. 2. Aufl. 1973, S. 83.
379 a.a.O. 230, S. 102.
380 a.a.O. 22, Keel-Leu, S. 48; nächstes Zitat aus: Magin, Ulrich: *Manna-Maschine und Gral - Neue Entdeckungen*, Magazin3000.de, Ausg. 5, 1/2003); als Quelle gibt Magin an: Finkelstein, Isreal; Silbermann, Neil Asher: *Keine Posaunen vor Jeriche. Die archäologische Wahrheit über die Bibel* (Beck, München 2003); Der älteste bekannte außerbiblische Bericht vom Exodus ist ein Text von Diodorus (1. Jahrh.v.Chr.) zitierter Text aus der Aigyptiaka des Hekaitos von Abdera (ca. 300 v. Chr.); siehe Wikipedia/Auszug_aus_Ägypten
381 a.a.O. 15, Steinhäuser; a.a.O. 265; siehe auch Saizew, W. in: *Baikal* (Zeitschrift) u.*Wissenschaft oder Phantasie* in: *Sputnik*, , Nr. 1/1968 (Belser), S. 44 - 63. In meinen Büchern *Das Marsgesicht* und *Sein Reich war nicht von dieser Welt* stelle ich, aufgrund einer Computeranalyse von einem NASA-Foto vom Marsgesicht im Jahre 1987 an der TU-Wien, einen Zusammenhang zwischen dem Marsgesicht und dem Gesicht auf dem angeblichen Grabtuch Jesu in Turin her. Aufgrund der Untersuchungsergebnisse des Leinentuches von Wissenschaftlern im Jahre 1988 und auch von mir, muss dieses aber eine Fälschung, ein mittelalterliches Kunstwerk sein; siehe meinen Internetartikel:*Das Turiner Grabtuch ist eine Fälschung*, web.utanet.at/mahain/Turiner_Grabtuch, 20. Oktober 2009; zum historischen Jesus:

Wikipedia/Christ_myth_theory;Wikipedia/Nazaret; jesusneverexisted.com; Wikipedia/Zeitgeist_(Film); *Zeitgeist*, Film,Regie Peter Joseph, USA 2007.

382 Melhose, Kurt: *Zum Verständnis der Zeitdilatation*, in: *Ancient Skies*, Okt. 1977.

383 Sexl, Roman: *Albert Einstein*, in: *Bild der Wissenschaft*, Nr. 3/1979, S. 50f.

384 a.a.O. 139, S. 161ff;

385 Saunders, E. D: *Die Mythologie der Japaner*, in: Grimal, Pierre (Hrsg.): *Mythen der Völker*, Band 2, (Fischer tb, Frankf. a. M. 1977), S. 185, 204, 205.

386 Bei Erich v. Däniken, a.a.O. 139, S. 161, kommt das Mädchen "aus den Lüften", "vom Himmel". Er beruft sich auf: Florenz, Karl: *Japanische Mythologie*, Tokyo 1901.

387 Roth, G. u. Duval, P. M.: *Die Mythologie der Kelten*, in: Grimal, Pierre (Hrsg.): *Mythen der Völker*, Band 2, (Fischer tb, Frankf. a. M. 1977), Band 3, S. 37, 43.

388 a.a.O. 139, S. 182, 183.

389 a.a.O. 260, S. 274, 275.

390 a.a.O. 139, S. 206.

391 Uhlig, Helmut: *Die Sumerer* (C. Bertelsmann, München 1976), S. 18.

392 Lawat, Karl: *Zeitverschiebung und babylonische Königslisten* (Autor Erich v. Däniken), in: *Ancient Skies*, Juli/August 1978.

393 a.a.O. 391, 111.

394 a.a.O. 391, S. 99, 100.

395 a.a.O. 260, S. 277.

396 Däniken, Erich v.: *Aussaat und Kosmos* (Econ, Düsseldorf -Wien 1972), S. 18.

397 a.a.O. 396, S. 12.

398 a.a.O. 396, S. 8.

399 a.a.O. 396, S. 13, 14.

400 a.a.O. 396, S. 17.

401 a.a.O. 396, S. 23.

402 a.a.O. 396, S. 21, 24.

403 a.a.O. 396, S. 10.

404 a.a.O. 396, S. 14.

405 Bindernagel, L.: *Er ist nie in den Höhlen gewesen*, und: *Botschaften vom Unbekannten*, in: *Der Däniken-Schwindel*, in: *Der Spiegel*, Nr. 12/1973, S. 142ff.

406 a.a.O. 199 S. 118; Der *Spiegel* hat das gedruckt! a.a.O. 405, S. 145 oben.

407 a.a.O. 405, S. 142ff.

408 a.a.O. 396, S. 12.

409 a.a.O. 405, S. 156.

410 a.a.O. 396, S. 12.

411 *Däniken hält Blech für Gold*, in: *Stern*, Nr. 41, vom 1. Oktober 1972, S. 67f.

412 a.a.O. 199, S. 114.

413 a.a.O. 405, S. 156.

414 Krassa, Peter: *Däniken intim. Das Bild einer schillernden Persönlichkeit* (Hermann Bauer, Freib. i. Br. 1976), S. 30.

415 a.a.O. 396, S. 17.

416 a.a.O. 405, S. 156.

417 a.a.O. 411, S. 68.

418 a.a.O. 140.

419 a.a.O. 411; a.a.O. 199, S. 133.

420 a.a.O. 396, S. 13.

421 a.a.O. 199, S. 114.

422 Charroux, Robert: *Das Rätsel der Anden* (Goldmann tb, München 1979), S. 158.

423 Story, R. in: *The Sceptical Inquirer*, Fall/Winter 1977, S. 32f.

424 a.a.O. 405, S. 159.

425 a.a.O. 405, S. 156.

426 a.a.O, 405, S. 157.

427 *Ancient Skies*, Jan./Feb. 1977; *Im Kreuzverhör*, a.a.O. 199, S. 117, fehlt der letzte Satz.

428 Turolla, Pino: *Beyond the Andes* (Harper & Row, New York 1980).

429 a.a.O. 396, Abb. S. 24.

430 Jilek, G. W; Jilek, M. L: *Crespies 'treasure'*, in: *The Sceptical Inquirer*, Spring/Summer 1978, S.134f.
431 Kaufhold, Peter: *Auf den Spuren des Erich von Däniken* (Simon, London 1982); derselbe: *Von den Göttern verlassen* (Meyster, München 1984); siehe auch a.a.O. 566, *Contra* (Hrsg. W. Hain), Nr. 1, Okt. 1982, S. 8 f.
432 a.a.O. 39, S. 99.
433 Hall, Stanley: *Tayos Gold: The Archives of Atlantis* (Adventures Unlimited Press, Illinois, USA 2006).
434 Däniken, Erich v.: *Falsch informiert* (Kopp, Rottenburg 2007), S. 173; Hain. W.: Die 'Metallbibliothek' von Ecuador, web.utanet.at/mahain/Die_Metallbibliothek_von_Ecuador, 24. Oktober 2007.
435 Nehberg, Rüdiger: *Der selbstgemachte Häuptling* (Ernst Kabel, Hamburg 1991; Droemer-Knaur tb, München 1993).
436 Brugger, Karl: *Die Chronik von Akakor* (Econ, Düsseldorf -Wien 1976).
437 a.a.O. 436, S. 9, 10, 29.
438 a.a.O. 436, S. 29, 30.
439 a.a.O. 436, S. 31, 33, 43, 46.
440 a.a.O. 436, S. 33, 34.
441 a.a.O. 436, S. 73, 74, 34.
442 a.a.O. 436, S. 35, 43; Klinken, Karl, R. Sch.: *9000 Jahre Landwirtschaft*, in: *Bild der Wissenschaft* (Deutsche Verlags-Anstalt, Stuttgart), Nr. 11/1977, S. 134ff.
443 *Anno - Die neue Welt*, S. 105.
444 a.a.O. 151, S. 41.
445 a.a.O. 151, S. 45, 46.
446 a.a.O. 436, S. 31, 33, 43, 46.
447 a.a.O. 436, S. 72, 73.
448 a.a.O. 436, S. 187, 192ff.
449 *Expedition Akahim verschoben*, in: *Ancient Skies*, Aug. 1977.
450 Däniken, Erich v.: *Eine prähistorische Stadt im brasilianischen Urwald*, in: *Ancient Skies*, Jan./Feb. 1979.
451 Däniken Erich v.: *Pyramiden im brasilianischen Urwald entdeckt - Akahim existiert,* in: *Ancient Skies*, Sept./Okt. 1979.
452 *Veja*, brasilianische Zeitschrift, 1. August 1979.
453 Hammerschlag, Morris: *Déja vu*, in: *The Sceptical Inquirer*, Winter 1979/80, S. 110; *Adventures in Time and Space* (Ballantine Books).
454 a.a.O. 422, S. 99.
455 a.a.O. 422, S. 68.
456 a.a.O. 422, S. 16, 40, 47. 131.
457 a.a.O. 139, S. 415f.
458 a.a.O. 422, S. 108.
459 a.a.O. 139, S. 417f.
460 a.a.O. 139, S. 419, 421.
461 a.a.O. 139, S. 411.
462 Riederer, Josef: *Die Tricks der Fälscher*, in: *Bild der Wissenschaft*, Nr. 11/1978, S. 69ff.
463 a.a.O. 140, Massey.
464 *Petrographical Reports,* Inst. of Geological Sciences, London, August 23, 1977, Vol. LXI, pp. 692A, B.
465 a.a.O. 422, S. 98.
466 Cabrera, Javier D.: *El Mensaje de las Piedras Grabados de Ica* (Lima 1976).
467 Zander, Hans Conrad; Gebhardt, Jürgen: *Mit Däniken auf Göttersuche*, in: *Stern*, Nr. 46 vom 8. November 1979, S. 96ff.
468 a.a.O. 422, S. 107; Zitate danach aus dem Brief von Dr. Hennimg Bischof an mich vom 26. August 1980.
469 Wikipedia/Steine_von_Ica
470 König, Wilhelm: *Neun Jahre Irak* (Rohrer, Brünn-Leipzig-Wien 1940), S. 166.
471 Pörtner, Rudolf: *Alte Kulturen ans Licht gebracht* (Econ, Düsseldorf -Wien 1975), S. 119.
472 a.a.O. 470, S. 167f.
473 Schlichting, Heinz P.; *Energie - die treibende Kraft des Lebens* (Carl Ueberreuter, Wien 1970), S. 175.
474 Forbes, R. J.: *Vom Steinbeil zum Überschall* (Paul List, München 1954), S. 318.
475 a.a.O. 34, R. Story, S. 105.

476 *Der Spiegel*, Nr. 40/1978, S. 259ff
477 a.a.O. 470, S. 167.
478 Winton, Walter: *Baghdad Batteries B. C.*; in *Sumer* 18, 1962, S. 87f.
479 Sprague de Camp, L.: *Ingenieure der Antike* (Econ, Düsseldorf -Wien 1964), S. 287f.
480 a.a.O. 37, S. 25f.
481 a.a.O. 37, S. 26.
482 a.a.O. 37, S. 23.
483 a.a.O. 34, S. 105.
484 Mariette, Auguste: *Dendera* (Band 1-5), Paris 1869; derselbe: *Dendérah: description générale du grand temple de cette ville* (Band 3): Planches, Paris, 1871.
485 Berlitz, Charles: *Das Bermuda-Dreieck* (Paul Zsolnay, Wien 1975), S. 213.
486 Brunés, Tons: *Energien der Urzeit* (Sven Erik Bergh, Unterägeri-Zug 1977), S. 28.
487 Habeck, Reinhard in: *Ancient Skies*, März/April 1980; *Neuer Kosmos* (Hrsg. Interkosmos, Wien), Nr. 5/1980; *Mysteria* (Halver), Nr. 3/1980; Krassa, P., in: *Perry-Rhodan-Magazin* (Rastatt), Nr. 4/1980.
488 a.a.O. 473, S. 185f.
489 *Das junge Elektrohandwerk* (Frankfurt a. M. 1961), 13. Jahrg., S. 489f.
490 Habeck, Reinhard; Krassa, Peter: *Licht für den Pharao* (John Fisch-Verlag, Luxemburg 1982); dieselben: *Das Licht der Pharaonen* (Herbig, München 1992); Habeck: *Das Unerklärliche* (Tosa, Wien 1997), S. 240ff.; a.a.O. 39, S. 300ff.
491 a.a.O. 487, *Neuer Kosmos*; a.a.O. 490, *Licht für den Pharao*, S. 263.
492 a.a.O 487; *Neuer Kosmos*; a.a.O. 490, *Licht für den Pharao* im Bildteil; *Das Licht der Pharaonen*, Abb. 21.
493 *Anno - Ägypten*, S. 91.
494 Waitkus, Wolfgang: *Die Texte in den unteren Krypten von Dendera und ihre Aussagen zur Funktion und Bedeutung dieser Räume* (Dissertation, Hamburg 1991); derselbe unter gleichem Titel, in: *Münchner Ägyptologische Studien,* Bd. 47 (Verlag Philipp von Zabbern, Mainz 1997); derselbe: *Die Geburt des Harsomtus aus der Blüte. Zur Bedeutung und Funktion einiger Kultgegenstände des Tempels von Dendera*, in: *Studien zur Altägyptischen Kultur,* Bd. 30, 2002, S. 373-394
495 a.a.O. 37, S. 43.
496 a.a.O. 490, *Das Licht der Pharaonen*, Abb. 22; a.a.O. 37, Abb. 1.6.
497 a.a.O. 494; a.a.O. 37, S. 46; Wikipedia/Glühbirnen_von_Dendera; Wikipedia/Serech; siehe auch: Becker, Thomas: *Die Geburt des Harsomtus aus der Blüte - oder 'Es werde Licht'*, in: www.aegyptologie.com; Dörnenburg, Frank: *Das Licht der Pharaonen*, doernenburg.alien.de
498 Wikipedia/Milchstraße
499 Wolfgang, Eberhard Otto (Hrsg.): *Lexikon der Ägyptologie,* Bd. 4 (Verlag Otto Harrassowitz, Wiesbaden 1982). Die Mondsichel ist ein Messer in der Hand des Thot. Es ist seine Gestalt (des Mondes) beim Wiedererscheinen. Diese wird als gefährliches Messer (*ds*) interpretiert, das "die Köpfe abhackt und die Herzen herausschneidet" (Pyr. 962a), S. 193.
500 a.a.O. 499, S. 113; Der Messersee ist drei verschiedenen Bereichen zuzuordnen, einem kosmischen Bereich als ein am Himmel lokalisiertes Gewässer (die Milchstraße), das die Sonnenbarke während ihrer Tagfahrt passiert, einem mythischen Bereich als Urgewässer der hermupolitanischen Kosmogonie, und schließlich einem kultischen Bereich als mythologisierte Bezeichnung von Örtlichkeiten auf Erden.
501 a.a.O. 37, S. 50.
502 a.a.O. 494.
503 a.a.O. 100, tb 1975, S. 180; Orig. 2. Aufl. 1973, S. 178.
504 a.a.O. 489, S. 489f.
505 a.a.O. 111, S. 171ff., a.a.O. 490, *Das Unerklärliche*, S. 209ff.
506 a.a.O. 111, S. 27ff.
507 a.a.O. 111, S. 29.
508 a.a.O. 130, tb 1972, S. 105ff; geb. Aufl. Sept. 1977, S. 165ff.
509 a.a.O. 381, *Sputnik.*
510 Krassa, Peter: *...und kamen auf feurigen Wagen* (Kremayr & Scheriau, Wien 1984), S. 136ff.
511 a.a.O. 111, S. 33.
512 a.a.O. 111, S. 39.
513 *Kaogu Tongxun. Informationen der Altertumsforschung*, Nr. 1 (Verlag. f. Wissenschaft, Peking 1957)
514 a.a.O. 510, S. 137; siehe auch Krassa, Peter: *Ich fand meine 'Fata Morgana'* in: *Kosmische Spuren*,

Hrsg. Erich v. Däniken (Goldmann tb, München 1988), S. 113 ff.
515 a.a.O. 396, S. 110f; Abb. 26, S. 111; siehe auch Däniken Erich v.: *Besucher aus dem Kosmos* (Econ, Düsseldorf-Wien 1975), S. 351.
516 a.a.O. 26, *Lexikon d. Prä-Astronautik*, S. 124; *Die große E. v. D.-Enzyklopädie*, S. 131.
517 a.a.O. 510 im Bildteil zwischen S. 160 und 161; ebenso sind die Wegerer-Scheiben in: *Satelliten der Götter, a.a.O. 531,* (Abb. 28, 29, 30, 31) veröffentlicht 1995, gemeinsam mit Co-Autor Hartwig Hausdorf, zu sehen.
518 a.a.O. 517, *Satelliten*, S. 155f; *Das Lolladoff-Artefakt*, palaeoseti.de; Fitzpatrick-Mathews, Keith: *More alien nonsense: the Lolladoff Plate*, badarchaeology.wordpress.com, February 7, 2010.
519 Wu Bing: *Jadekultur in China,* in: *China Heute*, 14. Juni 2010, chinatoday.com; *Jade disc, or bi*: www.britishmuseum.org; Rawson, J.: *Chinese jade: from the Neolith* (London, The British Museum Press, 1995, reprinted 2002), Neolithic Period (3300-2200 B.C.)
520 a.a.O. 39, S. 38f., Abb. S. 39; siehe auch a.a.O 517, *Satelliten*, S. 211ff., Abb. 46; Gutkind Bulling, A.: *Ancient Chinese Maps*, *Two maps discovered in a Han Dynasty tomb from the second century B. C.*, Winter 1978; Barbieri-Low, Anthony J.: *Artisans in Early Imperial China* (University of Washington Press, Seattle and London, 2007), p. 174; Wikipedia/Mawangdui
521 a.a.O. 39, S. 296; a.a.O. 490, *Das Unerklärliche*, S. 216.
522 chinahistoryforum.com, November 3, 2008; Müller-Karpe, Hermann: *Bronzezeit* (Beck, München 1980).
523 www.britishmuseum.org/bronze_belt_hook; siehe auch: C. Michaelson, C.: *Gilded dragons: buried treasur* (London, The British Museum Press, 1999); Wikipedia/Shenyi; china-guide.de/chinesische kultur/kleidung. Über chin. Kleidung in Filmen: Pádraig Lysaght Bakk.Phil.: *Repräsentation und Rezeption - Chinesische Selbstdarstellung im chinesischen Film. Ein Vergleich ausgewählter Filme des frühen 21. Jahrhunderts*, Diplomarbeit zum Master of Arts (MA), Wien 2011; *Die Tugenden der Männer im Shenyi* in: www.epochtimes.de/hanfu-eine-mode-voll-geistigem-tiefgang
524 Wikipedia/aluminium-geschichte; Wikipedia/aluminiumlegierung
525 Wikipedia/Hochofen; Wikipedia/Rennofen
526 Krassa. Peter: *Chinas schweigende Zeugen*, in: Efodon-Synesis, Nr.5/2001
527 a.a.O. 510, S. 129ff:
528 a.a.O. 527; a.a.O. 526.
529 scenery.cultural-china.com/en; travelchinaguide.com
530 Hausdorf, Hartwig: *Die weiße Pyramide* (Langen/Müller, München 1994).
531 Hausdorf, Hartwig; Krassa, Peter: *Satelliten der Götter* (Langen/Müller, München 1995), S. 19.
532 a.a.O. 531, S. 145f.
533 a.a.O. 531, S. 137.
534 *U.S. Flier Reports Huge Chinese Pyramid In Isolated Mountains Southwest of Sian (Xi'an)*, in: *New York Times*, March 28, 1947; *Gigantic Pyramid in China*, mit Foto, genauer Titel nicht bekannt, *New York Sunday News*, March 30, 1947.
535 Cathie, Bruce L.: *The Bridge to Infinity* (Quark Enterprises, Ltd. 1983; America West Publishers, Boulder 1989).
536 Crowley, Brian; Hurtak, James J.: *The Face on Mars* (Melbourne 1989).
537 Hain, Walter: *Pyramiden in China*, in: *Ancient Skies*, Nr. 6, Feldbrunnen 1991.
538 a.a.O. 35, *Das Marsgesicht*, Abb. 48.
539 Wells, Richard & Mark: *The Xianyang Pyramids*, earthquest.co.uk, November 6, 2001: Chris Maier, *China's lost pyramids*, unexplainedearth.com, December 8, 2004.
540 Hain, Walter: *Pyramiden in China* (Fachverlag für Traditionelle Chinesische Medizin & Östliche Weisheiten, Stralsund, 2011); Internetartikel *Pyramiden in China - Die "Weiße Pyramide" entdeckt! Es ist das Maoling-Mausoleum,* web.utanet.at/mahain/Pyramiden_in_China, 25. Oktober 2006; auch *Die weiße Pyramide*, in: Magazin 2000plus, Nr. 248, 2006; *Pyramiden in China*, in: *Nexus*, Dez./Jan. 2006/2007.
541 a.a.O. 111, S. 90f., 15, a.a.O. 510, S. 114f., 119.
542 *Anno aktuell*, in: *Anno - Die Entstehung der Menschheit*, Heft 4, S. 3, 4.
543 a.a.O. 23, tb 1971, S. 104; geb. Aufl. März 1979, S. 156; a.a.O. 100, tb 1975, S. 132, 133; Orig. 2. Aufl. 1973, S. 130, 131; De Solla Price, Derek J.: *An Ancient Greek Computer*, in: *Scientific American*, June 1959.
544 Wikipedia/Astrolabium; Wikipedia/Astronomische_Uhr

545 Freeth, T. *et al. Decoding the ancient Greek astronomical calculator known as the Antikythera Mechanism* in: *Nature* 444, 587-591 (2006). *Forscher enträtseln Computer aus der Antike*, spiegel.de, 29. November 2006; *'Antiker Computer' soll letzte Geheimnisse preisgeben*, spiegel.de, 2. Juni 2006; Janositz, Paul: *Der Computer der alten Griechen,* tagesspiegel.de, 7. August 2006; Gräbner, Matthias: *Antike. Feinmechanik-Mechanismus von Antikythera. Neues vom Computer aus der Tiefe*, heise.de, 29. November 2006; Hain, W.: *Der rätselhafte Mechanismus von Antikythera*, web.utanet.at/mahain/Der_raetselhafte_Mechanismus_von_Antikythera, Oktober 2007.

546 Lippe, Wolfram M.: *Das Räderwerk von Antikythera*, in: *Geschichte der Rechenmaschinen,* Uni. Münster 2011; D*ie Wundermaschine von Antikythera,* ein Film von Mike Beckham, F/GR/GB 2012, gesendet auf ARTE am 11., 16. u. 19. April 2012.

547 Blumrich, Josef F.: *Kásskara und die sieben Welten* (Econ, Düsseldorf -Wien 1979), S. 19f., 21f., 37.

548 a.a.O. 547, S. 27, 29f.

549 a.a.O. 547, S. 29, 87; a.a.O. 139, S. 192f.

550 a.a.O. 547, S. 26.

551 Biedermann, Hans: Buchrezension zu Däniken *Beweise*, in: *Universum* (period. Zeitschrift), Nr. 11,12/1979.

552 Gipper, H. u. Malotki, E., in: Fernsehzeitschrift *Hör zu*, Nr. 8/1976, S. 30.

553 a.a.O. 547, S. 11.

554 a.a.O. 112, S. 105.

555 *Man. A monthly record of anthropological science, published under the Direction of the Royal anthropological Institute of Great Britain and Ireland*, July 1936, S. 105ff.

556 Dorland, Frank: *Der Kristallschädel von Lubaantún*, in: *Antike Welt*, Nr. 3/1975.

557 a.a.O. 112, S. 105.

558 Benesch, Kurt: *Rätsel der Vergangenheit* (Kremayr & Scheriau, Wien 1977), S. 224; a.a.O 112, S. 101.

559 Freestone, Ian; in: *The mystery of the British Museum's crystal skull is solved. It's a fake,* Independent News & Media (UK) Ltd. 1/7/05; derselbe in: *Crystal skull is a fake, say scientists*, in: www.nzherald.co.nz, January 7, 2005; derselbe in: *The mystery of the British Museum's crystal skull is solved. It's a fake,* www.skepticwiki.org, London, January 7, 2005; derselbe in: *Crystal skulls are fakes*, after a study of the Cardiff University and World Science staff, www.world-science.net, March 23, 2008; *Indiana Jones' gefälschter Kristallschädel*, science.orf.at, 23.5.2008; "When Smithsonian archaeologist, W. H. Holmes visited Mexico City in 1884, he saw 'relic shops' on every corner filled with fake ceramic vessels, whistles and figurines. In a 'museum building era'. Holmes warned about the abundance of fake pre-Columbian artifacts in museum collections in a journal article for *Science* (1886:170)", anthropology.si.edu, July 2008; Hain, W.: *Die mysteriösen Kristallschädel enträtselt*, web.utanet.at/mahain/Die_mysterioesen_Kristallschaedel_entraetselt, Oktober 2007.

560 Wikipedia/Crystal_skull; www.mitchel-hedges.com

561 a.a.O. 39, S. 340.

562 MacLaren Walsh, Jane: *Crystal Skulls and Other Problems* (*Smithsonian Institute Press*, Washington DC, 1996); dieselbe: *The Skull of Doom*, in : archaeology.org, May 27, 2010; The "story should perhaps someday be featured in an Indiana Jones adventure movie; it might be called 'The Real Fake Crystal Skull Mystery", MacLaren Walsh; in: *Crystal Skulls Reality*, anthropology.si.edu, July 2008.

563 Wikipedia/Geschichte_Maltas

564 a.a.O. 558, S. 24.

565 a.a.O. 316, S. 98.

566 *Contra - Zeitschrift gegen Aberglauben und Pseudowissenschaft*, Nr.1/Okt.1982, S. 21ff., herausgegeben vom Autor in drei Ausgaben 1982 und 1983 (Okt.1982, Jan. 1983 u. Apr.1983; siehe auch: *Anti-pseudoscience in Austria*, in: *The Skeptical Inquirer*, Spring 1983; zu "Karren": Klaer, Wendelin: *Vom Klima zermürbt - Korsischer Granit*, in: *Bild der Wissenschaft*, Nr. 1/1972, S. 46ff; Wikipedia/Karre_(Rinne); Wikipedia/Stangenschleife; siehe auch: Hain, W.: *Die rätselhaften Gleisspuren auf Malta*, web.utanet.at/mahain/Die_raetselhaften_Gleisspuren_auf_Malta, 16. November 2006.

567 Schmitz, Emil Heinz: *Unsterblichkeit im All* (Ariston, Genf 1977), S. 168f.

568 Baxter, John u. Atkins, Thomas: *Wie eine zweite Sonne* (Econ, Düsseldorf-Wien 1977), S. 61.

569 a.a.O. 568, S. 89, 161, Abb. 32.

570 a.a.O. 568, S. 112.

571 Krassa, Peter: *Das Geschoss aus dem Weltraum*, in: *Ancient Skies*, Juni 1977; *War Tunguska-Meteor doch außerirdisches Raumschiff?*, in: *Kurier* vom 21. Oktober 1978; *Der Tunguska-Meteorit war doch ein Raumschiff*, in: *Ancient Skies*, Nov./Dez. 1978.
572 a.a.O. 568, S. 189.
573 Oberg, James: *Tunguska Echoes*, in: *The Sceptical Inquirer*, Winter 1978, S. 49ff.
574 a.a.O. 568, S. 167f.
575 a.a.O. 568, S. 64, 73, Bildteil Abb. 14; sieh auch Krinow, E. L.: *Giant Meteorites* (Pergamon Press, Oxford, England 1966).
576 a,a,O. 568, S. 28f., 32f.
577 a.a.O. 568, S. 160.
578 Boschke, Friedrich L.: *Die Schöpfung ist noch nicht zu Ende* (Econ, Düsseldorf-Wien 1962), S. 42f., 46.
579 a.a.O. 567, S. 168.
580 a.a.O. 568, Abb. 32; a.a.O. 575, Krinow; siehe auch: Tolansky, Samuel: *Glashütte Mond*, in: *Bild der Wissenschaft*, Nr. 12/1972, S. 1325ff; Kriete, Andreas: *Tektite - Steine vom Mond*, in: *Bild der Wissenschaft*, Nr. 2/1979, S. 118f.
581 a.a.O. 573, S. 49ff.
582 *Frankfurter Allgemeine Zeitung* vom 20. Februar 1980; *Ancient Skies* Juli/August 1980; *Magazin 2000*, Nr. 2, März/April 1980, S. 50.
583 a.a.O. 568, S. 101.
584 Kulik, Leonid A.: *Dannyje po Tungusskomu meteoritu k 1939 godu*, in: Doklady Akad. Nauk SSSR, 22, 8, 520, 1939; derselbe in: Doklady Akad. Nauk SSSR, 28, 7, 597, 1940; Brown, J. C. and Hughes, D. W. *Tunguska's Comet and Non-Thermal C-12 Production in the Atmosphere*, in: *Nature* 268, 512-514, 1977; Ridpath, I. *Tunguska-The Final Answer*, in: *New Scientist*, 346-347, August 11, 1977; Farinella, P; Foschini, L; Froeschl, Ch; Gonczi, R; Jopek, T. J; Longo, G; and Michel, P: *Probable asteroidal origin of the Tunguska Cosmic Body*, in: Astronomy & Astrophysics, ESO 2001;
585 *Tunguska: Möglicherweise zum letzten Mal*, in: *Sterne und Weltraum*, Nr. 11/1977, S. 371.
586 www.science-explorer.de/tunguska
587 Olchowatow (Andrei Yu. Ol'khovatov), in: *Tunguska-Ereignis*, www.uni-protokolle.de; Kundt, Wolfgang: *Tunguska-Feuer: Einsturz oder Auswurf?,* www.astro.uni-bonn.de, 1999; Überarbeitung 4/2009 von Torsten Migge, science-explorer.de, derselbe: *Tunguska.Die Explosions-Katastrophe im sibirischen Wald von 1908*, science-explorer.de, 2000.
588 Farinella, P; Foschini, L; Froeschl, Ch; Gonczi, R; Jopek, T.J; Longo, G; Michel, P: *Probable asteroidal origin of the Tunguska Cosmic Body,* Astronomy & Astrophysics, 377, S. 1081-1097, 2001.
589 Buttlar, Johannes v.: *Das UFO-Phänomen* (C. Bertelsmann, München 1978), S. 13ff.
590 Brand, Ilo (= Pseud.: Ilobrand von Ludwiger, Hrsg.): *Unerklärliche Himmelserscheinungen aus älterer und neuerer Zeit. Berichte von der Sommertagung 1976 des Mutual UFO Network* (MUFON) Central European Section, München, S. 70.
591 a.a.O. 590, S. 58.
592 a.a.O. 590, S. 63.
593 a.a.O. 590, S. 64; Calmet, A.: *Von Erscheinungen der Geisteren und denen Vampiren...* (Mathäus Rieger, Augsburg 1751). S. 125-127.
594 Hermann, Joachim: *Das falsche Weltbild* (Franckh'sche Verlagsbuchhandlung, Stuttgart 1972).
595 a.a.O. 590, S. 66, 67; Masters, R. E. L.: *Die teuflische Wollust* (Lichtenberg, München 1962).
596 Walter, Werner: *UFOs. Die Wahrheit* (Heel, Königswinter 1996), S. 8.
597 Adamski, Georg: *Im Innern der Raumschiffe* (Ventla, Wiesbaden 1958); *Flying Saucers Have Landed* (Thomas Werner Lawrie, UK 1953): *Inside the Space Ships* (Abelard-Schumann, London, UK 1955): zum Raumschiff-Typ siehe auch Allingham, Cedric: *Fliegende Untertasse vom Mars* (Ventla, Wiesbaden 1969); die Begegnung Allinghams soll eine Erfindung sein und er selbst eine Kunstfigur.'Later writers have speculated that not only were Allingham's experiences fabricated, but that Allingham himself never existed and was part of a hoax perpetrated by a well-known media figure', Wikipedia/Cedric_Allingham; Bethurum, T.: *The Voice of the Planet Clarion* (1957).
598 Schneider, Adolf u. Malthaner, Hubert: *Das Geheimnis der unbekannten Flugobjekte* (Hermann Bauer, Freib. i. Br. 1976, Aufl. 1977), S. 136.
599 a.a.O. 598, S. 138.
600 a.a.O. 598, S. 140.
601 Krassa, Peter: *12 UFO-Wesen auf Eis gelegt?,* in: *UFO-Jahrbuch 1976* (Erich Pabel, Rastatt); *Tote*

UFO-Zwerge im Eis konserviert?, in: *Kurier* vom 14. Januar 1979; *Zwerge aus dem All in geheimem Eissarg?*, in: *Kurier* vom 30. Oktober 1974.
602 a.a.O. 199, S. 56, 57.
603 Thieme, Uli: *Eine Zusammenfassung der Dokumentation '50 Jahre Roswell-Ein UFO-Mythos stürzt ab'*, in: www.science-explorer.de/ufos_aliens/roswell; derselbe: *Neue UFO-Desinformation*, in: *CENAP-Report*, Nr. 238, 1/97); Wikipedia/Roswell-Zwischenfall.
604 Berlitz, Charles; Moore, William: *Der Roswell-Zwischenfall* (Paul Zsolnay, Wien-Hamburg 1980).
605 a.a.O. 603, Thieme.
606 a.a.O. 603, Thieme.
607 a.a.O. 604, S. 111.
608 Wikipedia/Project_Mogul; "Dieser Radarreflektor war mit einer dünnen Aluminiumfolie überzogen und sah wie eine silbrig glänzende Scheibe aus; seine futuristisch anmutenden Trümmerteile lieferten die Hauptindizien für die spätere Ufo-Legende. Noch heute werden solche Reflektoren am Himmel für Ufos gehalten. Die Air Force trennte sich nicht ungern von den Spähballons: Es war nicht einfach, derart auffällige Erscheinungen am Firmament geheimzuhalten - die anhaltenden Ufo-Gerüchte waren dabei noch das geringste Übel. 'Es war', erinnert sich Projektleiter Trakowski an die ungefügen Ballon-Gebinde, 'als ob man einen Elefanten in seinem Garten hält und hofft, daß es keiner merkt", aus: *Elefant im Garten. Die Wahrheit über den angeblichen Absturz eines Ufos bei Roswell 1947*, *Der Spiegel*, Nr. 45/1995, S. 229-232.
609 a.a.O. 598, S. 53.
610 a.a.O. 598, S. 58, 59.
611 a.a.O. 598, vergleiche Ausschnitte Abb. S. 58, 59.
612 Hynek, J. Allen: *UFO-Report* ((Goldmann tb, München 1978), S. 123, Abb. unten; a.a.O. 598, S. 210; *UFOs: Bisher wurden wir belogen*, in: *Wiener Wochenblatt* vom 19. Januar 1979; Kristina, J. C.: *Eine Stadt in Panik: Die Außerirdischen kommen!,* in: *Neue Revue*, Nr. 7 vom 9. bis 15. Februar 1980; die Aufnahme machte der Seemann und Beamte der Küstenwache in Salem, Massachusetts, Shell Alpert, am 16. Juli 1952; Vertreter der US Air Force konnten im Rahmen des Projekts BLUEBOOK schon bald nach der Aufnahme im Büro von Alpert, die Beleuchtungskörper sehen, die für die Lichtreflexe in der Fensterscheibe verantwortlich waren; siehe: *Im Bild 1952. Das Rätsel des Salem-'UFO'-Fotos ist keines und was dahinter steckt war binnen Tagen bekannt*, CENAP News online, 23. Juni 2007.
613 a.a.O. 598, S. 154ff.
614 a.a.O. 590, S. 257ff.
615 a.a.O. 598, S. 104ff.
616 a.a.O. 590, S. 265ff; *UFO-Sichtung stellte sich 20 Jahre später als Scherz heraus*, in: focus.de, 26. Juli 2011; Wikipedia/Belgische_UFO-Welle; cenap.alien.de/belgien/; Ludwiger, Illobrand v.: *UFOs, Zeugen und Zeichen* (Edition q, Mannheim 1995), S. 313ff.
617 *Drei geheimnisvolle Scheiben geben australischen Wissenschaftlern Rätsel auf*, in: *Kronen Zeitung*, 26. Juni 1977.
618 AFSRS, Australian Flying Saucer Research Society, Adelaide, South Australia.
619 Däniken, Erich v.: *Keine außerirdischen Gegenstände*, in: *Ancient Skies*, Juli/August 1978.
620 Uccusic, Paul: *Mit UFOs zu neuer Gravitationstheorie*, in: *Kurier* vom 20. November 1976.
621 a.a.O. 590, S. 128.
622 *Meteore, UFOs, Himmelsquallen,* in: *Kurier* vom 24. September 1977.
623 Frazier, Kendrick: *Soviet 'jellyfish UFO*, in: *The Sceptical Inquirer*, Winter 1977, S. 10f.
624 Frazier, Kendrick: *Soviet 'jellyfish UFO' Part Two*, in: *The Sceptical Inquirer*, Winter 1978, S. 9f.
625 *Sind die UFOs nur Staub in der Luft?,* in: *Kronen Zeitung* vom 27. September 1979.
626 Kupfer, Peter: *Wer sagt, dass wir im Kosmos allein sind?,* in: *Kronen Zeitung* vom 14. Januar 1979; *Kamen die UFOs auf die Erde -Bluff, Schwindel oder Gefahr?,* in: *Wiener Wochenblatt* vom 12. Januar 1979.
627 a.a.O. 626, *Wiener Wochenblatt.*
628 *Spaniens Abfangjäger machten Jagd auf UFOs*, in: *Kurier* vom 13. November 1979; *Pilot der Urlaubs-Maschine gab Interview über den 'UFO-Angriff'*, in: *Kurier* vom 14. November 1979; *Ich musste 4200 m im Sturzflug runter*, in: *Kurier* vom 15. November 1979; *Schreckensflug nach UFO-Alarm,* in: *Kronen Zeitung* vom 13. November 1979; *Pilot: 'Es waren UFOs'*, in: *Kronen Zeitung* vom 16. November 1979.
629 *78 verletzte Polizisten bei Kampf gegen die Plünderer*, in: *Kurier* vom 15. Juli 1977. *Stromausfall: Das*

Rätsel ist gelöst, in: *Kurier* vom 12. Januar 1979; *The Sceptical Inquirer*, Winter 1979/80, S. 17.
630 *Webfehler im Stromnetz*, in: *Kurier* vom 28. März 1979; *Reaktorunfall: Evakuierung*, in: *Kurier* vom 31. März 1979; *Menschliches Versagen*, in: *Kurier* vom 6. April 1979.
631 *Teheran-UFO und Ezechiel-Raumschiff*, in: *Magazin 2000*, Nr. 2 März/April 1980, S. 56.
632 *Funk Uhr* vom 11. August 1978; Rundbrief des UFO-Studios Mayen (August Wörner).
633 Walter, Werner (CENAP): brieflich an mich am 28. August 1980; siehe auch: Walter, Werner: *Teheran-UFO ist keines*, in: *Magazin 2000*, Nr. 3, Mai/ Juni 1980, S. 5.
634 a.a.O. 598, S. 78ff; *GICOFF-Information*, Nr. 4/1977; *SUFOI UFO NYT* 1/1978.
635 *CENAP-Report*, Nr. 44 vom Okt. 1979 u. Nr. 45 vom Nov. 1979;
636 a.a.O. 589, S. 21ff.
637 *OMNI, magazine*, December 1978; *UFO-Investigator* (NICAP), March 1975; *CENAP-Report*, Okt. 1979 a.a.O. 1031; Gurney, G. u. C.; *Unidentified Flying Objects* (Abelard-Schumann, New York 1970).
638 a.a.O. 33, Abb. im Bildteil.
639 *Statt UFOs die Motten erforschen*, in: *Kurier* vom 7. April 1979; *Haben 2 Biologen das Rätsel der UFOs gelöst?*, in: *Magazin 2000*. Nr. 3 Mai/Juni 1980, S. 63; Callahan, Philip S.; Mankin, R. W.: *Insects as unidentfied flying objects, in: Applied Optics*, Vol. 17, Issue 21, pp. 3355-3360 (1978).
640 a.a.O. 422, S. 335.
641 Oberg, James: *Astronaut 'UFO Sightings'*, in: *The Sceptical Inquirer* Fall/Winter 1978, S. 39ff.
642 a.a.O. 589, S. 199, 203f., 206.
643 a.a.O. 589, S. 21, 34, 73; Gillmor, D. S.: *Scientific Study of Unidentified Objects*, 1969;
644 a.a.O. 589, S. 179.
645 a.a.O. 612, Hynek, S. 20.
646 a.a.O. 291, S. 45; Bruno Stanek wirkte bei der Gestaltung des Raumfahrt-Pavillons im Mystery-Park mit.
647 a.a.O. 291, S. 45.
648 Hynek, J. Allen: *UFO -Begegnungen der ersten, zweiten und dritten Art* (Goldmann tb, München 1978); a.a.O. 612, Hynek, S. 11; J. Allen Hynek ist im März 1966 vom UFO-Gegner zum UFO-Befürworter geworden, lt. *Magazin 2000*, März/April 1980, S. 20ff; Hynek startete als Leiter 1973 das CUFOS (Center for UFO Studies).
649 *Meteorite Yields Evidence of Primitive Life on Early Mars*, press release, Johnson Space Center, Houston, www.jsc.nasa.gov, Wednesday, August 7, 1996; *Evidence of Ancient Martian Life in Meteorite ALH84001?,* in: *Science* magazine, 16. August 1996; *Ancient meteorite may point to life on Mars*, CNN interactive, August 7, 1996; Fiebag, Johannes; Sasse, Torsten: *Mars - Planet des Lebens* (Econ, Düsseldorf 1996), S. 17f.
650 Klass, Philip J.: *NASA, the White House, and UFOs,* in: *The Sceptical Inquirer*, Spring/Summer 1978, S. 72ff; *The Humanist*, July/August 1977.
651 a.a.O. 612, *Wiener Wochenblatt* vom 19. Januar 1979.
652 a.a.O. 589, S. 206, 207.
653 Kupfer, Peter: *Ein UFO landet im Marchfeld*, in der Serie *UFO-Phänomen unserer Zeit*, in: *Kronen Zeitung* vom 23. Januar 1979.
654 Dolezal, Erich.: *UFO's - Planetarier - Superwesen*, in: *Universum*, Nr. 6/1978, S. 221ff.
655 Clarke, Arthur C.: *Unsere Zukunft im Weltall* (Gustav Lübbe, Bergisch Gladbach 1969), S. 315; Hain, W.: *UFOs - mehr als nur Sinnestäuschung*, in: *Kurier* vom 13. Januar 1979.
656 Kupfer, Peter: *Greift das UFO an?,* in: *Kronen Zeitung* vom 18. Januar 1979; *Wissenschaftler entlarven UFOs*, in: *Kronen Zeitung* vom 24. Januar 1979.
657 Klass, Philip J.: *UFOs Explained* (Random House, New York 1974); derselbe: *UFOs Identified* (Random House, New York 1968).
658 Krassa, Peter: *Phantome des Schreckens* (Omnibus-Caesar, Wien 1980), S. 112.
659 a.a.O. 44, Sexl, S. 98ff.
660 Berlitz, Charles und Moore, William: *Das Philadelphia-Experiment* (Paul Zsolnay, Wien 1979), S. 157ff.
661 Sigma, Rho (= Pseud.: Rolf Schaffranke): *Der Searl-Effekt*, in: *Magazin 2000*, Nr. 4/1979, S. ff.
662 Webner, Klaus: *Mr. Searl's Erfindung,* in: *CENAP-Report*, Nr. 45, November 1979.
663 *Neuer Kosmos*, Nr. 6/1980; Bloch, Hubert: *Was ist mit John Searls Patentanmeldung?,* in: *Magazin 2000*, Nr. 3/1980, S. 5.
664 a.a.O. 660; amerik. Ausg. *The Philadelphia Experiment* (Grosset & Dunlop, New York 1979).

665 a.a.O. 589, S. 94.
666 Kusche, Larry: *Review of the Philadelphia Experiment: Project Invisibility*, in: *The Sceptical Inquirer*, Fall/1979, S. 58ff;
667 Jessup, Morris K.: *The Case for the UFO* (Citadel Press, New York 1955); Carlos Miguel Allen ist eigentlich Carlos Miguel Allende und er schickte auch "eine Reihe handschriftlicher Briefe" unter dem Namen Carl M. Allen an Jessup, Allende soll später zugegeben haben, "dass die ganze Sache eine Geheimdienstente war", a.a.O. 589, S. 91, 94.
668 Golowin, Sergius: *Götter der Atomzeit* (A. Francke, Bern 1967), S. 75, 40, 42.
669 Jung, Carl Gustav: *Ein moderner Mythos* (Rascher, Zürich-Stuttgart, 1958), S. 24, 109, 121.
670 a.a.O. 590, S. 80, 81.
671 a.a.O. 590, S. 85.
672 a.a.O. 648, Hynek, S. 64, 217; NL 10 vom 18. August 1964, 12.24 Uhr Atlantikflug, 200 Meilen östlich von Dover.
673 a.a.O. 311, S. 183.
674 Däniken, Erich v.: *Erscheinungen* (Econ, Düsseldorf-Wien 1974), S. 11f.
675 a.a.O. 674, S. 28.
676 Fiebag, Johannes, in: *Ancient Skies*, Nr. 22, 1990; derselbe: *Die Anderen* (Herbig, München 1993), *Sternentore* (Langen Müller, München 1996).
677 Wikipedia/Area_51
678 Rétyi, Andreas v.: *Das Alien-Imperium* (Ullstein, Berlin 1997).
679 Wikipedia/Alien_Autopsy; Wikipedia/Santilli-Film.
680 Mack, John E.: *A Prince of Our Disorder. The life of T. E. Lawrence* (Little-Brown, Boston 1976).
681 Mack, John E.: *Entführt von Außerirdischen* (Wilhelm Heyne, München 1997); amerik. Ausg. *Abduction: Human Encounters with Aliens* (Macmillan, New York 1994).
682 Strieber, Whitley: *Die Besucher* (Carl Ueberreuter, Wien 1988); amerik. Titel *Communion* (Avon, New York 1987).
683 Vallée, Jacques: *Enthüllungen. Begegnungen mit Außerirdischen und menschlichen Manipulationen (*Zweitausendeins, Frankfurt a. M. 1994); amerik. Ausg. *Revelations. Alien Contact and Human Deception (*Random House, New York 1991); derselbe: *Dimensionen. Begegnungen mit Außerirdischen von unserem eigenen Planeten.* (Zweitausendeins, Frankfurt a. M. 1994), amerik. Ausg. *Confrontations. A Scientist's Search for Alien Contact* (Random House, New York 1990); und diverse andere Publikationen zum Thema, auch gemeinsam mit J. Allen Hynek.
684 Magin, Ulrich: *Von Ufos entführt. Unheimliche Begegnungen der vierten Art* (Beck, München 1991).
685 Fiebag, Johannes*: Kontakt - UFO-Entführungen in Deutschland, Österreich und der Schweiz* (Herbig, München 1994); derselbe: *Besucher aus dem Nichts (*Droemer-Knaur, München 1998).
686 Sagan, Carl: *Der Drache in meiner Garage* (Droemer-Knaur, München 1997, tb. 2000); amerik. Ausg. *The Demon-Haunted World* (Random House, New York 1996), tb S. 227.
687 a.a.O. 686, tb S. 231.
688 a.a.O. 686, tb S. 232.
689 Nichols, Preston B,; Moon, Peter: *Das Montauk-Projekt:Experimente mit der Zeit* (Michaels, Peiting 1994); amerik. Ausg. *The Montauk Project: Experiments in Time* (Sky Books, New York 1992); Wikipedia/Montauk-Projekt
690 Wikipedia/Majestic_12; siehe auch: Friedman, Stanton T.: *Top Secret. Die Akte Majestic 12* (Bettendorf, München 1997); Hesemann, Michael: *Jenseits von Roswell. UFOs: Der Schweigevorhang lüftet sich* (Die Silberschnur, Neuwied 1996); Rétyi, Andreas v.: *Geheimbasis Area 51* (Kopp, Rottenburg 1998); Good, Timothy: *Jenseits von Top secret* (Zweitausendeins, Frankfurt a. M. 1991).
691 a.a.O. 596, S. 15.
692 a.a.O. 604, S. 129.
693 Webner, Klaus: *Außerirdischer war ein Aprilscherz*, in: *Contra* (Hrsg. W. Hain), a.a.O. 566, Nr. 2, Januar 1983, S. 18; *CENAP-Report*, Nr. 63, Mai 1981; *Wiesbadener Tagblatt*, 1. April u. 3. April 1950.
694 *Raumflug nach Jerusalem,* in: *Der Spiegel*, Nr. 1/1973, S. 85, 86.
695 a.a.O. 22, Keel-Leu, S. 53.
696 a.a.O. 669, S. 112; derselbe: *Himmlische Zeichen*, in: *Der Spiegel*, Nr. 12/1958.
697 a.a.O. 590, S. 113, 114, 116.
698 a.a.O. 590, S. 74.
699 Magin, Ulrich: *Die Ufos und der Pharao - Die 'Feuerkreise' des Thutmosis III.,* in: *Der UFO-Student*,

Internet-Sonderband, Nr. 2, 2001; Garbagnati, Marcello: *Svelato il misterio del ,Papiro di Tulli'*, in: egittologia.net, 11. April 2006.
700 a.a.O. 304, S. 234.
701 a.a.O. 598, Schneider/Malthaner, S. 198; ; Astapovich, I. S.: *The Ipamera and Mesa photos*, in: *Forspace* 8, 1958, S. 22 - 25.
702 a.a.O. 590, S. 91.
703 a.a.O. 612, Hynek, S. 39.
704 a.a.O. 648, S. 74.
705 a.a.O. 590, S. 93.
706 a.a.O. 590, S. 99.
707 a.a.O. 612, Hynek, S. 53.
708 a.a.O. 669, S. 109, 121; Abb. 5; Coccius, Samuel: *Basler Flugblatt*, 1566.
709 a.a.O. 612, Hynek, S. 55.
710 a.a.O. 612, Hynek, S. 61, National-Airlines-Flug 611, DC 4, am 13. Juli 1952, 3 Uhr morgens EST.
711 a.a.O. 648, S. 58, 59, 217; NL 7, vom 24. Dezember 1967, 20.30 Uhr, Belmont, Mass., USA; zu Wandrelief Ptahhotep *Art and History of Egypt* (Casa Editrice Bonechi, April 1994), siehe auch wiki.grenzwissen.de/Mastaba_von_Ptahhotep u.
712 Wikipedia/Kornkreis; *The Moving Devil*, in: *WB Gerish, Hertfordshire Folk Loe,* 1913/1970, S. 5; Hesemann, Michael: *Kornkreise. Die Geschichte eines Phänomens* (Die Silberschnur, Neuwied 1996); derselbe: *Die Kornkreis-Chroniken. Die Geschichte eines Phänomens geht weiter* (Die Silberschnur, Güllesheim 2002); Krönig, Jürgen (Hrsg.): *Spuren im Korn. Neue Fotos und Fakten zum Phänomen der Bodenmuster in Kornfeldern* (Zweitausendeins, Franf. a. M. 1992); Brunner, Florian; Hoos, Harald: *Kornkreise - Rätsel in mystischer Landschaft. Annäherung an ein Phänomen* (Beust, München 2002); Schäfer, Werner: *Die Kornkreise - Ein Mysterium unserer Zeit. Versuch einer anthroposophischen Entschlüsselung* (Novalis, Schaffhausen 2003).
713 a.a.O. 422, S. 335.
714 Delgado, Pat; Andrews, Colin: *Kreisrunde Zeichen* (Zweitausendeins, Frankfurt a. M. 1990), englischsprachige Ausg. *Circular Evidence* (Bloomsbury, London 1989).
715 Rötzer, Florian: *Bulgarische Wissenschaftler wollen in Kontakt mit Außerirdischen sein*, www.heise.de, 26. November 2009; *Bulgaria: We are in contact with aliens*, wwww.metro.co.uk, 26. November 2009.
716 *Men who conned the world. How we made the circles and fooled the world. Hoaxers come out in the open*, in: *Today*, September 9 to September 11, 1991; *Crop Circle: man- made or mystery?,* www.bbc.co.uk, November 11, 2002; Brunner, Florian; Hoos, Harald: *Kornkreise - Der größte Streich seit Max und Moritz* (Geistkirch, Saarbrücken 2006). *Phänomen Kornkreise. Eine Frage der Ähre*, einestages.spiegel.de, 4. September 2012.
717 www.circlemakers.org; siehe auch: Lundberg, John; Irving, Robert; Pilkington, Mark: *The Field Guide: The Art, History & Philosophy of Crop Circle Making* (Strange Attractor Press, London 2006)
718 *Crop Circles Unmasked', National Geographic Channel*, June 16, 2009.
719 *The Truth behind Corp Circles*, National Geographic Channel and ITV Global Entertainment, USA, 2010; Kornkreise - Mythos und Wahrheit, n-tv.de, 2. Febr. 2010.
720 *Kornkreise*, in: gwup.org, 18.3.2010.
721 Zimmermann, Corinna: *Der große Kornkreis-Irrtum. Alle Kornkreise sind von Menschen gemacht,* digitaloase.de, youtube-videos, 29.6.210 - 31.5.2011.
722 a.a. O. 24, Clarke, Arthur C.: *2001- Odyssee im Weltraum* (Heyne tb, München, 21. Aufl., 1990), S. 64, 65, Kap. *Abweichung*; deutsches Original erschienen bei Econ, Düsseldorf -Wien 1969; amerik. Originalausgabe *2001 - A Space Odyssey* (New American Library, New York 1968); The first part of the novel (in which aliens influence the primitive human ancestors) is similar to the plot of an earlier Clarke story *Encounter in the Dawn*, Wikipedia/2001:A_Space_Odyssey_(novel)
723 Wikipedia/Moon_landing
724 Stanek, Bruno; Pesek, Ludek: *Neuland Mars* (Hallwag, Bern-Stuttgart 1976); Stuhlinger, Ernst: *Projekt Viking* (Kiepenheuer & Witsch, Köln 1976).
725 Hoagland, Richard C.: *The Monuments of Mars* (North Atlantic Books, Berkeley 1987), S. 4.
726 Masursky, Harald, in: *Science News* vom 7. August 1976.
727 Bane, Don: Briefe an mich am 31. Okt. 1977, 2. März 1978 u. 12. Sept. 1978.
728 a.a.O. 35.
729 Hain, Walter: *Kamen die Götter doch vom Mars?,* in: *Ancient Skies*, Jul./Aug. 1980; *Gab es einst*

Marsbewohner?, in: *Das Neue Zeitalter* vom 15. Februar 1980; *Mysteria*, Nr. 4/1980; *Perry Rhodan-Magazin*, Nr. 8/1980; *Magazin2000*, Sept./Okt. 1981; siehe auch *Wir, vom Mars*, a.a.O. 35; auch engl. Ausg. *We, from Mars*, Selbstdruck, Wien 1992.

730 Hain, Walter: Leserbrief, in: *Bild der Wissenschaft*, Nr. 1. Januar 1981.

731 Ruppe, Harry O.: *Monument auf dem Mars*, in: *Penthouse*, August 1985.

732 Buttlar, Johannes v.: *Leben auf dem Mars* (Herbig, München 1987).

733 Pozos, Randolfo R.: *The Face on Mars* (Chicago Review Press, Chicago 1986).

734 DiPietro, Vincent; Molenaar, Gregory; Brandenburg, John: *Unusual Mars Surface Features* (Glenn Dale, Maryland 1982).

735 a.a.O. 725.

736 Avinsky, Vladimir: *Pyramids on Mars?,* in: *Soviet Life*, August 1984.

737 a.a.O. 734, S. 52.

738 a.a.O. 734, S. 52, 53; *Sunpapers,* May 26, 1980; *Washington Post*, May 28, 1980; *South Carroll Herald*, May 28, 1980; *Los Angeles Times*, June 1, 1980; *CSC News*, June, July and December 1980; *OMNI,* magazine, October 1980.

739 a.a.O. 725, S. 14.

740 Sagan, Carl, in: *Parade Magazine*, June 1985.

741 Owen, Tobias; Goldsmith, Donald: *The Search for Life in the Universe* (Benjamin/Cummings Pub Co, Menlo Park, Cal., USA, 1980); deutscher Titel *Auf der Suche nach Leben im Weltall* (Hirzel, Stuttgart 1985); Donald Goldsmith veröffentlichte ein Bild vom Marsgesicht von 1976 in: *Die Jagd nach Leben auf dem Mars* (Scherz, München 1996; amerik. Ausg. *The Hunt for Life on Mars*, Dutton, New York 1996)

742 Chandler, David L.: *Life on Mars* (E. P. Dutton, New York 1979).

743 In: *Invasion vom Mars* von 1986 (Regie: Tobe Hooper) wird das Marsgesicht als "Affenkopf" bezeichnet; siehe auch a.a.O. 725, Hoagland, S. xvi, Publisher Foreword, "Monkey Man on Mars"; in *Total Recall* von 1990 (Regie: Paul Verhoeven) wird eine Marspyramide zum Inhalt des Films; in *Mission to Mars*, aus dem Jahre 2000 (Regie: Brian de Palma) ist das Marsgesicht ein Hauptteil des Films. Im Jahre 1992 hatte ich eine kurze Moviestory, *Project Mars 2020*, geschrieben und mehreren Filmagenturen angeboten. Seit 1993 ist sie in der Writers Guild of America unter der Nr. 515758 registriert; präsent. auch in *We, from Mars*, Selbstdruck, Wien 1992; siehe auch *Das Marsgesicht*, a.a. O. 35.

744 a.a.O. 741, S. 356; D. Goldsmith bezeichnete in seinem Buch *The Hunt for Life on Mars*, erschienen bei E. P. Dutton, New York 1996 (deutscher *Titel Die Jagd nach Leben auf dem Mars* (Scherz, Bern-München-Wien 1996), das Marsgesicht als "trauriges Gesicht"; zu den neuen Bildern vom Marsgesicht siehe Hain W.: *Das Marsgesicht. Die Bilder 1976 bis 2007*, Dokumentation, Fotobuch, archiv. in der Österr. Nationalbibliothek, Wien 2008.

745 Fiebag, Johannes, in: *Ancient Skies*, Nr. 3, 1998.

746 a.a.O. 686, S. 82f.

747 Platon: *Spätdialoge II, Philebos, Parmenides, Timaios, Kritias* (Artemis, Zürich-Wien 1974); *Timaios und Kritias* (Reclam, Leipzig 1942).

748 Prof. Dr. E. Otto in: Weyl, Richard (Hrsg.): *Atlantis enträtselt?* (Walter G. Mühlau, Kiel 1953), S. 17.

749 Ramage, Edwin S. (Hrsg.): *Atlantis - Mythos, Rätsel, Wirklichkeit?* (Umschau, Frankf. a. M. 1979), S. 38; Plutarch: *Das Leben Solons*.

750 a.a.O. 749, S. 133. Nach J. K. Davies (*Athenian Propertied Families 600 - 300 B. C.*, London 1971) gab es einen dritten Kritias. Dieser soll der Sprecher im Timaios und Kritias und "etwa 511 v. Chr." geboren worden sein. Da Platons Akademie aber 387 v. Chr. gegründet wurde, müsste dieser zumindest in einem Alter von 124 Jahren gewesen sein.

751 a.a.O. 749, S. 137, 138.

752 Donelly, Ignatius: *Atlantis, the Antediluvian World* (London 1882); *Atlantis, die vorsintflutliche Welt* (Esslingen 1911).

753 Muck, Otto: *Alles über Atlantis* (Econ, Düsseldorf-Wien 1976).

754 Spence, Lewis: *Atlantis in Amerika* (New York 1925); *The Problem of Atlantis* (New York 1925).

755 Gómara, Francesco Lópes: *Historia de las Indias* (Saragossa 1553); weitere damalige Literatur: Rudbeck, Olaus: *Atlantica* (Upsala 1675); Kirchmaier, Georg Caspar: *Exercitatio de Platonis Atlantide* (Wittenberg 1685); Bailly, Jean Silvain: *Lettres sur L'Atlantide de Platon et L'Ancienne Histoire de L'Asie* (London 1779); Bartoli*: Essai sur L'explication historique donné par Platon de sa république et*

de son Atlantide (Paris 1780).

756 Berlitz, Charles: *Das Atlantisrätsel* (Paul Zsolnay, Wien-Hamburg 1976); amerik. Ausg. *The Mystery of Atlantis* (Grosset & Dunlop, New York 1974); derselbe: *Das Bermuda-Dreieck* (Paul Zsolnay, Wien-Hamburg 1975; amerik. Ausg. gem. mit Valentine, J. Manson *The Bermuda Triangle* (Doubleday, New York 1974); derselbe: *Spurlos* (Paul Zsolnay, Wien-Hamburg 1977; amerik. Ausg. *Without a Trace*, Doubleday, New York 1977). Im Jahre 1969 machte der Archäologe Pino Turolla aus Miami die ersten Fotos von dem "Stonehenge auf dem Meeresgrund", das eine natürliche Bodenstruktur ist, wie er mir brieflich am 23. August 1980 mitgeteilt hat. Die auch als "Bimini Road" bekannten Steine sind aus geologischer Sicht eine klassische kissenförmige Beachrock-Neubildung im Rahmen einer natürlichen geologischen Formation, Wikipedia/Bimini_(Bahamas); Wikipedia/Beachrock; siehe auch: Kusche, Lawrence D. u. Klass, Philip J.: Buchkritik zu *Without a Trace* (dt. *Spurlos*), in: *The Sceptical Inquirer*, Fall/Winter, New York 1977, S. 93ff; auch: Kusche, L. D.: *Die Rätsel des Bermuda-Dreiecks sind gelöst* (Pölking, Greven 1978; amerik. Ausg. *TheBermuda-Triangle-Mystery Solved*, Harper & Row, New York 1975). Ein Zusammenhang mit den UFO-Vorfällen, wie von mir früher in *Wir, vom Mars*, S. 106 ff. dargestellt, gilt daher nur bedingt und kann wohl als außerirdische Komponente ausgeschlossen werden.

757 *Die sagenhafte Stadt..*, in: *Kurier* vom 28. März 1979; *Mauern, Stiegen am Meeresgrund*, in: *Kurier* vom 3. April 1979; *Wieder mal Atlantis entdeckt*, in: *Kurier* vom 7. April 1979; *Sowjets auf der Suche nach Atlantis*, in: *Wiener Zeitung* vom 9. Juni 1979; sowj. Illustrierte *Ogonjok*; siehe auch: Zangger a.a.O. 768 u. 769.

758 Schulten, Adolf: *Tartessos* (Hamburg 1922), *Atlantis* (Berlin 1930); Henning, Richard: *Von rätselhaften Ländern* (München 1925).

759 Wishaw, Elena Maria: *Atlantis in Andalusia* (1928); Neuauflage als *Atlantis in Spain* (Adventures Unlimited Press, Illinois, USA 1994.

760 a.a.O. 756, Berlitz, *Das Atlantis-Rätsel*, S. 148, 149.

761 Spanuth, Jürgen: *Das enträtselte Atlantis* (Stuttgart 1953); derselbe: *Die Atlanter* (Grabert, Tübingen 1976), S. 54; Gerhard Gadow hat in seinem Werk *Der Atlantisstreit* (Fischer tb, Frankf. a. M. 1973) ausführlich dargestellt, warum Helgoland nicht mit Atlantis gleichgesetzt werden kann.

762 Galanopoulos, Angelos Georg; Bacon, Edward: *Die Wahrheit über Atlantis* (Heyne tb, München 1977); siehe auch: Mavor, James W. jr.: *Reise nach Atlantis* (Molden, Wien 1974), S. 10, 11.

763 a.a.O. 749.

764 Luce, J. V.: *Atlantis, Legende und Wirklichkeit* (Bergisch Gladbach 1970); *The End of Atlantis* (London 1969); Luce setzt Altlantis mit der minoischen Kultur auf Kreta gleich, doch diese ging infolge eines verheerenden Erdbebens 50 Jahre nach dem Vulkanausbruch auf Santorin (1500-1450 v. Chr.) allmählich zwischen 1450 und 1380 v. Chr. zugrunde; nach D. B. Vitaliano, int. Vulkanologin, in: Ramage, a.a.O. 749, S. 190ff., wurden auf Kreta Weihegeschenke aus Bimsstein, die nach der Vulkankatastrophe angefertigt wurden, gefunden; siehe auch: *Das Ende der Minos-Kultur*, in: *Kurier* vom 3. März 1979.

765 Brandenstein, Wilhelm (Hrsg.): *Atlantis* (Gerald, Wien 1951), S. 9ff.

766 a.a.O. 756, S. 13.

767 Grabowsky, H., in: Weyl, *Atlantis enträtselt?*, a.a.O. 748.

768 Zangger, Eberhard: *Atlantis. Eine Legende wird entziffert* (Droemer Knaur, München 1992); derselbe: *Ein neuer Kampf um Troja. Archäologie in der Krise* (Droemer Knaur, München 1994); *Ist Troja gleich Atlantis? Viele Parallelen erkennbar*, ZDF, 28. September 2003.

769 Lost city of Atlantis, swamped by tsunami, maybe found, in: reuters.com, March 12, 2011; *Finding Atlantis*, National Geographic Channel, March 13, 2011; *Forscher glaubt, das legendäre Atlantis gefunden zu haben. Demnach könnte das versunkene Inselreich in einem spanischen Sumpfgebiet liegen*, in: derstandard.at, vom 14. März 2011; *US-Forscher glauben, Atlantis entdeckt zu haben*, in: krone.at, vom 14.3.2011.

770 *Satellite Images 'show Atlantis'*, BBC online, 6. Juni 2004; Dr. Rainer W. Kühne publizierte zum Thema Atlantis in: *Ancient Skies* 1/1989 und in: *Independent Science* 1/1993.

771 *Is this Atlantis? This is the amazing image which could show the fabled sunken city of Atlantis* in: *The Sun*, February 20, 2009; *Versunkenes Atlantis entdeckt - oder auch nicht*, in: welt.online.de, vom 20. Februar 2009; *Bizarre Netzgerüchte - Atlantis entdeckt, Magenta enttarnt*, in: spiegel.de, vom 22. Februar 2009; Hain. W.: *Der Mythos Atlantis*, web.utanet.at/mahain/der_mythos_atlantis, 9. November 2006, rev. Februar 2009.

772 a.a.O. 762, S. 60, 61; Bötig, Klaus: *Die Azoren* (Goldstadt Reiseführer, Pforzhelm 1977), S. 7, 8; Wikipedia/Azoren
773 Wikipedia/Karthago.
774 a.a.O. 115, Pieter Coll.
775 Verulam, Francis Bacon of: *Nova Atlantis* (London 1627); Morus, Thomas: *Utopia* (Löwen 1516); Saage, Richard: *Bacons 'Neu Atlantis' und die klassische Utopietradition*, in: *UTOPIE kreativ*, H. 93 (Juli) 1998, S. 57-69; Wikipedia/Utopia_(Roman); Wikipedia/Nova_Atlantis; Dion war der Schwager von Dionys I. (= Dionysius I. von Syrakus); er wurde nach ruhmreichen Siegen ermordet; a.a.O. 747, Reclam, S. 13; Wikipedia/Dyonisius_I_von_Syrakus
776 Smith, Philip E. L.: Vorwort in: *Der Cro-Magnon-Mensch* (Hrsg. Prideau, Tom; Rowohlt, Time Life Books tb 1977); S. 138ff.
777 a.a.O. 776, S. 92, 93, 49.
778 a.a.O. 776, S. 93, 89.
779 a.a.O. 776, S. 88.
780 *Wettlauf mit der Urzeit*, in: *Bild der Wissenschaft*, Nr. 1/1977, *Akzent* S. 3.
781 Vieyra, M.: *Die Mythologie der Sumerer, Babylonier und Hethiter*, in: *Mythen der Völker*, a.a.O. 48, Band 1, S. 96; a.a.O. 391, S. 104, 105.
782 Schmidt, Klaus: *Sie bauten die ersten Tempel. Das rätselhafte Heiligtum der Steinzeitjäger. Die archäologische Entdeckung am Göbekli Tepe (*C. H. Beck, München 2006).
783 Wikipedia/Göbekli_Tepe
784 *Anno - Die ägäischen Kulturen,* S. 45, 54.
785 a.a.O. 417, S. 58, 59.
786 *Anno - Die ersten Imperien*, S. 3.
787 Wikipedia/Ur_Stadt
788 Wikipedia/Kisch
789 *Anno - Die ersten Imperien,* S. 77-80; Wikipedia/Mohenjo-Daro
790 a.a.O. 139, S.193; a.a.O. 100, tb 1975, S. 170f; Orig. 2. Aufl. 1973, S. 168f; siehe auch Däniken, Erich v.: *Der Götter-Schock* (C. Bertelsmann, München 1992), S. 54 ff; Ermel, Gisela: *Bep-Kororoti – Besucher von den Sternen?,* in: *Mysteria 3000*, Ausg. 14, 2/2006.
791 a.a.O. 70, S. 88ff; *Ancient Skies* vom November 1977; a.a.O. 510, S. 44ff.
792 *Vor 50 Jahren war's hochaktuell*, in: *Kronen Zeitung*, 1973; siehe auch a.a.O. 26, *Die große E. v.D.-Enzyklopädie*, S. 56.
793 a.a.O. 100, tb 1975 u. Orig. 2. Aufl. 1973, S. 86.
794 a.a.O. 112, S. 164.
795 a.a.O. 100, tb 1975, S. 172f., 174, 179; Orig. 2. Aufl. 1973, S. 170f., 172, 177; a.a.O. 118, *Leben Aliens längst unter uns?;* zum ägypt. Vogelmodell: Eine Nachbildung durch Martin Gregorie, Konstrukteur und Designer, hat gezeigt, dass der Vogel nicht flugfähig ist und selbst wenn er hintere Tragflächen (ein Höhenleitwerk) hätte wäre seine Flugfähigkeit enttäuschend. Das Vogelmodell ist höchstwahrscheinlich ein Spielzeug oder es funktionierte als Wetterfahne auf einem zeremoniellen Schiffsmodell; Wikipedia/Saqqara_Bird
796 a.a.O. 23, tb S. 75; geb. Aufl. März 1979, S. 112.
797 a.a.O. 29, S. 94; a.a.O. 121, S. 9.
798 a.a.O. 396, S. 222, 223.
799 *Bonner Rundschau* vom 1. Juni 1977; a.a.O. 199, S. 77f.
800 a.a.O. 23, tb 1971, S. 67; geb. Aufl. März 1979, S. 100; a.a.O. 230, S. 78; a.a.O. Story, S. 99.
801 a.a.O. 121, S. 9.
802 a.a.O. 318, S. 197; *Ancient Skies* vom Oktober 1977; a.a.O. 490, *Das Unerklärliche*, S. 219; a.a.O. 490, *Licht für den Pharao*, S. 104f.
803 Kutzer, Rudolf: *Steinsetzungen in der Bretagne und 'Ancient Astronauts*, in: *Ancient Skies* Mai/Juni 1978; *Steinanlagen mit Zentrum Bretagne - 'Kult oder Technik'*, in: *Mysteria* (Hrsg. Axel Ertelt, Halver), Nr. 12/1979.
804 a.a.O. 318, S. 148ff.
805 a.a.O. 100, tb 1975, S. 214ff; Orig. 2. Aufl. 1973, S. 212f.
806 Van der Pol, Bartholomäus: *Short Wave Echoes and the Aurora Borealis*, in: *Nature,* December 8, 1928, S. 878f.
807 a.a.O. 100, tb 1975, S. 214ff; Orig. 2. Aufl. 1973, S. 212ff.

808 Fischinger, Lars A.: *Verbotene Geschichte* (Ansata, München 2010); derselbe in: Däniken, Erich v. (Hrsg.): *Die andere Seite der Archäologie* (Kopp, Rottenburg 2011), S. 302ff; Gheorghita, F.: *Das Objekt von Aiud*, in: *Ancient Skies*, Nr.3, 1992; oncoming.de; science-explorer.de; mysteria3000.de; seti-astronautik.de.

809 a.a.O. 490, *Das Licht der Pharaonen*, Text zu Abb. 15; a.a.O. 490, *Das Unerklärliche*, S. 250f; Sachmann, Hans-Werner; Müller, Reinhold, *Kuriose 'Hieroglyphen' im Sethos-Tempel von Abydos* in: *Neue kosmische Spuren*, Hrsg. Erich v. Däniken (Goldmann tb, München 1992), S. 117ff.

810 Jehring, Roland: *Das mysteriöse Relief im Sethostempel von Abydos* (Internetartikel vom 27. Februar 2004; Pezold, Markus: *Neue Bilder der 'Technoglyphen' in Abydos* in: mysteria3000.de vom 16. August 2009; Wikipedia/Ägyptische_Hieroglyphen; Wikipedia/Gardiner-Liste.

811 a.a.O. 139, S. 318ff., a.a.O. 39, S. 142f.

812 Zuidema, Henry P.: *Race of giants' poppycock*, in: *The Sceptical Inquirer*, Fall 1979, S. 9.

813 a.a.O. 139, S. 325; a.a.O. 39, S. 146f; a.a.O. 490, *Das Unerklärliche*, S. 221f; 150.

814 a.a.O. 812, S. 9.

815 a.a.O. 100, tb 1975, S. 142ff; Orig. 2. Aufl. 1973, S. 141ff; a.a.O. 396, S. 129ff.

816 Thamm, Nicolai: *Klüftung*, in: *Bild der Wissenschaft*, Nr. 8/1972, S. 794ff.

817 a.a.O. 115, S. 111; Kasanzew, Alexander: in: *Sowjetunion heute*, Dezember 1961.

818 a.a.O. 100, tb 1975 u. Orig. 2. Aufl. 1973, S. 115; a.a.O. 23, tb 1971, S. 77; geb. Aufl. März 1979, S. 115.

819 a.a.O. 230, S. 54ff.

820 Harriz, Michel: *See, know, enjoy Baalbeck*, 1955.

821 a.a.O. 230, S. 53f; 71.

822 *Ancient Skies,* Mai/Juni 1980; a.a.O.130, tb S. 49f; geb. Aufl. Sept. 1977, S. 78f.; a.a.O. 100, tb 1975 u. Orig. 2. Aufl. 1973, S. 104ff: Däniken. Erich v.: *Die Spuren der Außerirdischen* (Goldmann tb, München 1992; Orig. C. Bertelsmann, 1990), tb Abb. S. 114 bis 119; derselbe in: *Strategie der Götter* (Econ, Düsseldorf -Wien 1982), S. 295; siehe auch Däniken, Erich v.: *Reise nach Kiribati* (Econ, Düsseldorf-Wien 1981), S. 275ff., 279 ff., 308; erwähnt auch von Habeck, *Das Unerklärliche,* a.a.O. 490, S. 206, 271; Wikipedia/Pumapunku

823 Schmidt, Leo: *Puma Punku - Stadt der Götter* (palaeoseti.de, Münster), gesichtet am 10.10.2012; Wikipedia/Andesit

824 a.a.O. 23, tb 1971, S. 84; geb. Aufl. März 1979, S. 125.

825 Klemm, Scott J.: *Mummy's 'living' cells*, in: *The Sceptical Inquirer*, Fall/1978, S. 74f

826 *Ancient Skies*, Juli/August 1979; a.a.O. 822, *Die Spuren der Außerirdischen*, S. 168.

827 Däniken, Erich v., in: *Ancient Skies*, Sept./Okt. 1978; a.a.O. 131, S. 199f; derselbe in: *Die Spuren der Außerirdischen*, S. 166, 167, a.a.O. 822; und: *Der Tag an dem die Götter kamen* (Goldmann tb, München 1988, Orig. C. Bertelsmann, München 1984)), tb S. 52f.

828 a.a.O. 15, Steinhäuser, *Jesus Christus*, S. 25, derselbe: *Die Zukunft die gestern war* (Herbig, München 1977), im Bildteil bei S. 65.

829 a.a.O. 23, tb 1971, S. 66; geb. Aufl. März 1979, S. 98.

830 a.a.O. 230, S. 82; falsch zitiert auch in: *Wir, vom Mars*, a.a.O. 35, S. 22.

831 a.a.O. 130, tb 1972, S. 76; geb. Aufl. Sept. 1977, S. 125.

832 a.a.O. 230, S. 82f.

833 a.a.O. 100, tb 1975 u. Orig. 2. Aufl. 1973, S. 63.

834 a.a.O. 230 , S. 53f., 71.

835 a.a.O. 130, tb 1972, S. 161; geb. Aufl. Sept. 1977, S. 253f.

836 a.a.O. 230, S. 70.

837 a.a.O. 23, tb 1971 S. 67; geb. Aufl. März 1979, S. 100.

838 a.a.O. 23, tb 1971, S. 68; erste Aufl. 1968 u. geb. Aufl. März 1979, S. 100.

839 a.a.O. 23, tb 1971, S. 51ff; geb. Aufl. März 1979, S. 76ff.

840 a.a.O. 230, S. 81f.

841 Burckhardt, G.: *Gilgamesch-Epos der alten Welt*; Stucken, Eduard: *Astralmythen der Hebräer, Babylonier und Ägypter*, 1. Teil, o. A.; Ebermann, Oskar: *Sagen der Technik* (Leipzig 1930).

842 a.a.O. 100, tb 1975 u. Orig. 2. Aufl. 1973, Abb. 74, S. 72;

843 a.a.O. Coll, S. 18; Brenties, B.: *Die Fels- und Höhlenbilder Afrikas* (München 1982); in: a.a.O. 100, tb, Abb. 74, wird "EvD" (= Erich v. Däniken) als Quelle angegeben, S. 255; im Orig. 2. Aufl. 1973, steht "O'Cruzeiro" (eine brasil. Illustrierte), S. 254.

844 Biedermann, Hans: *Astralgeister und Astronautengötter*, in: *Universum*, Nr. 2/1978, S. 45f; derselbe: *Bildsymbole der Vorzeit* (Verlag für Sammler, Graz 1977); und: *Wunderwesen, Wunderwelten* (Verlag für Sammler, Graz 1981), S. 96, Abb. S. 97.
845 a.a.O. 318, S. 182, 183
846 a.a.O. 130, tb S. 65f; geb. Aufl. Sept. 1977, S. 104f.
847 a.a.O. 14, S. 310.
848 Bopp, Franz: *Indralokâgamanam. Ardschuna's Reise zu Indra's Himmel* (Berlin 1824), S. 1, 3; zitiert nach Andre Kramer: *Vimanas*, in: *mysteria3000.de*, gesichtet am 8. Februar 2007.
849 Vana Parva, Volume III, Section XLII, aus: *The Mahabharata* translated by Kisari Mohan Ganguli published by Pratap Chandra Roy, Calcutta 1886-1890; deutsche Übersetzung Holger Isenberg, mars-news.de
850 Wikipedia/Vimana; Dutt, Manatha Nath (translator), *Ramayana*, Elysium Press, Calcutta, 1892 and New York, 1910.
851 Wikipedia/Vimana; Griffith, Ralph Thomas Hotchkin: *The Hymns of Rigveda,* 2nd edition, Kotagiri (Nilgiri) 1896; first edition May 25, 1889; www.sanskritweb.net; Clive Hart: *The Prehistory of Flight*, (Berkeley, 1985).
852 Colavito, Jason: *The Case of the False Quotations. How Ancient Astronaut Theorists Faked a Hindu Nuclear Explosion*, online report, 2011; derselbe: *Ancient Atom Bombs. Fact, Fraud, and the Myth of Prehistoric Nuclear Warfare*, e-book 2011; Hatcher Childres, David: *Lost Cities of Ancient Lemuria and the Pacific* (Adventures Unlimited Press; 1st edition, January 1, 1988); *The Mahabharata,* Book 8, Karna Parva, Section 34. translated by Kisari Mohan Ganguli (1883-1896); Wikipedia/Devi_Bhagavata: "Ich bin Brahma, Vishnu, Maheshwara (Shiva)..., bin das Brahman" in: Wikipedia/Sakra_(Buddhism); siehe auch: Wikipedia/Indra; Wikipedia/Gurkha
853 Dileep Kumar Kanjilal: *Vimana in Ancient India: Aeroplanes Or Flying Machines*, in: *Ancient India* (1985); a.a.O. 139, S. 208f; a.a.O. 121, S. 227.
854 a.a.O. 304, 251f; 254, 256; Velikovsky zitiert aus: *Vedic Hymns* (Übers. Müller, F. Max, 1891).
855 Monier-Williams, Monier; Leumann, Ernst; Cappeller: *A Sanskrit-English Dictionary* (Clarendon Press, Oxford 1899; J. Jetly, Asian Educational Services, New Delhi 1999, and 2005).
856 a.a.O. 304, im Anhang S. 374, Velikovsky zitiert Müller, a.a.O. 854.
857 *Vimanas,* www.crystalinks.com/indiavimanas; Wikipedia/Agni „Feuer", „Gott des Feuers" in Sanskrit; Wikipedia/Gaja, word for elephant in Sanskrit.
858 a.a.O. 822, *Strategie,* S. 213ff;
859 a.a.O. 39, S. 64, 67, 68, 69, 326, 327, 331.
860 Zuppinger, Christian: *Die genetische Scheibe - Teil II*, Online-Artikel, in: mysteria3000.de, gesichtet am 19. Oktober 2012.
861 a.a.O. 39, S. 326ff; Hammer, Dr. Vera M. F., in: Böckler, Stephan: *Die genetische Scheibe - Teil I*, Online-Artikel, mysteria3000.de, gesichtet am 19. Oktober 2012; zu High-Tech-Werkzeuge: a.a.O. 39, S. 319 f., 34; a.a.O. 490, *Das Unerklärliche*, S. 222f., a.a.O. 39, S. 40f: Hausdorf, Hartwig: *Wenn Götter Gott spielen* (Langen-Müller, München 1997); Wikipedia/Wolfram; Wikipedia/Molybdän; *Der Hammer aus Texas*, geschichtsmaengel.de, März 2005; Kuban, Glen J.: *The London Hammer - An Alleged Out-of-Place Artifact*, paleo.cc/paluxy/hammer, 1997-2008; a.a.O. 39, S. 157ff; *Der 'London Hammer' – Kritik an Hans-Joachim Zillmers unseriösen Thesen*, in: www.theologische-links.de, 23. März 2007; Walter, Werner: *Außerirdischer Götter-Astronaut an Kirche verewigt?* in: gwup.org, 28. Januar 2007; Warrick, Thosten: *Astronaut von Salamanca*, in: nachrichten.freenet.de, 23. Januar 2009.
862 a.a.O. 39, S. 39f; Habeck, Reinhard: *Dinge, die es nicht geben dürfte* (Carl Ueberreuter, Wien 2007); Wikipedia/Homo_rhodesiensis; Woodward, Arthur Smith: *A New Cave Man from Rhodesia, South Africa*, in: *Nature*, Bd. 108, 1921, S. 371-272; *Bison Skull - Was ist dran an dem Loch im Schädel?,* in: paraportal.org, 17. Juni 2005; a.a.O. 26, *Lexikon der Prä-Astronautik*, S. 325 f; *Die große E. v. D.-Enzyklopädie*, S. 329; a.a.O. 396, S. 125 f; a.a.O. 100, geb. Aufl. März 1979, S. 173; a.a.O. 39, S. 39f; a.a.O. 515, *Besucher*, S. 352 f; zu Desani siehe Wikipedia/Crucifixion_of_Christ-Visoki/Dani_Monastry; a.a.O. 381, *Sputnik*.
863 a.a.O. 139, S. 34, 37, 48, 57, 65, 96, 100, 419.
864 a.a.O. 139, S. 162.
865 a.a.O. 139, S. 221.
866 alle Kritiken ab a.a.O. 862 von a.a.O. 551.
867 a.a.O. 22, Keel-Leu, S. 19.

868 Langbein, Walter-Jörg: *Eine Umfrage zum AAS-Thema*, in: *Ancient Skies*, Juli/August 1978.
869 *Abstimmung über Ancient-Astronauts*, in: *Ancient Skies*, Mai 1977.
870 a.a.O. 414, S. 174.
871 a.a.O. 414, S. 176f.
872 Hain, Walter: *Prähistorische Astronautenbesuche*, in: *Kurier* vom 20. August 1979; *Und wieder fehlen die Beweise*, in: *Kurier* vom 4. September 1979; Peter Krassa als Antwort zu *Prähistorische Astronautenbesuche* im Anschluss meines Leserbriefes.
873 a.a.O. 36, S. 323.
874 a.a.O. 36, S. 323.
875 a.a.O. 90.
876 a.a.O. 35, S. 118, 139.
877 Däniken in einem Vortrag auf der 5. Weltkonferenz der AAS in Chicago 1978; Bericht in: *Ancient Skies*, Sept./Okt. 1978.
878 a.a.O. 23, tb 1971, S. 143; geb. Aufl. März 1979, S. 215.
879 a.a.O. 10, S. 50ff.
880 a.a.O. 10, S. 55, 56.
881 a.a.O. 10, S. 52; Berechnungen nach: abenteuer-universum.de/leben/leben; www.setiatbubble.ch/fun/drake-formel; Richter, Klaus: *Die Drake-Formel*, in: *Die Mimikry-Hypothese – Verdeckte Kontaktaufnahme durch Außerirdische?*, in: gwup.org, 10. April 2001.
882 *Wohin fliegen die Voyager-Sonden?*, in: astronews.com, 17. Februar 2010; *Voyager 1 wird bald unser Sonnensystem verlassen*, Bild.de, 1. September 2012; Wikipedia/Voyager_1.
883 Mayor, Michel; Queloz, Didier: *A Jupiter-mass companion to a solar-type star*, in: *Nature* 378, S. 355–359, 1995; Wikipedia/Exoplanet; Wikipedia/Extrasolar_Planet.
884 *Epsilon Eridani - ein extrasolares Plenetensystem gleich nebenan*, in: raumfahrer.net, 18. März 2003; Wikipedia/Epsilon_Eridani_b; *Bisher leichtester Planet entdeckt. Mehr auf Gliese 581 'd'?*, in: krone.at, 21. April 2009; Wikipedia/Gliese_581_c
885 *One or more bound planets per Milky Way star from microlensing observations*, in: *Nature,* Volume: 481, p 167-169, January 12, 2012; *Milchstraße besitzt mehr Planeten als Sonnen,* in: spiegel.de, 11. Januar 2012; *Plenty of planets. Our galaxy has at least 100 billion other worlds*, planetquest.jpl.nasa.gov, January 11, 2012.
886 *Tiny trio. Kepler discovers three of the smallest exoplanets*, planetquest.jpl.nasa.gov, January 11, 2012; *Nachbarstern unserer Sonne - Forscher entdecken erdgroßen Planeten*, in: *spiegel.de*, 17. Oktober 2012; *Astronomy: Meet our closest neighbour*, in: *Nature*, Vol. 491, p. 200–201, Nov. 8, 2012, online Oct. 17, 2012.
887 a.a.O. 10, S. 68f.
888 a.a.O. 19.
889 a.a.O. 10, S. 104.
890 seti.berkeley.edu/SERENDIP
891 www.seti.org/SETI-Institut/project-phoenix
892 Wikipedia/Allen_Telescope_Array; www.seti-org/ata
893 *Jagd an der Grenze*, in: *Der Spiegel*, Nr. 8/1968, S. 152, 154; Feinberg, Gerald: *Possibility of faster than light particles,* in: *Physical Review* 159, 1967.
894 Prof. Dr. W. Thirring brieflich an mich am 30. Juni 1977; Wikipedia/Tachyon
895 Wikipedia/Orion-Projekt
896 a.a.O. 139, S. 94ff; a.a.O. 131, S. 44; *Projekt 'Dädalus'. Sternenfahrt mit Minibomben*, spiegel.de, 29.11.2005; Wikipedia/Daedalus
897 a.a.O. 291, S. 43.
898 a.a.O. 655, Clarke, S. 306f.
899 Berechnungen nach: www.fersch.de; formularium.org/de
900 Berechnungen nach: Kaspar, Werner, abenteuer-universum.de/einstein, 2007.
901 a.a.O. 291, S. 43.
902 a.a.O. 655, Clarke, S. 298.
903 Buttlar, Johannes v.: *Die Einstein-Rosen-Brücke* (Ullstein, Frankfurt a. M.-Berlin, 1992); Wikipedia/Wurmloch; *Unglaublich einfach: WARP-Antrieb, Tunnel und Wurmlöcher*, www.unglaublicheinfach.at/der_Fortbewegung/Warp_Antrieb; *Die Reise durchs Wurmloch*, in: www.raumfahrer.net

904 a.a.O. 291, S. 36f.
905 a.a.O. 37, S. 299f; a.a.O. 37, S. 299, zitiert nach: Misner; Thorne; Wheeler: *Gravitation* (1973), S. 837 u. Visser: *Lorentzian Wormholes* (1996), S. 45 – 51.
906 Wikipedia/Schwarze_Löcher
907 Wikipedia/Antimaterie; a.a.O. 10, S. 167.
908 O'Neill, Gerard: *Unsere Zukunft im Raum* (Hallwag, Bern-Stuttgart 1978); amerik. Ausg. *The High Frontier, Human Colonies in Space* (William Morrow, New York 1977).
909 Graf, Otto (Hrsg.): *Die Epoche des überfließenden Sehvermögens. Der Mensch im Weltraum* (Österr. Bundesverlag 1970), Bildtafel S. 120.
910 a.a.O. 63.
911 a.a.O. 63, S. 9, 10.
912 a.a.O. 63, S. 55.
913 a.a.O. 63, S. 97f.
914 a.a.O. 63, S. 148.
915 a.a.O. 63, S. 157, 158.
916 a.a.O. 63, S. 133, 134.
917 *Exobiologie, Schluckschweine im Weltall*, in: *Frankfurter Allgemeine Zeitung*, www.faz.net, 23. Oktober 2005, Nr. 42, S. 75; *Evolution auf fremden Planeten. Bruder Alien, wer bist Du?* und *Ferne Welt: So wohnt man auf 'Aurelia' und 'Blue Moon'*, www.spiegel.de, 30. Januar 2009; Exhibition: The Science of Aliens, London Science Museum, October 2005 to February 2006, with additional input from: Prof. Nigel Franks, Department of Biological Sciences, Bristol University; Dr. Chris McKay, Ames Research Centre, NASA; Dr. Seth Shostak, SETI Institute; Dr. Jim Usherwood, Royal Veterinary College Exhibition; Hain, W.: web.utanet.at/mahain/Das_Aussehen_der_Ausserirdischen, Sept. 2009.
918 Moore, Ruth u. die Redaktion Time-Life-Bücher: *Die Evolution* (Time-Life-Buch, Rowohlt tb, Reinbek b. Hamburg 1976), S. 13.
919 White, Edmund; Brown, Dale (Redaktion); Campbell, Bernhard O.; Howell, F. Clark (Professoren der Anthropologie, Beratung): *Die ersten Menschen* (Time-Life-Buch, Rowohlt tb, Reinbek b. Hamburg 1977), S. 9, S. 20, Tabelle S. 140, 141; a.a.O. 917, S. 151, 166, 170, 172.
920 a.a.O. 919, S. 10.
921 a.a.O. 919, S. 106.
922 a.a.O. 918, S. 98.
923 a.a.O. 918, S. 111.
924 a.a.O. 918, S. 110.
925 a.a.O. 918, S. 124.
926 Wikipedia/Indiz; Wikipedia/Beweis_(Rechtswesen); Wikipedia/Indizienbeweis
927 Wikipedia/Massensterben; Wikipedia/Massenaussterben
928 a.a.O. 590, S. 42.
929 a.a.O. 590, S. 43, 44.
930 a.a.O. 686, S. 257.
931 a.a.O. 35, S. 139.
932 *Searching for ET, But No Evidence Yet*, wwws.whitehouse.gov/petitions, September 22, 2011; *Searching for ET, But No Evidence Yet*, www.seti.org/seti, May 22, 2012.
933 a.a.O. 655, Clarke, S. 316f.
934 *Bizarre Struktur: Mysteriöses Sechseck in der Saturn-Atmosphäre*, in: spiegel.de, 28. März 2007; Wikipedia/Saturn_(Planet); *Mysteriöses Saturn-Hexagon im Labor*, in: grenzwissenschaft-aktuell.blogspot.com; *Saturn's Hexagon Comes to Light*, apod.nasa.gov, January 22, 2012; *Saturn's hexagon recreated in the laboratory*, www.planetary.org/blogs, May 4, 2010; photojournal.jpl.nasa.gov/catalog/PIA09188
935 Wikipedia/Wow!-Signal; *Das Wow!-Signal - 30 Jahre danach,* in: www.final.frontier.ch, August 21, 2007; *The Big Ear Wow! Signal (30th Anniversary Report)* by Jerry R. Ehmann, Ph. D.; in: bigear.org, Last Revision, May 28, 2010; *What is the Wow! Signal?,* in: channel.nationalgeographic.com, June 21, 2012.

a.a.O. = am angegebenen Ort.

Bildquellen

Titelbild: Grafik vom Autor. Der Stern Sirius nach einer historischen astronomischen Aufnahme (Lick-Observatorium); **Autorenfoto:** E. Steinhäuser **Abb. 1**: Metro-Goldwyn-Mayer (MGM); **Abb. 2**: Zeichnung vom Autor nach Thiel, *Und es ward Licht*, 1956; **Abb. 3**: I. W. Lindenblad; **Abb. 4**: Umzeichnung vom Autor nach Temple, *Das Sirius-Rätsel*, 1977; **Abb. 5**: Zeichnung vom Autor; **Abb. 6**: Umzeichnung vom Autor nach Temple, *Das Sirius-Rätsel*, 1977**; Abb. 7**: Umzeichnung vom Autor nach www.solstation.com; **Abb. 8**: Archiv Autor; **Abb. 9**: Zeichnung vom Autor; **Abb. 10**: Britisches Museum; **Abb. 11**: Zeichnungen vom Autor nach Sitchin, *Der Zwölfte Planet*, 1979; **Abb. 12**: aus mv.lycaeum.org; **Abb. 13**: Zeichnung vom Autor; **Abb. 14**: Zeichnung A. R. Lhuillier, aus Rivet, *Cités Mayas*, 1954; **Abb. 15**: J. Sanderson, aus Däniken, *Meine Welt in Bildern*, 1973; L. Thot, aus *Ancient Skies*, July/August 1979; **Abb. 16, 17**: Zeichnungen vom Autor; **Abb. 18**: aus Bernhardt, *Sind wir Astronautenkinder?*, 1978; **Abb. 19**: Google Earth**; Abb. 20**: K. Kratochwill; **Abb. 21**: Zeichnung vom Autor; **Abb. 22**: aus Afetinan, *Life and Works of Piri Reis*, 1975: **Abb. 23**: aus Hapgood, *Maps of the Ancient Seakings*, 1966; **Abb. 24, 25, 26**: Zeichnungen vom Autor; **Abb. 27**: aus Chapin u. Smith, *Der Golfstrom,* 1954; **Abb. 28, 29**: aus Afetinan, *Life and Works of Piri Reis*, 1975; **Abb. 30**: reise.germanblogs.de; **Abb. 31**: aus Heyerdahl, *Aku Aku*, 1959; **Abb. 32:** Ad Windig, Amsterdam, aus *Anno - Die biblischen Länder*, 1978; **Abb. 33**: Ekdotike Athenon S. A. Athens, aus *Anno - Die ägäischen Kulturen*, 1978; **Abb. 34**: Ricardo Liberato/Wikipedia; **Abb. 35**: Zeichnung vom Autor; **Abb. 36**: O. Riedl, aus *Universum*, Nr. 1, 1980; **Abb. 37**: Zeichnung vom Autor; **Abb. 38**: aus Löhner, *Pyramidenbau*; **Abb. 39**: Mark Lehner/NOVA; **Abb. 40, 41, 42**: Britisches Museum; **Abb. 43**: Archiv Autor; **Abb. 44**: Babak. A. Tafreshi/National Geographic Daily; **Abb. 45**: Grafik vom Autor mit WinStars 2; **Abb. 46**: Umzeichnungen und Zeichnungen vom Autor nach Abbildungen aus Zehren, *Der gehenkte Gott*, 1959; Däniken, *Meine Welt in Bildern*, 1973; Temple, *Das Sirius-Rätsel*, 1977; **Abb. 47**: Umzeichnungen und Zeichnungen vom Autor nach Abbildungen aus *Anno - Die Neue Welt*; 1978; Däniken, *Meine Welt in Bildern*, 1973; Nigel Davies, *Die Azteken*; 1973; **Abb. 48**: aus Zehren, *Der gehenkte Gott*, 1959; **Abb. 49**: Schnorr v. Carolsfeld aus *Die Bibel in Bildern*, 1860; **Abb. 50**: H. Schaffer, aus *Kurier* vom 17. Juni 1973; **Abb. 51**: J. F. Blumrich aus *Da tat sich der Himmel auf*, 1973; **Abb. 52**: Zeichnung vom Autor nach J. F. Blumrich; **Abb. 53**: aus J. F. Blumrich, *Da tat sich der Himmel auf*, 1973; **Abb. 54**: Zeichnung vom Autor; **Abb. 55, 56**: Zeichnungen vom Autor; **Abb. 57:** APA; **Abb. 58 :** Encylopedia of Freemasonry 1894/antinewworldorder.blogspot.co.at; **Abb. 59**: Zeichnungen vom Autor nach Sassoon/Dale, *Die Manna-Maschine*, 1979 und den Angaben in der Bibel; **Abb. 60**: Umzeichnung vom Autor nach Zehren, *Der gehenkte Gott*, 1959; **Abb. 61**: Grafik vom Autor mit WinStars 2; **Abb. 62**: aus dem Internet/Archiv Autor; **Abb. 63**: Zeichnung vom Autor nach Däniken, *Aussaat und Kosmos*, 1972; **Abb. 64, 65**: Archiv Autor; **Abb. 66**: P. Turolla; **Abb. 67**: Grafik vom Autor mit einer Karte aus dem Internet; **Abb. 68**: Zeichnung vom Autor nach Brugger, *Die Chronik von Akakor*, 1976; **Abb. 69, 70**: K. Kratochwill; **Abb. 71**: Foto vom Autor; **Abb. 72**: W. König aus *Neun Jahre Irak*, 1940; **Abb. 73**: Zeichnung vom Autor nach König, *Neun Jahre Irak*, 1940; **Abb. 74**: A. Mariette aus *Dendera*, 1869; Zahlen eingefügt vom Autor; **Abb. 75**: Foto vom Autor; **Abb. 76**: Zeichnungen vom Autor, links nach Habeck, *Das Licht der Pharaonen*, 1992; **Abb. 77**: Stele des Nebre (Raneb) um 2880 v. Chr., Keith Schengili-Roberts/Metropolitan Museum of Art, New York/Wikipedia; **Abb. 78**: Zeichnungen vom Autor, links Umzeichnung aus Däniken, *Meine Welt in Bildern,* 1973; **Abb. 79**: Völkerkundemuseum Wien, aus *Kaogu Tongxun*, 1957; **Abb. 80**: aus *Sputnik*, Nr. 1/1968; **Abb. 81**: E. Wegerer; **Abb. 82**: aus *Sungods in Exile*, 1978; **Abb. 83**: aus Barbieri-Low, Anthony J., 2007; Hunan Provincial Museum; **Abb. 84**: vorm. Historisches Museum Peking/Archiv Autor; **Abb. 85**: US Air Force/New York Sunday News 1947; **Abb. 86**: Google Earth; **Abb. 87**: The Antikythera Mechanism Research Project, AMRP; **Abb. 88**: Derek de Sola Price/*Scientific American*, 1959; **Abb. 89**: Britisches Museum, aus der Zeitschrift *Man*, 1936; **Abb. 90**: Gemälde K. Škréta, Národni Galerie Prag; **Abb. 91**: t-schoen-maltafan.de; **Abb. 92**: Google Earth; **Abb. 93**: L. Kulik/TASS; **Abb. 94**: Zeichnung vom Autor; **Abb. 95**: links, aus E. L. Krinow, *Giant Meteorites*, 1966, aus Atkins/Baxter, *Wie eine zweite Sonne*, 1977, rechts *Bild der Wissenschaft* Nr. 12/1972; **Abb. 96**: Umzeichnung vom Autor nach L. Cramp aus Allingham, *Fliegende Untertasse vom Mars*, 1969; **Abb. 97**: Shell Alpert/Amtliche Küstenwache Washington; **Abb. 98**: Patrick Marechal; **Abb. 99**: AFSRS, Adelaide, Australien; **Abb. 100**: ONR/Archiv Autor, **Abb. 101**: Hans Scheffler/Wiesbadener Tagblatt; **Abb. 102**: Flugblatt 1566/Archiv Autor; **Abb. 103**: aus *Art and History of Egypt (Casa Editrice Bonechi),* April 1994; **Abb. 104**: NASA/JPL; **Abb. 105**: Britisches Flugblatt 1678/Archiv Autor; **Abb. 106**: Circle Makers/John Lundberg; **Abb. 107**: NASA/JPL; **Abb. 108, 109**: Umzeichnungen vom Autor aus Brandenstein, *Atlantis*, 1951; **Abb. 110**: Zeichnung vom Autor; **Abb. 111**:

Umzeichnung vom Autor aus Brandenstein, *Atlantis*, 1951; **Abb. 112**: Zeichnung vom Autor; **Abb. 113**: aus dem Internet/Archiv Autor; **Abb. 114**: Joao Americo Peret/Constantin-Film; **Abb. 115**: *Kronen Zeitung*, 1973; **Abb. 116**: Erich v. Däniken/Kopp Verlag; **Abb. 117**: Britisches Museum; **Abb. 118**: F. Gheorghita, aus *Ancient Skies*, Nr.3, 1992; **Abb. 119**: mysteria3000.de; **Abb. 120**: W. J. Meister; **Abb. 121**: Zeichnung links vom Autor nach Fotos von E. v. Däniken in *Ancient Skies* Sept./Okt. 1978 u. *Neue Beweise der Prä-Astronautik*, 1979, rechtes Bild aus Steinhäuser, *Die Zukunft die gestern war*, 1977; **Abb. 122**: aus Coll, *Geschäfte mit der Phantasie*, 1970; **Abb. 123**: aus Biedermann, *Bildsymbole der Vorzeit*, 1977; **Abb. 124**: T. K. Elappa, 1923; **Abb. 125**: members.virtualtourist.com; **Abb. 126, 127**: Bernhard Moestl; **Abb. 128**: Glen J. Kuban; **Abb. 129**: J. Arthur Thomson/British Museum of Natural History; **Abb. 130**: BLAGO Fund Archives; **Abb. 131**: Adrian Mann/British Interplanetary Society; **Abb. 132**: R. Guidice/NASA; **Abb. 133**: P. Soleri aus Graf, *Die Epoche des überfließenden Sehvermögens*, 1970; **Abb. 134**: Linda Sagan/NASA; **Abb. 135**: wwws.whitehouse.gov. **Abb. 136**: NASA/JPL; **Abb. 137**: J. R. Ehmann/Big Ear Radio Observatory.